공조냉동기계산업기사
필기 총정리

김증식 · 김동범 공저

일진사

머리말

정보산업과 함께 급변하는 산업 사회는 우리에게 한 가지 이상의 기술을 요구하게 되었으며, 그 중에서도 부가가치가 높은 공기조화 부문의 필요성은 관련 산업의 발달과 더불어 우리 생활에서 차지하는 비중이 커짐에 따라 더욱 관심 있게 살펴보아야 할 분야이다.

이러한 추세에 부응하여 필자는 수십여 년간의 현장과 강단에서의 경험을 바탕으로, 2022년부터 개정되는 출제기준에 따라 내용을 재구성하고 보충하여 공조냉동기계산업기사 자격증을 취득하려는 수험생들에게 길잡이가 되고자, 다음과 같은 특징으로 구성하였다.

첫째, 수십여 년간의 과년도 출제 문제를 분석·검토한 후 단원(공기조화 설비, 냉동냉장 설비, 공조냉동 설치·운영)별로 중요한 이론을 상세하고도 명쾌하게 요점만을 간추려서 내용을 정리하였고, 공조냉동기계산업기사에서 필요한 각종 선도(線圖)를 다루었다.

둘째, 시대의 흐름과 출제 경향에 따라 출제가 예상되는 새로운 문제에는 산업현장에서 경험한 실무 데이터와 함께 자세한 해설을 실어 주었다.

셋째, 지금까지 출제되었던 과년도 기출문제를 중심으로 개정된 출제기준에 맞춰 출제 예상문제를 자세한 해설과 함께 수록하여 줌으로써 수험생 스스로 출제 경향을 파악하고 문제 해결 능력을 배양하여 실전에서 합격할 수 있도록 하였다.

미흡한 부분과 앞으로 시행되는 출제 문제에 대해서는 자세한 해설을 달아 계속 수정·보완할 것이며, 수험생 여러분이 이 책을 통해 최소의 시간으로 최대의 효과를 거두길 바란다.

끝으로, 이 책을 출간하기까지 많은 도움을 주신 도서출판 **일진사** 직원 여러분께 감사드린다.

저자 씀

출제기준 (필기)

직무 분야	기계	중직무 분야	기계장비 설비 · 설치	자격 종목	공조냉동기계산업기사	적용 기간	2022.1.1.~2024.12.31.

○ 직무내용 : 산업현장, 건축물의 실내 환경을 최적으로 조성하고, 냉동냉장설비 및 기타 공작물을 주어진 조건으로 유지하기 위해 기술기초이론 지식과 숙련기능을 바탕으로 공조냉동, 유틸리티 등 필요한 설비를 설계, 시공 및 유지관리하는 직무이다.

필기 검정방법	객관식	문제 수	60	시험시간	1시간 30분

필기과목명	문제 수	주요항목	세부항목	세세항목
공기조화 설비	20	1. 공기조화의 이론	1. 공기조화의 기초	1. 공기조화의 개요 2. 보건공조 및 산업공조 3. 환경 및 설계조건
			2. 공기의 성질	1. 공기의 성질 2. 습공기 선도 및 상태변화
		2. 공기조화 계획	1. 공기조화 방식	1. 공기조화 방식의 개요 2. 공기조화 방식 3. 열원 방식
			2. 공기조화 부하	1. 부하의 개요 2. 난방부하 3. 냉방부하
			3. 클린룸	1. 클린룸 방식 2. 클린룸 구성 3. 클린룸 장치
		3. 공조기기 및 덕트	1. 공조기기	1. 공기조화기 장치 2. 송풍기 및 공기정화장치 3. 공기냉각 및 가열코일 4. 가습 · 감습장치 5. 열교환기
			2. 열원기기	1. 온열원기기 2. 냉열원기기
			3. 덕트 및 부속설비	1. 덕트 2. 급 · 환기설비
		4. 공조프로세스 분석	1. 부하적정성 분석	1. 공조기 및 냉동기 선정
		5. 공조설비 운영 관리	1. 전열교환기 점검	1. 전열교환기 종류별 특징 및 점검
			2. 공조기 관리	1. 공조기 구성 요소별 관리방법
			3. 펌프 관리	1. 펌프 종류별 특징 및 점검 2. 펌프 특성 3. 고장원인과 대책수립(추가) 4. 펌프 운전 시 유의사항(추가)

필기과목명	문제 수	주요항목	세부항목	세세항목
			4. 공조기 필터 점검	1. 필터 종류별 특성 2. 실내공기질 기초
		6. 보일러설비 운영	1. 보일러 관리	1. 보일러 종류 및 특성
			2. 부속장치 점검	1. 부속장치 종류와 기능
			3. 보일러 점검	1. 보일러 점검항목 확인
			4. 보일러 고장 시 조치	1. 보일러 고장원인 파악 및 조치
냉동냉장 설비	20	1. 냉동이론	1. 냉동의 기초 및 원리	1. 단위 및 용어 2. 냉동의 원리 3. 냉매 4. 신냉매 및 천연냉매 5. 브라인 및 냉동유
			2. 냉매선도와 냉동 사이클	1. 몰리에르선도와 상변화 2. 냉동 사이클
			3. 기초열역학	1. 기체상태 변화 2. 열역학법칙 3. 열역학의 일반 관계식
		2. 냉동장치의 구조	1. 냉동장치 구성 기기	1. 압축기 2. 응축기 3. 증발기 4. 팽창밸브 5. 장치 부속기기 6. 제어기기
		3. 냉동장치의 응용과 안전관리	1. 냉동장치의 응용	1. 제빙 및 동결장치 2. 열펌프 및 축열장치 3. 흡수식 냉동장치 4. 기타 냉동의 응용
		4. 냉동냉장 부하 계산	1. 냉동냉장 부하 계산	1. 냉동냉장 부하
		5. 냉동설비 설치	1. 냉동설비 설치	1. 냉동·냉각 설비의 개요
			2. 냉방설비 설치	1. 냉방 설비 방식 및 설치
		6. 냉동 설비 운영	1. 냉동기 관리	1. 냉동기 유지보수
			2. 냉동기 부속장치 점검	1. 냉동기·부속장치 유지보수
			3. 냉각탑 점검	1. 냉각탑 종류 및 특성 2. 수질관리
공조냉동 설치·운영	20	1. 배관재료 및 공작	1. 배관재료	1. 관의 종류와 용도 2. 관이음 부속 및 재료 등 3. 관지지장치 4. 보온·보랭 재료 및 기타 배 관용 재료
			2. 배관공작	1. 배관용 공구 및 시공 2. 관 이음방법

필기과목명	문제 수	주요항목	세부항목	세세항목
		2. 배관관련 설비	1. 급수 설비	1. 급수 설비의 개요 2. 급수 설비 배관
			2. 급탕 설비	1. 급탕 설비의 개요 2. 급탕 설비 배관
			3. 배수통기 설비	1. 배수통기 설비의 개요 2. 배수통기 설비 배관
			4. 난방 설비	1. 난방 설비의 개요 2. 난방 설비 배관
			5. 공기조화 설비	1. 공기조화 설비의 개요 2. 공기조화 설비 배관
			6. 가스 설비	1. 가스 설비의 개요 2. 가스 설비 배관
			7. 냉동 및 냉각 설비	1. 냉동 설비의 배관 및 개요 2. 냉각 설비의 배관 및 개요
			8. 압축공기 설비	1. 압축공기 설비 및 유틸리티 개요
		3. 설비 적산	1. 냉동 설비 적산	1. 냉동 설비 자재 및 노무비 산출
			2. 공조냉난방 설비 적산	1. 공조냉난방 설비 자재 및 노무비 산출
			3. 급수급탕 오배수 설비 적산	1. 급수급탕 오배수 설비 자재 및 노무비 산출
			4. 기타 설비 적산	1. 기타 설비 자재 및 노무비 산출
		4. 공조급배수 설비 설계 도면작성	1. 공조, 냉난방, 급배수 설비 설계도면 작성	1. 공조·급배수 설비 설계도면 작성
		5. 공조 설비 점검 관리	1. 방음/방진 점검	1. 방음/방진 종류별 점검
		6. 유지보수공사 안전 관리	1. 관련법규 파악	1. 고압가스 안전관리법(냉동) 2. 기계설비법
			2. 안전작업	1. 산업안전보건법
		7. 교류회로	1. 교류회로의 기초	1. 정현파 교류 2. 주기와 주파수 3. 위상과 위상차 4. 실효치와 평균치
			2. 3상 교류회로	1. 3상 교류의 성질 및 접속 2. 3상 교류전력(유효전력, 무효전력, 피상전력) 및 역률
		8. 전기기기	1. 직류기	1. 직류전동기의 종류 2. 직류전동기의 출력, 토크, 속도 3. 직류전동기의 속도제어법

필기과목명	문제 수	주요항목	세부항목	세세항목
			2. 변압기	1. 변압기의 구조와 원리 2. 변압기의 특성 및 변압기의 접속 3. 변압기 보수와 취급
			3. 유도기	1. 유도전동기의 종류 및 용도 2. 유도전동기의 특성 및 속도제어 3. 유도전동기의 역운전 4. 유도전동기의 설치와 보수
			4. 동기기	1. 구조와 원리 2. 특성 및 용도 3. 손실, 효율, 정격 등 4. 동기전동기의 설치와 보수
			5. 정류기	1. 정류기의 종류 2. 정류회로의 구성 및 파형
		9. 전기계측	1. 전류, 전압, 저항의 측정	1. 전류계, 전압계, 절연저항계, 멀티미터 사용법 및 전류, 전압, 저항 측정
			2. 전력 및 전력량의 측정	1. 전력계 사용법 및 전력 측정
			3. 절연저항 측정	1. 절연저항의 정의 및 절연저항계 사용법 2. 전기회로 및 전기기기의 절연저항 측정
		10. 시퀀스제어	1. 제어요소의 작동과 표현	1. 시퀀스제어계의 기본구성 2. 시퀀스제어의 제어요소 및 특징
			2. 논리회로	1. 불대수 2. 논리회로
			3. 유접점회로 및 무접점회로	1. 유접점회로 및 무접점회로의 개념 2. 자기유지회로 3. 선형우선회로 4. 순차작동회로 5. 정역제어회로 6. 한시회로 등
		11. 제어기기 및 회로	1. 제어의 개념	1. 제어의 정의 및 필요성 2. 자동제어의 분류
			2. 조절기용 기기	1. 조절기용 기기의 종류 및 특징
			3. 조작용 기기	1. 조작용 기기의 종류 및 특징
			4. 검출용 기기	1. 검출용 기기.의 종류 및 특성

차 례

2과목 　　　　　　　　　**냉동냉장 설비**

부록 · 출제 예상문제

공조냉동기계산업기사

1 과목

공기조화 설비

Chapter 01

공기조화 이론

1-1 ○ 공기조화의 기초

1 공기조화의 개요

(1) 열의 이동

① 전도 (conduction) : 물체의 온도가 높은 부분에서 낮은 부분 쪽으로 열이 물질 속에서 이동하는 것을 말한다. 열전도의 크기는 열전도율을 사용해 나타내는데, 열전도율은 길이 1 m, 단면적 $1\,m^2$, 온도차 1℃일 때 1시간 동안에 물질 속을 1 m 길이로 전도하는 열량 (kcal)으로 단위는 kJ/m·h·K이다.

② 열전달 (heat transfer) : 고체의 표면과 그것과 접하는 유체 사이의 열이동 (유체와 고체간에 열이 이동하는 것)을 열전달이라 하며, 실용단위로 열전달률 kJ/m^2·h·K로 표시된다.

③ 열통과 (열관류 : heat transmission) : 열교환기의 격벽 또는 보온·보냉을 위한 단열벽 등에서 고체 벽을 통과하여 한쪽에 있는 고온 유체가 다른 쪽에 있는 저온 유체로 열이 이동하는 것으로 열통과율 또는 전열계수라 하는데, 이것은 단면적 $1\,m^2$에 대하여 벽 양면의 온도차가 1℃일 때 1시간 동안의 통과 열량을 나타내는 것으로 단위는 kJ/m^2·h·K이다.

> **참고** ① 열전도량 $q = \lambda \dfrac{F \cdot \Delta t}{l}$ [kJ/h]
>
> ② 열전달량 $q = KF\Delta t$ [kJ/h]
>
> 여기서, λ : 열전도율(kJ/m·h·K), F : 전열면적(m^2), l : 물질의 길이 (두께) (m)
> K : 열통과율 (kJ/m^2·h·K), Δt : 온도차 (K)

④ 대류 (convection) : 열이 액체나 기체의 운동에 의하여 이동하는 것으로 밀도 차에 의해 부력이 작용하여 이동하는 것을 자연대류라 하며, 송풍기 등을 이용하여 강제로 유체를 움직이게 하여 열을 이동시키는 것을 강제대류라 한다.

⑤ 복사열 (radiant heat) : 고온의 물체가 열원을 방사하여 공간을 거친 후 다른 저온의 물체에 흡수되어 일어나는 열로 방사열이라고도 한다.

⑥ 푸리에 (Fourie)의 열전도법칙 (평면벽의 열전도)

$$q = K \cdot F \cdot (t_1 - t_2) \ [\text{kJ/h}]$$

$$q_1 = \alpha_1 \cdot F \cdot (t_1 - t_{s_1}) \ [\text{kJ/h}]$$

$$q_2 = \frac{\lambda}{l} \cdot F \cdot (t_{s_1} - t_{s_2}) \ [\text{kJ/h}]$$

$$q_3 = \alpha_2 \cdot F \cdot (t_{s_2} - t_2) \ [\text{kJ/h}]$$

즉, $q = q_1 = q_2 = q_3$가 일정하다는 것이 푸리에의 열전도법칙이다.

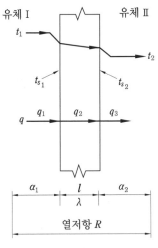

벽체의 열이동

⑦ 원통에서의 열전도 : 원통이나 관 내에 열유체가 흐르고 있을 때 열전달이 관의 축에 대하여 직각으로 이루어지는 전(全)열량 Q는 반지름 r, 길이 L인 원관에 대하여

$$Q = -\lambda A \frac{dt}{dr}, \quad A = 2\pi r L \text{ 에서}$$

$$Q = -\lambda 2\pi r L \frac{dt}{dr}$$

$$-dt = \frac{Q}{2\pi \lambda L} \times \frac{dr}{r}$$

적분하면

$$-t = \frac{Q}{2\pi \lambda L} \cdot \ln r + C$$

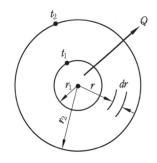

원통벽의 열전도

r_1일 때 t_1, r_2일 때 t_2를 적용하면,

$$-t_1 = \frac{Q}{2\pi \lambda L} \ln r_1 + C$$

$$-t_2 = \frac{Q}{2\pi \lambda L} \cdot \ln r_2 + C \text{ 에서}$$

$$t_1 - t_2 = \frac{Q}{2\pi \lambda L} (\ln r_2 - \ln r_1) = \frac{Q}{2\pi \lambda L} \cdot \ln \frac{r_2}{r_1}$$

$$\therefore \ Q = \frac{\lambda 2\pi L (t_1 - t_2)}{\ln\left(\dfrac{r_2}{r_1}\right)} = \frac{2\pi L (t_1 - t_2)}{\dfrac{1}{\lambda} \ln\left(\dfrac{r_2}{r_1}\right)}$$

원통의 열저항 $R = \dfrac{\ln(r_2/r_1)}{2\pi\lambda L}$

⑧ 다층 원통의 열전도

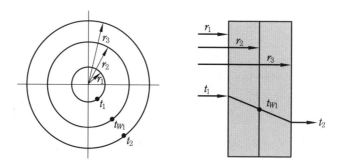

2층 원통관의 열전도

다층의 원통도 평판의 경우와 마찬가지로

$$Q = \dfrac{2\pi(t_1 - t_2)L}{\displaystyle\sum_{i=1}^{n}\left(\dfrac{1}{\lambda_i}\cdot\ln\dfrac{r_{i-1}}{r_i}\right)} = \dfrac{t_1 - t_2}{\displaystyle\sum_{i=1}^{n}R}$$

열저항 $R = \displaystyle\sum \dfrac{\ln(r_{i-1}/r_i)}{2\pi\lambda_i L}$

반지름이 r_1, r_2, r_3인 다층원관의 전열량 Q는,

$$Q = \dfrac{t_1 - t_2}{\dfrac{1}{2\pi\lambda_1 L}\ln\dfrac{r_2}{r_1} + \dfrac{1}{2\pi\lambda_2 L}\ln\dfrac{r_3}{r_2}}$$

(2) 감열과 잠열

① 감열(sensible heat) : 상태의 변화 없이 온도가 변하는 데 필요한 열량

$$q_s = G \cdot C \cdot \Delta t$$

여기서, q_s : 감열량 (kJ), G : 질량 (kg)

C : 비열 (kJ/kg·K), $\Delta t = t_2 - t_1$: 온도차 (K)

② 잠열(latent heat) : 온도의 변화는 없고 상태가 변화하는 데 필요한 열량

$$q_l = G \cdot R$$

여기서, q_l : 잠열량 (kJ), G : 질량 (kg), R : 잠열 (kJ/kg)

(3) 온도

① 섭씨 1도 : 물의 응고점 0℃와 비등점 100℃ 사이를 100 등분한 것

② 화씨 1도 : 물의 응고점 32℉와 비등점 212℉ 사이를 180 등분한 것

③ 화씨와 섭씨온도의 전환관계

   (가) $℉ = \dfrac{9}{5}℃ + 32$

   (나) $℃ = \dfrac{5}{9}(℉ - 32)$

④ 절대온도 : 0℃ (0℉) 기체의 압력을 일정하게 유지하여 냉각시키면 온도가 1℃ 낮아질 때마다 체적이 1/273 (1/460)씩 작아져서 −273℃ (−460℉)에서 체적이 완전히 없어진다. 이때의 온도를 절대온도 0 K (0℉R)라 한다.

   (가) $K = 273 + ℃$

   (나) $℉R = 460 + ℉$

(4) 습도

① 상대습도 : 습공기의 비중량과 그것과 같은 온도의 포화습공기의 수증기 비중량의 비

② 절대습도 : 건조공기 1 kg에 포함되어 있는 수증기의 질량

③ 노점온도 : 대기 중의 수증기가 응축하기 시작하는 온도 (이슬점 온도)

(5) 열량

① 1 kcal : 물 1 kg을 1℃ 높이는 데 필요한 열량

② 1 Btu : 물 1 lb를 1℉ 높이는 데 필요한 열량

③ 1 kJ : 공기 1 kg을 1 K 높이는 데 필요한 열량

> **참고** 1 kcal = 3.968 Btu (1 Btu = 0.252 kcal)
> 1 kcal = 1 kg × 1 ℃ = 2.2 lb × 1.8 ℉ = 3.968 Btu
> 1 kcal/kg · K = 1 Btu/lb ℉R (1 Btu/lb = 0.556 kcal/kg)

④ 열용량 : 어느 물질을 1℃ 높이는 데 필요한 열량

⑤ 비열

   (가) 어느 물질 1 kg을 1 K 높이는 데 필요한 열량으로 단위는 kJ/kg · K, Btu/lb℉이다.

(나) 정압비열(C_p) : 어느 기체의 압력을 일정하게 하고 1 kg을 1℃ 높이는 데 필요한 열량

(다) 정적비열(C_v) : 어느 기체의 체적을 일정하게 하고 1 kg을 1℃ 높이는 데 필요한 열량

⑥ 비열비(C_p/C_v) : 정압비열을 정적비열로 나눈 값으로 항상 $C_p > C_v$ 이므로 비열비 k 는 1보다 크다. 비열비가 큰 NH_3 냉매는 토출가스 온도가 높고 실린더가 과열되어 윤활유가 변질되므로 실린더 상부를 물로 냉각시키는 water jacket을 설치한다.

⑦ 엔탈피 : 어떤 물체가 갖는 단위중량당 열에너지를 엔탈피라 한다. 단위는 kcal/kg으로 표시하며, 0℃의 포화액의 엔탈피를 100 kcal/kg 또는 418.7 kJ/kg으로 기준하고 0℃의 건조공기의 엔탈피를 0 kcal/kg(0 kJ/kg)으로 기준 삼는다.

$$i = u + APv$$

여기서, i : 엔탈피 (kJ/kg)
u : 내부에너지 (kJ/kg)
A : 일의 열당량 (J/N·m)
P : 압력 (kg/m²)
v : 비체적 (m³/kg)

⑧ 엔트로피 : 단위중량의 물체가 일정온도 하에서 얻은 열량을 그 절대온도로 나눈 값을 엔트로피라 하며, 단위는 kJ/kg·K로 표시하고 0 K의 포화액의 엔트로피를 1로 한다.

(6) 압력

단위 면적 (m²)에 작용하는 힘 (kg)을 말한다.

① 대기압력 : 공기가 지표면을 누르는 힘으로 토리첼리의 실험에 의한 방법으로 계산하면 $P = r \cdot h = 13595 \, \text{kg/m}^3 \times 0.76 \, \text{m} = 10332.2 \, \text{kg/m}^2 = 1.0332 \, \text{kg/cm}^2$이다.

② 진공도 : 단위 cmHg vac, inHg vac
그림 토리첼리의 실험에서 cmHg vac 를 kg/cm²·a로 고치면 다음과 같다.

(가) cmHg vac에서 kg/cm²·a로 구할 때에는 $P = 1.033 \times \left(1 - \dfrac{h}{76}\right)$

(나) cmHg vac 시에 lb/in²·a로 구할 때에는 $P = 14.7 \times \left(1 - \dfrac{h}{76}\right)$

(다) inHg vac 시에 kg/cm²·a로 구할 때에는 $P = 1.033 \times \left(1 - \dfrac{h}{30}\right)$

(라) inHg vac 시에 lb/in²·a로 구할 때에는 $P = 14.7 \times \left(1 - \dfrac{h}{30}\right)$

③ 계기압력 : 대기압력의 상태를 0으로 기준한 것으로 단위는 $kg/cm^2 \cdot g$, $lb/in^2 \cdot g$로 표시한다.

h : 진공도(cmHg)
P : 절대압력 $(kg/cm^2 \cdot a)$

(a) 진공압 측정

(b) 대기압 측정

토리첼리의 실험

④ 절대압력 : 완전진공의 상태를 0으로 기준한 것으로 다음과 같이 계산된다.
  (가) 절대압력 $kg/cm^2 \cdot a$ = 계기압력 $kg/cm^2 + 1.033 \ kg/cm^2$
  (나) 절대압력 $lb/in^2 \cdot a$ = 계기압력 $lb/in^2 + 14.7 \ lb/in^2$

> **참고**   1 atm = 760 mmHg = 30 inHg = 1.0332 kg/cm^2 = 14.7 lb/in^2 = 1013.25 mbar = 10332 mmAq
> 1 bar = 1000 mbar = 1000 hpa = $10^5 \ N/m^2$ = 10^5 pa
> 1 kg/cm^2 = 14.22 lb/in^2

(7) 일, 일량, 동력

① 일 = (힘)×(힘이 작용한 방향으로 물체가 움직인 거리) = (압력)×(체적)으로 표현되고 단위는 $kg \cdot m$이다.

② 열역학 제1법칙에서 1kcal의 열은 427 $kg \cdot m$의 일로 변화할 수 있다는 뜻이다.
  (가) 일의 열당량 $A = \dfrac{1}{427} \ kcal/kg \cdot m$
  (나) 열의 일당량 $J = 427 \ kg \cdot m/kcal$
  (다) SI 단위계의 일의 열당량 $A = 1 \ J/N \cdot m$, 열의 일당량 $J = 1 N \cdot m/J$
  (라) $1 N \cdot m = 1 J$이다.

③ 동력 = 일/시간 = 힘×속도 = 압력×유량으로 표현되고, 단위는 $kg \cdot m/s$이다.

> **참고**   1 HP (영 마력) = 76 $kg \cdot m/s$ = 641 kcal/h = 0.746 kJ/s = 2685.6 kJ/h
> 1 HP (국제 마력) = 75 $kg \cdot m/s$ = 632 kcal/h = 0.7359 kJ/s = 2647 kJ/h
> 1 kW = 102 $kg \cdot m/s$ = 860 kcal/h = 1 kJ/s = 3600 kJ/h

2 보건공조 및 산업공조

(1) 공기조화(air conditioning)의 정의

① 공기조화라 함은 실내의 온·습도, 기류, 박테리아, 먼지, 유독가스 등의 조건을 실내에 있는 사람 또는 물품에 대하여 가장 좋게 유지하는 것을 말한다.

② ASHRAE에서는 공기조화를 다음과 같이 정의하고 있다.

"일정한 공간의 요구에 알맞은 온도, 습도, 청결도, 기류 분포 등을 동시에 조절하기 위한 공기 취급 과정이다."

(2) 공기조화의 종류

① 보건용 공조(comfort air conditioning) : 쾌감공조라 하며 실내인원에 대한 쾌적한 환경을 만드는 것을 목적으로 하며, 주택, 사무실, 백화점 등의 공기조화가 이에 속한다.

② 공업용 또는 산업용 공조(industrial air conditioning) : 실내에서 생산 또는 조립되는 물품, 혹은 실내에서 운전되는 기계에 대하여 가장 적당한 실내조건을 유지하고, 부차적으로는 실내인원의 쾌적성 유지도 목적으로 한다. 각종 공장, 창고, 전화국, 실험실, 측정실 등의 공기조화가 이에 속한다.

(3) 공기조화의 효용

① 집무능력을 향상시킨다.

② 결근자의 수가 줄어든다.

③ 작업상의 과오가 줄어든다.

④ 세탁비, 세발비, 화장비 등 사원의 개인비용이 적게 든다.

⑤ 일상생활(근무 또는 퇴근 후)에 피로가 적다.

3 환경 및 설계조건

(1) 실내 공조조건

① 실내·외의 온도차를 적게 하여 온도 쇼크를 방지하여야 한다.

② 개인차에 따라 온·습도의 조건이 인체의 감각에 맞아야 한다.

③ 인체에 맞는 기류속도여야 한다. 즉, 정지공기에 가까운 기류이면 좋다.

> **참고** 정지공기라는 것은 실존할 수 없으며, 일반적으로 공기조화에서는 0.08 ~ 0.12 m/s 정도를 말한다.

④ 실내환경의 조건은 쾌적범위 내에 있어야 한다. 한국인의 쾌감도는 다음과 같다.

　㉮ 하계 유효온도 : 20 ~ 25℃, 상대습도 : 60 ~ 70 %

　㉯ 동계 유효온도 : 17 ~ 22℃, 상대습도 : 60 ~ 65 %

　㉰ 중간계 유효온도 : 16 ~ 21℃, 상대습도 : 50 ~ 60 %

> **참고** **불쾌지수** : 0.72 (건구온도＋습구온도)＋40.6으로 단순히 기온 및 습도에 의한 것이므로 쾌적도에 대해서는 불충분하다.

(2) 인체의 열량

① 에너지 대사율 (체내 발생열량)

$$R.M.R = \frac{\text{작업 시의 소비 에너지} - \text{안정 시의 소비 에너지}}{\text{기초대사량}}$$

② 체외 방출열량

$$M = \pm S \pm E \pm R \pm C$$

여기서, M : 에너지 대사량 (kJ/h)

$\quad\quad\;\; S$: 체내 축열량 (kJ/h)

$\quad\quad\;\; E$: 증발에 의한 방출열량 (kJ/h)

$\quad\quad\;\; R$: 복사에 의한 방출열량 (kJ/h)

$\quad\quad\;\; C$: 대류에 의한 방출열량 (kJ/h)

(3) 소음 (noise)

① 실의 용도별 허용소음의 NC값

실명	NC 곡선	실명	NC 곡선
방송 스튜디오	15 ~ 20	주택	25 ~ 35
음악홀	20	영화관	30
극장 (500석 정도)	20 ~ 25	병원	30
교실	25	도서관	30
회의실	25	소형사무실	30 ~ 35
아파트, 호텔	25 ~ 30	대형사무실	45

② 진동의 일반 기준 (특정 공장)

구분	주간		야간	
지역　　　기준범위	최저 (dB)	최고 (dB)	최저 (dB)	최고 (dB)
주택지역	60	65	55	60
상업지역	65	70	60	65

全 주간, 야간의 구분이나 기준범위는 지방에 따라 달라진다.

③ 클린룸 (clean room) : 공기 중의 부유분진, 유해가스, 미생물 등의 오염물질을 제어해야 하는 곳에 clean room이 이용되는데 청정 대상이 주로 분진 (정밀 측정실, 전자산업, 필름공장 등)인 경우를 산업용 클린룸 (ICR ; Industrial Clean Room)이라 하고, 분진의 미립자뿐만 아니라 세균, 미생물의 양까지 제한시킨 병원의 수술실, 제약공장의 특별한 공정, 유전공학 등에 응용되는 것을 바이오 클린룸 (BCR ; Bio Clean Room)이라 한다 (우리나라에서는 미연방 규격을 준용한다).

> **참고** 1클래스 (class) 는 1ft³의 공기 체적 내에 있는 0.5 μm 크기의 입자수

예상문제

1. Kelvin의 절대온도 T [K], 섭씨온도 t [℃], 화씨온도 t [℉]의 관계식 중 틀린 것은 어느 것인가?

① $t\,[℃] = \dfrac{5}{9}(t\,[℉] - 32)$

② $t\,[℉] = \dfrac{9}{5}t\,[℃] + 32$

③ $t\,[℉] = T\,[K] - 273$

④ $t\,[℃] = T\,[K] - 273$

해설 $t\,[℉] = T\,[K] \times 1.8 - 460 = t\,[℉R] - 460$

2. 20℃는 몇 °R인가?

① 306 °R ② 501 °R

③ 528 °R ④ 716 °R

해설 °R = 1.8 (20 + 273) = 527.4 °R

3. 대기압력보다 높은 계기압력과 절대압력의 관계는?

① 절대압력 = 대기압력 + 계기압력

② 절대압력 = 대기압력 − 계기압력

③ 절대압력 = 대기압력 × 계기압력

④ 절대압력 = 대기압력 ÷ 계기압력

4. 표준 kJ의 정의로 옳은 것은?

① 공기 1 kg을 1 K 올리는 데 필요한 열량이다.

② 1 kg의 0 K 물을 100 K로 올리는 데 필요한 열량을 100 등분한 것이다.

③ 물을 14.5 K에서 15.5 K로 올리는 데 필요한 열량이다.

④ 14.5 K를 15.5 K로 올리는 데 필요한 열량을 100 등분한 것이다.

해설 1 kJ의 정의는 공기 1 kg을 1 K 높이는 데 필요한 열량이다.

5. 대기압이 101.325 kPa이고 계기압력이 10 kPa일 때 절대압력은?

① 8.9668 kPa ② 10.332 kPa

③ 103.32 kPa ④ 111.325 kPa

해설 $P_a = P + P_g = 101.325 + 10$
$= 111.325\,\text{kPa}$

6. 절대압력 0.76 kg/cm²은 복합 압력계의 눈금으로 약 얼마인가?

① 10 cmHg ② 20 cmHg vac

③ 3.86 lb/in²·a ④ 56 cmHg vac

해설 진공압력 = 대기압력 − 절대압력
$= 76 - \left(\dfrac{0.76}{1.033} \times 76\right)$
$= 20.1\,\text{cmHg vac}$

7. 압력계의 지침이 9.80 cmHg vac였다면 절대압력은 몇 kPa·a인가?

① 88.26 kPa·a ② 1.3 kPa·a

③ 2.1 kPa·a ④ 3.5 kPa·a

해설 $P = \dfrac{76 - 9.8}{76} \times 101.325 = 88.259\,\text{kPa·a}$

8. 35℃의 물 3 m³을 5℃로 냉각하는 데 제거할 열량은 얼마인가? (단, 물의 비열은 4.2 kJ/kg·K이다.)

① 60000 kJ ② 80000 kJ

③ 378000 kJ ④ 120000 kJ

해설 $q = G \cdot C \cdot \Delta t = Q \cdot \gamma \cdot C \cdot \Delta t$
$= (3 \times 1000) \times 4.2 \times (35 - 5)$
$= 378000\,\text{kJ}$

정답 **1.** ③ **2.** ③ **3.** ① **4.** ① **5.** ④ **6.** ② **7.** ① **8.** ③

9. 다음은 열이동에 대한 설명이다. 옳지 않은 것은?

① 고체에서 서로 접하고 있는 물질 분자 간의 열이동을 열전도라 한다.

② 고체 표면과 이에 접한 유동 유체간의 열이동을 열전달이라 한다.

③ 고체, 액체, 기체에서 전자파의 형태로의 에너지 방출을 열복사라 한다.

④ 열관류율이 클수록 단열재로 적당하다.

해설 열관류율이 작을수록 단열재로 적당하다.

10. 일의 열당량(A)을 옳게 표시한 것은 다음 중 어느 것인가?

① $A = 427\,kg \cdot m/kcal$

② $A = \dfrac{1}{427}\,kcal/kg \cdot m$

③ $A = 102\,kg \cdot m$

④ $A = 860\,kg \cdot m/kcal$

해설 ㉠ 열의 일당량은 $427\,kg \cdot m/kcal$
ㄴ SI 단위에서 $1\,N \cdot m = 1\,J$이다.

11. 다음 중 인체의 온열환경에 미치는 요소의 조합으로 적당한 것은?

① 온도, 습도, 복사열, 기류속도

② 온도, 습도, 청정도, 기류속도

③ 온도, 습도, 기압, 복사열

④ 온도, 청정도, 복사열, 기류속도

해설 인체의 온열환경은 신유효온도를 말하며, 유효온도(온도, 습도, 기류속도)에 복사열을 포함한 것이다.

12. 여름철에 실내에서 사무를 보고 있는 사람에게 쾌적감을 주는 가장 적당한 조건은 어느 것인가?

구분	기온 (℃)	상대습도 (%)	기류속도 (m/s)
①	26.0	45.0	0.2
②	23.0	55.0	2.0
③	24.5	80.0	1.0
④	20.5	60.0	0.5

해설 $20 \sim 25\,℃$ DB, $60 \sim 70\,\%$ RH, 기류속도 냉방 시 $0.12 \sim 0.18\,m/s$, 난방 시 $0.18 \sim 0.25\,m/s$

1-2 ○ 공기의 성질

1 공기의 성질

(1) 건조공기(dry air)

수분을 함유하지 않은 건조한 공기를 말하며, 실제로는 존재하지 않는다.

> **참고** 대기 중의 공기의 구성
>
> ① 조성(vol [%])
> N_2 : 78.1 % O_2 : 20.93 %
> Ar : 0.933 % CO_2 : 0.03 %
> Ne : 1.8×10^{-3} %   He : 5.2×10^{-4} %
> ② 평균분자량 $m_a = 28.964$
> ③ 기체상수 $R_a = 29.27$ kg·m/kg·K, 289 J/kg·K
> ④ 비중량 $\gamma_a = 1.293$ kg/m³ (20℃일 때 = 1.2 kg/m³)
> ⑤ 비체적 $v_a = 0.7733$ m³/kg (20℃일 때 = 0.83 m³/kg)

(2) 습공기(moist air)

대기 중에 있는 공기에 수분이 함유된 것을 습공기라 한다.

(3) 포화공기(saturated air)

공기 중에 포함된 수증기량은 공기온도에 따라 한계가 있으며 (온도와 압력에 따라 변한다), 최대한도의 수증기를 포함한 공기를 포화공기라 한다.

(4) 무입공기(fogged air)

안개 낀 공기라고도 하며 포화공기가 함유하는 수증기량, 즉 절대습도를 x [kg/kg′]로 표시할 때 함유 수증기량이 이 x 보다 큰 x'로 되었다고 하며, $x' - x$의 여분의 수증기량은 일반적으로 수증기로서는 존재할 수 없고 미세한 물방울로서 존재하여 안개 모양으로 떠돌아다니는데, 이와 같이 안개가 혼입된 공기를 무입공기라 한다.

(5) 불포화공기(unsaturated air)

포화점에 도달하지 못한 습공기로서 실제의 공기는 대부분의 경우 불포화공기이다. 포화공기를 가열하면 불포화공기로 되고, 냉각하면 과포화공기로 된다.

2 공기의 상태

(1) 건구온도 (dry bulb temperature ; DB) t [℃]

보통 온도계가 지시하는 온도이다.

(2) 습구온도 (wet bulb temperature ; WB) t' [℃]

보통 온도계 수은부분에 명주, 모슬린 등의 천을 달아서 일단을 물에 적신 다음 대기 중에 증발시켜 측정한 온도이다. 대기 중의 습도가 적을수록 물의 증발은 많아지고 따라서 습구 온도는 낮아진다.

(3) 노점온도 (dew point temperature ; DP) t'' [℃]

공기의 온도가 낮아지면 공기 중의 수분이 응축 결로되기 시작하는 온도를 노점온도라 한다. 즉, 습공기의 수증기 분압과 동일한 분압을 갖는 포화습공기의 온도를 말하며, 습공 기 중에 함유하는 수증기를 응축하여 물방울의 형태로 제거해 주는 것을 캐리어 (carrier)에 서 생각한 노점 조절법이다.

(4) 절대습도 (specific humidity ; SH) x[kg/kg′]

건조공기 1 kg과 여기에 포함되어 있는 수증기량 (kg)을 합한 것에 대한 수증기량을 말하 며, 절대습도를 내리려면 코일의 표면온도를 통과하는 공기를 노점온도 이하로 내려서 감 습해 주어야 한다. 즉, 공기의 노점온도가 변하지 않는 이상 절대습도는 일정하다.

$$x = \frac{\gamma_w}{\gamma_a} = \frac{P_w / R_w T}{P_a / R_a T} = \frac{P_w / 47.06}{(P - P_w)/29.27}$$

$$\therefore x = 0.622 \frac{P_w}{P - P_w}$$

여기서, P_w : 수증기의 분압 (kg/m²)
P_a : 건조공기의 분압 (kg/m²)
P : 대기압 $(P_a + P_w)$
T : 습공기의 절대온도 (K)
R_w : 수증기의 가스정수 (47.06 kg·m/kg·K)
R_a : 건조공기의 가스정수 (29.27 kg·m/kg·K)

(5) 상대습도(relative humidity ; RH) ϕ [%]

대기 중에 함유하는 수분은 기온에 따라 최대량이 정해져 있다. 즉, 대기 중에 존재할 수 있는 최대습기량과 현존하고 있는 습기량의 비율이다. 이 상대습도는 관계습도라고도 불리며 습공기 중에 함유되는 수분의 압력(수증기 분압)과 동일온도에서 포화상태에 있는 습공기 중의 수분압력과의 비로 정의될 때도 있다.

$$\phi = \frac{\gamma_w}{\gamma_s} \times 100 \qquad \phi = \frac{P_w}{P_s} \times 100$$

여기서, γ_w : 습공기 $1\,\mathrm{m}^3$ 중에 함유된 수분의 중량

γ_s : 포화습공기 $1\,\mathrm{m}^3$ 중에 함유된 수분의 중량

P_w : 습공기의 수증기 분압

P_s : 동일온도의 포화습공기의 수증기 분압

※ $P_w = \phi P_s$ 이므로, $x = 0.622\,\dfrac{\phi P_s}{P - \phi P_s}$

$$\therefore\ \phi = \frac{xP}{P_s(0.622 + x)}$$

※ P_w에 대한 Apjohn의 실험식 $P_w = P_{ws} - \dfrac{P}{1500}(t - t')$

(6) 포화도(saturation degree ; SD) ψ [%] 또는 비교습도

습공기의 절대습도와 그와 동일온도의 포화습공기의 절대습도의 비

$$\psi = \frac{x}{x_s} \times 100$$

여기서, x : 습공기의 절대습도 (kg/kg′)

x_s : 동일온도의 포화습공기의 절대습도 (kg/kg′)

$$\psi = \frac{0.622\,\phi P_s / P - \phi P_s}{0.622\,P_s / P - P_s} \quad (\because\ x_s \text{ 일 때 } \phi = 1 \text{이므로})$$

$$\psi = \phi\,\frac{P - P_s}{P - \phi P_s}$$

(7) 비체적(specific volume ; SV) $v\,[\text{m}^3/\text{kg}]$

1 kg의 무게를 가진 건조공기를 함유하는 습공기가 차지하는 체적을 비체적이라 한다.

※ 건조공기 1 kg에 함유된 수증기량을 $x\,[\text{kg}]$라 하면,

① 건조공기 1 kg의 상태식 $P_a V = R_a T$

② 수증기 $x\,[\text{kg}]$의 상태식 $P_w V = x R_w T$

③ $P = P_a + P_w$ 에서,

$$V(P_a + P_w) = V \cdot P = T(R_a + x R_w)$$

$$\therefore\ V = \frac{(R_a + x R_w)T}{P}$$

$$V = (29.27 + 47.06\,x)\frac{T}{P} = (0.622 + x)\,47.06\,\frac{T}{P}$$

여기서, T : 절대온도 (K), P : 압력(kg/m^2)

(8) 엔탈피(enthalpy ; TH) $i\,[\text{kJ/kg}]$

어떤 온도를 기준으로 해서 계측한 단위중량 중의 유체에 함유되는 열량을 말하며 i [kJ/kg] 로 표시한다. 건공기의 엔탈피(i_a)는 0℃의 건조공기를 0으로 하고, 수증기의 엔탈피(i_w)는 0℃의 물을 기준 (0)으로 한다.

① 온도 t [℃]인 건공기의 엔탈피

$$i_a = C_p t = 1 \times t = t\,[\text{kJ/kg}]$$

여기서, C_p : 공기의 정압비열 (1 kJ/kg·K)

② 온도 t [℃]인 수증기의 엔탈피

$$i_w = \gamma + C_{pw} t = 2500.9 + 1.84\,t$$

여기서, γ : 0℃ 수증기의 증발잠열 (2500.9 kJ/kg)

$\qquad C_{pw}$: 수증기의 정압비열 (1.84 kJ/kg)

③ 건공기 1 kg과 수증기 $x\,[\text{kg}]$가 혼합된 습공기의 엔탈피

$$i = i_a + x\,i_w = C_p t + x(R + C_{pw} t)$$

$$= (C_p + C_{pw} x)t + Rx$$

$$= C_s t + Rx$$

$$= t + x(2500.9 + 1.84t)\,[\text{kJ/kg}]$$

여기서, $C_s = C_p + C_{pw} x$ 를 습비열(濕比熱)이라고 한다.

3 습공기 선도(psychrometric chart)

공기 선도는 외기와 환기의 혼합비율을 공기조화기에서 처리하는 과정에 따라 실내를 희망하는 상태로 할 수 있는가의 여부 또는 운전 중 실내의 변화와 공기조화 중 공기의 상태변화 등을 일목요연하게 판별할 수 있게끔 선도로 나타낸 것이다.

(1) $i-x$ 선도

엔탈피와 절대습도의 양을 사교 좌표로 취하여 그린 것으로 $i-x$ 선도의 구성 및 그래프는 다음과 같다.

$$\text{열수분비 } u = \frac{i_2 - i_1}{x_2 - x_1} = \frac{di}{dx}$$

여기서, i_1 : 상태 1인 공기의 엔탈피 (kcal/kg)
i_2 : 상태 2인 공기의 엔탈피 (kcal/kg)
x_1 : 상태 1인 공기의 절대습도 (kg/kg′)
x_2 : 상태 2인 공기의 절대습도 (kg/kg′)

이 열수분비(u)를 이용하면 공기의 상태 변화가 선도 상에서 일정방향으로 주어지게 된다. 즉, 수분비 u_1인 변화는 선도 상에서 u_2의 눈금과 $\oplus$표의 중점을 잇는 직선과 평행방향으로 된다. 이 중심점은 u 눈금의 기준이 되어 있으므로 기준점 (reference point)이라 한다.

$i-x$ **선도의 구성**

(2) $t-x$ 선도

$i-x$ 선도와 비슷한 점이 많으나 실용상 편리하도록 간략하게 되어 있다.

$t-x$ 선도는 열수분비(u) 대신에 감열비 SHF(sensible heat factor)가 표시되어 상태 변화 방향을 표시하는 것이다.

$$SHF = \frac{q_s}{q_s + q_l}$$

여기서, q_s : 감열량, q_l : 잠열량

$t-x$ 선도의 구성

(3) $t-i$ 선도

물과 공기가 접촉하면서의 변화 과정을 나타낸 것으로 공기 세정기 (air washer)나 냉각 탑 (cooling tower) 등의 해석에 이용된다.

(4) 공기 선도의 기본 상태 변화의 판독

- $\overrightarrow{PA}$: 가열 변화
- $\overrightarrow{PB}$: 가열 가습 변화
- $\overrightarrow{PC}$: 등온 가습 변화
- $\overrightarrow{PD}$: 가습 냉각 변화(단열 가습)
- $\overrightarrow{PE}$: 냉각 변화
- $\overrightarrow{PF}$: 감습 냉각 변화
- $\overrightarrow{PG}$: 등온 감습 변화
- $\overrightarrow{PH}$: 가열 감습 변화

4 선도의 상태 변화

(1) 건구온도 24℃, 습구온도 17℃가 주어진 경우 공기 선도를 사용하여 그 공기의 상대습도, 노점온도, 절대습도, 엔탈피, 비체적을 구하기로 한다.

① 상대습도 $\phi = 50\%$

② 엔탈피 $h = 11.4\,\text{kcal/kg}$

③ 노점온도 $t'' = 12.5℃$

④ 비체적 $v = 0.856\,\text{m}^3/\text{kg}$

⑤ 절대습도 $x = 0.0093\,\text{kg/kg}'$

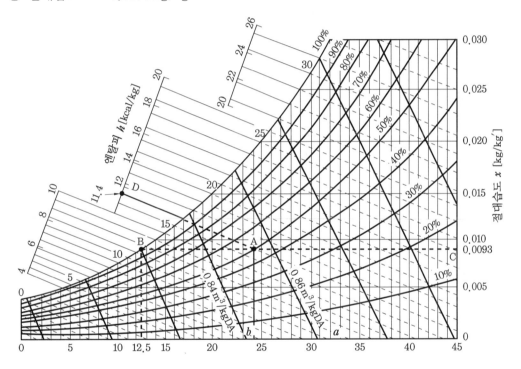

(2) 건구온도 30℃, 상대습도 40%를 주어 이 공기의 습구온도 및 노점온도를 구하기로 한다. 횡좌표상의 건구온도 30℃ 점에서 수선을 세워 40%의 상대습도 곡선과의 교점 A가 이 공기의 상태점이 된다.

점 A에서 습구온도선을 따라 왼쪽 위로 올라가 포화곡선과의 교점을 B라 하면, B점에서 횡좌표에 수선을 내려서 눈금을 읽으면 습구온도 20℃를 얻을 수 있다. 다음 A점에서 수평선을 따라 왼편으로 가서 포화곡선과의 교점을 C라고 하면 횡좌표에 수선을 내려 노점온도 14.8℃를 얻는다.

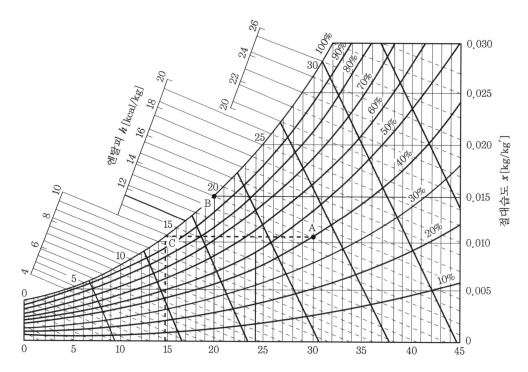

(3) 가열, 냉각

① 감열식

$$q_s = GC_p(t_2 - t_1) = G(h_2 - h_1) \ [\text{kJ/h}]$$

여기서, G : 질량
C_p : 비열 (kJ/kg·K) (공기 비열 1)
t_1, t_2 : 건구온도 (℃), h_1, h_2 : 엔탈피 (kJ/kg)

② 잠열식 : 절대습도의 변화가 없으므로 잠열이 없다.

(4) 혼합

실내환기를 1, 실내풍량을 Q_1, 외기를 2, 외기풍량을 Q_2 라고 한다면 혼합공기 3의 온도, 습도 및 엔탈피는 다음과 같다.

$$t_3 = \frac{t_1 \cdot Q_1 + t_2 \cdot Q_2}{Q_1 + Q_2} \qquad x_3 = \frac{x_1 \cdot Q_1 + x_2 \cdot Q_2}{Q_1 + Q_2} \qquad i_3 = \frac{i_1 \cdot Q_1 + i_2 \cdot Q_2}{Q_1 + Q_2}$$

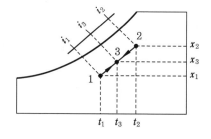

(5) 가습, 감습

① 수분량

$$L = G(x_2 - x_1) \,[\text{kg/h}]$$

② 잠열량

$$q = G(i_2 - i_1)$$
$$= Q \times 1.2 \times 2500.9 \,(x_2 - x_1) \,[\text{kJ/h}]$$

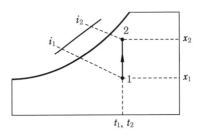

여기서, L : 가습량 (kg/h), G : 공기량 (kg/h)

Q : 풍량 (m³/h), x : 절대습도 (kg/kg′)

(6) 가열, 가습

$$q_T = q_s + q_L = G(i_2 - i_1)$$
$$= G(i_3 - i_1) + G(i_2 - i_3)$$
$$= GC_p(t_2 - t_1) + G \cdot R(x_2 - x_1)$$
$$L = G(x_2 - x_1)$$

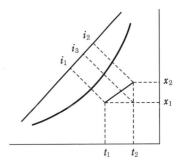

여기서, q_T : 전열량 (kJ/h), q_s : 감열량 (kJ/h)

q_L : 잠열량 (kJ/h), x : 절대습도 (kg/kg′)

G : 공기량 (kg/h), L : 가습량 (kg/h)

R : 물의 증발잠열 (kJ/kg) (※ 0℃ 물의 증발잠열 : 2500.9 kJ/kg)

참고 현열비 (감열비)

$$SHF = \frac{q_s}{q_t} = \frac{q_s}{q_s + q_l}$$

예제 1. 절대습도 0.004 kg/kg′, 건구온도 10℃의 공기 100 kg/h를 26℃, 절대습도 0.0175 kg/kg′로 가열 · 가습할 때 필요한 열량 및 가습 수량과 현열비를 계산하여라. (단, 공기의 비열은 1 kJ/kg이고, 0℃ 물의 증발잠열은 2500.9 kJ/kg이다.)

해설 ① $q_t = G(i_2 - i_1) = q_s + q_l$ 에서,

$q_s = GC_p \varDelta t = 100 \times 1 \times (26 - 10) = 1600 \text{ kJ/h}$

$q_l = G\gamma_o \varDelta x = 100 \times 2500.9 \times (0.0175 - 0.004) = 3376.22 \text{ kJ/h}$

$q_t = 1600 + 3376.22 = 4976.22 \text{ kJ/h}$

② $SHF = \dfrac{q_s}{q_t} = \dfrac{1600}{4976.22} = 0.3215$

③ $L = G(x_2 - x_1) = 100(0.0175 - 0.004) = 1.35 \text{ kg/h}$

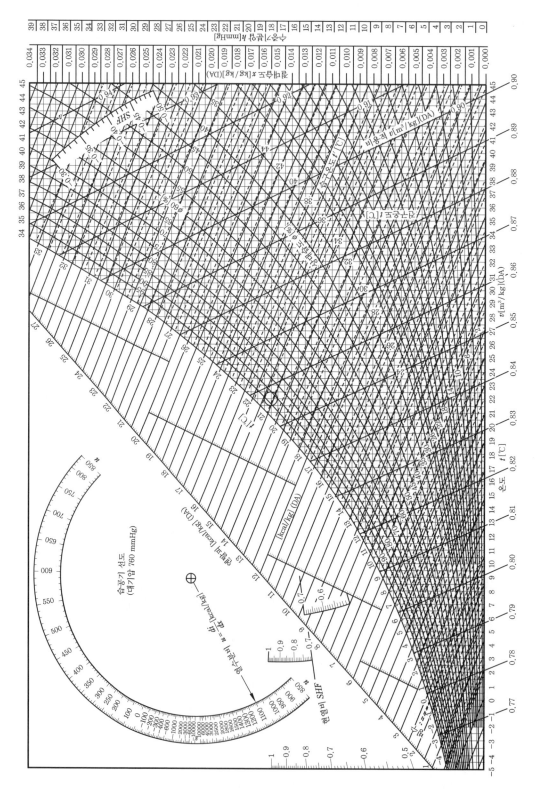

습공기 선도

(7) 장치에 따른 선도 변화

① 혼합 냉각

② 혼합 가열

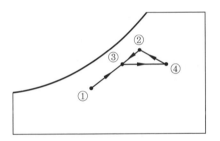

③ 혼합 → 세정(순환수 분무) → 가열

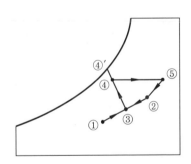

(8) 장치의 노점온도와 바이패스 팩터

점 A에서 B의 상태로 냉각하는 경우 냉각코일의 노점온도는 선분 AB의 연장선에서 포화곡선과 만나는 점 C가 노점온도가 되고, 여기서 BF는 B에서 C의 상태이고 CF(contact factor)는 A에서 B의 상태이다.

$$BF = \frac{B - C}{A - C}$$

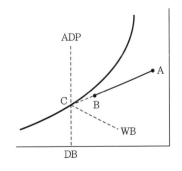

$$CF = \frac{A-B}{A-C}$$

여기서, BF : 냉각 또는 가열코일과 접촉되지 않고 통과한 공기의 비율

CF : 냉각 또는 가열코일과 접촉하고 통과한 공기의 비율

① 혼합 → 예열 → 세정 (순환수 분무) → 재열

② 혼합 → 증기 가습 → 가열

③ 외기예열 → 혼합 → 세정 → 재열

④ 외기예냉 → 혼합 → 냉각

 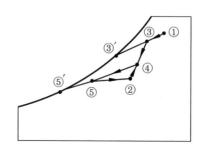

1. 건구온도와 습구온도는 어떤 특정한 공기 표본에 관해서 무엇을 결정할 수 있게 해 주는가?

① 건구온도는 공기가 포함하고 있는 열량을, 습구온도는 포함된 수분의 양을 결정해 준다.
② 습구온도는 이슬점을, 건구온도는 상대습도를 결정하게 한다.
③ 두 가지 온도로 열량, 수분의 양, 이슬점, 상대습도를 결정하게 해 준다.
④ 두 온도의 차이로 상대습도를 구할 수 있게 해 준다.

해설 건구온도와 습구온도의 교점으로 엔탈피, 절대습도, 노점온도, 수증기 분압, 상대습도, 비체적 등을 알 수 있다.

2. 상대습도 100 %인 공기를 표현한 말 중 가장 적당한 것은?

① 건공기 (dry air)
② 습공기 (moist air)
③ 포화습공기 (saturated air)
④ 무입공기 (fogged air)

3. 바이패스 팩터 (bypass factor)란 무엇인가?

① 신선한 공기와 환기의 중량비
② 흡입공기 중의 온공기의 비
③ 송풍공기 중에 있는 수분비
④ 송풍공기 중에 냉각코일에 접촉하지 않고 통과하는 공기의 비

4. 습공기의 상태 변화에 관한 설명 중 틀린 것은?

① 습공기를 가열하면 건구온도와 상대습도가 상승한다.
② 습공기를 냉각하면 건구온도와 습구온도가 내려간다.
③ 습공기를 노점온도 이하로 냉각하면 절대습도가 내려간다.
④ 냉방할 때 실내로 송풍되는 공기는 일반적으로 실내공기보다 냉각 감습되어 있다.

해설 습공기를 가열하면 건구온도는 상승하고 상대습도는 감소한다.

5. 압력 760 mmHg, 기온 15℃의 대기가 수증기 분압 9.5 mmHg를 나타낼 때 대기 1 kg 중에 포함되어 있는 수증기의 중량은 얼마인가?

① 0.00623 kg/kg′
② 0.00787 kg/kg′
③ 0.00821 kg/kg′
④ 0.00931 kg/kg′

해설 $x = 0.622 \times \dfrac{9.5}{760-9.5} = 0.00787 \text{ kg/kg}'$

6. 대기압이 760 mmHg일 때 온도 30℃의 공기에 함유되어 있는 수증기 분압이 42.18 mmHg이었다. 이때 건공기의 분압은 얼마인가?

① 717.82 mmHg
② 727.46 mmHg
③ 745.35 mmHg
④ 760 mmHg

해설 $P_a = P - P_w$
$= 760 - 42.18 = 717.82 \text{ mmHg}$

정답   **1.** ③   **2.** ③   **3.** ④   **4.** ①   **5.** ②   **6.** ①

7. 온도 30℃, 압력 4 kg/cm² (abs)인 공기의 비체적은 얼마인가?

① 0.4 m³/kg   ② 4.0 m³/kg
③ 2.2 m³/kg   ④ 0.22 m³/kg

해설 $v = \dfrac{29.27 \times (273 + 30)}{4 \times 10^4} = 0.22 \ \text{m}^3/\text{kg}$

8. 상대습도 50 %, 냉방의 현열부하가 7500 kJ/h, 잠열부하가 2500 kJ/h일 때 현열비 (SHF)는 얼마인가?

① $SHF = 0.25$ ② $SHF = 0.65$
③ $SHF = 0.75$ ④ $SHF = 0.85$

해설 $SHF = \dfrac{7500}{7500 + 2500} = 0.75$

9. 온도 20℃, 상대습도 65 %의 공기를 30℃로 가열하면 상대습도는 몇 %가 되는가? (단, 20℃의 포화수증기압은 0.024 kg/cm²이고, 30℃의 포화수증기압은 0.043 kg/cm²이다.)

① 33 %   ② 36 %
③ 41 %   ④ 44 %

해설 $\phi = \dfrac{P_w}{P_s} = \dfrac{0.65 \times 0.024}{0.043}$
$\qquad = 0.3627 = 36.27 \ \%$

10. 10×8×3.5 m 크기의 방에 10명이 거주할 때 실내의 탄산가스 서한도를 0.1 %로 하기 위해서는 외기도입량을 얼마로 하여야 하는가? (단, 외기의 탄산가스 함유량은 0.0005 m³/m³, 1인당 탄산가스 발생량은 0.02 m³/h 이다.)

① 100 m³/h   ② 200 m³/h
③ 250 m³/h   ④ 400 m³/h

해설 $Q = \dfrac{10 \times 0.02}{0.001 - 0.0005} = 400 \ \text{m}^3/\text{h}$

11. 32℃의 외기와 24℃의 환기를 1 : 3의 비로 혼합하여 BF (bypass factor) 0.3인 코일로 냉각 제습하는 경우 코일의 출구온도는 몇 도인가? (단, 코일 표면의 온도는 10℃이다.)

① 12℃   ② 14.8℃
③ 16.3℃   ④ 18.5℃

해설 ㉠ 혼합온도
$t_m = \dfrac{(1 \times 32) + (3 \times 24)}{1 + 3} = 26℃$
㉡ 코일의 출구온도
$t_r = \text{BF} \cdot t_m + (1 - \text{BF}) \cdot t_c$
$\qquad = 0.3 \times 26 + (1 - 0.3) \times 10 = 14.8℃$

12. 다음 중 바이패스 팩터 (BF)가 증가하는 경우는 언제인가?

① ADP가 높을 때
② 냉수량이 적을 때
③ 송풍량이 적을 때
④ 코일 튜브의 간격이 넓을 때

해설 BF(bypass factor)가 작아지는 경우 (CF 가 커지는 경우)
• ADP가 높을 때
• 송풍량이 적을 때
• 전열면적이 클 때
• 냉수량이 적을 때
• 코일이 정방향에 가까울 때
• 코일의 간격이 좁을 때
• 코일 지름이 클 때

13. 다음 그림은 공기 선도를 표시한 것이다. 옳게 설명하고 있는 것은?

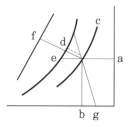

① a=절대습도　② b=건구온도
　 c=상대습도　　 d=습구온도
　 f=엔트로피　　 e=노점온도
③ c=상대습도　④ b=건구온도
　 d=습구온도　　 e=노점온도
　 g=비열비　　　 g=비열비

14. 다음 공기조화 과정을 잘못 설명한 것은?

① *SHF*선과 ④-② 선은 평행하다.
② ③점은 외기 ①과 환기 ②를 혼합한 상태점이다.
③ ④-② 과정은 실내로 송풍하여 실내부하를 제거하는 과정이다.
④ ③-④ 과정은 냉각기의 냉각 가습 과정이다.

15. 다음과 같은 습공기 선도 상에서 틀린 것은?

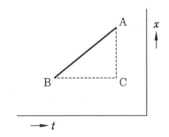

① B-C : 현열 증가 – 가열
② A-B : 전열 감소 – 냉각 감습
③ C-A : 잠열 증가 – 가습
④ C-B : 잠열 감소 – 냉각

16. 다음과 같은 습공기 선도 상의 상태에서 외기부하를 나타내고 있는 것은?

① $G(h_3 - h_4)$
② $G(h_5 - h_4)$
③ $G(h_3 - h_2)$
④ $G(h_2 - h_5)$

공기조화 계획

○ 공기조화 방식

1 공기조화 방식의 개요

(1) 공조설비 구성

① 공조기 : 송풍기, 에어 필터, 공기냉각기, 공기가열기, 가습기 등으로 구성

② 열운반장치 : 팬, 덕트, 펌프, 배관 등으로 구성

③ 열원장치 : 보일러, 냉동기 등을 운전하는 데 필요한 보조기기

④ 자동제어장치 : 실내 온·습도를 조정하고 경제적인 운전을 하는 기기

참고 실내환경의 쾌적함을 위한 외기도입량

외기도입량은 급기량의 25 ~ 30 % 정도를 도입한다.

$$Q \geqq \frac{M}{C - C_a}$$

여기서, Q : 시간당 외기도입량 (m³/h), C : 실내 유지를 위한 CO_2 함유량 (%)
C_a : 외기도입 공기 중의 CO_2 함유량 (%)

---

(2) 공조 방식의 분류

구분	에너지 매체에 의한 분류	시스템명	세분류
중앙식	전공기 방식	정풍량 단일덕트 방식	존 재열, 말단재열
		변풍량 단일덕트 방식	
		2중 덕트 방식	멀티 존 방식
	수-공기 방식	팬 코일 유닛 방식 (덕트 병용)	2관식, 3관식, 4관식
		유인 유닛 방식	2관식, 3관식, 4관식
		복사 냉난방 방식 (패널에어 방식)	
	수방식	팬 코일 유닛 방식	2관식, 3관식, 4관식
개별식	냉매방식	룸 쿨러 패키지 유닛 방식 (중앙식) 패키지 유닛 방식 (터미널 유닛 방식)	

2 공기조화 방식

(1) 전공기 방식의 특징

① 장점

㉮ 청정도가 높은 공조, 냄새 제어, 소음 제어에 적합하다.

㉯ 중앙집중식이므로 운전·보수 관리가 용이하고 선택 폭이 크다.

㉰ 공조하는 실에는 드레인 배관, 공기여과기 또는 전원이 필요 없다.

㉱ 리턴 팬을 설치하면 중간기 및 동절기에 외기냉방이 가능하다.

㉲ 폐열 회수장치를 이용하기 쉽다.

㉳ 많은 배기량에도 적응성이 있다.

㉴ 겨울철 가습하기가 용이하다.

㉵ 실내에 흡입구, 취출구를 설치하면 되고 팬 코일 유닛과 같은 기구가 노출되지 않는 다 (실내공간이 넓다).

㉶ 건축 중 설계 변경 또는 완공 후 실내장치 변경에 융통성이 있다.

㉷ 계절 변화에 따른 냉·난방 전환이 용이하다.

② 단점

㉮ 덕트 치수가 커지므로 설치공간이 크다.

㉯ 존 (zone)별 공기 평형을 유지시키기 위한 기구가 없으면 공기 균형 유지가 어렵다.

㉰ 송풍동력이 커서 다른 방식에 비하여 반송동력이 크게 된다.

㉱ 대형의 공조기계실을 필요로 한다.

㉲ 동절기 비사용 시간대에도 동파 방지를 위해 공조기를 운전하여야 한다.

㉳ 재열장치 사용 시 에너지 손실이 크다.

㉴ 재순환공기에 의한 실내공기 오염의 우려가 있다.

③ 적용

㉮ 전공기방식을 요구하는 곳 (사무실, 학교, 실험실, 병원, 상가, 호텔, 선박 등)

㉯ 온·습도 및 양호한 청정 제어를 요하는 곳 (컴퓨터실, 병원 수술실, 방적공장, 담배 공장 등)

㉰ 1실 1계통 제어를 요하는 곳 (극장, 스튜디오, 백화점, 공장 등)

(2) 유닛 병용 (공기 – 수) 방식의 특징

① 장점

㉮ 부하가 큰 방에 대해서도 환기공기만 보내므로 덕트의 치수가 작아질 수 있다.

㉯ 전공기 방식에 비하여 반송동력이 적다.

㈐ 유닛별로 제어하면 개별 제어가 가능하다.

㈑ 수동으로 개별 제어하면 경제적 운전이 가능하다.

㈒ 전공기 방식에 비해 중앙공조기가 작아진다.

㈓ 제습·가습이 중앙장치에서 행하여진다.

㈔ 동절기 동파 방지를 위한 공조기 가동이 불필요하다.

㈕ 환기가 양호하다.

② 단점

㈎ 유닛에 고성능 필터를 사용할 수가 없다.

㈏ 필터의 보수, 기기의 점검이 증대하여 관리비가 증가한다 (기기 분산 설치로 유지 보수가 어렵다).

㈐ 실내기기를 바닥 위에 설치하는 경우 바닥 유효면적이 감소한다.

㈑ 외기냉방이 어렵다.

㈒ 습도 조절을 위하여 저온의 냉수가 필요하다.

㈓ 자동제어가 복잡하다.

㈔ 많은 양의 환기를 요하는 곳은 적용 불가능하다.

③ 적용 : 다수의 존 (zone)을 가지며, 현열 부하의 변동폭이 크고 고도의 습도 제어가 요구되지 않는 곳 (사무실, 병원, 호텔, 학교, 아파트, 실험실 등의 외주부)

(3) 수 (물) 방식의 특징

실내에 설치된 유닛(fan coil unit, unit heater, convector 등)에 냉·온수를 순환하는 방식이다.

① 장점

㈎ 공조기계실 및 덕트 공간이 불필요하다.

㈏ 사용하지 않는 실의 열원 공급을 중단시킬 수 있으므로 실별 제어가 용이하다.

㈐ 재순환공기의 오염이 없다.

㈑ 덕트가 없으므로 증설이 용이하다.

㈒ 자동제어가 간단하다.

㈓ 4관식의 경우 냉·난방을 동시에 할 수 있고 절환이 불필요하다.

팬 코일 유닛

② 단점

㈎ 기기 분산으로 유지관리 및 보수가 어렵다.

㈏ 각 실 유닛에 필터 배관, 전기배선 설치가 필요하므로 정기적인 청소가 요구된다.

㉰ 환기량이 건축물 설치방향, 풍향, 풍속 등에 좌우되므로 환기가 좋지 못하다 (자연 환기를 시킨다).

㉱ 습도 제어가 불가능하다.

㉲ 코일에 박테리아, 곰팡이 등의 서식이 가능하다.

㉳ 동력 소모가 크다 (소형 모터가 다수 설치됨).

㉴ 유닛이 실내에 설치되므로 실 공간이 적어진다.

㉵ 외기냉방이 불가능하다.

③ 적용

㉮ 습도 제어가 필요 없다.

㉯ 재순환공기의 오염이 우려되는 곳으로 개별 제어가 필요한 호텔, 아파트, 사무실 등

3 열원방식

(1) 전공기식 단일 덕트 방식

① 정풍량 방식 (constant air volume ; CAV)

㉮ 장점

㉠ 공조기가 중앙식이므로 공기 조절이 용이하다.

㉡ 공조기실을 별도로 설치하므로 유지관리가 확실하다.

㉢ 공조기실과 공조 대상실을 분리할 수가 있어서 방음·방진이 용이하다.

㉣ 송풍량과 환기량을 크게 계획할 수 있으며, 환기팬을 설치하면 외기냉방이 용이하다.

㉤ 자동제어가 간단하므로 운전 및 유지관리가 용이하다.

㉥ 급기량이 일정하므로 환기상태가 양호하고 쾌적하다.

㉯ 단점

㉠ 다실공조인 경우에는 각 실의 부하 변동에 대한 대응력이 약하다 (개별실 제어가 어렵다).

㉡ 가변풍량 방식에 비하여 송풍기 동력이 커져서 에너지 소비가 증대한다.

㉢ 최대 부하를 기준으로 공조기를 선정하므로 용량이 커진다.

㉰ 적용

㉠ 1실 1계통의 공조가 필요한 곳 (체육관, 극장, 강당, 백화점 등)

㉡ 부하 변동이 일정한 사무실 등

㉢ 온·습도 제어가 요구되는 항온 항습실 및 병원 수술실 등

(a) 냉난방장치　　　　　(b) 냉방장치

단일 덕트 방식의 중앙장치

고속과 저속덕트의 비교 (개략치)

구분	주덕트 풍속 (m/s)	분기 덕트 풍속 (m/s)	송풍기 전압 (mmAq)	송풍기 동력 (kW)
저속덕트	8 ~ 15	4 ~ 6	50 ~ 75	30 ~ 37
고속덕트	20 ~ 25	10 ~ 12	150 ~ 250	75 ~ 100

참고　① **말단재열기** : CAV 방식에서는 실별 제어가 불가능하므로 각 실의 토출구 직전에 설치하여 취출온도를 희망하는 설정값으로 유지하는 방식으로 재열용 열매로 증기 또는 온수가 이용된다.
② **저속덕트와 고속덕트의 구분** : 풍속 15 m/s 이상을 고속덕트라 하며, 일반적으로 20 ~ 25 m/s가 채택되며 저속덕트는 8 ~ 15 m/s가 채용된다.

② 변풍량 방식 (variable air volume ; VAV)
　㈎ 장점
　　㉮ 개별실 제어가 용이하다.
　　㉯ 타 방식에 비해 에너지가 절약된다.
　　　• 사용하지 않는 실의 급기 중단
　　　• 급기량을 부하에 따라 공급할 수 있다.
　　　• 부분부하시 팬(fan)의 소비전력이 절약된다.
　　㉰ 동시부하율을 고려하여 공조기를 설정하므로 정풍량에 비해 20 % 정도 용량이 적어진다.
　　㉱ 공기 조절이 용이하므로 부하 변동에 따른 유연성이 있다.
　　㉲ 부하 변동에 따른 제어응답이 빠르기 때문에 거주성이 향상된다.
　　㉳ 시운전 시 토출구의 풍량 조절이 간단하다.

㈏ 단점

　　㉮ 급기류가 변화하므로 불쾌감을 줄 우려가 있다.

　　㉯ 최소 풍량 제어 시에 환기 부족 현상의 우려가 있고 소음 발생이 가능하다.

　　㉰ CAV에 비해 설비 시공비가 많다.

　　㉱ 자동제어가 복잡하여 운전 및 유지관리가 어렵다.

　　㉲ 실내환경의 청정화 유지가 어렵다.

㈐ 적용 : 개별실 제어가 요구되는 일반 사무실 건물 등

(2) 전공기 이중 덕트 방식

① 정풍량 이중 덕트 방식(double duct constant air volume ; DDCAV)

이중 덕트 방식

㈎ 장점

　　㉮ 실내부하에 따라 개별실 제어가 가능하다.

　　㉯ 냉·온풍을 혼합하여 토출하므로 계절에 따라 냉·난방을 변환시킬 필요가 없다.

　　㉰ 실내의 용도 변경에 대해서 유연성이 있다.

　　㉱ 냉풍 및 온풍이 열매체이므로 부하 변동에 대한 응답이 빠르다.

　　㉲ 조닝(zoning)의 필요성이 크지 않다.

　　㉳ 외기냉방이 가능하다.

㈏ 단점

　　㉮ 냉·온풍을 혼합하는 데 따른 에너지 손실 및 연간 일정한 풍량을 공급하기 위한
　　　 송풍동력으로 운전비가 상승한다.

　　㉯ 2계통의 덕트가 설치되므로 설비비가 높다.

　　㉰ 덕트의 설치공간이 커지므로 고속덕트 방식을 채택하게 된다.

　　㉱ 혼합 상자에서 소음과 진동이 발생한다.

　　㉲ 실내습도의 완전한 제어가 어렵다.

　　㉳ 실온 유지를 위하여 하절기에도 난방의 필요성이 있다.

(다) 적용

　㉮ 냉·난방의 분포가 복잡하고 개별실 제어가 필요한 곳

　㉯ 사용목적이 불투명하고 변동이 많은 건물

② 변풍량 이중 덕트 방식(double duct variable air volume ; DDVAV)

(가) 장점

　㉮ 같은 기능의 변풍량 재열식에 비해 에너지가 절감된다.

　㉯ 동시 사용률을 적용할 수가 있어서 주덕트에서 최대 부하 시보다 20 ~ 30 %의 풍량을 줄일 수 있으므로 설비용량을 적게 할 수 있다.

　㉰ 부분부하시 송풍기 동력을 절감할 수가 있다.

　㉱ 빈방에 급기를 정지시킬 수 있어서 운전비를 줄일 수 있다.

　㉲ 부하 변동에 대하여 제어응답이 빠르다.

(나) 단점

　㉮ 2중 덕트를 사용하므로 설비비가 크다.

　㉯ 최소풍량 시 외기도입이 어렵다.

　㉰ 실내공기의 분포가 나빠질 우려가 있으므로 토출구 선정 시 주의해야 한다.

③ 멀티 존 유닛 방식(multi zone unit system)

멀티 존 유닛 방식

(가) 장점

　㉮ 소규모 건물의 이중 덕트 방식과 비교하여 초기 설비비가 저렴하다.

　㉯ 이중 덕트 방식의 덕트 공간을 천장 속에 확보할 수 없는 경우에 적합하다.

　㉰ 존 제어가 가능하므로 건물의 내부 존에 이용된다.

(나) 단점

㉮ 이중 덕트 방식과 같은 혼합 손실이 있어서 에너지 소비량이 많다.

㉯ 동일 존에 있어서 내주부 부하 변동과 외주부 부하 변동이 거의 균일해야 한다.

㉰ 장차 존 혼합 댐퍼를 증설한다는 것은 경제적으로나 현실적으로 불가능하다.

㉱ 이중 덕트 방식에 비하여 정풍량장치가 없으므로 각 실의 부하 변동이 심하게 달라지면 각 실에 대한 송풍량의 균형이 깨진다.

㉲ 덕트 수가 많으므로 유닛을 건물 중앙에 두어 덕트 공간이 넓어지는 것을 방지한다.

(3) 덕트 병용 패키지 공조 방식

① 장점

(가) 설비비가 저렴하다.

(나) 운전에 전문 기술인이 필요 없다.

(다) 유닛에 냉동기를 내장하므로 부분 운전에 중앙 열원장치를 운전하지 않아도 된다.

② 단점

(가) 수명이 짧으므로 보수비용이 크다.

(나) 실온 제어가 2위치이므로 습도 제어가 곤란하고 편차가 크다.

(다) 소형장치 (15 RT 이하)에 고급 필터를 설치할 때는 송풍기 정압이 낮으므로 부스터 팬 (booster fan)을 설치해야 한다.

(4) 각층 유닛 방식

(a) 각층 유닛 방식 I   (b) 각층 유닛 방식 II

각층 유닛 방식

① 장점

   (개) 송풍 덕트가 짧다.

   (내) 시간차 운전에 적합하다.

   (대) 각층 슬래브의 관통 덕트가 없으므로 방화상 유리하다.

   (래) 층별 존 제어가 가능하다.

② 단점

   (개) 공조기 수가 많으므로 설비비가 많이 든다.

   (내) 보수관리가 복잡하다.

   (대) 진동, 소음이 크다.

   (래) 2차 공조용 기계실이 단일 덕트 공간보다 커진다.

(5) 유닛 병용식 (수 – 공기 방식)

① 팬 코일 유닛 방식 (fan coil unit system) (덕트 병용)

   (개) 장점

      ㉮ 각 유닛마다 조절할 수 있으므로 각 실 조절에 적합하다.

      ㉯ 전공기식에 비해 덕트 면적이 적다.

      ㉰ 장내의 부하 증가에 대하여 팬 코일 유닛의 증설관으로 용이하게 계획될 수 있다.

   (내) 단점

      ㉮ 일반적으로 외기 공급을 위한 별도의 설비를 병용할 필요가 있다.

      ㉯ 유닛이 실내에 설치되므로 건축계획상 지장을 받는 경우가 있다.

      ㉰ 다수 유닛이 분산 설치되므로 보수관리가 어렵다.

      ㉱ 전공기식에 비해 다량의 외기송풍량을 공급하기 곤란하므로 중간기나 겨울철의 효과적인 외기냉방을 하기가 힘들다.

      ㉲ 수배관으로 인한 누수의 염려가 있다.

      ㉳ 실내공기 청정도를 요구하기 힘들다.

② 유인 유닛 방식 (induction unit system)

   (개) 장점

      ㉮ 비교적 낮은 운전비로 개실 제어가 가능하다.

      ㉯ 1차 공기와 2차 냉·온수를 별도로 공급함으로써 재실자의 기호에 알맞은 실온을 선정할 수 있다.

      ㉰ 1차 공기를 고속덕트로 공급하고, 2차측에 냉·온수를 공급하므로 열 반송에 필요한 덕트 공간을 최소화한다.

      ㉱ 중앙공조기는 처리풍량이 적어서 소형으로 된다.

㉮ 제습, 가습, 공기여과 등을 중앙기계실에서 행한다.

㉯ 유닛에는 팬 등의 회전부분이 없으므로 내용연수가 길고, 일상점검은 온도 조절과 필터의 청소뿐이다.

㉰ 송풍량은 일반적인 전공기 방식에 비하여 적고 실내부하의 대부분은 2차 냉수에 의하여 처리되므로 열 반송 동력이 작다.

㉱ 조명이나 일사가 많은 방의 냉방에 효과적이고 계절에 구분 없이 쾌감도가 높다.

(b) 수량조절형 유인 유닛

(a) 송풍계통도

(c) 댐퍼조절형 유인 유닛

유인 유닛 방식

(나) 단점

㉮ 1차 공기량이 비교적 적어서 냉방에서 난방으로 전환할 때 운전 방법이 복잡하다.

㉯ 송풍량이 적어서 외기냉방 효과가 적다.

㉰ 자동제어가 전공기 방식에 비하여 복잡하다.

㉱ 1차 공기로 가열하고 2차 냉수로 냉각 (또는 가열) 하는 등 가열, 냉각을 동시에 행하여 제어하므로 혼합손실이 발생하여 에너지가 낭비된다.

㈃ 팬 코일 유닛과 같은 개별운전이 불가능하다.

㈅ 설비비가 많이 든다.

㈆ 직접난방 이외에는 사용이 곤란하고 중간기에 냉방운전이 필요하다.

> **참고** 1차 공기와 2차 공기(합계 공기)와의 비는 일반적으로 1 : 3 ~ 4 이고, 더블 코일일 때에는 1 : 6 ~ 7 정도이다.
>
> $$유인비 \ n = \frac{합계\ 공기}{1차\ 공기} = \frac{T_i}{P_s}$$

③ 복사 냉·난방 방식(panel air system)

  ㈎ 장점

   ㉮ 복사열을 이용하므로 쾌감도가 제일 좋다.

   ㉯ 천장이 높은 방에 온도 취출 차를 줄일 수 있다.

   ㉰ 건물의 축열을 기대할 수 있다.

   ㉱ 실내에 유닛이 없으므로 공간이 넓다.

   ㉲ 냉방시 일사 또는 조명부하를 쉽게 처리할 수 있다.

  ㈏ 단점

   ㉮ 냉각 패널에 결로 우려가 있고 잠열이 많은 부하처리에 부적당하다.

   ㉯ 실내 수배관이 필요하고 설비비가 많이 든다.

   ㉰ 많은 환기량을 요하는 장소는 부적당하다.

   ㉱ 실 건축구조 변경이 어렵다.

(6) 개별 방식

① 장점

  ㈎ 각 유닛에 냉동기를 내장하고 있기 때문에 필요시간에 가동하므로 에너지 절약이 되고, 또 잔업 시의 운전 등으로 국소적인 운전을 할 수 있다.

  ㈏ 서모스탯을 내장하고 있어 개별 제어가 자유롭게 된다.

  ㈐ 취급이 간단하고 대형의 것도 누구든지 운전할 수 있다.

② 단점

  ㈎ 냉동기를 내장하고 있으므로 일반적으로 소음, 진동이 크다.

  ㈏ 열펌프 이외의 것은 난방용으로서 전열을 필요로 하며, 운전비가 높다.

  ㈐ 수명은 대형기기에 비하여 짧다.

  ㈑ 외기냉방을 할 수 없다.

참고 열펌프 (heat pump) 유닛 방식

① 장점
- (가) 유닛마다 제어기구가 있어서 개별 운전 제어가 가능하다.
- (나) 증설, 간벽 변경 등에 대한 대응이 용이하고, 공조 방식에 융통성이 있다.
- (다) 냉·난방부하가 동시에 발생하는 건물에는 열 회수가 가능하다.
- (라) 천장 안에 기기를 설치하면 기계실 면적을 최소화할 수 있다.
- (마) 설치하기가 쉽고, 운전이 단순하다.

② 단점
- (가) 외기냉방이 어렵다.
- (나) 기기의 발생 소음이 커서 기종 선정 시 주의를 요한다.
- (다) 환기능력에 제한이 있다.
- (라) 습도 제어가 어렵고, 필터효율이 나쁘다.
- (마) 기기의 수명이 짧다.

>>> 제2장

예상문제

1. 다음의 전공기식 공기조화에 관한 설명 중 옳지 않은 것은?

① 덕트가 소형으로 되므로 스페이스가 작게 된다.
② 송풍량이 충분하므로 실내공기의 오염이 적다.
③ 극장과 같이 대풍량을 필요로 하는 장소에 적합하다.
④ 병원의 수술실과 같이 높은 공기의 청정도를 요구하는 곳이 적합하다.

해설 전공기 방식은 덕트가 대형화된다.

2. 다음은 2중 덕트 방식을 설명한 것이다. 관계없는 것은?

① 전공기 방식이다.
② 복열원 방식이다.
③ 개별실 제어가 가능하다.
④ 열손실이 거의 없다.

해설 2중 덕트 방식은 냉풍과 온풍의 혼합실에서 에너지 손실이 발생한다.

3. VAV 공조 방식에 관한 다음 설명 중 옳지 않은 것은?

① 각 방의 온도를 개별적으로 제어할 수 있다.
② 동시부하율을 고려하여 용량을 결정하기 때문에 설비가 크다.
③ 연간 송풍동력이 정풍량 방식보다 적다.
④ 부하의 증가에 대해서 유연성이 있다.

해설 동시부하율을 고려해서 정풍량의 80 % 정도이다.

4. 각층 유닛(unit) 방식의 설명 중 바르게 설명된 것은?

① 물 - 공기 방식이며 부분부하 운전이 가능하다.
② 설비비가 적으며, 관리도 용이하다.
③ 덕트 스페이스가 크고 시간차 운전이 불가능하다.
④ 전공기 방식이며 구역별 제어가 가능하다.

해설 각층 유닛 방식은 단일 덕트 방식의 변형이다.

5. 팬 코일 유닛 방식은 배관 방식에 따라 2관식, 3관식, 4관식이 있다. 다음의 설명 중 적당하지 않은 것은?

① 3관식과 4관식은 냉수배관, 온수배관을 설치하여 각 계통마다 동시에 냉·난방을 자유롭게 할 수 있다.
② 4관식 중 2코일식은 냉수계와 온수계가 완전 분리되므로 냉·온수 간의 밸런스 문제가 복잡하고 열손실이 많다.
③ 3관은 환수관에서 냉·온수가 혼합되므로 열손실이 생긴다.
④ 환경 제어 성능이나 열손실면에서 4관식이 가장 좋으나 설비비나 설치면적이 큰 것이 단점이다.

6. 다음 그림은 냉각코일에서의 공기 상태 변화를 공기 선도 상에 표시한 것이다. 건코일(dry coil)에 해당되는 부분은?

① $\overline{AB}$
② $\overline{AC}$
③ $\overline{BC}$
④ $\overline{CD}$

정답 1. ① 2. ④ 3. ② 4. ④ 5. ② 6. ④

| 2-2 | ○ 공기조화 부하 |

1 냉방부하

(1) 외벽, 지붕에서의 태양복사 및 전도에 의한 부하(kJ/h)

면적(m^2)×열관류율$(kJ/m^2 \cdot h \cdot K)$×상당 온도차 (K)

① 벽체의 구조

벽 구조와 K [kcal/$m^2 \cdot h \cdot$ ℃]의 값

번호	구조	K	번호	구조	K
①	콘크리트 두께 5 cm	4.68	⑥	알루미늄 커튼 월	1.99
②	콘크리트 두께 10 cm	3.97	⑦	알루미늄 커튼 월 (보온재 5 cm)	0.550
③	콘크리트 두께 15 cm	3.44	⑧	목조벽 (보온재 3 cm)	0.842
④	콘크리트 두께 20 cm	3.04	⑨	ALC 판 (7.5 cm)	1.20
⑤	콘크리트 두께 25 cm	2.72	⑩	ALC 판 (12.5 cm)	0.858

벽 번호	구조	벽 번호	구조
①~⑤	콘크리트 (두께 t[cm]) / 또는 / 콘크리트+모르타르 (두께 t[cm])	⑧	외 / woodlath mortar 2.5 cm / 공기 공간 3.5 cm / 글라스 울 3 cm / 합판 0.6 cm
⑥	외 / A1판 0.25 cm / rockwool spray 1 cm / 공기 공간 5 cm / A1판 0.25 cm	⑨	모르타르 2.5 cm / ALC판 7.5 cm / 공기공간 2.5 cm / 합판 0.6 cm
⑦	외 / 내 / 공기 공간 5 cm / 글라스 울 5 cm / 다른 것은 ⑥과 동일	⑩	ALC판 12.5 cm / 다른 것은 ⑨와 동일

② 상당 온도차 : 일사를 받는 외벽체를 통과하는 열량을 산출하기 위하여 실내·외 온도차에 축열계수를 곱한 것으로서 지역과 시간 및 방위(향)에 따라서 그 값이 다르다.

$$보정\ 상당\ 외기\ 온도차\ \ \Delta t_e' = \Delta t_e + (t_o' - t_i') - (t_o - t_i)$$

여기서, $\Delta t_e'$: 보정 상당 온도차(℃), Δt_e : 상당 온도차
t_i' : 실제 실내온도, t_i : 설계 실내온도
t_o' : 실제 외기온도, t_o : 설계 외기온도

상당 온도차의 예 (콘크리트벽, 설계 외기온도 31.7℃, 실내온도 26℃, 7월 하순)

벽	시각	Δt_e								
		수평	북	북동	동	남동	남	남서	서	북서
콘크리트두께 5 cm	8	14.2	6.6	21.4	24.2	15.5	2.6	2.8	3.0	2.5
	10	32.8	5.9	18.7	27.7	24.6	10.1	6.2	6.3	5.8
	12	43.5	8.2	8.6	17.1	20.4	16.6	9.4	8.5	8.0
	14	44.4	8.7	8.8	9.0	10.5	17.4	20.2	16.4	8.5
	16	36.2	8.1	8.2	8.4	8.4	12.8	26.5	29.1	19.8
콘크리트두께 10 cm	8	5.4	1.3	6.5	7.5	4.9	1.8	2.5	2.8	2.0
	10	20.1	4.8	19.8	24.6	18.8	4.5	4.6	4.8	4.2
	12	33.5	6.6	14.6	21.2	20.8	11.4	7.4	7.6	7.1
	14	40.7	7.8	8.2	11.3	15.8	15.6	11.2	8.6	8.2
	16	38.7	8.1	8.5	8.9	9.1	14.6	19.8	13.3	10.4
콘크리트두께 15 cm	8	6.5	1.7	3.1	4.7	3.8	2.5	3.7	4.2	2.9
	10	10.5	5.3	11.6	12.4	8.7	3.4	4.5	5.0	3.8
	12	23.7	4.7	15.5	19.9	17.6	6.6	6.3	6.4	5.6
	14	32.3	6.7	10.5	15.3	16.5	11.7	8.3	8.0	7.5
	16	35.6	7.3	8.0	8.9	11.6	13.6	13.2	9.1	8.1
콘크리트두께 20 cm	8	8.6	2.3	4.1	5.7	4.9	3.4	4.7	5.4	4.9
	10	8.6	2.3	4.0	5.7	4.8	3.3	4.7	5.3	4.8
	12	15.5	5.7	13.5	15.1	11.4	4.4	5.7	6.3	5.9
	14	25.3	5.3	12.3	16.4	15.4	8.0	7.2	7.7	7.5
	16	30.9	6.5	7.7	12.1	13.6	11.5	8.8	8.6	8.6
경량 콘크리트두께 10 cm	8	5.0	1.3	2.6	3.9	8.7	2.0	2.9	3.4	2.3
	10	14.9	5.9	16.9	18.8	13.3	3.6	4.3	4.9	3.8
	12	28.8	5.6	15.0	20.7	19.2	8.9	6.8	7.2	6.3
	14	37.0	7.2	7.9	14.0	16.5	13.4	9.0	8.6	7.8
	16	37.7	7.8	8.3	9.0	9.9	14.2	16.5	14.1	8.4
경량 콘크리트두께 15 cm	8	8.5	2.3	4.0	5.7	4.8	3.4	4.6	5.2	3.8
	10	8.4	2.2	3.9	5.7	4.8	3.3	4.6	5.1	3.8
	12	16.0	5.7	14.6	15.5	12.0	4.5	5.7	6.2	4.8
	14	25.8	5.4	12.4	16.2	15.4	8.4	7.3	7.7	6.6
	16	31.4	6.6	7.6	11.8	13.5	11.5	8.8	8.6	7.6

(2) 유리로 침입하는 열량

① 복사열량 (일사량) : 면적 $(m^2) \times$ 최대 일사량 $(kJ/m^2 \cdot h) \times$ 차폐계수

② 전도대류열량 : 창면적당 전도대류열량 $(kJ/m^2 \cdot h) \times$ 면적 (m^2)

③ 전도열량 : 면적 $(m^2) \times$ 유리 열관류율 $(kJ/m^2 \cdot h \cdot K) \times$ 실내·외 온도차 (K)

차폐계수 (k_s)

종류		k_s	참고값		
			흡수율	반사율	투과율
보통판유리		1.00	0.06	0.08	0.86
마판유리		0.94	0.15	0.08	0.77
내측 venetian blind	엷은색	0.56	0.37	0.51	0.12
	중간색	0.65	0.58	0.39	0.03
	진한색	0.75	0.72	0.29	0.01
외측 venetian blind	엷은색	0.12			
	중간색	0.15			
	진한색	0.22			

흡열유리를 통과하는 일사량 I_{gR} [kcal/h·m²]

시각	수평	NW	N	NE	E	SE	S	SW	W
6	30.1	8.9	33.9	133.2	144.8	63.1	8.9	8.9	8.9
7	110.0	11.9	24.6	222.0	278.9	146.8	11.9	11.9	11.9
8	216.0	13.2	13.2	183.2	308.8	216.0	15.0	13.2	13.2
9	301.9	18.5	18.5	113.0	247.1	201.3	30.7	18.5	18.5
10	362.3	24.2	24.2	52.5	163.3	164.7	55.6	24.2	24.2
11	413.7	24.6	24.6	24.6	72.8	113.6	78.6	24.6	24.6
12	426.3	24.6	24.6	24.6	24.6	55.0	85.0	55.0	24.6
13	413.7	24.6	24.6	24.6	24.6	24.6	78.6	113.6	72.8
14	362.3	52.5	24.2	24.2	24.2	24.2	55.6	164.7	163.3
15	301.9	113.0	18.5	18.5	18.5	18.5	30.7	201.3	247.1
16	216.0	183.2	13.2	13.2	13.2	13.2	15.0	216.0	308.8
17	110.0	222.0	24.6	11.9	11.9	11.9	11.9	146.8	278.9
18	30.1	133.2	33.9	8.9	8.9	8.9	8.9	63.1	144.8

(그레이 페인 5 mm, 7월 하순)

(3) 틈새바람에 의한 열량

• 감열 = 풍량 $(m^3/h) \times$ 비중량 $(1.2\,kg/m^3) \times$ 비열 $(1\,kJ/kg \cdot K) \times$ 실내·외 온도차 (K)

- 잠열＝풍량 $(\text{m}^3/\text{h}) \times$ 비중량 $(1.2\,\text{kg}/\text{m}^3) \times$ 잠열 $(2500.9\,\text{kJ/kg})$
  $\times$ 실내·외 절대습도차 (kg/kg')

흡열유리를 통과하는 전도대류량 $I_g C\,[\text{kcal/h}\cdot\text{m}^2]$

시각	수평	NW	N	NE	E	SE	S	SW	W
6	9.6	1.9	11.1	27.0	28.3	16.7	1.9	1.9	1.9
7	37.7	9.4	17.5	55.0	62.0	43.5	9.4	9.4	9.4
8	67.7	18.8	18.8	61.9	79.8	67.1	20.9	18.8	18.8
9	89.5	27.9	27.9	58.3	80.2	73.4	36.6	27.9	27.9
10	103.8	35.4	35.4	49.3	73.4	73.8	50.3	35.4	35.4
11	115.0	39.0	39.0	39.0	58.3	67.6	59.2	39.2	39.0
12	118.2	41.3	41.3	41.3	41.3	56.2	63.9	56.2	41.3
13	118.5	42.4	42.4	42.4	42.4	42.6	62.6	71.0	61.8
14	118.7	56.1	42.3	42.3	42.3	42.3	57.2	80.7	80.3
15	102.6	71.5	41.1	41.1	41.1	41.1	49.3	86.5	93.3
16	84.2	78.5	35.4	35.4	35.4	35.4	37.4	83.7	96.3
17	58.8	76.2	38.6	30.6	30.6	30.6	30.6	64.7	83.1
18	31.4	48.6	32.9	23.6	23.6	23.6	23.6	38.4	50.0

(그레이 페인 5 mm, 7월 하순)

① 환기 횟수에 의한 방법 : 이 방법은 주택이나 점포, 상가 등의 소규모 건물에 자주 사용되며, 다음 식에 의해 계산한다.

$$Q = n \cdot V$$

여기서, Q : 환기량 (m^3/h), n : 환기 횟수 (회/h), V : 실체적 (m^3)

환기 횟수는 건축구조에 따라 달라지며, 일반적으로 $0.5 \sim 1.0$회를 사용하는데, 정확한 계산법은 아니지만 간단하므로 자주 이용된다.

② crack 법 (극간길이에 의한 방법) : 창 둘레의 극간길이 $L\,[\text{m}]$에 극간길이 1 m당 극간풍량을 곱하여 구한다. 이 방법은 외기의 풍속과 풍압을 고려하고, 창문의 형식에 따라 누기량이 정해진다.

③ 창면적에 의한 방법 : 창의 면적 또는 문의 면적을 구하여 극간용량을 계산하는 방법으로서 창의 크기 및 기밀성, 바람막이의 유무에 따라 극간풍이 달라진다.

$$Q\,[\text{m}^3/\text{h}] = A\,[\text{m}^2] \times g_f\,[\text{m}^3/\text{h}\cdot\text{m}^2]$$

여기서, A : 창문면적 (m^2), g_f : 면적당 극간풍량

④ 출입문의 극간풍 : 현관의 출입문은 사람에 의하여 개폐될 때마다 많은 풍량이 실내로 유입된다. 특히, 건물 자체의 연돌효과로 인해 현관은 부압이 되며, 극간풍량은 증가한다.

⑤ 건물 내 개방문 : 건물 내의 실(室)과 복도, 실과 실 사이의 문으로서 양측의 온도차가 발생하여 극간풍이 발생한다.

극간풍에 의한 환기 횟수(n)

(회/h)

건축 구조	환기 횟수(n)	
	난방 시	냉방 시
콘크리트조 (대규모 건축)	0 ~ 0.2	0
콘크리트조 (소규모 건축)	0.2 ~ 0.6	0.1 ~ 0.2
양식 목조	0.3 ~ 0.6	0.1 ~ 0.3
일식 목조	0.5 ~ 1.0	0.2 ~ 0.6

㊟ 창 섀시는 전부 알루미늄 섀시로 한다.

참고 **극간풍을 방지하는 방법**

① 에어 커튼(air curtain)의 사용
② 회전문을 설치
③ 충분히 간격을 두고 이중문을 설치
④ 이중문의 중간에 강제대류 convector or FCU 설치
⑤ 실내를 가압하여 외부압력보다 높게 유지하는 방법
⑥ 건축의 건물 기밀성 유지와 현관의 방풍실 설치, 층간의 구획 등

예제 **2.** Al 섀시 두 짝 미닫이에서 창문 높이가 2 m이고 폭이 2 m일 때 crack에 의한 극간길이는 얼마이며 침입풍량이 10 m³/h·m일 때 극간풍량을 계산하여라.

해설 ① 극간길이＝3×2＋2×2＝10 m
② 극간풍량＝10×10＝100 m³/h

(4) 내부에서 발생하는 열량

① 인체에서 발생하는 열량

현열＝재실인원수×1인당 발생현열량 (kJ/h)

잠열＝재실인원수×1인당 발생잠열량 (kJ/h)

② 전동기 (실내 운전 시) [kcal/h]＝전동기 입력 (kVA)×860 kcal/h (3600 kJ/h)

전동기 입력(kVA)＝전동기 정격출력 (kW)×부하율×$\dfrac{1}{전동기\ 효율}$

③ 조명부하

백열등 발열량＝W×전등 수×0.86 kcal/h (3.6 kJ/h)

형광등 발열량＝W×전등 수×1.25×0.86 kcal/h (3.6 kJ/h)

> **참고** 형광등 1 kW의 열량은 점등관 안전기 등의 열량을 합산하여 860×1.25×1000 kcal/h (1×1.25× 3600 = 4500 kJ/h)이다.

④ 실내기구 발생열(현열)(kJ/h) = 기구 수 × 실내기구 발생현열량(kJ/h)

인체에서 발생하는 열량 (kcal/h)

작업상태	예	발전 열량	28℃ SH	28℃ LH	27℃ SH	27℃ LH	26℃ SH	26℃ LH	25℃ SH	25℃ LH	24℃ SH	24℃ LH	23℃ SH	23℃ LH	21℃ SH	21℃ LH
정좌	극장	88	44	44	49	39	53	35	56	33	58	30	60	28	65	23
경작업	학교	101	45	56	49	52	53	48	57	44	61	40	64	38	69	32
사무실 업무 가벼운 보행	사무실, 호텔, 백화점	113	45	68	50	63	54	59	58	55	62	51	65	47	72	41
서다 앉다 걷다	은행	126	45	81	50	76	55	71	60	67	64	62	67	59	73	53
좌업	레스토랑	139	48	91	56	83	62	77	67	73	71	68	74	64	81	58
착석작업	공장의 경작업	189	48	141	56	133	62	127	68	121	74	115	80	109	92	97
보통의 댄스 보행	댄스홀	125	56	159	62	153	69	146	76	140	82	133	88	126	101	114
(4.8 km/h)	공장의 중작업	252	68	184	76	176	83	169	90	163	96	156	103	149	116	136
볼링	볼링	365	113	252	117	248	121	244	132	239	132	233	139	226	153	212

㈜ SH (Sensible Heat) : 현열, LH (Latent Heat) : 잠열

각종 기구의 발열량 (kcal/h)

기구		감열	잠열
전등 전열기	(kW 당)	860	0
형광등	(kW 당)	1000	0
전동기	(94 ~ 375 W)	1060	0
전동기	(0.375 ~ 2.25 kW)	920	0
전동기	(2.25 ~ 15 kW)	740	0
가스 커피포트	(1.8 L)	100	25
가스 커피포트	(11 L, 지름 38×높이 85 cm)	720	720
토스터	(전열, 15×28×23 cm 높이)	610	110
분젠버너	(도시가스, 10 mmϕ)	240	60
가정용 가스스토브		1800	200
가정용 가스오븐		2000	1000

기구 소독기	(전열 15×20×43 cm)	680	600
기구 소독기	(전열 23×25×50 cm)	1300	1000
미장원 헤어드라이어	(헬멧형 115 V, 6.5 A)	470	80
미장원 헤어드라이어	(블로어형 115 V, 15 A)	600	100
퍼머넌트 웨이브기	(25 W 히터 60개)	220	40

(5) 장치 내의 취득열량

① 급기덕트의 열 취득 : 실내 취득감열량×(1~3) %

② 급기덕트의 누설손실 : 시공오차로 인한 누설(송풍량×5 % 정도)

③ 송풍기 동력에 의한 취득열량 : 송풍기에 의해 공기가 가압될 때 주어지는 에너지의 일부가 열로 변환된다.

④ 장치 내 취득열량의 합계가 일반적인 경우 취득감열의 10 %이고, 급기덕트가 없거나 짧은 경우에는 취득감열의 5 % 정도이다.

> **참고** 실내 전열취득량(q_r) = 실내 현열부하(q_s)+실내 잠열부하(q_L)
> ① q_s = 실내 현열소계+여유율+장치 내 취득열량
> ② q_L = 실내 잠열소계+여유율+(기타 부하)

(6) 외기부하

실내환기 또는 기계환기의 필요에 따라 외기를 도입하여 실내공기의 온·습도에 따라 조정해야 한다.

$$\text{감열 } q_s = Q_o \gamma C_p (t_o - t_i) \text{ [kJ/h]} \qquad \text{잠열 } q_L = GR(x_o - x_i) \text{ [kJ/h]}$$

여기서, Q_0 : 외기도입량(m³/h), G : 외기도입 공기 질량(kg/h), γ : 비중량(kg/m³)

C_p : 공기 비열(kJ/kg·K), R : 0℃ 물의 증발잠열(2500.9 kJ/kg)

t_o, t_i : 실내·외 공기의 건구온도(℃), x_o, x_i : 실내·외 공기의 절대습도(kg/kg′)

(7) 냉각부하

$$q_{cc} = \text{실내 취득열량+외기부하+재열부하+기기 취득열량(kJ/h)}$$

2 난방부하

(1) 전도대류에 의한 열손실

구조체에 의한 열손실, 즉 벽, 지붕 및 천장, 바닥, 유리창, 문 등

(2) 극간풍(틈새바람)에 의한 열손실

침입공기에 의한 열손실

(3) 장치에 의한 열손실

실내 손실열량의 3 ～ 7 %로 본다.

(4) 외기부하

재실인원 또는 기계실에 필요한 환기에 의한 열손실 등이 있다.

> **참고** **전도대류 손실열량**
>
> $$q = 면적\,(m^2) \times 열관류율\,(kJ/\,m^2 \cdot h \cdot K) \times 실내 \cdot 외\ 온도차\,(K) \times 방위계수$$
>
> 방위계수는 북·북서·서 등은 1.2, 북동·동·남서 등은 1.1, 남동·남 등은 1.0이 일반적이다.

2-3 ○ 클린룸

1 클린룸 방식

(1) 클린룸의 정의

클린룸(clean room)이란 분진 입자의 크기에 따라 분진수를 측정하여 청정도를 등급별로 체계화한 공간을 말한다.

(2) 클린룸의 분류

① 산업용 클린룸(ICR : industrial clean room) : 공기 중의 미세 먼지, 유해 가스, 미생물 등의 오염 물질까지도 극소로 만든 클린룸으로 반도체 산업, 디스플레이 산업, 정밀 측정, 필름 공업 분야에 적용되며 주로 미세먼지를 청정 대상으로 한다.

② 바이오 클린룸(BCR : bioclean room) : 미세 먼지 미립자뿐만 아니라 세균, 곰팡이, 바이러스 등도 극소로 제한하는 클린룸으로 병원의 수술실 등 무균 병실, 동물 실험실, 제약 공장, 유전 공학 등에 적용되고 있다.

③ 공기 청정도의 등급 : 클린룸의 청정도는 공간 내의 부유 입자 농도에 따른 청정도 클래스에 의해 나타낸다. 우리나라의 클린룸의 등급은 Class M1, Class M10, Class M100 Class 1,000, Class M10,000, Class M10,000,000으로 표기한다. 청정도 클래스 입자 크기 범위 내의 상한 농도는 다음 식으로 구한다.

$$NC = N \times \left(\frac{0.3}{D}\right)^{2.1}$$

여기서, NC : 입자 크기 이상의 상한 농도(개/m³)
N : 청정도 클래스
D : 입자의 크기(μm)

2 클린룸 구성

(1) 에어 필터의 개요

에어 필터란 어떠한 유체(공기, 기름, 연료, 물, 기타)를 일정한 시간 내에 일정한 용량을 일정한 크기의 입자로 통과시키는 기기를 말하며 대기 중에 존재하는 분진을 제거하여 필요에 맞는 청정한 공기를 만들어낸다.

(2) 에어 필터의 구조

① 외곽 틀 ② 여과재 ③ 밀봉재
④ 분리판 ⑤ 개스킷 ⑥ 기타

(3) 에어 필터의 포집효과

① 관성 충돌효과 ② 확산효과 ③ 차단효과

(4) 에어 필터의 종류

① 저성능 필터 ② 중성능 필터 ③ 고성능 필터
④ 초고성능 필터 ⑤ 전기 집진식 필터

3 클린룸 장치

① 에어 샤워 ② 패스 박스 ③ 팬 필터 유닛
④ 급기 유닛 ⑤ 차압 댐퍼 ⑥ 클린 벤치
⑦ 클린 부스

예상문제

1. 다음 중 공기조화기의 풍량 결정과 관련이 없는 것은?

① 인체에서의 발생잠열
② 전등의 발생열
③ 태양 복사열
④ 외벽에서의 전도열

해설 풍량 결정은 실내 취득감열만 해당된다.

2. 다음은 건물의 열손실을 줄이기 위한 방안이다. 맞는 것은?

① 열전도율이 양호한 재료를 사용한다.
② 건물의 층고를 가급적 작게 한다.
③ 개구부를 크게 계획한다.
④ 환기량을 크게 한다.

해설 건물의 층고를 작게 하면 전열면적이 작아지므로 침입열량이 적다.

3. 다음 설명 중 틀린 것은?

① 벽을 통해 침입하는 열은 현열뿐이다.
② 유리창을 통해 실내로 들어오는 열은 현열뿐이다.
③ 여름에 인체로부터 발생하는 열은 현열과 잠열로 구성되어 있다.
④ 형광등이나 비등기와 같이 실내 발열기기가 발생하는 열은 모두 현열뿐이다.

해설 조명기구는 현열뿐이고, 조리기구는 비등기이며 잠열이 있다.

4. 사람 주위에 흐르는 기류의 쾌적한 속도는 얼마인가?

① 0.1 ~ 0.2 m/s ② 0.3 ~ 0.4 m/s
③ 0.5 ~ 0.6 m/s ④ 0.7 ~ 0.8 m/s

해설 설계 유속률
㉠ 여름 : 0.11 ~ 0.18 m/s
㉡ 겨울 : 0.18 ~ 0.25 m/s

5. 코일의 냉각열량 Q_c [kJ/h], 냉각수의 입구 및 출구온도를 각각 t_i, t_o [K]라 할 때 냉각수량 W_c [L/min]을 계산하는 식은 무엇인가? (단, 물의 비열은 4.2 kJ/kg·K이다.)

① $W_c = 60 \dfrac{Q_c}{t_i - t_o}$

② $W_c = \dfrac{Q_c}{60 \times 4.2\,(t_i - t_o)}$

③ $W_c = \dfrac{600\,Q_c}{0.29\,(t_i - t_o)}$

④ $W_c = \dfrac{0.29\,Q_c}{60\,(t_i - t_o)}$

6. 다음 그림은 냉수를 이용한 공기 냉각기이다. 냉각기의 열통과율이 3768 kJ/m²·h·K, 1열의 전열면적으로 2 m²으로 하면 냉각열량은 얼마가 되는가?

① 56304 kJ/h   ② 68212 kJ/h
③ 470849 kJ/h ④ 36424 kJ/h

해설 $MTD = \dfrac{(32-5) - (18-10)}{\ln \dfrac{32-5}{18-10}} = 15.62\,℃$

$\therefore \; q_c = 3768 \times (2 \times 4) \times 15.62$
$\qquad = 470849.3 \text{ kJ/h}$

7. 어느 건물의 서편의 유리 면적이 40 m^{2}이다. 안쪽에 크림색의 베니션 블라인드를 설치한 것으로서 오후 4시에 유리면에서 실내에 침입하는 열량을 구하면 얼마인가? (단, 외기는 33℃, 실내는 27℃, 유리는 1중, 유리의 열통과율 k : 21 kJ/m^2·h·K, 유리창의 복사량 I_{gr} : 2196 kJ/m^2·h·K, 차폐계수 K_s : 0.56이다.)

① 532080 kJ/h ② 1219 kJ/h
③ 11715 kJ/h ④ 70291 kJ/h

해설 ㉠ 복사열량=2196×40×0.56
     =527040 kJ/h
㉡ 전도열량=21×40×(33−27)
     =5040 kJ/h
㉢ 침입열량=527040+5040
     =532080 kJ/h

8. 외기온도 −13℃, 실내온도 18℃, 실내습도 70 %(노점온도 12.5℃)의 경우 외벽의 내면에 이슬이 생기지 않도록 하기 위하여 외벽의 열통과율을 얼마로 해야 하는가? (단, 내면의 열전달률은 37 kJ/m^2·h·K이다.)

① 6.56 kJ/m^2·h·K 이하
② 7.5 kJ/m^2·h·K 이하
③ 8.5 kJ/m^2·h·K 이하
④ 9.2 kJ/m^2·h·K 이상

해설 $K \times F \times \{18-(-13)\}$
     $= 37 \times F \times (18-12.5)$
     $K = \dfrac{37 \times 5.5}{31} = 6.56$ kJ/m^2·h·K

9. 벽체의 두께 15 cm, 열관류율 16.7 kJ/m^2·h·K, 실내온도 20℃, 외기온도 2℃, 벽의 면적 10 m^{2}일 때 벽면의 열손실량은 몇 kJ/h인가?

① 3006 kJ/h ② 8640 kJ/h
③ 9600 kJ/h ④ 1152 kJ/h

해설 $Q = K \times F \times \varDelta t = 16.7 \times 10 \times (20-2)$
     $= 3006$ kJ/h

10. 벽의 두께 l =100 mm인 물질의 양표면 온도가 각각 t_1 =320℃, t_2 =40℃일 때 이 벽의 단위시간, 단위면적당 방열량과 벽의 중심에서의 온도를 구하면 얼마인가? (단, 벽의 열전도율은 0.2 kJ/m·h·K이다.)

① 340 kJ/m^2·h, 180℃
② 340 kJ/m^2·h, 165℃
③ 560 kJ/m^2·h, 165℃
④ 560 kJ/m^2·h, 180℃

해설 ㉠ 단위면적당 방열량
     $Q = \dfrac{0.2}{0.1} \times (320-40) = 560$ kJ/h·m^2
㉡ 중심에서의 온도
     $t_m = \dfrac{320+40}{2} = 180$℃

11. 두께 15 cm, λ =5.9 kJ/m·h·K인 철근 콘크리트의 외벽체에 대한 열관류율 K [kJ/m^2·h·K]의 값은 얼마인가? (단, α_1 = 33.5 kJ/m^2·h·K, α_0 =83.7 kJ/m^2·h·K이다.)

① 0.4 kJ/m^2·h·K
② 14.88 kJ/m^2·h·K
③ 16.33 kJ/m^2·h·K
④ 19.3 kJ/m^2·h·K

해설 $\dfrac{1}{K} = \dfrac{1}{83.7} + \dfrac{0.15}{5.9} + \dfrac{1}{33.5}$
     $\therefore K = 14.876$ kJ/m^2·h·K

12. 두께 30 cm의 벽돌벽이 있다. 내면의 온도가 20℃, 외면의 온도가 35℃일 때 이 벽을 통해 흐르는 열량은 몇 kJ/m^2·h인가? (단, 벽돌의 열전도율 λ =3.35 kJ/m·h·K이다.)

① 167.5 kJ/m^2·h ② 200 kJ/m^2·h
③ 240 kJ/m^2·h ④ 280 kJ/m^2·h

(해설) $Q = \dfrac{\lambda}{l}(t_o - t_i)$

$\qquad = \dfrac{3.35}{0.3} \times (35 - 15) = 167.5 \ \text{kJ/m}^2 \cdot \text{h}$

13. 다음 틈새바람에 의한 손실열량 중 잠열부하는 어느 것인가?

① $0.29\,Q(t_o - t_i)$

② $720\,Q(t_o - t_i)$

③ $0.29\,Q(x_o - x_i)$

④ $720\,Q(x_o - x_i)$

14. 송풍량을 $Q\,[\text{m}^3/\text{h}]$, 외기 및 실내온도를 각각 $t_o, t_r\,[℃]$라 할 때 침입외기에 의한 손실열량 중 현열부하를 구하는 공식은 어느 것인가?

① $q = 0.24\,Q(t_o - t_r)$

② $q = 0.28\,Q(t_o - t_r)$

③ $q = 715\,Q(t_o - t_r)$

④ $q = 600\,Q(t_o - t_r)$

15. $q_s = 31500\,\text{kJ/h}$, 실내온도 26℃, 취출온도 16℃일 때 송풍량은 몇 kg/h인가? (단, 공기의 비열은 1 kJ/kg·K이다.)

① 2586 kg/h   ② 3150 kg/h

③ 3532 kg/h   ④ 4225 kg/h

(해설) $G = \dfrac{q_s}{C \cdot \varDelta t} = \dfrac{31500}{1 \times (26 - 16)}$

$\qquad = 3150 \ \text{kg/h}$

16. 다음 중 $x_1 : 0.01\,\text{kg/kg}'$, $x_2 : 0.006\,\text{kg/kg}'$ 일 때 잠열량을 구하면 얼마인가?

① 7 kJ/h   ② 18.4 kJ/h

③ 13 kJ/h   ④ 10 kJ/h

(해설) $q_l = \varDelta x \times 2500.9 = (0.01 - 0.006) \times 2500.9$

$\qquad = 10 \ \text{kJ/h}$

17. 다음 그림과 같은 공기조화에서 전열량 (q_r)의 표시가 바른 것은? (단, q_s : 실내의 현열손실열량, q_L : 실내의 잠열손실열량, G_F : 외기량, $t_1 - t_6$: 각 상태점의 건구온도이다.)

① $q_r = (q_s - q_L) - 0.24\,G_F\,(t_2 - t_4)$

② $q_r = (q_s + q_L) + 0.24\,G_F\,(t_2 - t_3)$

③ $q_r = (q_s - q_L) - 0.24\,G_F\,(t_3 - t_2)$

④ $q_r = (q_s - q_L) + 0.24\,G_F\,(t_2 - t_1)$

18. 실내의 냉방 현열부하가 21000 kJ/h, 잠열부하가 4200 kJ/h인 방을 실온 26℃로 냉방하는 경우 송풍량은 약 몇 m³/h인가? (단, 냉풍온도는 15℃이며, 건공기의 정압비열 (C_p)은 1 kJ/kg·K, 공기의 비중량(γ)은 1.2 kg/m³이다.)

① 660 m³/h   ② 1590 m³/h

③ 1890 m³/h   ④ 2100 m³/h

(해설) $Q = \dfrac{21000}{1.2 \times 1 \times (26 - 15)} = 1591 \ \text{m}^3/\text{h}$

19. 10명의 사무원이 사무를 보는 이 실내에 0.8 kW의 형광등 1개가 켜져 있을 때 발생되는 열량은 얼마인가? (단, 재실원 1인당 현열량은 210 kJ/h이고, 잠열량은 176.4 kJ/h이며, 형광등 1 kW당 발생열은 4200 kJ/h이다.)

① 5460 kJ/h   ② 5124 kJ/h

③ 7224 kJ/h   ④ 3696 kJ/h

(해설) $q = 0.8 \times 4200 + 10 \times (210 + 176.4)$

$\qquad = 7224 \ \text{kJ/h}$

공조기기 및 덕트

3-1 ○ 공조기기

1 공기조화기 장치(Air Handling Unit ; AHU)

일반적으로 공기냉각기는 냉수코일, 공기가열기는 증기 또는 온수코일이 사용되며 냉수와 온수를 겸한 냉·온수코일도 이용된다. 그 외에도 공기여과기, 가습기, 송풍기 등을 포함하여 공장 등에 주로 사용한다.

수평형 공조기

복합형 공조기

멀티 존형 공조기

이중 덕트형 공조기

2 송풍기 및 공기정화장치

(1) 송풍기에 관한 공식

① 소요동력

$$L[\text{kW}] = \frac{P_t \cdot Q}{102\eta_t \times 3600} \qquad P_t = P_v + P_s$$

여기서, P_t : 전압 (kg/m²), Q : 풍량 (m³/h), η_t : 전압효율, P_v : 동압 (kg/m²), P_s : 정압 (kg/m²)

② 다익 송풍기 번호 (No.) $= \dfrac{\text{날개의 지름(mm)}}{150 \text{ mm}}$

③ 축류형 송풍기 번호 (No.) $= \dfrac{\text{날개의 지름(mm)}}{100 \text{ mm}}$

(2) 송풍기의 법칙

공기 비중이 일정하고 같은 덕트장치일 때	$N \to N_1$ (비중=일정)	$Q_1 = \dfrac{N_1}{N} Q,\ P_1 = \left(\dfrac{N_1}{N}\right)^2 P,\ \text{HP}_1 = \left(\dfrac{N_1}{N}\right)^3 \text{HP}$
	$d \to d_1$ (N=일정)	$Q_1 = \left(\dfrac{d_1}{d}\right)^3 Q,\ P_1 = \left(\dfrac{d_1}{d}\right)^2 P,\ \text{HP}_1 = \left(\dfrac{d_1}{d}\right)^5 \text{HP}$
필요압력이 일정할 때	$\gamma \to \gamma_1$	$N_1 = N \sqrt{\dfrac{\gamma}{\gamma_1}},\ Q_1 = Q \sqrt{\dfrac{\gamma}{\gamma_1}},\ \text{HP}_1 = \text{HP} \sqrt{\dfrac{\gamma}{\gamma_1}}$
송풍량이 일정할 때	$\gamma \to \gamma_1$	$P_1 = \dfrac{\gamma_1}{\gamma} P,\ \text{HP}_1 = \dfrac{\gamma_1}{\gamma} \text{HP}$
송풍 공기질량 일정	$\gamma \to \gamma_1$	$Q_1 = \dfrac{\gamma}{\gamma_1} Q,\ N_1 = \dfrac{\gamma}{\gamma_1} N,$ $P_1 = \dfrac{\gamma}{\gamma_1} P,\ \text{HP}_1 = \left(\dfrac{\gamma}{\gamma_1}\right)^2 \text{HP}$
송풍 공기질량 일정	$t \to t_1$ $P \to P_1$	$Q_1 = \sqrt{\dfrac{P_1}{P} \cdot \dfrac{(t_1+273)}{(t+273)}}\, Q,$ $N_1 = N \sqrt{\dfrac{P_1}{P} \cdot \dfrac{(t_1+273)}{(t+273)}},$ $\text{HP}_1 = \text{HP} \sqrt{\left(\dfrac{P_1}{P}\right)^3 \left(\dfrac{(t_1+273)}{(t+273)}\right)}$

㈜ Q : 공기량 (m³/h), P : 정압 (mmAq), N : 회전수 (rpm)
γ : 비중량 (kg/m³), t : 공기온도 (℃), d : 송풍기 임펠러 지름 (mm)

(3) 공기정화장치 (air filter)

공기 중의 먼지에는 $1\,\mu$m 이하의 증기, 연소에 의한 연기 등이 있고 눈에 보이는 것은 $10\,\mu$m 이상이다. 사람의 폐 등으로 침입하는 것은 $5\,\mu$m 이하이고, 이것이 먼지 중의 $85\,\%$ 이상을 차지하므로 공기여과를 시켜야 한다.

① 여과효율 $\eta_f\,[\%]$

$$\eta_f = \frac{C_1 - C_2}{C_1} \times 100$$

여기서, C_1 : 필터 입구 공기 중의 먼지량, C_2 : 필터 출구 공기 중의 먼지량

② 효율의 측정법

  ㈎ 중량법 : 비교적 큰 입자를 대상으로 측정하는 방법으로 필터에서 제거되는 먼지의 중량으로 효율을 결정한다.

  ㈏ 비색법(변색도법) : 비교적 작은 입자를 대상으로 하며, 필터의 상류와 하류에서 포집한 공기를 각각 여과지에 통과시켜 그 오염도를 광전관으로 측정한다.

  ㈐ 계수법(DOP 법 ; Di-Octyl-Phthalate) : 고성능의 필터를 측정하는 방법으로 일정한 크기($0.3\,\mu$m)의 시험입자를 사용하여 먼지의 수를 계측한다.

③ 공기저항 : 필터에 먼지가 퇴적함에 따라 공기저항은 증가하고 포집효과는 커진다.

④ 분진 보유용량 : 필터의 공기저항이 최초의 1.5배로 될 때까지 필터면에서 포집된 먼지의 양(g/m^2, g/1대)으로, 고성능일수록 적어진다.

❸ 공기냉각 및 가열코일

(1) 공기냉각코일의 설계

① 공기와 물의 흐름은 대향류로 하고 대수 평균온도차(MTD)는 되도록 크게 한다.

$$MTD = \frac{\Delta_1 - \Delta_2}{2.3 \log \dfrac{\Delta_1}{\Delta_2}} \fallingdotseq \frac{\Delta_1 - \Delta_2}{\ln \dfrac{\Delta_1}{\Delta_2}}$$

여기서, Δ_1 : 공기 입구측에서의 온도차 (℃)

  Δ_2 : 공기 출구측에서의 온도차 (℃)

  대향류 : $\Delta_1 = t_1 - t_{w_2}$, $\Delta_2 = t_2 - t_{w_1}$

  병류 : $\Delta_1 = t_1 - t_{w_1}$, $\Delta_2 = t_2 - t_{w_2}$

② $t_2 - t_{w_1}$을 5℃ 이상으로 하며, 그 이하이면 코일의 열수가 많아진다.

③ 보편적으로 공기냉각용 코일의 열수는 4 ~ 8열이다(t_2가 12℃ 이하 또는 MTD가 작을 때는 8열 이상이 될 때도 있다).

④ 코일을 통과하는 유속은 2 ~ 3 m/s가 적당하다.

⑤ 수속은 1 m/s 전후이고, 2.3 m/s를 넘으면 저항이 증가해 부식을 촉진시킬 우려가 있다.

⑥ 물의 입·출구 온도차는 5℃ 전후로 한다.

$$냉수코일의 \ 전열량 \ q = G(i_1 - i_2) = G_w \cdot C_w \cdot \Delta t = K \cdot F \cdot MTD \cdot N \cdot C_m$$

여기서, N : 코일의 오행 열수, C_m : 습면계수
K : 코일의 열관류율 (kJ/m²·h·K), C_w : 물의 비열 (kJ/kg·K)
MTD : 대수 평균온도차 (℃), i_1, i_2 : 공기엔탈피 (kJ/h)
G_w : 냉수량 (kg/h), Δt : 냉수 입·출구 온도차 (℃), G : 송풍량 (kg/h)

(a) 평행류   (b) 역류

코일의 평균온도차

(2) 가열코일의 설계

$$q_r = KF\left(t_s - \frac{t_1 + t_2}{2}\right)N \qquad G_s = \frac{q_r}{R} = \frac{0.24}{R}G(t_2 - t_1)$$

여기서, G : 풍량 (kg/h), G_s : 증기량 (kg/h), t_s : 증기온도 (℃),
t_1, t_2 : 공기 입·출구 온도 (℃), q_r : 가열량, R : 증발잠열 (kJ/kg)

(3) 에어 와셔(air washer)의 설계

단열 가습은 분무수를 순환 사용하여 외부와 열 교환이 없을 때 행하여지며 공기는 습구 온도 선상에서 가습된다. 노즐의 분무압은 1 ~ 2 kg/cm²를 사용한다.

① 수공기비

$$수공기비 = \frac{수량}{공기량} = \frac{L\,[\text{kg/h}]}{G\,[\text{kg/h}]}$$

감습 냉각 시 $\begin{cases} 2\,\text{bank } L/G = 0.8 \sim 1.2 \\ 3\,\text{bank } L/G = 1.2 \sim 2.0 \end{cases}$

가습 시 $1\,\text{bank } L/G = 0.2 \sim 0.6$

공기 세정기(air washer)의 구조

에어 와셔형 조화기

② CF(Contact Factor) 단열 포화효율

$$\eta_s = \frac{t_1 - t_2}{t_1 - t_2{'}}$$

③ 와셔의 단면적

$$A = \frac{Q_a}{3600\,V_a} \fallingdotseq \frac{G}{4300\,V_a}$$

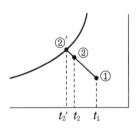

여기서, Q_a : 풍량 (m^3/h), G : 풍량 (kg/h), V_a : 풍속 (m/s)

참고 V_a 는 2 ~ 3 m/s로 하며, 일반적으로 2.5 m/s를 사용한다.

4 가습 및 감습장치

(1) 가습

① 순환수 분무 가습(단열 가습, 세정) : 순환수를 단열하여 공기 세정기(air washer)에서 분무할 경우 입구공기 'A'는 선도에서 점 'A'를 통과하는 습구온도 선상을 포화곡선을 향하여 이동한다. 여기서 열 출입은 일정하며$(i_A = i_B)$, 이것을 단열 변화(단열 가습)라 한다. 공기 세정기의 효율 100 %가 되면 통과공기는 최종적으로 포화공기가 되어 점 'B'의 상태로 되나, 실제로는 효율 100 % 이하이기 때문에 선도에서 'C'의 상태가 되고, 일반적으로 공기 세정기의 효율은 분무노즐의 열수가 1열인 경우 65 ~ 80 %, 2열인 경우 80 ~ 98 %이다.

순환수 분무 가습

> **참고** AW의 효율 $= \dfrac{A - C}{A - B} \times 100$

② 온수 분무 가습 : 공기의 상태 변화는 단열가습선보다 위쪽으로 변화한 AB선으로, 통과 공기의 온도 변화는 분무수의 온도와 수량에 의해서 결정되지만 건구온도는 낮아지고 습구온도와 절대습도, 엔탈피 등은 상승된다. AC선은 증기가습이고 가습기 출구는 상대습도 100 %인 포화습공기까지는 불가능하므로 실제 변화는 D와 E 상태가 된다.

온수 분무 가습

③ 증기 가습 : 포화증기를 공기에 직접 분무하는 것으로 가습효율은 그의 100 %에 해당된다.

예제 3. 건구온도 20℃, 습구온도 10℃의 공기 10000 kg/h를 향하여 압력 1 kg/cm^2·g의 포화증기(650 kcal/kg) 60 kg/h를 분무할 때 공기 출구의 상태를 계산하여라.

해설 ① 건조공기 1 kg에 분무되는 포화증기량

$$\Delta x = \frac{L}{G} = \frac{60}{10000} = 0.006 \ \text{kg/kg}'$$

$$\therefore \ x_2 = x_1 + \Delta x = 0.0036 + 0.006$$

$$= 0.0096 \ \text{kg/kg}'$$

② 출구 엔탈피

$$i_2 = i_1 + \Delta i = i_1 + (u \cdot \Delta x)$$

$$= 6.9 + (650 \times 0.006)$$

$$= 10.8 \ \text{kcal/kg}$$

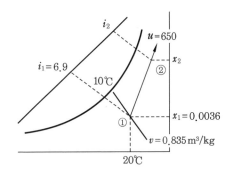

참고 습공기 선도의 엔탈피 1 kcal를 4.187 kJ로 환산하면 SI 단위로 계산할 수 있다.

---

5 열교환기(heat exchange)

넓은 의미에서는 공기냉각코일, 가열코일을 비롯하여 냉동기의 증발기, 응축기 등도 포함되나, 공조기에서는 증기와 물, 물과 물, 공기와 공기의 것을 말하고, 종류는 원통 다관식, 플레이트형, 스파이럴형의 3종류가 있다.

플레이트 핀 코일

(a) 링클 핀　　　　　(b) 스무드 스파이럴 핀

에로 핀 코일

(a) 풀 서킷   (b) 더블 서킷   (c) 하프 서킷

코일의 배열 방식

(1) 열교환기의 용량과 전열면적

$$q_h = W \cdot C \cdot (t_2 - t_1) = K \cdot F \cdot MTD$$

$$F = \frac{q_h}{K \cdot MTD} = \frac{W \cdot C \cdot (t_2 - t_1)}{K \cdot MTD}$$

여기서, q_h : 열교환량 (kJ/h), W : 물순환량 (kg/h)

C : 물의 비열 (kJ/kg·K), t_1, t_2 : 물의 입·출구 온도 (℃)

F : 전열면적 (m^2), MTD : 평균온도차 (℃)

(2) 평균온도차

$$MTD = \frac{(t_s - t_1) - (t_s - t_2)}{\ln \frac{(t_s - t_1)}{(t_s - t_2)}} \quad \text{또는} \quad \Delta t_m = t_s - \frac{(t_1 + t_2)}{2}$$

여기서, t_s : 가열 증기온도 (℃)

1. 공기조화에서 송풍기의 운전에 사용되는 동력은 저압일 경우 어느 식으로 계산하는가?(단, P_r : 팬의 전압(mmAq), Q : 풍량(m³/min), η_r : 효율이다.)

① $L = \dfrac{P_r \times Q}{60 \times 75 \times \eta_r}$ [PS]

② $L = \dfrac{P_r \times Q}{60 \times 860 \times \eta_r}$ [kW]

③ $L = \dfrac{P_r \times Q}{60 \times 632 \times \eta_r}$ [PS]

④ $L = \dfrac{P_r \times Q}{60 \times 427 \times \eta_r}$ [kW]

2. 동일 송풍기에서 회전수가 일정하고 지름이 d_1에서 d_2로 커졌을 때 동력 kW_1은 다음 식 중 어느 것인가?

① $kW_1 = (d_2/d_1)^2 \cdot Q$

② $kW_1 = (d_2/d_1)^3 \cdot Q$

③ $kW_1 = (d_2/d_1)^4 \cdot Q$

④ $kW_1 = (d_2/d_1)^5 \cdot Q$

해설 송풍기의 상사법칙

(1) 회전수가 변할 때

㉠ 송풍량 $Q_2 = \dfrac{N_2}{N_1} \cdot Q_1$

㉡ 전압 $P_2 = \left(\dfrac{N_2}{N_1}\right)^2 \cdot P_1$

㉢ 축동력 $L_2 = \left(\dfrac{N_2}{N_1}\right)^3 \cdot L_1$

(2) 지름이 변할 때

㉠ 송풍량 $Q_2 = \left(\dfrac{d_2}{d_1}\right)^3 \cdot Q_1$

㉡ 전압 $P_2 = \left(\dfrac{d_2}{d_1}\right)^2 \cdot P_1$

㉢ 축동력 $L_2 = \left(\dfrac{d_2}{d_1}\right)^5 \cdot L_1$

3. 다음과 같은 조건일 때 송풍기의 소요동력 계산식으로 알맞은 것은?

┤조건├
- TP : 전압(mmAq)
- SP : 정압(mmAq)
- Q : 풍량(m³/min)
- η_t : 전압효율
- η_r : 정압효율
- kW : 필요동력

① $kW = Q(TP)/6120\eta_t$

② $kW = Q(TP)/4500\eta_t$

③ $kW = Q\eta_t/6120(TP)$

④ $kW = Q\eta_t/4500(TP)$

4. 급수 순환펌프로 사용되는 원심펌프에서 회전수가 20 % 증가하면 양정은 어떻게 되는가?

① 20 % 증가한다.
② 44 % 증가한다.
③ 73 % 증가한다.
④ 50 % 증가한다.

5. 다음 손실수두 공식 중 관 내 마찰손실수두를 구하는 식은 어느 것인가?(단, d : 관의 안지름, l : 관의 길이, g : 중력가속도, v : 유속, f : 마찰계수이다.)

① $h = f\dfrac{l}{d} \cdot \dfrac{v^2}{2g}$ ② $h = f\dfrac{v^2}{2g}$

③ $h = \dfrac{(v_1 - v_2)^2}{2g}$ ④ $h = \left(\dfrac{1}{f} - 1\right)^2 \cdot \dfrac{v^2}{2g}$

정답 1. ① 2. ④ 3. ① 4. ② 5. ①

6. 시간당 10000 m³의 공기가 지름 100 cm의 원형 덕트 내를 흐를 때 풍속은?

① 1.5 m/s   ② 2.5 m/s
③ 3.5 m/s   ④ 4 m/s

> **해설** $v = \dfrac{Q}{A} = \dfrac{4Q}{\pi D^2} = \dfrac{4 \times 10000}{\pi \times 1^2 \times 3600}$
> $= 3.5 \text{ m/s}$

7. 유체의 속도가 10 m/s일 때 이 유체의 속도 수두는 얼마인가?(단, 지구의 중력가속도는 9.8 m/s²이다.)

① 2.26 m   ② 3.19 m
③ 5.10 m   ④ 10.2 m

> **해설** $H_v = \dfrac{v^2}{2g} = \dfrac{10^2}{2 \times 9.8} = 5.102 \text{ m}$

8. 원심 송풍기의 풍량 제어 방법 중 풍량 제어에 의한 소요동력을 가장 경제적으로 할 수 있는 방법은?

① 회전수 제어
② 베인 제어
③ 스크롤 댐퍼 제어
④ 댐퍼 제어

9. 다음 중 공기의 가습 방법으로 맞는 것을 모두 고른 것은?

> ㉠ 에어 와셔에 의해서 단열 가습을 하는 방법
> ㉡ 소량의 물 또는 온수를 분무하는 방법
> ㉢ 실내에 직접 분무하는 방법
> ㉣ 증기를 분무하는 방법

① ㉠, ㉡, ㉢
② ㉠, ㉡, ㉢, ㉣
③ ㉡, ㉢, ㉣
④ ㉠, ㉢, ㉣

10. 다음 가습장치 중 효율이 가장 좋은 가습 방법은?

① 에어 와셔에 의한 단열 가습하는 방법
② 에어 와셔 내에 온수를 분무하는 방법
③ 증기를 분무하는 방법
④ 소량의 물 또는 온수를 분무하는 방법

> **해설** 증기분무 가습효율은 100 %에 가깝다.

11. 공기 세정기에서 와셔의 공기 풍속은 대략 얼마 정도가 사용되는가?

① 0.5 ~ 1 m/s
② 2 ~ 3 m/s
③ 5 ~ 6 m/s
④ 8 ~ 10 m/s

12. 다음은 공기 세정기에 대한 설명이다. 옳지 않은 것은?

① 공기 세정기의 통과풍속은 일반적으로 2 ~ 3 m/s이다.
② 공기 세정기의 가습기는 노즐에서 물을 분무하여 공기에 충분히 접촉시켜 세정과 급습하는 것이다.
③ 공기 세정기의 구조는 순환펌프로 물을 순환분무시켜 단열 변화로 물을 증발시켜 가습하는 것이다.
④ 공기 세정기의 분무 수압은 노즐 성능상 0.2 ~ 0.5 kg/cm²이다.

> **해설** 분무 노즐 압력은 $1 \sim 2 \text{ kg/cm}^2 \cdot g$ 정도이다.

13. 에어 와셔에서 분무수의 온도가 입구공기의 습구온도와 같을 때 포화효율(E)은?
(단, t_1 : 입구공기의 건구온도(℃), t_2 : 출구공기의 건구온도(℃), t' : 입구공기의 습구온도(℃)이다.)

① $E = \dfrac{t_1 - t_2}{t_1 - t'} \times 100$

② $E = \dfrac{t_2 - t'}{t_1 - t_2} \times 100$

③ $E = \dfrac{t_2 - t'}{t_1 - t'} \times 100$

④ $E = \dfrac{t_1 - t'}{t_1 - t_2} \times 100$

14. 공기 중의 악취제거를 위한 공기정화장치로서 적합한 것은?

① 세정 가능한 유닛형 에어 필터
② 여재 교환형 패널 에어 필터
③ 활성탄 필터
④ 초고성능 에어 필터

15. 다음 그림은 에어 와셔에서의 공기상태를 습공기 선도에 나타낸 것이다. 에어 와셔 내의 물을 가열이나 냉각을 하지 않고 순환 스프레이할 경우 출구공기의 상태점은? (단, P점은 입구공기의 상태점이다.)

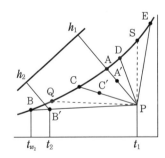

① A′　　　　　② C
③ Q　　　　　④ B′

16. 공기의 감습장치가 아닌 것은?

① 냉각 감습장치
② 압축 감습장치
③ 흡수식 감습장치
④ 강제식 감습장치

[해설] 감습장치의 종류
　㉠ 냉각 감습
　㉡ 압축 감습
　㉢ 흡수 감습 (액체 제습)
　㉣ 흡착 감습 (고체 제습)

17. 여과기 효율 측정법이 아닌 것은?

① 중량법　　　　② 전압법
③ DOP 법　　　　④ 비색법

[해설] 효율 측정법
　㉠ 중량법 $= \dfrac{C_1 - C_2}{C_1} \times 100$

　　여기서, C_1 : 필터 입구 공기 중의 먼지량
　　　　　　C_2 : 필터 출구 공기 중의 먼지량
　㉡ 비색법 (변색도법) : 필터의 상류와 하류에서 포집한 공기를 각각 여과지에 통과시켜 오염도를 광전관으로 측정한다.
　㉢ 계수법 (DOP법) : 고성능 필터를 측정하는 방법으로 일정한 크기($0.3\,\mu$)의 시험 입자를 사용하여 먼지수를 계측한다.

18. 분진 보유용량이란 무엇인가?

① 필터가 1시간 반 동안에 필터면에 포집된 먼지의 양
② 필터면에 포집된 먼지의 양을 나타내며 (g/1대)로만 나타낸다.
③ 필터의 공기저항이 최초의 1.5배가 될 때까지 필터면에 포집된 먼지의 양
④ 필터의 공기저항이 최초의 1.3배가 될 때까지 필터면에 포집된 먼지의 양

[해설] 분진 보유용량 : 필터의 공기저항이 최초의 1.5배로 될 때까지 필터면에서 포집된 먼지의 양 (g/m², g/1대)으로서 고성능일수록 적다.

3-2 ·──○ 덕트 및 부속설비

1 덕트

(1) 동압(dynamic pressure)과 정압(static pressure)

덕트 내의 공기가 흐를 때 에너지 보존의 법칙에 의한 베르누이(Bernoulli)의 정리가 성립된다(p는 정압이고, $\dfrac{v^2}{2g}\gamma$을 동압, $p + \dfrac{v^2}{2g}\gamma$을 전압이라 한다).

$$p_1 + \frac{v_1^{\,2}}{2g}\gamma = p_2 + \frac{v_2^{\,2}}{2g}\gamma + \Delta p$$

여기서, γ : 공기의 비중량 (kg/m³), g : 중력가속도 (m/s²)

p, v : 덕트 내의 임의의 점에 있어서의 압력 (kg/m² 또는 mmAq) 및 공기의 속도 (m/s)로서 첨자 1, 2는 각 점을 나타낸다.

Δp : 공기가 2점 간을 흐르는 동안에 생기는 압력손실 (kg/m²)

$$\left(\text{정압}(p_s),\ \text{동압}(p_v) = \frac{v^2}{2g}\gamma,\ \text{전압}(p_t) = p_s + \frac{v^2}{2g}\gamma\right)$$

(2) 덕트의 연속법칙

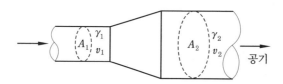

$$A_1 \cdot v_1 \cdot \gamma_1 = A_2 \cdot v_2 \cdot \gamma_2$$

여기서, A : 관 단면적 (m²), γ : 유체의 비중량 (kg/m³), v : 유속 (m/s)

즉, 각 단면을 흐르는 유체의 질량은 동일하다.

(3) 마찰저항과 국부저항

① 직관형 덕트의 마찰저항

$$\Delta p_f = \lambda \cdot \frac{l}{d} \cdot \frac{v^2}{2g} \cdot \gamma$$

여기서, λ : 마찰계수, l : 덕트 길이 (m), d : 덕트 지름 (m)

γ : 공기 비중량 (kg/m³), v : 풍속 (m/s)

② 장방형 덕트에서 원형 덕트 지름으로의 환산식

$$d_e = 1.3 \left[\frac{(a \cdot b)^5}{(a+b)^2} \right]^{\frac{1}{8}}$$

여기서, d_e : 장방형 덕트의 상당지름 (원형 덕트 지름), a : 장변, b : 단변

> **참고** 애스펙트비 $\left(\dfrac{a}{b} \right)$ 는 최대 8 : 1 이상이 되지 않도록 하며, 가능하면 4 : 1 이하로 제한한다.

③ 국부저항에 의한 전압력 손실 : Δp_t [mmAq]

$$\Delta p_t = \zeta_T \frac{\gamma}{2g} v_1^2 = \zeta_T \frac{\gamma}{2g} v_2^2$$

④ 국부저항에 의한 정압 손실 : Δp_s [mmAq]

$$\Delta p_s = \zeta_s \frac{\gamma}{2g} v_1^2 = \zeta_s \frac{\gamma}{2g} v_2^2$$

⑤ 덕트의 국부저항계수

덕트의 국부저항계수

명칭	그림	계산식	저항계수			
(1) 장방형 엘보 (90°)		$\Delta p_t = \lambda \dfrac{l_e}{d} \dfrac{v^2}{2g} \gamma$	H/W	$\gamma/W = 0.5$	0.75	1.0	1.5
			0.25	$l_e/W = 25$	12	7	3.5
			0.5	33	16	9	4
			1.0	45	19	11	4.5
			4.0	90	35	17	6
(2) 장방형 엘보 (90°)		$\Delta p_t = \lambda \dfrac{l_e}{d} \dfrac{v^2}{2g} \gamma$	$H/W = 0.25$		$l_e/W = 25$	
			0.5		49	
			1.0		75	
			4.0		110	
(3) 베인이 있는 장방형 엘보 (2매 베인)		$\Delta p_t = \zeta_T \dfrac{v^2}{2g} \gamma$	R/W	R_1/W	R_2/W	ζ_T
			0.5	0.2	0.4	0.45
			0.75	0.4	0.7	0.12
			1.0	0.7	1.0	0.10
			1.5	1.3	1.6	0.15

명칭	그림	계산식	저항계수			
(4) 베인이 있는 장방형 엘보 (소형 베인)		$\Delta p_t = \zeta_T \dfrac{v^2}{2g} \gamma$	1매판의 베인 $\zeta_T = 0.35$ 성형된 베인 $\zeta_T = 0.10$			
(5) 원형 덕트의 엘보 (성형)		$\Delta p_t = \lambda \dfrac{l_e}{d} \dfrac{v^2}{2g} \gamma$	$R/d = 0.75$ / 1.0 / 1.5 / 2.0	$l_e/d = 23$ / 17 / 12 / 10		

(5) 원형 덕트의 엘보(성형) — $\Delta p_t = \lambda \dfrac{l_e}{d}\dfrac{v^2}{2g}\gamma$

$R/d = 0.75$	$l_e/d = 23$
1.0	17
1.5	12
2.0	10

(6) 원형 덕트의 엘보(새우이음) — $\Delta p_t = \lambda \dfrac{l_e}{d}\dfrac{v^2}{2g}\gamma$

R/d	0.5	1.0	1.5	2.0
2쪽	$l_e/d = 65$	65	65	65
3쪽		21	17	17
4쪽	49	19	14	12
5쪽		17	12	9.7

(7) 확대부 — $\Delta p_t = \zeta_T \dfrac{\gamma}{2g}(v_1 - v_2)^2$

$\theta\ [°] = 5$	10	20	30	40
$\zeta_T = 0.17$	0.28	0.45	0.59	0.73

(8) 축소부 — $\Delta p_t = \zeta_T \dfrac{v_2^2}{2g}\gamma$

$\theta\ [°] = 30$	45	60
$\zeta_T = 0.02$	0.04	0.07

(9) 원형 덕트의 분류

직통관 (1 → 2) $\Delta p_t = \zeta_1 \dfrac{v_1^2}{2g}\gamma$

v_2/v_1	0.3	0.5	0.8	0.9
ζ_1	0.09	0.075	0.03	0

분기관 (1 → 3) $\Delta p_t = \zeta_B \dfrac{v_3^2}{2g}\gamma$

v_3/v_1	0.2	0.4	0.6	0.8	1.0	1.2
ζ_B	28.0	7.50	3.7	2.4	1.8	1.5

(10) 분류 (원추형 토출)

직통관 (1 → 2) (9)의 직통관과 동일

분기관 (1 → 3) $\Delta p_t = \zeta_B \dfrac{v_3^2}{2g}\gamma$

v_3/v_1	0.6	0.7	0.8	1.0	1.2
ζ_B	1.96	1.27	0.97	0.50	0.37

위의 값은 $A_1/A_3 = 8.2$일 때이며, $A_1/A_3 = 2$ 이면 위의 값에서 약 30 % 증가시킨다.

명칭	그림	계산식	저항계수					
(11) 분류 (경사 토출) $\theta = 45°$		직통관 $(1 \to 2)$ $\Delta p_t = \zeta_1 \dfrac{v_1^2}{2g}\gamma$	$\zeta_1 = 0.05 \sim 0.06$ (대개 무시한다.)					
		분기관 $(1 \to 3)$ $\Delta p_t = \zeta_B \dfrac{v_3^2}{2g}\gamma$	v_3/v_1	0.4	0.6	0.8	1.0	1.2
			$A_1/A_3 = 1$	3.2	1.02	0.52	0.47	–
			3.0	3.7	1.4	0.75	0.51	0.42
			8.2			0.79	0.57	0.47
(12) 장방형 덕트의 분기		직통관 $(1 \to 2)$ $\Delta p_t = \zeta_T \dfrac{v_1^2}{2g}\gamma$	• $v_2/v_1 < 1.0$인 때에는 대개 무시한다. • $v_2/v_1 \geq 1.0$인 때에는 $\zeta_T = 0.46 - 1.24\,x +$ $+ 0.93\,x^2$ $x = \left(\dfrac{v_3}{v_1}\right) \times \left(\dfrac{a}{b}\right)^{\frac{1}{4}}$					
		분기관 $\Delta p_t = \zeta_B \dfrac{v_1^2}{2g}\gamma$						
(13) 장방형 덕트의 합류		직통관 $(1 \to 3)$ $\Delta p_t = \zeta_T \dfrac{v_3^2}{2g}\gamma$	v_1/v_3	0.4	0.6	0.8	1.0	1.2	1.5
			A_1/A_3 $= 0.75$	-1.2	-0.3	0.35	0.8	1.1	
			0.67	-1.7	-0.9	-0.3	0.1	0.45	0.7
			0.60	-2.1	-1.3	-0.8	0.4	0.1	0.2
		합류관 $(2 \to 3)$ $\Delta p_t = \zeta_B \dfrac{v_3^2}{2g}\gamma$	v_2/v_3	0.4	0.6	0.8	1.0	1.2	1.5
			ζ_B	-1.30	-0.90	-0.5	0.1	0.55	1.4

㉾ 국부저항손실은 같은 저항을 갖는 직관형 덕트 길이 (l_e)로 치환하여 계산할 수도 있다.

(4) 덕트 설계법

① 덕트 설계의 순서

② 저속덕트의 허용풍속

구분	권장속도 (m/s)			최대풍속 (m/s)		
	주택	일반 건물	공장	주택	일반 건물	공장
주덕트	3.5 ~ 4.5	5 ~ 6.5	6 ~ 9	4 ~ 6	5.5 ~ 8	6.5 ~ 11
분기덕트	3.0	3 ~ 4.5	4 ~ 5	3.5 ~ 5	4 ~ 6.5	5 ~ 9
분기수직덕트	2.5	3 ~ 3.5	4	3.25 ~ 4	4 ~ 6	5 ~ 8
외기 도입구	2.5	2.5	2.5	4	4.5	6
송풍기 토출구	5 ~ 8	6.5 ~ 10	8 ~ 12	8.5	7.5 ~ 11	8.5 ~ 14

③ 고속덕트의 허용풍속

통과풍량 (m³/h)	최대풍속 (m/s)
5000 ~ 10000	12.5
10000 ~ 17000	17.5
17000 ~ 25000	20
25000 ~ 40000	22.5
40000 ~ 70000	25
70000 ~ 100000	30

(5) 덕트 설계 시 주의사항

① 덕트 풍속은 15 m/s 이하, 정압 50 mmAq 이하의 저속덕트를 이용하여 소음을 줄인다.

② 재료는 아연도금철판, 알루미늄판 등을 이용하여 마찰저항손실을 줄인다.

③ 종횡비 (aspect ratio)는 최대 8 : 1 이하로 하고 가능한 한 4 : 1 이하로 하며, 또한 일반적으로 3 : 2이고 한 변의 최소길이는 15 cm 정도로 억제한다.

④ 압력손실이 적은 덕트를 이용하고, 확대각도는 20° 이하 (최대 30°), 축소각도는 45° 이하로 한다.

⑤ 덕트가 분기되는 지점은 댐퍼를 설치하여 압력 평행을 유지시킨다.

2 급환기 설비

(1) 축류형 취출구

① 노즐형(nozzle diffuser) : 분기 덕트에 접속하여 급기하는 것으로 도달거리가 길고 구조가 간단하며, 또한 소음이 적고 토출풍속 5 m/s 이상으로도 사용되며, 실내공간이 넓은 경우 벽에 부착하여 횡방향으로 토출하고 천장이 높은 경우 천장에 부착하여 하향 토출할 때도 있다.

② 펑커 루버(punka louver) : 선박 환기용으로 제작된 것으로 목을 움직여서 토출 기류의 방향을 바꿀 수 있으며, 토출구에 달혀 있는 댐퍼로 풍량 조절도 쉽게 할 수 있다.

③ 베인(vane) 격자형 : 각형의 몸체(frame)에 폭 20 ~ 25 mm 정도의 얇은 날개(vane)를 토출면에 수평 또는 수직으로 설치하여 날개 방향 조절로 풍향을 바꿀 수 있다.

　(가) 고정베인형 : 날개가 고정된 것

　(나) 가로베인형(유니버설형) : 베인을 움직일 수 있게 한 것으로 벽면에 설치하지만 천장에 설치한 것을 로 보이형(low-boy-type)이라고 하며, 팬 코일 유닛과 같이 창 밑에 설치하는 경우도 있다.

　(다) 그릴(grille) : 토출구 흡입구에 셔터(shutter)가 없는 것

　(라) 레지스터(register) : 토출구 흡입구에 셔터가 있는 것

④ 라인(line)형 토출구

　(가) 브리즈 라인형(breeze line) : 토출부분에 있는 홈(slot)의 종횡비가 커서 선의 개념을 통한 실내 디자인에 조화시키기 쉽고 외주부의 천장 또는 창틀 위에 설치하여 출입구의 에어 커튼(air curtain) 및 외주부 존(perimeter zone)의 냉·난방부하를 처리하도록 하며, 토출구 내에 있는 블레이드(blade)의 조절로 토출 기류의 방향을 바꿀 수가 있다.

　(나) 캄 라인형(calm line) : 종형비가 큰 토출구로서 토출구 내에 디플렉터(deflector)가 있어서 정류작용을 하며 흡입용으로 이용 시 디플렉터를 제거하여야 한다.

　(다) T-라인형 : 천장이나 구조체에 T-bar를 고정시키고 그 홈 사이에 토출구를 설치한 것으로 내실부 또는 외주부의 어디서나 사용할 수 있고, 흡입구로 사용할 때는 토출구 속의 베인을 제거하여야 한다.

　(라) 슬롯(slot)형 : 종횡비(aspect ratio)가 대단히 크고 폭이 좁으며, 길이가 1 m 이상 되는 것으로 평면 분류형의 기류를 토출한다. 트로퍼(troffer)형은 슬롯형 토출구를 조명기구와 조합한 것으로 조명등의 외관으로 토출구의 역할까지 겸하고 있어 더블셀 타입 조명기구라 한다.

㉮ 다공판 (multi vent)형 토출구 : 천장에 설치하여 작은 구멍을 개공률 10 % 정도 뚫어서 토출구로 만든 것이다 (천장판의 일부 또는 전면에 걸쳐서 개공률 3 ~ 4 % 정도로서 지름 1 mm 이하의 많은 구멍을 뚫어서 토출구로 만든 통기 흡음판도 이 기구의 일종이다).

(2) 복류형 취출구

① 팬(pan)형 : 천장의 덕트 개구단의 아래쪽에 원형 또는 원추형의 판을 달아서 토출풍량을 부딪히게 하여 천장면에 따라서 수평으로 공기를 보내는 것이다 (팬의 위치를 상하로 이동시켜 조정이 가능하고 유인비 및 발생 소음이 적다).

② 아네모스탯 (anemostat)형 : 팬형의 결점을 보강한 것으로 천장 디퓨저라 한다 (확산 반경이 크고 도달거리가 짧다).

(3) 흡입구

① 벽과 천장 설치형으로 격자형 (고정 베인형)이 가장 많이 사용되고 있으며, 그 외에 천장에 T-라인을 사용하고 천장 속에 리턴 체임버로 하여 직접 천장 속으로 흡입시킨다.

② 바닥 설치형으로 버섯모양의 머시룸 (mushroom)형 흡입구로서 바닥면의 오염공기를 흡입하도록 되어 있고, 바닥 먼지도 함께 흡입하기 때문에 필터와 냉각코일을 더럽히므로 먼지를 침전시킬 수 있는 저속기류의 세틀링 체임버 (settling chamber)를 갖추어야 한다.

머시룸 (mushroom)형 흡입구

(4) 환기 설비

① 환기량 : $q = Q_o \times 1.2 \times C_p(t_r - t_o)$ 에서,

$$Q_o = \frac{q}{1.2\, C_p(t_r - t_o)}$$

여기서, q : 실내열량 (kJ/h), t_r : 실내온도 (℃), t_o : 외기온도 (℃), Q_o : 환기량 (m³/h)
γ : 공기비중 (kg/m³), C_p : 공기정압비열 (kJ/kg·K)

② 변압기 열량

$$q_T = (1 - \eta_T) \times \varphi \times KVA \times 860 \text{ kcal/h} = (1 - \eta_T) \times \varphi \times KVA \times 3600 \text{ kJ/h}$$

여기서, φ : 역률, KVA : 용량, η_T : 변압기 효율

(5) 환기 방법

① 병용식 (combined system) : 제 1 종 환기법으로 송풍기와 배풍기를 설치하여 강제 급·배기하는 방식

② 압입식(forced system) : 제2종 환기법으로 송풍기만을 설치하여 강제 급기하는 방식

③ 흡출식(exhaust system) : 제3종 환기법으로 배풍기만 설치하여 강제 배기하는 방식으로 부엌, 흡연실, 변소 등에 설치

④ 자연식 : 제4종 환기법으로 급·배기가 자연풍에 의해서 환기되는 방식

3 부속설비

(1) 등마찰손실법(등압법)

덕트 1m당 마찰손실과 동일값을 사용하여 덕트 치수를 결정한 것으로 선도 또는 덕트 설계용으로 개발한 계산으로 결정할 수 있다.

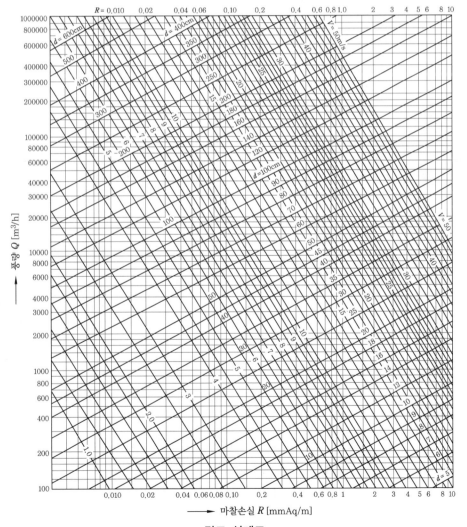

덕트 설계도

> **참고** 1 m당 마찰저항손실이 저속덕트에서 급기덕트의 경우 0.1 ~ 0.12 mmAq/m, 환기덕트의 경우
> 0.08 ~ 0.1 mmAq/m 정도이고, 고속덕트에서는 1 mmAq/m 정도이며, 주택 또는 음악 감상실은
> 0.07 mmAq/m, 일반건축은 0.1 mmAq/m, 공장과 같이 소음 제한이 없는 곳은 0.15 mmAq/m이다.

(2) 정압 재취득법

급기덕트에서는 일반적으로 주덕트에서 말단으로 감에 따라서 분기부를 지나면 차츰 덕트 내 풍속은 줄어든다. 베르누이의 정리에 의하여 풍속이 감소하면 그 동압의 차만큼 정압이 상승하기 때문에 이 정압 상승분을 다음 구간의 덕트의 압력손실에 이용하면 덕트의 각 분기부에서 정압이 거의 같아지고 토출풍량이 균형을 유지한다. 이와 같이 분기 덕트를 따낸 다음 주덕트에서의 정압 상승분을 거기에 이어지는 덕트의 압력손실로 이용하는 방법을 정압 재취득법이라고 한다.

$$\Delta p = k \left(\frac{v_1^2}{2g} \gamma - \frac{v_2^2}{2g} \gamma \right)$$

여기서, 정압 재취득계수 k 의 값은 일반적으로 1이지만, 실험에 의하면 0.5 ~ 0.9 정도이고 단면 변화가 없는 경우 0.8 정도로 한다.

(3) 전압법

① 정압법에서는 덕트 내에서의 풍속 변화에 따른 정압의 상승, 강하 등을 고려하지 않고 있기 때문에 급기덕트의 하류측에서 정압 재취득에 의한 정압이 상승하여 상류측보다 하류측에서의 토출풍량이 설계치보다 많아지는 경우가 있다. 이와 같은 불합리한 상태를 없애기 위하여 각 토출구에서의 전압이 같아지도록 덕트를 설계하는 방법을 전압법이라고 한다.

② 전압법은 가장 합리적인 덕트 설계법이지만 일반적으로 정압법에 의하여 설계한 덕트계를 검토하는 데 이용되고 있으며, 전압법을 사용하게 되면 정압 재취득법은 필요가 없게 된다.

(4) 등속법

① 덕트 주관이나 분기관의 풍속을 권장풍속 내의 임의의 값으로 선정하여 덕트 치수를 결정하는 방법이다.

② 등속법은 정확한 풍량 분배가 이루어지지 않기 때문에 일반 공조에서는 이용하지 않으며 주로 공장의 환기용이나 분체 수송용 덕트 등에 사용되고 있다.

③ 송풍기 용량을 구하기 위해서 덕트 전체 구간의 압력손실을 구해야 된다.

(5) 덕트 시공법

① 아연도금판(KS D 3506)이 사용되며 표준 판두께는 0.5, 0.6, 0.8, 1.0, 1.2 mm가 사용된다.

② 온도가 높은 공기에 사용하는 덕트, 방화 댐퍼, 보일러용 연도, 후드 등에 열관 또는 냉간 압연 강판 등에 사용되고 있다.

③ 다습한 공기가 통하는 덕트에는 동판, Al판, STS판, PVC판 등을 이용한다.

④ 단열 및 흡음을 겸한 글라스 파이버판으로 만든 글라스 울 덕트(fiber glass duct)를 이용한다.

(6) 댐퍼

① 풍량조절 댐퍼(VD ; Volume Damper)

   ⑦ 버터플라이 댐퍼(butterfly damper) : 소형덕트 개폐용 또는 풍량조절용

   ⑭ 루버 댐퍼(louver damper)

      ② 평형익형 : 대형덕트 개폐용(날개가 많다.)

      ⑭ 대향익형 : 풍량조절용(날개가 많다.)

   ⑭ 스플릿 댐퍼(split damper) : 분기부 풍향조절용

② 방화 댐퍼(FD ; Fire Damper) : 화재 시 연소공기 온도 약 70℃에 덕트를 폐쇄시키도록 되어 있다.

③ 방연 댐퍼(SD ; Smoke Damper) : 실내의 연기감지기 또는 화재 초기의 발생연기를 감지하여 덕트를 폐쇄시킨다.

(7) 토출기류의 성질과 토출풍속

토출공기의 퍼짐각

토출기류의 4구역

$$Q_1 V_1 = (Q_1 + Q_2) V_2$$

여기서, Q_1 : 토출공기량 (m^3/s), Q_2 : 유인공기량 (m^3/s)
V_1 : 토출풍속 (m/s), V_2 : 혼합공기의 풍속 (m/s)

앞의 그림에서 v_0는 토출풍속이고, v_x는 토출구에서의 거리 x [m]에 있어서 토출기류의 중심풍속 (m/s)이며, D_0는 토출구의 지름 (m)이다.

① 제1구역 : 중심풍속이 토출풍속과 같은 영역$(v_x = v_0)$으로 토출구에서 D_0의 $2 \sim 4$배 $(x/D_0 = 2 \sim 4)$ 정도의 범위이다.

② 제2구역 : 중심풍속이 토출구에서의 거리 x의 평방근에 역비례하는 $(v_x \propto \dfrac{1}{\sqrt{x}})$ 범위이다.

③ 제3구역 : 중심풍속이 토출구에서의 거리 x에 역비례하는 $(v_x \propto \dfrac{1}{x})$ 영역으로서 공기조화에서 일반적으로 이용되는 것은 이 영역의 기류이다.

$$x = 10 \sim 100 \, D_0$$

④ 제4구역 : 중심풍속이 벽체나 실내의 일반 기류에서 영향을 받는 부분으로 기류의 최대풍속은 급격히 저하하여 정체한다.

⑤ 도달거리 (throw) : 토출구에서 토출기류의 풍속이 $0.25 \, \text{m/s}$로 되는 위치까지의 거리이다.

⑥ 최대강하거리 : 냉풍 및 온풍을 토출할 때 토출구에서 도달거리에 도달하는 동안 일어나는 기류의 강하 및 상승을 말하며, 이를 강하도 (drop) 및 최대상승거리 또는 상승도 (rise)라 한다.

⑦ 유인비 (entrainment ratio) : 토출공기 (1차 공기)량에 대한 혼합공기 (1차 공기＋2차 공기)량의 비 $\dfrac{Q_1 + Q_2}{Q_1}$ 이다.

⑧ 토출구의 허용 토출풍속

실의 용도		허용 토출풍속 (m/s)
방송국		$1.5 \sim 2.5$
주택, 아파트, 교회, 극장, 호텔, 고급 사무실		$2.5 \sim 3.75$
개인 사무실		4.0
영화관		5.0
일반 사무실		$5.0 \sim 6.25$
상점	2층 이상	7.0
	1층	10.0

(8) 흡입기류의 성질

① 흡입구의 설치 위치는 실내의 천장, 벽면 등이 많으나 출입문, 벽면에 그릴 또는 언더 컷 (undercut)을 설치하여 복도를 걸쳐 흡입하는 경우도 있다.

② 실내의 흡입구는 거주구역 가까이 설치할 때는 흡입구에서 발생하는 소음 문제와 풍속 이 너무 빠르면 드래프트를 느끼게 되므로 흡입풍속을 너무 크지 않도록 한다.

③ 바닥에 설치하는 머시룸 등은 바닥 먼지류를 함께 흡입하므로 공기를 환기로 재이용하 는 경우에는 바람직하지 못하다.

④ 흡입구의 허용 흡입풍속

흡입구의 위치		허용 흡입풍속 (m/s)
거주구역보다 윗부분		4 이상
거주구역 내	부근에 좌석이 없는 경우	3 ~ 4
	좌석이 있는 경우	2 ~ 3
출입문에 설치한 그릴		1 ~ 1.5
출입문의 언더컷		1 ~ 1.5

(9) 실내기류 분포

① 실내기류와 쾌적감 : 공기조화를 행하고 있는 실내에서 거주자의 쾌적감은 실내공기의 온도, 습도 및 기류에 의하여 좌우되며, 일반적으로 바닥면에서 높이 1.8 m 정도까지의 거주구역의 상태가 쾌적감을 좌우한다.

② 드래프트 (draft) : 습도와 복사가 일정한 경우에 실내기류와 온도에 따라서 인체의 어떤 부위에 차가움이나 과도한 뜨거움을 느끼는 것이다.

③ 콜드 드래프트 (cold draft) : 겨울철 외기 또는 외벽면을 따라서 존재하는 냉기가 토출기 류에 의해 밀려 내려와서 바닥을 따라 거주구역으로 흘러 들어오는 것으로 다음과 같은 원인이 현상을 더 크게 한다.

   ⑺ 인체 주위의 공기온도가 너무 낮을 때

   ⑻ 인체 주위의 기류속도가 클 때

   ⑼ 주위 공기의 습도가 낮을 때

   ⑽ 주위 벽면의 온도가 낮을 때

   ⑾ 겨울철 창문의 틈새를 통한 극간풍이 많을 때

④ 공기확산 성능계수 (air diffusion performance index ; ADPI) : 쾌적감을 주는 범위 내에 있 는 측정점수를 전 측정점수에 대한 비로 나타낸다.

>>> 제3장　　　　　　　　　예상문제

1. 흡인 유닛의 분출속도로 맞는 것은?
① 5 ～ 7 m/s　② 10 ～ 12 m/s
③ 15 ～ 20 m/s　④ 30 ～ 35 m/s

2. 고속덕트와 저속덕트는 주덕트 내에서 최대 풍속 몇 m/s를 경계로 하여 구별되는가?
① 5　② 10　③ 15　④ 30

3. 공장의 저속덕트 방식에 있어서 주덕트 내에서의 최적풍속은 얼마인가?
① 23 ～ 27 m/s　② 17 ～ 22 m/s
③ 12 ～ 15 m/s　④ 6 ～ 9 m/s

4. 덕트의 분기점에서 풍량을 조절하기 위하여 설치하는 댐퍼는 어느 것인가?
① 방화 댐퍼　② 스플릿 댐퍼
③ 볼륨 댐퍼　④ 터닝 베인

5. 덕트의 재료로서 현재 가장 많이 이용되는 것은?
① 아연도금강판　② 알루미늄판
③ 염화비닐판　④ 스테인리스강판

6. 공기조화 덕트의 부속품이 아닌 것은?
① 가이드 베인　② 방화 댐퍼
③ 풍량 조절 댐퍼　④ 노즐

7. 취출구의 방향을 좌우상하로 바꿀 수 있으며, 주방 등의 스폿(spot) 냉방에 적합한 공기취출구는 어느 것인가?
① T 라인형　② 펑커 루버형
③ 아네모스탯형　④ 팬형

8. 고속덕트의 특징으로 옳지 않은 것은 어느 것인가?
① 마찰에 의한 압력손실이 크다.
② 소음이 작다.
③ 운전비가 낮아진다.
④ 장방형 대신에 스파이럴관이나 원형 덕트를 사용하는 경우가 많다.

9. 다음은 단일 덕트 방식에 대한 설명이다. 관계없는 것은?
① 단일 덕트 일정풍량 방식은 개별 제어에 적합하다.
② 중앙기계실에 설치한 공기조화기에서 조화한 공기는 주덕트를 통해 각 실로 분배된다.
③ 단일 덕트 일정 풍량 방식에서는 재열을 필요로 할 때도 있다.
④ 단일 덕트 방식에서는 큰 덕트 스페이스를 필요로 한다.

10. 다음 방법들은 극간풍의 풍량을 계산하는 방법이다. 옳지 않은 것은?
① 환기 횟수에 의한 방법
② 극간 길이에 의한 방법
③ 창 면적에 의한 방법
④ 재실 인원수에 의한 방법

11. 등속법에 대한 설명이 아닌 것은?
① 이 방식은 덕트 내의 풍속을 일정하게 유지할 수 있도록 덕트치수를 결정하는 방법이다.
② 덕트를 통해 먼지나 산업용 분말을 이송시키는 데 적합하지 않다.

③ 이 방식은 각 구간마다 압력손실이 다르다.

④ 송풍기 용량을 구하기 위해서는 전체 구간의 압력손실을 구해야 하는 번거로움이 있다.

12. 지름 0.6 m, 길이 15 m인 원형 덕트 내에 흐르는 공기의 속도가 10 m/s였다면 이때의 마찰손실저항은 몇 mmAq인가? (단, 공기의 비중량 γ = 1.2 kg/m^3, 마찰저항계수 λ = 0.3, 중력가속도 g = 9.8 m/s^{2}이다.)

① 21.5   ② 36.7
③ 45.9   ④ 56.8

해설 $\Delta P = \lambda \cdot \dfrac{l}{d} \cdot \dfrac{v^2}{2g} \cdot \gamma$

$\qquad = 0.3 \times \dfrac{15}{0.6} \times \dfrac{10^2}{2 \times 9.8} \times 1.2$

$\qquad = 45.9 \text{ mmAq}$

13. 다음 그림과 같이 점차 확대된 관의 각도가 θ = 30°이고 속도가 v_1 = 11.9 m/s, v_2 = 7.0 m/s인 경우 점차 확대된 부분에서의 국부저항은 몇 mmAq인가? (단, θ = 30°인 경우 국부저항계수(f_p) = 0.59이며, 흐르는 공기의 비중량(γ)은 1.2 kg/m^3, 중력가속도 (g) 는 9.8 m/s^{2}이다.)

① 1.85   ② 2.34
③ 2.68   ④ 3.35

해설 $\Delta P = f_p \cdot \dfrac{\gamma}{2g}(v_1^2 - v_2^2)$

$\qquad = 0.59 \times \dfrac{1.2}{2 \times 9.8} \times (11.9^2 - 7^2)$

$\qquad = 3.345 \text{ mmAq}$

14. 500명을 수용하는 극장에서 1인당 CO_2 토출량이 17 L/h일 때 CO_2가 0.05%인 외기를 도입하여 0.1%로 유지하는 데 필요한 환기량은 얼마인가?

① 425 m^3/h   ② 1700 m^3/h
③ 4250 m^3/h   ④ 17000 m^3/h

해설 $Q = \dfrac{500 \times 0.017}{0.001 - 0.0005} = 17000 \text{ m}^3/\text{h}$

15. 인체에 해가 되지 않는 탄산가스의 한계오염 농도는 얼마인가?

① 500 ppm (0.05%)
② 1000 ppm (0.1%)
③ 1500 ppm (1.15%)
④ 2000 ppm (0.2%)

16. 1500명을 수용할 수 있는 강당에 전등에 의해 매시간 5192 kJ의 열이 발생하고 있다. 실내의 온도를 24℃로 유지하기 위하여 시간당 필요한 환기량은 얼마인가? (단, 외기의 온도는 12℃이며, 1인당 발열량은 230 kJ/h이다.)

① 24400 m^3/h   ② 26400 m^3/h
③ 27400 m^3/h   ④ 28400 m^3/h

해설 $Q = \dfrac{5192 + 1500 \times 230}{1.2 \times 1 \times (24 - 12)}$

$\qquad = 24319 \text{ m}^3/\text{h}$

17. 다음의 도시기호 중 천장 부착형 취출구 (송기구)는?

①   ②

③   ④

04 공조프로세스 분석

4-1 o 부하의 적정성 분석

(1) 보일러 구성

① 기관본체 : 원통형 보일러 (shell)와 수관식 보일러 (drum)가 있다.

② 연소장치 : 연료를 연소시키는 장치로 연소실, 버너, 연도, 연통으로 구성된다.

③ 부속설비 : 지시기구, 안전장치, 급수장치, 송기장치, 분출장치, 여열장치, 통풍장치,

처리장치 등으로 구성된다.

(2) 방열량 계산

① 표준 방열량

㈎ 증기 : 열매온도 102℃ (증기압 1.1 ata), 실내온도 18.5℃일 때의 방열량

$$Q = K(t_s - t_r) = 33.5 \times (102 - 18.5) \fallingdotseq 2790 \text{ kJ/m}^2 \cdot \text{h}$$

여기서, K : 방열계수 (증기 : 33.5 kJ/m² · h, 온수 : 30.15 kJ/ m² · h)

t_s : 증기온도 (℃), t_r : 실내온도 (℃)

㈏ 온수 : 열매온도 80℃, 실내온도 18.5℃일 때의 방열량

$$Q = K(t_w - t_r) = 30.15(80 - 18.5) \fallingdotseq 1860 \text{ kJ/m}^2 \cdot \text{h}$$

여기서, K : 방열계수, t_w : 열매온도 (℃), t_r : 실내온도 (℃)

② 표준 방열량의 보정

$$Q' = Q/C$$

$$C = \left(\frac{102 - 18.5}{t_s - t_r}\right)^n : \text{증기난방}, \quad C = \left(\frac{80 - 18.5}{t_w - t_r}\right)^n : \text{온수난방}$$

여기서, Q' : 실제상태의 방열량 (kJ/m² · h)

Q : 표준 방열량 (kJ/m² · h), C : 보정계수

n : 보정지수 (주철 · 강판제 방열기 : 1.3, 대류형 방열기 : 1.4, 파이프 방열기 : 1.25)

4-2 ○ 급탕설비

(1) 온수난방의 분류

① 온수의 순환 방법

   ㈎ 중력순환식 온수난방법 (gravity circulation system)

   ㈏ 강제순환식 온수난방법 (forced circulation system)

② 배관 방식에 의한 분류

   ㈎ 단관식

   ㈏ 복관식

③ 온수를 보내는 방식에 의한 분류

   ㈎ 하향식 온수난방

   ㈏ 상향식 온수난방

④ 사용하는 온수의 압력 및 온도에 따른 분류

   ㈎ 고압 온수난방 : 물의 온도 100~150℃, 압력 10~70 ata

   ㈏ 중압 온수난방 : 물의 온도 120℃, 압력 2 ata

   ㈐ 저압 온수난방 : 물의 온도 85~90℃, 압력 1 ata

(2) 온수난방의 특징

① 장 점

   ㈎ 난방부하의 변동에 따른 온도조절이 용이하다.

   ㈏ 현열을 이용한 난방이므로 쾌감도가 높다.

   ㈐ 방열기 표면온도가 낮으므로 표면에 부착한 먼지가 타서 냄새나는 일이 적다.

   ㈑ 배관과 방열기를 냉방으로의 사용이 가능하다.

   ㈒ 예열시간은 길지만 잘 식지 않으므로 환수관의 동결 우려가 적다.

   ㈓ 열용량이 증기보다 크고 실온 변동이 적다.

   ㈔ 관내의 온도차가 증기보다 적고 또 증기의 경우와 같이 응축손실도 없으므로 배관 열손실이 적다.

   ㈕ 워터 해머(water hammer)가 생기지 않으므로 소음이 없다.

   ㈖ 연료소비량이 적다.

   ㈗ 보일러 취급이 용이하고 안전하다.

② 단 점

(개) 증기난방에 비해 방열면적과 배관의 관지름이 커야 하므로 설비비가 약간 (20~30 %) 비싸다.

(내) 예열시간이 길다.

(대) 공기의 정체에 따른 순환 저해의 원인이 생기는 수가 있다.

(래) 열용량이 크기 때문에 온수 순환시간이 길다.

(매) 야간에 난방을 휴지할 때는 동결할 염려가 있다.

(배) 보일러의 허용수두가 50 mAq 이하이므로 높은 건물에 사용할 수 없다.

(3) 팽창탱크 (expansion tank)

① 온수의 팽창량

$$\Delta v = \left(\frac{1}{\rho_2} - \frac{1}{\rho_1} \right) V \,[\text{L}]$$

여기서, Δv : 온수의 팽창량 (L), ρ_2 : 가열한 온수의 밀도 (kg/L)
ρ_1 : 불을 때기 시작할 때의 물의 밀도 (kg/L)
V : 난방장치 내에 함유되는 전수량 (L)

② 팽창탱크의 용량

(개) 개방식 팽창탱크 (open type expansion tank)

$$V = \alpha \cdot \Delta v = \alpha \left(\frac{1}{\rho_2} - \frac{1}{\rho_1} \right) v \,[\text{L}]$$

여기서, V : 팽창탱크의 용량
α : 2~2.5 (팽창탱크의 용량은 온수 팽창량의 2~2.5배)

(내) 밀폐식 팽창탱크 (closed type expansion tank)

• 공기층의 필요압력

$$P = h + h_s + \frac{h_p}{2} + 2\,\text{mAq}$$

여기서, P : 밀폐식 팽창탱크의 필요압력 (게이지압)에 상당하는 수두 (mAq)
h : 밀폐식 팽창탱크 내 수면에서 장치의 최고점까지의 거리 (m)
h_s : 소요온도에 대한 포화증기압 (게이지압)에 상당하는 수두 (mAq)
h_p : 순환펌프의 양정(m)

• 밀폐식 팽창탱크의 체적

$$V = \frac{\Delta v}{\dfrac{P_o}{P_o + 0.1h} - \dfrac{P_o}{P_a}} \ [\text{L}]$$

여기서, V : 밀폐식 팽창탱크의 체적 (L), Δv : 온수의 팽창량 (개방식과 같다) (L)
P_o : 대기압 ($=1\,\text{kg/cm}^2$), P_a : 최대 허용압력(절대압력) (kg/cm^2)
h : 밀폐탱크 내 수면에서 장치의 최고점까지의 거리 (m)

4-3 ○ 난방설비

(1) 개별난방법

가스, 석탄, 석유, 전기 등의 스토브 또는 온돌, 벽난로에서 발생되는 열기구의 대류 및 복사에 의한 난방법

(2) 중앙난방법

일정한 장소에 열원(보일러 등)을 설치하여 열매를 난방하고자 하는 특정 장소에 공급하여 공조하는 방식
① 직접난방 : 실내에 방열기를 두고 여기에 열매를 공급하는 방법
② 간접난방 : 일정장소에서 공기를 가열하여 덕트를 통하여 공급하는 방법
③ 복사난방 : 실내 바닥, 벽, 천장 등에 온도를 상승시켜 복사열에 의한 방법

(3) 지역난방법

특정한 곳에서 열원을 두고 한정된 지역으로 열매를 공급하는 방법

> **참고** 공조설비 난방에는 열매로 포화증기를 이용한 증기난방과 온수를 이용한 온수난방의 두 종류가 있다.

예상문제

1. 다음 중 난방부하를 줄일 수 있는 요인이 아닌 것은?

① 극간풍에 의한 잠열
② 태양열에 의한 복사열
③ 인체의 발생열
④ 기계의 발생열

2. 난방 방식에 대한 설명 중 틀린 것은?

① 증기난방에서 응축수는 보일러로 순환시켜 사용하는 건식과 습식이 있다.
② 온수난방의 배관에는 반드시 팽창탱크를 설치하는 개방식과 밀폐식이 있다.
③ 패널난방은 천장이 높은 경우 다른 난방에 비해 불리한 방법이다.
④ 온풍난방은 배관 도중에 습도를 가감할 수 있는 장치를 할 수 있다.

해설 방열 패널의 열복사는 상당히 높은 천장에서 바닥까지 도달하므로, 보통 난방으로 불가능한 천장이 높은 실의 난방이 가능하다.

3. 난방하는 방의 실내온도로 적당한 것은 어느 것인가?

① 15~17℃   ② 18~22℃
③ 25~27℃   ④ 30~33℃

해설 ① 노동하는 장소 : 16℃
② 사무실 : 20℃
③ 주택, 호텔 : 18℃
④ 일반 설계 기준온도 : 22℃

4. 다음 중 보일러수로서 적당한 것은 어느 것인가?

① pH 7   ② pH 10
③ pH 12   ④ pH 14

5. 다음 중 노통 연관 보일러의 장점이 아닌 것은?

① 고압증기를 얻을 수 있다.
② 효율이 높다.
③ 높이가 낮아서 천장을 요하지 않는다.
④ 능력이 부족할 때는 섹션을 늘릴 수 있다.

해설 섹션을 늘릴 수 있는 것은 주철제 보일러이다.

6. 다음 중 보일러의 정격출력은 어느 것인가?

① 난방부하+급탕부하+배관부하
② 난방부하+급탕부하+배관부하+예열부하
③ 난방부하+배관부하+예열부하-급탕부하
④ 난방부하+급탕, 급기부하+배관부하-예열부하

7. 수관 보일러에 관한 다음 설명 중 틀린 것은?

① 보일러의 물 순환이 빠르기 때문에 증발량이 많다.
② 고압에 적당하다.
③ 비교적 자유롭게 전열면적을 증대시킬 수 있다.
④ 구조가 간단하여 내부 청소를 하기 쉽다.

해설 구조가 복잡하고 청소, 보수 등이 곤란하다.

8. 다음 난방 방식 중에서 직접난방법이 아닌 것은?

① 온풍난방   ② 고온수 난방
③ 저압 증기난방   ④ 복사난방

해설 직접난방 : 실내에 방열기 등의 발열체를 놓고 여기에 열매를 공급하여 대류 또는 복사에 의하여 실내공기 또는 인체를 따뜻하게 하는 방식

9. 1기압 100℃의 포화수 5 kg을 100℃의 건조 포화증기로 만들기 위해서는 몇 kJ의 열량이 필요한가? (단, 100℃ 물의 증발잠열은 2256 kJ/kg이다.)

① 11280 kJ   ② 7700 kJ

③ 82750 kJ   ④ 16800 kJ

해설 $5 \times 2256 = 11280$ kJ

10. 다음 중 1보일러 마력을 알맞게 표시한 것은?

① 7434 kcal/h   ② 8436 kcal/h

③ 9434 kcal/h   ④ 10434 kcal/h

11. 다음 공식 중 상당 증발량은? (단, G_a : 실제 증발량, h_2 : 발생증기의 엔탈피, h_1 : 급수의 엔탈피)

① $\dfrac{G_a(h_2 - h_1)}{539}$

② $\dfrac{539}{G_a(h_2 - h_1)}$

③ $\dfrac{G_a(h_2 - h_1)}{539 \times 증발\ 전열면적}$

④ $\dfrac{G_a(h_2 - h_1)}{연료소비량 \times 저위발열량}$

12. 매 시간마다 40 ton의 석탄을 연소시켜서 80 kg/cm², 온도 400℃의 증기를 매시간 250 ton 발생시키는 보일러의 효율은 얼마인가? (단, 급수 엔탈피 500 kJ/kg, 발생증기 엔탈피 3360 kJ/kg, 석탄의 저발열량 23100 kJ/kg이다.)

① 68 %   ② 77 %

③ 86 %   ④ 92 %

해설 $\eta = \dfrac{250000 \times (3360 - 500)}{40000 \times 23100} \times 100 = 77\ \%$

13. 다음과 같은 사무실에서 방열기의 설치위치로 가장 적당한 곳은?

① ㉮   ② ㉯

③ ㉰   ④ ㉱

14. 온수를 사용하는 주철제 방열기의 표준 방열량은 얼마인가?

① 1680 kJ/m²·h·K

② 1860 kJ/m²·h·K

③ 2520 kJ/m²·h·K

④ 2730 kJ/m²·h·K

15. 증기를 사용하는 주철제 방열기의 표준 방열량은 얼마인가?

① 1680 kJ/m²·h   ② 1890 kJ/m²·h

③ 2520 kJ/m²·h   ④ 2790 kJ/m²·h

16. 방열기의 표준 방열량이 2790 kJ/m²·h이고 증발잠열이 2263.8 kJ/kg일 때 방열면적 1 m²당 응축수량은 얼마인가?

① 1.23 kg/h   ② 2.21 kg/h

③ 5.39 kg/h   ④ 6.50 kg/h

해설 $G = \dfrac{2790}{2263.8} = 1.232$ kg/h

17. 열매온도 및 실내온도가 표준상태와 다른 경우에 강판제 패널형 증기난방 방열기의 상당 방열면적을 구하면? (단, 방열기의 전방열량은 9200 kJ/h이고, 실온이 20℃, 증기온도 104℃, 증기의 표준방열량 2790 kJ/m²·h이다.)

① 2.0 m²   ② 2.5 m²

③ 3.3 m^2 ④ 4.0 m^2

[해설] $Q' = \dfrac{2790}{\left(\dfrac{102-18.5}{104-20}\right)^{1.3}} = 2811.74 \text{ kJ/m}^2 \cdot \text{h}$

$\therefore EDR = \dfrac{9200}{2811.74} = 3.27 \text{ m}^2$

---

18. 온수난방에서 공기분리기의 부착 요령 중 옳지 않은 것은?

① 관내의 온도가 가장 낮은 보일러의 입구측에 부착한다.
② 반드시 수평으로 접속한다.
③ 공기분리기 본체의 →표 방향과 온수 진행방향과 같게 부착한다.
④ 개방 시스템의 경우 보일러와 펌프 사이에 부착한다.

[해설] 공기분리기는 관내의 온도가 가장 높은 부분, 즉 보일러 출구 가까운 본관에 수평으로 부착한다.

---

19. 다음 고온수 난방의 특징 중 틀린 것은 어느 것인가?

① 온수난방의 장점에 증기난방의 장점을 갖춘 것과 같다.
② 보통 온수난방에 비해 방열면적이 작아도 된다.
③ 보통 온수난방보다 안전하다.
④ 강판제 방열기를 써야 한다.

[해설] 고온수 난방은 취급 관리가 곤란하므로 숙련된 기술을 요한다.

---

20. 다음은 고온수 난방 시스템의 2차측 배관접속 방법을 설명한 것이다. 2차측 배관접속 방법과 직접 관계가 없는 것은 어느 것인가?

① 열교환 방식
② 직결 방식
③ 리버스 리턴(reverse return) 방식
④ 블리드 인(bleed in) 방식

---

21. 밀폐식 팽창탱크에 대한 다음 설명 중 옳지 않은 것은?

① 밀폐식 팽창탱크는 고온수식 난방용 배관에 적합하다.
② 고온수의 경우에는 물이 증발하지 않는 압력을 유지한다.
③ 팽창량은 장치 내의 전수량에 비례하고 물용적의 증가량에 비례한다.
④ 장치로부터 배수할 때는 진공방지기가 필요하다.

[해설] 장치로부터 배수할 때는 진공방지기가 필요 없다.

---

22. 5℃인 물 1000 m^{3}를 80℃까지 가열했을 때 온수의 팽창량 Δv는 얼마인가? (단, 5℃ 물의 비중량 $\gamma_1 = 999.8$ kg/m^3, 80℃ 물의 비중량 $\gamma_2 = 972$ kg/m^{3}이다.)

① 2.86 L   ② 14.3 L
③ 28.6 L   ④ 57.2 L

[해설] $\Delta v = 1 \times 10^6 \times \left(\dfrac{1}{972} - \dfrac{1}{999.8}\right) = 28.6 \text{ L}$

---

23. 일반적으로 온수난방이 증기난방과 다른 점 중 틀린 것은?

① 부하에 대한 조절이 용이하다.
② 쾌적성이 좋다.
③ 배관의 부식이 적다.
④ 방열기의 방열면적이 작다.

[해설] 온수난방의 장점
① 부하 변동에 따른 온도 조절이 용이하다.
② 난방의 쾌감도가 높다.
③ 증기난방에 비해 배관 부식이 적다.
④ 환수관의 동결우려가 적다.

공조설비 운영 관리

5-1 ㅇ 전열교환기 점검

(1) 증기난방의 분류

① 증기압력에 의한 분류 (순환 방법에 의한 분류)

  ㈎ 저압 증기난방 : 증기압력이 보통 $0.15 \sim 0.35 \, \text{kg/cm}^2$ 정도

  ㈏ 고압 증기난방 : 증기압력 $1 \, \text{kg/cm}^2$ 이상

② 응축수의 환수 방법에 의한 분류

  ㈎ 중력환수식 (소규모 난방에 사용)

   • 단관식 : 급기와 환수를 동일관에 겸하게 하는 방식

   • 복관식 : 급기관과 환수관을 별개로 배관하는 방식

  ㈏ 기계환수식 (대규모 난방에 사용) : 응축수를 탱크에 모아 펌프로 보일러에 급수하는 방식

  ㈐ 진공환수식 (대규모 난방에 사용) : 환수관의 끝 보일러 직전에 진공 컴프레션을 접속하여 난방하는 방식

③ 환수관의 배관 방법에 의한 분류

  ㈎ 습식 환수관 : 환수주관이 보일러 수면보다 낮은 곳에 배관되어 환수관 속은 응축수가 항상 만수 상태로 흐르고 있다 (환수관의 지름을 가늘게 할 수 있으나 겨울철 동결의 염려가 있다).

  ㈏ 건식 환수관 : 환수주관이 보일러 수면보다 높이 배관되어 응축수는 관의 밑부분에만 흐르고 있다 (환수관에 증기가 침입하는 것을 방지하기 위해 증기트랩을 장치한다).

④ 증기공급의 배관 방법에 의한 분류

  ㈎ 상향식 : 단관식, 복관식

  ㈏ 하향식 : 단관식, 복관식

(2) 증기난방의 특징

① 장점

㈎ 열의 운반능력이 크다.

㈏ 예열시간이 온수난방에 비해 짧고 증기 순환이 빠르다.

㈐ 방열면적을 온수난방보다 작게 할 수 있으며 관지름이 가늘어도 된다.

㈑ 설비비와 유지비가 싸다 (20~30 % 정도 절감).

㈒ 보일러의 연소율 조정으로 부분난방을 대처할 수 있다.

② 단점

㈎ 방열기의 표면온도가 높아 화상의 우려가 있으며 먼지 등의 상승으로 불쾌감을 준다.

㈏ 소음이 난다 (steam hammering).

㈐ 배관 수두손실이 커져 배관저항이 증가한다.

㈑ 환수관의 부식이 우려된다.

㈒ 방입구까지의 배관길이가 8 m 이상일 때 관지름이 큰 것을 사용한다.

㈓ 초기 통기시 주관 내 응축수를 배수할 때 열손실이 일어난다.

5-2 ○ 공조기 관리

(1) 복사난방의 종류

① 저온 복사난방 : 바닥이나 천장 전체를 30~50℃의 방열면으로 하는 복사난방

② 고온 복사난방 : 건축 구조체와는 별도로 패널 코일 (panel coil)을 장치한 복사 패널에 고온이나 증기를 통하여 표면온도를 100℃ 이상으로 하는 복사난방

③ 연소식 고온 복사난방 : 가스의 연소열에 의한 난방

④ 전열식 고온 복사난방 : 전열기 발생열량에 의한 난방

(2) 설치위치에 따른 패널의 종류

① 바닥 패널 : 실내 바닥면을 가열면으로 한 것으로 가열 표면의 온도를 30℃ 이상 올리는 것은 좋지 않으며, 열량손실이 큰 실내에서는 바닥면만으로는 방열량이 부족하다. 또한 바닥면에서 설치하므로 시공이 용이하여 많이 이용된다.

② 천장 패널 : 실내 천장을 가열면으로 하기 때문에 시공이 곤란하고 가열면의 온도는 50℃ 정도까지 올릴 수가 있으며, 또 패널 면적이 적어도 되며, 열손실이 큰 실내에는 적합하나 천장이 높은 강당이나 극장 등에는 부적합하다.

③ 벽 패널 : 실내 벽면을 가열면으로 한 것으로 바닥 및 천장 패널의 보조로 사용된다. 시공시 열손실 방지를 위하여 단열 시공이 필요하며 실내가구 등의 장식물에 의하여 방열이 방해되는 수가 많다.

(3) 열매체에 따른 분류

① 건축 구조체에 관을 매설하여 온수를 통과시키는 방식

② 콘크리트 또는 토관으로 덕트를 만들어 여기에 온풍이나 고온의 열가스를 통과시키는 방식 (우리나라 온돌에 해당)

③ 니크롬선 등의 저항선을 매설하여 전류를 통하게 하는 방식

(4) 복사난방의 특징

① 장점

㉮ 실내온도 분포가 균일하여 쾌감도가 높다.

㉯ 방열기 설치가 불필요하므로 바닥면의 이용도가 높다.

㉰ 실내공기의 대류가 적어 공기의 오염도가 적어진다.

㉱ 동일 방열량에 대해 손실열량이 대체로 적다.

㉲ 실내가 개방상태에서도 난방효과가 좋다.

㉳ 인체가 방열면에서 직접 열복사를 받는다.

㉴ 실의 천장이 높아도 난방이 가능하다.

② 단점

㉮ 방열체의 열용량이 크기 때문에 온도 변화에 따른 방열량의 조절이 어렵다.

㉯ 일시적인 난방에는 비경제적이다.

㉰ 가열코일을 매설하므로 시공, 수리 및 설비비가 비싸다.

㉱ 벽에 균열이 생기기 쉽고 매설배관이므로 고장의 발견이 어렵다.

㉲ 방열벽 배면으로부터 열이 손실되는 것을 방지하기 위하여 단열시공이 필요하다.

(5) 복사난방 설계상 주의사항

① 가열면 표면온도 : 가열면의 온도는 높을수록 복사방열은 크지만, 주거 환경을 고려하여 적절한 온도가 되도록 한다.

패널의 표면온도

종류		패널의 표면온도(℃)	
		보통	최고
바닥 패널		27	35
벽 패널	플라스터 마감	32	43
	철판(온수)	71	–
	철판(증기)	81	–
천장 패널(플라스터 마감)		40	54
전선 매설 패널		93	–

② 매설 배관의 관지름 : 일반적으로 바닥 매설 배관은 20~40 A의 가스관 3/8~5/8 B의 동관, 천장의 경우는 이보다 작은 관지름의 가스관을 쓴다. 보통 바닥매설은 25 A, 천장매설은 15 A의 가스관을 많이 사용한다.

③ 배관 피치 : 방열량을 고르게 할 경우 피치는 적게, 매설 깊이는 깊게 하는 것이 온도 분포가 고르게 되어 바람직하지만, 경제적인 면에서는 20~30 cm 정도가 적당하다.

④ 매설 깊이 : 표면온도의 분포와 열응력으로 인한 바닥 균열 등을 고려하여, 적어도 관 위에서 표면까지의 두께를 관지름의 1.5~2.0배 이상으로 한다.

⑤ 온수온도와 온도차 : 온수온도는 콘크리트에 매설한 경우 최고 60℃ 이하로 평균 50℃ 정도가 많이 쓰이고 있다. 공기층일 경우 일반 온수난방과 같이 평균 80℃까지 써도 된다. 순환온수의 온도차는 가열면의 온도 분포를 균일하게 한다는 점에서 5~6℃ 이내로 한다.

5-3 ── ○ 온풍로 난방

(1) 열풍로 배치법

① 덕트 배관을 짧게 하고 가장 편안한 위치를 선정한다.
② 굴뚝의 위치가 되도록 가까워야 한다.
③ 열풍로의 전면(버너 쪽)은 1.2~1.5 m 띄운다.
④ 열풍로의 후면(방문 쪽)은 0.6 m 이상 띄운다.
⑤ 열풍로 측면이 한쪽 면은 후방에로의 통로로서 충분한 폭을 띄운다.
⑥ 서비스 탱크나 냉동기는 버너나 방문의 정면에서 멀리 떨어진 위치에 설치하여야 한다.
⑦ 습기와 먼지가 적은 장소를 선정한다.

(2) 온풍로의 특징

① 장점

(가) 열효율이 높고 연소비가 절약된다.

(나) 직접난방에 비하여 설비비가 싸다.

(다) 설치면적이 작고 설치장소도 자유로이 택할 수 있다.

(라) 설치공사가 간단하고 보수관리도 용이하다.

(마) 환기가 병용으로 되며, 공기 중의 먼지가 제거되고 가습도 할 수 있다.

(바) 예열부하가 적으므로 장치는 소형이 되며 설비비와 경상비도 절감된다.

(사) 운전은 자동식이 많고 압력부분도 없으므로 보일러와 같이 유자격자를 필요로 하지 않으며, 미경험자도 안전운전이 될 수 있어 인건비가 절감된다.

② 단점

(가) 취출풍량이 적으므로 실내 상하의 온도차가 크다.

(나) 덕트 보온에 주의하지 않으면 온도강하 때문에 끝방의 난방이 불충분하다.

(다) 소음이 생기기 쉽다.

(라) 온기로 여러 대를 설치하는 것은 설비비 점에서 불리하다.

>>> 제5장 　　　　　　　　　　　　　**예상문제**

1. 증기난방 설비에서 일반적으로 사용 증기압이 어느 정도부터 고압식이라고 하는가?

① 10 kPa　　　② 50 kPa

③ 100 kPa　　④ 500 kPa

해설 ㉠ 저압식 : 10~35 kPa

㉡ 고압식 : 100 kPa 이상

2. 다음 난방 방식 중 자연환기가 많이 일어나도 비교적 난방효율이 좋은 것은 어느 것인가?

① 온수난방　　② 증기난방

③ 온풍난방　　④ 복사난방

3. 다음 중 복사난방의 특징과 관계없는 것은?

① 복사에 의한 방열이 크므로 대류난방에 비해 난방효과가 좋다.

② 실내에 방열기를 두지 않기 때문에 바닥면적의 이용도가 높다.

③ 예열시간이 짧으므로 일시적으로 쓰는 방에도 적합하다.

④ 비교적 개방된 방에서도 난방효과가 있다.

해설 예열시간이 길어 일시적으로 사용하는 곳은 불리하다.

정답 **1.** ③ 　**2.** ④ 　**3.** ③

4. 다음 중 패널 히팅(panel heating)에 사용되는 4방 밸브의 이점이 아닌 것은?

① 난방계통의 온수온도 조절을 자유로이 할 수 있다.
② 연료가 많이 든다.
③ 보일러 사용연한을 연장시킨다.
④ 외기온도에 따라 난방이 가능하다.

5. 다음 복사난방 중 시공이 쉬워 널리 사용되지만 표면온도를 33℃ 이상 올릴 수 없으므로 면적이 크게 되는 것은?

① 천장 패널 　　② 바닥 패널
③ 벽 패널 　　　④ 코일 패널

6. 높고 낮은 광범위한 지역에 산재하고 있는 건물을 일괄하여 난방하고자 할 때 가장 적당한 방법은?

① 고압 증기난방
② 고온·고압 온수난방
③ 저압 증기난방
④ 온풍난방

7. 다음 중 온풍로 난방의 특징이 아닌 것은?

① 열효율이 80 % 이상으로 높다.
② 보수 취급이 간단하고 취급에 자격자를 필요로 하지 않는다.
③ 설치면적이 작아 설치장소에 제한을 받지 않는다.
④ 열용량이 크므로 착화시 즉시 난방이 가능하지 못하다.

8. 다음 중 온풍난방 장치의 종류가 아닌 것은?

① 중력식 온풍난방
② 열순환식 온풍난방
③ 강제순환식 온풍난방
④ 진공순환식 온풍난방

9. 각종 난방 방식에 따른 수직온도 분포 중 바닥 패널 난방 방식일 경우의 온도 분포를 나타내는 것은?

① ㉮ 　　　　　　② ㉯
③ ㉰ 　　　　　　④ ㉱

해설 ㉮ 바닥 패널 복사난방
　　㉯ 온수난방
　　㉰ 증기난방
　　㉱ 온풍난방 (전공기식)

10. 다음 그림은 난방 설계도에서 컨벡터의 종류, 능력 등을 표시한 것이다. 상단(C-1000)은 무엇을 뜻하는가?

① 케이싱 길이
② 높이
③ 형식
④ 태핑

해설 ① C-1000 : 케이싱 길이 1000 mm
　　② F×220×700 : 형식 F형, 폭 220 mm, 높이 700 mm
　　③ 20×15 : 태핑

공조냉동기계산업기사

2 과목

냉동냉장 설비

Chapter 01

냉동이론

1-1 ○ 냉동의 기초 및 원리

1 단위 및 용어

(1) 냉동 (refrigeration)

어느 공간 또는 특정한 물체의 온도를 현재의 온도보다 낮게 (0℃ 이하) 하고 그 낮게 한 온도를 계속 유지시켜 나가는 것, 즉 물체의 열의 결핍을 냉동 (refrigeration)이라 한다.

① 냉각 : 어떤 물체의 온도를 낮게만 내려주는 것

② 냉장 : 어떤 물체가 얼지 않을 정도의 상태에서 저장하는 것

③ 동결 : 수분이 있는 물질을 상하지 않도록 동결점 이하의 온도까지 얼려 버리는 것

④ 제빙 : 상온의 물을 −9℃ 정도의 얼음으로 만드는 것

⑤ 저빙 : 상품화된 얼음을 저장하는 것

⑥ 제습 : 공기나 제품의 습기를 제거하는 것

(2) 냉동톤

① 냉동효과 (냉동력, 냉동량) : 압축기 흡입가스 엔탈피에서 팽창밸브 직전 엔탈피를 뺀 값, 즉 냉매 1 kg이 증발기에서 흡수하는 열량이다.

> **참고** 기준 냉동 사이클에서 냉동효과 (kcal/kg)는 다음과 같다.
> - 암모니아 : 269
> - R−22 : 40.2
> - R−11 : 38.6
> - R−113 : 30.9
> - R−12 : 29.6
> - R−114 : 25.1
> - R−21 : 50.9
> - R−500 : 34

② 냉동능력 : 단위시간에 증발기에서 흡수하는 열량을 냉동능력이라 한다 (단위 : kJ / h).

③ 1 냉동톤 (RT) : 0℃의 물 1 ton을 24시간에 0℃의 얼음으로 만드는 데 제거할 열량이다.

$$1\,RT = 79680 \text{ kcal/24 h} = 3320 \text{ kcal/h} = 333620 \text{ kJ/24h} = 13900.8 \text{ kJ/h}$$
$$= 3.86 \text{ kW}$$

④ 1 USRT (미국 RT) : 32°F의 물 2000 lb를 24시간에 32 °F의 얼음으로 만드는 데 제거할 열량이다.

$$1\,\mathrm{USRT} = 288000\,\mathrm{BTU/24\,h} = 12000\,\mathrm{BTU/h} = 3024\,\mathrm{kcal/h} ≒ 12661.5\,\mathrm{kJ/h}$$

⑤ 제빙능력 : 하루 동안 제빙공장에서 생산되는 양을 톤으로 나타낸 것이다. 25℃의 물 1 ton을 24시간 동안에 −9℃의 얼음으로 만드는 데 제거하는 냉동능력은 다음과 같이 계산한다.

㈎ 25℃ 물 1 ton → 0℃의 물

$$1000 \times 1 \times 25 = 25000\,\mathrm{kcal/24\,h}$$

㈏ 0℃의 물 1 ton → 0℃의 얼음

$$1000 \times 79.68 = 79680\,\mathrm{kcal/24\,h}$$

㈐ 0℃ 얼음 1 ton → −9℃ 얼음

$$1000 \times 0.5 \times 9 = 4500\,\mathrm{kcal/24h}$$

총 열량 $= 25000 + 79680 + 4500\,\mathrm{kcal/24\,h}$

$\qquad\quad = 109180\,\mathrm{kcal/24\,h}$

제빙에 따른 냉동톤	
원수온도 (℃)	냉동톤
5	1.44
10	1.5
15	1.56
20	1.62
25	1.64
30	1.72
35	1.78
40	1.84

㈑ 열손실 20 %

$$109180 \times 1.2 = 131016\,\mathrm{kcal/24\,h} = 548563.99\,\mathrm{kJ/24h}$$

RT로 고치면 $131016 \div 79680 = 1.642\,\mathrm{RT}$

즉, 1 제빙톤 = 1.642 RT이고, 한국 1제빙톤은 1.65 RT로 한다.

> **참고** 결빙시간 $H = \dfrac{0.564t^2}{-t_b}$
>
> 여기서, t : 얼음 두께 (cm), t_b : 브라인 온도 (℃)

2 냉동의 원리

(1) 자연 냉동법 (natural refrigeration)

① 고체의 용해잠열을 이용하는 방법 : 얼음은 0℃에서 용해할 때 79.68 kcal/kg 열을 흡수한다.

② 고체의 승화잠열을 이용하는 방법 : CO_2 (드라이아이스)의 승화잠열은 −78.5℃에서 승화할 때 573.6 kJ/kg 열을 흡수한다.

③ 액체의 증발잠열을 이용하는 방법 : N_2, CO_2 등을 이용하며 N_2는 −196℃에서 201 kJ/kg, −20℃에서 376.8 kJ/kg의 열을 흡수한다.

(2) 기계 냉동법 (mechanical refrigeration)

① 증기 압축식 냉동법 : 액체의 증발잠열을 이용하여 피냉각물로부터 열을 흡수하여 냉각하는 방법으로 냉매의 순환 경로는 증발기, 압축기, 응축기, 팽창밸브 순이다.

② 흡수식 냉동법 : 증기 압축식 냉동기에 압축기의 기계적 일 대신 가열에 의하여 압력을 높여 주기 위하여 흡수기와 가열기가 있으며, 저온에서 용해되고 고온에서 분리되는 두 물질을 이용하여 열에너지를 압력에너지로 전환하는 방법이다.

NH₃와 H₂O 흡수식 냉동장치

H₂O와 LiBr 흡수식 냉동장치

> **참고** **흡수식 냉동장치 용량제어 방법**
> ① 구동열원 입구 제어
> ② 가열 증기 또는 온수 유량 제어 (10 ~ 100 %)
> ③ 바이패스 제어
> ④ 흡수액 순환량 제어 (10 ~ 100 %)

③ 증기 분사식 냉동법 : 물을 냉매로 하며 이젝터로 다량의 증기를 분사할 때의 부합작용
을 이용하여 냉동을 하는 방법 ($3 \sim 10 \text{ kg/cm}^2$의 폐증기를 이용한다)이다.

증기 분사식 냉동기

④ 공기 압축식 냉동기 : 공기를 냉매로 하여 팽창기에서 단열 팽창시켜 냉각기에서 열을
흡수한다. 압축기는 체적이 크고 효율이 나쁘다. Joule-Thomson 효과를 이용한 것으
로 대표적인 것이 역 Brayton cycle이며 가볍고 단순하여 항공기에 적합한 장치이다.

⑤ 전자 냉동기(열전 냉동기)

  ㈎ 어떤 두 종의 다른 금속을 접합하여 이것에 직류 전기를 통하면 접합부에서 열의
    방출과 흡수가 일어나는 현상을 이용하여 저온도를 얻을 수 있다. 전류의 흐름 방향
    을 반대로 하면 열의 방출과 흡수가 반대로 된다(펠티에 효과 이용).

  ㈏ 전자 냉동기는 운전부분이 없어 소음이 없고 냉매가 없으므로 배관이 없으며 대기
    오염과 오존층 파괴의 위험이 전혀 없고 반영구적이다(비스무트 텔루르 안티몬·텔
    루르, 비스무트·텔루르 비스무트 등의 조합으로 된 재료 이용).

⑥ 자기 냉각(단열탈자법, 단열소자법)

  ㈎ 상자성염(Gd_2SO_4 : 황산 gadolinium)이 갖는 성질을 이용하여 단열 과정에 의해 극
    저온을 얻는 냉각법

  ㈏ 원리는 자계(magnetic field)를 형성시키면 온도가 올라가고 자계를 제거하면 온도가
    내려가게 되는데 이때 냉각되는 부분을 이용한 것이 자기냉각(magnetic refrigeration)
    이다(현재 0.001 K 정도의 극저온 가능함).

3 냉매

냉매는 냉동 사이클을 순환하면서 저온부의 열을 고온부로 운반하는 작동 유체이다.

(1) 냉매의 구비조건

① 물리적인 조건

㉮ 저온에서도 대기압력 이상의 압력으로 증발하고 상온에서도 비교적 저압으로 응축 액화할 것

㉯ 임계온도가 높을 것

㉰ 응고점이 낮을 것

㉱ 증발열이 크고, 액체비열이 적을 것

㉲ 윤활유와 작용하여 영향이 없을 것

㉳ 누설탐지가 쉽고, 누설 시 피해가 없을 것

㉴ 수분과 혼합하여 영향이 적을 것

㉵ 비열비가 적을 것(단열지수값)

㉶ 절연내력이 크고, 전기 절연물질을 침식시키지 않을 것

㉷ 패킹 재료에 영향이 없을 것

㉸ 점도가 낮고 전열이 양호하며 표면장력이 작을 것

② 화학적인 조건

㉮ 화학적으로 결합이 양호하고 안정하며 분해하는 일이 없을 것

㉯ 금속을 부식하는 성질이 없을 것

㉰ 인화 및 폭발성이 없을 것

③ 생물학적인 조건

㉮ 인체에 무해하고 누설 시 냉장품에 손상이 없을 것

㉯ 악취가 없고, 독성이 없을 것

④ 경제적인 조건

㉮ 가격이 저렴하고 구입이 용이할 것

㉯ 동일 냉동능력에 비하여 소요동력이 적을 것

㉰ 자동운전이 가능할 것

(2) 냉동장치에서 일어나는 각종 현상

① 에멀션 현상(emulsion, 유탁액 현상) : 암모니아 냉동기에서 윤활유에 수분이 섞이면 유 분리기에서 기름이 분리되지 않고 응축기와 증발기로 흘러 들어가는 예가 있으며 우윳 빛으로 변질되는데 이것을 에멀션 현상이라 한다.

② 오일 포밍(oil foaming) 현상 : 압축기 정지 중에 크랭크실 내의 윤활유에 용해되었던 냉매가 기동 시에 급격히 압력이 낮아져 증발하게 된다. 이때 윤활유가 거품이 일어나고 유면이 약동하게 되는 현상을 오일 포밍 현상이라 한다. 이와 같은 현상을 방지하기 위하여 오일 히터(oil heater)를 설치한다.

③ 코퍼 플레이팅(copper plating) 현상 : 프레온 냉동장치에서 동이 오일에 용해되어 금속 표면에 도금되는 현상으로, 도금이 되는 장소는 비교적 온도가 높은 실린더, 밸브, 축수 메달 등이며 원인은 다음과 같다.

⑺ 분자 중 H(수소)가 많은 냉매

⑴ 오일에 S(황) 성분이 많을 때 (왁스 성분이 많을 때)

⑶ 장치에 수분이 많을 때

⑷ 오일의 온도가 너무 높을 때

④ 임계 용해온도 : 온도가 저온이 되면 윤활유와 프레온 냉매는 잘 용해되나 더 낮아지면 오히려 분리되는데, 이 분리되는 온도를 임계 용해온도라 한다.

4 신냉매 및 천연냉매

(1) 냉매의 명명법(命名法)

냉매의 종류는 무기 화합물과 유기 화합물이 있으며, 화학명도 복잡하고 길다. 화학식은 다르나 화학명이 같은 경우도 있으므로 화학명을 그대로 쓰는 것은 아주 불편하여 프레온과 같이 개발된 상품명으로 명칭하기도 한다.

① 할로겐화탄화수소 냉매와 탄화수소 냉매의 명명법

⑺ 화학식 $C_k H_l F_m Cl_n$ 이고 냉매번호는 $R-xyz$ 이다.

⑴ 'R'은 냉매의 영문자 Refrigerant의 머리글자이다.

⑶ $x=k-1$: 100 단위 숫자로 탄소(C) 원자수-1이다.

⑷ $y=l+1$: 10 단위 숫자로 수소(H) 원자수$+1$이다.

⑸ $z=m$: 1 단위 숫자로 불소(F) 원자수이다.

⑹ Br(취소)이 들어 있으면 오른쪽에 영문자 Bromine의 머리글자 'B'를 붙이고, 그 오른쪽에 취소 원자수를 쓴다.

> **참고** $CBrF_2CBrF_2$의 냉매번호는 R-114 B이다.

⑺ C_2H_6의 수소원자 대신에 할로겐원소(F, Br, Cl, I, At 등)로 치환한 냉매의 경우는 이성체(isomer)가 존재하므로 할로겐원소의 안정도에 따라서 냉매번호 우측에 a, b, c 등을 붙인다.

② 기타 냉매의 명명법

  (가) 불포화 탄화수소 냉매 : R-○ ○ ○ ○과 같이 4개 단위로 명명하며, 1000단위에 1을 붙이고 나머지는 할로겐화탄화수소의 명명법과 같다.

> **참고** $CH_3CH=CH_2$ (프로필렌, propylene)은 R-1270, $CHCl=CCl_2$ (3염화에틸렌, trichloroethylene)은 R-1120으로 명명한다.

  (나) 공비 혼합냉매 (azeotropic refrigerant) : R-500 부터 개발된 순서대로 R-501, R-502 …와 같이 일련번호를 붙인다.

  (다) 환식 유기 화합물 냉매 : R-C ○ ○ ○ 과 같이 할로겐화탄화수소의 명명법 앞에 사이클을 뜻하는 'C'를 붙인다.

> **참고** C_4ClF_7 (monochloroheptafluorocyclobutane)은 R-C317로 명명한다.

  (라) 유기 화합물 냉매 : R-6 ○ ○ 으로 명명하되, 부탄계는 R-60 ○, 산소 화합물은 R-61 ○, 유황 화합물은 R-62 ○, 질소 화합물은 R-63 ○ 으로 명명하며 개발된 순서대로 일련번호를 붙인다.

  (마) 무기 화합물 냉매 : R-7 ○ ○으로 명명하되, 뒤의 2자리에는 분자량을 쓴다.

> **참고** 암모니아 (NH_3)는 분자량이 17이므로 R-717, 물은 분자량이 18이므로 R-718로 명명한다.

③ 국제적인 냉매 명명법

  (가) CFC (chloro fluoro carbon) 냉매 : 염소 (Cl : chlorine), 불소 (F : fluorine) 및 탄소 (C : carbon)만으로 화합된 냉매를 CFC 냉매라 부르며 많은 냉매가 규제 대상이다. CFC 뒤의 숫자는 공식적인 명명법과 같은 방법으로 붙인다.

> **참고** R-11 (CCl_3F)은 CFC-11, R-12 (CCl_2F_2)는 CFC-12, R-113 (CCl_3CF_3)은 CFC-113으로 명명한다.

  (나) HFC (hydro fluoro carbon) 냉매 : HFC 냉매란 수소 (H : hydrogen), 불소, 탄소로 구성된 냉매를 말하며, R-125 (CHF_2CF_3)는 HFC-125, R-134 a (CH_2FCF_3)는 HFC-134 a, R-152 a (CH_3CHF_2)는 HFC-152 a로 명명한다. HFC 냉매는 오존을 파괴하는 염소가 화합물 중에 없으므로 규제되는 CFC 대체 냉매로 사용된다.

  (다) HCFC (hydro chloro fluoro carbon) 냉매 : HCFC 냉매란 수소, 염소, 불소, 탄소로 구성된 냉매를 말하며, 염소가 포함되어 있어도 공기 중에서 쉽게 분해되지 않아 오존층에 대한 영향이 적으므로 대체냉매로 쓰인다. R-22 ($CHClF_2$)는 HCFC-22, R-123 ($CHCl_2CF_3$)는 HCFC-123, R-124 ($CHClFCF_3$)는 HCFC-124, R-141 b(CH_3CCl_2F)

는 HCFC-141 b로 명명한다.

④ 할론(halon) 냉매 : 화합물 중 취소(bromide)를 포함하는 냉매를 halon 냉매라 하며 halon-○ ○ ○ ○와 같이 4자리의 숫자로 표시한다.

halon - ○ ○ ○ ○
일 단위 : 취소 (Br) 원자수
십 단위 : 염소 (Cl) 원자수
백 단위 : 불소 (F) 원자수
천 단위 : 탄소 (C) 원자수

> **참고** C_2H_6 계열 냉매 : R-116 (CF_3CF_3) 과 같은 냉매는 불소와 탄소만으로 구성되어 있으므로 CF (fluoro carbon) 냉매라 한다.

(2) 냉매의 주요 특성표

① 주요 냉매표

냉매명	암모니아	R-11	R-12	R-21	R-22	R-113	R-114	R-500	프로판	메틸클로라이드	탄산가스
화학식	NH_3	CCl_3F	CCl_2F_2	$CHCl_2F$	$CHClF_2$	$C_2Cl_3F_3$	$C_2Cl_2F_4$	CCl_2F_2 $C_2H_4F_2$	C_3H_8	CH_3Cl	CO_2
분자량	17.03	137.4	120.9	162.9	86.5	187.4	170.9	97.29	44.06	50.48	44.0
비등점(℃)	-33.3	23.6	-29.8	8.89	-40.8	47.6	3.6	-33.3	-42.3	-23.8	-78.5
응고점(℃)	-77.7	-111.1	-158.2	-155	-160	-35	-93.9	-159	-189.9	-97.8	-78.5
임계온도(℃)	133	198	111.5	178.5	96	214.1	145.7	-	94.4	143	31
임계압력 $(kg/cm^2 \cdot abs)$	116.5	44.7	40.9	52.7	50.3	34.8	33.33	44.4	46.5	68.1	75.3
-15℃에서의 증발압력 $(kg/cm^2 \cdot abs)$	2.41	0.21	1.86	0.367	3.025	0.0689	0.476	2.13	2.94	1.49	23.34
30℃에서의 응축압력 $(kg/cm^2 \cdot abs)$	11.895	1.30	7.59	2.19	12.27	0.552	2.58	8.73	10.91	6.66	73.34
응축온도 30℃, 증발온도 -15℃에서의 압축비	4.94	6.19	4.08	5.95	4.06	8.02	5.42	4.10	3.71	4.48	3.14
-15℃에서의 증발잠열(kcal/kg)	313.5	45.8	38.6	60.8	51.9	39.2	34.4	46.7	94.56	100.4	-

기준 냉동 사이클에 있어서의 냉동력 (kcal/kg)	269	38.6	29.6	50.9	40.2	30.9	25.1	34	70.7	85.4	37.9
한국 1냉동톤당의 냉매순환량 (kg/h)	12.34	86.1	112.3	65.2	82.7	107.4	132.1	98	47	38.9	87.6
-15℃에서의 포화증기의 비체적(m³/kg)	0.5087	0.766	0.0927	0.57	0.078	1.69	0.264	0.095	0.155	0.279	0.0166
25℃에서의 포화액의 비체적(L/kg)	1.66	0.679	0.764	0.733	0.838	0.64	0.688	0.86	2.025	1.10	–
압축기 토출가스의 온도 (℃)	98	44.4	37.8	61.1	55.0	30.0	30.0	41.0	36.1	77.8	66.1
한국 1냉동톤에 대한 이론 피스톤 압축량 (m³/h·RT)	6.28	65.9	10.8	37.2	6.42	171.4	34.8	9.25	7.27	10.8	1.46
이론 소요마력(HP/t)	1.08	0.99	1.10	1.01	1.06	1.02	1.055	1.12	1.08	1.047	1.661
성적계수	4.8	5.23	4.7	5.13	4.87	5.09	4.90	4.6	4.8	5.32	3.16

② 초저온용 냉매 특성표

냉매명	R-13	R-14	R-22	프로판	에탄	에틸렌
화학기호	$CClF_3$	CF_4	$CHClF_2$	C_3H_8	C_2H_6	C_2H_4
분자량	104.5	88.0	86.5	44.1	16.0	28.0
비등점 (℃)	-81.5	-128	-40.8	-42.3	-88.5	-103.9
응고점 (℃)	-160	-181	-160	-190	-172	-169
임계온도 (℃)	28.8	-45.5	96.0	94.2	32.2	9.3
임계압력 (kg/cm²·abs)	39.4	38.1	50.2	46.5	49.8	51.4
-90℃에 있어서의 증발압력 (kg/cm²·abs)	0.64	8.4	0.049	0.084	0.959	2.17
-40℃에 있어서의 응축압력 (kg/cm²·abs)	6.15	임계온도 보다 고온	1.055	1184	7.93	14.8
응축온도 -40℃, 증발온도 -90℃에서의 압축비	9.63	–	22.2	14.0	8.3	6.3
-90℃에서의 증발열 (kcal/kg)	36.8	약 25	62.5	101.4	116.3	107.9
응축온도 -40℃, 증발온도 -90℃에서의 냉동력 (kcal/kg)	25.9	–	49.8	83.7	86.4	79.5
-90℃에서의 포화증기의 비체적 (m³/kg)	0.225	0.019	3.64	4.17	0.517	0.236
한국 1냉동톤에 대한 이론 피스톤 압축량 (m³/h·RT)	29.3	–	24.3	165	19.7	9.85

(3) 혼합냉매

혼합냉매에는 단순한 혼합물과 공비(共沸) 혼합물이 있다.

① 단순한 혼합냉매 : 혼합비에 따라 액상기상의 조성이 다르므로 사용하였을 때 항상 조성이 변화하여 냉동효과가 변동한다. 즉, 증발 시 비점이 낮은 쪽이 먼저 다량으로 증발하여 비점이 높은 것이 남게 되므로 운전상태가 조성에까지 영향을 미친다. 이것을 단순한 혼합냉매라고 한다.

② 공비 혼합냉매

조합	비등점 (℃)			냉매 (1)의 중량 (%)
	냉매 (1)	냉매 (2)	공비물체	
R152 – R12 (R500)	−24	−30	−33.3	26.2
R12 – R22 (R501)	−30	−41	−41	25
R40 – R12	−23.7	−30	−32	22
R115 – R22 (R502)	−38	−41	−45.5	51.2
R22 – 프로판	−41	−42	−45	68
R21 – R114	8.9	3.5	1.3	25
R218 – R22	−37	−41	−43	34
R227 – R12	−16.2	−30	−30	13.5
R152 – R115	−24	−40	−41	16
R13 – R23 (R503)	−81.5	−82.2	−89.1	59.9
R115 – R32 (R504)	−38.7	−51.7	−57.2	51.8

(4) 냉매의 일반적인 성질

① NH_3 냉매

㈎ 표준 냉동장치에서 포화압력이 별로 높지 않으므로 냉동기 제작 및 배관에 어려움이 없다.

㈏ 임계온도가 높아 냉각수 온도가 높아도 액화시킬 수 있다.

㈐ 사용냉매 중에서 전열이 $3000 \sim 5000\,kcal/m^2 \cdot h \cdot ℃$로 가장 우수하다.

㈑ 금속에 대한 부식성으로 철 또는 강에 대해서는 부식성이 없고 동 또는 동합금을 부식하며 수분이 있으면 아연도 부식된다. 수은, 염소 등은 폭발적으로 결합되고 에보나이트나 베이클라이트 등의 비금속도 부식한다 (축구 메달에 인청동 또는 연청동을 사용한다).

㈒ 폭발범위가 $15 \sim 28\,\%$인 제 2 종·가연성 가스이고 폭발성이 있다.

㈐ 전기적 절연내력이 약하고 절연물질인 에나멜 등을 침식시키므로 밀폐형 압축기에는 사용할 수 없다.

㈑ 천연고무는 침식하지 않고, 인조고무인 아스베스토스는 침식한다.

㈒ 허용농도 25 ppm인 독성가스로서 0.5 ~ 0.6 % 정도를 30분 정도 호흡하면 질식하고 성분은 알칼리성이다.

㈓ 수분에 800 ~ 900배 용해된 암모니아수는 재질을 부식시키는 촉진제가 되며 냉매 중에 수분 1 %가 용해되면 증발온도가 0.5℃ 상승하여 기능이 저하되고 장치에 나쁜 영향을 미친다.

㈔ 윤활유와 분리하고 오일보다 가볍다.

㈕ 비열비가 1.31로 높은 편이고 실린더가 과열되고 토출가스 온도가 상승되므로 압축기를 수랭식으로 한다.

㈖ 1 atm에서 327 kcal/kg, 증발압력 2.41 kg/cm^2·a, 온도 −15℃에서 313.5 kcal/kg의 증발잠열을 갖고 있다.

㈗ S (황), SO_2 (아황산), H_2SO_4 (황산), Cl_2 (염소), HCl (염화수소) 등에 접촉하면 백색 연기가 난다.

㈘ 적색 리트머스 시험지는 청색이 되고, 페놀프탈레인지는 홍색으로 변한다.

② Freon 냉매

㈎ 열에 500℃까지 안전하며 800℃ 이상의 화염에 접촉되며 포스겐, 불화수소, 일산화탄소 등의 맹독성 가스를 발생한다 (철의 촉매작용이 있으면 200 ~ 300℃에서 맹독성이 발생한다).

㈏ 일반적으로 무독이지만 분자 중에서 F 수가 많고 Cl 수가 적을수록 독성이 적다.

㈐ 일반적으로 무색·무취이나 약한 알코올 냄새가 나며 누설 시 저장물에 피해가 없다.

㈑ 불연성이고 폭발성이 없지만 R-40 (CH_3Cl) 등은 8.1 ~ 17.2 %의 폭발범위를 갖는 가연성이다.

㈒ 일반적인 금속에는 부식성이 없고, Mg 또는 2 % 이상의 Mg이 함유한 Al 합금은 부식하고 장치에 수분이 함유되며 HCl이 형성되어 재질을 부식시킨다.

㈓ 천연고무 수지는 잘 침식하므로 패킹 재료로 아스베스토스를 사용한다.

㈔ 수분과 분리하여 냉동장치를 순환하면서 팽창밸브를 빙결시킨다.

㈕ 오일에 용해되며 일반적으로 잘 용해되는 냉매는 R-11, R-12, R-21, R-113 등이고, 저온에서 쉽게 분리하는 냉매는 R-13, R-22, R-114 등이다 (오일보다 무겁다).

㈖ 비열비가 적어서 압축기는 공랭식으로 한다.

㈗ 증발잠열이 적고 전기적 절연내력이 크다.

㈔ 전열작용이 불량하며 사용용도에 따라서 선택범위가 넓다.

㈕ 누설이 되어도 냉장품에 손상을 시키지 않고 증기밀도가 커서 배관에서 압력강하가 크다.

㈖ 화학적으로 안정되고 독성이 거의 없다.

5 브라인 및 냉동유

(1) 브라인(brine)

증발기에서 발생하는 냉매의 냉동력을 피냉각물질 또는 냉각물질에 열전달의 중계역할을 하는 부동액이다. 냉매는 잠열에 의하여 열을 운반하고 brine은 감열에 의해 열을 운반한다.

① brine의 구비조건

㈎ 비열이 클 것

㈏ 점성이 작을 것

㈐ 열전도율이 클 것

㈑ 동결온도가 낮을 것

㈒ 부식성이 적을 것

㈓ 불연성일 것

㈔ 악취·독성·변색·변질이 없을 것

㈕ 구입이 용이하고 가격이 저렴할 것

② brine의 종류

㈎ 무기질 brine

㉮ 물 : 냉방장치에서 0℃ 이상의 온도에서 사용

㉯ $CaCl_2$ (염화칼슘)

• 브라인으로 널리 사용 (제빙, 냉방)

• 흡수성이 강하고 식품에 닿으면 맛이 떫어 좋지 않다.

• 공정점 : -55℃

참고 **공정점** : 브라인은 농도가 짙어짐에 따라 동결온도가 하강하게 되며, 어떤 농도에서의 제일 낮은 동결온도를 의미한다.

• 사용범위 : -21.2 ~ -31.2℃

• 비중 : 1.2 ~ 1.24 (20 ~ 28°Be′)

- CaCl$_2$ 1 L에 대하여 중크롬산소다 1.6 g, 중크롬산소다 100 g마다 가성소다 27 g을 첨가하면 부식성이 작아진다.

ⓒ NaCl (염화나트륨 식염수)

- 식품 저장 및 제빙용으로 사용
- 인체에 무해하며 독성이 없다.
- 가격이 저렴하다.
- 공정점 : -21.2 ℃ (비중 1.17, 22°Be′)
- 금속의 부식성이 크다.
- 사용범위 : -15 ~ -18℃ (비중 : 1.15 ~ 1.18, 19 ~ 22°Be′)
- NaCl 1 L에 중크롬산소다 3.2 g, 중크롬산소다 100 g마다 가성소다 27 g을 첨가하면 부식성이 작아진다.

ⓒ MgCl$_2$ (염화마그네슘)

- CaCl$_2$ 부족 시에는 사용하였으나 지금은 사용하지 않는다.
- 공정점 : -33.6℃
- 무기질 브라인 중에서 부식성이 약간 크다.
- 무기질 브라인의 강에 대한 부식 순서 : NaCl > MgCl$_2$ > CaCl$_2$

(나) 유기질 brine

ⓐ 에틸렌글리콜 (C$_2$H$_6$O$_2$)

- 다소 부식성이 있으나 첨가제를 이용하여 부식성을 감소시킨다.
- 물보다 무거우며 (비중 1.1), 점성이 크고 무색 액체로서 단맛이 난다.
- 제상용으로도 사용한다.
- 응고점 -12.6℃, 비등점 177.2℃, 인화점 116℃이다.

ⓑ 프로필렌글리콜 (C$_3$H$_6$(OH)$_2$)

- 부식성이 작고 독성이 없으므로 냉동식품의 동결용에 사용된다 (분무식 식품 동결).
- 물보다 무거우며 (비중 1.04), 무색·무독의 액체로서 점성이 크다.
- 50 % 수용액으로 식품에 접촉시킨다.
- 응고점 -59.5℃, 비등점 188.2℃, 인화점 107℃이다.

ⓒ 에틸알코올 (C$_2$H$_5$OH)

- 마취성이 있고 식품의 초저온 동결용으로 사용할 수 있다.
- 인화점이 낮은 가연성이다.
- 비중이 0.8로서 물보다 가볍다.

ⓓ 기타 brine : R-11, R-113 등과 같은 1차 냉매도 brine으로 사용한다.

③ brine의 금속 부식성

    ㈎ 브라인의 농도가 짙으면 부식성이 작다.

    ㈏ 브라인의 산소량이 많으면 부식성이 강하다.

    ㈐ 브라인의 pH값을 7.5 ~ 8.2로 유지하면 부식성이 작다.

    ㈑ 방식 아연판을 사용한다.

④ brine 순환장치의 동파방지 방법

    ㈎ 증발압력 조정밸브 (EPR)를 설치한다.

    ㈏ 단수 릴레이 (relay)를 설치한다.

    ㈐ 동결방지용 TC를 설치한다.

    ㈑ 부동액을 첨가시킨다.

    ㈒ 순환펌프를 압축기 모터와 인터로크 (interlock) 시킨다.

(2) 윤활유

① 냉동유의 구비조건

    ㈎ 유동점이 낮을 것 : 유동할 수 있는 온도 (응고점보다 2.5℃ 높은 온도)

    ㈏ 인화점이 높을 것 : 140℃ 이상일 것

    ㈐ 점도(성)이 알맞을 것 : 점도 측정 (say bolt)

    ㈑ 수분함량이 2 % 이하일 것

    ㈒ 절연저항이 크고 절연물을 침식하지 말 것

    ㈓ 저온에서 왁스분, 고온에서 슬러지가 없을 것

    ㈔ 냉매와 작용하여 영향이 없을 것 (냉매와 분리되는 것이 좋다.)

    ㈕ 반응은 중성일 것 (산성·알칼리성은 부식의 우려)

② 윤활의 목적

    ㈎ 기계적 마찰부분의 마모방지 (기계효율 증대)

    ㈏ 기계적 마찰부분의 열 흡수

    ㈐ 유막 형성으로 기밀 보장 (누설의 방지, 특히 축봉 부분)

    ㈑ 패킹 (packing) 보호

    ㈒ 진동·소음·충격의 방지

    ㈓ 동력 소모의 절감

③ 윤활 방법

(개) 비말식 : 소형 압축기의 윤활 방식이며, 크랭크축의 밸런스 웨이터 끝부분에 오일 디프가 크랭크실의 오일을 쳐올려서 윤활시킨다.

㉮ 장점
- 제작이 간편하다.
- 고장이 없다.

㉯ 단점
- 유면이 일정해야 한다.
- 정밀부분까지 윤활이 곤란하다.
- 불필요한 부분에 윤활이 되어서 오일의 소비가 많다.

(내) 압력식 : 중·대형 압축기의 윤활 방식이며, 크랭크축 끝에 오일펌프 (oil pump)가 있어 크랭크실의 오일에 압력을 가하여 윤활시킨다.

㉮ 장점
- 유면이 일정하지 않아도 무방하다.
- 정밀부분까지 윤활이 가능하다.
- 회전속도와 윤활속도가 비례한다.

㉯ 단점
- 제작이 어려우며 제작비가 고가이다.
- 오일펌프가 고장나면 압축 운전이 불가능하다.

> **참고**
> 1. **유압** : 유압계 지시압력 – 흡입압력 (왕복식 압축기)
> 2. **유압계 지시압력**
>   ① 저속 압축기 : 0.5 ~ 1 kg/cm² + 저압
>   ② 고속 다기통 압축기 : 1.5 ~ 3 kg/cm² + 저압
>   ③ 스크루 압축기 : 2 ~ 3 kg/cm² + 고압
>   ④ 터보 압축기 : 6 ~ 7 kg/cm² + 저압

1. 한국 1냉동톤을 미국 냉동톤으로 환산하면 얼마인가?

① 0.911 RT   ② 1.098 RT

③ 1.344 RT   ④ 1.722 RT

해설 $RT = \dfrac{3320}{3024} = 1.0978\ RT$

2. 1 제빙톤은 몇 kJ/h인가? (단, 원수온도 25℃, 각빙온도 −9℃, 열손실 20 %이다.)

① 28158 kJ/h   ② 22936 kJ/h

③ 13901 kJ/h   ④ 9714 kJ/h

해설 ㉠ 1 제빙톤=1.65 RT이므로,

1.65×3320=5478 kcal/h=22936.32 kJ/h

㉡ $q = \dfrac{1000 \times \{25 + 79.68 + (0.5 \times 9)\} \times 1.2}{24}$

$= 5459\,\text{kcal/h} = 22856.8\,\text{kJ/h}$

3. 압축식 냉동장치에 있어 냉매의 순환경로가 맞는 것은?

① 압축기 → 수액기 → 응축기 → 증발기

② 압축기 → 팽창밸브 → 증발기 → 응축기

③ 압축기 → 팽창밸브 → 수액기 → 응축기

④ 압축기 → 응축기 → 팽창밸브 → 증발기

4. 얼음을 이용하는 냉각 방법은 다음 중 어느 것과 관계가 있는가?

① 융해열   ② 증발열

③ 승화열   ④ 펠티에 효과

해설 얼음 1 kg이 용해되면서 주위로부터 79.68 kcal (약 80 kcal)의 열을 흡수한다.

5. 제빙장치에서 두께가 290 mm인 얼음을 만드는데 48시간이 걸렸다. 이때 브라인 온도는?

① 0℃   ② −10℃

③ −20℃   ④ −30℃

해설 $H = \dfrac{0.56 \times t^2}{-t_b}$ 에서,

$-t_b = \dfrac{0.56 \times t^2}{H} = \dfrac{0.56 \times 29^2}{48} = 9.811℃$

$\therefore t_b = -9.811℃$

6. 다음 냉동법 중 펠티에 효과를 이용하는 냉동법은 어느 것인가?

① 기계적 냉동법   ② 증발식 냉동법

③ 보르텍스 튜브   ④ 열전 냉동장치

해설 Peltier's effect (펠티에 효과) : 종류가 다른 금속을 링 (ring) 모양으로 접속하여 전류를 흐르게 하면 한쪽의 접합점은 고온이 되고 다른 한쪽의 접합점은 저온이 된다.

7. 다음은 열이동에 대한 설명이다. 옳지 않은 것은?

① 고체에서 서로 접하고 있는 물질 분자 간의 열이동을 열전도라 한다.

② 고체 표면과 이에 접한 유동 유체간의 열이동을 열전달이라 한다.

③ 고체, 액체, 기체에서 전자파의 형태로의 에너지 방출을 열복사라 한다.

④ 열관류율이 클수록 단열재로 적당하다.

해설 열관류율이 작을수록 단열재로 적당하다.

8. 증기 압축식 냉동장치의 주요 구성요소가 아닌 것은?

① 압축기   ② 흡수기

③ 응축기   ④ 팽창밸브

해설 증기 압축식 냉동장치 : 압축기, 응축기, 팽창밸브, 증발기

정답   **1.** ②   **2.** ②   **3.** ④   **4.** ①   **5.** ②   **6.** ④   **7.** ④   **8.** ②

9. 2중 효용 흡수식 냉동기에 대한 설명 중 옳지 않은 것은?

① 단중 효용 흡수식 냉동기에 비해 훨씬 증기소비량이 적다.
② 2개의 재생기를 갖고 있다.
③ 2개의 증발기를 갖고 있다.
④ 증기 대신 가스 연소를 사용하기도 한다.

해설 2중 효용 흡수식 냉동기의 증발기는 1개이다.

10. 다음 2원 냉동법의 설명 중 맞지 않는 것은?

① 고온측과 저온측의 사용냉매가 다르다.
② 캐스케이드 응축기를 사용하여 저온측 증발기와 고온측 응축기를 열교환 한다.
③ −70℃ 이하의 저온도를 얻는데 이용하는 냉동법이다.
④ 안전장치로 팽창탱크를 사용한다.

해설 2원 냉동법은 저온 응축기와 고온 증발기를 열교환하는 구조로 되어 있다.

11. 다음은 냉매가 구비해야 할 이상적인 성질을 나열하였다. 맞지 않는 것은?

① 비열비가 적을 것
② 증발잠열이 클 것
③ 임계압력과 응고점이 높을 것
④ 증기의 비체적이 작을 것

해설 임계압력이 높고, 응고점이 낮을 것

12. 암모니아 냉매 누설 검지법으로 잘못된 것은?

① 불쾌한 냄새로 발견
② 유황을 태우면 흰 연기 발생
③ 페놀프탈레인이 홍색으로 변화
④ 적색 리트머스 시험지가 갈색으로 변화

해설 적색 리트머스 시험지는 청색으로 변한다.

13. 암모니아를 취급하는 시설에서 취급자의 부주의로 인해서 눈에 들어갔을 때 조치 방법으로 옳지 않은 것은?

① 물로 세척한다.
② 2 % 붕산액으로 세척한다.
③ 피크르산 용액을 점안한다.
④ 유동 파라핀을 점안한다.

해설 피크르산 용액은 피부에 바르는 연고이다.

14. 암모니아 냉동장치에 수분이 2 % 함유되었다면 증발온도는 몇 ℃ 달라지는가?

① 1℃ 상승   ② 2℃ 상승
③ 2℃ 강하   ④ 3℃ 강하

해설 수분 1 % 함유 시 증발온도는 0.5℃ 상승한다.

15. 냉매와 배관 재료의 선택을 바르게 나타낸 것은 어느 것인가?

① NH_3−Cu 합금
② R−11 ($CFCl_3$)−Mg 합금
③ R−21 ($CHFCl_2$)−2 % 이상의 Mg을 함유하는 Al 합금
④ CO_2−Fe 합금

해설 NH_3에는 동 또는 동합금을 사용할 수 없고, Freon에는 Mg 또는 2 % 이상의 Mg 합금을 사용하지 못한다.

16. 암모니아(NH_3)를 사용하는 흡수식 냉동기의 흡수제는 다음 중 어느 것인가?

① 물   ② 질소
③ 프레온   ④ 리튬브로마이드

해설 흡수식 냉동기의 사용냉매와 흡수제

냉매	용매(흡수제)
NH_3	H_2O
H_2O	LiBr

17. 불꽃과 접했을 경우 포스겐을 발생하는 가스는 어느 것인가?

① SO_2 가스
② R-12 가스
③ 클로로메틸 가스
④ 암모니아 가스

18. 프레온(CCl_2F_2) 12 냉매의 물리적 성질에 관한 설명으로 옳은 것은?

① 응고점이 -135℃이다.
② 임계온도는 44.6℃이다.
③ 1기압에서 끓는점이 -29.8℃이다.
④ 임계압력은 52.6 kg/cm² 로 비교적 높다.

해설 R-12 : 응고점 -158.2℃, 임계온도 111.5℃, 비등점 -29.8℃, 임계압력 40.9 kg/cm²

19. 핼라이드 토치로 누설을 탐지할 때 누설이 있는 곳에서는 토치의 색깔이 어떻게 되는가?

① 빨간색 ② 파란색
③ 노란색 ④ 초록색

20. 다음 냉매 중 오일(oil)과 냉매의 용해성이 가장 큰 것은?

① R-12 ② R-22
③ NH_3 ④ R-13

해설 ㉠ 윤활유에 잘 용해하는 냉매
  : R-11, R-12, R-21, R-113
㉡ 윤활유와 저온에서 쉽게 분리되는 냉매
  : R-13, R-22, R-114

21. 냉동장치에 사용하는 브라인의 산성도로 가장 적당한 것은?

① 7.5 ~ 8.2 ② 8.2 ~ 9.5
③ 6.5 ~ 7.0 ④ 5.5 ~ 6.5

22. 다음 무기질 brine 중에 공정점이 제일 낮은 것은?

① $MgCl_2$ ② $CaCl_2$
③ H_2O ④ NaCl

해설 공정점
  ① $MgCl_2$: -33.6℃
  ② $CaCl_2$: -55℃
  ③ H_2O : 0℃
  ④ NaCl : -21.2℃

23. 다음 중 브라인에 대한 설명으로 옳은 것은 어느 것인가?

① 에틸렌글리콜, 프로필렌글리콜, 염화칼슘 용액은 유기질 브라인이다.
② 브라인은 냉동능력을 낼 때 자명형태로 열을 운반한다.
③ 프로필렌글리콜은 부식성, 독성이 없어 냉동식품의 동결용으로 사용된다.
④ 식염수의 공정점(공용점)은 염화칼슘의 공정점보다 낮다.

24. 냉동기용 윤활유로서 필요조건에 해당되지 않는 사항은?

① 냉매와 친화반응을 일으키지 않을 것
② 열 안정성이 좋을 것
③ 응고점이 낮을 것
④ 비열이 클 것

25. 다음 중 냉동기에 사용하는 윤활유의 구비조건으로 틀린 것은?

① 불순물을 함유하지 않을 것
② 인화점이 상당히 높을 것
③ 냉매와 분리되지 않을 것
④ 응고점이 낮을 것

정답 **17.** ② **18.** ③ **19.** ④ **20.** ① **21.** ① **22.** ② **23.** ③ **24.** ④ **25.** ③

1-2 ○ 냉매 선도와 냉동 사이클

1 몰리에르선도와 상 변화

(1) $P-i$ 선도(Mollièr diagram)

냉매 1 kg이 냉동장치를 순환하면서 일어나는 열 및 물리적 변화를 그래프에 나타낸 것이다.

① 과냉각액 구역 : 동일 압력 하에서 포화온도 이하로 냉각된 액의 구역

② 과열증기 구역 : 건조포화증기를 더욱 가열하여 포화온도 이상으로 상승시킨 구역

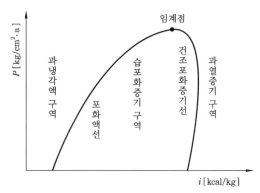

$P-i$ 선도

③ 습포화증기 구역 : 포화액이 동일 압력 하에서 동일 온도의 증기와 공존할 때의 상태구역

④ 포화액선 : 포화온도 압력이 일치하는 비등 직전 상태의 액선

⑤ 건조포화증기선 : 포화액이 증발하여 포화온도의 가스로 전환한 상태의 선

(2) 기준 냉동 사이클의 $P-i$ 선도

① 기준 냉동 사이클

㈎ 증발온도 : -15℃

㈏ 응축온도 : 30℃

㈐ 압축기 흡입가스 : -15℃의 건조포화증기

㈑ 팽창밸브 직전 온도 : 25℃

냉동 사이클

② 몰리에르 선도

(가) a → b : 압축기 → 압축 과정

(나) b → e : 응축기 →
- (b ~ c) → 과열 제거 과정
- (c ~ d) → 응축 과정
- (d ~ e) → 과냉각 과정

(다) e → f : 팽창밸브 → 팽창 과정

(라) g → a : 증발기 → 증발 과정

(마) f → a : 냉동효과 (냉동력)

(바) g → f : 팽창 직후 플래시 가스 (flash gas) 발생량

P−i 선도

(3) 냉동장치 $P-i$ 선도 계산

① 1단 냉동 사이클

(가) 냉동효과 (냉동력) : 냉매 1 kg이 증발기에
서 흡수하는 열량

$$q_e = i_a - i_f \text{ [kJ/kg]}$$

(나) 압축일의 열당량

$$AW = i_b - i_a \text{ [kJ/kg]}$$

(다) 응축기 방출열량

$$q_c = q_e + AW = i_b - i_e \text{ [kJ/kg]}$$

(라) 증발잠열 $q = i_a - i_g \text{[kJ/kg]}$

1단 냉동 사이클

(마) 팽창밸브 통과 직후 (증발기 입구) 플래시 가스 발생량

$$q_f = i_f - i_g \text{ [kJ/kg]}$$

(바) 팽창밸브 통과 직후 건조도 x는 선도에서 f점의 건조도를 찾는다.

$$x = 1 - y = \frac{q_f}{q} = \frac{i_f - i_g}{i_a - i_g}$$

(사) 팽창밸브 통과 직후의 습도

$$y = 1 - x = \frac{q_e}{q} = \frac{i_a - i_f}{i_a - i_g}$$

(아) 성적계수

㉮ 이상적 성적계수 : $COP = \dfrac{T_2}{T_1 - T_2}$

㉯ 이론적 성적계수 : $COP = \dfrac{q_e}{AW}$

㉰ 실제적 성적계수 : $COP = \dfrac{q_e}{AW} \eta_c \eta_m = \dfrac{Q_e}{N}$

여기서, T_1 : 고압 (응축) 절대온도 (K), T_2 : 저압 (증발) 절대온도 (K)
η_c : 압축효율, η_m : 기계효율, Q_e : 냉동능력 (kJ/h), N : 축동력 (kJ/h)

(자) 냉매순환량 : 시간당 냉동장치를 순환하는 냉매의 질량

$$G = \frac{Q_e}{q_e} = \frac{V}{v_a} \eta_v = \frac{Q_c}{q_c} = \frac{N}{AW} \text{ [kg/h]}$$

여기서, V : 피스톤 압출량 (m³/h), v_a : 흡입가스 비체적 (m³/kg), η_v : 체적효율

참고 (가) ~ (사) 까지의 양에 냉매순환량을 곱하면 시간당 능력의 계산이 된다.

(차) 냉동능력 : 증발기에서 시간당 흡수하는 열량

$$Q_e = G q_e = G(i_a - i_e) = \frac{V}{v_a} \eta_v (i_a - i_e) \text{ [kJ/h]}$$

(카) 냉동톤

$$RT = \frac{Q_e}{13900.8} = \frac{G q_e}{13900.8} = \frac{V(i_a - i_e)}{13900.8 \, v_a} \eta_v \text{ [RT]}$$

참고 법정 냉동능력 : $R = \dfrac{V}{C}$
여기서, V : 피스톤 압출량 (m³/h), C : 정수

⒯ 압축비

$$a = \frac{P_2}{P_1}$$

② 2단 냉동 사이클

㈎ 냉동효과

$$q_e = i_a - i_h \ \text{[kJ/kg]}$$

㈏ 저단 압축기 냉매순환량

$$G_L = \frac{Q_e}{q_e} = \frac{V_L}{v_a} \eta_{v_L} \ \text{[kg/h]}$$

㈐ 중간 냉각기 냉매순환량

$$G_o = G_L \cdot \frac{(i_b{'} - i_c) + (i_e - i_g)}{i_c - i_e} \ \text{[kg/h]}$$

㈑ 고단 냉매순환량

$$G_H = G_L + G_o = \frac{V_H}{v_c} \eta_{v_H}$$

$$= G_L \frac{i_b{'} - i_g}{i_c - i_e} \ \text{[kg/h]}$$

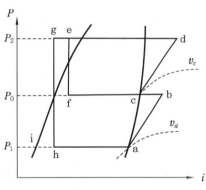

2단 압축 1단 팽창

> **참고** $i_b{'} = i_a + \dfrac{i_b - i_a}{\eta_{c_L}}$ [kJ/kg]

㈒ 저단 압축일의 열당량

$$N_L = \frac{G_L(i_b - i_a)}{\eta_{c_L}\eta_{m_L}} \ \text{[kJ/h]}$$

㈓ 고단 압축일의 열당량

$$N_H = \frac{G_H(i_d - i_c)}{\eta_{c_H}\eta_{m_H}} \ \text{[kJ/h]}$$

㈔ 성적계수

$$COP = \frac{Q_e}{N_L + N_H}$$

㈕ 압축비

$$a = \sqrt{\frac{P_2}{P_1}}$$

2단 압축 2단 팽창

㈜ 중간압력

$$P_0 = \sqrt{P_1 P_2} \ [\text{kg/cm}^2 \cdot \text{a}]$$

③ 2원 냉동장치

고온측 냉매와 저온측 냉매를 사용하는 두 개의 냉동 사이클을 조합하는 형태로 된 초저온장치로서 한 개의 선도 상에 표현할 수 없으나 순수한 온도만으로 그린다면 다음 선도와 같으며, 계산식은 2단 냉동장치와 동일하다.

2원 냉동장치

참고 압축비

① 저온측 압축비 $= \dfrac{P_2}{P_1}$

② 고온측 압축비 $= \dfrac{P_4}{P_3}$

---

2 역카르노 및 실제 사이클

(1) 카르노 사이클(Carnot cycle)

열기관의 이상 사이클로서 현실적으로 실현 불가능하며, 완전가스를 작업물질로 하는 두 개의 가역 등온 과정과 두 개의 가역 단열 과정으로 구성된다.

① 카르노 사이클의 원리

㈎ 열기관의 이상 사이클로서 최대의 효율을 갖는다.

㈏ 동작물질의 온도를 열원의 온도와 같게 한다.

㈐ 같은 두 열원에 작동하는 모든 가역 사이클은 효율이 같다.

② 카르노 사이클의 $P-v$, $T-s$ 선도

카르노 사이클의 $P-v$, $T-s$ 선도

(가) $1 \rightarrow 2$: 등온 팽창 (열량 Q_1을 받아 등온 T_1을 유지하면서 팽창하는 과정)

(나) $2 \rightarrow 3$: 단열 팽창 과정 (외부에 일을 하는 과정)

(다) $3 \rightarrow 4$: 등온 압축 (열량 Q_2를 방출하고 등온 T_2를 유지하면서 압축하는 과정)

(라) $4 \rightarrow 1$: 단열 압축 과정

따라서, 유효일 $W = Q_1 - Q_2$

$$\text{열효율 } \eta_c = \frac{\text{유효일}(W)}{\text{공급열량}(Q_1)} = \frac{Q_1 - Q_2}{Q_1} = 1 - \frac{Q_2}{Q_1}$$

(2) 역카르노 사이클

역카르노 사이클은 증기압축식 냉동사이클의 원리이다.

① 4 → 3 : 등온 팽창 (열량 Q_2를 받아 등온 T_2를 유지하면서 팽창하는 과정) : 증발 과정

② 3 → 2 : 단열 압축 (외부에서 일을 받아 저온저압의 기체를 고온고압으로 압축하는 과정) : 압축 과정

③ 2 → 1 : 등온 압축 (열량 Q_1을 방출하고 등온 T_1을 유지하면서 압축하는 과정) : 응축 과정

④ 1 → 4 : 단열 팽창 (고온고압의 기체를 터빈에서 저온저압으로 팽창하는 과정) : 팽창밸브의 과정으로 실제 냉동장치에서는 고온고압의 액냉매를 교축 과정으로 저온저압의 냉매로 만드는 과정

3 증기압축 냉동 사이클

(1) 기본 냉동 사이클

냉동 사이클은 증발, 압축, 응축, 팽창의 4요소를 순환하면서 냉매를 액체에서 기체로, 기체에서 액체로 반복하면서 이루어진다.

① 증발

  ⑺ 증발기 (evaporator) 내의 액냉매는 기화하면서 냉각관 주위에 있는 공기 또는 물질로부터 증발에 필요한 열을 흡수한다.

  ⑴ 열을 빼앗긴 공기는 냉각되어 온도가 낮아진 상태에서 자연대류 또는 fan에 의하여 강제 대류되어 냉장고 내에 퍼져 저온으로 유지시킨다.

  ⑷ 팽창밸브를 통하여 감압되어 저온도로 되며 증발하는 과정에서는 압력과 온도가 일정한 관계를 유지하면서 변화가 없다.

  ⑷ 외부로부터 열을 흡수하는 장치이다.

② 압축

  ⑺ 냉매를 상온에서 액화하기 쉬운 상태로 만든다.

  ⑴ 증발기에서 낮은 온도를 유지하기 위하여 기화된 냉매를 압축기로 흡수시켜서 냉매 압력을 낮게 유지시킨다.

③ 응축

  ⑺ 압축기에서 나온 과열증기를 물 또는 공기와 열교환시켜서 액화시킨다.

  ⑴ 외부와 열교환하여 방출하는 열을 응축열이라 하고, 이 열은 증발기에서 흡수한 열과 압축하기 위하여 가해진 일의 열당량을 합한 값이다.

  ⑷ 응축기에는 냉매기체와 액체가 공존하고 있는 상태이며, 기체에서 액체로 변화하는 동안에 압력과 온도가 일정한 관계를 유지한다.

㈃ 응축기에서 액화되는 과정은 압력과 온도가 일정하나 응축기 전체에서는 온도는 감소한다.

④ 팽창

㈎ 액화한 냉매를 증발기에서 기화하기 쉬운 상태의 압력으로 조절하는 감압장치이다.

㈏ 감압작용을 함과 동시에 증발온도에 따라서 필요한 냉매량을 조절하여 공급하는 유량제어 장치이다.

(2) 액체 냉각장치의 냉동 사이클

① 건식 증발기의 경우

㈎ 건식 셸 앤드 튜브식 (dry expansion shell and tube type) 증발기는 냉각관 내의 냉매와 관 외측 셸 안에 냉각액체가 열교환하는 것이다.

㈏ 냉각 유체의 접촉을 좋게 하기 위하여 배플 플레이트 (baffle plate)가 설치되어 있다.

㈐ 수냉각장치 (water chilling unit)의 경우 압축기는 주로 밀폐형을 많이 사용한다.

② 만액식의 경우

㈎ 대용량이나 NH_3 냉매를 사용하는 경우에 사용한다.

㈏ 다음 그림과 같이 냉각관 내에 냉각 유체가 흐르고 관 외측에 냉매액이 흐른다.

㈐ 냉각부의 반 이상이 냉매에 잠겨 있어서 열효율이 양호하다.

㈑ 셸 내의 냉매 액면 유지를 위하여 액면 높이에 따라서 부자(float)로 냉매공급량을 조절하여 감압시키는 자동밸브를 사용한다.

brine cooler 만액식 냉동 사이클

③ 액펌프식 냉동 사이클 : 냉동장치가 대용량이 되면 증발기 한 개의 냉매 배관 길이가 매우 길어지게 되어 배관 저항이 증대하고 장치의 능률이 낮아지므로 액펌프를 사용하여 강제로 냉매를 증발기에 공급하는 방법이다.

액펌프식 냉동 사이클

(개) 타 증발기에서 증발하는 액냉매량의 4∼5배를 강제로 공급한다.

(내) 팽창밸브는 부자식을 사용하여 저압수액기의 액면이 일정하게 되도록 한다.

④ 2단 압축 냉동 사이클

(개) NH₃ 장치는 증발온도가 −35℃ 이하이고 압축비가 6 이상일 때 채용한다.

(내) Freon 장치는 증발온도가 −50℃ 이하이고 압축비가 9 이상일 때 채용한다.

(대) 다음 그림은 2단 압축 1단 팽창밸브의 장치도와 $P-i$ 선도이다.

2단 압축 1단 팽창 장치도

2단 압축 1단 팽창 $P-i$ 선도

㈐ 다음 그림은 2단 압축 2단 팽창밸브의 장치도와 $P-i$ 선도이다.

2단 압축 2단 팽창 장치도

2단 압축 2단 팽창 $P-i$ 선도

㈐ 중간 냉각기의 역할

㉮ 저단 압축기 토출가스 온도의 과열도를 제거하여 고단 압축기 과열 압축을 방지해서 토출가스 온도 상승을 감소시킨다.

㉯ 팽창밸브 직전의 액냉매를 과냉각시켜 플래시 가스의 발생량을 감소시켜서 냉동효과를 향상시킨다.

㉰ 고단 압축기 액압축을 방지한다.

㈐ 중간 냉각기의 종류

㉮ 플래시식(NH_3)

㉯ 액체 냉각식(NH_3)

㉰ 직접 팽창식 (Freon)

⑤ 2원 냉동 사이클

㈎ 목적 : 증발온도가 $-80 \sim -120℃$ 이하가 되면 일반냉매는 증발압력이 현저히 낮아 압축비가 증대하여 다단 압축을 실현해도 $-80 \sim -120℃$ 이하의 온도를 얻기 어렵다. 그러나 2원 냉동장치로는 실현할 수 있다.

㈏ 구조 (cascade condenser) : 저온 냉동 사이클의 응축기와 고온 냉동 사이클의 증발기가 조합되어 열교환을 하는 구조로 되어 있다.

㈐ 사용냉매

㉮ 고온측 : R-12, R-22, R-500, R-501, R-502, R-290 (C_3H_8) 등

㉯ 저온측 : R-13, R-14, R-503, C_3H_8, C_2H_4, C_2H_6, CH_4 등

㈑ 팽창탱크 : 저온측 압축기를 정지하였을 때 초저온 냉매의 증발로 인한 압력이 냉동장치 배관 등을 파괴하는 일이 있는데, 이를 방지하기 위해 일정압력 이상이 되면 팽창탱크로 가스를 저장하는 장치이다.

㈒ 다음 그림은 2원 냉동 장치도와 $P-i$ 선도이다.

2원 냉동 장치도

2원 냉동장치 $P-i$ 선도

⑥ 원심식 냉동 사이클

(개) 압축기 : 증발기의 저온 저압의 기체 냉매를 임펠러를 회전운동시킴으로써 원심력을 주어 디퓨저에서 속력에너지를 압력에너지로 전환시키는 방식이며, 압축기 단수는 사용 냉매에 따라서 1단, 2단, 3단, 다단으로 구성된다.

(나) 응축기 : 횡형 shell and tube 식의 수랭식을 사용한다.

(다) 팽창밸브 : 2개의 부자실로 되어 있고 제1부자실은 액면 높이가 높아지면 밸브가 열려 중간 압력으로 팽창되어 제2부자실로 유입되며, 이때 발생되는 플래시 가스(flash gas)는 상단에 모아서 2단 임펠러로 유출시킨다. 제2부자실을 일명 economizer(이코노마이저 ; 절약기)라 한다.

(라) 증발기 : 횡형 shell and tube 만액식 증발기이며 shell 속에 냉매가 있고 배관 내에 냉수(brine)가 흐르는 구조이고, 상부에 액냉매 유출을 방지하는 eliminator(일리미네이터)가 설치되어 액립을 분리하여 기체 냉매만 압축기로 흡입되게 한다.

터보 냉동기 장치도

(마) 장치에 사용되는 냉매가 4~5℃에서 증발할 경우 증발압력이 대기압력 이하인 진공상태가 되므로 외부공기가 침투하여 불응축가스의 생성 원인이 되며, 응축기 상부에 모여 전열면적을 감소시켜 응축압력과 온도가 상승하게 하여 서징(surging) 현상을 유발하므로 운전 중에 공기를 자동 배출시키는 추기 회수 장치를 둔다.

추기 회수 장치도

㉮ 추기 펌프에서 배출되는 가스는 유분리기에서 oil이 분리된다.

㉯ oil이 분리된 가스는 퍼지에서 냉매는 응축되어 하부에 고이고 불응축가스는 상부에 고인다.

㉰ 응축된 냉매액은 부자밸브에 의해서 증발기로 유입하고 불응축가스는 퍼지밸브를 열어서 방출하거나 TV에 의해 자동적으로 방출한다.

㉱ 냉매액 상부에 물이 고여 있을 경우 사이트글라스를 보면서 배수한다.

(바) 터보 냉동장치의 특징

㉮ 장점

• 회전운동이므로 진동 및 소음이 없다.

• 마찰부분이 없으므로 마모로 인한 기계적 성능저하나 고장이 적다.

• 장치가 유닛(unit)으로 되어 있기 때문에 설치면적이 작다.

• 자동운전이 용이하며 정밀한 용량 제어를 할 수 있다.

• 왕복동의 최대용량은 150 RT 정도이지만, 일반적으로 터보 냉동기는 최저용량이 150 RT 이상이다.

• 흡입 토출밸브가 없고 압축이 연속적이다.

㉯ 단점
- 고속회전이므로 윤활에 민감하다 (4000 ~ 6000 rpm, 특수한 경우 12000 rpm이다).
- 윤활유 부분에 오일 히터 (oil heater)를 설치하여 정지 시 항상 통전시키며, 윤활유 온도를 평균 55℃ (50 ~ 60℃)로 유지시켜서 오일 포밍 (oil foaming)을 방지한다.
- 0℃ 이하의 저온에는 거의 사용하지 못하며 냉방 전용이다.
- 압축비가 결정된 상태에서 운전되고 운전 중 압축비 변화가 없다.

㉪ 서징 (surging) 현상 : 흡입압력이 결정되어 있을 때 운전 중 압축비의 변화가 없으므로 토출압력에 한계가 있어서 토출측에 이상압력이 형성되면 응축가스가 압축기 쪽으로 역류하여 압축이 재차 반복되는 현상으로 다음과 같은 영향이 있다.

㉮ 소음 및 진동 발생

㉯ 응축압력이 한계치 이하로 감소한다.

㉰ 증발압력이 규정치 이상으로 상승한다.

㉱ 압축기가 과열된다.

㉲ 전류계의 지침이 흔들리고, 심하면 운전이 불가능하다.

㉫ 용량 제어 방법

㉮ 흡입 베인 제어 (30 ~ 100 %)

㉯ 바이패스 제어 (30 ~ 100 %)

㉰ 회전수 제어 (20 ~ 100 %)

㉱ 흡입 댐퍼 제어

㉲ diffuser 제어

⑦ 히트 펌프 (heat pump)

㉮ 응축기의 방열작용을 이용하여 난방을 한다.

㉯ 실내측과 실외측에 각각의 열교환기를 두고, 실내측 열교환기는 여름에 증발기로 사용하고 겨울에는 응축기로 사용한다.

㉰ 냉동장치의 1 kW 전력소비로 3 ~ 4 kW의 전력소비의 전열기와 동등한 난방을 할 수 있다.

㉱ 히트 펌프의 겨울철의 저온측 열원으로 공기 또는 정수 (井水) 및 지열 등을 이용한다.

예상문제

1. 다음 중 1 보다 작은 수치는?

① 폴리트로픽 지수 ② 성적계수
③ 건조도 ④ 비열비

해설 건조도는 $0 \le x \le 1$ 이다.

2. 몰리에르 선도에 관한 다음 설명 중 옳은 것은 어느 것인가?

① 등엔트로피 변화는 압축 과정에서 일어난다.
② 등엔트로피 변화는 증발 과정에서 일어난다.
③ 등엔트로피 변화는 팽창 과정에서 일어난다.
④ 등엔트로피 변화는 응축 과정에서 일어난다.

해설 • 압축 : 등엔트로피 변화(단열 변화)
• 응축 : 등압 변화
• 팽창 : 등엔탈피 변화
• 증발 : 등온 등압 변화

3. 다음 중 몰리에르 선도상에서 알 수 없는 것은 어느 것인가?

① 냉동능력 ② 성적계수
③ 압축비 ④ 압축효율

4. 다음의 몰리에르 선도를 참고로 했을 때 5 냉동톤의 냉동기 냉매순환량은 얼마인가?

① 31.8 kg/h ② 51.3 kg/h
③ 61.7 kg/h ④ 67.7 kg/h

해설 $G = \dfrac{5 \times 3320}{397 - 128} = 61.71 \text{ kg/h}$

5. 다음은 냉동 사이클의 선도이다. 다음 선도의 설명 중 틀린 것은?

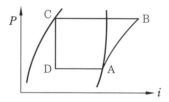

① A–B 과정은 압축 과정으로 등엔트로피 과정이다.
② B–C 과정은 응축 과정으로 등온 과정이다.
③ C–D 과정은 팽창 과정으로 등엔탈피 과정이다.
④ D–A 과정은 증발 과정으로 등온 과정이다.

해설 B–C 과정은 응축 과정으로 등압 과정이다.

6. 다음 그림과 같은 상태에서 운전되는 암모니아 냉동기에 있어서 냉동 사이클의 압축비는 얼마인가?

① 6.2   ② 5.7

③ 3.5   ④ 3.0

해설 $a = \dfrac{13.77}{2.41} = 5.713$

7. 냉동공장을 표준 사이클로 유지하고 암모니아의 순환량을 186 kg/h로 운전했을 때의 소요동력은 몇 kW인가? (단, NH_3 1 kg을 압축하는 데 필요한 열량은 몰리에르 선상에서는 234.5 kJ/kg이라 한다.)

① 24.2 kW   ② 12.1 kW

③ 36.4 kW   ④ 28.6 kW

해설 $N = \dfrac{G \cdot AW}{3600} = \dfrac{186 \times 234.5}{3600}$
$= 12.11 \, kW$

8. 모든 냉매에 있어서 0℃ 포화액의 엔탈피는 얼마인가?

① 0 kcal/kg

② 100 kcal/kg

③ 112 kcal/kg

④ 269 kcal/kg

해설 • 0℃ 건조공기 엔탈피 : 0 kcal/kg

• 0℃ 포화액 엔탈피 : 100 kcal/kg

• 0℃ 포화액 엔트로피 : 1 kcal/kg · K

참고 1 kcal를 4.187 kJ로 환산할 수 있다.

9. 다음과 같은 $P-h$ 선도에서 온도가 가장 높은 곳은?

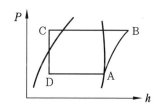

① A   ② B

③ C   ④ D

10. 냉동톤 R, 시간당 피스톤 압축량 V_a [m³/h], 흡입가스 비체적 v [m³/kg], 냉동효과 q [kJ/kg], 체적효율 η_v 일 때 $R = \dfrac{V_a}{C}$ 로 계산된다. 이때 C의 값은 어떻게 표시되는가?

① $C = \dfrac{13901 \cdot v}{q \cdot \eta_v}$ ② $C = \dfrac{v \cdot \eta_v}{13901 \cdot q}$

③ $C = \dfrac{q \cdot \eta_v}{13901 \cdot v}$ ④ $C = \dfrac{13901 \cdot q}{v \cdot \eta_v}$

해설 $R = \dfrac{V_a}{C} = \dfrac{V_a \cdot q}{13901 \cdot v} \cdot \eta_v$ 에서,

$C = \dfrac{V_a \cdot 13901 \cdot v}{V_a \cdot q \cdot \eta_v} = \dfrac{13901 \cdot v}{q \cdot \eta_v}$

11. 다음 중 습압축 냉동 사이클을 나타낸 것은 어느 것인가?

① P , h

② P , h

③ P , h

④ P , h

해설 • 표준 압축 : ①, ③

• 과열 압축 : ④

• 습압축 : ②

12. 증기 압축식 냉동 사이클에서 팽창밸브를 통과하여 증발기에 유입되는 냉매의 엔탈피를 A, 증발기 출구 엔탈피를 B, 포화액의 엔탈피를 C라 할 때 팽창밸브를 통과한 곳에서 증기로 된 냉매의 양을 몰리에르 선도 ($P-h$ 선도)에서 A, B, C의 계산식으로 나타낸 것 중 옳은 것은?

① $\dfrac{B-A}{B-C}$ ② $\dfrac{A-C}{B-A}$

③ $\dfrac{B-C}{A-C}$ ④ $\dfrac{A-C}{B-C}$

해설

- 건조도 $x = \dfrac{h_A - h_C}{h_B - h_C}$

- 습도 $y = 1 - x = \dfrac{h_B - h_A}{h_B - h_C}$

13. 암모니아 냉동기에서 증발기 입구 엔탈피가 380 kJ/kg, 출구 엔탈피가 1596 kJ/kg, 응축기 입구의 엔탈피가 1810 kJ/kg이다. 이 냉동기의 냉동효과는 얼마인가?

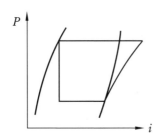

① 1430 kJ/kg   ② 1216 kJ/kg
③ 214 kJ/kg   ④ 1976 kJ/kg

해설 $q_e = 1596 - 380 = 1216$ kJ/h

14. 역카르노 사이클로 작동하는 냉동기가 30마력의 일을 받아서 저온체로부터 84 kW의 열을 흡수한다면 고온체로 방출하는 열량은 몇 kW인가? (단, 1 PS = 0.74 kW이다.)

① 2270 kW
② 82 kW
③ 2230 kW
④ 106.2 kW

해설 $Q_1 - Q_2 = AW$
$\therefore\ Q_1 = Q_2 + AW = 84 + 30 \times 0.74$
$= 106.2$ kW

15. 다음과 같은 카르노 사이클의 설명 중 틀린 것은?

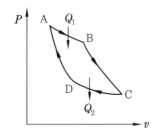

① 등온 팽창 및 등온 압축에서 급열 및 방열한다.
② 외부에서 일을 주는 과정은 B-C 과정이다.
③ 단열 팽창 및 단열 압축 과정은 B-C 및 D-A 과정이다.
④ 한 사이클당 한 일량은 면적과 같다.

Chapter 02

냉동장치의 구조

(1) 구조상의 분류

① 밀폐형
 ㈎ 반밀폐형 : 조립 형식이며 서비스 밸브 (service valve)가 고저압측에 있다.
 ㈏ 전밀폐형 : 서비스 밸브가 저압측에 있다.
 ㈐ 완전밀폐형 : 서비스 밸브가 없다.

② 개방형
 ㈎ 전동기 직결식 (direct coupling) : 모터의 축과 압축기의 축이 커플링 (coupling)에 의하여 접속되어 동력이 전달되는 구조이다.
 ㈏ 벨트 구동식 (belt driven) : 모터와 압축기간에 V 벨트로 동력이 전달되는 구조이다.

(2) 압축 방식에 의한 분류

① 왕복 (동)식 : 피스톤의 왕복운동으로 행하는 압축 방식 (회전수가 저속, 중속, 고속이다.)
② 회전식 : 로터리 컴프레서 (rotary compressor)라고도 하며 로터의 회전에 의하여 압축하는 방식 (회전수가 1000 rpm 이상의 고속이다.)
③ 원심식 : 터보 (turbo) 또는 센트리퓨걸 컴프레서 (centrifugal compressor)라고도 하며 임펠러 (impeller)의 고속회전에 의하여 압축하는 방식 (회전수가 4000 ~ 6000 rpm 정도이고 특수한 경우 12000 rpm도 있다.)
④ 스크루 압축기(screw compressor) : 2개 이상의 스크루의 회전운동에 의하여 압축하는 방법 (회전수가 1000 rpm 이상의 고속이다.)

(3) 실린더 배열에 의한 분류

① 입형 (立形) 압축기 (vertical compressor)
② 횡형 (橫形) 압축기 (Horizontal compressor)
③ V 형, W 형, VV 형, 성형 (星型) (고속 다기통 압축기)

1 왕복(동)식 압축기

(1) 왕복식 압축기(reciprocating compressor)

왕복식 압축기는 외부에서 일을 공급받고 저압증기를 실린더 내에서 압축하여 고압으로 송출하는 용적식 기계이며 중고압, 소용량 용도에 적용된다.

(2) 압축기의 압축일(공업일) W_t

단열압축일 $\quad W_t = -\int_1^2 V dP = V(P_1 - P_2) = \dfrac{k}{k-1} P_1 V_1 \left\{ 1 - \left(\dfrac{P_2}{P_1}\right)^{\frac{k-1}{k}} \right\}$

(3) 왕복식 압축기의 압축 과정과 $P-V$, $T-s$ 선도

① 압축을 할 때는 등온, 단열, 폴리트로픽 압축 과정이 있고 다음 선도와 같으며, 크기는 등온 < 폴리트로픽 < 단열의 순이다.

• $1 \rightarrow 2$ 곡선 : 등온 압축
• $1 \rightarrow 2'$ 곡선 : 폴리트로픽 압축
• $1 \rightarrow 2''$ 곡선 : 단열 압축

압축기의 $P-V$, $T-s$ 선도

② 간극 체적(V_c)이 없는 1단 압축기의 압축 후의 온도(T_2), 방열량 q [kJ/kg]

　㈎ 압축 후의 온도 T_2

　　㉮ 등온 압축일 경우 : $T_1 = T_2 = T$

　　㉯ 단열 압축일 경우 : $T_2 = T_1 \left(\dfrac{P_2}{P_1}\right)^{\frac{k-1}{k}}$

　　㉰ 폴리트로픽 압축일 경우 : $T_2 = T_1 \left(\dfrac{P_2}{P_1}\right)^{\frac{n-1}{n}}$

　㈏ 압축 시 방열량 q_{12} [kJ/kg]

　　㉮ 등온 압축 시 방열량 $q_{12} = ART_1 \ln\left(\dfrac{V_1}{V_2}\right) = AP_1 V_1 \ln\left(\dfrac{P_2}{P_1}\right)$

㉯ 단열 압축 시 방열량 $q_{12} = 0$

㉰ 폴리트로픽 압축 시 방열량 $q_{12} = C_n(T_2 - T_1)$

2 압축 사이클

(1) 흡입행정

① 피스톤의 상사점(上死點)(A점)에 있어서, 토출밸브가 닫히고 피스톤의 하강행정(下降行程)으로 들어감과 동시에 흡입밸브가 열리기 시작한다.

② 피스톤이 상사점 A에서 B점까지 하강하는 동안은 톱 클리어런스(top clearance) 내의 가스가 팽창해 흡입압력까지 감압(減壓)될 때까지는 실제로 가스의 흡입 작용이 없으므로 이 동안은 유휴행정(遊休行程)이 된다.

③ 피스톤이 B점에서 하사점(下死點) C까지 이르는 동안의 하강행정에서는 냉매가스가 실린더 내로 흡입된다. 하사점에서 흡입밸브는 닫히고, 흡입행정이 끝나게 된다.

(2) 압축행정

① 피스톤이 하사점 C에 있을 때, 흡입밸브는 닫히고 토출밸브도 닫혀 있다.

② 피스톤이 하사점에서 D점으로 상승하는 동안은 실린더 내의 가스의 압축작용이 행해져 압력이 점점 상승한다.

③ D점에 있어서, 소요의 토출압력에 도달하게 되면 토출밸브가 열리기 시작하여 압축가스가 토출한다.

④ D점에서 A점에 이르는 동안 압축가스는 일정한 압력으로 토출되며, 상사점에 이르러 압축행정이 끝난다.

압축 사이클

(3) 체적효율

① 간극비 (통극체적비)

$$\varepsilon_v = \frac{V_c}{V_s}$$

여기서, V_c : 간극체적 (clearance volume)

V_s : 행정체적 (stroke volume)

② 압축비

$$a = \frac{P_2}{P_1} = \frac{\text{토탈 절대압력}}{\text{흡입 절대압력}}$$

③ 체적효율 : 압축기의 체적효율은 간극비 ε_v 와 압축비 $\frac{P_2}{P_1}$ 의 함수이다.

$$\eta_v = 1 - \epsilon_v \left\{ \left(\frac{P_2}{P_1} \right)^{\frac{1}{n}} - 1 \right\}$$

④ 체적효율에 미치는 영향

㈎ 클리어런스 (clearance)가 크면 체적효율은 감소한다.

$$\eta_v = \frac{G'}{G} = \frac{v}{v'} \times \frac{V'}{V}$$

여기서, G : 이론적 냉매 흡입량 (kg/h)

G' : 실제로 흡입하는 냉매량 (kg/h)

v : 실린더에 흡입 직전의 비체적 (m³/kg)

v' : 실린더에 흡입 후의 비체적 (m³/kg)

V : 피스톤 압출량 (m³/h)

V' : 실제 흡입되는 냉매가스량 (m³/h)

㈏ 압축비가 클수록 체적효율은 감소한다.

㈐ 실린더 체적이 작을수록 체적효율은 감소한다 (실린더 체적당 표면적이 커져서 가스가 가열되기 쉽다).

㈑ 회전수가 클수록 체적효율은 감소한다.

㈒ 냉매 종류, 실린더 체적, 밸브 구조, 실린더 냉각 등에 의해서 체적효율이 좌우된다.

(4) 압축기의 소요동력

① 이론동력(P)

$$P = \frac{G \times AW}{860} \text{ [kW]}$$

$$= \frac{G \times AW}{632} \text{ [PS]}$$

$$P = \frac{Q_e}{COP \times 860} \text{ [kW]}$$

$$= \frac{Q_e}{COP \times 632} \text{ [PS]}$$

실제 가스 압축 사이클

② 지시동력(P_a)

$$P_a = \frac{P}{\eta_c}$$

여기서, η_c : 압축효율(compression efficiency)

$$\eta_c = \frac{\text{이론적으로 가스를 압축하는 데 소요되는 동력(이론동력)}}{\text{실제로 가스를 압축하는 데 소요되는 동력(지시동력)}}$$

③ 축동력(N)

$$N = \frac{P_a}{\eta_m} = \frac{P}{\eta_c \times \eta_m}$$

여기서, η_m : 기계효율(mechanical efficiency)

$$\eta_m = \frac{\text{실제로 가스를 압축하는 데 소요되는 동력(지시동력)}}{\text{압축기를 운전하는 데 필요한 동력(축동력)}}$$

(5) 압축기 피스톤 압출량

① 왕복식 압축기 : $V = \dfrac{\pi}{4} D^2 LNR \cdot 60 \text{ [m}^3\text{/h]}$

여기서, D : 실린더 지름(m), L : 행정(m)

N : 기통수, R : 회전수(rpm)

② 회전식 압축기 : $V = \dfrac{\pi}{4}(D^2 - d^2) t \cdot R \cdot 60 \text{ [m}^3\text{/h]}$

여기서, D : 실린더 지름(m), d : 로터 지름(m)

t : 실린더 높이(두께, m), R : 회전수(rpm)

③ 스크루 압축기 : $V = C \cdot D^3 \cdot \dfrac{L}{D} \cdot k \cdot R \cdot 60 \,[\text{m}^3/\text{h}]$

　　여기서, C : 로터 계수, D : 실린더 지름 (m), L : 로터 길이 (m)
　　　　　k : 클리어런스, R : 회전수 (rpm)

3 압축기의 특징

(1) 중저속 입형 압축기 (vertical low speed compressor)

실린더가 소형은 2개, 중·대형은 2 ~ 4개이고, 암모니아 냉매인 경우 흡입·토출밸브로는 포핏밸브 (poppet valve)를 사용하고 회전수가 350 ~ 550 rpm이다. 프레온 냉매일 때는 플레이트 밸브 (plate valve)를 사용하며 회전수가 450 ~ 700 rpm 정도이고 장·단점은 다음과 같다.

① 체적효율이 비교적 크다.
② 윤활유의 소비량이 비교적 적다.
③ 구조가 간단하여 취급이 용이하다.
④ 부품의 수가 적고 수명이 길다.
⑤ 압축기의 전체높이가 높다 (동일한 토출량일 때 피스톤의 행정이 커야 된다).
⑥ 용량 제어나 자동운전이 고속 다기통 압축기에 비해 떨어진다.
⑦ 다량 생산이 어렵다.
⑧ 중량이나 가격면에서 고속 다기통보다 불리하다.

(2) 고속 다기통 압축기

운동부의 강도와 진동을 개선해서 고속회전 (900 ~ 1000 rpm)을 할 수 있음과 동시에 용량을 크게 할 수 있도록 한 것으로, 동력은 3.7 ~ 2000 kW 범위에 사용되고 점차 중형·소형 분야까지 사용되고 있다.

① 장점
　㈎ 안전두가 있어서 액 압축 시 소손을 방지한다.
　㈏ 냉동능력에 비하여 소형이고 경량이며 진동이 적고 설치면적이 작다.
　㈐ 부품 교환이 용이하고 정비 보수가 간단하다.
　㈑ 무부하 경감 (unload) 장치로 단계적인 용량 제어가 되며 기동 시 무부하 기동으로 자동운전이 가능하다.

② 단점

　㈎ 소음이 커서 이상음 발견이 어렵다.

　㈏ 톱 클리어런스(top clearance)가 커서 체적효율이 나쁘고 고속이므로 흡입밸브의
　　저항 때문에 고진공이 잘 안 된다.

　㈐ 압축비 증가에 따른 체적효율 감소가 많아지며 냉동능력이 감소하고 동력 손실이
　　커진다.

　㈑ NH_3 압축기에서 냉각이 불충분하면 oil이 탄화 또는 열화되기 쉽다.

　㈒ 마찰부에서의 활동속도, 베어링 하중이 커서 마모가 빠르다.

　㈓ 이상운전 상태를 신속하게 파악하여 조치하는 안전장치가 필요하다.

> **참고** **1. 안전두(safety head)** : 흡입가스 중에 액냉매가 함유되어 압축하면 액은 비압축성이므로
> 큰 힘이 작용하여 압축기 상부가 파손될 우려가 있다. 이것을 방지하기 위하여 밸브판 상부에
> 스프링을 설치하여 액압축 시에 스프링이 들려 압축기 파손을 방지하는 보호장치(내장형 안전
> 밸브)이며, 작동이 되면 냉매가스는 압축기 흡입측으로 분출된다.
>
> **2. 용량 제어 방법**
> ① 회전수를 가감하는 방법
> ② 클리어런스를 증감시키는 방법
> ③ bypass 시키는 방법
> ④ 일부 실린더를 놀리는 방법(흡입밸브 강제개방 : unload 장치)
> ⑤ on·off 제어 : 기기 수명이 단축되고, 경제적으로 불리하다.

(3) 회전 압축기(rotary compressor)

　소형 냉동장치에 많이 사용되며 회전 익형(rotary
blade type)은 로터에 베인이 2～10개 정도 끼워져
있고 로터의 고속회전(1000 rpm 이상)으로 원심력
에 의해 베인이 실린더 벽에 항상 밀착되어 회전한
다. 고정 익형(stationary blade type)은 실린더 벽
을 따라 로터가 직접 냉매가스를 흡입·압축·토출시
키며, 실린더 홈에서 스프링으로 지지되어 있는 브
레이드가 항상 로터에 밀착되어 있어 고압과 저압을
분리한다.

회전식 압축기(회전 익형)

① 장점

    ㈎ 흡입밸브가 없는 대신 역류방지밸브가 설치되고 연속 흡입·토출하며 토출밸브는 있다.

    ㈏ 체적효율이 100 %에 가깝고 고진공을 얻을 수 있다(진공 컴프레서로 많이 사용한다).

    ㈐ 소음, 진동이 적고 정숙한 운전이 되므로 실내에 설치하는 냉동장치(가정용 냉장고, 에어컨 등)에 적합하다.

② 단점

    ㈎ 축이 회전자의 편심에 위치하므로 제작 시 고도의 정밀도가 요구된다.

    ㈏ 압축기 정비 보수가 불가능하다.

    ㈐ 실린더 내부가 고온·고압으로 압축기 및 윤활유를 냉각시키는 장치가 필요하다.

    ㈑ 압축기 흡입측에 액분리기 또는 열교환기 등이 반드시 필요하다.

(4) 스크루 압축기(screw compressor)

서로 맞물려 돌아가는 암나사와 수나사의 나선형(螺旋形) 로터가 일정한 방향으로 회전하면서 두 로터와 케이싱 속에 흡입된 냉매증기를 연속적으로 압축시키는 동시에 배출시킨다.

로터 지지 베어링 및 스러스트 베어링, 스러스트 베어링을 보호하는 밸런스 피스톤, 메커니컬 실(mechanical seal) 등의 구조로 되어 있으며, 케이싱의 압축측에 용량 제어용 슬라이드 밸브가 내장되어 있고 냉매가스와 함께 송출되는 오일을 분리 회수시키는 오일 회수기와 분리된 기름을 냉각시키는 오일 냉각기, 윤활유 펌프 등이 있다.

스크루 압축기의 구조

① 장점

 ㈎ 소형이고 가볍다.

 ㈏ 부품수가 적고 수명이 길다.

 ㈐ 진동이 없으므로 견고한 기초가 필요 없다.

 ㈑ 무단계 용량 제어 (10 ~ 100 %)가 가능하며 자동운전에 적합하다.

 ㈒ 액압축 (liquid hammer) 및 오일 해머링 (oil hammering)이 적다 (NH_3 자동운전에 적격이다).

 ㈓ 흡입 토출밸브와 피스톤이 없어 장시간의 연속 운전이 가능하다 (흡입 토출밸브 대신 역류방지밸브를 설치한다).

② 단점

 ㈎ 오일 회수기 및 유냉각기가 크다.

 ㈏ 오일펌프를 따로 설치한다.

 ㈐ 경부하 기동력이 크다.

 ㈑ 소음이 비교적 크고 설치 시에 정밀도가 요구된다.

 ㈒ 정비 보수에 고도의 기술력이 요구된다.

 ㈓ 압축기의 회전방향이 정회전이어야 한다 (1000 rpm 이상인 고속회전).

③ 용량 제어 방법

 ㈎ 슬라이드 밸브 제어 (10 ~ 100 %) : 무단계 용량 제어

 ㈏ 회전수 제어 : 회전수 변화에 대한 진동 등이 없음

 ㈐ on · off 제어

 ㈑ bypass 제어법

예상문제

1. 압축기의 설치 목적에 대하여 바르게 기술된 것은?

① 엔탈피 증가로 비체적 증가
② 상온에서 응축 액화를 용이하게 하기 위해 압력을 상승
③ 수랭식 및 공랭식 응축기의 사용을 위해
④ 압축 시 임계온도 상승으로 상온에서 응축 액화를 용이

해설 압축기는 상온에서 쉽게 액화시키기 위하여 압력과 온도를 상승시키는 장치로서 등엔트로피 변화이고, 엔탈피는 상승, 비체적은 감소한다.

2. 왕복식 압축기의 용량 조절 방법이 아닌 것은?

① 바이패스법
② 클리어런스 조절
③ 안전두 스프링 강도 조정
④ 흡입밸브를 열어 놓는다.

해설 안전두 : 이상 압축 시 (액압축)에 압축기 파손을 방지하기 위해 설치된 내장형 안전밸브

3. 다음 증기 압축식 냉동 사이클의 표현 중 틀린 것은?

① 압축기에서의 과정은 단열 과정이다.
② 응축기에서는 등압, 등온 과정이다.
③ 증발기에서의 증발 과정은 등압, 등온 과정이다.
④ 팽창밸브에서는 교축 과정이다.

해설 응축기는 등압 과정이고 액화되는 과정만 등온이다.

4. 증기 압축식 냉동 사이클에서 증발온도를 일정하게 유지하고 응축온도를 상승시킬 경우에 나타나는 현상이 아닌 것은?

① 성적계수 감소
② 토출가스 온도 상승
③ 소요동력 증대
④ 플래시 가스 발생량 감소

해설 응축온도를 상승시킴에 따라 고압이 높아지므로 압축비가 증가된다.

5. 밀폐형 압축기의 장점이 아닌 것은?

① 소형이며 경량이다.
② 누설의 염려가 적다.
③ 압축기 회전수의 가감이 가능하다.
④ 과부하 운전이 가능하다.

해설 밀폐형 압축기는 전동기와 압축기가 용기에 내장되어 있으므로 전동기 회전수의 가감을 할 수 없다.

6. 회전식 압축기의 특징에 관한 설명 중 틀린 것은?

① 용적형이다.
② 흡입밸브가 있으며 크랭크케이스 내는 저압이다.
③ 왕복식 압축기에 비해 구조가 간단하다.
④ 로터의 회전에 의하여 압축하며, 압축이 연속적이고 고진공을 얻을 수 있다.

해설 흡입밸브가 없고 대신 역지밸브가 설치되고, 토출밸브가 있으면 압축기 내부압력이 고압이고 압축이 연속적이며, 소음이 적고 고진공 압축기로 적합하다.

정답 1. ② 2. ③ 3. ② 4. ④ 5. ③ 6. ②

7. 다음은 스크루(screw) 냉동기의 특징을 설명한 것이다. 틀린 것은 ?

① 부품의 수가 적고 수명이 길다.

② 10 ~ 100 % 사이의 무단계 용량 제어가 되므로 자동운전에 적합하다.

③ 오일 해머와 액 해머가 없다.

④ 소형 경량이긴 하나 진동이 많으므로 강고한 기초가 필요하다.

해설 압축이 연속적이고 소음은 크나 진동이 적고 액압축의 우려가 적다.

8. 스크루식 압축기의 재원이 다음과 같을 때 1시간당의 토출 체적(m^3/h)을 구하면 얼마인가 ? (단, 비대칭 치형이며, 로터계수 C는 0.486이다. 로터의 지름 : 200 mm, 분당 회전수 : 4000 rpm, 로터의 길이 : 200 mm, 클리어런스 : 0이다.)

① 412 m^3/h ② 612 m^3/h
③ 816 m^3/h ④ 933 m^3/h

해설 압출량

$$V = C \cdot D^3 \cdot \frac{L}{D} \cdot R \cdot 60$$

$$= 0.486 \times 0.2^3 \times \frac{0.2}{0.2} \times 4000 \times 60$$

$$= 933.12 \ m^3/h$$

9. 기통 지름 70 mm, 행정 60 mm, 기통수 8, 매분 회전수 1800인 단단 압축기의 피스톤 압출량은 얼마인가 ?

① 165.8 m^3/h ② 172.3 m^3/h
③ 188.8 m^3/h ④ 199.4 m^3/h

해설 $V = \dfrac{\pi}{4} D^2 \cdot L \cdot N \cdot R \cdot 60$

$$= \frac{\pi}{4} \times 0.07^2 \times 0.06 \times 8 \times 1800 \times 60$$

$$= 199.4 \ m^3/h$$

10. 압축기 실린더 지름 110 mm, 행정 80 mm, 회전수 900 rpm, 기통수가 8기통인 암모니아 냉동장치의 냉동능력은 얼마인가 ? (단, 냉동능력은 $R = \dfrac{V}{C}$ 로 산출하며, 여기서 R은 냉동능력(RT), V는 피스이다.)

① 30.8 RT ② 35.4 RT
③ 39.1 RT ④ 48.2 RT

해설 $R = \dfrac{\dfrac{\pi}{4} \times 0.11^2 \times 0.08 \times 8 \times 900 \times 60}{8.4}$

$$= 39.07 \ RT$$

11. 클리어런스에 의한 체적효율을 구하면 얼마인가 ? (단, 압축비 $\dfrac{P_2}{P_1} = 5$, 지수 $n = 1.25$, 극간비 $\dfrac{V_c}{V} = 0.05$이다.)

① 75 % ② 80.5 %
③ 87 % ④ 92 %

해설 $\eta_v = 1 - \dfrac{V_c}{V} \left\{ \left(\dfrac{P_2}{P_1} \right)^{\frac{1}{n}} - 1 \right\}$

$$= 1 - 0.05 \left\{ (5)^{\frac{1}{1.25}} - 1 \right\}$$

$$= 0.8688 \fallingdotseq 0.87$$

12. 압력이 2 kg/cm^2, 온도가 20℃인 공기를 압력이 20 kg/cm^2로 될 때까지 가역 단열 압축하였을 때 ℃로 계산한 온도는 다음 수치에서 어느 것과 가장 가까운가 ?

(단, $10^{\frac{0.4}{1.4}} = 1.930$이다.)

① 273.5℃ ② 225.7℃
③ 292.5℃ ④ 358.2℃

해설 $T_2 = \left(\dfrac{20}{2} \right)^{\frac{1.4-1}{1.4}} \times (273 + 20)$

$$= 1.93 \times 293 = 565.49 \ K = 292.49 ℃$$

2-2 ─○ 응축기

1 입형 셸 앤드 튜브식 응축기(vertical shell and tube condenser)

(1) 구조

입형의 원통 (지름 660 ~ 910 mm, 유효길이 4800 mm) 상하 경판에 바깥지름 50 mm인 다수의 냉각관을 설치한 것으로, 상단에 수조가 설치되어 있고 배관 내에는 물이 고르게 흐르게 하기 위하여 소용돌이를 일으키는 주철제 물 분배기를 설치한다.

입형 셸 앤드 튜브식 암모니아 응축기   물 분배기(swirl)

(2) 특징

① 소형 경량으로 설치장소가 좁아도 되며 옥외에 설치가 용이하다.

② 전열이 양호하며 냉각관 청소가 가능하다 (운전 중 청소가 가능하다).

③ 가격이 저렴하고 과부하에 견딘다.

④ 주로 대형의 암모니아 냉동기에 사용된다.

⑤ 냉매가스와 냉각수가 평행류로 되어 냉각수가 많이 필요하고 과냉각이 잘 안 된다.

⑥ 냉각관이 부식되기 쉽다.

⑦ 전열계수 750 kcal/m^2·h·℃, 냉각면적 1.2 m^2/RT, 냉각수량 20 L/min·RT이다.

2 이중관식 응축기(double pipe condenser)

(1) 구조

암모니아, 프레온계, 클로로메틸 등의 비교적 소형 냉동기에 사용되며 탄산가스용으로도 사용할 수 있다. 보통 길이가 3 ~ 6 m의 관을 상하 6 ~ 12단으로 조립하여 사용하고 암모니아용은 $1\frac{1}{4}B$의 내관, $2B$의 외관이 사용되며 (소형은 $\frac{3}{4}B$의 내관과 $1\frac{1}{4}B$의 외관), 프레온과 클로로메틸용은 외관이 $\frac{3}{4} \sim \frac{5}{6}B$, 내관이 $\frac{1}{2} \sim \frac{3}{5}B$로 된 것과 굵은 외관에 작은 지름의 내관을 4 ~ 5개 삽입한 것도 있다.

이중관식 응축기

(2) 특징

① 냉매증기와 냉각수가 대향류로 되게 함으로써 냉각효과가 양호하며 고압에도 견딘다.
② 암모니아나 프레온 등의 소형 냉동기에 사용하며 CO_2 냉동기에도 설치가 가능하다.
③ 냉각수량이 적어도 되므로 과냉각 냉매를 얻을 수 있으나 한 대로는 대용량이 불가능하다.
④ 벽면을 이용하는 공간에도 설치할 수 있으므로 설치면적이 작아도 된다.
⑤ 구조가 복잡하여 냉각관의 점검·보수가 어려워 냉각관의 부식을 발견하기 곤란하며 냉각관의 청소가 곤란하다.
⑥ 전열계수는 냉각수 유속이 1.5 m/s일 때 3768 kJ/m^2·h·K, 냉각면적은 유속이 1 ~ 2 m/s일 때 $0.8 \sim 0.9 \, m^2$/RT, 냉각수량은 12 L/min·RT이다.

3 횡형 셸 앤드 튜브식 응축기(horizontal shell and tube condenser)

(1) 구조

암모니아 또는 프레온 장치의 소형에서 대용량까지 광범위하게 사용되는 수랭식의 응축기이다. 즉, 소용량으로부터 대용량의 프레온 콘덴싱 유닛(condensing unit), 워터 칠링 유닛(water chilling unit), 패키지형 에어컨디셔너(packaged type air conditioner) 등에 사용된다. 또한, 물을 유턴(U-turn)시켜 통과시키는 횟수를 pass라 하며 2~6회가 보통이다. 유속은 강관인 경우 0.6~1 m/s, 동관의 경우 1~1.5 m/s, 니켈관은 1.5~2 m/s이고 유속은 통로수(패스 횟수)에 따라 달라지며 1~2 m/s 사이가 되도록 한다.

① 암모니아용 횡형 셸 앤드 튜브식 응축기 : 냉각수 유속은 0.5~1.5 m/s이며 냉각관 부식을 감소시키기 위하여 1 m/s 전후로 설계한다.

암모니아 횡형 셸 앤드 튜브식 응축기

② 프레온용 횡형 셸 앤드 튜브식 응축기 : 냉각관은 나관의 경우에는 바깥지름 16~25 mm, 두께 1~1.6 mm 정도의 동관이 사용되고, 바닷물이나 부식하기 쉬운 냉각수를 사용하는 경우에는 알루미늄 청동이나 큐프로니켈관 등이 사용된다. 냉매측의 전열저항이 크기 때문에 핀 튜브(fin tube)를 사용하며 냉각수의 유속은 2 m/s가 보통이고 2.5 m/s를 넘지 않는다.

프레온용 횡형 셸 앤드 튜브식 응축기

(2) 특징

① 전열이 양호하여 냉각수량이 입형에 비하여 적어도 된다.

② 설치면적이 좁아도 된다.

③ 암모니아, 프레온 등 대·중·소형 냉동기에 광범위하게 사용된다.

④ 냉각관이 부식되기 쉽고, 냉각관의 청소가 곤란하며, 입형에 비하여 과부하에 견디기 곤란하다.

⑤ 전열계수는 유속 1 m/s일 때 3768 kJ/m^2·h·K이며, 냉각면적은 0.8 ~ 0.9 m^2/RT, 냉각 수량은 12 L/min·RT이다.

4 7통로 응축기(seven pass condenser)

(1) 구조

7통로 응축기는 횡형 셸 앤드 튜브식 응축기의 일종으로, 안지름 200 mm (8 inch), 길이 가 4800 mm인 원통 속에 바깥지름이 51 mm (2 inch)인 냉각관 7개를 설치하는 구조로 되어 있다. 냉각수는 아래에 있는 냉각관으로 유입되어 순차적으로 7개의 냉각관을 흐르며 냉매 는 위로 유입되어 냉각관 외부를 통과하면서 응축된다. 1기 (基)당 10 RT로 설계되며 대용량 이 필요할 때에는 여러 조로 병렬 연결하여 사용할 수 있다.

7통로 응축기

(2) 특징

① 전열이 양호하여 냉각수량이 입형에 비하여 적어도 된다.

② 공간이나 벽을 이용하여 상하로 설치할 수 있어 설치면적이 좁아도 된다.

③ 암모니아 냉동기에 사용하며 1조로는 대용량에 사용할 수 없다.

④ 구조가 복잡하고 냉각관의 청소가 곤란하다.

⑤ 유속 1.3 m/s일 때 전열계수는 4187 kJ/m^2·h·K이고, 냉각면적은 유속 1.5 m/s일 때 0.5 m^2/RT이며 냉각수량은 12 L/min·RT이다.

5 대기식 응축기(atmospheric condenser)

(1) 구조

지름 50 mm, 길이 2000 ~ 6000 mm의 수평관을 상하로 6 ~ 16단 겹쳐 리턴 밴드(return bend)로 직렬 연결하여 그 속에 냉매 증기를 흐르게 하고 냉각수를 최상단에 설치한 냉각수통으로부터 관 전 길이에 걸쳐 균일하게 흐르도록 한 구형 암모니아용 응축기이다.

현재는 냉매관 중간에 응축된 냉매액을 추출할 수 있는 블리더(bleeder)를 설치한 블리더형 대기식 응축기는 하단으로 냉매증기가 유입되어 냉각수와 반대방향으로 흐르며 냉매가 상승하면서 응축되고, 관 중간에 설치한 여러 개의 냉매 액출구관(bleeder)으로는 액냉매를 유출시키며 냉매관 4단 정도에 1개씩 액출구관을 설치한다.

(2) 특징

① 냉각효과가 커 냉각수량이 적어도 되며 물의 증발에 의해서도 냉각된다.

② 부식에 대한 내력이 커 수질이 나쁜 곳이나 해수(海水)를 사용할 수 있다.

③ 냉각관의 청소가 쉽고, 암모니아 냉동기에 사용한다.

④ 설치장소가 너무 크고, 구조가 복잡하며 가격이 비싸다.

⑤ 전열계수 2512 kJ/m^2·h·K, 냉각면적 1.4 m^2/RT, 냉각수량 15 L/min·RT이다.

암모니아용 대기식 응축기(블리더형)

6 지수식 응축기(submerged condenser)

(1) 구조

셸 앤드 코일 응축기(shell and coil condenser)라고도 하며 나선(螺線) 모양의 관에 냉매 증기를 통과시키고 이 나선관을 원형 또는 구형의 수조에 담그고 물을 수조에 순환시켜 냉매를 응축시키는 응축기이다 (암모니아, CO_2, SO_2 등의 소형 냉동기에 사용된다).

냉매가스 입구
냉각수 출구
핀 튜브 냉각관
냉매액 출구
냉각수 입구

지수식 응축기

(2) 특징

① 구조가 간단하여 제작이 용이하다.
② 고압에 잘 견디고 제작비가 싸다.
③ 점검보수가 곤란하다.
④ 다량의 냉각수가 필요하다.
⑤ 전열효과가 나빠서 현재 거의 사용되지 않는다.
⑥ 전열계수 $837 \, kJ/m^2 \cdot h \cdot K$, 냉각면적 $4 \, m^2/RT$, 냉각수량이 다량 필요하다.

7 증발식 응축기(evaporative condenser)

(1) 구조

수랭식 응축기와 공랭식 응축기의 작용을 혼합한 것이다. 냉매가 흐르는 관에 노즐을 이용해 물을 분무시키고 상부에 있는 송풍기로 공기를 보내면 관 표면에서 물의 증발열에 의해서 냉매가 액화되고, 분무된 물은 아래에 있는 수조에 모여 순환펌프에 의해 다시 분무용 노즐로 보내지므로 물 소비량이 적고 다른 수랭식에 비하여 3 ~ 4 % 냉각수를 순환시키면 된다. 주로 소·중형 냉동장치 (10 ~ 150 RT)가 사용되며 겨울철에는 공랭식으로 사용할 수 있으며, 실내·외 어디든지 설치가 가능하다.

(2) 특징

① 전열작용은 공랭식보다 양호하지만 타 수랭식보다 좋지 않다.

② 냉각수를 재사용하여 물의 증발잠열을 이용하므로 소비량이 적다.

③ 응축기 내부의 압력강하가 크고 소비동력이 크다.

④ 사용되는 응축기 중에서 응축압력 (응축온도)이 제일 높다.

⑤ 냉각탑 (cooling tower)을 사용하는 경우에 비하여 설치비가 싸게 드나 고압측의 냉매 배관이 길어진다.

⑥ 전열계수가 나관의 경우 1256 kJ/m^2·h·K이고 냉각공기량이 7.5 ~ 8 m^3/min·RT일 때 전열면적이 2.2 m^2/RT이며 풍속은 3 m/s 정도이다.

증발식 응축기

8 공랭식 응축기(air cooling type condenser)

(1) 구조

공기는 물에 비해 전열이 대단히 불량하여 소형 (1/8 마력)은 대개 자연대류에 의해 통풍을 한다. 냉각관을 핀 튜브관으로 하여 자연대류를 시키면 관을 수평으로 하였을 경우 전열계수는 약 21 kJ/m^2·h·K 정도이며, 관을 수직으로 하면 약 12.6 kJ/m^2·h·K로 감소한다. 대개 1/8 마력 이상은 강제 대류식이고, 이때의 전열계수는 84 ~ 105 kJ/m^2·h·K이며 응축온도는 입구에서의 공기온도보다 15 ~ 20℃가 높다.

구조는 지름 5 mm인 동관 안으로 냉매가스를 통과시키고 그 외면을 공기로 냉각시켜 냉매를 응축시키는 형식으로 자연 대류식과 강제 대류식이 있으며, 강제 대류식은 풍속이

2~3 m/s인 공기를 송풍기로 보내 냉각한다. 냉각수를 얻기 어려운 장소나 룸 에어컨, 차량용 냉방기 등 가정용 냉장고나 소형 냉동기에 사용되지만, 공기의 냉각효과가 물보다 작기 때문에 많은 냉각면적이 필요하다.

(2) 특징

① 보통 2~3 HP 이하의 소형 냉동장치의 아황산, 염화메틸, 프레온 등에 사용된다.

② 냉수 배관이 곤란하고 냉각수가 없는 곳에 사용한다.

③ 배관 및 배수설비가 불필요하다.

④ 공기의 전열작용이 불량하므로 응축온도와 압력이 높아 형상이 커진다.

⑤ 전열계수는 $84 \, kJ/m^2 \cdot h \cdot K$이고 냉각면적은 $5 \, m^2/RT$이며 풍량은 $3.5 \sim 4.5 \, m^3/min \cdot$ RT, 풍속은 $3 \, m/s$이다.

핀(알루미늄판)

냉각관 고정판   냉각관   U벤드

공랭식 응축기

9 냉각탑(cooling tower)

물을 공기와 접촉시켜서 냉각하는 장치로 1 kg의 물이 증발하면 자체 순환수 열량을 약 2513 kJ 정도 흡수한다. 즉, 물 순환량의 2 %를 증발시키면 자체 온도를 1℃ 내릴 수 있다.

① 쿨링 레인지(cooling range) : 냉각수 입구온도 - 출구온도

② 쿨링 어프로치(cooling approach) : 냉각수 출구온도 - 대기 습구온도

③ 냉각톤 : 냉각탑의 입구수온 37℃, 출구수온 32℃, 대기 습구온도 27℃, 순환수량 13 L/min일 때 16330 kJ/h의 방열량을 말한다.

|(a) 역류형(압입식)|(b) 역류형(흡입식)|

냉각탑

🔟 불응축가스

응축기 상부에 고여 응축되지 않은 가스로서 주성분이 공기 또는 유증기이다.

(1) 불응축가스의 발생원인

① 외부에서 침입하는 경우
  ㈎ 오일 및 냉매 충전 시 부주의에 의한 침입
  ㈏ 냉동기를 진공 운전할 때
② 내부에서 발생하는 경우
  ㈎ 진공 시험 시 완전진공을 하지 않았을 경우 장치 내에 남아 있던 공기
  ㈏ 오일이 탄화할 때 생긴 가스
  ㈐ 냉매 및 오일의 순도가 불량할 때

(2) 불응축가스 퍼지(purge)

① 응축기 상부로 제거하는 법 : 냉동기 운전을 정지하고 응축기에 냉각수를 30분간 계속 (냉각수 입·출구 온도가 같을 때까지) 통수하여 냉매를 완전히 액화시킨 다음에 응축기 입·출구밸브를 닫고 상부의 공기 배기밸브를 열어 불응축가스를 배기하고 정상 운전한다.

② york gas purge

(3) 불응축가스가 냉동기에 미치는 영향

① 체적효율 감소
② 토출가스 온도 상승
③ 응축압력 상승
④ 냉동능력 감소
⑤ 소요동력 증대(단위능력당)

11 응축기 방출열량 계산

(1) 응축부하(kJ/h)

냉매가스로부터 단위시간당 제거하는 열량

$$Q = G(i_b - i_e) = G_w C_w (t_{w_2} - t_{w_1})$$

$$= Q_e + N = K \cdot F \cdot \Delta t_m = Q_e \cdot C \ [\text{kJ/h}]$$

여기서, G : 냉매순환량(kg/h), t_{w_1}, t_{w_2} : 냉각수 입·출구온도(℃)

i_b : 응축기 입구 냉매 엔탈피(kJ/kg), Q_e : 냉동능력(kJ/h)

i_e : 응축기 출구 냉매 엔탈피(kJ/kg), N : 압축일의 열당량(kJ/h)

G_w : 냉각수 순환량(kg/h), K : 열통과율(kJ/m²·h·K)

C_w : 비열(=4.187 kJ/kg·K), Δt_m : 냉매와 냉각수의 평균온도차(℃)

F : 면적(m²), C : 방열계수(냉장과 냉방 : 1.2, 냉동 : 1.3)

(2) 열통과율 $(kJ/m^2 \cdot h \cdot K)$

① 열관류율

$$\frac{1}{K} = \frac{1}{\alpha_r} + \Sigma \frac{l}{\lambda} + \frac{1}{\alpha_w}$$

여기서, α_r : 냉매측 열전달률 $(kJ/m^2 \cdot h \cdot K)$
α_w : 냉각수측 열전달률 $(kJ/m^2 \cdot h \cdot K)$
λ : 재질 또는 물질의 열전도율 $(kJ/m \cdot h \cdot K)$
l : 재질 또는 물질의 두께 (m)

② 냉매측 열관류율 (재질 안팎의 전열면적이 다를 때)

$$\frac{1}{K \cdot A_r} = \frac{1}{\alpha_r \cdot A_r} + \frac{l_o}{\lambda_o \cdot A_r} + \frac{l_w}{\lambda_w \cdot A_w} + \frac{1}{\alpha_w \cdot A_w}$$

$$\frac{1}{K} = \frac{1}{\alpha_r} + \frac{l_o}{\lambda_o} + \frac{A_r}{A_w}\left(\frac{l_w}{\lambda_w} + \frac{1}{\alpha_w}\right)$$

내외면적비 $a = \dfrac{A_r}{A_w}$

③ 냉각수측 열관류율 (재질 안팎의 전열면적이 다를 때)

$$\frac{1}{K \cdot A_w} = \frac{1}{\alpha_r \cdot A_r} + \frac{l_o}{\lambda_o \cdot A_r} + \frac{l_w}{\lambda_w \cdot A_w} + \frac{1}{\alpha_w \cdot A_w}$$

$$\frac{1}{K} = \frac{A_w}{A_r}\left(\frac{1}{\alpha_r} + \frac{l_o}{\lambda_o}\right) + \frac{l_w}{\lambda_w} + \frac{1}{\alpha_w}$$

외내면적비 $m = \dfrac{A_w}{A_r}$

(3) 온도차 $(℃)$

① 냉각수 온도차 : $\Delta t = t_{w_2} - t_{w_1}$

② 산술 평균온도차 : $\Delta t_m = t_c - \dfrac{t_{w_1} + t_{w_2}}{2}$

③ 대수 평균온도차 : $MTD = \dfrac{\Delta_1 - \Delta_2}{2.3\log\dfrac{\Delta_1}{\Delta_2}} \fallingdotseq \dfrac{\Delta_1 - \Delta_2}{\ln\dfrac{\Delta_1}{\Delta_2}}$

$\Delta_1 = t_c - t_{w_1}, \ \Delta_2 = t_c - t_{w_2}$

여기서, t_c : 응축온도 $(℃)$, t_{w_1} : 냉각수 입구온도 $(℃)$, t_{w_2} : 냉각수 출구온도 $(℃)$

1. 다음 응축기 중 외기 습도의 영향을 받는 응축기는?

① 입형 셸 앤드 튜브식
② 이중관식
③ 증발식
④ 7통로식

해설 증발식 응축기는 물의 증발잠열을 이용하기 때문에 외기 습도의 영향을 받는다.

2. 다음 조건의 입형 셸 앤드 튜브식(vertical shell and type) 응축기에서 1시간당 제거되는 열량은 얼마인가?

┤조건├
• 열통과율 : 3140 kJ/m² · h · K
• 냉각면적 : 1.2 m²
• 암모니아액과 냉각수의 온도차 : 5℃

① 15700 kJ/h ② 18840 kJ/h
③ 10400 kJ/h ④ 19000 kJ/h

해설 $Q_c = K \cdot F \cdot \Delta t_m = 3140 \times 1.2 \times 5$
$= 18840 \text{ kJ/h}$

3. 다음 중 쿨링 타워 능력(kJ/h)을 계산하는 식으로서 옳은 것은?

① 순환수량 (L/min)×60×쿨링 레인지
② 순환수량 (L/h)×4.2×쿨링 레인지
③ 순환수량 (L/min)×360×5℃
④ 순환수량 (L/min)×60×5℃

해설 쿨링 레인지(cooling range) : 냉각탑 냉각수 입·출구 온도차로서 평균 5℃ 정도가 적합하다.

4. 냉각탑에 관한 설명 중 틀린 것은?

① 냉각탑에서 냉각된 물의 온도는 대기의 습구온도보다 높다.

② 송풍량을 많게 하면 수온은 낮아지지 않는다.
③ 송풍량을 많게 하면 수온은 내려간다.
④ 설치 장소는 습기가 적고 통풍이 좋은 곳이 좋다.

해설 냉각탑은 순환수량의 2 %가 증발하는 데 자체 온도가 1℃ 낮아지는 것을 이용한 것으로 대기 습구온도의 영향을 받으며, 통과 송풍량이 많으면 냉각이 잘 된다.

5. 고압 수액기에 부착되지 않는 것은?

① 액면계 ② 안전밸브
③ 전자밸브 ④ 오일드레인 밸브

해설 수액기에 부착되는 것은 ①, ②, ④ 외에 압력계, 온도계 등과 각종 출·입구 배관이 연결된다.

6. 냉동장치에 이용되는 응축기에 관한 다음 설명 중 옳은 것은?

① 수랭식 응축기에서 냉각관을 관판에 부착하는 방법으로 확관법과 용접이 있다.
② 프레온 수랭식 응축기에서는 냉각수측의 전열저항이 냉매측보다 크므로 로 핀 튜브를 사용한다.
③ 증발식 응축기는 주로 물의 증발로 인해 냉각하므로 현열 이용 방식으로 볼 수 있다.
④ 횡형 수랭식 응축기에서 냉각수 입구온도가 일정하고 수량이 감소되면 출구온도는 낮아진다.

해설 ② : 프레온 장치에서 냉각수측이 냉매측보다 전열저항이 작다.
③ : 증발식 응축기는 물의 잠열을 이용한다.
④ : 냉각수량이 감소하면 출구온도는 높아진다.

정답 1. ③ 2. ② 3. ② 4. ② 5. ③ 6. ①

7. 냉동장치에 있어서 응축기 속에 공기가 들어 있음은 무엇을 보고 알 수 있는가?

① 응축온도가 떨어진다.
② 저압측 압력이 보통보다 높다.
③ 응축기에서 소리가 난다.
④ 고압측 압력이 보통보다 높다.

해설 응축기 속에 불응축가스(공기)가 체류하면 전열면적의 감소로 응축압력과 온도가 상승한다.

8. 응축압력이 현저하게 상승되는 원인 중 관계가 깊은 것은?

① 유분리기 기능 불량
② 부하 감소
③ 구동 전동기 벨트 이완
④ 냉각수량 과대

해설 유분리기 기능이 불량하면 오일의 분리가 안 되고 응축기에 유입되어 유막을 형성하므로 전열작용이 방해된다.

9. 다음 중 냉각탑의 능력 산정 쿨링 레인지의 설명으로 옳은 것은?

① 냉각수 입구수온 × 냉각수 출구수온
② 냉각수 입구수온 − 냉각수 출구수온
③ 냉각수 출구온도 × 입구공기 습구온도
④ 냉각수 출구온도 − 입구공기 습구온도

해설 쿨링 레인지는 약 5℃ 정도가 적당하고 쿨링 레인지가 너무 크면 냉각수 순환량은 적어지나 응축온도가 높아져 압축 소요동력이 증가한다.

10. 수랭식 콘덴싱 유닛의 사이클을 짧게 하는 원인으로 틀린 것은?

① 모터의 제어가 나쁘다.
② 냉각수가 부족하다.
③ 장치 내에 공기가 있다.
④ 냉매가 부족하다.

해설 condensing unit은 압축기, 응축기, 수액기가 한 세트로 되어 있는 것이다.

11. 다음의 냉각탑에서 냉각범위(cooling range)와 도달도(cooling approach)를 구하면? (단, 대기 습구온도는 18℃이다.)

① 5℃, 15℃   ② 7℃, 22℃
③ 15℃, 7℃   ④ 15℃, 22℃

해설 • cooling range = 40 − 25 = 15℃
• cooling approach = 25 − 18 = 7℃

12. 어떤 냉동장치의 냉동능력이 3 RT이고, 이때의 압축기 소요동력이 3.7 kW이었다면 응축기에서 제거하여야 할 열량은 약 몇 kW인가? (단, 1 RT는 3.9 kW이다.)

① 20.9 kW   ② 11.4 kW
③ 2.9 kW   ④ 15.4 kW

해설 $Q_c = Q_e + N = 3 \times 3.9 + 3.7 = 15.4$ kW

13. 다음과 같은 횡형 응축기를 설계하고자 한다. 1 RT당 응축기 면적은 얼마인가? (단, 방열계수 1.3, 응축온도 35℃, 냉각수 입구온도 28℃, 냉각수 출구온도 32℃, 응축온도와 냉각수 평균온도의 차 5℃, K는 3768 kJ/m²·h·K이고, 1 RT는 3.9 kW이다.)

① 약 0.45 m²   ② 약 0.62 m²
③ 약 0.97 m²   ④ 약 1.25 m²

해설 $Q_c = Q_e \times 1.3 = K \cdot F \cdot \Delta t_m$

$$F = \frac{1 \times 3.9 \times 3600}{3768 \times \left(35 - \frac{28+32}{2}\right)} = 0.969\,\mathrm{m}^2$$

14. 다음과 같은 대향류(對向流) 열교환기에서 열교환량을 구하면? (단, 열통과율 3768 kJ/ m²·h·K, 전열면적 5 m², t_1 : 27℃, t_2 : 13℃, t_{w_1} : 5℃, t_{w_2} : 10℃이다.)

① 112833 kJ/h
② 224950 kJ/h
③ 189000 kJ/h
④ 379029 kJ/h

해설 대수 평균온도차 $MTD = \dfrac{\Delta_1 - \Delta_2}{\ln \dfrac{\Delta_1}{\Delta_2}}$

($\Delta_1 = 27 - 10 = 17℃$, $\Delta_2 = 13 - 5 = 8℃$)

$MTD = \dfrac{17-8}{\ln \dfrac{17}{8}} = 11.939 ≒ 11.94℃$

$\therefore Q = K \cdot F \cdot MTD$
$= 3768 \times 5 \times 11.94$
$= 224949.6$ kJ/h

15. 프레온용 냉방장치에서 횡형 셸 앤드 튜브식 응축기를 사용했을 때 1 RT당 매분 10 L의 냉각수가 사용된다. 응축기 입구온도를 32℃로 했을 때 출구온도는 약 몇 K가 되는가? (단, 응축부하는 냉방부하의 1.2배이고, 물의 비열은 4.2 kJ/kg, 1 RT는 3.9 kW이다.)

① 30 K
② 34 K
③ 39 K
④ 42 K

해설 $t_{w_2} = t_{w_1} + \dfrac{Q_e \cdot 1.2}{G \cdot C}$

$= 32 + \dfrac{1 \times 3.9 \times 3600 \times 1.2}{10 \times 60 \times 4.2} = 38.69\,\mathrm{K}$

> **2-3** ···○ 팽창밸브

1 역할

① 냉동부하의 변동에 의하여 증발기에 공급하는 냉매량을 제어한다.

② 고압측과 저압측 간에 소정의 압력차를 유지시켜 준다.

③ 밸브의 교축작용에 의하여 온도 압력이 낮아지며, 이때 플래시 가스가 발생한다.

④ 증발기의 형식, 크기, 냉매의 종류, 사용조건에 따라 선택이 틀려진다.

> 참고 ① 냉매 공급이 부족하면 과열 운전이 된다.
> ② 냉매 공급이 지나치면 습압축이 된다.

2 종류

(1) 수동 팽창밸브(manual expansion valve)

① 구형 밸브라고 하며 암모니아 냉동장치에 사용한다.

② 일반 스톱밸브와 구조가 비슷하다.

③ 대형장치, 제빙장치에 사용한다.

④ 자동 팽창밸브의 bypass valve로 사용한다.

수동 팽창밸브

(2) 모세관(capillary tube)

① 전기냉장고, 윈도 쿨러, 소형 패키지에 많이 사용한다.

② 냉매 유량 조절을 위한 것이 아니고 응축기와 증발기간의 압력비를 일정하게 유지해 준다.

③ 모세관이 길어지면 압력강하가 커진다.

④ 모세관 속의 압력강하는 안지름에 반비례한다.

⑤ 안지름이 작은 모세관 입구에는 필터가 필요하다.

⑥ 고압측에 액이 고이는 부분(수액기 등)을 설치하지 않는 것이 좋다.

⑦ 압축기 정지 시에 저압부 냉매량이 최대가 되고 정상적인 운전이 되면 최소가 되므로 냉매충전량을 가능한 한 약간 부족하게 충전한다.

(3) 정압식 자동 팽창밸브(constant pressure expansion valve)

① 증발기 내의 냉매 증발압력을 항상 일정하게 해 준다.

② 냉동부하 변동이 심하지 않은 곳, 냉수 브라인의 동결 방지에 쓰인다.

③ 증발기 내 압력이 높아지면 벨로스가 밀어 올려져 밸브가 닫히고, 압력이 낮아지면 벨로스가 줄어들어 밸브가 열려져 냉매가 많이 들어온다.

④ 부하 변동에 민감하지 못하다는 결점이 있다.

정압식 자동 팽창밸브

(4) 온도식(감온·조온) 팽창밸브(temperature expansion valve)

증발기 출구 냉매의 과열도를 일정하게 유지하게끔 냉매 유량을 조절하는 밸브이다.

① 구조 및 작용

㈎ 벨로스와 다이어프램의 두 형이 있다.

㈏ 두 형의 작동 원리는 같다.

㈐ 감온통에는 냉동장치의 냉매와 같은 것을 충전한다.

㈑ 증발기 출구 냉매의 과열도가 증가하면 감온통 속의 냉매의 부피가 늘어나 다이어프램 상부 압력이 커지므로 밸브가 열려지게 된다.

㈒ 증발기 출구 냉매의 온도가 정상보다 저하하면 반대현상이 생긴다.

㈓ 증발기관에 압력강하가 작을 때는 내부균압형을, 압력강하가 클 때는 외부균압형을 사용한다(압력강하가 $0.14\,\mathrm{kg/cm^2}$ 이상일 때).

온도식 팽창밸브

② 감온통 내의 충전 방법

　(가) 가스 충전 (gas charging)

　　㉮ 냉동장치에 냉매와 같은 가스를 충전한다.

　　㉯ 가스 충전이란 감온통 속에 액을 넣되, 일정 이상 증발하면 감온통 내의 가스가 꽉 차인 상태를 의미한다.

　　㉰ 이와 같은 것은 과열도가 커져도 감온통 속의 가스는 과열만 될 뿐 압력은 별로 상승되지 않으므로 밸브가 닫혀져 있다.

　　㉱ 이 원인으로 액압축은 방지된다.

　　㉲ 감온통은 밸브의 온도보다 낮은 부분에 정착한다.

　(나) 액 충전 (liquid charging)

　　㉮ 동력부 내에서는 어떠한 경우라도 액체 상태의 냉매가 남아 있도록 많이 충전한다.

　　㉯ 과열도에 민감하므로 압축기 가동 시에 부하가 장시간 걸린다.

　(다) 액 크로스 충전 (liquid cross charging)

　　㉮ 저온용 냉동장치에 잘 사용한다.

　　㉯ 냉동장치의 냉매와 다른 가스를 충전한다.

　　㉰ 액압축과 과부하가 방지된다.

③ 감온통 설치 방법

　(가) 증발기 출구에 가까운 압축기 흡입관 수평부에 밀착한다.

　(나) 녹이 슨 부분에는 벗겨내고 정착한다.

　(다) 흡입관의 바깥지름이 $20\,\text{A}\left(\dfrac{7}{8}\right)$ 이하이면 관 상부, 흡입관의 바깥지름이 $20\,\text{A}\left(\dfrac{7}{8}\right)$를 초과하면 수평보다 45° 아래에 정착한다.

감온통의 부착

㈜ 감온통이 정착된 주위에 공기에 의한 영향이 있을 때는 방열제로 피복한다.
㈜ 감온통을 흡입관 내에 정착해도 된다.

삽입식 감온통 설치

㈜ 감온통은 흡입 트랩에 부착을 피한다.
㈜ 흡입관이 입상한 경우에는 감온통 부착위치를 지나서 액 트랩을 만들어준다.
㈜ 2대 이상의 증발기에서 각각의 TEV를 사용한 경우 다음 그림과 같이 다른 TEV에 영향이 미치지 않도록 한다.

2대의 증발기로 설치한 경우

④ 외부균압의 배관

  ㈎ 감온통을 지나 압축기 쪽에 배관한다.

  ㈏ 관은 흡입관 상부에 연락한다.

  ㈐ 냉매 분류기가 정착되어 있을 때는 R-12를 기준하여 다음 압력강하의 위치를 넘지 않는 경우에 분류기 여러 관 중 어느 하나에 연락한다.

    ㉮ 공기조화용 $0.2 \, \text{kg/cm}^2$ (2.8 PSI)

    ㉯ 저온동결용 $0.04 \, \text{kg/cm}^2$ (0.6 PSI)

    ㉰ 냉장고 $0.1 \, \text{kg/cm}^2$

  ㈑ 압력강하가 ㈐의 2배를 초과하지 않으면 증발관 중앙에 설치한다.

  ㈒ 흡입관에 컨트롤 장치가 있을 때는 컨트롤 밸브에서 증발기 쪽에 설치한다.

  ㈓ 균압관은 공통관에 접촉하면 안 된다.

  ㈔ 외부균압형이 필요 없다고 캡이나 플러그로 막지 말고 내부균압형으로 바꿔줘야 한다.

압력강하를 고려한 외부균압관 설치

⑤ 액 분류기(distributor)

    (a) 벤투리형

    (c) 원심형

    (b) 압력강화형

액 분류기

평면도

측면도

원심형 분류기의 설치 예 **분류 헤드의 종류**

㈎ 직접 팽창식 증발기에 사용한다.

㈏ 각 관에 액을 분배하여 공급한다.

㈐ 벤투리형, 압력강하형, 원심형 등의 3종이 있다.

⑥ 파일럿 밸브식 온도 자동 팽창밸브

㈎ 보통의 온도 자동 팽창밸브는 크기에 한도가 있어 대형에는 부적당하다.

㈏ 100 ~ 270 RT, R-12를 사용하는 냉동장치에는 파일럿 밸브식 팽창밸브가 잘 사용되며, 이는 주팽창밸브와 파일럿으로서 사용되는 소형 온도 자동 팽창밸브로 구성된다.

㈐ 파일럿은 증발기에서 나오는 냉매 과열도에 의해서 작동하고 이 작동에 의하여 주팽창밸브가 열린다.

㈑ 대용량에 사용되며, 만액식에는 사용 불가능하다.

☑ 흡입관이 입상관인 경우에는 되도록 'a' 부분을 짧게 할 것

파일럿식 자동 팽창밸브의 배관도

참고 **파일럿 밸브식 온도 자동 팽창밸브 (작동설명)**

① 주피스톤 A에 압력이 걸리면 이것이 상·하부로 움직임으로써 밸브가 닫히고 열리게 되어 있으며, 피스톤 상부에는 오리피스 B가 뚫려 있어 출구에 통한다.

② 파일럿 팽창밸브가 흡입가스의 과열로 많이 열리면 파일럿 밸브의 파일럿관으로부터 많은 냉매가 흘러 들어와 피스톤 A 상부의 압력이 증가함에 따라 파일럿 밸브가 열리게 되어 냉매공급량이 증가한다. 반대로 흡입가스의 과열도가 감소하면 파일럿 팽창밸브는 닫히는 방향으로 움직여 주팽창밸브로 들어오는 냉매량이 감소하고 오리피스로부터는 압력이 새어나가기 때문에 피스톤 A 상부의 압력이 작아져 피스톤도 닫히는 방향으로 움직여 냉매공급을 감소시킨다.

(5) 고압측 플로트 밸브 (high side float valve)

① 고압측 냉매 액면에 의하여 작동된다.

② 부자실 상부에 불응축가스가 모일 염려가 있다.

③ 증발기의 부하 변동에 민감하지 못하다.

④ 만액식 증발기에 적당하다.

⑤ 응축기에 액냉매는 부자실로 들어와 액면이 높아지면 부자구가 들려서 밸브가 열려진다.

고압측 플로트 밸브의 구조

고압측 플로트 밸브의 설치 예

(6) 저압측 플로트 밸브(low side float valve)

① 저압측에 정착되어 증발기 내 액면을 일정하게 해 준다.

② 암모니아, 프레온에 관계없이 잘 사용한다.

③ 증발기 내 액면이 상승하면 부자에 의하여 밸브가 닫히고, 액면이 내려가면 반대로 밸브가 열린다.

④ 증발기 내에 직접 부자를 띄우는 형식과 부자실을 따로 만드는 형이 있다.

⑤ 부자실 상·하부에 균압관이 연락되었다.

⑥ 증발온도가 일정하지 않을 때는 증발압력 조정밸브를 설치한다.

참고 플래시 가스(flash gas)란 일반적으로 증발기가 아닌 곳에서 증발한 냉매가스를 말하며, 이러한 가스가 많이 발생하면 실제 증발기로 공급되는 액량이 적어 손실이 많다. 특히, 팽창밸브에서 팽창할 때 압력강하에 의하여 많이 발생한다.

1. **발생원인**
   ① 압력손실이 있는 경우
   • 액관이 현저하게 수직상승된 경우
   • 액관이 현저하게 지름이 가늘고 긴 경우
   • 각종 밸브의 사이즈가 현저하게 작은 경우
   • 여과기가 막힌 경우
   ② 주위온도에 의하여 가열될 경우
   • 액관이 보온되지 않았을 경우
   • 수액기에 광선이 비쳤을 경우
   • 너무 저온으로 응축되었을 경우

2. **대책**
   ① 열교환기를 설치하여 액냉매액을 과냉각시킨다.
   ② 액관의 압력손실을 작게 해 준다.
   ③ 액관을 보온한다.

1. 냉동장치의 팽창밸브의 열림이 작을 때 발생하는 현상이 아닌 것은?

① 증발압력은 저하한다.
② 순환 냉매량은 감소한다.
③ 압축비는 감소한다.
④ 체적효율은 저하한다.

해설 팽창밸브의 개도가 작으면 압력이 감소하므로 압축비는 증가한다.

2. 냉매가 팽창밸브(expansion valve)를 통과할 때 변하는 것은? (단, 이론상의 표준 냉동 사이클이다.)

① 엔탈피와 압력
② 온도와 엔탈피
③ 압력과 온도
④ 엔탈피와 비체적

해설 팽창밸브를 통과할 때 단열 변화이므로 외부와의 열출입이 없고 등엔탈피 변화이다.

3. 프레온 냉동장치에 수분이 혼입했을 때 일어나는 현상이라고 볼 수 있는 것은?

① 프레온은 수분과 반응하는 양이 매우 적어 뚜렷한 영향을 나타내지 않는다.
② 프레온과 수분이 혼합하면 황산이 생성된다.
③ 프레온과 수분은 분리되어 장치의 저온부에서 수분이 동결한다.
④ 프레온은 수분과 화합하여 동 표면에 강 도금 현상이 나타난다.

해설 Freon 냉매는 수분과 분리하기 때문에 장치 저온부에서 동결하여 팽창밸브를 폐쇄하므로 운전불능을 초래한다.

4. 냉동설비 중 자동압력 팽창밸브는 다음 어느 것에 의하여 제어작용을 하는가?

① 증발기의 온도
② 증발기의 코일 과열도
③ 냉방의 응축속도
④ 증발기의 압력

해설 정압식 팽창밸브는 증발기 압력을 일정하게 유지하는 목적으로 사용한다.

5. 다음 설명 중 틀린 것은?

① 온도 자동 팽창밸브는 증발기를 나온 냉매의 과열도가 일정하도록 작동한다.
② 온도 자동 팽창밸브는 감온통의 냉매 압력으로 작동한다.
③ 온도 자동 팽창밸브의 감온통은 증발기의 입구측에 부착한다.
④ 온도 자동 팽창밸브는 부하의 광범위한 변화에도 잘 적응한다.

해설 TEV의 감온통은 증발기 출구에 부착하며 과열도를 감지하여 개도를 조정한다.

6. 모세관에 의한 감압에 관한 기술 중 부적당한 것은 어느 것인가?

① 냉동부하가 일정한 경우에 적합하다.
② 증발온도와 응축온도가 아주 높을 때 적합하다.
③ 압축기 기동토크가 적은 경부하 기동일 때 이점이 있다.
④ 항상 일정량의 냉매가 흐르는 것으로 만족될 때 사용된다.

해설 모세관은 응축, 증발온도에 관계없이 고압측과 저압측의 소정의 압력차를 유지하는 데 사용한다.

정답 1. ③ 2. ③ 3. ③ 4. ④ 5. ③ 6. ②

2-4 ···o 증발기

1 액냉매 공급에 따른 종류

(1) 건식 증발기(dry expansion type evaporator)

① 냉매량이 적게 소비되나 전열작용이 나쁘다.

② 유(oil)가 압축기에 쉽게 회수된다.

③ 냉장식에 주로 사용하며, 냉각관에 핀(fin)을 붙여 공기냉각용에 주로 사용된다.

④ 암모니아용은 아래로부터 공급되지만 프레온은 유의 체류를 꺼려 위에서부터 공급된다.

⑤ 증발기 출구에 적당한 냉매의 과열도가 있게 조정되므로 액분리기의 필요성이 적다.

(2) 반 만액식 증발기(semi-flooded type evaporator)

증발기 중에 냉매가 어느 정도 고이게 한 것으로 건식과 만액식의 중간 상태이며, 전열효과는 건식에 비하여 양호하지만 만액식에는 미치지 못한다. 냉매액은 아래로부터 공급된다.

건식 증발기   반 만액식 증발기

(3) 만액식 증발기

① 증발기 내의 대부분은 항상 일정량의 액으로 충만하게 하여 전열작용을 양호하게 한 것이다.

② 증발기에 들어가기 전에 역지밸브를 설치하여 가스의 역류를 방지한다.

③ 액냉매가 압축기로 흡입될 우려가 있으므로 액분리기를 설치하여 가스만 압축기로 공급하고 액은 증발기에 재사용한다.

④ 증발기에 윤활유가 체류할 우려가 있기 때문에 Freon 냉동장치에서 윤활유를 회수시키는 장치가 필수적이다.

만액식 증발기   증발기의 작용 (만액식)

(4) 액순환식 증발기 (liquid pump type evaporator)

① 타 증발기에서 증발하는 액화 냉매량의 4∼6배의 액을 펌프를 통해 강제로 냉각관을 흐르게 하는 방법이다.

② 냉각관 출구에서는 대체로 중량 80 %의 액이 있다.

③ 건식 증발기와 비교하면 전열이 20 % 이상 양호하다.

④ 한 개의 팽창밸브로 여러 대의 증발기를 사용할 수 있다.

⑤ 저압수액기 액면과 펌프와의 사이에 1∼2 m의 낙차를 둔다.

⑥ 구조가 복잡하고 시설비가 많이 드는 결점이 있다.

액순환식 증발기

2 냉각코일의 종류

(1) 핀 코일 증발기

0℃ 이상의 공기 냉각에 주로 사용되며 0℃ 이하 저온의 경우 제상장치를 설치하여야 되고, 증발관 표면에 원형 또는 4각형의 핀을 붙인 증발기이다. 열통과율이 $5 \sim 10 \, \mathrm{kcal/m^2 \cdot h \cdot \,℃}$ 이고 고내온도와 증발온도가 10℃의 경우 1 RT당 면적이 $40 \, \mathrm{m^2}$가 적당하며 코일의 피치는

6 ~ 25 mm, 열수는 2 ~ 4열이 일반적이다. 자연대류식에서는 고내온도와 증발온도차를 10 ~ 15℃로 하는 것이 일반적이다. 핀 코일은 설치 위치에 따라 냉각능력에 차이가 있으므로 천장에 설치할 때는 70 mm 정도 떨어지게 하면 좋다.

핀 코일 증발기

(2) 캐스케이드 증발기(cascade type evaporator)

벽코일 또는 동결실의 동결선반에 사용되고 구조는 만액식이다. 다음 그림에서 액분리기의 냉매는 2, 4, 6 (액 헤더)으로 공급되고 코일에서 증발한 가스는 1, 3, 5 (가스 헤더)로 유출되어 액분리기에서 분리된 가스는 압축기로 흡입된다.

(3) 멀티피드 멀티석션 증발기(multi-feed, multi-suction evaporator)

캐스케이드 증발기와 비슷한 방법으로 냉매공급과 증기분리를 취하며 그 기능도 대체로 동일하다. NH_3를 냉매로 하고 공기 동결실의 동결선반에 이용된다.

캐스케이드 증발기   **멀티피드 멀티석션 증발기**

3 액체냉각용 증발기

(1) 셸 앤드 코일식 증발기

음료용 수냉각장치, 공기조화장치, 제빵·제과 공장에 주로 사용되며 온도식 자동팽창밸브를 사용하는 건식 증발기로 간헐적으로 큰 냉각부하가 걸리는 장치에 적합하다.

물의 용량을 크게 하면 부하가 증가할 경우 물이 가지고 있는 열용량에 의해 물의 온도변화가 급격히 일어나는 것을 방지할 수 있는 특징이 있다.

셸 앤드 코일식 증발기

(2) 프레온 만액식 셸 앤드 튜브식 증발기

공기조화장치, 화학, 식품 공업 등에 사용되는 물이나 브라인을 냉각시키는 증발기로 대용량으로 제작된다. 주의사항으로 증발온도가 너무 낮으면 관 내에 흐르는 유체가 동결하여 관을 파괴시키는 경우가 있으므로 이것을 방지하기 위하여 증발압력 조정밸브와 온도조절기 등을 설치하여 압력과 온도가 규정 이하가 되는 것을 방지한다.

프레온 만액식 셸 앤드 튜브식 증발기

(3) 건식 셸 앤드 튜브식 증발기

공기조화장치, 일반 화학공업에서 액체 냉각 목적으로 사용되며 특징은 다음과 같다.

① 유가 증발기에 고이는 일이 없으므로 유회수장치가 불필요하다.

② 만액식에 비하여 냉매량이 적고 (1 RT당 2 ~ 3 kg) 수액기 겸용 응축기를 설치할 수 있다.

③ 냉매제어에 온도식 자동 팽창밸브를 사용할 수 있어서 구조가 간단하다.

건식 셸 앤드 튜브식 증발기

(4) 보데로 냉각기(baudelot type cooler)

물이나 우유 등을 냉각하기 위하여 2 ~ 3℃ 정도의 온도를 유지하는 데 사용된다. NH₃용은 보통 만액식으로 제작되며, Freon용은 건식 또는 건식과 만액식의 혼합형이 사용된다.

보데로 냉각기

(5) 탱크형 냉각기

제빙용 증발기로 물 또는 브라인 냉각장치로 사용되며 냉각관의 모양에 따라서 수직관식, 패럴렐식으로 구분한다. 만액식 증발기로 암모니아용의 대표적인 것은 헤링본식이다. 피냉각액 탱크 내의 칸막이 속에 설치되며, 브라인은 교반기에 의해서 0.3 ~ 0.75 m/s로 수평 또는 수직으로 통과한다.

헤링본형   **슈퍼플라디드형**

1. 다음의 냉동설비 중에서 저압측 장치에 속하는 것은?

① 유분리기   ② 응축기
③ 수액기   ④ 증발기

해설 • 고압측 : 압축기 토출측에서 팽창밸브 직전까지
• 저압측 : 팽창밸브 직후에서 압축기 흡입측까지

2. 만액식 증발기의 냉각관의 전열효과를 증대하는 방법이 아닌 것은?

① 냉각관의 표면을 매끈하게 한다.
② 냉매와 냉각수의 온도차를 크게 한다.
③ 냉각관에 핀을 부착한다.
④ 관을 깨끗하게 한다.

해설 냉각관의 전열효과를 증대시키기 위하여 관 표면에 핀을 부착하여 전열면적을 증가시킨다.

3. 다음 중 액펌프 냉각 방식의 이점으로 옳은 것은?

① 자동제상이 용이하지 않다.
② 리퀴드 백 (liquid back)을 방지한다.
③ 증발기의 열통과율은 타 증발기보다 양호하지 못하다.
④ 펌프의 캐비테이션 현상방지를 위해 낙차를 크게 하고 있다.

해설 액펌프식 증발기의 특징
• 전열이 타 방식에 비하여 20 % 정도 양호하다.
• 고압가스 제상의 자동화가 용이하다.
• 액압축의 우려가 없다.
• 냉각기에 오일이 체류할 우려가 없다.
• 액면과 펌프 사이에 낙차를 두어야 한다 (보통 1～2 m 정도).
• 베이퍼 로크 현상 (캐비테이션 현상)의 우려가 있다.

4. 제빙공장에서 냉동기를 가동하여 30℃의 물 2톤을 −9℃ 얼음으로 만들고자 한다. 이 냉동기에서 발휘해야 할 능력은 얼마인가? (단, 물의 응고잠열은 335 kJ/kg, 정압비열 4.19 kJ/kg·K, 얼음비열 2.1 kJ/kg·K, 외부로부터의 침입열량은 209500 kJ이고, 1 RT는 13900.8 kJ/h이다.)

① 2.9 RT   ② 3.5 RT
③ 69 RT   ④ 84 RT

해설 RT
$$= \frac{2000 \times \{(4.19 \times 30) + 335 + (2.1 \times 9)\} + 209500}{13900.8}$$
$$= 84.07 \text{ RT}$$

5. 증발기의 증발온도 −25℃, 냉장실 온도 −18℃, 열통과율 46 kJ/m²·h·K이고 냉각면적이 50 m²일 때 냉동능력은 얼마인가?

① 16100 kJ/h   ② 17760 kJ/h
③ 19093 kJ/h   ④ 19820 kJ/h

해설 $Q_e = 46 \times 50 \times \{(-18) - (-25)\}$
$$= 16100 \text{ kJ/h}$$

6. 브라인 냉각기로서 유량 200 L/min의 브라인을 −16℃에서 −20℃까지 냉각할 경우, 이 브라인 냉각기에 필요한 냉동 능력은 몇 kJ/h인가? (단, 브라인의 비중량은 1.25 kg/L, 비열 2.7 kJ/m²·h·K로서 열손실은 없는 것으로 본다.)

① 117600 kJ/h   ② 162000 kJ/h
③ 189000 kJ/h   ④ 231000 kJ/h

해설 $Q_e = G \cdot C \cdot \Delta t$
$$= 200 \times 60 \times 1.25 \times 2.7 \times \{(-16) - (-20)\}$$
$$= 162000 \text{ kJ/h}$$

정답 1. ④ 2. ① 3. ② 4. ④ 5. ① 6. ②

2-5 ─○ 부속기기

(1) 유분리기(oil separator)

① 설치 목적 : 토출되는 고압가스 중에 미립자의 윤활유가 혼입되면 윤활유를 냉매증기로부터 분리시켜서 응축기와 증발기에서 유막을 형성하여 전열이 방해되는 것을 방지하는 역할을 한다. 또한 유분리기 속에서 유동속도가 급격히 감소하므로 일종의 소음방지기 역할도 하며, 왕복동식 압축기의 경우에는 순환냉매의 맥동을 감소시키기도 한다.

② 설치 위치 : 압축기와 응축기 사이의 토출 배관 중에 설치한다. NH₃ 장치는 응축기 가까이 설치하고 Freon 장치는 압축기 가까이에 설치한다.

③ 배플형 유분리기(baffle type oil separator)는 방해판을 이용하여 방향을 변환시켜서 oil을 판에 부착하여 분리시키는 장치이며, 원심분리형 유분리기(centrifugal extractor oil separator)는 선회판을 붙여 가스에 회전운동을 줌으로써 oil을 분리시키는 장치로 철망형과 사이클론형이 있다.

④ 유분리기를 설치하는 경우는 다음과 같다.

  ㈎ NH₃ 냉동장치
  ㈏ 저온용의 냉동장치
  ㈐ 토출 배관이 길어지는 장치
  ㈑ 운전 중 다량의 유(oil)가 장치 내로 유출되는 장치
  ㈒ 만액식 또는 액순환식 증발기를 사용하는 경우

(2) 수액기(liquid receiver)

① 장치를 순환하는 냉매액의 일시 저장으로 증발기의 부하변동에 대응하여 냉매 공급을 원활하게 하며, 냉동기 정지 시에 냉매를 회수하여 안전한 운전을 하게 한다.

② 응축기와 팽창밸브 사이의 고압액관에 설치하며, 응축기에서 액화한 냉매를 바로 흘러내리게 하기 위하여 균압관을 응축기 상부와 수액기 상부에 설치한다.

③ 냉동장치를 수리하거나, 장기간 정지시키는 경우에 장치 내의 냉매를 회수시킨다.

④ NH₃ 장치에서는 냉매충전량을 1 RT당 15 kg으로 하고 그 충전량의 $\frac{1}{2}$을 저장할 수 있는 것을 표준으로 한다.

⑤ 소용량의 Freon 냉동장치에서는 응축기(횡형 수랭식)를 수액기 겸용으로 사용한다.

(3) 액 분리기 (accumulator)

① 증발기와 압축기 사이의 흡입배관 중에 증발기보다 높은 위치에 설치하는데, 증발기 출구관을 증발기 최상부보다 150 mm 입상시켜서 설치하는 경우도 있다.

② 흡입가스 중의 액립을 분리하여 증기만 압축기에 흡입시켜서 액압축 (liquid hammer) 으로부터 위험을 방지한다.

③ 냉동부하 변동이 격심한 장치에 설치한다.

④ 액 분리기의 구조와 작동원리는 유 분리기와 비슷하며, 흡입가스를 용기에 도입하여 유속을 1 m/s 이하로 낮추어 액을 중력에 의하여 분리한다.

(4) 액 회수장치 (liquid return system)

① 열교환기 등을 이용하여 냉매액을 증발시켜서 압축기로 회수한다 (소형장치).

② 만액식 증발기나 액 순환식 증발기의 경우 증발기에 재사용한다.

③ 액 회수장치에서 고압으로 전환하여 수액기로 회수한다.

    (가) 액 펌프를 설치하여 수액기에 밀어 넣는 방법

    (나) 액받이에 받아서 고압으로 전환하여 회수하는 방법

    (다) FS (플로트 스위치)와 전자밸브를 이용하여 자동 회수하는 방법

TS : 토글 스위치	Aux : 보조계전기	T : 한시계전기	SV : 전자밸브
CV : 역지밸브	F : 퓨즈	GL : 녹색표시등	RL : 적색표시등
FS : 플로트 스위치			

자동 액 회수장치와 전기동작회로

> **참고** **자동 액 회수장치의 작동원리**
> ① 냉동장치가 정상운전을 하고 있을 때는 전자밸브 (1)이 열려 있고 (2)가 닫혀 있으며, 액받이는 저압이 되어 있어 액분리기 내에 고인 액은 액받이에 흘러내린다.
> ② 액받이의 액이 일정 레벨에 도달하면 플로트 스위치가 작용하며, 전자밸브 (1)이 닫히고 (2)가 열려 액받이 내가 저압에서 고압으로 변한다.
> ③ 이 때문에 역류방지밸브 (1)이 닫히고 (2)가 열려 액받이 내의 액은 중력에 의하여 수액기에 흘러 떨어진다.
> ④ 사전에 액 회수에 필요한 시간을 정하고 타이머를 작동시켜 전자밸브의 개폐를 변환(變換)하여 정상운전상태로 돌아가게 한다.

(5) 액－가스 열교환기 (liquid－gas heat exchanger)

① Freon 냉동장치의 응축기에서 나온 냉매액과 압축기 흡입가스가 열교환한다.
② 액을 과냉각시켜서 플래시 가스 발생량을 감소시켜서 냉동효과를 증가시킨다.
③ 흡입가스를 과열시켜서 액압축을 방지한다.
④ Freon-12 냉동장치에서는 흡입가스를 과열시켜서 응축능력을 향상시키고 성적계수를 향상시킨다.
⑤ 종류는 이중관식, 셸 앤드 튜브식, 배관접촉식 등이 있다.

(6) 중간냉각기 (inter－cooler)

① 저단압축기 토출가스 온도의 과열도를 제거하여 고단압축기가 과열압축하는 것을 방지하여 토출가스 온도 상승을 감소시킨다.
② 팽창밸브 직전의 액냉매를 과냉각시켜서 플래시 가스 발생량을 감소시킴으로써 냉동효과를 증가시킨다.
③ 고단압축기 액압축을 방지시킨다.
④ 종류는 플래시형, 액냉각형, 직접팽창형 등이 있다.

(7) 여과기 (strainer or filter)

① 팽창밸브와 전자밸브 및 압축기 흡입측에 여과기를 설치한다.
② 여과기는 냉매배관, 윤활유배관, 건조기 내부에 삽입, 팽창밸브나 감압밸브류 등 제어기 앞에 사용하는 것이 있다.
③ 윤활유용 여과기는 oil 속에 포함된 이물질을 제거하는 것으로 80～100 mesh 정도이다.
④ 냉매용 여과기는 보통 70～100 mesh 사이로 팽창밸브에 삽입되거나 직전 배관에 설치되며 흡입측에는 압축기에 내장되어 있다.

(8) 건조기 (dryer)

성분		실리카 겔 $(SiO_2 n H_2O)$	알루미나 겔 $(Al_2O_3 n H_2O)$	S / V 소바비드 (규소의 일종)	모레큐라시브스 합성제올라이트
외관	흡착 전	무색 반투명 가스질	백색	반투명 구상	미립결정체
	흡착 후	변화없음	변화없음	변화없음	변화없음
독성, 연소성, 위험성		없음	없음	없음	없음
미각		무미 / 무취	무미 / 무취	무미 / 무취	무미 / 무취
건조강도 (공기 중의 성분)		• A형 0.3 mg/L • B형은 A형보다 약함	실리카 겔과 같음	실리카 겔과 대략 같음	실리카 겔보다 큼
포화흡온량		• A형은 약 40 % • B형은 약 80 %	실리카 겔보다 작음	실리카 겔과 대략 같음	실리카 겔보다 큼
건조제 충전용기		용기의 재질에 제한 없음	용기의 재질에 제한 없음	용기의 재질에 제한 없음	용기의 재질에 제한 없음
재생		약 150 ~ 200℃로 1 ~ 2시간 가열해서 재생한다. 재생 후 성질의 변화 없음	대체적으로 실리카 겔과 같음	200℃로 8시간 이내에 재생할 것	가열에 의하여 재생 용이 (약 200 ~ 250℃)
수명		반영구적	반영구적	반영구적	반영구적

(9) 제상장치

① 살수 제상(water spray defrost) : 증발기의 표면에 온수나 브라인을 위로부터 뿌려 물이나 브라인의 감열을 이용하여 제상하는 방법이다. 증발온도가 −10℃ 정도까지는 응축기 출구의 온수를 사용하고 그 이하의 온도에서는 브라인을 사용한다. 살수하는 물의 양은 보통 1RT당 20 L/min 정도이며 약 5분간 살수한다. 분무수 온도는 10 ~ 30℃ 정도이다.

② 전열식 제상(electric defrost) : 증발기 코일의 아래에 밀폐된 전열선을 설치하거나 전면에 전열기를 설치하여 제상하는 방법이다. 장치는 매우 간단하지만 전열량에 제한이 있어 제상시간이 고압가스 제상보다 길어진다.

③ 냉동기의 정지에 의한 제상(off cycle defrost) : 냉장고 내의 온도가 0℃ 이상인 경우에는 냉동기를 정지시키면 자연히 서리가 녹으므로 제상이 된다. 이와 같은 방법은 저압스위치(low pressure switch)를 적당히 조정하여 흡입압력이 낮아지면 냉동기가 정지되고 증발기 내의 압력이 높아지면 냉동기가 시동되도록 전기회로를 형성하거나, 자동타이머 스위치로 냉동기를 시동하거나 정지하도록 하는 방법이 쓰인다.

④ 고압가스 제상(hot gas defrost) : 압축기에서 토출되는 과열증기를 증발기로 공급하여 현열 또는 잠열로 제상한다.

  ㈎ 고압가스 인출 위치 : 토출배관에서 유분리기와 응축기 사이 배관 상부로 인출한다 (대형장치에서는 주로 균압관에서 인출함).

  ㈏ 잠열제상 : 대형 냉동장치에서 고압가스를 증발기에서 제상하면서 액화된다 (액화된 냉매를 유출시키는 장치가 필요함).

  ㈐ 현열제상 : 토출되는 고압가스를 소공 (교축현상이 일어남)으로 감압시켜 증발기에서 현열제상하고 압축기로 회수시킨다.

2-6 ㅇ 제어기기

(1) 압력 제어

① 저압 스위치(low pressure cut out switch)

  ㈎ 냉동기 저압측 압력이 저하했을 때 압축기를 정지시킨다.

  ㈏ 압축기를 직접 보호해 준다.

② 고압 스위치(high pressure cut out switch)

  ㈎ 냉동기 고압측 압력이 이상적으로 높으면 압축기를 정지시킨다.

  ㈏ 고압 차단장치라고도 한다.

  ㈐ 작동압력은 정상고압 $+3 \sim 4 \, kg/cm^2$이다.

③ 고저압 스위치(dual pressure cut out switch)

  ㈎ 고압 스위치와 저압 스위치를 한 곳에 모아 조립한 것이다.

  ㈏ 듀얼 스위치라고도 한다.

④ 유압 보호 스위치(oil protection switch)

  ㈎ 윤활유 압력이 일정 압력 이하가 되었을 경우 압축기를 정지한다.

  ㈏ 재 기동 시 리셋 버튼을 눌러야 한다.

  ㈐ 조작회로를 제어하는 접점이 차압으로 동작하는 회로와 별도로 있어서 일정 시간 (60~90초)이 지난 다음에 동작되는 타이머 기능을 갖는다.

바이메탈식 유압 보호 스위치   가스통식 유압 보호 스위치

(2) 냉매 유량제어

① 증발압력 조정밸브 (evaporator pressure regulator) : 증발압력이 일정 압력 이하가 되는
것을 방지하고 흡입관 증발기 출구에 설치하며, 밸브 입구 압력에 의해서 작동되고 압
력이 높으면 열리고 낮으면 닫힌다 (냉각기 동파 방지).

  ㈎ 물, 브라인 등의 냉각기에서의 동파 방지용

  ㈏ 야채 냉장고 등에서의 동결 방지용

  ㈐ 과도한 제습을 요구하지 않는 저온장치

  ㈑ 증발온도를 일정하게 유지하는 장치

  ㈒ 증발압력이 다른 두 개 이상의 냉각기에서 압력이 높은 쪽 출구에 설치

② 흡입압력 조정밸브 (suction pressure regulator) : 흡입압력이 일정 압력 이상이 되는 것
을 방지하고 흡입관 압축기 입구에 설치하며, 밸브 출구 압력에 의해서 작동되고 압력
이 높으면 닫히고 낮으면 열린다 (전동기 과부하 방지).

  ㈎ 높은 흡입압력으로 기동할 때 (과부하 방지)

  ㈏ 흡입압력의 변동이 심할 때 (압축기 운전을 안정시킨다.)

  ㈐ 고압가스 제상으로 흡입압력이 높을 때

  ㈑ 높은 흡입압력으로 장시간 운전할 때

  ㈒ 저전압으로 높은 흡입압력 상태일 때

(3) 안전장치

① 안전밸브 (relief valve)

(개) 기밀시험압력 이하에서 작동하여야 하며, 일반적으로 안전밸브의 분출압력은 상용압력에 $5\,kg/cm^2$를 더한 값이 적당하다. 즉, 정상고압 $+4 \sim 5\,kg/cm^2$ 정도이다.

　예 암모니아 : $16 \sim 18\,kg/cm^2$, R-12 : $15\,kg/cm^2$

(내) 압축기에 설치하는 안전밸브의 최소지름 (d_1)

$$d_1 = C_1 \sqrt{V}\ [mm]$$

(대) 압력용기 (수액기 및 응축기)에 설치하는 안전밸브의 지름 (d_2)

$$d_2 = C_2 \sqrt{\left(\frac{D}{1000}\right)\cdot\left(\frac{L}{1000}\right)}\ [mm]$$

② 가용전 (fusible plug)

(개) 토출가스의 영향을 받지 않는 곳으로서 안전밸브 대신 응축기, 수액기의 안전장치로 사용된다.

(내) Pb, Sn, Cd, Sb, Bi 등의 합금으로 되어 있다.

(대) 용융온도는 75℃이다.

(래) 안전밸브 최소구경의 $\frac{1}{2}$ 이상이어야 한다.

③ 파열판 (rupture disk)

(개) 주로 터보 냉동기에 사용함으로써 화재 시 장치의 파괴를 방지한다.

(내) 얇은 금속으로 용기의 구멍을 막는 구조로 되어 있다.

(대) 파열판 선정 시 고려사항은 다음과 같다.

　㉮ 정상적인 운전압력과 파열압력

　㉯ 정상적인 운전온도

　㉰ 냉매의 종류 (특히 금속에 대한 부식성)

　㉱ 대기압력 이상인가, 진공상태가 생기는가의 여부

　㉲ 지름의 크기는 플랜지형 (12.7 ~ 1000 mm), 유니언형 (12.7 ~ 50 mm), 나사형 (6.4 ~ 12.7 mm)이 있다.

(4) 각종 제어장치

① 온도 조절기(thermo control) : 냉장실, 브라인, 냉수 등의 온도를 일정하게 유지하기 위하여 서모스탯을 사용한다.

    ㈎ 바이메탈식 온도 조절기

    ㈏ 증기압력식 온도 조절기

    ㈐ 전기저항식 온도 조절기

② 절수밸브(water regulating valve) : 압력 작동식 급수밸브와 온도 작동식 급수밸브가 있다.

    ㈎ 응축기 냉각수 입구에 설치한다.

    ㈏ 압축기에서 토출압력에 의해서 응축기에 공급하는 냉각수량을 증감시킨다.

    ㈐ 냉동기 정지 시 냉각수 공급도 정지한다.

    ㈑ 응축기 응축압력을 안정시키고 경제적인 운전이 된다.

③ 전자밸브(solenoid valve)

    ㈎ 냉매 배관 중에 냉매 흐름을 자동적으로 개폐하는 데 사용한다.

    ㈏ 전자밸브는 전자력으로 플런저를 끌어올려 밸브가 열리고 전기가 끊어지면 플런저가 무게로 떨어져 밸브를 닫는다.

    ㈐ 작동 전자밸브와 파일럿 전자밸브가 있다.

④ 습도 제어(humidity control) : 모발, 나일론, 리본 등의 습도에 따른 신축을 이용한 것으로서 간단한 장치에서는 일반적으로 모발이 사용되며, 이 신장(伸張)이 상대습도에 의하여 신축하는 것을 이용한다.

1. 다음 설명 중 옳은 것은?

① 증발압력 조정밸브의 능력은 밸브의 지름, 증발온도와 밸브 전후의 압력차에 의하여 결정된다.

② 플로트 밸브의 지름이 크면 클수록 조정하기가 쉽다.

③ 암모니아의 액관 중에 건조기를 설치하여 액 중의 수분을 제거하는 것이 꼭 필요하다.

④ R-12 만액식 증발기에는 냉동유 회수장치가 필요 없다.

[해설] ② : 플로트 밸브 지름은 적정한 것이 좋다.

③ : 건조기는 Freon용 장치에 사용한다.

④ : 만액식 증발기는 유 회수장치가 있어야 한다.

2. 저압 차단 스위치(LPS)가 작동할 때의 점검 사항에 속하지 않는 것은?

① 냉각수 배관 계통의 막힘 점검

② 팽창밸브 개도 점검

③ 증발기의 적상 및 유막 점검

④ 액관 플래시 가스의 발생 유무 점검

[해설] 냉각수 배관은 고압 응축기에 연결된다.

3. 다음 중 브라인의 동결 방지 목적으로 사용하는 기기가 아닌 것은?

① 서모스탯

② 단수릴레이

③ 흡입압력 조절밸브

④ 증발압력 조절밸브

[해설] 흡입압력 조절밸브는 압축기용 전동기의 과부하 방지용으로 사용한다.

4. 압축기 보호장치 중 고압 차단 스위치(HPS)는 정상적인 고압에 몇 kg/cm² 정도 높게 조절하는가?

① 1 kg/cm²　② 4 kg/cm²

③ 10 kg/cm²　④ 25 kg/cm²

[해설] ㉠ 안전두 : 정상고압 +2~3 kg/cm²

㉡ HPS : 정상고압 +3~4 kg/cm²

㉢ 안전밸브 : 정상고압 +4~5 kg/cm²

5. 암모니아 냉동기에서 불응축가스 분리기의 작용에 대한 설명 중 틀린 것은?

① 냉각할 때 침입한 공기와 냉매를 분리시킨다.

② 분리된 냉매가스는 압축기에 흡입된다.

③ 분리된 액체 냉매는 수액기로 들어간다.

④ 분리된 공기는 대기로 방출된다.

[해설] 불응축가스는 분리하여 대기 방출하고, 분리된 냉매액은 수액기로 공급하거나 자체 냉각 드럼을 냉각시킨 후 압축기로 회수된다.

6. 암모니아 압축기의 운전 중에 암모니아 누설 유무를 알 수 있는 방법 중 틀린 것은?

① 특유한 냄새로 발견한다.

② 페놀프탈레인 액이 파랗게 변한다.

③ 유황을 태우면 누설 개소에 흰 연기가 난다.

④ 브라인 중에 암모니아가 새고 있을 때는 네슬러 시약을 쓴다.

[해설] 페놀프탈레인 액은 홍색으로 변한다.

7. 프레온 냉동장치의 응축기나 수액기에 설치되는 가용전의 용융온도는?

① 0 ~ 35℃ ② 68 ~ 75℃
③ 110 ~ 130℃ ④ 140 ~ 210℃

해설 가용전
- 프레온 냉동장치 고압 액관에 설치한다.
- 설치 시 주의사항은 토출가스의 영향을 받는 곳은 피한다.
- 가용합금은 Pb, Sn, Sb, Cd, Bi 등으로 용해 온도는 70 ~ 75℃ 정도이다.

8. 냉동장치의 운전에 관한 내용 중 맞는 것은?

① R-22 냉동장치 내에 공기가 침입하면 응축압력은 낮아진다.
② R-22 냉동장치 내에 공기가 침입하면 토출가스 온도는 저하한다.
③ R-22 냉동장치 내에 공기가 침입하면 토출가스 온도는 상승한다.
④ R-22 냉동장치 내에 공기가 침입하면 응축압력은 상승하지만 토출가스 온도는 변함이 없다.

해설 냉동장치에 공기가 침입하면 토출가스 온도와 압력은 상승한다.

9. 다음 장치도에서 증발압력 조정밸브(EPR)의 부착 위치는 어디인가?

① ㉠ ② ㉡
③ ㉢ ④ ㉣

해설 ㉢에는 역지밸브를 설치한다.

10. 압축기 제어에 대한 설명 중 옳은 것은 어느 것인가?

① 흡입가스의 과열도가 클수록 압축기가 흡입하는 냉매량은 감소한다.
② 2단 압축 냉동장치에서 콤파운드 압축기를 사용하면 중간압력은 임의로 선정할 수 있다.
③ 이론 단열 압축을 행할 때 외부에서 냉매에 가해지는 압축일의 열당량과 그 때의 냉매의 엔탈피 증가량은 다르다.
④ 압축기에서 토출밸브가 열리는 토출행정에서 실린더 내부의 압력과 실린더 헤드의 압력은 동일하다.

해설 흡입가스가 과열되면 비체적이 증가하므로 흡입가스량은 적어진다.

03 냉동장치의 응용과 안전관리

3-1 ㅇ 제빙 및 동결장치

(1) 제빙

① 제빙장치의 일반적인 설명

㉮ 현재 시장에 있는 얼음은 거의 인조빙으로서 냉동장치에 의하여 물을 얼게 한 것이다. 소위 천연빙이라고 하는 겨울에 추운 기후를 이용해서 (물을 얼게 하여) 만든 얼음을 잘라내어 저장한 것은 시장에는 거의 없다.

㉯ 현재 쓰여지고 있는 얼음은 아연 도금을 한 강판제의 용기 중에 물을 채워서 찬 브라인 속에 넣어서 만든 것이 많다.

② 관빙(罐氷)제조법

㉮ 제빙조(ice tank)는 강판제 (강판의 두께 1/4인치, 소형에는 3/16인치)의 대형수조 (깊이 1220 mm)로서 제빙실의 대부분을 점하고 있다. 이 탱크에 비중 1.18 ~ 1.2 정도 (보메도 20 ~ 24)의 염화칼슘의 용액, 즉 브라인이 채워져 있다.

㉯ 브라인 온도 −10℃ 이하로 유지되고 브라인 교반기의 작용으로 아이스캔 주변으로 순환속도 7.6 m/min 이상(9 ~ 12 m/min) 속도로 순환시킨다.

㉰ 제빙조는 외부로부터 열이 침입하는 것을 막기 위하여 외면에 방열재를 설치할 필요가 있다. 보통 저면(底面)은 100 ~ 125 mm의 콜크판을 설치하며 측면에는 같은 두께의 콜크판이나 25 ~ 35 cm 정도의 입상(粒狀) 콜크 등의 방열층을 설치한다.

③ 아이스캔

㉮ 제빙공장에서는 얼음 무게 135 kg 크기이고, 내용적 136 ~ 137 L 정도이다.

㉯ 135 kg, 두께 279 mm, −9℃ 투명빙 얼음의 결빙 시간은 약 48시간 정도이다.

㉰ 결빙에 요하는 시간 $= \dfrac{0.56 \times t^2}{-t_b}$

여기서, t_b : 브라인의 온도 (℃)

t : 빙괴의 두께 (cm)

(2) 어선용 냉동장치

① 빙장(氷藏) 또는 물 얼음에 의한 냉장을 보조해서 얼음의 융해를 막는 동시에 어획어를 예냉(豫冷)하는 목적에 사용되는 것이다.

② 빙장을 주로하는 어창 : 잡은 생선을 부순 얼음 사이에 냉장하는 어창

③ 예냉조 또는 냉해수 제조조 : 열대의 따뜻한 바다에서 잡은 생선은 30℃에 가까운 온도이기 때문에 이 생선을 빙장 또는 동결하기 전에 0~1℃의 냉해수에 채워서 예냉하는 장치

④ 수빙에 의한 냉각 또는 빙장 : 물에 부순 얼음을 혼합하여 수온을 0℃ 가까이 낮게 해서 그중에 잡은 생선을 투입 냉각하는 방법(빙장에서 어창 1 m²당 450 kg의 생선을 수용할 수 있다.)

⑤ 동결어창 : 동결된 생선을 −20℃ 정도의 저온으로 저장하기 위하여 천정, 옆벽, 격벽, 바닥 또는 해치의 주벽에 냉각판을 설치한다. 동결어창에서는 1 m³당 560 kg의 동결어를 수용할 수 있다.

⑥ 동결창 : 250톤 이상의 대형어선에서는 어장도 멀어지고 항해일수도 수개월에 걸치기 때문에 물 얼음이나 빙장으로는 선도가 유지되지 않으므로 선내동결이 행해지고 있다.

⑦ 예냉조(豫冷槽) : 예냉조에 찬 해수제조장치가 같이 있는 것은 4 m³ 정도이다.

⑧ 어창의 온도

   ㈎ 냉각시험은 어창을 비워놓은 상태로 해서 12시간 이상 실시

   ㈏ 어창 내의 동일한 층의 온도가 3℃ 이상 차이 나지 않을 것

   ㈐ 동결창에서는 12시간 이내에 다음의 온도 이하가 될 것

     ㉮ 공기냉각식의 경우 : −30℃

     ㉯ 탱크식의 경우 : −25℃

   ㈑ 예냉조 또는 냉해수 제조조에서는 6시간 이내에 0℃가 될 것

⑨ 어창온도 상승률 $= 100 \dfrac{\Delta t}{\delta_1 Z}$

$$= 100 \, U \frac{A \delta_1}{H} \cdot \frac{1}{\delta_1} \, [\%/\text{h}]$$

여기서, Δt : 온도상승 (℃), δ_1 : 초온도차 (℃), Z : 시간 (h),
U : 총괄 열전달계수 (kJ/m² · h · K), A : 전열면적 (m²),
H : 열용량 (kJ)

3-2 ○ 흡수식 냉동장치

(1) 흡수식 냉동장치의 종류

① 1중 효용 흡수식 냉동장치

    ㈎ 증기식 1중 효용 냉동장치

    ㈏ 온수식 1중 효용 냉동장치

② 2중 효용 흡수식 냉동장치 : 고온 발생기 (재생기)와 저온 발생기 (재생기) 즉, 두 개의 재생기를 둔다.

③ 직화식 흡수 냉온수기

    ㈎ 흡수 냉온수기

    ㈏ 난방능력 중대형 냉온수기

    ㈐ 고온수 공급용 냉온수기

    ㈑ 냉온수 동시 공급형 냉온수기

    ㈒ 공랭식 냉온수기

    ㈓ 주변기기 일체형 냉온수기

④ 흡수식 히트펌프

    ㈎ 1종 흡수식 히트펌프

    ㈏ 2종 흡수식 히트펌프

(2) 흡수식 냉동장치의 구조

① 구성

흡수 냉온수기는 냉동작용을 일으키는 증발기, 압축기의 흡입작용과 같이 냉매를 흡입, 흡수하는 흡수기, 압축기의 압축작용과 같이 냉매증기를 압축, 발생하는 고온재생기 및 저온재생기, 냉매를 응축하는 응축기 등의 기본 열교환기 외에 열효율을 향상시키기 위한 용액 열교환기, 용액 순환 및 냉매 순환을 위한 용액 및 냉매펌프, 기내 진공유지를 위한 추기장치, 열원공급을 위한 연소장치, 용량제어장치 및 안전장치 등의 요소로 구성되어 있다.

② 쌍동형과 단동형

    ㈎ 쌍동형의 장점

        ㉮ 전열손실이 적다.

        ㉯ 열응력 및 응력부식이 적다.

　　ⓓ 설치면적이 작다.

　　ⓔ 본체의 분할 반입이 가능하다.

　(나) 단동형의 장점

　　ⓐ 본체의 구조가 간단하다.

　　ⓑ 높이가 낮다.

　　ⓒ 기밀성이 우수하다.

3-3 ○ 축열장치

(1) 축열

① 개요

비공조 시간에 열원기기를 운전하여 열을 에너지 형태로 저장한 후, 공조 시간에 부하측에 공급하는 시스템 (열원기기와 공조기기를 독립적으로 분리운전)

② 장점

　(가) 경제적 측면

　　ⓐ 펌프 등 부속설비의 축소

　　ⓑ 설비비, 설치면적 감소, 수전설비 축소, 계약 전력 감소

　　ⓒ 심야전력 이용으로 경비절감이 가능(전기료 1/3 정도, 기본 요금은 거의 없음)

　　ⓓ 공조 시간 외에도 열원기기를 연속 운전하므로 냉동기 등 열원설비 용량의 대폭 감소를 가져옴

　(나) 기술적 측면

　　ⓐ 고효율 정격 운전 가능 (전부하 연속운전)

　　ⓑ 열공급의 신뢰성 향상 (축열조의 완충제 역할, 안정된 열공급)

　　　특히 공조계통이 많고, 부하 변동이 크고, 운전시간대가 다른 경우

　　ⓒ 열회수 시스템 채용 가능

　　ⓓ 타열원(태양열, 폐열) 이용 용이

　　ⓔ 전력 부하 균형에 기여

　　ⓕ 열원기기 고장에 대한 융통성

　　ⓖ 저온 급기 및 송수 방식 적용 가능

(다) 전력회사의 발전 측면

㉮ 전력 사정의 변화

㉯ 발전설비의 가동률 증대

㉰ 전력 저장 기술개발 의욕 증대

(라) 공조설비 회사의 측면

축열 공조 시스템의 보급

③ 단점

㉮ 축열조의 열손실이 있다.

㉯ 축열조 및 단열공사로 추가 비용이 발생한다.

㉰ 축열조를 냉각, 가열하기 위한 배관계통 필요로 배관 설비비, 반송 동력비가 증가 한다.

㉱ 2차측 배관계가 개회로이므로 실양정을 가산한 펌프가 필요하다.

㉲ 축열에 따른 혼합 열손실 (에너지 손실은 없음)에 의해 공조기의 코일 열수, 펌프 용량, 2차측 배관계의 설비가 증가할 가능성이 있다.

㉳ 축열조의 효율적인 운전을 위하여 제어, 감시 장치 필요, 또한 수처리가 필요한 것 도 있다.

㉴ 야간에서의 열원기 운전의 자동화나 소음에 대응하는 배려가 필요하다.

④ 축열체의 구비조건

물성	단위체적당 축열량이 클 것
	열의 출입이 용이
	상변화 온도가 작동하는 온도에 가까울 것
	취급이 용이
경제성	취급이 용이
	가격이 저렴
	자원이 풍부해서 대량으로 구입 가능할 것
신뢰성	화학적으로 안정
	부식성이 없을 것
	반복 사용해도 성능이 저하되지 않을 것
안전성	독성이 없을 것
	폭발성이 없을 것

(2) 냉수축열과 빙축열 비교

① 냉수축열과 빙축열 시스템의 비교

	장점	단점
냉수축열	• 설계, 시공, 취급이 간단 • 냉동기는 일반적인 제품이 사용 가능 (용량에 맞는 기준을 자유롭게 선정 가능) • 높은 성적 계수 (동력 감소) • 온수 축열과 병용 용이 • 축열조 내 물을 소화용수로 사용 가능 • 수변전 설비용량 감소 • 부분부하 시 대처 용이 • 열원고장 시 대처 용이	• 동력 증가 • 유지비 증가 • 대용량의 경우 이중 Slab가 없는 건물에는 적용이 불가능 • 유용에너지 감소 (혼합 열손실) • Baffle 설치, 방수공사, 단열공사 필요 • 수조의 표면적이 커짐으로써 열손실이 증가 (5~10 %) • 펌프 양정이 커짐 (부하측 순환회로는 개회로) • 배관 및 열교환기 부식 (개회로) • 수조의 누설 가능성 • 수조가 크므로 유지 여러움 • 온도차가 적으므로 대형 열교환기 필요
빙축열	• 설비비가 감소 • 축열조의 용적이 감소 (1/4~1/5) • 유용 에너지의 감소 (혼합 열손실)가 거의 없음 → 열손실 감소 (1~3 %) • 축열조의 가격이 저렴 • 펌프, 팬의 동력비 감소 • 배관 부식 문제가 작음 (밀폐회로) • 강판재 또는 건물 내 이중 Slab 이용 가능 • 옥상에 설치 가능 • 부하측 순환회로가 폐회로이므로 부식이 적음 • 저온급기 시스템 채용 가능 • 기존 건물의 냉방부하 증가 시 열원기기의 용량증가 없이 대응 가능	• 설계 시공이 다소 복잡 • COP 감소 (증발온도 낮음) • 냉동기의 능력 저하 • 온수축열과 병용 시 제약 • 직접 팽창형 열교환기 사용 시 고압가스 취급법이 적용됨 • 터보 냉동기 적용은 부적합 • 숙련자가 냉수축열보다 적음

② 빙축열 시스템의 장·단점

㉮ 장점

㉠ 심야전력요금의 적용으로 운전 경비 절감 (심야 시간대는 기본요금이 거의 없으며 전기료는 주간 요금의 1/3 수준)

㉡ 공조 부하변동에 상관없이 열원기기의 효율적인 운전이 가능함 (항상 최대부하로 운전될 수 있음)

㉢ 공조부하가 어느 정도 증가할 경우에도 열원의 증설 없이 대응이 가능함 (운전 시간과 운전 방법의 조절로 어느 정도의 증가부하를 담당할 수 있으며, 저온송수,

저온 급기가 가능하므로 배관, 덕트 등 2차 설비의 변경 없이 대응 가능)

㉑ 열원기기의 고장 시에도 축열부분 만큼의 냉방운전이 가능함 (빙축열조 단독으로도 60% 이상 냉방부하를 담당 가능)

㉒ 지역 냉방을 위한 저온송수 방식, 저온 급기 방식 등과 같은 2차측 시스템의 적용 가능함 (빙축열 시스템에서 증가되는 설치 공사비를 빙축열조에서 생성되는 저온의 열매 공급에 의한 2차측 설비비 감소로 상쇄시킬 수 있음)

㉓ 난방용으로 별도 보일러를 설치하므로 난방시스템 선택의 융통성이 크며, 특히 고층빌딩에 유리함

(나) 단점

㉮ 축열조, 별도 난방 열원기기 등의 설치공간이 증가함 (냉동용량 감소로 인한 설치 공간 감소보다는 축열조의 추가 설치에 더 많은 공간이 필요)

㉯ 초기 투자비가 고가 (빙축열조, 자동제어 공사비 등)

㉰ 축열조에 의한 에너지 손실이 발생함

㉱ CFC 대체 냉매에 대한 고려가 필요함

㉲ 설계, 시공, 관리 등에 주의를 요함 (일반 시스템과는 달리 제빙, 해빙 과정이 반복되므로 성능 저하 방지를 위한 철저한 유지관리가 요망됨, 또한 경제적인 제빙량 예측이 쉽지 않음)

㉳ 건물 특성에 맞는 시스템, 용량 및 운전 패턴 등의 선정에 주의를 요함

(3) 빙축열 시스템의 분류

① 제빙 형식에 따른 분류

(가) 정적형

㉮ 관외착빙형   ㉯ 관내착빙형   ㉰ 캡슐형 또는 용기형

(나) 동적형

㉮ 빙 박리형   ㉯ 액체식 빙 생성형

(다) 운전구성에 따른 분류

㉮ 전부하 축열 방식   ㉯ 부분부하 축열 방식

(라) 브라인 회로 방식

㉮ 밀폐형   ㉯ 개방형

(마) 운전방식

㉮ 냉동기 우선 방식   ㉯ 축열조 우선 방식

(바) 2차측에서의 열반송 방식

㉮ 직송 방식   ㉯ 열교환 방식

예상문제

1. 암모니아(NH_3)를 사용하는 흡수식 냉동기의 흡수제는 다음 중 어느 것인가?

① 질소
② 프레온
③ 물
④ 리튬브로마이드

해설 흡수식 냉동기의 사용냉매와 흡수제

냉매	용매(흡수제)
NH_3	H_2O
H_2O	LiBr

2. 제빙장치에서 브라인의 유속(m/min)은 얼마 이상인가?

① 3.5 m/min
② 5.5 m/min
③ 7.6 m/min
④ 15.5 m/min

해설 유속은 7.6 m/min (9 ~ 12 m/min) 이상의 순환속도이다.

3. 어선용 냉동장치에서 얼음에 의한 냉장을 보조해서 얼음의 용해를 막는 동시에 어획어를 예냉하는 목적으로 사용되는 것은 다음 중 어느 것인가?

① 빙장
② 어창
③ 예냉조
④ 냉해수 제조조

4. 2중 효용 흡수식 냉동장치의 구성은 무엇인가?

① 압축기 2개
② 증발기 2개
③ 응축기 2개
④ 재생기 두개

해설 2중 효용 흡수식은 고온 재생기기와 저온 재생기를 사용한다.

5. 제빙형식에 따른 빙축열 시스템에서 정적형의 종류가 아닌 것은?

① 관외착빙형
② 관내착빙형
③ 캡슐형
④ 빙 박리형

해설 빙 박리형과 액체식 빙 생성형은 동적형이다.

정답 1. ③ 2. ③ 3. ① 4. ④ 5. ④

4-1 ○ 냉동기 관리

(1) 운전 준비

① 압축기의 유면을 점검한다. 전동기는 필요에 따라 그 베어링의 유면을 점검한다.

② 냉매량을 확인한다.

③ 응축기, 유냉각기의 냉각수 출입구 밸브를 연다.

④ 압축기의 흡입측 및 토출측 스톱밸브를 전개한다. 단, 흡입측의 냉매배관 중에 액냉매가 고여 있을 우려가 있는 경우 및 리키드백(liquid back)의 우려가 있는 경우에는 흡입측 스톱밸브를 전폐로 둔다.

⑤ 압축기를 서너 번 손으로 돌려 자유롭게 돌아가는 것을 확인한다.

⑥ 운전 중에 열어 두어야 할 밸브를 전부 연다.

⑦ 액관 중에 있는 전자밸브의 작동을 확인한다.

⑧ 벨트의 상황을 점검한다(직선과 장력). 직결의 경우는 키플링을 점검한다.

⑨ 전기결선, 조작회로를 점검하고, 절연저항을 측정해 둔다 (메가테스트).

⑩ 냉각수펌프를 운전하여 응축기 및 실린더 케트의 통수를 확인한다.

⑪ 각 전동기에 대하여 수 초 간격으로 2~3회 전동기를 발정시켜 기동상태 (전류와 압력), 회전방향을 확인해 둔다.

(2) 운전 개시

① 냉각수펌프를 기동하여, 응축기 및 압축기의 실린더 자케트에 통수한다.

② 쿨링타워 (증발식 콘덴서)를 운전한다.

③ 응축기의 워터자케트 상부에 있는 에어벤트 플러그 또는 배관 중의 벤트밸브를 열어 냉각수계통 내의 공기를 방출하여 완전하게 만수시킨 후, 확실하게 조인다.

④ 증발기 (쿨러)의 송풍기 또는 냉수 (브라인) 순환펌프를 운전한다.

⑤ 압축기를 시동하여 흡입측 스톱밸브를 서서히 열어나가 전개한다. 이때 압축기에 노크 (knock) 소리가 발생하면 즉시 흡입 스톱밸브를 닫는다. 이것은 오일 또는 냉매의

리키드 삭션 (liquid suction)의 증조이므로 이 노크 소리가 없어지는 것을 기다린 후에 다시 밸브를 서서히 열어 노크 소리가 없어질 때까지 이 조작을 반복한다.

⑥ 수동팽창밸브의 경우에는 팽창밸브를 서서히 열어 규정의 개도까지 연다. 자동팽창밸브의 경우, 팽창밸브전의 수동밸브가 닫혀 있을 때는 이것을 전개한다.

⑦ 압축기의 유압확인, 조정을 한다. 유압을 「흡입압력＋1.5 ~ 3 kg/cm²」으로 하고 메이커의 취급설명서를 참조하여 조정한다.

⑧ 운전상태가 안정되었으면 전동기의 전압, 운전전류를 확인한다.

⑨ 압축기의 크랭크 케이스 유면을 자주 체크한다.

⑩ 응축기 또는 수액기의 액면에 주의한다.

⑪ 응축기 또는 수액기에서 팽창밸브에 이르기까지의 액배관에 손을 대서 현저한 온도변화 (온도저하)가 있는 개소가 없는지 확인한다.

⑫ 리키드 아이 (liquid eye)가 있을 때는 기포발생 여부를 확인한다.

⑬ 팽창밸브의 상태에 주의하여 소정의 흡입압력, 적당한 과열도가 되도록 조정한다.

⑭ 토출가스압력을 체크하여 필요에 따라 냉각수량, 냉각수 조절밸브를 조정한다.

⑮ 증발기에서의 냉각상황, 적상 (積霜)상황, 냉매의 액면 등을 체크한다.

⑯ 고저압 압력 스위치, 유압 보호 압력 스위치, 냉각수 압력 스위치 등의 작동을 확인하여, 필요에 따른 압력을 조정한다.

(3) 운전 정지

① 팽창밸브 직전의 밸브를 닫는다.

냉매가 응축기 또는 수액기에 회수되어서 흡입가스 압력이 점차 저하하여 정상적인 운전 압력보다 1 ~ 1.5 kg/cm² 정도 내려갔을 때, 압축기의 흡입측 스톱밸브를 전폐하고 전동기를 정지한다. 이때 계통 내의 압력은 프레온 냉매의 경우 0.1 kg/cm²·g 이하, 암모니아에서는 0 kg/cm²·g 이하가 되어서는 안된다.

이것은 증발기나 흡입관 내의 냉매를 될 수 있는 대로 회수함으로써 저압부의 냉매가 액화해서 고여 다음 기동 시에 리키드 삭션하지 않도록 하기 위한 조작이다.

② 압축기의 토출측 스톱밸브를 전폐한다.

③ 유 분리기의 반유밸브 (返油 valve)를 전폐한다. 이것은 정지 중 분리기 내에 응축한 냉매가 압축기로 들어오는 것을 방지하기 위한 조작이다.

④ 응축기, 실린더 자케트의 냉각수를 정지시킨다. 겨울철에 동파 (凍破)의 위험성이 있을 때는 기내의 물을 배제해 둔다.

4-2 ─○ 냉동기 부속장치 점검

(1) 내압시험

내압시험은 압축기, 압력용기, 밸브 등 냉동 장치의 배관을 제외한 구성기기의 개별적인 것에 대하여 기기 생산 공장에서 액체(H_2O, oil)압력으로 실시한다.

① 내압시험은 압축기, 부스터(booster), 압력용기 등 내압강도를 확인하지 않으면 안되는 구성기기 또는 그 부품마다 실시한다.

② 내압시험은 높은 압력을 걸었을 때 일어나는 위험을 예상하여 액압시험(掖壓試驗)을 하는 것이 원칙이다.

③ 시험압력은 최소 누설시험압력의 15/8배 이상의 압력으로 실시한다.

④ 시험은 피시험품에 액체(물, 오일 등)를 채우고, 공기를 완전하게 배제한 다음 액압을 서서히 가하면서 피시험품의 각부에 이상이 없는 것을 확인한다.

⑤ 이때 피시험품의 각부에 누설, 이상한 변형, 파괴 등이 없는 것을 확인하여 합격된 것으로 한다.

⑥ 시험에 사용하는 압력계는 눈금판의 크기가 75 mm 이상이고, 그 최고눈금이 시험압력의 1.5 ~ 2배의 것을 사용한다.

(2) 기밀시험

기밀시험은 내압시험을 실시한 압축기, 부스터, 압력용기, 밸브 등 냉동장치의 배관을 제외한 구성기기에 대하여 개별적으로 실시하고, 일반적으로 내압시험이 끝나면 계속해서 실시한다.

① 기밀시험은 내압강도가 확인된 압축기, 부스터, 압력용기, 밸브 등 구성기기마다 실시하는 것이나, 이들 부품은 모두 조립된 상태에서 한다. 내압시험을 부품마다 실시한 경우에도 기밀시험은 부품별로 실시할 수 없다.

② 시험은 누설의 확인이 쉽도록 가스압 시험으로 한다. 시험에 사용하는 압축가스는 공기 또는 불연성가스, 비독성가스(탄산가스, 질소가스)를 사용해서 작업의 안전을 도모한다. 또한 산소 등의 지연성가스(支然性 gas)를 쓰면 안되고, 암모니아 냉동장치의 경우는 탄산가스를 쓰지 말아야 한다.

③ 시험은 피시험품 내의 가스압을 시험압력(최소 누설시험 압력의 5/4배 이상)으로 유지한 다음 수조(水槽) 내에 넣어 기포발생이 없는 것을 확인하거나, 또는 외부에 비눗물 등의 발포액을 발라서 거품이 일지 않는 것으로써 누설이 없는 것을 확인한다.

(3) 누설시험

냉매배관공사가 완료될 때, 발열공사의 시공 및 냉매를 충전하기 전에 냉매배관 전 계통에 걸쳐 누설시험을 하여야 한다.

① 압축기의 흡입측, 토출측 밸브를 닫고, 압축기를 차단한다.

② 지시도가 정확한 압력계를 냉매계통의 고압측, 저압측에 각각 적어도 1개씩 적당한 개소에 접속한다. 압력계의 눈금판의 크기는 75 mm 이상이고, 그 최고눈금은 시험압력이 1.5 ~ 2배의 범위에 있는 것을 사용하여야 한다.

③ 응축기, 수액기 등의 안전밸브에 대한 스톱밸브 및 외기에 통하는 모든 밸브 (에어퍼지 밸브, 냉매충전밸브 등)를 닫는다.

④ 자동제어밸브나 팽창밸브의 외부균압관 등 시험압력이 걸리면 좋지 않는 것은 떼어 내거나, 또는 적당한 보호 조치를 한다.

⑤ 팽창밸브의 입구는 플러그 (plug)하여, 고압측과 저압측의 구분을 붙인다.

⑥ 계통 중의 밸브는 모두 연다. 전자밸브는 통전하거나 또는 적당한 방법으로 열어둔다.

⑦ 가스압을 가할 때는 가스 실린더를 수직으로 세워서 실린더에는 압력계와 조정밸브를 반드시 붙여야 한다. 또한 조정밸브와 충전밸브 사이에도 1개의 압력계를 설치하여야 한다.

⑧ 실린더에 접속된 공급파이프에는 T자관을 접속해서 한쪽은 고압측 (예를 들어, 냉매충 전밸브)에 다른 한끝은 저압측 (떼어낸 외부균압관 접속구)에 접속하고, 저압측에는 도중에 스톱밸브를 삽입한다.

⑨ 실린더의 밸브를 열거나, 또는 공기압축기를 운전하여 서서히 가압해서 약 5 kg/cm²까 지 압력을 올린다.

⑩ 여기서 일단 전 계통에 이상이 없는 것을 확인한 다음 서서히 저압측의 시험압력까지 압력을 높여간다.

⑪ 저압측 시험압력의 상태에서 누설의 유무를 조사한다. 누설은 발포액을 각 나사부, 이음쇠, 용접부, 기타 누설이 예상되는 모든 개소에 충분히 발라서 면밀하게 검사한다. 이때 검사개소를 가볍게 망치로 두들겨 보면 좋다. 또한 발포하는데 1 ~ 2분이 걸리는 미소한 누설개소도 빠트리지 않도록 주의한다.

⑫ 누설시험에 사용하는 발포액으로는 적당한 농도의 비눗물에 몇 방울의 글리세린을 혼합한 것 또는 네카아르와 같이 발포하기 쉽고, 거품의 지속성이 있는 것을 사용한다. 또한 비눗물을 사용했을 때는 나중에 잘 수세하도록 한다.

⑬ 전 계통 (고압과 저압측)이 저압측 시험압력 하에서 누설이 없을 때는 저압측 가스공급 파이프의 스톱밸브를 닫고, 고압측만을 고압측 시험압력으로 높여서 ⑪과 마찬가지 방

법으로 고압측의 누설검사를 한다. 이때 응축기, 수액기, 유분리기 등 압력용기도 함께 점검한다.

⑭ 누설개소가 발견됐을 때는 압력이 있는 상태인 채로 용접을 하거나, 무리가 걸리는 볼트 조임 등의 작업을 하면 위험하므로 가스를 퍼지 한 다음에 하도록 해야 한다. 따라서 누설이 멈출 때까지 몇 번이고 반복 시험한다는 원칙을 소홀히 해서는 안 된다.

⑮ 누설개소가 없어지면 압력을 그대로 두고 24시간 방치시험을 하여 압력강하가 없는 것을 확인한다. 압력강하에 대해 주위 온도 변화가 현저할 때는 온도에 의한 보정을 고려하여야 한다. 압력은 보통 $5℃$ 오르내릴 때마다 $0.19\,kg/cm^2$씩 상하한다.

⑯ 계통에 누설이 없는 것이 확인되면 계통 중의 낮은 위치에 있는 드레인 밸브나 특히 먼지가 고이기 쉬운 부분의 밸브, 플러그 등으로부터 내부의 가스를 방출한다.

(4) 공기운전

설치와 배관이 끝나고 누설시험을 완료한 경우에는 압축기의 설치가 정상적이고 이상 없이 운전할 수 있는가를 점검하기 위하여 공기운전을 실시하는 것이 좋다.

① 압축기의 실린더 자케트에 냉각수를 통한다.

② 압축기의 토출측에 공기의 토출구를 설치한다. 이를 위해서는 배관을 분해하거나 원래 붙어있는 토출구 플러그를 풀어낸다.

③ 압축기 흡입측의 배관을 분해하거나 흡입구 플러그를 풀어내서 공기의 흡입구로 한다.

④ 압축기의 유면을 확인한다.

⑤ 압축기를 손으로 돌려봐서 이상이 없는 것을 확인한다.

⑥ 압력스위치등의 접점이 「컷아웃」의 상태로 있으면 이것을 단락한다.

⑦ 전동기를 수 초 간격으로 2～3회 발정시켜 이상 없이 기동되는 것을 확인한 다음 운전에 들어간다.

⑧ 운전과 동시에 유압의 상승정도를 조사하여 필요에 따라 조정한다.

⑨ 운전 중 압축기 각부의 이상음 발생, 이상발열이 없는 것을 확인한다.

⑩ V 벨트의 상황을 확인한다.

⑪ 토출구를 서서히 조여서 토출압력의 상승정도를 확인한다. 이때 필요 이상의 고압으로 하지 말고, 또한 너무 장시간에 걸쳐 고압을 유지해서 실린더를 과열시키지 않도록 주의한다.

⑫ 흡입구를 서서히 조여서 흡입압력 (진공도)의 저하상황을 확인한다. 압축기의 도달 진공도는 대형 압축기에서는 700 mmHg, 소형 압축기에서는 680 mmHg 이상으로 있으면 된다.

⑬ 특히 길들이기 우전이 필요할 때는 토출압력을 걸지 않는 상태 (개방상태)에서 행한다.

⑭ 공기운전은 토출압력이 걸리지 않는 상태에서 약 20분간 계속해서 각부의 온도상승, 음향에 이상이 없는 것을 확인한다.

(5) 진공시험

누설시험에 의하여 냉매계통이 완전하게 기밀이 확보된 것이 확인되었으면 계통 내를 진공 건조함으로써 공기 기타 불응축가스를 배출하고, 동시에 계통 내의 수분을 완전하게 배제한다.

① 계통을 진공으로 하기 위하여 압축기를 사용해서는 안되고 진공펌프를 사용한다.

② 진공펌프는 압축기의 흡입측 스톱밸브 및 액관에 있는 충전밸브의 양쪽에 연결한다.

③ 진공계는 팽창밸브의 양쪽 (고압측, 저압측)에 설치한다.

④ 진공펌프는 운전 전에 화살표로 지시되는 회전 방향으로 손으로 천천히 돌리면서 필요에 따라 흡입구로부터 진공펌프유를 본체에 주입하여 마찰면에 충분히 기름을 퍼지게 한 다음 운전하여야 한다.

⑤ 진공펌프를 장시간 운전하여도 고도의 진공이 얻어지지 않는 원인은 다음과 같다.

   ⑺ 계통 내에 다량의 수분이 있을 때

   ⑻ 진공계의 불량

   ⒟ 계통과 진공펌프 또는 연락관의 누설

   ⒠ 진공펌프의 효율이 나쁠 때는 펌프 자체의 누설, 펌프유의 오손에 원인이 있으며, 이것은 펌프단체로서 테스트하면 판명될 수 있다.

⑥ 계통이 필요한 진공도에 도달하면 진공펌프를 계속 1 ~ 3시간 정도 운전하고 그 다음 연락관 중의 스톱밸브를 닫아서 진공방치 시험에 들어간다.

⑦ 진공상태로 적어도 10시간 (보통, 24시간) 방치하고, 방치 후의 진공도 저하를 측정하여 5 mm 이내인 것을 확인한다.

⑧ 진공시험에 합격하면 냉매충전의 준비가 완료된 것이며 충전 시까지 외기가 계통 내로 누입하지 않도록 주의한다. 따라서 곧 충전작업에 들어가도록 한다.

(6) 냉매충전

냉매계통의 기밀이 완전한 것이 확인된 다음에는 냉매를 충전하게 된다.

① 최초의 냉매충전은 고압측으로부터 하는 편이 단시간에 완료할 수 있다. 즉, 냉매충전 밸브에 실린더를 연결한다. 충전밸브의 플레어 너트를 꼭 죄이기 전에 실린더 용기 밸브를 약간 열어서 가스를 분출시켜 충전용 연락관 내의 공기를 몰아낸다.

② 프레온 냉동장치에서는 진공건조가 충분히된 다음이 아니면 냉매를 충전하지 말아야 한다.

③ 실린더를 저울위에 올려놓고, 30° 이상 밑을 들어 올려서 받침대로 고여 기울게 하여 액 냉매만이 충전되도록 한다.

④ 응축기 및 압축기의 실린더 자케트에 냉각수를 통수한다.

⑤ 드라이어 바이패스 밸브를 닫고, 드라이어 출입구 밸브를 연다. 계통 중의 전자밸브도 열어둔다.

⑥ 실린더 밸브를 약간 열어 계통 내의 압력이 $2 \sim 3\,kg/cm^2$에 달하면 일단, 각부에 냉매 누설을 점검한다.

⑦ 이상이 없으면 압축기의 운전을 하여 흡입가스 압력이 너무 낮지 않도록 주의하면서 운전을 계속한다. 흡입가스 압력이 $0\,kg/cm^2 \cdot g$ 이하가 되면 압축기를 정지한다. 수냉 각기를 사용하고 있을 때 흡입가스 압력을 너무 내리면 동결의 위험성이 있으므로 냉수의 온도, 유량에 주의한다.

⑧ 실린더의 무게를 계량하면서 충전을 계속하여 규정량의 냉매가 충전되면 운전을 중지하고 충전밸브를 닫는다.

⑨ 충전이 끝나면 드라이어 바이패스 밸브를 열고 드라이어 출입구 밸브를 닫는다.

(7) 펌프다운

냉동장치의 점검, 수리 등을 위하여 냉매계통을 개방하고자 할 때는 계통 내의 냉매를 응축기 (또는 수액기)에 회수한다.

① 압축기의 토출측 및 흡입측 스톱밸브를 연다.

② 응축기 또는 수액기의 액출구 밸브를 닫는다. 액배관의 도중에 있는 전자밸브는 열어둔다.

③ 저압압력스위치는 흡입가스 압력이 어느 정도 진공이 되어도 접점이 컷아웃 되지 않도록 낮은 압력으로 조절하거나 단락해 둔다.

④ 응축기에 냉각수 (냉각공기)를 통수하여 압축기를 기동한다.

⑤ 냉매의 회수운전을 계속하여 흡입가스 압력이 $0\,kg/cm^2$(freon의 경우 $0.1\,kg/cm^2$)보다 다소 낮은 압력이 되면 압축기를 정지하여 즉시 압축기토출측 스톱밸브를 닫는다. 잠시 방치하여 윤활유 중의 냉매증발로 크랭크케이스 내의 압력이 다시 상승하게 되면 다시 토출측 스톱밸브를 열어 압축기를 기동한다.

⑥ 크랭크케이스 내 압력이 약 $0.1 \, kg/cm^2 \cdot g$에서 평준화되기까지 이와 같은 조작을 2 ~ 3회 반복한다. 정지 후 토출측 스톱밸브, 유분리기의 반유밸브, 응축기 (수액기)의 입구밸브를 닫는다. 그리고 흡입측 스톱밸브를 닫으면 거의 모든 냉매가 응축기 (수액기)에 회수된 결과가 된다.

⑦ 냉각수 (냉각공기)의 공급을 정지한다.

(8) 윤활유 충전

냉동기용 윤활유는 냉매의 종류, 냉동기의 전 조건에 적합한 양질의 것을 선정할 필요가 있으나, 운전 조건 중 가장 중요한 요소는 윤활유의 저온에서의 유동성에 관계가 있는 증발온도이다.

① 오일충전 밸브에 기름통을 배관으로 연락하고, 될 수 있으면 기름통을 높은 곳에 둔다.

② 압축기의 흡입측 및 토출측 스톱밸브를 닫고, 토출측의 에어퍼지 밸브를 연 다음 압축기를 4 ~ 5회 손으로 돌려서 크랭크케이스 내를 약간 진공으로 한다.

③ 오일충전 밸브를 열어 크랭크케이스 내에 기름을 넣어 유면계에 주의하면서 규정 유면까지 충전한다.

④ 충전한 윤활유량을 기록해 둔다.

(9) 윤활유 배출(숙청)

① 윤활유는 오일충전 밸브로부터 뽑아낸다. 밸브에 오일충전 파이프를 접속하여 기름통에 연락해 둔다.

② 압축기를 펌프 다운하여 압력을 $0.1 \, kg/cm^2$ 정도로 한다.

③ 밸브를 조용히 열어 유면계에 주의하면서 소정량만큼 뽑아낸다.

④ 뽑아낸 기름의 계량은 잠시 방치하여 용해된 냉매가 거품져 전부 증발한 다음에 하도록 한다.

⑤ 기름을 다 뽑아냈으면 오일차지 밸브를 꼭 닫고, 압축기를 운전해서 유면이 안정된 다음 유면계를 체크해 둔다.

⑥ 윤활유의 배출은 크랭크케이스 하부의 드레인 플러그를 이용해서 하여도 된다.

예상문제

1. 다음 중 냉동설비를 시설할 때 작업의 순서가 옳게 연결된 것은?

> ㉠ 냉각운전
> ㉡ 냉매의 누설 확인
> ㉢ 누설시험
> ㉣ 진공운전
> ㉤ 배관의 방열공사

① ㉣ → ㉤ → ㉢ → ㉡ → ㉠
② ㉢ → ㉣ → ㉡ → ㉤ → ㉠
③ ㉢ → ㉤ → ㉣ → ㉡ → ㉠
④ ㉣ → ㉡ → ㉢ → ㉤ → ㉠

해설 냉동장치의 각종 시험 순서 : 내압시험 → 기밀시험 → 누설시험 → 진공시험 → 냉매충전 → 냉각시험 → 보냉시험 → 방열시공 → 시운전 → 해방시험 → 냉각운전

2. 냉동장치를 장기간 운전 휴지하고자 할 경우 주의하여야 할 사항이 아닌 것은?

① 냉매는 장치 내에 잔류시키고, 장치 내의 압력은 $0.1 \, kg/cm^2$ 이하로 유지한다.
② 밸브류는 전부 글랜드 및 캡을 꼭 조여 냉매누설을 조사하여 둔다.
③ 냉각수는 드레인 밸브 및 플러그에서 완전 배출한다.
④ 냉동장치 전체의 누설을 조사한다.

해설 저압측의 압력은 정지 시 NH_3는 $0 \, kg/cm^2 \cdot g$에 가까이 하고, Freon은 $0.1 \, kg/cm^2 \cdot g$에 가까이 하며 대기압 이하가 되지 않도록 주의한다.

3. 다음 중 냉동기를 정지할 때의 순서로 맞게 나열된 것은?

> ㉠ 전동기를 정지시킨다.
> ㉡ 팽창판 직전의 밸브를 닫는다.
> ㉢ 유 분리기의 반유밸브를 닫는다.
> ㉣ 냉각수를 정지시킨다.
> ㉤ 압축기의 토출측 스톱밸브를 닫는다.

① ㉠ → ㉡ → ㉢ → ㉣ → ㉤
② ㉤ → ㉣ → ㉢ → ㉡ → ㉠
③ ㉡ → ㉠ → ㉤ → ㉢ → ㉣
④ ㉤ → ㉡ → ㉠ → ㉢ → ㉣

해설 정지 순서
1. 수액기 출구지변 또는 팽창밸브를 닫는다.
2. 저압이 $0 \, kg/cm^2 \cdot g$ 가까이 될 때 흡입지변을 닫는다.
3. 냉동기를 정지한다.
4. 압축기의 회전이 정지하면 토출지변을 닫는다.
5. 응축기의 입·출구 수온이 같을 때 냉각수 펌프를 정지한다.
6. 장기 휴지 시 냉각수를 배출한다.
7. 각종 부분을 누설검사한다.
8. 압축기 축봉부의 글랜드 너트를 조인다.

4-3 ○ 기초 열역학

1 열역학 법칙

(1) 동작물질

열기관에서 열을 일로 전환시킬 때, 또는 냉동기에서 온도가 낮은 곳의 열을 온도가 높은 곳으로 이동시킬 때 반드시 매개물질이 필요하며, 이 매개물질을 동작물질이라 한다.

(2) 작업유체

동작물질은 열에 의하여 압력이나 체적이 쉽게 변하거나, 액화나 증발이 쉽게 이루어지는 물질로서 이것을 작업유체 또는 동작유체라 한다.

(3) 계와 주위

이러한 물질의 일정한 양 또는 한정된 공간 내의 구역을 계(系)라 하며, 그 외부를 주위(surrounding)라 하고 계와 주위를 한정시키는 칸막이를 경계(boundary)라 한다.

경계 (실린더벽, 피스톤 헤드면)

계 : 동작물질
(gas)

주위 (대기)

계와 주위

(4) 개방계

계와 주위의 경계를 통하여 열과 일을 주고 받으면서 동작물질이 계와 주위 사이를 유동하는 계를 말한다.

(5) 밀폐계

열이나 일만을 전달하나 동작물질이 유동되지 않는 계이다.

(6) 유동과정

개방계는 물질이 이 경계를 통하여 유동하므로 이 과정(process)을 유동과정이라 한다.

(7) 비유동과정

밀폐계는 경계를 통한 물질의 유동이 없으므로 비유동과정이 된다.
① 절연계 : 계와 주위 사이에 아무런 상호작용이 없는 계
② 단열계 : 경계를 통하여 열의 출입이 없는 계

(8) 열 Q [kcal 또는 kJ]

열이 주위로부터 계로 전달될 때 계가 받은 열은 + (陽)로 하고, 열이 계에서 주위로 전달될 때 계가 방출한 열은 - (陰)로 한다.
① 계가 받은 열 $=+Q$
② 계가 방출한 열 $=-Q$

(9) 일 W [kg·m 또는 kJ]

계가 주위에 대해 일을 할 때(에너지가 일의 형태로 계에서 주위로 전달될 때) 계가 한 일은 + (陽)로 하고, 주위가 계에 대해 일을 할 때 계가 받은 일은 - (陰)로 한다.
① 계가 한 일 $=+W$
② 계가 받은 일 $=-W$

(10) 엔탈피(enthalpy)

• 비엔탈피 $h=u+Apv$ [kJ/kg]
• 엔탈피 $H=U+APV$ [kJ]
① 정지계에 대한 일반 에너지식
⑺ 절대일
$$dq=du+Apdv\,[\text{kJ/kg}]$$
$$q=\int du+A\int pdv\,[\text{kJ/kg}]$$
이 식을 에너지 기초식 또는 열역학 제1법칙이라 한다.
⑼ 공업일
$$dq=dh-Avdp\,[\text{kJ/kg}]$$
$$q=\int dh-A\int vdp\,[\text{kJ/kg}]$$
② 정상유동에서의 일반 에너지식
$$u_1+Ap_1v_1+\frac{Aw_1^2}{2g}+AZ_1+q$$

$$= u_2 + A p_2 v_2 + \frac{A w_2^2}{2g} + A Z_2 + A W$$

따라서, $h = u + A p v$로 표시하면

$$h_1 + \frac{A w_1^2}{2g} + A Z_1 + q$$

$$= h_2 + \frac{A w_2^2}{2g} + A Z_2 + A W$$

유동계

(11) $P-v$ 선도

① 절대일(absolute work)

$P-v$ 선도에서와 같이 곡선 1에서 곡선 2까지 변화하는 동안 면적 $122' 1'$는 $\int_1^2 P dv$ 이고, 이 면적에 대한 일은 다음과 같다.

$$W_a = \int_1^2 P dv$$

② 공업일(technical work)

면적 $122'' 1''$은 $-\int_1^2 v dP$이고, 이 면적에 대한 일은 다음과 같다.

$$W_t = -\int_1^2 v dP$$

2 기체 상태 방정식

(1) 가스(gas)와 증기(steam)의 차이점

① 가스는 액화가 용이하지 못한 것으로 공기, 수소, 산소, 질소, 연소가스 등의 기체 이다.

② 증기는 액화가 용이한 것으로 수증기, 냉매 등이다.

(2) 완전가스 (perfect gas)

① 실제로 존재하지 않는 기체
② 보일-샤를의 법칙을 만족하는 기체
③ 원자수가 1 또는 2인 기체
④ 완전가스의 상태 방정식을 만족하는 기체

(3) 완전가스로 성립하기 위한 조건

① 기체를 구성하는 분자 상호간에 인력이 없을 것
② 분자의 크기나 용적이 없을 것
③ 완전 탄성체일 것
④ 분자 운동에너지는 절대온도에 비례할 것 등

3 완전가스의 상태 방정식

(1) 보일의 법칙 (Boyle's law) ; 등온 법칙

온도가 일정할 때 비체적과 압력은 반비례한다.

$$T = \text{일정} \; ; \; Pv = \text{일정} \qquad P_1 v_1 = P_2 v_2$$

(2) 샤를의 법칙 (Charle's law) ; 등압 법칙

압력이 일정할 때 비체적은 절대온도에 비례한다.

$$P = \text{일정} \; ; \; \frac{v}{T} = \text{일정} \qquad \frac{v_1}{T_1} = \frac{v_2}{T_2}$$

보일의 법칙 $P-v$ 선도

샤를의 법칙 $T-v$ 선도

(3) 완전가스의 상태 방정식

① 1 kg에 대하여 : $PV = RT$ $\quad \left(\dfrac{P_1 V_1}{T_1} = \dfrac{P_2 V_2}{T_2} = R \right)$

여기서, R : 가스상수 $(\mathrm{kg \cdot m/kg \cdot K})$

② G kg에 대하여 : $PV = GRT$

③ 중력 단위 : $R = \dfrac{848}{M}\ [\mathrm{kg \cdot m/kg \cdot K}]$

④ SI 단위 : $R = \dfrac{8314.3}{M}\ [\mathrm{J/kg \cdot K}]$

(4) 가스 비열과 정수와의 관계

① $C_p = C_v + A \cdot R$

② $C_p = \dfrac{k}{k-1} \cdot A \cdot R$

③ $C_v = \dfrac{1}{k-1} \cdot A \cdot R$

4 가스의 상태 변화

> **참고** 완전가스의 상태 방정식에 의한 기초식
> ① 완전가스의 상태 방정식 : $Pv = RT$
> ② 열역학 제1법칙 : $dq = du + APdv = dh - AvdP$
> ③ 엔탈피의 정의식 : $h = u + APv$

(1) 등적 변화 (Isochoric change)

① P, v, T의 상호관계

$$\frac{P_1}{T_1} = \frac{P_2}{T_2} = \frac{P}{T} = 일정$$

② 절대일 : $W_a = \displaystyle\int_1^2 Pdv = 0 \ (\because \ dv = 0)$

③ 공업일 : $W_t = -\displaystyle\int_1^2 vdP = -v(P_2 - P_1)$

$$= v(P_1 - P_2) = R(T_1 - T_2)$$

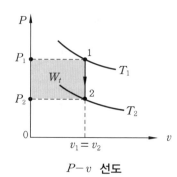

$P{-}v$ 선도

④ 내부에너지 변화

$$du = u_2 - u_1$$
$$= C_v(T_2 - T_1) = dq - Pdv$$
$$= dq \; (\because dv = 0)$$

⑤ 엔탈피 변화

$$\Delta h = C_p(T_2 - T_1)$$

⑥ 열량 : $\delta q = du + APdv$
$$= dh - AvdP$$
$$\therefore \; {}_1q_2 = \Delta u = u_2 - u_1 = C_v(T_2 - T_1)$$

즉, 가열량 전부가 내부에너지 변화로 표시된다.

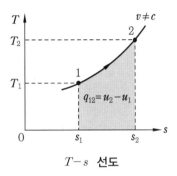

$T-s$ 선도

(2) 등압 변화(Isobaric change)

① $P,\ v,\ T$ 의 상호관계

$$\frac{v_1}{T_1} = \frac{v_2}{T_2} = \frac{v}{T} = 일정$$

② 절대일

$$W_a = \int_1^2 Pdv = P(v_2 - v_1)$$
$$= R(T_2 - T_1)$$

③ 공업일

$$W_t = -\int_1^2 vdP = 0 \; (\because \; dP = 0)$$

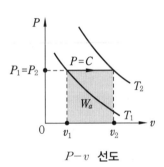

$P-v$ 선도

④ 내부에너지 변화

$$du = u_2 - u_1 = C_v(T_2 - T_1)$$

⑤ 엔탈피 변화

$$dh = h_2 - h_1 = C_p(T_2 - T_1)$$
$$(\because \; \delta q = dh - AvdP)$$

⑥ 열량 : $\delta q = du + APdv = dh - AvdP$
$$\therefore \; {}_1q_2 = \Delta h = h_2 - h_1$$

즉, 가열량은 모두 엔탈피 변화로 나타낸다.

$T-s$ 선도

(3) 등온 변화 (isothermal change)

① $P,\ v,\ T$ 의 상호관계

$$P_1 v_1 = P_2 v_2 = Pv = 일정$$

② 절대일

$$W_a = \int_1^2 Pdv = \int_1^2 P_1 v_1 \frac{dv}{v}$$

$$\left(P_1 v_1 = Pv 에서 \ \ P = \frac{P_1 v_1}{v} \right)$$

$$W_a = RT_1 \ln \frac{v_2}{v_1} = RT_1 \ln \frac{P_1}{P_2}$$

$$= P_1 v_1 \ln \frac{v_2}{v_1} = P_1 v_1 \ln \frac{P_1}{P_2}$$

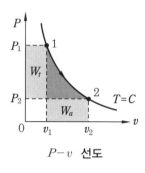

$P-v$ 선도

③ 공업일

$$W_t = -\int_1^2 vdP = -\int_1^2 P_1 v_1 \frac{dP}{P} \ (P_1 v_1 = Pv 에서, \ v = \frac{P_1 v_1}{P})$$

$$\therefore \ W_t = -P_1 v_1 \ln \frac{P_2}{P_1} = P_1 v_1 \ln \frac{P_1}{P_2} = P_1 v_1 \ln \frac{v_2}{v_1} \ (P_1 v_1 = RT_1)$$

$$\therefore \ W_a = W_t = C$$

즉, 등온 변화에서 절대일과 공업일은 서로 같다.

④ 내부에너지 변화

$$du = u_2 - u_1 = \int_1^2 C_v dT$$

$$= C_v (T_2 - T_1) = 0$$

⑤ 엔탈피 변화

$$dh = h_2 - h_1 = \int_1^2 C_p dT$$

$$= C_p (T_2 - T_1) = 0$$

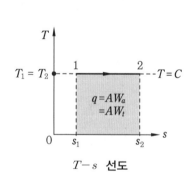

$T-s$ 선도

⑥ 열량 : $\delta q = du + APdv = dh - AvdP$

$$= C_v dT + A\delta W_a = C_p dT + A\delta W_t$$

결국, 가열량$(_1 q_2) = $ 절대일$(AW_a) = $ 공업일(AW_t)

즉, 가열한 열량은 전부 일로 변한다.

(4) 단열 변화

① $P, \ v, \ T$의 상호관계

$$\frac{T_2}{T_1}=\left(\frac{V_1}{V_2}\right)^{k-1}=\left(\frac{P_2}{P_1}\right)^{\frac{k-1}{k}}$$

② 절대일

$$W_a=\int_1^2 Pdv \text{ 이고, } dq=du+Pdv=0 \text{에서}$$

$$Pdv=-du \text{ 이므로,}$$

$$W_a=\int_1^2 Pdv=-\int_1^2 du=-\int_1^2 C_v \, dT$$

$$=-C_v(T_2-T_1)=C_v(T_1-T_2)$$

$$=\frac{R}{k-1}(T_1-T_2)=\frac{P_1 v_1}{k-1}\left(1-\frac{T_2}{T_1}\right)$$

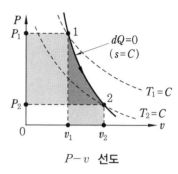

$P-v$ 선도

③ 공업일

$$W_t=-\int_1^2 vdp$$

$$dq=dh-vdP=0 \text{에서 } vdp=dh \text{ 이므로,}$$

$$W_t=-\int_1^2 vdP=-\int_1^2 dh=\int_1^2 C_p \, dT$$

$$=-C_p(T_2-T_1)=C_p(T_1-T_2)$$

$$=\frac{kR}{k-1}(T_1-T_2)=\frac{kP_1 v_1}{k-1}\left(1-\frac{T_2}{T_1}\right)$$

$$\therefore \ W_t=kW_a$$

즉, 단열 변화에서 공업일은 절대일과 비열비의 곱과 같다.

④ 내부에너지 변화

$$du=C_v dT=-Pdv \text{에서,}$$

$$\Delta u=u_2-u_1=C_v(T_2-T_1)=-AW_a$$

즉, 내부에너지 변화량은 절대일량과 같다.

⑤ 엔탈피 변화

$$dh=C_p(T_2-T_1)$$

$$=-AW_t$$

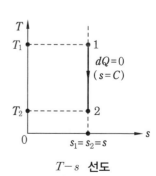

$T-s$ 선도

즉, 엔탈피 변화량은 공업일량과 같다.

⑥ 열량
$$q = C$$
즉, $\delta q = 0$이므로 열의 이동이 없다.

(5) 폴리트로픽 변화 (polytropic change)

① $P,\ v,\ T$의 상호관계
$$Pv^n = C(P_1 v_1^{\ n} = P_2 v_2^{\ n} = 일정)$$
$$Tv^{n-1} = C(T_1 v_1^{\ n-1} = T_2 v_2^{\ n-1} = 일정)$$
$$T^n P^{1-n} = C\ (T_1^{\ n} P_1^{\ 1-n} = T_2^{\ n} P_2^{\ 1-n} = 일정)$$

여기서, n : 폴리트로픽 지수

② 절대일
$$W_a = \frac{1}{n-1}(P_1 v_1 - P_2 v_2)$$
$$= \frac{R}{n-1}(T_1 - T_2)$$

③ 공업일
$$W_t = \frac{n}{n-1}(P_1 v_1 - P_2 v_2)$$
$$= \frac{nR}{n-1}(T_1 - T_2)$$
$$= n \cdot W_a$$

④ 내부에너지 변화
$$u = u_2 - u_1 = C_v(T_2 - T_1)$$

⑤ 엔탈피 변화
$$h = h_2 - h_1 = C_p(T_2 - T_1)$$

⑥ 열량
$$\delta q = du + APdv$$
$$= C_n(T_2 - T_1)$$
$$= \left(\frac{n-k}{n-1}\right)C_v(T_2 - T_1)$$

여기서, 폴리트로픽 비열 $C_n = \left(\dfrac{n-k}{n-1}\right)C_v$

$P-v$ 선도

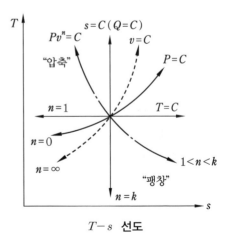

$T-s$ 선도

5 열역학의 일반 관계식

(1) 열역학 제1법칙

열과 일의 에너지 변환에 대한 양적인 변환을 나타내는 법칙으로 열과 일의 이동의 성립 방향에 제한을 두지 않고 에너지 보존 법칙을 표현한 것으로써 실제의 자연현상에는 제약이 있게 된다.

(2) 열역학 제2법칙

열역학 제1법칙의 에너지 변환에 대한 실현 가능성을 나타내는 경험 또는 자연 법칙이다. 즉, 열역학 제1법칙의 성립 방향성에 대하여 제약을 가하는 법칙이며, 제2종 영구 기관의 존재 가능성을 부정하는 법칙이다.

① 어떤 주어진 조건 하에서 작동되는 열기관의 최대효율은 어떠한가?
② 주어진 조건 하에서 냉동기의 최대성능 계수는 얼마인가?
③ 어떤 과정이 일어날 수 있는가?
④ 동작물질과 관계없는 절대온도의 정의

$$\text{열효율}(\eta) = \frac{AW}{Q_1} = \frac{Q_1 - Q_2}{Q_1} = 1 - \frac{Q_2}{Q_1}$$

(3) 열역학 제3법칙

어떤 계의 온도를 절대온도 0 K까지 내릴 수 없다.

(4) 클라우지우스(Clausius) 적분

$$\oint \frac{dQ}{T} \leq 0$$

여기서 가역 과정이면 0이고, 비가역 과정이면 0보다 작다.

열역학 제2법칙의 표현으로 열은 저온 물체에서 고온 물체로 자발적인 이동이 불가능하다(성능계수가 무한대인 냉동기는 제작할 수 없다).

(5) 엔트로피(entropy)

$$dS = \frac{dQ}{T} \ \text{ 또는 } \ dQ = TdS$$

여기서, S : 엔트로피

$$S_2 - S_1 = \int_1^2 \frac{dQ}{T} \; [\text{kcal/K, J/K}]$$

가역 사이클의 $P-v$ 선도

가역 단열 변화는 엔트로피가 일정하게 유지되고, 비가역 과정에서는 $dS > 0$이 되므로 엔트로피는 증가한다. 따라서, 자연계는 엔트로피가 항상 증가한다.

(6) 완전가스 엔트로피의 변화량

① T와 V의 함수로 표시한 엔트로피

$$\Delta S = S_2 - S_1 = C_v \ln \frac{T_2}{T_1} + AR \ln \frac{V_2}{V_1}$$

② T와 P의 함수로 표시한 엔트로피

$$\Delta S = S_2 - S_1 = C_p \ln \frac{T_2}{T_1} - AR \ln \frac{P_2}{P_1}$$

③ P와 V의 함수로 표시한 엔트로피

$$\Delta S = S_2 - S_1 = C_p \ln \frac{V_2}{V_1} + C_v \ln \frac{P_2}{P_1}$$

(7) 완전가스의 엔트로피의 식과 상태 변화

완전가스에 대한 엔트로피의 상태 변화를 표시하면 다음과 같다.

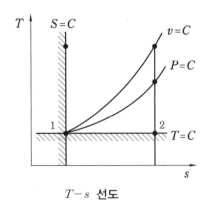

$T-s$ 선도

① 등적 변화 $(v = C)$

완전가스 상태 1에서 2로 등적 팽창하면,

$$dq = du + Pdv = du = C_v \, dT$$

$$dq = C_v \, dT = T \cdot ds \text{에서,}$$

$$\therefore \Delta s = s_2 - s_1 = \int_1^2 ds = \int_1^2 \frac{dq}{T}$$

$$= \int_1^2 \frac{C_v \, dT}{T} = C_v \ln \frac{T_2}{T_1} = C_v \cdot \ln \left(\frac{P_2}{P_1} \right)$$

② 등압 변화 $(P = C)$

완전가스 상태 1에서 2로 등압 팽창하면,

$$dq = dh - v \, dP = dh = C_p \, dT$$

$$dq = C_p \, dT = T \cdot ds \text{에서,}$$

$$\therefore \Delta s = s_2 - s_1 = \int_1^2 ds = \int_1^2 \frac{dq}{T}$$

$$= \int_1^2 \frac{C_p \, dT}{T} = C_p \ln \frac{T_2}{T_1} = C_p \cdot \ln \left(\frac{v_2}{v_1} \right)$$

③ 등온 변화 $(T = C)$

$ds = \dfrac{dq}{T}$ 에서 등온 과정은 $T =$ 일정하므로 $\Delta s = \displaystyle\int_1^2 ds = \int_1^2 \frac{dq}{T} = \frac{1}{T} q_{12}$ 이다.

$T =$ 일정에서 $q_{12} = RT \ln \dfrac{v_2}{v_1} = RT \ln \dfrac{P_1}{P_2}$ 이므로,

$$\therefore \Delta s = s_2 - s_1 = \frac{q_{12}}{T} = R \ln \frac{v_2}{v_1} = R \ln \frac{P_1}{P_2}$$

④ 단열 변화 $(dq = 0)$

$ds = \dfrac{dq}{T}$ 에서 $dq = 0$ 이므로 $ds = 0$ 이다.

따라서, $ds = 0$ 또는 $\Delta s = s_2 - s_1 = 0 \ (\therefore \ s_1 = s_2)$ 이므로,

단열 변화는 등 엔트로피 변화 $(s = C)$ 이다.

⑤ polytropic 변화

$$dq = C_v \frac{n-k}{n-1} \cdot dT = C_n \cdot dT = Tds \text{에서,} \quad q = C_n (T_2 - T_1) = C_v \frac{n-k}{n-1} \cdot (T_2 - T_1)$$

$$\therefore \Delta s = s_2 - s_1 = \int_1^2 ds = \int_1^2 \frac{dq}{T} = C_n \int_1^2 \frac{dT}{T} = C_n \ln \frac{T_2}{T_1}$$

$$= C_v \frac{n-k}{n-1} \ln \frac{T_2}{T_1}$$

(8) 유효에너지와 무효에너지

① 유효에너지

$$Q_a = Q_1 - Q_2 = \eta_c\, Q_1 = \left(1 - \frac{T_2}{T_1}\right) Q_1 = Q_1 - T_2 \cdot \Delta S$$

② 무효에너지

$$Q_2 = Q_1(1 - \eta_c) = Q_1 \cdot \frac{T_2}{T_1} = T_2 \cdot \Delta S = T_2 \cdot (S_2 - S_1)$$

③ 유효·무효에너지 (그림에서)

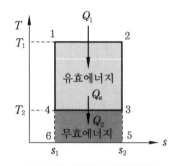

유효에너지와 무효에너지

 ㈎ 가열량 (공급열량 또는 수열량)

  Q_1 = 면적 1, 2, 3, 5, 6, 4, 1

 ㈏ 방출열량

  Q_2 = 면적 4, 3, 5, 6, 4

 ㈐ 유효열량

  Q_a = 면적 1, 2, 3, 4, 1

④ 유효일 (유용일)

 계가 한 일 중에서 대기에 대하여 한 일을 제외한 일의 값

⑤ 유용도

 계가 대기와만 열교환을 하면서 임의의 상태로부터 대기 상태로 변화하는 동안 계와 대기에서 조합으로 얻을 수 있는 최대 유효일 (비가역 과정에서 계의 유용도는 감소) 이다.

예상문제

1. 다음 설명은 일과 열에 관한 것이다. 옳지 않은 것은?

① 일과 열은 수송 중의 에너지이며 성질은 아니다.

② 계의 외부에서 유일한 효과가 물체를 들어 올릴 때 계는 일을 한다.

③ 한 일의 양은 무게(힘)와 올려진 거리를 곱한 값이다.

④ 규약에 의하면 계가 한 일은 −이고, 계가 받은 일은 +이다.

해설 • 계가 한 일: $+W$
• 계가 받은 일: $-W$

2. 실린더 내의 혼합가스 3 kg을 압축시키는 데 소비된 일이 15 kN·m이었다. 혼합가스의 내부 에너지는 1 kg에 대해서 3.36 kJ 증가했다면, 이때 방출된 열량은 얼마인가?

① 4.92 kJ ② 1.21 kJ
③ 6.92 kJ ④ 2.21 kJ

해설 열역학 제1법칙의 식으로부터
$$_1Q_2 = (U_2 - U_1) + W_a$$
$$= m(u_2 - u_1) + W_a$$
$$= 3 \times 3.36 + (-15) = -4.92 \text{ kJ : 방열량}$$

3. 압력 10 kg/cm², 용적 0.1 m³의 기체가 일정 압력 하에서 팽창하여 용적이 0.2 m³로 되었다. 이 기체가 한 일을 kg·m로 계산하면 다음 수치 중 몇 kg·m에 가장 가까운가?

① 2000 kg·m ② 10 kg·m
③ 10000 kg·m ④ 1000 kg·m

해설 $\delta w = P dv$
$$_1W_2 = P(v_2 - v_1) = 10 \times 10^4 (0.2 - 0.1)$$
$$= 10000 \text{ kg·m}$$

4. 일을 $W = -\int_1^2 v\, dP$로 나타낼 수 있는 경우는?

① 가역 비유동 과정의 일
② 가역 정상류 과정의 일
③ 비가역 비유동 과정의 일
④ 비가역 정상류 과정의 일

해설 공업일($W_t = -\int v dP$)은 압축일, 개방계에서의 일, 가역 정상류 과정의 일이라 한다.

5. 동력(공률)의 단위가 아닌 것은?

① kg·m/s ② kW·h
③ HP ④ PS

해설 1 kW = 3600 kJ/h, 즉 1 kW·h = 3600 kJ이다. 다시 말하면 1 kW·h는 열량 단위이다.

6. 열역학 제1법칙에 어긋나는 사항은?

① 수열량에서 외부에 한 일을 빼면 내부 에너지의 증가량이 된다.
② 열은 고온체에서 저온체로 흐른다.
③ 계가 한 참일은 계가 받은 참열량과 같다.
④ 에너지 보존 법칙이다.

해설 ②는 열역학 제2법칙이다.

7. 열 및 일의 에너지에 대한 설명 중 옳지 않은 것은?

① 어떤 과정에서 열과 일은 모두 그 경로에는 관계없다.
② 열과 일은 서로 변할 수 있는 에너지이며, 그 관계는 1 J = 1 N·m이다.
③ 열은 계에 공급될 때, 일은 계에서 나올 때가 (+) 값을 가진다.

정답 1. ④ 2. ① 3. ③ 4. ② 5. ② 6. ② 7. ①

④ 열역학 제1법칙은 열과 일의 에너지 변환에 대한 수량적 관계를 표시한다.

해설 열과 일은 도정 함수(path function)이므로 경로에 관계가 있다.

8. 에너지만을 교환하는 계를 열역학에서는 무엇이라 하는가?

① 개방계   ② 밀폐계
③ 고립계   ④ 상태계

해설 ① 개방계(open system): 가변질량을 갖는 영역이며, 계의 경계를 넘어서 에너지 전달과 질량 전달이 모두 가능한 계이다.
② 밀폐계(closed system): 일정한 질량을 갖는 영역이며, 계의 경계를 넘어서 에너지 전달만 가능하다.
③ 고립계(isolated system): 주위와 완전히 격리된 영역이며 계의 경계를 넘어서 에너지 전달과 질량 전달이 모두 불가능한 계이다.

9. 공기 2 kg이 처음 상태($V_1 = 2.5 \text{ m}^3$, $P_1 = 98$ kPa)에서 나중 상태($V_2 = 1 \text{ m}^3$, $P_2 = 294$ kPa)로 되었고, 내부에너지가 42 kJ/kg 증가했다면 이때 엔탈피 변화량은 얼마인가?

① 133 kJ   ② 233 kJ
③ 333 kJ   ④ 203 kJ

해설 $\Delta h = G(u_2 - u_1) + (P_2 V_2 - P_1 V_1)$
$= (2 \times 42) + (294 \times 1 - 98 \times 2.5)$
$= 133 \text{ kJ}$

10. 50℃, 25℃, 10℃의 온도인 3가지 종류의 액체 A, B, C가 있다. A와 B를 동일 중량으로 혼합하면 40℃로 되고, A와 C를 동일 중량으로 혼합하면 30℃로 된다. B와 C를 동일 중량으로 혼합할 때는 몇 ℃로 되겠는가?

① 16   ② 18.4
③ 20   ④ 22.5

해설 ㉠ $\dfrac{50A + 25B}{A + B} = 40 \rightarrow A = 1.5B$

㉡ $\dfrac{50A + 10C}{A + C} = 30 \rightarrow A = C$

㉢ $\dfrac{25B + 10C}{B + C} = \dfrac{25 \times \dfrac{A}{1.5} + 10A}{\dfrac{A}{1.5} + A} = 16\,℃$

11. 엔트로피에 관한 설명 중 맞는 것은?

① Clausius 방정식에 들어가는 온도값은 절대온도(K)와 섭씨온도(℃)를 모두 사용할 수 있다.
② 엔트로피는 경로에 따라 값이 다르다.
③ 가역과정의 열량은 hs 선도상에서 과정 밑부분의 면적과 같다.
④ 엔트로피 생성항은 항상 양수이다.

12. 완전히 열 절연된 실린더 안의 공기가 피스톤을 밀어 올려 일을 수행하였다. 이때 일의 양은 어느 것과 같은가?

① 공기의 내부에너지의 차
② 공기의 엔탈피의 차
③ 공기의 엔트로피의 차
④ 단열되었으므로 일의 수행은 없다.

13. 온도 100℃, 압력 167 kPa gauge에서 20 kg의 이산화탄소(CO_2)를 넣을 용기의 체적은 얼마인가? (단, 이산화탄소의 기체상수 $R = 188.9$ J/kg·K이다.)

① 5.25 m³   ② 6.31 m³
③ 5.65 m³   ④ 6.61 m³

해설 $V = \dfrac{20 \times 188.9 \times (273 + 100)}{(101325 + 167000)}$
$= 5.25 \text{ m}^3$

14. 다음 관계식 중 틀린 것은? (단, U: 내부

에너지, Q : 열량, T : 온도, h : 엔탈피, C_p : 정압비열, C_v : 정적비열이다.)

① $C_v = \left(\dfrac{\partial U}{\partial T}\right)_v = \left(\dfrac{\partial Q}{\partial T}\right)_v$

② $C_p - C_v = AR$

③ $C_p = \left(\dfrac{\partial h}{\partial T}\right)_v = \left(\dfrac{\partial Q}{\partial T}\right)_v$

④ $C_p = \dfrac{k}{k-1}AR$

해설 ① $C_v = \left(\dfrac{\partial U}{\partial T}\right)_v = \left(\dfrac{\partial Q}{\partial T}\right)_v = T\left(\dfrac{\partial s}{\partial T}\right)_v$

② $C_p - C_v = AR$

③ $C_p = \left(\dfrac{\partial h}{\partial T}\right)_p = \left(\dfrac{\partial Q}{\partial T}\right)_p = T\left(\dfrac{\partial s}{\partial T}\right)_p$

④ $C_v = \dfrac{1}{k-1}AR$, $C_p = \dfrac{k}{k-1}AR = _kC_v$

15. 이상기체의 폴리트로픽 과정(polytropic process)에 대한 설명 중 틀린 것은?

① 폴리트로픽 지수(n)가 1이면 등온 과정이다.

② $0 < n < 1$ 범위에서는 기체를 가열하여도 온도가 내려간다.

③ 공업일$\left(\displaystyle\int v\,dP\right)$이 절대일$\left(\displaystyle\int P\,dv\right)$의 n배가 된다.

④ n은 $\ln P - \ln v$ 선도($P-v$ 대수선도)에서 직선의 기울기를 나타낸다.

해설 $0 < n < 1$의 범위 내에서 가스를 가열하면 온도는 상승한다.

16. 공기 5 kg을 압력 103 kPa, 체적 4.5 m³의 상태에서 압력을 800 kPa까지 가역 단열 압축하는 데 필요한 일량은 몇 kJ인가?

① −1207 kJ ② 1207 kJ
③ −1267 kJ ④ 1267 kJ

해설 ㉠ 체적 $V_2 = V_1 \times \left(\dfrac{P_1}{P_2}\right)^{\frac{1}{k}}$

$= 4.5 \times \left(\dfrac{103}{800}\right)^{\frac{1}{1.4}} = 1.041 \text{ m}^3$

㉡ 압축일 $W_t = \dfrac{1.4}{1.4-1} \times (103 \times 4.5 - 800$

$\times 1.04) \fallingdotseq -1266.700 \text{ kN} \cdot \text{m}$

$\fallingdotseq -1267 \text{ kJ}$

17. 수증기를 이상기체로 볼 때 그 정압비열 (kcal/kg·℃)의 값은 얼마인가? (단, 수증기의 가스상수 = 47.06 kg·m/kg·K, 비열비 = 1.33이다.)

① 0.44 ② 0.33
③ 0.54 ④ 0.64

해설 $C_p = \dfrac{k}{k-1}AR$

$= \dfrac{1.33}{1.33-1} \times \dfrac{1}{427} \times 47.06 = 0.44$

※ $C_v = \dfrac{1}{k-1}AR$

18. 어떤 기체의 정압비열 $C_p = 0.187 + 0.000021t$ kcal/kg·℃로 주어질 때 0℃에서 400℃까지 가열할 때의 내부에너지 증가는 몇 kJ/kg인가? (단, 이 기체의 k 값은 1.44이다.)

① 111.33 kJ/kg ② 222.33 kJ/kg
③ 333.44 kJ/kg ④ 555.22 kJ/kg

해설 $\Delta u = \int du = \int \dfrac{C_p}{k}\,dT$

$= \dfrac{1}{k}\int_0^{400}(0.187 + 0.000021t)\,dT$

$= \dfrac{1}{1.44} \times \left[0.187t + 0.000021\dfrac{t^2}{2}\right]_0^{400}$

$= \dfrac{1}{1.44} \times \left[0.187 \times 400 + 0.000021 \times \dfrac{400^2}{2}\right]$

$= 53.1 \text{ kcal/kg} = 53.1 \times 4.187$

$= 222.33 \text{ kJ/kg}$

19. 다음은 이상기체의 등온 과정을 설명한 것이다. 다음 중 옳은 것은?

① $dS = 0$ (엔트로피 일정)
② $\delta Q = 0$ (열의 출입이 없음)
③ $dU = 0$ (내부 엔트로피 일정)
④ $\delta Q = 0$ (없음)

20. 분자량 30, 기체상수 277 J/kg·K인 기체 1 kg과 분자량 40, 기체상수 208 J/kg·K인 기체 2 kg을 혼합한 혼합기체의 평균 기체상수의 값은 얼마인가?

① 227 J / kg·K
② 231 J / kg·K
③ 242.5 J / kg·K
④ 254 J / kg·K

해설 평균 기체상수
$$= \frac{(1 \times 277) + (2 \times 208)}{1 + 2} = 231 \text{ J/kg·K}$$

21. 760 mmHg, 20℃, 상대습도 75 %인 습공기의 비중량은 얼마인가? (단, 습공기 1 m³ 중 건공기는 1.178 kg/m³, 20℃에서 포화 수증기의 압력은 2.335 kPa, 비체적은 51.81 m³/kg이다.)

① 1.191 kg/m³   ② 2.237 kg/m³
③ 3.345 kg/m³   ④ 4.134 kg/m³

해설 $\gamma = \gamma_a + \gamma_w$

$$= \gamma_a + \phi \gamma_s = 1.178 + 0.75 \times \frac{1}{51.81}$$

$$= 1.191 \text{ kg/m}^3$$

22. 폴리트로픽 과정의 비열을 옳게 표시한 것은?

① $C_n = \dfrac{n-k}{1-n} C_v$ ② $C_n = \dfrac{n-1}{n-k} C_v$

③ $C_n = \dfrac{n-k}{n-1} C_v$ ④ $C_n = \dfrac{k-n}{k-1} C_v$

23. 다음 중 정상류 압축일이 가장 작은 과정은?

① 가역 단열 과정
② 가역 등온 과정
③ 폴리트로픽 과정
④ 가역 정적 과정

해설 정상류 압축일 = 공업일 (W_t)

24. 압력과 온도가 같은 2기체를 혼합하면 혼합기체의 엔트로피는 어떻게 변하는가?

① 단열 과정이므로 변하지 않는다.
② 등온 비가역 과정이므로 증가한다.
③ 등온 과정이므로 변하지 않는다.
④ 감소할 수도 있고 증가할 수도 있다.

해설 혼합은 비가역이 되는 원인 중의 하나이며, 비가역은 증가하고 가역은 일정하다.

25. 대기의 온도가 15℃일 때 20℃의 물 3 kg과 90℃의 물 3 kg을 혼합하였더니 55℃가 되었다. 이때 무효에너지는 몇 kJ인가? (단, 물의 비열은 4187 J/kg·K로 본다.)

① 28.92   ② 39.27
③ 41.43   ④ 56.37

해설 $\Delta S = GC \cdot \ln \dfrac{T_m}{T_1} + GC \cdot \ln \dfrac{T_m}{T_2}$

$= 3 \times 4187 \times \ln \dfrac{273+55}{273+20}$

$\qquad + 3 \times 4187 \times \ln \dfrac{273+55}{273+90}$

$= 143.85 \ \text{J/k}$

$\therefore \ Q_2 = T_0 \cdot \Delta S = (273+15) \times 143.85$

$\qquad = 41429 \ \text{J} \fallingdotseq 41.43 \ \text{kJ}$

26. 열역학에서 유용일은 어떻게 정의되는가?

① 계가 한 일 중에서 대기에 대해서 한 일을 제외한 일로 정의된다.
② 계가 한 일 중에서 마찰일을 제외한 일로 정의된다.
③ 전력으로 바꿀 수 있는 일로 정의된다.
④ 사이클 간에 계가 한 일로 정의된다.

27. 에너지 공급 없이 영구적으로 일할 수 있는 기관은 다음 어느 법칙에 위배되는가?

① 열역학 제0법칙
② 열역학 제1법칙
③ 열역학 제2법칙
④ 열역학 제3법칙

28. 1 kg의 공기가 온도 20℃인 상태에서 등온적으로 변화하여 체적이 1 m³, 엔트로피가 0.84 kJ/kg·K로 증가했다. 처음 압력은 얼마인가?

① 1.326 MPa   ② 1.762 MPa
③ 1.475 MPa   ④ 2.023 MPa

해설 ㉠ $\Delta S = R \cdot \ln \dfrac{v_2}{v_1} = R \cdot \ln \dfrac{v_1+1}{v_1}$

$\ln \dfrac{v_1+1}{v_1} = \dfrac{\Delta S}{R} = \dfrac{840}{287} = 2.927$

$\dfrac{v_1+1}{v_1} = e^{2.927}$ 식에서 $v_1 = 0.057 \ \text{m}^3/\text{kg}$

� $P_1 = \dfrac{RT_1}{v_1} = \dfrac{287 \times 293}{0.057}$

$\qquad = 1475280 \ \text{N/m}^2 = 1.475 \times 10^6 \ \text{N/m}^2$

29. 폴리트로픽 변화에서 $0 < n < 1$인 경우에 해당되는 것은?

① 체적의 팽창에 따라 온도가 상승한다.
② 내부에너지 감소보다 팽창일의 에너지 쪽이 더 크다.
③ 외부로 열을 방출한다.
④ 압력만이 급히 증가한다.

해설 $\dfrac{T_2}{T_1} = \left(\dfrac{V_1}{V_2}\right)^{k-1} = \left(\dfrac{P_2}{P_1}\right)^{\frac{n-1}{n}}$ 에서,

n이 0보다 크고 1보다 작으므로 $\dfrac{V_2}{V_1} > 1$,

$\dfrac{P_2}{P_1} < 1$, 즉 $\dfrac{P_1}{P_2} > 1$(압력감소)이므로 $q>0$,
$du > \delta w$ 이다.

30. 공기 5 kg이 온도 20℃에서 정적상태로 가열되어 엔트로피가 3.6 kJ/kg·K로 증가되었다. 이때 가해진 열량은 몇 kJ인가? (단, 정적비열은 718 J/kg·K이다.)

① 1072 kJ   ② 1263 kJ
③ 1816 kJ   ④ 2538 kJ

해설 ㉠ $\Delta S = S_2 - S_1 = GC_v \cdot \ln \dfrac{T_2}{T_1}$ 식에서

$\ln \dfrac{T_2}{273+20} = \Delta S \times \dfrac{1}{GC_v}$

$\qquad = 3600 \times \dfrac{1}{5 \times 718}$

$\qquad = 1.003$

$\therefore \ T_2 = e^{1.003} \times 293 = 798.8 \ \text{K} = 525.8 ℃$

㉡ $Q = G \cdot C_v (T_2 - T_1)$
$\qquad = 5 \times 718(525.8 - 20)$
$\qquad = 1815822 \ \text{J} \fallingdotseq 1816 \ \text{kJ}$

31. 어떤 보일러에서 발생한 증기를 열원으로 사용한다면 온도 t_1 = 300℃에서 매 시간당 Q_1 = 2101873 kJ의 열을 낼 수 있다. 고열원 t_2 = 20℃인 냉각수의 온도를 이 증기의 저열원으로 하고, 이 양 온도 사이에 가역 카르노 사이클로 작동되는 손실이 없는 열기관을 가동시켰다면 냉각수에 버리는 열량은 몇 kJ/h인가?

① 1074780 kJ/h
② 2074870 kJ/h
③ 266900 kJ/h
④ 2397600 kJ/h

해설 $Q_2 = Q_1 \times \dfrac{T_2}{T_1} = 2101873 \times \dfrac{273+20}{273+300}$
$= 1074780$ kJ/h

32. 계(系)가 한 상태에서 다른 상태로 변할 때 엔트로피는 어떻게 되는가?

① 감소하거나 불변이다.
② 항상 증가한다.
③ 증가하거나 불변이다.
④ 증가, 감소할 수도 있고, 불변일 경우도 있다.

해설 엔트로피의 가역은 0과 같고 (일정하다), 비가역일 때는 0 보다 크다 (증가한다).

33. 처음의 압력이 5 bar이고, 체적이 2 m³인 기체가 PV = 일정한 과정으로 압력이 1 bar까지 팽창할 때 밀폐계가 하는 일을 나타내는 식은?

① $1000 \ln \dfrac{2}{5}$ [kJ]
② $1000 \ln \dfrac{5}{2}$ [kJ]
③ $1000 \ln 5$ [kJ]
④ $1000 \ln \dfrac{1}{5}$ [kJ]

34. 가역 사이클로 작동되는 이상적인 기관(냉동기 및 열펌프 겸용)이 −10℃의 저열원에서 열을 흡수하여 30℃의 고열원으로 열을 방출한다. 이때 냉동기의 성능(성적)계수와 열펌프의 성능계수는 어느 것인가?

① 3.58, 4.58   ② 4.58, 5.58
③ 5.58, 6.58   ④ 6.58, 7.58

해설 ㉠ $\varepsilon_r = \dfrac{Q_2}{Q_a} = \dfrac{Q_2}{Q_1 - Q_2} = \dfrac{T_2}{T_1 - T_2}$
$= \dfrac{263}{303 - 263} = 6.58$

㉡ $\varepsilon_h = \dfrac{Q_1}{Q_a} = \dfrac{Q_1}{Q_1 - Q_2} = \dfrac{Q_1 - Q_2 + Q_2}{Q_1 - Q_2}$
$= 1 + \dfrac{Q_2}{Q_1 - Q_2} = 1 + \varepsilon_r = 1 + 6.58$
$= 7.58$

공조냉동기계산업기사

3 과목

공조냉동 설치·운영

Chapter 01

배관재료 및 공작

1-1 ○ 배관재료

1 관의 종류와 용도

(1) 강관의 규격표시

(2) 스케줄 번호 (SCH)

$$\text{SCH} = 10 \times \frac{P}{S}$$

여기서, P : 사용압력 (kg/cm^2)

S : 허용응력 (kg/mm^2 : 인장강도/안전율)

$$t = \left(\frac{PD}{175\sigma_w}\right) + 2.54$$

여기서, t : 관의 살두께 (mm)

σ_w : 허용 인장응력 (kg/mm^2)

P : 사용압력 (kg/cm^2)

D : 관의 바깥지름 (mm)

(3) 강관의 종류와 용도

	종류	규격 기호(KS)	주요 용도와 기타 사항
배관용	배관용 탄소강 강관	SPP	사용압력이 비교적 낮은(10 kg/cm^2 이하) 증기, 물, 기름, 가스 및 공기 등의 배관용으로서 흑관과 백관이 있으며, 호칭지름 6 ~ 500 A이다.
	압력 배관용 탄소강 강관	SPPS	350℃ 이하의 온도에서 압력이 10 ~ 100 kg/cm^{2}까지의 배관에 사용한다. 호칭은 호칭지름과 두께(스케줄 번호)에 의한다. 호칭지름 6 ~ 500 A이다.
	고압 배관용 탄소강 강관	SPPH	350℃ 이하의 온도에서 압력 100 kg/cm^2 이상의 배관에 사용한다. 호칭은 SPPS 관과 동일하며, 호칭지름 6 ~ 500 A이다.
	고온 배관용 탄소강 강관	SPHT	350℃ 이상의 온도에서 사용하는 배관용이다. 호칭은 SPPS 관과 동일하며, 호칭지름 6 ~ 500 A이다.
	배관용 합금 강관	SPA	주로 고온도의 배관에 사용한다. 두께는 스케줄 번호에 따르며, 호칭지름 6 ~ 500 A이다.
	배관용 스테인리스 강관	STS×TP	내식용, 내열용 및 고온 배관용 저온 배관용에 사용한다. 두께는 스케줄 번호에 따르며, 호칭지름 6 ~ 300 A이다.
	저온 배관용 강관	SPLT	빙점 이하의 특히 저온도 배관에 사용한다. 두께는 스케줄 번호에 따르며, 호칭지름 6 ~ 500 A이다.
수도용	수도용 아연도금 강관	SPPW	SPP 관에 아연도금을 실시한 관으로 정수두 100 m 이하의 수도에서 주로 급수 배관에 사용한다. 호칭지름 6 ~ 500 A이다.
	수도용 도복장 강관	STPW	SPP 관 또는 아크 용접 탄소강 강관에 피복한 관으로 정수두 100 m 이하의 수도용에 사용한다. 호칭지름 80 ~ 1500 A이다.

열전달용	보일러 열교환기용 탄소강 강관	STH	관의 내외에서 열의 교환을 목적으로 하는 곳에 사용한다. 보일러의 수관, 연관, 과열관, 공기 예열관, 화학공업이나 석유공업의 열교환기, 콘덴서관, 촉매관, 가열로관 등에 사용한다. 관지름 15.9 ~ 139.8 mm, 두께 1.2 ~ 12.5 m이다.
	보일러 열교환기용 합금 강관	STHA	
	보일러 열교환기용 스테인리스 강관	STS×TB	
	저온 열교환기용 강관	STLT	빙점 이하의 특히 낮은 온도에 있어서 열교환을 목적으로 하는 관, 열교환기관, 증발기 코일관에 사용한다.
구조용	일반 구조용 탄소강 강관	SPS	토목, 건축, 철탑, 발판, 지주, 비계, 말뚝, 기타의 구조물에 사용한다. 관지름 21.7 ~ 1016 mm, 관두께 1.9 ~ 16.0 mm이다.
	기계 구조용 탄소강 강관	STM	기계, 항공기, 자동차, 자전거, 가구, 기구 등의 기계 부품에 사용한다.
	구조용 합금 강관	STA	항공기, 자동차, 기타의 구조물에 사용한다.

(4) 주철관(cast iron pipe)

급수관, 배수관, 통기관, 케이블 매설관, 오수관 등에 사용되며, 일반 주철관, 고급 주철관, 구상 흑연 주철관 등이 있다.

> 참고 1. **고급 주철관** : 흑연의 함량을 적게 하고 강성을 첨가하여 금속 조직을 개선하며, 기계적 성질이 좋고 강도가 크다.
> 2. **구상 흑연 주철관 (덕타일)** : 양질의 선철 (cast iron)을 강에 배합하며, 주철 중에 흑연을 구상화시켜서 질이 균일하고 치밀하며 강도가 크다.

① 특징 및 개선 내용
  ㈎ 내구력이 크다.
  ㈏ 내식성이 강해 지중 매설용으로 적합하다.
  ㈐ 재래식에서 덕타일 (ductile) 주철관으로 전환한다.

㈜ 납 (Pb) 코킹 이음에서 기계적 접합으로 전환한다.

㈜ 내식성을 주기 위한 모르타르 라이닝을 채용한다.

㈂ 두께가 얇은 관 및 대형 관 (지름 2400 mm) 제작이 가능하다.

② 주철관의 종류

㈎ 수도용 원심력 사형 주철관 (cast iron pipe centrifugally cast in sand lined molds for water works)

㈏ 수도용 수직형 (입형) 주철관 (cast iron pit cast pipe for water works)

㈐ 수도용 원심력 금형 주철관 (cast iron pipe centrifugally cast in metal molds for water works)

㈑ 원심력 모르타르 라이닝 주철관 (centrifugally mortar lining cast iron pipe) : 시멘트와 모래의 혼합비를 1 : 1.5 ~ 2 (중량비)로 하여 라이닝 한다. 모르타르를 전부 제거한 다음 다습한 곳에서 7 ~ 14일 양생하여 수증기로 양생 건조시킨다.

㈒ 배수용 주철관 (cast iron pipe for drainage) : 관두께에 따라서 두꺼운 것은 1종 (⊘), 얇은 것은 2종 (⊘), 이형관은 ⊗ 표로 나타낸다.

㈓ 수도용 원심력 구상 흑연 주철관

> **참고** **수도용 원심력 구상 흑연 주철관의 특징**
> ① 보통 회주철관보다 관의 수명이 길다.
> ② 강관과 같이 높은 강도와 인성이 있다.
> ③ 변형에 대한 높은 가용성 및 가공성이 있다.
> ④ 보통 주철관과 같이 내식성이 풍부하다.

(5) 비철금속관

① 동 및 동합금관 (copper pipes and copper alloy pipe) : 동은 전기 및 열의 전도율이 좋고 내식성이 뛰어나며, 전성과 연성이 풍부하여 가공도 용이하다. 또한, 판, 봉, 관 등으로 제조되어 전기 재료, 열교환기, 급수관 등에 사용되고 있다.

> **참고** **동 및 동합금관의 특징**
> ① 담수에 내식성은 크나 연수에는 부식된다.
> ② 경수에는 아연화동, 탄산칼슘의 보호피막이 생성되므로 동의 용해가 방지된다.
> ③ 상온공기 속에서는 변하지 않으나 탄산가스를 포함한 공기 중에는 푸른 녹이 생긴다.
> ④ 아세톤, 에테르, 프레온가스, 휘발유 등 유기약품에는 침식되지 않는다.
> ⑤ 가성소다, 가성칼리 등 알칼리성에 내식성이 강하다.
> ⑥ 암모니아수, 습한 암모니아가스, 초산, 진한 황산에는 심하게 침식된다.

참고 **1. 두께별 분류**
① K type : 가장 두껍다.   ② L type : 두껍다.
③ M type : 보통 두께이다.   ④ N type : 얇은 두께(KS 규격에 없음)이다.
2. 용도별 분류
① K type : 의료용
② L, M type : 의료, 급·배수, 냉·난방, 급탕, 가스 배관

② 스테인리스 강관(austenitic stainless pipe)
  (가) 내식성이 우수하며 계속 사용 시 안지름의 축소, 저항 증대 현상이 없다.
  (나) 위생적이어서 적수, 백수, 청수의 염려가 없다.
  (다) 강관에 비해 기계적 성질이 우수하고 두께가 얇아 운반 및 시공이 쉽다.
  (라) 저온 충격성이 크고 한랭지 배관이 가능하며 동결에 대한 저항은 크다.
  (마) 나사식, 용접식, 몰코이음(molco joint), 플랜지 이음법 등의 특수 시공법으로 시공이 간단하다.

③ 연관(lead pipe) : 수도의 인입 분기관, 기구 배수관, 가스 배관, 화학 배관용에 사용되며 1종(화학공업용), 2종(일반용), 3종(가스용), 4종(통신용)으로 나뉜다.
  (가) 장점
    ㉮ 부식성이 적다(내산성).
    ㉯ 굴곡이 용이하다.
    ㉰ 신축에 견딘다.
  (나) 단점
    ㉮ 중량이 크다.
    ㉯ 횡주배관에서 휘어 늘어지기 쉽다.
    ㉰ 가격이 비싸다(가스관의 약 3배).
    ㉱ 산에 강하나 알칼리에 부식된다.

④ 알루미늄관(aluminium pipe)
  (가) 비중이 2.7로 금속 중에서 Na, Mg, Ba 다음으로 가볍다.
  (나) 알루미늄의 순도가 99.0 % 이상인 관은 인장강도가 $9 \sim 11\,kg/mm^2$이다.
  (다) 구리, 규소, 철, 망간 등의 원소를 넣은 알루미늄관은 기계적 성질이 우수하여 항공기 등에 많이 쓰인다.
  (라) 열전도율이 높으며 전연성이 풍부하고 가공성도 좋으며 내식성이 뛰어나 열교환기, 선박, 차량 등 특수 용도에 사용된다.
  (마) 공기, 물, 증기에 강하고 아세톤, 아세틸렌, 유류에는 침식되지 않으나 알칼리에 약하고 특히 해수, 염산, 황산, 가성소다 등에 약하다.

⑤ 주석관(tin pipe) : 주석관은 연관과 마찬가지로 냉간 압출 방법에 의하여 제조한다.

  ⑺ 주석은 상온에서 물, 공기, 묽은 산에는 전혀 침식되지 않는다.

  ⑻ 비중은 7.3이고 용융온도는 232℃로서 납보다 낮은 온도에서 녹는다.

  ⑼ 양조공장, 화학공장에서 알코올, 맥주 및 병원 제약 공장의 증류수(극연수), 소독액 등의 수송관에 사용된다.

(6) 비금속관

① 합성수지관(plastic pipe) : 합성수지관은 석유, 석탄, 천연가스 등으로부터 얻어지는 에틸렌, 프로필렌, 아세틸렌, 벤젠 등을 원료로 만들어지며, 경질 염화비닐관과 폴리에틸렌관으로 나누어진다.

  ⑺ 경질 염화비닐관

    ㉮ 장점

    • 내식성이 크고 산, 알칼리 등의 부식성 약품에 대해 거의 부식되지 않는다.

    • 비중은 1.43으로 알루미늄의 약 1/2, 철의 1/5, 납의 1/8 정도로 대단히 가볍고 운반과 취급에 편리하다. 인장력은 20℃에서 $500 \sim 550 \, kg/cm^2$로 기계적 강도도 비교적 크고 튼튼하다.

    • 전기절연성이 크고 금속관과 같은 전식(電蝕) 작용을 일으키지 않으며 열의 불량 도체로 열전도율은 철의 1/350 정도이다.

    • 가공이 용이하다(절단, 벤딩, 이음, 용접 등).

    • 다른 종류의 관에 비하여 값이 싸다.

    ㉯ 단점

    • 열에 약하고 온도 상승에 따라 기계적 강도가 약해지며 약 75℃에서 연화한다.

    • 저온에 약하며 한랭지에서는 외부로부터 조금만 충격을 주어도 파괴되기 쉽다.

    • 열팽창률이 크기 때문에(강관의 7 ~ 8배) 온도 변화에 신축이 심하다.

    • 용제에 약하고, 특히 방부제(크레오소트 액)와 아세톤에 약하며 또한 파이프 접착제에도 침식된다.

    • 50℃ 이상의 고온 또는 −10℃ 이하의 저온 장소에 배관하는 것은 부적당하다. 온도 변화가 심한 노출부의 직선 배관에는 10 ~ 20 m 마다 신축 조인트를 만들어야 한다.

  ⑻ 폴리에틸렌관 : 전기적, 화학적 성질이 염화비닐관보다 우수하고 비중이 0.92 ~ 0.96(염화비닐의 약 2/3배)이며, 90℃에서 연화하고 저온(−60℃)에 강하므로 한랭지 배관으로 우수하다.

② 콘크리트관(concrete pipe)

   (가) 원심력 철근 콘크리트관 : 오스트레일리아인 흄(Hume) 형제에 의해 발명되었고, 주로 상·하수도용으로 사용된다.

   (나) 철근 콘크리트관 : 철근을 넣은 수제 콘크리트관이며, 주로 옥외 배수용으로 사용된다.

③ 석면 시멘트관(asbestos cement pipe) : 이탈리아의 Eternit 회사가 제작한 것으로 eternit pipe라고도 한다. 석면과 시멘트를 중량비로 $1:5 \sim 6$으로 배합하고 물을 혼입하여 풀 형상으로 된 것을 윤전기에 의해 얇은 층을 만들고 고압($5 \sim 9\,\mathrm{kg/cm^2}$)을 가하여 성형한다.

④ 도관(vitrified-clay pipe) : 점토를 주원료로 하여 잘 반죽한 재료를 제관기에 걸어 직관 또는 이형관으로 성형한 뒤 자연건조, 또는 가마 안에 넣고 소성하여 식염가스화로 표면에 규산나트륨의 유리 피막을 입힌다.

⑤ 유리관(glass pipe) : 붕규산 유리로 만들어져 배수관으로 사용되며, 일반적으로 관지름 $40 \sim 150\,\mathrm{mm}$, 길이 $1.5 \sim 3\,\mathrm{m}$의 것이 시판되고 있다.

2 관이음 부속 및 재료

(1) 정지 밸브(stop valve)

① 글로브 밸브(globe valve)

   (가) 옥형 밸브라고도 하며 관로가 갑자기 바뀌기 때문에 유체의 저항이 크다.

   (나) 관로 폐쇄 또는 유량 조절용으로 좋다.

   (다) 보통 50 A 이하는 포금제 나사형, 65 A 이상은 밸브 디스크와 시트는 청동제, 본체는 주철(주강) 플랜지 이음형이다. 밸브 디스크의 모양은 평면형, 반구형, 원뿔형 등의 형상이 있다.

(a) 글로브 밸브

(b) Y형 글로브 밸브

(c) 앵글 글로브 밸브   (d) 니들 밸브

글로브 밸브의 종류

② 슬루스 밸브(sluice valve) : 게이트 밸브(gate valve)라고도 하며 유체의 흐름을 단속하는 밸브로서 배관용으로 많이 사용된다. 밸브를 완전히 열면 유체흐름의 단면적 변화가 없어서 마찰저항이 없다. 그러나 리프트(lift)가 커서 개폐(開閉)에 시간이 걸리며, 더욱이 밸브를 절반 정도 열고 사용하면 와류(渦流)가 생겨 유체의 저항이 커지기 때문에 유량 조절이 적당하지 않다.

(a) 나사 결합형   (b) 플랜지형

슬루스 밸브

③ 체크 밸브(check valve) : 유체를 일정한 방향으로만 흐르게 하고 역류를 방지하는 데 사용한다. 밸브의 구조에 따라 리프트형, 스윙형, 풋형이 있다.

㈎ 리프트형 체크 밸브(lift type check valve) : 글로브 밸브와 같은 밸브 시트의 구조로서 유체의 압력에 밸브가 수직으로 올라가게 되어 있다. 밸브의 리프트는 지름의 1/4 정도이며 흐름에 대한 마찰저항이 크므로 구조상 수평 배관에만 사용된다.

㈏ 스윙형 체크 밸브(swing type check valve) : 시트의 고정핀을 축으로 회전하여 개폐되므로 유수에 대한 마찰저항이 리프트형보다 적고, 수평, 수직 어느 배관에도 사용할 수 있다.

㈐ 풋형 체크 밸브(foot type check valve) : 개방식 배관의 펌프 흡입관 선단에 부착하여 사용하는 체크 밸브로서 펌프 운전 중에 흡입관 속을 만수 상태로 만들도록 고려된 것이다.

① 몸체
② 덮개
③ 디스크

(a) 리프트형　　　　　　　(b) 스윙형

(밸브 뚜껑붙이형)　　　　　　　(볼형)

(c) 풋형

체크 밸브의 종류

④ 콕(cock) : 콕은 원뿔에 구멍을 뚫은 것으로 90° 회전함에 따라 구멍이 개폐되어 유체가 흐르고 멈추게 되어 있는 밸브이다. 유로의 면적이 단면적과 같고 일직선이 되기 때문에 유체의 저항이 작고 구조도 간단하나 기밀성이 나빠 고압 유량에는 적당하지 않다.

⑤ 버터플라이 밸브(butterfly valve) : 밸브판의 지름을 축으로 하여 밸브판을 회전함으로써 유량을 조정하는 밸브이다. 이 밸브는 기밀을 완전하게 하는 것은 곤란하나 유량을 조절하는 데는 편리하다.

⑥ 볼 밸브(ball valve) : 구멍이 뚫리고 활동하는 공 모양의 몸체가 있는 밸브로서 비교적 소형이며, 핸들을 90°로 움직여 개폐하므로 개폐시간이 짧아 가스 배관에 많이 사용한다.

⑦ 다이어프램 밸브(diaphragm valve) : 산 등의 화학약품을 차단하는 경우에 내약품, 내열 고무제의 다이어프램을 밸브 시트에 밀착시키는 것으로 유체의 흐름에 대한 저항이 작아 기밀용으로 사용한다.

(2) 조정 밸브

① 감압 밸브(pressure reducing valve) : 고압을 사용압력으로 감압하는 밸브

② 온도 조절 밸브(temperature regulating valve) : 열교환기나 가열기 등에 사용하며 기구 속의 온도를 자동적으로 조정하는 자동 제어 밸브

③ 안전 밸브(safety valve) : 보일러 등의 압력용기와 그 밖에 고압 유체를 취급하는 배관에 설치하여 관 또는 용기 내의 압력이 규정한도에 달하면 내부에너지를 자동적으로 외부로 방출하여 용기 안의 압력을 항상 안전한 수준으로 유지하는 밸브로서 관 속의 압력을 일정하게 조정한다. 종류는 스프링식, 추식, 지렛대식 등이 있다.

④ 전동 밸브(motor valve)

㈎ 콘덴서 모터를 구동하여 감속된 회전력을 링크 기구에 의한 왕복운동으로 바꾸어서 제어 밸브를 개폐한다.

㈏ 출구 수에 따라 2방향 밸브와 3방향 밸브가 있다.

㈐ 유체의 온도, 압력, 유량 등의 원격 제어나 자동 제어에 사용한다.

⑤ 전자 밸브(solenoid valve) : 전자 코일의 전자력에 의해 밸브를 개폐시키는 것만 가능하다.

(3) 스트레이너 (strainer)

① Y형 스트레이너 : 금속망의 개구면적은 호칭지름 단면적의 약 3배이고 본체에는 흐름의 방향을 표시하는 화살표가 새겨져 있으므로 시공 시 주의하여야 한다.

② U형 스트레이너 : 주철제의 본체 안에 원통형 여과망을 수직으로 넣어 유체가 망의 안쪽에서 바깥쪽으로 흐른다. 구조상 유체가 내부에서 직각으로 흐르게 됨으로써 Y형 스트레이너에 비해 유체에 대한 저항이 크나 보수나 점검 등에 매우 편리한 점이 있으므로 기름 배관에 많이 쓰인다.

③ V형 스트레이너 : Y, U형과 같으나 유체가 직선으로 흘러 저항이 작고 여과망의 교환, 점검, 보수가 편리하다.

(a) Y형   (b) U형   (c) V형

스트레이너의 종류

(4) 트랩 (trap)

① 증기 트랩 (steam trap) : 방열기 또는 증기관 내에 생긴 응축수 및 공기를 증기로부터 분리하여 증기는 통과시키지 않고 응축수만 환수관으로 배출하는 장치이다.

  ㈎ 열동식 트랩

    ㉮ 인청동의 박판으로 만든 벨로스 내부에 휘발성이 많은 액체 (에테르)를 채운 것으로 방열기 출구에 설치한다.

    ㉯ 드레인이나 공기가 들어오면 온도가 내려가 벨로스가 수축하여 밸브를 열게 된다.

    ㉰ 내압력이 $1 \, kg/cm^2$ 이하의 방열기나 관 끝 트랩에 사용된다.

(a) 앵글형   (b) 스트레이트형(S형)

열동식 트랩의 종류

  ㈏ 버킷 트랩 (bucket trap) : 버킷의 부력에 의해 밸브를 개폐하여 간헐적으로 응축수를 배출하는 구조의 트랩이다.

㉮ 상향식과 하향식이 있다.

㉯ 이론적으로는 증기관 내와 환수관 내의 압력차 $1\,kg/cm^2$에 대해 $10\,m$까지 응축수를 밀어 올릴 수 있으나 실제로는 $8\,m$ 정도로 하고 있다.

㉰ 고압, 중압의 증기 환수관용으로 쓰인다.

㉱ 환수관을 트랩보다 높은 위치로 배관할 수 있다.

(다) 다량 트랩 (float trap) : 트랩 속에 응축수가 차면 플로트가 떠오르고 밸브가 열려 하부 배출구로 응축수가 배출된다.

㉮ 플로트의 부력으로 밸브를 개폐한다.

㉯ 저압, 중압 ($4\,kg/cm^2$ 이하)의 공기 가열기, 열교환기 등에서 다량의 응축수를 처리할 때 사용된다.

(라) 충동 증기 트랩 (impulse steam trap) : 온도가 높아진 응축수는 압력이 낮아지면 다시 증발하게 된다. 이때 증발로 인하여 생기는 부피의 증가를 밸브의 개폐에 이용한 것이 임펄스 증기 트랩이다 (또는 디스크 증기 트랩이라고도 한다).

㉮ 구조가 간단하고 취급하는 드레인 양에 비해 소형이다.

㉯ 공기 배제도 가능하며 고압, 중압, 저압 어느 것에나 사용할 수 있으나 항상 다소의 증기가 새는 결점이 있다.

② 배수 트랩

(가) 관 트랩 (pipe trap)

㉮ S 트랩 : 세면기, 대변기, 소변기 등의 위생기를 바닥에 설치된 배수 수평관에 접속할 때 사용한다.

㉯ P 트랩 : 벽면에 매설하는 배수 수직관에 접속할 때 사용한다.

㉰ U 트랩 : 가옥 트랩 (house trap) 또는 메인 트랩 (main trap)으로서 건물 내의 배수 수평주관 끝에 설치하여 공공 하수관에서 유독가스가 건물 안으로 침입하는 것을 방지하는 데 사용한다.

(a) S 트랩   (b) P 트랩   (c) U 트랩

관 트랩의 종류

(내) 박스형 트랩 (box trap)

⑦ 그리스 트랩 : 조리대 배수에 함유된 지방분의 관 내 부착을 방지한다.

(내) 가솔린 트랩 : 휘발성의 석유, 가솔린 등을 배수관에서 분리함으로써 인화의 위험을 막는다.

(대) 벨 트랩 : 바닥 배수를 모아 배수관에 유출시키고, 배수관 내에 발생하는 유독가스의 실내 혼입을 방지한다. 일명 바닥 배수라고도 한다.

(래) 드럼 트랩 : 개숫물 내의 찌꺼기를 트랩 바닥에 모이게 하여 배수관 내에는 찌꺼기가 흐르지 않게 한다.

3 관지지 장치

(1) 행어 및 서포트 (hanger & support)

① 행어 : 배관의 하중을 위에서 걸어 당겨 받치는 지지구이며 리지드 행어, 스프링 행어, 콘스턴트 행어 등이 있다.

(a) 리지드 행어

(b) 스프링 행어

(c) 콘스턴트 행어

행어의 종류

② 서포트 : 아래에서 위로 떠받쳐 지지하는 기구로서 파이프 슈 (pipe shoe), 리지드 서포트 (rigid support), 롤러 서포트 (roller support), 스프링 서포트 (spring support) 등이 있다.

(a) 스프링 서포트

(b) 롤러 서포트

(c) 파이프 슈

(d) 리지드 서포트

서포트의 종류

(2) 리스트레인트 (restraint)

열팽창에 의한 배관의 이동을 구속 또는 제한한다.

① 앵커 (anchor) : 배관을 지지점 위치에 완전히 고정하는 지지구이다.

② 스톱 (stop) : 배관의 일정방향의 이동과 회전만 구속하고 다른 방향은 자유롭게 이동하게 한다.

③ 가이드 (guide) : 축과 직각방향의 이동을 구속한다. 파이프 랙 (rack) 위 배관의 곡관부분과 신축 이음 부분에 설치한다.

④ 브레이스 (brace) : 펌프, 압축기 등의 진동을 흡수하는 데 사용한다.

(a) 앵커

(b) 스톱

(c) 가이드

리스트레인트의 종류

4 보온·보랭 재료 및 기타 배관용 재료

물체의 보온성은 주로 내부에 있는 거품이나 기류층의 상태와 그 양 등에 의하여 달라지며, 화학성분과는 거의 관계가 없다.

보온 효과는 내열도에 의하여 저온용(100℃ 이하), 중온용(100 ~ 400℃), 고온용(400℃ 이상)으로 나누어진다. 저온용 보온 재료에는 코르크, 펠트, 목재의 코크스 등이 있고, 고온용 보온 재료에는 석면, 규조토, 광재면, 유리면, 운모 등이 있다.

(1) 유기질 보온재

① 펠트(felt)

　(가) 양모 펠트와 우모 펠트가 있다.

　(나) 아스팔트를 방습한 것은 −60℃까지의 보냉용에 사용할 수 있다.

　(다) 곡면의 시공에 편리하게 쓰인다.

　(라) 동물성 펠트는 100℃ 이하에 사용한다.

　(마) 안전 사용온도 : 100℃ 이하(열전도율 0.176 ~ 2.09 kJ/m·h·K)

> **참고** **펠트의 원료**
> - **광물성 섬유** : 석면, 암면, 슬래그 섬유
> - **식물성 섬유** : 마, 솜, 툰트라, 기타 풀줄기
> - **동물성 섬유** : 양, 소, 말 등 동물의 털

② 코르크(cork)

　(가) 액체 및 기체를 쉽게 침투시키지 않아 보랭·보온재로 우수하다.

　(나) 냉수, 냉매 배관, 냉각기, 펌프 등의 보냉용에 주로 사용된다.

　(다) 판형, 원통형의 모형으로 압축해서 300℃로 가열하여 만든 것으로 굽힘성이 없어 곡면 시공에 사용하면 균열이 생긴다.

　(라) 안전 사용온도 : 130℃ 이하(열전도율 0.167 ~ 0.205 kJ/m·h·K)

③ 기포성 수지

　(가) 열전도율, 흡수성이 작다.

　(나) 굽힘성이 풍부하며 불연소성이 있고 경량이다.

　(다) 보랭재로 우수하다.

　(라) 합성수지 또는 고무질 재료를 사용하여 다공질 제품으로 만든 것이다.

　(마) 안전 사용온도 : 80℃ 이하

④ 텍스류

　(가) 톱밥, 목재, 펄프를 원료로 해서 압축판 모양으로 제작한 것이다.

　(나) 실내벽, 천장 등의 보온 및 방음에 사용한다.

㈐ 안전 사용온도 : 120℃ 이하 (열전도율 0.238 ~ 0.243 kJ/m·h·K)

(2) 무기질 보온재

① 석면
  ㈎ 석면은 아스베스토스 (asbestos)가 주원료로 온석면, 청석면 (철분이 적은 것을 아모 사이트라 부른다), 투각섬 석면, 직섬 석면의 4종류가 있는데 선박과 같이 진동이 심 한 곳에 사용되며, 450℃ 이하의 파이프, 탱크, 노벽 등에 보온재로 쓰인다 (열전도 율 0.201 ~ 0.272 kJ/m·h·K).
  ㈏ 800℃ 정도에서 강도와 보온성이 감소된다.
  ㈐ 석면은 사용 중에 부서지거나 뭉그러지지 않으며 곡관부와 플랜지 등의 보온재로 많이 사용된다.

② 암면
  ㈎ 주원료는 슬래그이며 성분 조정용으로 안산암 (andesite), 현무암 (basalt), 미분암, 감람암에 석회석을 섞어 용융하여 섬유 모양으로 만든 것이다.
  ㈏ 석면에 비해 섬유가 거칠고 굳어서 부서지기 쉬운 결점이 있다.
  ㈐ 식물성·내열성 합성수지 등의 접착제를 써서 띠모양, 판모양, 원통형으로 가공하여 400℃ 이하의 파이프, 덕트, 탱크 등에 보온재로 사용한다 (열전도율 0.163 ~ 0.201 kJ/m·h·K).

③ 규조토 (diatomaceous earth)
  ㈎ 규조토는 광물질의 잔해 퇴적물로 좋은 것은 순백색이고 부드러우나 일반적으로 사용되고 있는 것은 불순물을 함유하고 있어 황색이나 회녹색을 띠고 있다.
  ㈏ 단독으로 성형할 수 없고 점토 또는 탄산마그네슘을 가하여 형틀에 압축·성형한다.
  ㈐ 단열효과가 떨어지므로 두껍게 시공해야 하는데, 석면 사용 시 500℃ 이하의 파이 프, 탱크, 노벽 등의 보온에 사용한다 (열전도율 0.348 ~ 0.409 kJ/m·h·K, 삼여물을 사용할 때의 안전 사용온도는 250℃).

④ 탄산마그네슘 ($MgCO_3$)
  ㈎ 염기성 탄산마그네슘 85 %, 석면 15 %를 배합한 것으로 물에 개어 사용하는 보온재 이다.
  ㈏ 석면 혼합 비율에 따라 열전도율이 좌우되고 300 ~ 320℃에서 열분해한다.
  ㈐ 방습 가공한 것은 옥외나 암거 배관의 습기가 많은 곳에 사용하며, 250℃ 이하의 파이프, 탱크 등에 보냉용으로도 사용한다 (열전도율 0.209 ~ 0.293 kJ/m·h·K).

⑤ 유리섬유 (glass wool) : 사용 방법은 암면과 같으며 300℃ 이하의 보온·보냉용에 사용 한다.

⑥ 슬래그 섬유(slag wool) : 제철할 때 생기는 용광로의 슬래그를 용융하여 압축공기를 분사해서 섬유 모양으로 만들어 암면과 같은 용도로 사용한다.

⑦ 보온 시멘트 : 석면, 암면, 점토, 기타 화학 접착제를 가해서 혼합물에 개어 사용한다.

⑧ 규산칼슘 : 규산과 석회를 수중에서 처리할 때 생성되는 규산칼슘 수화물을 의미하는 것으로, 상온에서는 반응하지 않으므로 규조토, 규사 등의 규산질 원료와 석회질 원료 및 석면을 혼합·가열하여 겔화한 것을 수열합성(水熱合成)한 것이다.

　밀도와 기계적 강도는 다른 고온용 보온재에 비하여 우수하고, 이 종류의 성형품은 밀도와 곡강도가 밀접한 관계가 있어 밀도를 증가시키면 강도가 현저하게 향상된다.

　KS에서 보온통 1호는 밀도 0.22 이하, 보온통·보온관 2호는 0.35 이하로 규정하고 있다. 내열·내수성이 우수하여 700℃ 이하의 장치에 적합하다.

(3) 패킹(packing)

① 성질 : 패킹은 접합부의 누설을 방지하기 위하여 접합부 사이에 삽입하는 것으로 개스킷이라고도 하며, 누설을 방지하기 위하여 약간의 탄성이 있어야 된다. 선정 시 고려사항은 다음과 같다.

　㈎ 관 내 물체의 물리적 성질 : 온도, 압력, 가스체와 액체의 구분, 밀도, 점도 등

　㈏ 관 내 물체의 화학적 성질 : 화학 성분과 안정도, 부식성, 용해능력, 휘발성, 인화성과 폭발성 등

　㈐ 기계적 성질 : 교환의 난이, 진동의 유무, 내압과 외압의 정도 등의 조건을 검토한 후에 종합적으로 가장 적합한 개스킷 재료를 선정해야 한다.

　재료의 종류에는 다음의 6종류가 있다.

　　㉮ 고무류와 그 가공품　　　　㉯ 식물 섬유 제품
　　㉰ 동물 섬유 제품　　　　　　㉱ 광물 섬유 제품
　　㉲ 합성수지 제품　　　　　　㉳ 금속 제품

② 플랜지용 패킹

　㈎ 고무 패킹

　　㉮ 천연고무

　　　• 탄성은 우수하나 흡수성이 없다.

　　　• −55℃에서 경화, 변질된다.

　　　• 내산·내알칼리성은 크지만, 열과 기름에 약하다.

　　　• 100℃ 이상의 고온 배관용으로는 사용 불가능하며, 주로 급·배수, 공기의 밀폐용으로 사용된다.

㉯ 네오프렌 (neoprene)
- 내열 범위가 −46 ~ 120℃인 합성고무이다.
- 내유 (耐油) · 내후 · 내산화성이며 기계적 성질이 우수하다.
- 물, 공기, 기름, 냉매 배관에 사용한다.

(내) 석면 조인트 시트
㉮ 섬유가 가늘고 강한 광물질로 된 패킹제이다.
㉯ 450℃까지의 고온에도 견딘다.
㉰ 증기, 온수, 고온의 기름 배관에 적합하며 슈퍼 히트 (super heat) 석면이 많이 쓰인다.

(대) 합성수지 패킹
㉮ 가장 많이 쓰이는 테플론은 기름에도 침해되지 않고 내열 범위도 −260 ~ 260℃이다.
㉯ 탄성이 부족하여 석면, 고무, 파형 금속관 등으로 표면 처리하여 사용한다.

(래) 금속 패킹
㉮ 구리, 납, 연강, 스테인리스 강제 금속이 많이 사용된다.
㉯ 탄성이 적어 관의 팽창, 수축, 진동 등으로 누설할 염려가 있다.

(매) 오일 실 패킹
㉮ 한지를 일정한 두께로 겹쳐 내유 가공한 것이다.
㉯ 펌프, 기어 박스 등에 사용되며 내열도가 낮다.

③ 나사용 패킹
(개) 페인트 (paint) : 페인트와 광명단을 혼합하여 사용하며 고온의 기름 배관을 제외하고는 모든 배관에 사용할 수 있다.
(내) 일산화연 (litharge) : 일산화연은 냉매 배관에 많이 사용하며 빨리 굳기 때문에 페인트에 섞어서 사용한다.
(대) 액상 합성수지 : 액상 합성수지는 약품에 강하고 내유성이 크며 내열 범위는 −30 ~ 130℃이다 (증기, 기름, 약품 배관에 사용).

④ 글랜드용 패킹
(개) 석면 각형 패킹 : 석면 실을 각형으로 짜서 흑연과 윤활유를 침투시킨 패킹이며, 내열 · 내산성이 좋아 대형 밸브에 사용한다.
(내) 석면 얀 패킹 : 석면 실을 꼬아서 만든 것으로 소형 밸브의 글랜드에 사용한다.
(대) 아마존 패킹 : 면포와 내열고무 콤파운드를 가공하여 만든 것으로 압축기의 글랜드에 사용한다.

㉑ 몰드 패킹 : 석면, 흑연, 수지 등을 배합 성형하여 만든 것으로 밸브, 펌프 등에 사용한다.

(4) 페인트 (paint)

① 광명단 도료

  ㉮ 밀착력이 강하고 도막도 단단하여 풍화에 강하다.

  ㉯ 다른 착색 도료의 초벽 (under coating)으로 우수하다.

  ㉰ 연단에 아마인유 (linseed oil)를 혼합하여 만들며 녹 방지용이다.

② 산화철 도료

  ㉮ 산화 제2철에 보일러유나 아마인유를 섞은 도료이다.

  ㉯ 도막이 부드럽고 값도 저렴하다.

  ㉰ 녹 방지 효과는 불량하다.

③ 알루미늄 도료 (은분)

  ㉮ Al 분말에 유성 바니시 (oil varnish)를 섞은 도료이다.

  ㉯ Al 도막은 금속 광택이 있으며 열을 잘 반사한다.

  ㉰ $400 \sim 500℃$의 내열성을 지니고 있고 난방용 방열기 등의 외면에 도장한다.

④ 합성수지 도료

  ㉮ 프탈산 (phthalic acid) : 상온에서 도막을 건조시키는 도료이다. 내후성, 내유성이 우수하고 내수성은 불량하며, 특히 5℃ 이하의 온도에서는 잘 건조되지 않는다.

  ㉯ 요소 (尿素) 멜라민 : 내열·내유·내수성이 좋다. 특수한 부식에서 금속을 보호하기 위한 내열 도료로 사용되고 내열도는 $150 \sim 200℃$ 정도이며 베이킹 도료로 사용된다.

  ㉰ 염화비닐계 : 내약품성, 내유·내산성이 우수하여 금속의 방식 도료로 쓰인다. 부착력과 내후성이 나쁘며 내열성이 약한 결점이 있다.

  ㉱ 실리콘 수지계 : 요소 멜라민계와 같이 내열 도료 및 베이킹 도료로 사용된다 (내열도 $200 \sim 350℃$).

⑤ 타르 및 아스팔트

  ㉮ 관의 벽면과 물 사이에 내식성 도막을 만들어 물과의 접촉을 방해한다.

  ㉯ 노출 시에는 외부 원인에 따라 균열이 발생하기 쉽다.

  ㉰ 주트 (jute) 등과 함께 사용하거나, 130℃ 정도 가열해서 사용하는 것이 좋다.

⑥ 고농도 아연 도료 : 최근 배관공사에 많이 사용되는 방청 도료의 일종으로 도료를 칠했을 경우 생기는 핀 홀 (pin hole)에 물이 고여도 주위의 철 대신 아연이 희생전극이 되어 부식되므로 철이 부식되는 것을 방지하는 전기 부식 작용이 생기는 특징이 있어 오랫동안 미관을 유지할 수 있다.

예상문제

1. 급수관의 길이가 15 m, 안지름이 40 mm일 때 관 내 유수속도가 2 m/s라면 이때의 마찰손실수두는 얼마인가? (단, 마찰손실계수 $\lambda = 0.04$이다.)

① 1.5 m   ② 3.06 m

③ 6.08 m   ④ 6.12 m

해설 $h = \lambda \cdot \dfrac{l}{d} \cdot \dfrac{V^2}{2g}$

$= 0.04 \times \dfrac{15}{0.04} \times \dfrac{2^2}{2 \times 9.8} = 3.06 \text{ mAq}$

2. 배관 설비에 있어서 유속을 V, 유량을 Q 라고 할 때 관지름 d 를 구하는 식은 다음 중 어느 것인가?

① $d = \sqrt{\dfrac{\pi V}{Q}}$ ② $d = \sqrt{\dfrac{4Q}{\pi V}}$

③ $d = \sqrt{\dfrac{\pi V}{4Q}}$ ④ $d = \sqrt{\dfrac{Q}{\pi V}}$

해설 $Q = AV$의 식에 $A = \dfrac{\pi d^2}{4}$를 대입하면,

$Q = \dfrac{\pi d^2}{4} V$, $\pi d^2 V = 4Q$

$\therefore\ d = \sqrt{\dfrac{4Q}{\pi V}}$

3. 300 A 강관의 지름을 B (inch) 호칭으로 지름을 표시하면?

① 4 B   ② 6 B

③ 10 B   ④ 12 B

해설 강관의 치수 표시는 mm 단위에는 A자로, inch 단위에는 B자를 숫자 다음에 표시한다. 주요 관지름을 A와 B로 나타내면 다음과 같다.

A (mm)	B (in)	A (mm)	B (in)
10	$\dfrac{3}{8}$	80	3
15	$\dfrac{1}{2}$	90	$3\dfrac{1}{2}$
20	$\dfrac{3}{4}$	100	4
25	1	150	6
32	$1\dfrac{1}{4}$	200	8
40	$1\dfrac{1}{2}$	250	10
50	2	300	12
65	$2\dfrac{1}{2}$		

4. 다음은 동관에 관한 설명이다. 틀린 것은?

① 전기 및 열전도율이 좋다.

② 산성에는 내식성이 강하고 알칼리성에는 심하게 침식된다.

③ 가볍고 가공이 용이하며 동파되지 않는다.

④ 전연성이 풍부하고 마찰저항이 적다.

해설 동관은 알칼리성에는 내식성이 강하나 산성에는 심하게 침식된다.

5. 다음은 연관의 특성을 열거한 것이다. 잘못된 것은?

① 산성에 몹시 약하다.

② 굴곡성이 좋아 가공이 쉽다.

③ 내식성이 매우 좋다.

④ 중량이 크며 가격도 비싸다.

해설 연관은 산성에는 강하고 알칼리성에는 약해 콘크리트 매설 시에는 나관배관을 하면 안 된다.

6. 고온·고압용에 이용하며 내식성이 있는 관은 어느 것인가?

정답 1. ②   2. ②   3. ④   4. ②   5. ①   6. ②

① 압력 배관용 탄소 강관
② 스테인리스관
③ 경질 염화비닐관
④ 동관

해설 스테인리스관은 이음매 없는 관(seamless pipe)과 용접관의 두 종류가 있으며, 고도의 내식·내열성을 지니므로 화학공장, 실험실, 연구실 등의 특수 배관에 사용되고 있다.

7. 다음은 경질 염화비닐관에 관한 설명이다. 잘못된 것은?

① 약품 수송용으로는 부적합하다.
② 전기의 절연성도 크고, 열전도율은 철의 1/350이다.
③ 굴곡, 접합 및 용접가공이 용이하다.
④ 열에 약하고 충격강도도 작다.

해설 경질 염화비닐관은 내식성, 내산·내알칼리성이 크기 때문에 약품 수송용으로 적합하다.

8. 다음 중 폴리에틸렌관에 관한 설명으로 틀린 것은?

① 염화비닐관에 비해 가볍다.
② 인장강도가 염화비닐관의 1/5 정도이다.
③ 충격강도가 작고 내한성도 나쁘다.
④ 화력에 극히 약하다.

해설 폴리에틸렌관은 충격강도가 크고 내한성도 좋으며, 또한 내열성과 보온성도 우수하다.

9. 고압난방의 관 끝 트랩 및 기구 트랩 또는 저압난방 기구 트랩에 많이 사용되는 것은?

① 열동식 트랩 ② 버킷 트랩
③ 플로트 트랩 ④ 박스형 트랩

해설 버킷 트랩은 상향식과 하향식이 있으며 고압, 중압의 증기 배관에 많이 쓰이고 있다.

10. 다음 옥형 밸브에 관한 설명 중 틀린 것은 어느 것인가?

① 유체의 저항이 크다.
② 관로폐쇄 및 유량조절용에 적당하다.
③ 게이트 밸브라고 통용된다.
④ 50 A 이하는 나사 결합형, 65 A 이상은 플랜지형이 일반적이다.

해설 옥형 밸브는 스톱 밸브 또는 글로브 밸브라고 통용된다. 경량이고 값이 싸며 고온 고압용에는 주강 또는 합금강제가 많다.
※ ③의 게이트 밸브는 사절 밸브의 통용어이다.

11. 사절 밸브에 관한 다음 설명 중 틀린 것은 어느 것인가?

① 찌꺼기(drain)가 체류해서는 안 되는 배관 등에 적합하다.
② 속 나사식과 바깥 나사식이 있다.
③ 유체의 흐름에 따른 마찰저항손실이 적다.
④ 유량의 조절용으로 적합하다.

해설 사절 밸브는 슬루스 밸브 또는 게이트 밸브라고도 하며, 핸들을 회전함에 따라 밸브 스템이 상하 운동하는 바깥 나사식(50 A 이하용)과 핸들을 회전하면 밸브 시트만 상하 운동하고 스템은 운동하지 않는 속 나사식(65 A 이상용)이 있다.

12. 다량 트랩이라고도 하는 것은 무엇인가?

① 열동식 트랩
② 버킷 트랩
③ 플로트 트랩
④ 충동 증기 트랩

해설 플로트 트랩은 다량(多量) 트랩이라고도 하며, 저압, 중압의 공기가열기, 열교환기 등에서 다량의 응축수 처리 시 사용된다.

정답   **7.** ①   **8.** ③   **9.** ②   **10.** ③   **11.** ④   **12.** ③

13. 트랩의 봉수(water seal)에 대한 설명 중 틀린 것은?

① 트랩의 기능은 하수가스의 실내 침입을 방지하는 것이다.

② 봉수의 깊이가 너무 크면 저항이 증대하여 통수능력이 감소된다.

③ 통수능력이 감소되면 통수력의 세척력이 약해진다.

④ 봉수의 깊이는 50 mm 이하로 하는 것이 좋다.

해설 봉수 깊이는 50 ~ 100 mm가 표준이다. 봉수 깊이를 너무 깊게 하면 유수의 저항이 증대하여 자기세척력이 약해져 트랩 밑에 침전물이 쌓여 막히는 원인이 되고, 50 mm 보다 얕으면 트랩의 역할을 해내지 못해 위생상 좋지 못하다.

14. 빗물 배수와 건물 사이에 사용되는 트랩은 무엇인가?

① X형 트랩   ② U형 트랩
③ Y형 트랩   ④ Z형 트랩

해설 U형 트랩은 관 트랩의 일종으로 빗물 배수간과 가옥 배수관 사이에 설치하며, 메인 트랩(main trap) 또는 하우스 트랩(house trap)이라고도 한다.

15. 행어는 배관을 지지할 목적에 사용된다. 다음 중 행어의 종류에 속하지 않는 것은?

① 리지드 행어 (rigid hanger)
② 스프링 행어 (spring hanger)
③ 콘스턴트 행어 (constant hanger)
④ 서포트 행어 (support hanger)

해설 서포트 (support)는 배관 하중을 아래에서 위로 지지하는 것이고, 행어 (hanger)는 위에서 걸어 당겨 지지한다.

16. 다음 중 수평 배관의 구배를 자유롭게 조정할 수 있는 지지금속은 무엇인가?

① 고정 인서트   ② 앵커
③ 롤러   ④ 턴버클

해설 ① 고정 인서트 : 행어의 일종으로서 콘크리트 천장 또는 빔 등에 행어를 고정하고자 할 때 콘크리트 속에 인서트를 매설하여 이것에 관을 고정할 행어용 볼트를 끼워 준다.

② 앵커 : 배관을 지지점 위치에 완전히 고정하는 지지구이다.

③ 롤러 : 관을 지지하면서 신축을 자유롭게 하는 서포트의 일종이다.

④ 턴버클 : 양 끝에 오른나사와 왼나사가 있어 막대나 로프를 당겨서 조이는 데 사용한다. 행어로 고정한 지점에서 배관의 구배를 수정할 때 쓰인다.

17. 급수, 배수, 공기 등의 배관에 쓰이는 패킹은 어느 것인가?

① 고무 패킹
② 금속 패킹
③ 합성수지 패킹
④ 석면 조인트 패킹

해설 고무 패킹은 탄성은 우수하나 흡수성이 없고, 산·알칼리에는 강하나 열과 기름에는 약하다.

18. 다음은 테플론에 대한 설명이다. 잘못된 것은 어느 것인가?

① 합성수지 제품의 패킹제이다.
② 내열범위는 −260 ~ 260℃이다.
③ 약품이나 기름에 침해된다.
④ 탄성이 부족하다.

해설 테플론은 어떤 약품, 기름에도 침식되지 않는다.

19. 다음 중 플랜지 패킹이 아닌 것은 어느 것인가?

① 네오프렌   ② 테플론
③ 석면   ④ 일산화연

해설 ㉠ 플랜지용 패킹 : 고무 패킹, 석면 패킹, 합성수지 패킹, 금속 패킹 등
㉡ 나사용 패킹 : 페인트, 일산화연, 액상 합성수지 등
㉢ 글랜드용 패킹 : 석면 각형, 석면 얀, 아마존 패킹, 몰드 패킹 등

20. 다음 보온재 중 고온에서 사용할 수 없는 것은?

① 석면
② 규조토
③ 탄산마그네슘
④ 스티로폼

해설 석면은 400℃ 이하, 규조토는 500℃ 이하, 탄산마그네슘은 250℃ 이하의 배관의 보온재로 쓰이고 있으나 스티로폼은 열에 몹시 약해 고온에서는 사용할 수 없다.

21. 다음 중 피복 재료로서 적당하지 않은 것은 어느 것인가?

① 코르크와 기포성 수지
② 석면과 암면
③ 광명단
④ 규조토

해설 피복 재료란 보온재를 말하며 펠트, 코르크, 기포성 수지 등의 유기질 보온재와 석면, 암면, 규조토, 탄산마그네슘 등의 무기질 보온재가 있다.
※ ③은 녹 방지용 도료이다.

22. 강관의 녹을 방지하기 위해 페인트 밑칠에 사용하는 도료는 무엇인가?

① 산화철 도료
② 알루미늄 도료
③ 광명단 도료
④ 합성수지 도료

해설 광명단 도료는 연단과 아마인유를 혼합한 방청 도료로서 녹 방지용 페인트 밑칠(under coating)에 사용된다.

23. 난방용 방열기 등의 외면에 도장하는 도료로서 열을 잘 반사하고 확산하는 것은?

① 산화철 도료
② 콜타르
③ 알루미늄 도료
④ 합성수지 도료

해설 Al 도료는 현장에서 은분이라고 통용된다. 이 도료를 칠하고 나면 Al 도막이 형성되어 금속광택이 생기고 열도 잘 반사하게 된다.

24. 방열기 및 배관 중 높은 곳에 설치하는 밸브는 무엇인가?

① 안전 밸브
② 감압 밸브
③ 온도조절 밸브
④ 에어 벤트 밸브

해설 에어 벤트 밸브(air vent valve)란 공기빼기 밸브를 말하며, 배관계 내의 공기를 배출하는 역할을 담당하고 단구와 쌍구 2종이 있다.

25. 다음 중 냉동 배관용 밸브로 쓰이지 않는 것은?

① 냉매 밸브
② 팽창 밸브
③ 지수전
④ 전자 밸브

해설 ㉠ 냉매 밸브 : 냉매 스톱 밸브라고 할 수 있으며 글로브 밸브의 일종이다.
㉡ 팽창 밸브 : 냉동부하의 증발온도에 따라 증발기로 들어가는 냉매량을 조절한다.
㉢ 전자 밸브 : 솔레노이드 밸브(solenoid valve)라고도 하며 팽창 밸브 앞에서 냉동기의 압축기가 정지하고 있을 때 냉매액이 증발기 내에 유입되는 것을 방지한다.

1-2	○ 배관공작

1 배관용 공구 및 시공

(1) 사고의 원인

① 사용하는 수공구의 선정 미숙

② 사용 전의 점검, 정비의 불충분

③ 이용방법이 익숙하지 못했다.

④ 사용방법을 그르쳤다.

(2) 수공구의 관리

① 정리정돈이 잘 되어 있어야 한다.

② 공구는 다른 공구의 대용이 되어서는 안 된다.

③ 안전관리 담당자들은 정기적으로 공구를 점검해야 한다.

(3) 사용상 유의사항

① 사용 전의 주의사항

㈎ 결함 유무를 확인할 것

㈏ 그 성능을 충분히 파악한 다음 사용할 것

㈐ 손이나 공구에 묻은 기름은 깨끗하게 닦을 것

㈑ 주위 환경에 주의해서 작업을 시작할 것

㈒ 정 작업 시는 칸막이를 준비할 것

② 사용 중의 주의사항

㈎ 좋은 공구를 사용할 것

㉮ 해머에 쐐기가 없는 것, 자루가 빠지려고 하는 것은 사용하지 말 것

㉯ 스패너는 너트에 잘 맞는 것을 사용할 것

㉰ 드라이버는 구부러진 것이나 끝이 둥글게 된 것은 사용하지 말 것

㉱ 날물류는 잘 연마하여 예리하게 만들고 잘 깎이는 것을 사용할 것

㈏ 수공구는 그 목적 이외의 용도에는 사용하지 말 것 (본래의 용도에만 사용할 것)

③ 사용 후의 주의사항

㈎ 사용한 공구의 정리정돈을 잘해둘 것

㈏ 공구는 기계나 재료 등의 위에 놓지 말 것

(다) 사용 후 반드시 점검하여 보관 및 관리할 것

(라) 반드시 지정된 장소에 갖다 놓을 것

(4) 수공구류의 안전수칙

① 해머작업

(가) 해머는 장갑을 낀 채로 사용하지 말 것

(나) 해머는 처음부터 힘을 주어 치지 말 것

(다) 녹이 슨 공작물을 칠 때는 보호 안경을 착용할 것

(라) 해머 대용으로 다른 것을 사용하지 말 것

(마) 좁은 장소에서 사용하지 말 것

(바) 큰 해머 사용 시 작업자의 힘을 생각하여 무리하지 말 것

② 정 작업

(가) 정 작업을 할 때는 보호 안경을 착용할 것

(나) 담금질 된 재료를 깎아내지 말 것

(다) 자르기 시작할 때와 끝날 무렵에는 세게 치지 말 것

(라) 절단 시 조각이 튀는 방향에 주의할 것

(마) 정을 잡은 손은 힘을 뺄 것

③ 스패너 작업

(가) 스패너에 무리한 힘을 가하지 말 것

(나) 만약 벗겨져도 안전하도록 주위를 살필 것

(다) 넘어지지 않도록 몸을 가눌 것

(라) 스패너의 손잡이에 파이프를 끼워서 사용하거나, 해머로 두들겨서 사용하지 말 것

(마) 스패너와 너트 사이에는 절대로 다른 물건을 끼우지 말 것

(바) 스패너의 고정된 자루에 힘이 걸리도록 하여 앞으로 당길 것

④ 그라인더 작업

(가) 그라인더 작업은 정면을 피해서 작업할 것

(나) 받침대가 3 mm 이상 열렸을 때는 사용하지 말 것

(다) 그라인더 작업 시 반드시 보호 안경을 착용할 것

(라) 숫돌의 옆면은 압력에 약하므로 절대 측면을 사용하지 말 것

(마) 안전 덮개를 반드시 부착 후 사용할 것

⑤ 줄, 드라이버, 바이스 및 기타작업

(가) 줄을 망치 대용으로 쓰지 말 것

㈔ 줄은 반드시 자루에 끼워서 사용할 것

㈐ 줄질 후 쇳가루를 입으로 불어내지 말 것

㈑ 드라이버의 끝이 상하지 않은 것을 사용할 것

㈒ 드라이버는 홈에 잘 맞는 것을 사용할 것

㈓ 바이스에 물건을 물릴 때 확실하게 물릴 것

㈔ 바이스에 공구, 재료 등을 올려 놓지 말 것

㈕ 서피스 게이지는 사용 후, 즉시 뾰족한 끝이 아래로 향하게 할 것

(5) 산업 안전색채

① 적색 : 방화, 정지, 금지, 방향, 위험물 표시

② 녹색 : 진행, 구호, 구급, 안전지도 표시, 응급처치용 장비

③ 백색 : 통로, 정리, 정돈 (보조용)

④ 주황색 : 위험

⑤ 황색 : 조심, 주의, 위험표시

⑥ 흑색 : 보조용 (다른 색을 돕는다.)

⑦ 청색 : 출입금지, 수리 중, 송전 중

2 관이음 방법

(1) 나사 접합

소구경관의 접합 (50 A 이하)으로 테이퍼 나사 (PT)와 평행 나사 (PF)가 있다.

① 절 단 : 수동공구, 동력기계, 가스절단

② 나사 절삭 : 오스터, 동력기계

③ 패킹 : 페인트, 흑연, 일산화연, 액상수지

④ 관용 테이퍼 나사 : 테이퍼 1/16, 나사산 55°

⑤ 조립 : 관과 소켓 사용

⑥ 관 이음쇠의 사용 목적에 따른 분류

㈎ 관의 방향을 바꿀 때 : 엘보 (elbow), 벤드 (bend) 등

㈏ 배관을 분기할 때 : 티 (tee), 와이 (Y), 크로스 (cross) 등

㈐ 동경의 관을 직선 연결할 때 : 소켓 (socket), 유니언 (union), 플랜지 (flange), 니플 (nipple) 등

㈑ 이경관을 연결할 때 : 이경엘보, 이경소켓, 이경티, 부싱 (bushing) 등

㈒ 관의 끝을 막을 때 : 캡 (cap), 플러그 (plug)

㈓ 관의 분해 수리 교체가 필요할 때 : 유니언, 플랜지 등

⑦ 이음쇠는 제조 후 $25 \, kg/cm^2$의 수압시험과 $5 \, kg/cm^2$ 공기압 시험을 실시하여 누설이나 기타 이상이 없어야 한다. 이음쇠의 크기를 표시하는 방법은 다음 그림과 같다.

이음쇠의 크기 표시와 종류

㈎ 지름이 같은 경우에는 호칭지름으로 표시한다.

㈏ 지름이 2개인 경우에는 지름이 큰 것을 첫 번째, 작은 것을 두 번째 순서로 기입한다.

㈐ 지름이 3개인 경우에는 동일 중심선 또는 평행 중심선상에 있는 지름이 큰 것을 첫 번째, 작은 것을 두 번째, 세 번째로 기입한다. 단, 90° Y인 경우에는 지름이 큰 것을 첫 번째, 작은 것을 두 번째, 세 번째로 기입한다.

㈑ 지름이 4개인 경우에는 가장 큰 것을 첫 번째, 이것과 동일 중심선상에 있는 것을 두 번째, 나머지 2개 중에서 지름이 큰 것을 세 번째, 작은 것을 네 번째로 기입한다.

(2) 용접 접합

① 방법 : 가스 용접, 전기 용접

② 종류 : 맞대기 이음, 슬리브 이음, 플랜지 용접 이음

③ 누수가 없고 관지름의 변화도 없다.

④ 용접봉 : 고산화티탄계, 일미나이트계

> **참고** 용접 이음쇠 엘보 및 벤드의 장반경 (long elbow)은 호칭지름의 1.5배, 단반경 (short elbow)은 호칭지름과 같고, 슬리브 용접의 슬리브 길이는 지름의 1.2 ~ 1.7배이다.
>
>
>
> (a) 맞대기 용접   (b) 슬리브 용접

⑤ 장점

㈎ 유체의 저항 손실이 적다.

㈏ 접합부의 강도가 강하며 누수의 염려도 없다.

㈐ 보온 피복 시공이 용이하다.

㈑ 중량이 가볍다.

㈒ 시설유지 보수비가 절감된다.

㈓ 일미나이트계, 고산화티탄계 $\phi\,3 \sim 5\,\mathrm{mm}$를 사용한다.

(3) 플랜지(flange) 접합

① 설치하는 경우

㈎ 압력이 높은 경우

㈏ 분해할 필요성이 있는 경우

㈐ 관지름이 큰 경우(65 mm 이상)

㈑ 밸브, 펌프, 열교환기, 압축기 등의 각종 기기 접속

② 부착 방법 : 용접식, 나사식(볼트, 너트는 대각선으로 균일한 압력으로 조일 것)

(a) 전면 시트　(b) 대평면 시트　(c) 소평면 시트　(d) 삽입형 시트　(e) 홈형 시트

플랜지 접합

플랜지 시트의 형상

플랜지의 종류	호칭압력 (kg/cm^2)	용도
전면 시트	16 이하	주철제 및 구리합금제 플랜지
대평면 시트	63 이하	부드러운 패킹을 사용하는 플랜지
소평면 시트	16 이상	경질의 패킹을 사용하는 플랜지
삽입형 시트	16 이상	기밀을 요하는 경우
홈꼴형 시트	16 이상	위험성 유체 배관 및 기밀 유지

(4) 벤딩

① 곡률 반지름 : 관지름의 3 ~ 6배 이상으로 하며, 6 이상 시에는 마찰저항이 적다.

② 벤딩의 산출길이

$$L = l_1 + l_2 + l \quad (\text{여기서}, \ l = \pi D \frac{\theta}{360} = 2\pi R \frac{\theta}{360})$$

③ 직선길이의 산출

$$L = l + 2(A-a), \ l = L - 2(A-a), \ l' = L - (A-a)$$

④ 빗변길이의 산출

$$L = \sqrt{l_1^2 + l_2^2}$$

빗변길이의 계산

굽힘길이

나사 이음 시 치수 (직선)

3 신축 이음 (expansion joint)

(1) 슬리브형 (sleeve type expansion joint)

① 설치 공간을 넓게 차지하지 않는다.

② 고압 배관에는 부적당하다 (8 kg/cm^2 이하).

③ 자체 응력 및 누설이 없다.

④ 50 A 이하는 청동제의 나사형 이음쇠이고, 65 A 이상은 본체의 일부 또는 전부가 주철제이고 슬리브관은 청동제이다.

⑤ 신축량은 50 ~ 300 mm 정도이다.

(2) 벨로스형 신축 이음쇠 (bellows type joint)

① 설치 공간을 넓게 차지하지 않는다.

② 고압 배관에는 부적당하다.

③ 자체 응력 및 누설이 없다.

④ 벨로스는 부식되지 않는 스테인리스 제품을 사용한다.

⑤ 신축량은 6 ~ 30 mm 정도이다.

(3) 루프형 신축 이음쇠 (loop type expansion joint)

① 설치 공간을 많이 차지한다.

② 신축에 따른 자체 응력이 생긴다.

③ 고온·고압의 옥외 배관에 많이 사용된다.

④ 관의 곡률 반지름은 6배 이상으로 한다 (관을 주름잡을 때는 곡률 반지름을 2 ~ 3배로 한다).

(4) 스위블형 신축 이음쇠 (swivel type expansion joint)

① 증기 및 온수난방용 배관에 많이 사용된다. 2개 이상의 엘보를 사용하여 이음부의 나사 회전을 이용해서 배관의 신축을 이 부분에서 흡수한다.

② 신축의 크기는 회전관의 길이에 따라 정해지며, 직관의 길이 30 m에 대하여 회전관 1.5 m 정도 조립한다.

(5) 볼 조인트

① 평면상의 변위뿐만 아니라 입체적인 변위까지도 안전하게 흡수하여 볼 이음쇠를 2개 이상 사용하면 회전과 기울임이 동시에 가능하다.

② 축방향의 힘과 굽힌 부분에 작용하는 회전력을 동시에 처리할 수 있으므로 온수 배관 등에 많이 사용된다.

③ 어떠한 형태의 신축에도 배관이 안전하고, 타 신축 이음에 비하여 앵커, 가이드, 스폿 에도 간단히 설치할 수 있으며, 면적이 적게 소요된다.

④ 증기, 물, 기름 등 30 kg/cm^{2}에서 220℃까지 사용된다.

4 주철관의 접합

(1) 소켓 접합(socket joint)

관의 소켓부에 납과 얀(yarn)을 넣는 접합 방식이다.

> 참고 ① **석면 얀** : 석면 실을 꼬아서 만든 것
> ② **얀** : 마(麻)를 가늘게 여러 가닥 합쳐 20 mm 정도 되도록 꼬아서 만든 것

① 접합부 주위는 깨끗하게 유지한다. 만일 물이 있으면 납이 비산하여 작업자에게 해를 준다.

② 얀(누수 방지용)과 납(얀의 이탈 방지용)의 양은 다음과 같다.

㈎ 급수관일 때 : 깊이의 약 1/3을 얀, 2/3를 납으로 한다.

㈏ 배수관일 때 : 깊이의 약 2/3를 얀, 1/3을 납으로 한다.

③ 납은 충분히 가열한 후 산화납을 제거하고, 접합부 1개소에 필요한 양을 단 한번에 부 어 준다.

④ 납이 굳은 후 코킹 (다지기)작업을 한다.

(2) 기계적 접합(mechanical joint)

150 mm 이하의 수도관용으로 소켓 접합과 플랜지 접합의 장점을 취한 방법이다.

① 지진, 기타 외압에 대한 가요성이 풍부하여 다소의 굴곡에도 누수되지 않는다.

② 작업이 간단하며 수중작업도 용이하다.

③ 기밀성이 좋다.

④ 간단한 공구로서 신속하게 이음이 되며 숙련공이 필요하지 않다.

⑤ 고압에 대한 저항이 크다.

소켓 접합   **기계적 접합**

(3) 빅토릭 접합 (victoric joint)

가스 배관용으로 빅토릭형 주철관을 고무링과 칼라 (누름판)를 사용하여 접합한다. 압력이 증가할 때마다 고무링이 더욱더 관벽에 밀착되어 누수를 방지하게 된다.

(4) 타이톤 접합 (tyton joint)

이 방법은 미국 US 파이프 회사에서 개발한 세계 특허품으로서 현재 널리 이용되고 있는 새로운 이음 방법이다.

빅토릭 접합   **타이톤 접합**

(5) 플랜지 접합 (flanged joint)

고압의 배관, 펌프 등의 기계 주위에 이용된다. 시공 시에는 플랜지를 죄는 볼트를 균등하게 대각선상으로 조인다. 패킹제로는 고무, 석면, 마, 납판 등이 사용된다.

5 동관 접합

땜 접합(납땜, 황동납땜, 은납땜)에 쓰이는 슬리브식 이음재와 관 끝을 나팔 모양으로 넓혀 플레어 너트(flare nut)로 죄어서 접속하는 이음 방법이 있다.

(1) 순동 이음재

① 용접 가열시간이 짧아 공수가 절감된다.
② 벽 두께가 균일하므로 취약부분이 적다.
③ 재료가 순동이므로 내식성이 좋아 부식에 의한 누수 우려가 없다.
④ 내면이 동관과 같아 압력 손실이 적다.
⑤ 외형이 크지 않은 구조이므로 배관 공간이 적어도 된다.
⑥ 다른 이음쇠에 의한 배관에 비해 공사비용을 절감할 수 있다.

(2) 동합금 이음재(bronze fitting)

나팔관식 접합용과 한쪽은 나사식, 다른 한쪽은 연납땜(soldering)이나 경납땜(brazing) 접합용의 이음재로 대별한다.

1. 다음 그림과 같이 관 규격 20 A로 이음 중심 간의 길이를 300 mm로 할 때 직관길이 l은 얼마로 하면 좋은가? (단, 20 A의 90° 엘보 는 중심선에서 단면까지의 거리가 32 mm이 고, 나사가 물리는 최소길이가 13 mm이다.)

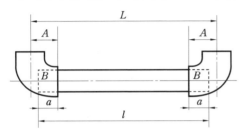

① 282 mm   ② 272 mm
③ 262 mm   ④ 252 mm

해설 배관의 중심선 길이를 L, 관의 실제 길이를 l, 부속의 끝 단면에서 중심선까지의 치수를 A, 나사가 물리는 길이를 a라 하면,
$L = l + 2(A - a)$
∴ 실제 절단길이 $l = L - 2(A - a)$이다.
따라서 식에 대입하여 풀면,
∴ $l = 300 - 2(32 - 13) = 262$ mm이다.

2. 다음 중 관용 나사 테이퍼는 얼마인가?

① $\dfrac{1}{16}$ ② $\dfrac{1}{32}$ ③ $\dfrac{1}{64}$ ④ $\dfrac{1}{50}$

해설 관용 나사는 주로 테이퍼 나사를 많이 이용 하며, 테이퍼는 $\dfrac{1}{16}$이고 나사산의 각도는 55° 이다.

3. 다음 중 용도가 다른 공구는?

① 벤드벤   ② 사이징 툴
③ 익스팬더   ④ 튜브 벤더

해설 ①은 연관용 공구이고, ②, ③, ④는 모두 동관용 공구이다.

4. 호칭지름 20 A의 강관을 180°로 100 mm 반 지름으로 구부릴 때 곡선의 길이는?

① 약 280 mm   ② 약 158 mm
③ 약 315 mm   ④ 약 400 mm

해설 $l = \pi D \cdot \dfrac{\theta}{360} = 2\pi r \dfrac{\theta}{360}$
$\qquad = 2 \times \pi \times 100 \times \dfrac{180}{360} ≒ 315$ mm

5. 다음 중 관의 용접 접합 시의 이점이 아닌 것 은 어느 것인가?

① 돌기부가 없어서 시공이 용이하다.
② 접합부의 강도가 커서 배관 용적을 축 소할 수 있다.
③ 관 단면의 변화가 적다.
④ 누설의 염려가 없고 시설 유지비가 절 감된다.

해설 용접 접합의 이점은 위의 ①, ③, ④ 외에 유체의 저항 손실 감소, 보온 피복 시공 용이, 중량이 가벼운 점 등을 들 수 있다.

6. 주철관의 접합 방법 중 옳은 것은?

① 관의 삽입구를 수구에 맞대어 놓는다.
② 얀은 급수관이면 틈새의 1/3, 배수관이 면 2/3 정도로 한다.
③ 접합부에 클립을 달고 2차에 걸쳐 용연 을 부어 넣는다.
④ 코킹 시 끝의 끝이 무딘 것부터 차례로 사용한다.

해설 ① 관의 삽입구를 수구(受口)에 끼워 놓 는다.
③ 1차에 걸쳐 용연(녹은 납)을 부어 넣는다.
④ 코킹 시 끝의 끝이 얇은 것부터 차례로 사용 한다.

7. 다음은 주철관의 메커니컬 조인트(mechanical joint)에 대한 설명이다. 틀린 것은?

① 일본 동경의 수도국에서 창안한 방법이다.
② 수중작업도 용이하다.
③ 소켓 접합과 플랜지 접합의 장점만을 택하였다.
④ 작업은 간단하나 다소의 굴곡이 있어도 누수된다.

해설 메커니컬 조인트란 기계적 접합을 일컫는 것이며, 일본에서 지진과 외압에 견딜 수 있도록 창안해 낸 주철관의 접합법이다. 이 접합법은 다소의 굴곡이 있다고 해도 누수되지 않는다는 큰 장점을 지니고 있다.

8. 다음은 주철관의 빅토릭 접합에 관한 설명이다. 틀린 것은?

① 고무링과 금속제 칼라가 필요하다.
② 칼라는 관지름 350 mm 이하이면 2개의 볼트로 죄어 준다.
③ 관지름이 400 mm 이상일 때는 칼라를 4등분하여 볼트를 죈다.
④ 압력의 증가에 따라 더 심하게 누수되는 결점을 지니고 있다.

해설 빅토릭 접합은 압력이 증가함에 따라 고무링이 더욱더 관벽에 밀착하여 누수를 막는 작용을 한다.

칼라
고무링

9. 주철관의 플랜지 접합 시 사용되는 패킹제에 해당되지 않는 것은?

① 고무   ② 석면
③ 마, 납   ④ 파이버

해설 고온의 증기가 통하는 배관에는 아스베스토스, 연동판, 슈퍼 히트 패킹 등이 주철관 플랜지 이음에 사용된다.

10. 지름 20 mm 이하의 동관을 이음할 때 또는 기계의 점검, 보수, 기타 관을 떼어내기 쉽게 하기 위한 동관의 이음 방법은?

① 플레어 이음   ② 슬리브 이음
③ 플랜지 이음   ④ 사이징 이음

해설 플레어 이음은 고정쇠 이음이라고도 하며 강관의 유니온에 의한 접합과 동일한 방법이라고 생각해도 좋다.

11. 플라스탄이 연관 내부에 흘러 들어가는 것을 방지하는 것은?

① 네오타니시   ② 그리스
③ 프탈산암모늄   ④ 벤젠

해설 네오타니시(neotarnish)는 밀가루에 설탕, 아교 등을 배합한 풀의 일종으로, 열에 의해 팽창하며 연관과의 접합면을 밀폐한다. 물에 잘 용해되며 수질에는 무해하다.

12. 만다린 이음(mandarin duck joint)의 순서 중 틀린 것은?

① 재료를 경사지게 자른다.
② 가열하여 벤드벤으로 구부린다.
③ 관에는 네오타니시, 소켓에는 크림 플라스탄을 바른다.
④ 접합부의 자연건조를 위하여 양지쪽에 둔다.

해설 만다린 이음은 연관 접합 중 수전 소켓을 접합하는 경우에 이용된다. ①, ②, ③의 순서 다음에 "접합부를 가열해 플라스탄으로 납땜한다."의 과정으로 마무리를 지어야 한다.

13. 다음은 경질 염화비닐관 접합에 관한 설명이다. 틀린 것은?

① 나사 접합 시 나사가 외부에 나오지 않도록 한다.
② 냉간 삽입 접속 시 관의 삽입길이는 바깥지름의 길이와 같게 한다.
③ 열간법 중 일단법은 50 mm 이하의 소구경관용이다.
④ PVC 관의 모떼기 작업은 보통 45° 각도로 한다.

해설 경질 염화비닐관의 나사 접합 시에는 나사의 길이를 강관보다 1~2산 짧게 하고 접합부 밖으로 나사산이 전혀 나오지 않게 삽입한다. 열간법은 일단법과 이단법이 있으며 이단법은 65 mm 이상의 대구경관용이다. 열간 접합법 시공 시 관 단부에 해 주는 모떼기 작업의 각도는 보통 30°로 한다.

14. 경질 염화비닐관의 삽입 접합 시 관지름에 따른 표준 삽입길이를 잘못 나타낸 것은?

① 16 A, 30 mm ② 20 A, 35 mm
③ 25 A, 45 mm ④ 40 A, 60 mm

해설 표준 삽입길이　　　　　(단위 : mm)

호칭지름	10	13	16	20	25	30
삽입길이	20	25	30	35	40	45
호칭지름	40	50	65	80	100	125
삽입길이	60	70	80	90	110	135
호칭지름	150	200	250	300	–	–
삽입길이	160	180	230	290	–	–

15. PVC 관 벤딩법에 관한 설명 중 틀린 것은?

① 경질 염화비닐관 벤딩 시 20 mm 이하의 관에는 모래 충진이 불필요하다.
② 경질 염화비닐관의 굽힘 반지름은 관지름의 3~6배가 적당하다.
③ 폴리에틸렌관을 바깥지름의 4배 이상의 굽힘 반지름으로 벤딩할 때는 상온 벤딩도 가능하다.

④ 굽힘 반지름이 작은 폴리에틸렌관의 벤딩은 열간으로 벤딩하여야 한다.

해설 폴리에틸렌관의 상온 벤딩이 가능한 굽힘 반지름은 관 바깥지름의 8배 이상이다.

16. 다음 중 이터닛관의 접합법에 해당되지 않는 것은?

① 기볼트 접합　　② 칼라 접합
③ 심플렉스 접합　④ 테이퍼 접합

해설 이터닛관은 석면 시멘트관의 통칭이다. 기볼트 접합법은 흄관(원심력 철근 콘크리트관)의 접합에도 이용된다.

17. 다음 이종 관끼리의 접합 방법 중 잘못 설명된 것은?

① 연관의 끝에 도관을 접속할 때는 접속부 사이에 얀을 넣고 퍼티를 충진시켜 준다.
② 석면 시멘트관과 주철관의 접합 시에는 주철제 특수관을 매체로 한다.
③ 동관과 연관을 연결할 때는 동관의 끝을 플레어 공구로 넓혀 준 후 연관을 끼운다.
④ 주철관과 도관을 접합할 때에는 도관의 수구에 삽입구의 끝을 끼우고 그 틈새에 얀을 박은 후 모르타르를 채운다.

해설 동관과 연관을 접합할 때는 연관의 끝을 턴핀으로 넓힌 후에 동관을 삽입 밀착시켜 땜납으로 접합한다.

18. 폴리에틸렌관의 이음법 중에서 이음강도가 가장 확실하고 안전한 방법은?

① 용착 슬리브 이음
② 심플렉스 이음
③ 칼라 접합
④ 기볼트 접합

해설 ②, ③, ④는 석면 시멘트관의 접합이다.

19. 다음 중 철근 콘크리트관의 접합 방법을 잘못 설명한 것은?

① 칼라 접합 방법에서는 관과 관 사이에 주철제 칼라를 씌운다.

② 칼라를 씌운 후에는 관과의 사이에 콤포 (compo)를 충진한다.

③ 모르타르 접합은 굽힘성이 전혀 없는 방법이므로 기볼트 접합을 병행한다.

④ 모르타르 접합에서 모르타르가 유출될 염려가 있을 때는 관과 관 사이에 얀 (yarn)을 1 cm 정도 삽입하면 좋다.

해설 칼라 접합에는 철근 콘크리트제 칼라를 사용한다. 콤포 (compo)는 모래와 시멘트를 수분 17 %에 1 : 1의 비율로 배합한 혼합물이다.

20. 주철관의 이음 방법 중에서 타이톤 이음 (tyton joint)의 특징을 설명한 것으로 틀린 것은?

① 이음에 필요한 부품은 고무링 하나뿐이다.

② 이음 과정이 간단하며, 관 부설을 신속히 할 수 있다.

③ 비가 올 때나 물기가 있는 곳에서는 이음이 불가능하다.

④ 고무링에 의한 이음이므로 온도 변화에 따른 신축이 자유롭다.

해설 타이톤 접합은 원형의 고무링 하나만으로 접합하는 방법이다. 소켓 안쪽의 홈은 고무링을 고정시키도록 되어 있고, 삽입구의 끝은 고무링을 쉽게 끼울 수 있도록 테이퍼져 있다.

소켓
고무링
삽입구

21. 25 mm 강관의 용접 이음용 롱 엘보의 중심선의 반지름은 얼마 정도로 하면 되는가?

① 25 mm ② 32 mm
③ 38 mm ④ 50 mm

해설 롱 엘보 (long elbow)의 굽힘 반지름은 강관 호칭지름의 1.5배, 쇼트 엘보 (short elbow)는 강관의 호칭지름과 같다.

22. 다음 패킹 시트의 종류 중 고압 위험성이 있을 때 적당한 것은?

① 홈 시트 ② 소평면 시트
③ 대평면 시트 ④ 삽입형 시트

해설 관 플랜지의 패킹 시트 (packing seat)는 위의 4가지 외에 전면 시트를 포함하여 모두 5가지이다. 홈 시트는 채널형 시트라고도 하며, 호칭압력 16 kg/cm^2 이상의 위험성이 있고 극히 기밀을 요할 때 사용된다.

23. 다음 배관용 연결 부속 중 분해 조립이 가능하도록 하려면 무엇을 설치하면 되는가?

① 엘보, 티
② 리듀서, 부싱
③ 유니언, 플랜지
④ 캡, 플러그

해설 유니언은 후일 배관 도중에서 분기 증설할 때나 배관의 일부를 수리할 때 분해 조립이 가능해 편리하며, 주로 관지름 50 A 이하의 소구경관에 사용하고 그 이상의 대구경관에는 플랜지를 사용한다.

24. 강관 신축 이음은 직관 몇 m마다 설치해 주는 것이 좋은가?

① 10 ② 20
③ 30 ④ 40

해설 강관 신축 이음은 직관 30 m마다 1개소씩 설치하고, 경질 염화비닐관은 10 ~ 20 m마다 1개소씩 설치한다.

Chapter 02

배관관련 설비

2-1 ──o 급수설비

1 급수설비 개요

(1) 급수량(사용수량=L/cd ; litre per capita per day)

① 평균 사용 수량을 기준으로 하면 여름에는 20 % 증가하고 겨울에는 20 % 감소한다.

② 도시의 1인당 평균 사용수량(건축물의 사용수량)=거주 인명수×(200 ~ 400) L/cd

③ 매시 평균 예상 급수량 $Q_h = \dfrac{Q_d}{T}$ [L/h]로 1일의 총급수량을 건물의 사용시간으로 나눈

것이다.

④ 매시 최대 예상 급수량 $Q_m = (1.5 \sim 2) Q_h$ [L/h]

⑤ 순간 최대 예상 급수량 $Q_p = \dfrac{(3 \sim 4) Q_h}{60}$ [L/min]

(2) 급수량의 산정 방법

① 건물 사용 인원에 의한 산정 방법

$$Q_d = q \cdot N \text{ [L/d]}$$

여기서, Q_d : 그 건물의 1일 사용수량 (L/d)

q : 건물별 1인 1일당 급수량 (L/h)

N : 급수 대상인원 (인)

② 건물 면적에 의한 산정 방법

$$Q_d = A \cdot K \cdot N \cdot q = Q \cdot N \text{ [L/d]}$$

$$A' = A \cdot \dfrac{K}{100}$$

$$N = A' \times a$$

여기서, A' : 건물의 유효면적 (m^2) ⠀⠀⠀⠀⠀a : 유효면적당 비율
⠀⠀⠀⠀A : 건물의 연면적 (m^2) ⠀⠀⠀⠀⠀N : 유효면적당 인원 (인/m^2)
⠀⠀⠀⠀K : 건물의 연면적에 대한 유효면적 비율 ⠀q : 건물 종류별 1인 1일당 급수량 (L/cd)

③ 사용기구에 의한 산정 방법

$$Q_d = Q_f \cdot F \cdot P \,[\text{L/d}]$$

$$q_m = \frac{Q_d}{H} \cdot m \,[\text{L/d}]$$

여기서, Q_d : 1인당 급수량 (L/d) ⠀⠀⠀⠀F : 기구 수 (개)
⠀⠀⠀⠀Q_f : 기구의 사용수량 (L/d) ⠀⠀⠀P : 동시 사용률
⠀⠀⠀⠀q_m : 시간당 최대 급수량 (L/h) ⠀⠀m : 계수 (1.5 ~ 2)
⠀⠀⠀⠀H : 사용시간

(3) 급수 방법

① 직결 급수법 (direct supply system)

⠀㉮ 우물 직결 급수법 ⠀⠀⠀⠀⠀⠀⠀⠀㉯ 수도 직결 급수법

② 고가탱크식 급수법 (elevated tank system) : 탱크의 크기는 1일 사용 수량의 1 ~ 2시간분 이상의 양 (소규모 건축물은 2 ~ 3시간분)을 저수할 수 있어야 되며 설치높이는 샤워실 플러시 밸브의 경우 7 m 이상, 보통 수전은 3 m 이상이 되도록 한다.

③ 압력탱크식 급수법 (pressure tank system) : 지상에 압력탱크를 설치하여 높은 곳에 물을 공급하는 방식으로 압력탱크는 압력계·수면계·안전밸브 등으로 구성된다.

> **참고** 옥상탱크식에 비교한 압력탱크의 결점
> ① 정전 시 단수된다.
> ② 양정이 높은 펌프가 필요하다.
> ③ 급수압이 일정하지 않고 압력차가 크다.
> ④ 고장이 많고 취급이 어렵다.
> ⑤ 소규모를 제외하고 압축기로 공기를 공급해야 된다.
> ⑥ 압력탱크는 기밀을 요하며, 높은 압력에 견딜 수 있어야 되므로 제작비가 고가이다.

④ 가압 펌프식 : 압력탱크 대신에 소형의 서지탱크 (surge tank)를 설치하여 연속 운전이 되는 펌프 한 대 외에 보조 펌프를 여러 대 작동시켜서 운전한다.

② 급수설비 배관

(1) 급수 배관

① 배관의 구배

⠀㉮ 1/250 끝올림 구배 (단, 옥상 탱크식에서 수평주관은 내림 구배, 각 층의 수평지관은 올림 구배)

㈏ 공기빼기 밸브의 부설 : 조거형 (ㄷ자형) 배관이 되어 공기가 괼 염려가 있을 때 부설한다.

㈐ 배니 밸브 설치 : 급수관의 최하부와 같이 물이 괼 만한 곳에 설치한다.

공기빼기 밸브의 설치   **배니 밸브의 설치**

② 수격작용 : 세정 밸브 (flush valve)나 급속개폐식 수전 사용 시 유속의 불규칙한 변화로 유속을 m/s로 표시한 값의 14배 이상의 압력과 소음을 동반하는 현상이다. 그 방지책으로는 급속개폐식 수전 근방에 공기실 (air chamber)을 설치한다.

③ 급수관의 매설 (hammer head) 깊이

㈎ 보통 평지 : 450 mm 이상

㈏ 차량 통로 : 750 mm 이상

㈐ 중차량 통로, 냉한 지대 : 1 m 이상

④ 분수전 (corporation valve) 설치

㈎ 각 분수전의 간격은 300 mm 이상, 1개소당 4개 이내로 설치한다.

㈏ 급수관 지름이 150 mm 이상일 때는 25 mm의 분수전을 직결한다.

㈐ 100 mm 이하일 때 50 mm의 급수관을 접속하려면 T자관이나 포금제 리듀서를 사용한다.

⑤ 급수 배관의 지지 : 서포트 곡부 또는 분기부를 지지하며 급수 배관 중 수직관에는 각 층마다 센터 레스트 (center rest)를 장치한다.

수평관의 지지간격

관 지름	지지간격	관 지름	지지간격
20 A 이하	1.8 m	90 ~ 150 A	4.0 m
25 ~ 40 A	2.0 m	200 ~ 300 A	5.0 m
50 ~ 80 A	3.0 m	—	—

(2) 펌프 설치

① 펌프와 모터 축심을 일직선으로 맞추고 설치 위치는 되도록 낮춘다.

② 흡입관의 수평부 : 1/50 ~ 1/100의 끝올림 구배를 주며, 관지름을 바꿀 때는 편심 이음쇠를 사용한다.

③ 풋 밸브(foot valve)의 장치 : 동수위면에서 관지름의 2배 이상 물속에 장치한다.

④ 토출관 : 펌프 출구에서 1 m 이상 위로 올려 수평관에 접속한다. 토출양정이 18 m 이상될 때는 펌프의 토출구와 토출 밸브 사이에 역지 밸브를 설치한다.

2-2 ○ 급탕설비

1 급탕설비의 개요

(1) 배관 구배

중력 순환식은 1/150, 강제 순환식은 1/200의 구배로 하고, 상향 공급식은 급탕관을 끝올림 구배, 복귀관을 끝내림 구배로 하며 하향 공급식은 급탕관, 복귀관 모두 끝내림 구배로 한다.

(2) 팽창탱크와 팽창관의 설치

팽창탱크의 높이는 최고층 급탕 콕보다 5 m 이상 높은 곳에 설치하며 팽창관 도중에 절대로 밸브류 장치를 해서는 안 된다.

2 급탕설비 배관

(1) 저장탱크와 급탕관

① 급탕관은 보일러나 저탕탱크에 직결하지 말고 일단 팽창탱크에 연결한 후 급탕한다.

② 복귀관은 저장탱크 하부에 연결하며 급탕 출구로부터 최원거리를 택한다.

③ 저장탱크와 보일러의 배수는 일반 배수관에 직결하지 말고 일단 물받이(route)로 받아 간접 배수한다.

(2) 관의 신축대책

① 배관의 곡부 : 스위블 조인트를 설치한다.

② 벽 관통부 배관 : 강관제 슬리브를 사용한다.

③ 신축 조인트 : 루프형 또는 슬리브형을 택하고 강관일 때 직관 30 m마다 1개씩 설치한다.

④ 마룻바닥 통과 시에는 콘크리트 홈을 만들어 그 속에 배관한다.

(3) 복귀탕의 역류방지

각 복귀관을 복귀주관에 연결하기 전에 역지 밸브를 설치한다. 45° 경사의 스윙식 역지 밸브를 장치하며 저항을 작게 하기 위하여 1개 이상 설치하지 않는다.

(4) 관지름 결정

다음 계산식에 의해 산출한 순환수두에서 급탕관의 마찰손실 수두를 뺀 나머지 값을 복귀관의 허용 마찰손실로 하여 산정하고, 보통 복귀관을 급탕관보다 1∼2 구경 작게 한다.

(5) 자연순환식 (중력순환식)의 순환수두 계산법

$$H = 1000(\rho_r - \rho_f)h \text{ [mmAq]}$$

여기서, h : 탕비기에서의 복귀관 중심에서 급탕 최고 위치까지의 높이 (m)

ρ_r : 탕비기에서의 복귀 탕수의 밀도 (kg/L)

ρ_f : 탕비기 출구의 열탕의 밀도 (kg/L)

(6) 강제순환식의 펌프 전양정

$$H = 0.01\left(\frac{L}{2} + l\right) \text{[mmH}_2\text{O]}$$

여기서, L : 급탕관의 전 길이 (m), l : 복귀관의 전 길이 (m)

(7) 온수 순환펌프의 수량

$$Q = 60 W\rho C\Delta t \text{ [kcal/h]} \qquad W = \frac{Q}{60\Delta t} \text{ [L/min]}$$

여기서, W : 순환수량 (L/min) ρ : 탕의 밀도 (kg/L)

C : 탕의 비열 (kcal/kg·℃) Q : 방열량 (kcal/h)

Δt : 급탕관탕의 온도차 (℃) [강제순환식일 때 5∼10℃]

1 배수통기 설비의 개요

배수설비라 하면 건물 내부에서 사용되는 각종 위생기구로부터 사용하고 남은 폐수와 그 폐수 중 특히 대, 소변기 등에서 나오는 오수를 합친 설비를 말하며, 그 배수관에서 발생하는 유취, 유해 가스의 옥내 침입방지를 위해 설치하는 배관을 통기설비라 한다.

(1) 트랩의 구비조건

① 구조가 간단할 것
② 봉수가 유실되지 않는 구조일 것
③ 트랩 자신이 세정 작용을 할 수 있을 것
④ 재료의 내식성이 풍부할 것
⑤ 유수면이 평활하여 오수가 머무르지 않는 구조일 것

(2) 트랩의 봉수 유실 원인

① 자기 사이펀 작용 : 배수 시에 트랩 및 배수관은 사이펀관을 형성하여 기구에 만수된 물이 일시에 흐르게 되면 트랩 내의 물이 자기 사이펀 작용에 의해 모수 배수관 쪽으로 흡인되어 배출하게 된다. 이 현상은 S 트랩의 경우에 특히 심하다.
② 흡출 작용 : 수직관 가까이에 기구가 설치되어 있을 때 수직관 위로부터 일시에 다량의 물이 낙하하면 그 수직관과 수평관의 연결부에 순간적으로 진공이 생기고 그 결과 트랩의 봉수가 흡입 배출된다.
③ 분출 작용 : 트랩에 이어진 기구 배수관이 배수 수평지관을 경유 또는 직접 배수 수직관에 연결되어 있을 때, 이 수평지관 또는 수직관 내를 일시에 다량의 배수가 흘러내리는 경우 그 물덩어리가 일종의 피스톤 작용을 일으켜 하류 또는 하층 기구의 트랩 속 봉수를 공기의 압력에 의해 역방향인 실내 쪽으로 역류시키기도 한다.
④ 모세관 현상 : 트랩의 오버 플로우관 부분에 머리카락·걸레 등이 걸려 아래로 늘어뜨려져 있으면 모세관 작용으로 봉수가 서서히 흘러내려 마침내 말라버리게 된다.
⑤ 증발 : 위생 기구를 오래도록 사용하지 않는 경우 또는 사용도가 적고 사용하는 시간 간격이 긴 기구에서는 수분이 자연 증발하여 마침내 봉수가 없어지게 된다. 특히 바닥을 청소하는 일이 드문 바닥 트랩에서는 물의 보급을 게을리 하면 이 현상이 자주 일어난다.

⑥ 운동량에 의한 관성 : 보통은 일어나지 않는 현상이나 위생 기구의 물을 갑자기 배수하는 경우, 또는 강풍 기타의 원인으로 배관 중에 급격한 압력변화가 일어났을 경우, 트랩 U자형의 양 봉수면에 상하 번갈아 동요가 일어나 봉수가 감소하며 결국은 봉수가 전부 없어지는 경우가 있다.

2 배수통기 설비 배관

(1) 배수관의 시공법

배수관의 배관은 다음과 같은 요령으로 시공한다.

① 회로 (환상) 통기 방식의 기구 배수관을 배수 수평관에 연결할 때는 배수 수평관의 측면에 45° 경사지게 접속하며 배수 수평관 위에 수직으로 연결하여서는 안 된다.

② 각 기구의 일수관은 기구 트랩의 배수 입구쪽에 연결하되, 배수관에 2중 트랩을 만들어서는 안된다.

③ 연관 배수관의 구부러진 부분에 다른 배관을 접속해서는 안 된다.

④ 자동차 차고의 수세기 배수관은 반드시 가솔린 트랩에 유도한다.

⑤ 냉장고의 배수관은 반드시 간접 배관을 하여 물을 일단 루트에 받아서 모아 하류 배수관으로 배출시킨다.

⑥ 빗물 배수 수직관에 다른 배수관을 연결해서는 안 된다.

(2) 통기관 시공법

① 각 기구의 각개 통기관은 기구의 오버 플로선보다 150 mm 이상 높게 세운 다음 수직 통기관에 접속한다.

② 바닥에 설치하는 각개 통기관에 수평부를 만들어서는 안 된다.

③ 회로 통기관은 최상층 기구의 앞쪽에 수평 배수관에 연결한다.

④ 통기 수직관을 배수 수직관에 접속할 때는 최하위 배수 수평 분기관보다 낮은 위치에 45° Y 조인트로 접속한다.

⑤ 통기관의 출구는 그대로 옥상까지 수직으로 뽑아 올리거나 배수 신정 통기관에 연결한다.

⑥ 차고 및 냉장고의 배수관 통기관은 단독으로 수직 배관을 하여 안전한 곳에서 대기 속에 배기 구멍을 내며, 다른 통기관에 연결하여서는 안 된다.

⑦ 추운 지방에서 얼거나 강설 등으로 통기관 개구부가 막힐 염려가 있을 때에는 일반 통기 수직관보다 개구부를 크게 한다.

⑧ 간접 특수 배수 수직관의 신정 통기관은 다른 일반 배수 수직관의 신정 통기관 또는 통기 수직관에 연결시켜서는 안 되며, 단독으로 옥외로 뽑아 대기 중에 배기시킨다.

⑨ 배수 수평관에서 통기관을 뽑아 올릴 때는 배수관 윗면에서 수직으로 뽑아 올리든가 45°보다 작게 기울여 뽑아 올린다.

(3) 청소구의 설치

① 실내 청소구(clean out) : 크기는 배관의 지름과 같게 하고 배수 관경이 100 mm 이상일 때는 100 mm로 하여도 무관하다. 설치 간격도 관경 100 mm 미만은 수평관 직선거리 15 m마다, 관경 100 mm 이상의 관은 30 m마다 1개소씩 설치한다.

〈설치 장소〉

㉮ 가옥 배수관이 부지 하수관에 연결되는 곳

㉯ 배수 수직관의 가장 낮은 곳

㉰ 배수 수평관의 가장 위쪽의 끝

㉱ 가옥 배수 수평지관의 시작점

㉲ 각종 트랩의 하부

② 실외 청소구(box seat : man hole) : 배수관의 크기, 암거(pit)의 크기, 매설 깊이 등에 따라 검사나 청소에 지장이 없는 크기로 하며 직진부에서는 관경의 120배 이내마다 1개소씩 설치한다.

〈설치 장소〉

㉮ 암거의 기점, 합류점, 곡부

㉯ 배수관의 경우에는 지름이나 종류가 다른 암거의 접속점

(4) 배수관의 지지

관의 종류	수직관	수평관	분기관 접속 시
주철관일 때	각 층마다	1.6 m마다 1개소	1.2 m마다 1개소
연관일 때	1.0 m마다 1개소 수직관은 새들이 달아 지지, 바닥 위 1.5 m까지 강관으로 보호한다.	1.0 m마다 1개소 수평관이 1 m를 넘을 때는 관을 아연제 반원 홈통에 올려놓고 2군데 이상 지지한다.	0.6 m 이내에 1개소

1 난방설비의 개요

(1) 수배관

① 통수 방식에 의한 분류

㉮ 개방류 방식 : 한번 사용한 물을 재순환시키지 않고 배수하는 방식이다.

㉯ 재순환 방식 : 한번 사용한 물을 환수시켜 재사용하는 방식이다.

② 회로 방식에 의한 분류

㉮ 개방회로 (open circuit) 방식 : 냉각탑이나 축열조를 사용하는 냉수 배관과 같이 순환수가 대기와 개방되어 접촉하는 방식이다.

㉯ 밀폐회로 (closed circuit) 방식 : 열교환기와 방열기를 연결하는 배관과 같이 순환수를 대기와 접촉시키지 않으므로 물의 체적 팽창을 흡수하기 위한 팽창탱크를 설치하여야 한다.

③ 환수 방식에 의한 분류

㉮ 다이렉트 리턴 (직접 환수 회로) 방식 : 방열기 전체의 수저항이 배관의 마찰손실에 비하여 큰 경우 또는 방열기 수저항이 다른 경우에 채용한다.

㉯ 리버스 리턴 방식 : 공급관과 환수관의 이상적인 수량의 배분과 입상관에서 정수두의 영향이 없게 하기 위하여 채용한다.

㉰ 다이렉트 리턴과 리버스 리턴 병용식 : 경제성 수량 밸런스의 난이, 시공의 난이 등을 고려하기 위하여 채용한다.

④ 제어 방식에 의한 분류

제어 방식에 의한 분류

㈎ 정유량 방식 : 3방 밸브를 사용하는 방식이며 부하변동에 대하여 순환수의 온도차를 이용하는 방식이다.

㈏ 변유량 방식 : 2방 밸브를 사용하는 방식이며 부하변동에 대하여 순환수량을 변경시켜 대응하는 방식이다.

⑤ 배관 개수에 의한 분류

㈎ 1관식 : 공급관과 환수관의 역할을 함께 하며 소규모의 온수난방에 사용한다. 결점으로 실온 개별 제어가 곤란하고 실온의 언밸런스가 생긴다. 바이패스 방식과 루프 방식이 있다.

(a) 바이패스 방식 (b) 루프 방식

1관식

㈏ 2관식 : 공급관과 환수관이 1개씩이며 가장 일반적으로 사용된다.

㈐ 3관식 : 2개의 공급관과 1개의 공통환수관을 접속하여 냉수 또는 온수를 공급하는 방식으로, 배관공사는 2관식보다 복잡하나 완전 개별 제어를 할 수 있어 부하변동에 대한 응답이 신속하다. 결점으로 환수관이 1개이므로 냉·온수의 혼합 열손실이 있다.

3관식

㈐ 4관식 : 공급관 2개, 환수관 2개를 접속하므로 배관공사는 복잡하나 3관식과 같은 장점이 있으며 혼합 열손실도 없다. 4관식 유닛은 코일이 1개인 원 코일 유닛과 코일이 두 개로 분할된 유닛이 있다.

4관식

(2) 증기 배관

① 사용 증기압에 의한 분류

㈎ 저압식 증기난방 압력은 $0.15 \sim 0.35 \, \text{kg/cm}^2$이다.

㈏ 고압식 증기난방 압력은 $1 \, \text{kg/cm}^2$ 이상이다.

② 응축수 환수 방법에 의한 분류

㈎ 중력 환수 방식 : 방열기가 보일러 수위보다 높은 위치에 설치되어야 되고 증기주관의 관말에서 환수주관과의 높이가 150 mm 정도의 여유를 두어야 된다.

㈏ 기계 환수 방식 : 콘덴세이션 펌프 또는 진공급수 펌프 등을 이용하며 전자는 응축수를 대기압 이상으로 압송하는 방식이고, 후자는 환수관의 진공을 보통 $100 \sim 250$ mmHg vac 정도 유지하여 환수한다.

(3) 수배관의 관지름 결정

① 유량

㈎ 증발기의 냉수량 (L/min)

$$L_e = \frac{RT \cdot 13900.8}{C \cdot \Delta t_e \cdot 60}$$

여기서, RT : 냉동능력, C : 비열 (4.187 kJ/kg·K)

Δt_e : 냉수 입·출구 온도차 (℃) (일반적으로 5℃ 정도)

(나) 응축기 냉각수량 (L/min)

$$L_c = \frac{RT \cdot 13900.8 \cdot k}{C \cdot \Delta t_c \cdot 60}$$

여기서, k : 방열계수 (냉방 : 1.2, 냉동 : 1.3)

　　　　Δt_c : 냉각수 입·출구 온도차 (℃) (일반적으로 5℃ 정도)

참고 ① 터보 냉동기와 왕복동이 우물물을 사용하는 경우 : $k=1.25$, $\Delta t_c = 8℃$, $L_c = 8RT$

　　② 터보 냉동기와 왕복동이 냉각탑의 조합일 경우 : $k=1.3$, $\Delta t_c = 5℃$, $L_c = 13RT$

　　③ 보통 흡수식 냉동기와 냉각탑의 조합일 경우 : $k=2.5$, $\Delta t_c = 8℃$, $L_c = 16RT$

　　④ 2중 효용 흡수식 냉동기와 냉각탑의 조합일 경우 : $k=2$, $\Delta t_c = 6.3℃$, $L_c = 16RT$

(다) 온수 순환량 (L/min)

$$L_H = \frac{H_b}{C \cdot \Delta t_H \cdot 60}$$

여기서, H_b : 보일러 용량 (kJ/h)

　　　　Δt_H : 보일러 입·출구 온도차 (℃)

(라) 냉각 코일의 냉수량 (L/min)

$$L = \frac{H_e}{C \cdot 60 \cdot \Delta t}$$

여기서, H_e : 코일의 냉각능력 (kJ/h)

　　　　Δt : 코일의 입·출구 온도차 (℃) (5℃)

(마) 온수 방열기 온수량 (L/min)

$$L_r = \frac{EDR \cdot 1860}{C \cdot 60 \cdot \Delta t_r}$$

$$L_r = 0.7 EDR$$

여기서, EDR : 상당 방열면적

　　　　Δt_r : 방열기 입·출구 온도차 (℃) (11℃)

② 유속

㈎ 유속을 적당한 값으로 유지하는 것은 배관 지름을 결정할 수 있으므로 일반적인 기준은 다음과 같다.

사용 장소	유속 (m/s)	사용 장소	유속 (m/s)
펌프 토출관	2.4 ~ 3.6	입상관	0.9 ~ 3.0
펌프 흡입관	1.2 ~ 2.1	일반배관	1.5 ~ 3.0
배수관	1.2 ~ 2.1	상수관	0.9 ~ 2.1

㈏ 유속을 빠르게 하면 소음이 발생하거나 배관 내면의 침식을 증대시키는 일이 있다. 배관 침식을 억제하기 위한 최대유속은 다음과 같다.

연간 운전시간 (h)	유속 (m/s)	연간 운전시간 (h)	유속 (m/s)
1500	3.6	4000	3.0
2000	3.5	6000	2.7
3000	3.3	8000	2.4

㈐ 실험에 의하면 이 유속의 최저한도는 0.6 m/s 정도로 되어 있다.

③ 마찰손실

㈎ 마찰손실의 크기는 유속, 수온, 배관의 안지름, 배관 내면의 조도, 배관길이와 관계가 있다.

㈏ $\Delta P = \lambda \cdot \dfrac{l}{d} \cdot \dfrac{V^2}{2g} \cdot r$ [mmAq]

㈐ 곡관부분의 마찰손실 (국부저항, 밸브 이음쇠 등)

$\Delta P' = \psi \dfrac{V^2}{2g} \cdot r$

여기서, V : 관 내 수속 (m/s)

참고 **곡관의 직관 상당길이** : 곡관과 동일한 마찰손실이 생기는 같은 지름의 직관길이

㈑ 배관 전체의 마찰손실

(직관길이＋상당길이)×단위길이당 마찰손실 L 또는 $\Delta P + \Delta P'$

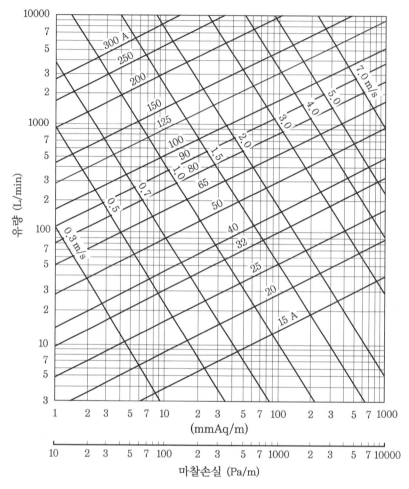

수배관의 마찰손실표

(4) 증기 배관의 관지름 결정

증기관의 관지름을 결정하는 요소는 증기와 환수의 유량, 증기속도, 초기 증기압력과 허용압력강하, 배관의 길이, 증기와 환수(응축수)의 흐름방향이다.

① 증기량

㉮ 방열기 용량 q [kJ/h]가 주어졌을 때,

$$X = \frac{q}{i_1 - i_2}$$

여기서, X : 필요 증기량 (kg/h)
i_1 : 입구 증기 엔탈피 (kJ/kg)
i_2 : 출구 증기 엔탈피 (kJ/kg)

(내) 방열기의 상당 방열면적 EDR [m²]이 주어졌을 때

$$X = \frac{2790 \cdot EDR}{i_1 - i_2}$$

(대) 가열 코일의 입구 공기온도 t_1 [℃], 출구 공기온도 t_2 [℃] 및 풍량 Q [m³/hr] 가 주어졌을 때,

$$X = \frac{Q \times 1.2 \times (t_2 - t_1)}{i_1 - i_2}$$

(래) 물-증기 열교환기의 입구수온 t_{w_1} [℃], 출구수온 t_{w_2} [℃] 및 수량 L [m³/min] 이 주어졌을 때,

$$X = \frac{L \times 1000 \times 60 \times (t_{w_2} - t_{w_1})}{i_1 - i_2}$$

(매) 단일 효용 흡수식 냉동기의 증기량 (kg/h)

$$X = 8.5 \times RT$$

(배) 2중 효용 흡수식 냉동기의 증기량 (kg/h)

$$X = 5.5 \times RT$$

② 증기유속 (m/s)의 결정 요소

(개) 증기관 내에서 발생하는 응축수량

(내) 상향 급기입관, 역구배 횡주관 등으로 구분

(대) 배관 내 응축수가 고이게 되는 개소의 유·무

③ 증기압력과 허용압력강하

(개) 증기관의 전압력강하 : 초기압력 1/2 ~ 1/3 이하로 하고, 저압 2관식의 경우 초기압력의 1/4 이하로 한다.

(내) 압력강하는 증기속도가 지나치게 빠르지 않도록 결정한다.

(대) 습식 환수 방식 : 증기관과 환수관의 합계 마찰손실 수두분만큼 관말에 있어서의 응축 수위가 보일러 수위보다 높아지게 되는데, 수위가 상승하여도 증기주관에 응축수가 고이지 않도록 증기관 및 환수관의 압력강하를 결정하여야 한다.

④ 증기 배관의 전압력강하 : 배관 전체 상당길이 × 단위길이당 압력강하

⑤ 고압 2관식 증기 배관의 지름 결정

(개) 등마찰손실법

(내) 속도법에 의한 설계 : 증기속도를 30 ~ 45 m/s의 범위로 해서 선정한다.

(대) 증기측과 환수측의 차압 1 kg/cm² 당 5 m 정도 응축수의 압상 높이로 한다.

2 난방설비 배관

(1) 증기난방 배관

① 배관 구배

  ㈎ 단관 중력 환수식 : 상향 공급식, 하향 공급식 모두 끝내림 구배를 주며, 표준 구배는 다음과 같다.

   ㉮ 상향 공급식 (역류관)일 때 : $\dfrac{1}{50} \sim \dfrac{1}{100}$

   ㉯ 하향 공급식 (순류관)일 때 : $\dfrac{1}{100} \sim \dfrac{1}{200}$

  ㈏ 복관 중력 환수식

   ㉮ 건식 환수관 : $\dfrac{1}{200}$의 끝내림 구배로 배관하며 환수관은 보일러 수면보다 높게 설치해 준다. 증기관 내 응축수를 환수관에 배출할 때는 응축수의 체류가 쉬운 곳에 반드시 트랩을 설치하여야 한다.

   ㉯ 습식 환수관 : 증기관 내 응축수 배출 시 트랩장치를 하지 않아도 되며 환수관이 보일러 수면보다 낮아지면 된다. 증기주관도 환수관의 수면보다 약 400 mm 이상 높게 설치한다.

  ㈐ 진공 환수식 : 증기주관은 $\dfrac{1}{200} \sim \dfrac{1}{300}$의 끝내림 구배를 주며 건식 환수관을 사용한다. 리프트 피팅 (lift fitting)은 환수주관보다 지름이 1~2 정도 작은 치수를 사용하고 1단의 흡상 높이는 1.5 m 이내로 하며, 그 사용 개수를 가능한 한 적게 하고 급수 펌프의 근처에서 1개소만 설치해 준다.

② 배관 시공 방법

  ㈎ 분기관 취출 : 주관에 대해 45° 이상으로 지관을 상향 취출하고 열팽창을 고려해 스위블 이음을 해 준다. 분기관의 수평관은 끝올림 구배, 하향 공급관을 위로 취출한 경우에는 끝내림 구배를 준다.

  ㈏ 매설 배관 : 콘크리트 매설 배관은 가급적 피하고 부득이할 때는 표면에 내산 도료를 바르거나 연관제 슬리브 등을 사용해 매설한다.

  ㈐ 암거 내 배관 : 기기는 맨홀 근처에 집결시키고 습기에 의한 관 부식에 주의한다.

  ㈑ 벽, 마루 등의 관통 배관 : 강관제 슬리브를 미리 끼워 그 속에 관통시켜 배관 신축에 적응하며, 나중에 관 교체, 수리 등을 편리하게 해 준다.

  ㈒ 편심 조인트 : 관지름이 다른 증기관 접합 시공 시 사용하며 응축수 고임을 방지한다.

㈔ 루프형 배관 : 환수관이 문 또는 보와 교체할 때 이용되는 배관 형식으로, 위로는 공기, 아래로는 응축수를 유통시킨다.

㈗ 증기관의 지지법

  ㉮ 고정 지지물 : 신축 이음이 있을 때는 배관의 양끝을, 없을 때는 중앙부를 고정한다. 또한 주관에 분기관이 접속되었을 때는 그 분기점을 고정한다.

  ㉯ 지지간격 : 증기 배관의 수평관과 수직관의 지지간격은 다음 표와 같다.

수평주관			수직관
호칭지름 (A)	최대 지지간격 (m)	행어의 지름 (mm)	
20 이하	1.8	9	각 층마다 1개소를 고정하되, 관의 신축을 허용하도록 고정한다.
25 ~ 40	2.0	9	
50 ~ 80	3.0	9	
90 ~ 150	4.0	13	
200	5.0	16	
250	5.0	19	
300	5.0	25	

③ 기기 주위 배관

  ㉮ 보일러 주변 배관 : 저압 증기난방 장치에서 환수주관을 보일러 밑에 접속하여 생기는 나쁜 결과를 막기 위해 증기관과 환수관 사이에 표준 수면에서 50 mm 아래에 균형관을 연결한다 (하트포드 연결법 : hartford connection).

하트포드 연결법

  ㉯ 방열기 주변 배관 : 방열기 지관은 스위블 이음을 이용해 따내고 지관의 구배는 증기관은 끝올림, 환수관은 끝내림으로 한다. 주형 방열기는 벽에서 50 ~ 60 mm 떼어서 설치하고 벽걸이형은 바닥에서 150 mm 높게 설치하며, 베이스보드 히터는 바닥면에서 최대 90 mm 정도의 높이로 설치한다.

⑴ 증기주관 관말 트랩 배관

㉮ 드레인 포켓과 냉각관(cooling leg)의 설치 : 증기주관에서 응축수를 건식 환수관에 배출하려면 주관과 같은 지름으로 100 mm 이상 내리고 하부로 150 mm 이상 연장해 드레인 포켓(drain pocket)을 만들어 준다. 냉각관은 트랩 앞에서 1.5 m 이상 떨어진 곳까지 나관 배관한다.

트랩 주변 배관

㉯ 바이패스관 설치 : 트랩이나 스트레이너 등의 고장, 수리, 교환 등에 대비하기 위해 설치해 준다.

㉰ 증기주관 도중의 입상 개소에 있어서의 트랩 배관 : 드레인 포켓을 설치해 준다. 건식 환수관일 때는 반드시 트랩을 경유시킨다.

㉱ 증기주관에서의 입하관 분기 배관 : T 이음은 상향 또는 45° 상향으로 세워 스위블 이음을 경유하여 입하 배관한다.

㉲ 감압 밸브 주변 배관 : 고압증기를 저압증기로 바꿀 때 감압 밸브를 설치한다. 파일럿 라인은 보통 감압 밸브에서 3 m 이상 떨어진 곳의 유체를 출구측에 접속한다.

⑵ 증발탱크 주변 배관 : 고압증기의 환수관을 그대로 저압증기의 환수관에 직결해서 생기는 증발을 막기 위해 증발탱크를 설치하며, 이때 증발탱크의 크기는 보통 지름 100 ~ 300 mm, 길이 900 ~ 1800 mm 정도이다.

감압 밸브의 설치 배관도

(2) 온수난방 배관

① 배관 구배 : 공기빼기 밸브(air vent valve)나 팽창탱크를 향해 1/250 이상 끝올림 구배를 준다.

㈎ 단관 중력 순환식 : 온수주관은 끝내림 구배를 주며 관 내 공기를 팽창탱크로 유인
한다.

㈏ 복관 중력 순환식 : 상향 공급식에서 온수 공급관은 끝올림, 복귀관은 끝내림 구배
를 주나, 하향 공급식에서는 온수 공급관, 복귀관 모두 끝내림 구배를 준다.

㈐ 강제 순환식 : 끝올림 구배이든 끝내림 구배이든 무관하다.

② 일반 배관법

㈎ 편심 조인트 : 수평 배관에서 관지름을 바꿀 때 사용한다. 끝올림 구배 배관 시에는
윗면을, 내림 구배 배관 시에는 아랫면을 일치시켜 배관한다.

㈏ 지관의 접속 : 지관이 주관 아래로 분기될 때는 45° 이상 끝올림 구배로 배관한다.

㈐ 배관의 분류와 합류 : 직접 티를 사용하지 말고 엘보를 사용하여 신축을 흡수한다.

㈑ 공기 배출 : 배관 중 에어 포켓(air pocket)의 발생 우려가 있는 곳에 사절 밸브
(sluice valve)로 된 공기빼기 밸브를 설치한다.

㈒ 배수 밸브의 설치 : 배관을 장기간 사용하지 않을 때 관 내 물을 완전히 배출시키기
위해 설치한다.

(a) 상향 구배   (b) 하향 구배

편심 조인트   **공기빼기 밸브의 장치**

③ 온수난방 기기 주위의 배관

㈎ 온수 순환수두 계산법 : 다음 식은 중력 순환식에 적용되며 강제 순환식은 사용 순환
펌프의 양정을 그대로 적용한다.

$$H_W = 1000\,(\rho_1 - \rho_2)\,h$$

여기서, H_W : 순환수두(mmAq), h : 보일러 중심에서 방열기 중심까지의 높이(m)

ρ_1 : 방열기 출구 밀도(kg/L), ρ_2 : 방열기 입구 밀도(kg/L)

㈏ 팽창탱크의 설치와 주위 배관 : 보일러 등 밀폐기기로 물을 가열할 때 생기는 체적
팽창을 도피시키고 장치 내의 공기를 대기로 배제하기 위해 설비하며 팽창관을 접속
한다. 팽창탱크에는 개방식과 밀폐식이 있으며 개방식에는 팽창관, 안전관, 일수관
(over flow pipe), 배기관 등을 부설하고, 밀폐식에는 수위계, 안전밸브, 압력계, 압
축 공기 공급관 등을 부설한다. 밀폐식은 설치 위치에 제한을 받지 않으나 개방식은
최고 높은 곳의 온수관이나 방열기보다 1 m 이상 높은 곳에 설치한다.

㈐ 공기가열기 주위 배관 : 온수용 공기가열기 (unit heater)는 공기의 흐름방향과 코일 내 온수의 흐름방향이 거꾸로 되게 접합 시공하며, 1대마다 공기빼기 밸브를 부착한다.

(3) 방사난방 배관

패널은 그 방사 위치에 따라 바닥 패널·천장 패널·벽 패널 등으로 나뉘며, 주로 강관, 동관, 폴리에틸렌관 등을 사용한다. 열전도율은 동관 > 강관 > 폴리에틸렌관의 순으로 작아지며, 어떤 패널이든 한 조당 40 ~ 60 m의 코일 길이로 하고 마찰손실 수두가 코일 연장 100 m당 2 ~ 3 mAq 정도가 되도록 관지름을 선택한다.

2-5 ○ 공기조화설비

1 공기조화설비의 개요

공기조화 설비를 중앙식과 개별식으로 구분 설명할 수 있다. 중앙식은 지하실 등의 중앙 기계실에 공기조화 장치를 설치하여 덕트 또는 파이프에 의해 조화 공기를 각 실에 분배하는 방식으로 큰 건물에 사용된다. 개별식은 공기조화 장치가 되어 있는 유닛을 각 실마다 설치하여 공기조화를 하는 방식으로 주택이나 작은 사무실 등에 적합하다. 이것을 표로 나타내면 다음과 같다.

2 공기조화설비

(1) 단일 덕트식

각 실에 송급하는 공기를 중앙 공기조화기로 고온 습도를 조화하여 하나의 주 덕트를 거쳐 각 실에 송풍한다. 실내 공기는 되돌림 덕트에 의하여 재순환된다. 이 방식에는 저속 덕트식과 고속 덕트식이 있으며, 저속 덕트식은 오래 전부터 사용되어 왔다. 현재도 극장이나 공장 등 덕트의 설치장소가 충분한 건물에 많이 사용되며, 고속 덕트는 사무실이나 호텔, 병원 등 고층 다실의 건물에 사용된다.

(2) 2중 덕트식

이 방식은 최근 발달한 것으로 공기조화기에 있어서 냉각, 감습(減濕)한 공기를 두 계통으로 나누어 한편에는 가열장치를 설치하여 온풍을 만들고, 다른 편에서는 냉풍을 송풍하여 각 존(zone)별로 양자를 적당량 혼합하여 실내에 송풍한다. 혼합에는 실내 온도 조화기에 의하여 온풍과 냉풍의 적당량을 자동적으로 혼합하여 실내의 열 부하에 대해 불어 내어 온도를 적당히 조절한다. 이 방식은 계절에 따라서 남쪽의 방은 냉방을 필요로 하나, 북쪽의 방은 온방을 필요로 하고, 또는 건물의 면적이 넓은 경우 외기에 접하는 방에서는 온방을 요구하지만, 내부에 속하는 방에서는 냉방을 필요로 하는 경우가 많다. 이와 같은 요구에서 2중 덕트식이 고안된 것이다.

(3) 팬 코일 유닛식

이 방식은 송풍기 코일과 공기 여과기를 철제 상자속에 조립하여 실내에 설치하는 유닛식이다. 각 유닛에는 급수 배관을 접속하여 여름에는 냉수, 겨울에는 온수를 흐르게 한다. 팬 코일 방식은 외기 흡입구를 창 아래의 벽에 만들어 팬 코일 흡입구에 연결하면 냉수 또는 온수 배관만 하면 되므로 덕트의 설비 면적이 필요없고, 따라서 설비비도 적게 든다. 그러나 외부의 풍속과 바람의 방향에 영향을 많이 받고 흡입구에서 빗물, 벌레 등이 흡입되는 결점이 있다. 급수 배관에는 1회로 방식과 2회로 방식이 있다. 1회로 방식은 항상 한쪽 관은 온수, 다른 관은 냉수를 흐르게 하는 것이다.

(4) 2차 유인 유닛식

웨더 마스터(weather master)라고 하는 유인 유닛을 실내 창 밑에 설치해 놓고, 중앙에서 송풍되는 온·습도를 조정한 1차 공기(외기)를 고압 덕트(정압 170 ~ 200 mmAq)에 의하여 각 니트에 송풍한다. 이 공기는 각 유닛에서 소음장치를 거쳐 송풍 노즐로부터 위쪽으로 분출한다. 이때 실내 공기가 2차 공기로 유인되어 냉·온수 코일을 지날 때 냉각(하절) 또는 가열 (동절)되어 1차 공기와 혼합하여 상부로부터 분출된다. 더욱이 이때 코일을 흐르는 냉수 또는 온수의 유량을 각각의 유닛에서 조절함에 따라 각 실마다 분출되는 공기의 온도를 자유로이 조절할 수 있으므로 병원, 호텔, 사무실 등에 적합하다.

(5) 윈도형 룸 쿨러

외벽을 뚫거나 창을 이용하여 설치하고 틈새는 밀폐한다. 공랭식의 응축기를 창밖으로 내놓고 증발기로 냉각한 공기를 송풍기로 실내에 송풍한다. 실내 공기를 냉각하였을 때 생긴 드레인은 응축기에 뿜어서 응축력을 증가시킬 수 있다. 이 형식의 것은 1/3 ~ 2마력 정도의 소형의 것이 많이 쓰인다.

(6) 패키지형 쿨러

압축기 그 밖의 공기조화 장치를 철판제의 캐비닛 속에 넣어서 응축기는 수랭식을 사용한다. 패키지형에는 3 ~ 15마력 정도의 것이 많이 사용되며, 설치한 방 이외에도 덕트를 거쳐 냉방할 수 있다. 설치가 간단하므로 다방이나 사무실 등에 적합하다.

(7) 환기 방식과 송풍기

환기 방법에는 자연 환기법과 기계 환기법이 있다. 공기조화설비에 사용되는 송풍기는 소음이 적어야 하는 것이 필요조건이며, 원심형과 축류형이 있고 원심형에는 시로코형 (sirocco fan)과 터보형 (turbo fan)이 있고, 축류형에는 디스크형 (disk fan)과 프로펠러형 (propeller fan)이 있다.

① 시로코형 송풍기 : 날개가 앞으로 구부러진 형으로 전굴익 (前屈翼) 또는 다익 (多翼) 송풍기라 부르며, 소음이 적고 회전수가 느리나 풍량이 많고 풍압이 낮은 곳에 사용된다.

② 터보형 송풍기 : 날개가 뒤로 구부러진 형으로 후굴익 (後屈翼)이라 부르며, 소음이 많고 회전수가 빠르나 풍량과 풍압이 적고, 풍압이 높은 곳에 사용된다.

③ 디스크형 송풍기 : 날개가 원판으로 되어 있으며, 소형은 환기용의 무압 배풍기로 사용되고 대형은 저압 송풍기로 클리닝 타워 등에 사용되며, 송풍량이 많은 것이 장점이다.

④ 프로펠러형 송풍기 : 축류 송풍기로 소음이 큰 것이 단점이나, 디스크형에 비해 효율은 높다.

2-6 ─o 냉동 및 냉각설비

(1) 냉동·냉각설비의 개요

냉·온수 배관 : 복관 강제 순환식 온수난방법에 준하여 시공한다. 배관 구배는 자유롭게 하되, 공기가 괴지 않도록 주의한다. 배관의 벽, 천장 등의 관통 시에는 슬리브를 사용한다.

(2) 냉동·냉각설비 배관

① 토출관(압축기와 응축기 사이의 배관)의 배관 : 응축기는 압축기와 같은 높이이거나 낮은 위치에 설치하는 것이 좋으나, 응축기가 압축기보다 높은 곳에 있을 때에는 그 높이가 2.5 m 이하이면 다음 그림 (b)와 같이, 그보다 높으면 (c)와 같이 트랩장치를 해 주며, 시공 시 수평관도 (b), (c) 모두 끝내림 구배로 배관한다. 수직관이 너무 높으면 10 m마다 트랩을 1개씩 설치한다.

토출관 배관

② 액관(응축기와 증발기 사이의 배관)의 배관 : 다음 그림과 같이 증발기가 응축기보다 아래에 있을 때에는 2 m 이상의 역루프 배관으로 시공한다. 단, 전자 밸브의 장착 시에는 루프 배관이 불필요하다.

③ 흡입관(증발기와 압축기 사이의 배관)의 배관 : 수평관의 구배는 끝내림 구배로 하며 오일 트랩을 설치한다. 증발기와 압축기의 높이가 같을 경우에는 흡입관을 수직 입상시키고 1/200의 끝내림 구배를 주며, 증발기가 압축기보다 위에 있을 때에는 흡입관을 증발기 윗면까지 끌어올린다.

윤활유를 압축기로 복귀시키기 위하여 수평관은 3.75 m/s, 수직관은 7.5 m/s 이상의 속도이어야 한다.

액관 배관   2중 입상 배관

(3) 기기 설치 배관

① 플렉시블 이음(flexible joint)의 설치 : 압축기의 진동이 배관에 전해지는 것을 방지하기 위해 압축기 근처에 설치한다. 이때 압축기의 진동방향에 직각으로 취부해 준다.

② 팽창 밸브(expansion valve)의 설치 : 감온통 설치가 가장 중요하며 감온통은 증발기 출구 근처의 흡입관에 설치해 준다. 수평관에 달 때 관지름 25 mm 이상 시에는 45° 경사 아래에, 25 mm 미만 시에는 흡입관 바로 위에 설치한다. 감온통을 잘못 설치하면 액해머 또는 고장의 원인이 된다.

③ 기타 계기류의 설치 : 다음 그림 (a)는 공기 세척기 주위에서 스프레이 노즐의 분무압력을 측정하기 위해 압력계를 부착한 예이고, 그림 (b)는 펌프를 통과하는 물의 온도를 측정하기 위해 온도계를 부착한 예이다.

(a) 압력계의 부착   (b) 온도계의 부착

압력계 및 온도계의 부착

1. 급수 배관 시공 시 중요한 배관 구배에 관한 다음 설명 중 잘못된 것은?

① 배관은 공기가 체류되지 않도록 시공한다.
② 급수관의 배관 구배는 모두 끝내림 구배로 한다.
③ 급수관의 표준 구배는 $\frac{1}{250}$ 정도이다.
④ 급수관의 최하부에는 배니 밸브를 설치하여 물을 빼줄 수 있도록 한다.

해설 급수관의 배관 구배는 모두 끝올림 구배로 하나 옥상 탱크식과 같은 하향 급수 배관법에서 수평주관은 내림 구배, 각 층의 수평지관은 올림 구배로 한다.

2. 플러시 밸브나 급속 개폐식 수전 사용 시 급수의 유속이 불규칙하게 변해 생기는 작용은 무엇인가?

① 수격작용   ② 수밀작용
③ 파동작용   ④ 맥동작용

해설 수격작용(water hammering)은 수추작용 이라고도 하며, 평시 유속의 14배에 준하는 이상 압력이 발생되고 이상 소음까지도 동반하여 심하면 배관이 파손되기도 한다.

3. 급속 폐쇄식 수전을 닫았을 때 생기는 수격작용에 의한 수압은 약 얼마인가? (단, 유속은 2 m/s이다.)

① 16 kg/cm²   ② 24 kg/cm²
③ 28 kg/cm²   ④ 34 kg/cm²

해설 수격작용이 발생되면 유속의 14배에 준하는 이상 압력이 생기므로 2×14=28 kg/cm²이다.

4. 다음은 고가탱크 방식의 특징을 설명한 것이다. 옳지 않은 것은?

① 일정한 수압으로 급수할 수 있다.
② 저수량을 확보할 수 있으므로 단수가 되지 않는다.
③ 대규모 급수설비에 적합하다.
④ 급수압의 변동이 극심하다.

5. 펌프의 흡입 배관에 관한 설명 중 맞지 않는 것은?

① 흡입관은 가급적 길이를 짧게 한다.
② 흡입관은 토출관보다 관 지름을 1~2배 굵게 한다.
③ 흡입 수평관에 리듀서를 다는 경우는 동심 리듀서를 사용한다.
④ 흡입 수평관이 긴 경우는 $\frac{1}{50}$~$\frac{1}{100}$의 상향 구배를 준다.

해설 수평관의 지름을 바꿀 때에는 편심 리듀서 (eccentric reducer)를 사용한다.

6. 급탕 배관 시공 시 표준 구배는?

① 중력 순환식 $\frac{1}{200}$, 강제 순환식 $\frac{1}{150}$
② 중력 순환식 $\frac{1}{150}$, 강제 순환식 $\frac{1}{200}$
③ 중력 순환식, 강제 순환식 모두 $\frac{1}{150}$
④ 중력 순환식, 강제 순환식 모두 $\frac{1}{200}$

7. 다음 급탕 배관 시공법을 열거한 것 중 잘못된 것은?

① 벽, 마루 등을 관통할 때는 슬리브를 넣는다.

② 긴 배관에는 10 m 이내마다 신축 조인트를 장치한다.

③ 마찰저항을 적게 하기 위해 가급적 사절 밸브를 사용한다.

④ 팽창탱크 도중에는 절대로 밸브류를 장치하지 않는다.

해설 급탕 배관이므로 강관이 주로 사용된다. 강관제 신축 조인트는 30 m마다 1개소씩 설치해 준다.

8. 급탕 배관 중 관의 신축에 대한 대책을 열거한 것 중 틀린 것은?

① 배관의 곡부에는 슬리브 신축 이음을 설치한다.

② 마룻바닥 통과 시에는 콘크리트 홈을 만들어 그 속에 배관한다.

③ 벽 관통부 배관에는 강제 슬리브를 박아 준 후 그 속에 배관한다.

④ 직관 배관에는 도중에 신축곡관 등을 설치한다.

해설 배관의 곡부(曲部)에는 스위블 이음을 이용하여 신축을 흡수한다.

9. 개방형에서 장치 내의 전수량이 500 L이다. 이때 50℃의 물을 80℃로 가열할 때 팽창탱크에서의 온수 팽창량은 얼마인가? (단, 물의 열팽창계수는 0.5×10^{-3}이다.)

① 7 L ② 15 L
③ 20 L ④ 7.5 L

해설 $\Delta v = 500 \times 0.5 \times 10^{-3} \times (80-50)$
$= 7.5 L$

10. 다음은 통기관의 시공법을 설명한 것이다. 잘못된 것은?

① 각 기구의 통기관은 기구의 일수선(overflow line)보다 100 mm 이상 높게 세운다.

② 회로 통기관은 최상층 기구의 앞쪽 수평 배수관에 연결한다.

③ 통기관 출구는 옥상으로 뽑아 올리거나 배수 신정 통기관에 연결한다.

④ 얼거나 눈으로 인해 개구부 폐쇄가 염려될 때에는 일반 통기 수직관보다 개구부를 크게 한다.

해설 각 기구의 통기관은 기구의 일수선보다 150 mm 이상 높게 세운 다음 수직 통기관에 연결한다. 그 외의 시공법을 열거하면 다음과 같다.
⊙ 배수 수평관에서 통기관 입상 시 배수관 윗면에서 수직으로 올리거나 45°보다 낮게 기울여 뽑아 올린다.
ⓒ 통기 수직관을 배수 수직관에 연결할 때는 최하위 배수 수평 분기관보다 낮은 위치에서 45° Y로 연결한다.
ⓒ 차고 및 냉장고 통기관의 단독 수직 입상 배관한다.
ⓔ 바닥용 각개 통기관에서 수평부를 만들어서는 안 된다.

11. 다음 배수관의 지지 시공법 중 잘못된 사항은 어느 것인가?

① 분기관 접속 시 주철관의 수직 및 수평 배관은 1.2 m 마다 1개소씩 고정한다.

② 연관일 때 수평 및 하향관은 1 m 마다 1개소씩 고정한다.

③ 연관의 수평관이 1 m를 넘을 때에는 관을 적당한 길이의 아연 철판으로 싸서 두 군데 이상 지지한다.

④ 연관의 수직관은 바닥 위 2 m까지 강판으로 보호한다.

해설 연관의 수직관은 새들을 달아 지지하고, 바닥 위 1.5 m까지는 강판으로 보호한다.

12. 다음은 중력 환수식 증기난방 시공법에 관한 설명이다. 잘못된 것은?

① 단관식은 상향식이든 하향식이든 끝내림 구배를 준다.

② 복관식은 증기주관을 증기 흐름방향으로 $\frac{1}{200}$ 의 끝올림 구배를 준다.

③ 단관식에서 순류관일 때는 $\frac{1}{100} \sim \frac{1}{200}$ 의 구배를 준다.

④ 단관식에서 역류관일 때는 $\frac{1}{50} \sim \frac{1}{100}$ 의 구배를 준다.

해설 단관식에서 배관 구배는 되도록 크게 하며, ③의 순류관이란 증기와 응축수가 평행으로 흐르는 하향 공급식을 말하고, ④의 역류관이란 증기와 응축수가 거꾸로 흐르는 상향 공급식을 일컫는다. 복관식은 습·건식 모두 $\frac{1}{200}$ 의 끝내림 구배를 준다.

13. 복관 중력 환수식 증기난방법 중 건식 환수관의 배관은?

① $\frac{1}{200}$ 의 끝올림 구배로 배관한다.

② 보일러의 수면에서 최고 증기압력에 상당하는 수두와 응축수의 마찰손실수두를 합한 것보다 높게 설치한다.

③ 환수관 끝의 수면이 보일러 수면보다 응축수의 마찰손실수두만큼만 높아지면 된다.

④ 트랩장치를 하지 않아도 응축수를 환수관에 직접 배출할 수 있다.

해설 ①은 "$\frac{1}{200}$ 의 끝내림 구배로 배관한다"로 고친다. ③, ④는 습식 환수관에 관한 설명이다.

14. 건식 환수관에서 증기관 내의 응축수를 환수관에 배출할 때는 응축수가 체류하기 쉬운 곳에 무엇을 설치하여야 하는가?

① 공기빼기 밸브
② 드레인 포켓

③ 안전밸브
④ 열동식 트랩

해설 건식 환수관식에는 트랩이 항상 부설되어야 하며, 특히 환수관의 하향관 끝부분에 자동 공기빼기 밸브를 설치해서 환수관 내 공기를 수시로 빼 주어야 한다. 습식 환수관식에서는 트랩장치를 하지 않아도 되며, 대신 드레인 포켓(drain pocket)을 만들어 준다.

15. 진공 환수식 증기난방법에서 저압 증기 환수관이 진공펌프의 흡입구보다 저 위치에 있을 때 응축수를 끌어올리기 위해 설치하는 시설을 무엇이라 하는가?

① 리프트 피팅
② 진공펌프 배관
③ 역압 방지기
④ 배큐엄(vacuum) 브레이커

해설 리프트 피팅(lift fitting)의 원리는 이음부에 응축수가 고이면 진공펌프의 작동에 따라 이음부 앞뒤의 압력차가 생겨 물을 끌어 올릴 수 있게 되는 것이다.

16. 진공 환수관이 50 mm짜리 강관이라면 리프트 피팅의 구경을 얼마로 하면 되겠는가?

① 20 ~ 25 mm
② 32 ~ 40 mm
③ 40 ~ 50 mm
④ 50 mm 이상

해설 리프트 피팅은 환수주관보다 지름이 1 ~ 2 정도 작은 치수를 사용한다.

리프트 피팅 배관도

17. 암거 내에 증기난방 배관 시공을 하고자 할 때 나관 상태라면 관 표면에 무엇을 발라 주는가?

① 콜타르
② 시멘트
③ 석면
④ 테플론 테이프

해설 나관(bare pipe)일 때는 표면에 콜타르를 바른 후 배관하며, 아스팔트 테이프 등의 방수성 피복제로 보온한다.

18. 증기난방 배관 시공법 중 환수관이 출입구나 보와 교체할 때의 배관으로 맞는 것은?

① 루프형 배관으로 위로는 공기를, 아래로는 응축수를 흐르게 한다.
② 루프형 배관으로 위로는 응축수를, 아래로는 공기를 흐르게 한다.
③ 사다리꼴형으로 배관한다.
④ 냉각 레그(cooling leg)를 설치한다.

해설 환수관이 출입구나 보(beam)와 마주칠 때는 다음 배관도와 같이 연결하는 것이 이상적이다. 응축수 출구는 입구보다 25 mm 이상 낮은 위치에 배관한다.

루프형 배관

19. 파이프 지지의 구조와 위치를 정하는 데 꼭 고려해야 할 것은 다음 중 어느 것인가?

① 중량과 지지간격
② 유속 및 온도
③ 압력 및 유속
④ 배출구

해설 배관의 지지 목적은 배관의 자체 중량을 지지하고 배관의 신축에 의한 응력을 억제 하는 데 있다.

20. 다음은 증기 배관의 최대 지지간격을 호칭지름별로 연결한 것이다. 틀린 것은?

① 호칭지름 20 A 이하－1.8 m
② 호칭지름 50～80 A－3 m
③ 호칭지름 200 A－5 m
④ 호칭지름 300 A－6 m

해설 수평주관은 25～40 A일 때는 2 m 마다, 90～150 A 이하일 때는 4 m마다 지지하고, 200 A 이상의 관일 때는 5 m마다 지지해 주도록 한다.

21. 저압 증기난방 장치에서 증기관과 환수관 사이에 설치하는 균형관은 표준 수면에서 몇 mm 아래에 설치하는가?

① 30   ② 40   ③ 50   ④ 60

해설 저압 증기난방 장치에서 환수주관을 보일러 하단에 직결하면 보일러 내의 증기압력에 의해 보일러 내 수면이 안전 저수위 이하로 떨어지는 경우가 있다. 또한, 환수관의 일부가 파손되면서 보일러 내 물이 유출되어 수면이 안전 저수위 이하로 내려가는 경우도 있다. 이러한 위험을 방지하기 위해서 균형관(balancing pipe)을 설치한다.

22. 방열기 설치 시공에 관한 설명 중 틀린 것은?

① 방열기 지관은 신축 흡수를 위해 스위블 이음을 한다.
② 지관의 구배를 증기관은 상향, 환수관은 하향으로 한다.

③ 방열기는 응축수 체류를 막기 위해 약간의 구배를 주어 설치한다.

④ 공기의 체류를 방지하기 위해 중력 환수식이든 진공 환수식이든 공기빼기 밸브를 설치한다.

해설 방열기에는 공기의 체류를 방지하기 위해 진공 환수식을 제외하고 공기빼기 밸브를 설치해 준다.

23. 벽걸이형 방열기는 바닥에서 아랫면까지의 높이를 몇 mm로 설치하여야 하는가?

① 50   ② 90   ③ 150   ④ 300

24. 다음은 압축기에서 응축기에 이르는 배관에서 주의해야 할 사항을 열거한 것이다. 틀린 것은?

① 2개의 파이프를 하나로 합칠 때 T형보다는 Y형을 택할 것

② 압축기에서 수직 상승된 토출관의 수평부분은 응축기 쪽으로 상향구배로 할 것

③ 헤더의 굵기는 가스가 충돌되지 않도록 굵게 할 것

④ 2개의 파이프를 하나로 합칠 때 T형을 택할 경우에는 한쪽의 관을 굵은 관으로 할 것

해설 토출관은 응축기 쪽으로 하향구배한다.

25. 다음 증기주관의 관말 트랩 배관 시공법 중 잘못 설명된 것은?

① 증기주관에서 응축수를 건식 환수관에 배출하려면 250 mm 이상 연장해서 드레인 포켓을 설치한다.

② 냉각관은 트랩 앞에서 2 mm 이상 떨어진 곳까지 설치한다.

③ 증기주관이 길어져 응축수가 과다할 때는 플로트식 열동 트랩을 설치해 주면 좋다.

④ 고압증기를 저압증기로 바꿀 때는 감압밸브를 설치한다.

해설 냉각관(cooling leg)은 고온의 응축수가 트랩을 통과하여 환수관에 들어가면 압력강하로 인해 관 내에서 재증발하여 트랩 기능을 저하시킬 염려를 없애기 위해 트랩 앞에서 1.5 m 이상 떨어진 곳까지 나관으로 설치하는 관이다. 드레인 포켓은 쇠 부스러기나 찌꺼기가 트랩에 유입하는 일을 방지한다.

26. 다음 중 바이패스관 설치 시 필요하지 않은 부속은 어느 것인가?

① 엘보   ② 사절 밸브
③ 유니언   ④ 안전 밸브

해설 바이패스관 : 증기 관말 트랩의 바이패스관은 보통 다음 그림과 같이 제작한다. 그러므로 ①, ②, ③ 외에, 스트레이너, 트랩, 티 등의 부속이 더 필요하다.

27. 다음 그림은 온수난방의 분류, 합류를 나타낸 것이다. 틀린 것은?

해설 온수난방 배관의 분류(分流)와 합류(合流)시는 직접 티를 사용하지 않고, ①, ②, ④와 같이 엘보를 사용하여 배관 내 신축을 흡수한다.

28. 다음 중 개방식 팽창탱크의 부속설비로 잘못 열거된 것은?

① 안전관   ② 안전 밸브
③ 배기관   ④ 오버플로관

해설 팽창탱크(expansion tank)의 종류에는 보통 온수난방용의 개방식과 고온수난방용의 밀폐식이 있다.

29. 방사난방에서 패널(panel)에 쓰이는 관이 아닌 것은?

① 강관
② 동관
③ 주철관
④ 폴리에틸렌관

해설 열전도도는 동관 > 강관 > 폴리에틸렌관 등의 순서로 작아진다.

30. 파일럿 라인(pilot line)은 감압 밸브에서 몇 m 이상 떨어진 곳까지 설치해 주는가?

① 1 m   ② 2 m 이상
③ 3 m 이상   ④ 5 m 이상

해설 파일럿 라인이란 감압 밸브 설치 시 저압측 압력을 감압 밸브 본체의 벨로스나 다이어프램에 전하는 관을 말한다.

31. 다음 온수난방 배관 시공 시 배관의 구배에 관한 설명 중 틀린 것은?

① 배관의 구배는 $\dfrac{1}{250}$ 이상으로 한다.
② 단관 중력 환수식의 온수주관은 하향구배를 준다.
③ 상향 복관 환수식에서는 온수 공급관, 복귀관 모두 하향구배를 준다.
④ 강제 순환식은 배관의 구배를 자유롭게 한다.

해설 상향식에서는 온수공급관을 상향구배로, 복귀관을 하향구배로 배관하며, 하향식에서는 온수공급관, 복귀관 모두 하향구배를 준다.

32. 그림과 같은 배관장치가 일정 유량 제어방식이 되도록 A부에 설치해야 하는 것은?

① 3방 밸브(3 way valve)
② 3방 혼합 밸브(3 way mixing valve)
③ 2방 밸브(2 way valve)
④ 바이패스 장치 밸브

33. 냉매 배관 중 토출관 배관 시공에 관한 설명으로 잘못된 것은?

① 응축기가 압축기보다 높은 곳에 있을 때는 2.5 m보다 높으면 트랩을 장치한다.
② 수평관은 모두 끝내림 구배로 배관한다.
③ 수직관이 너무 높으면 3 m마다 트랩을 1개소씩 설치한다.
④ 유분리기는 응축기보다 온도가 낮지 않은 곳에 취부한다.

해설 수직관이 너무 높게 되면 10 m마다 트랩을 1개소씩 부설한다.

34. 증발기가 응축기보다 아래에 있는 액관의 경우에는 2 m 이상의 역루프 배관을 해 준다. 그 이유는 무엇인가?

① 압축기 가동 정지 시 냉매액이 증발기로 흘러내리는 것을 방지하기 위해서이다.
② 압력강하를 크게 줄인다.
③ 신축을 감소시킨다.
④ 전자 밸브 설치 위치를 확실히 하기 위해서이다.

35. 증발기와 압축기가 같은 높이에 있을 때는 구배를 어떻게 주어야 하는가?

① $\dfrac{1}{200}$의 끝내림 구배

② $\dfrac{1}{100}$의 끝올림 구배

③ $\dfrac{1}{200}$의 끝올림 구배

④ $\dfrac{1}{150}$의 평행 배관

36. 동관의 바깥지름이 20 mm 이하일 때의 냉매 배관의 최대 지지간격은?

① 2 m   ② 2.5 m
③ 3 m   ④ 4.5 m

해설 배관의 지지간격

동관의 바깥지름 (mm)	최대 지지간격 (m)
20 이하	2
21 ~ 40	2.5
41 ~ 60	3
61 ~ 80	3.5
81 ~ 100	4
101 ~ 120	4.5
121 ~ 140	5
141 ~ 160	5.5

37. 공기조화 배관 시공 중 펌프를 통과하는 물의 온도를 측정하기 위해 다음 배관도에 온도계를 부착하고자 한다. 어느 곳에 부착해야 적당한가?

① ㉠   ② ㉡
③ ㉢   ④ ㉣

2-7 ○ 가스설비

1 가스설비의 개요

(1) 가스공급 방법

① 저압공급 (수주 50 ~ 250 mm의 압력) : 가스홀더 (gas holder)의 압력을 이용하여 가스를 공급한다. 공급 압력은 홀더의 출구에 정압기 (整壓器)를 설치하여 조정하며, 가스 제조공장과 공급 지역이 비교적 가깝거나 공급면적이 좁을 때 적합한 방법이다.

② 중앙공급 (게이지 압력 100 ~ 2500 g/cm²의 압력) : 압송기로 중압본관에 가스를 압송한 후 지구 (地區) 정압기로 공급 압력을 조정하여 수요자에게 공급한다. 압송 시설비 및 동력비가 들지만, 소구경으로 광범위한 지역에 비교적 균일한 압력으로 가스를 공급할 수 있다.

③ 고압공급 (게이지 압력 2500 g/cm²을 초과하는 압력) : 고압 압송기로 가스를 압축하여 공급하는 방법이다.

원거리 지역에 대량의 가스를 수송할 수 있으며 가스 제조 공장에서 공급지역이 멀거나 공급지역이 넓어서 저압 공급으로서는 부적당할 때, 기존 저압 도관의 수송 능력이 부족할 때, 시가지 등에서 대구경의 저압관 시설이 곤란한 경우의 공급 방법으로 이용된다.

가스공급 방식 계통도

(2) 가스홀더 (gas holder)

① 유수식 (有水式) 가스홀더 : 물탱크와 가스탱크로 구성되어 있으며 단층식과 다층식이 있다. 가스의 출입관은 물탱크부 내에서 올라와 수면 위로 나와 있다. 가스층은 가스의 출입에 따라서 상하로 자유롭게 움직이게 되어 있고 2층 이상인 것은 각 층의 연결부를 수봉 (水封)하고 있다. 가스층의 증가에 따라 홀더 내 압력이 높아진다.

② 무수식 (無水式) 가스홀더 : 고정된 원통형 탱크의 내부를 상하 이동하는 피스톤의 하부에 가스가 저장된다. 이때 피스톤은 가스의 증감에 따라 자유롭게 상하 이동한다.

③ 고압가스홀더 : 가스를 압축하여 저장하는 탱크로서 원통형과 구형이 있다.

(3) 압송기

도시가스는 일반적으로 가스탱크에서 도관으로 각 지역에 공급되며 그 압력은 가스홀더의 압력보다 낮다. 가스의 수요가 적은 경우에는 그 압력으로도 충분하나, 공급 지역이 넓어 수요가 많은 경우에는 가스의 압력이 부족하여 압송기를 사용해서 공급해 준다. 일반적으로 터보 송풍기, 가동 날개 회전 압송기, 루츠 송풍기 (roots blower), 왕복 피스톤 압송기 등이 사용된다.

(4) 정압기 (整壓器 : governor)

시간별 가스 수요량의 변동에 따라 공급 압력을 수요 압력으로 조정한다.

① 기 (基)정압기 : 가스 제조 공장 또는 공급소에서 사용하는 정압기로서 홀더의 압력은 일반 공급 압력으로는 부적합하므로 기정압기로 가스의 압력을 조정한다.

② 지구 (地區) 정압기 : 일반 지역에 가스를 공급하기 위해 설치한다.

③ 수요자 전용 정압기 : 지구 정압기로 가스의 사용량 및 압력을 원활하게 조정하기 어려운 수요자 및 특수기구 사용 수요자에게 가스를 공급할 경우에 가스압력을 수요자에게 알맞게 조정한다. 그 외에 정압기는 가스 압력별로 고압, 중압 및 저압 정압기로 구분된다.

④ 레이놀즈 정압기 (reynolds governor) : 정압기 중에서 구조, 기능이 가장 우수하여 주로 많이 사용되고 있다. 주동 정압기의 밸브 개폐에 의해 정압이 이루어지고 보조장치의 작용과 관련해서 압력을 조정한다.

⑤ 엠코 정압기 (emco governor) : 레이놀즈 정압기의 저압 보조 정압기의 작용과 유사하여 간단하나 찌꺼기, 수분 등에 의한 고장이 잦아 많이 사용되지 않는다.

⑥ 수요자 정압기 (service governor) : 소량 수요자 전용 정압기로서 작은 관에 부착시키는 것이 이상적이며 근처 고압관에 간단히 장착할 수 있다.

⑦ 부종형 정압기 : 수중에 부유하는 탱크에 밸브가 달려 있으며 탱크 내의 승강 (昇降)과 더불어 밸브가 상하로 움직여 가스의 통로를 개폐함으로써 압력을 조정한다. 저압용의 기정압기로 사용되고 있다.

(5) 정압기의 관리 (maintenance)

① 정압기는 불순물을 제거하기 위해 3개월에 1회, 원거리에 있는 것은 1년에 1회 정도로 분해 청소를 정기적으로 실시한다.

② 압력을 조정할 때는 정압기의 작동을 정지시킨 다음에 행한다.

③ 내부 응결수의 동결 방지책으로 면포, 펠트(flet) 등의 피복재로 방한 시공한다.

2 가스설비 배관

(1) 배관설비 기준

① 재료 : 고압가스를 취급하기 적합한 기계적 성질 및 화학적 성분을 가지는 것일 것

② 구조 : 고압가스를 안전하게 취급할 수 있는 적절한 것일 것

③ 강도 및 두께 : 상용압력의 2배 이상의 압력에서 항복을 일으키지 않는 두께일 것

④ 접합 : 용접 접합으로 하고 필요한 경우 비파괴시험을 할 것

㉮ 맞대기 용접 시 용접 이음매의 간격 : 관지름 이상일 것

㉯ 배관상호 길이 이음매 : 원주방향에서 50 mm 이상 떨어지게 할 것

㉰ 지그(jig)를 사용하여 가운데서부터 정확하게 위치를 맞출 것

㉱ 관의 두께가 다른 배관의 맞대기 이음 시 관 두께가 완만히 변화되도록 길이방향 기울기를 $\frac{1}{3}$ 이하로 할 것

⑤ 배관은 직선으로 하되, 신축 흡수 조치를 할 것

⑥ 수송하는 가스의 특성 및 설치 환경을 고려하여 위해의 우려가 없도록 설치할 것

⑦ 배관설치 기준(특정제조만 해당)

㉮ 표지판 설치간격 및 기재사항

㉮ 지하설치 배관 : 500 m 이하

㉯ 지상설치 배관 : 1000 m 이하

㉰ 기재사항 : 고압가스의 종류, 설치구역명, 배관설치(매설)위치, 신고처, 회사명 및 연락처 등

㉯ 지하매설

㉮ 건축물과 1.5 m 이상, 지하가 및 터널과는 10 m 이상의 거리 유지

㉯ 독성가스 배관과 수도시설 : 300 m 이상의 거리 유지

㉰ 지하의 다른 시설물 : 0.3 m 이상의 거리 유지

㉱ 매설 깊이

• 기준 : 1.2 m 이상

• 산이나 들 지역 : 1 m 이상

• 시가지의 도로 : 1.5 m 이상 (시가지 외의 도로 : 1.2 m 이상)

(대) 도로 밑 매설

  ⑦ 배관과 도로 경계까지의 거리 : 1 m 이상

  ⑭ 포장된 노반 최하부와의 거리 : 0.5 m 이상

  ⑭ 전선, 상수도관, 하수도관, 가스관이 매설되어 있는 경우 이들의 하부에 설치

(라) 철도부지 밑 매설

  ⑦ 궤도 중심까지 4 m 이상, 부지 경계까지 1 m 이상의 거리 유지

  ⑭ 매설 깊이 : 1.2 m 이상

(마) 지상설치

  ⑦ 주택, 학교, 병원, 철도 그 밖의 이와 유사한 시설과 안전확보상 필요한 거리 유지

  ⑭ 배관 양측에 공지 유지

상용압력	공지의 폭
0.2 MPa 미만	5 m
0.2 MPa 이상 1 MPa 미만	9 m
1 MPa 이상	15 m

  ⑭ 산업통상자원부장관이 고시하는 지역의 경우는 공지 폭의 $\frac{1}{3}$로 할 수 있다.

(바) 해저설치

  ⑦ 배관은 해저면 밑에 매설할 것

  ⑭ 다른 배관과 교차하지 않고, 30 m 이상의 수평거리를 유지할 것

  ⑭ 배관의 입상부에는 방호구조물을 설치할 것

  ⑭ 해저면 밑에 매설하지 않고 설치하는 경우 해저면을 고르게 하여 배관이 해저면 밑에 닿도록 할 것

(사) 해상설치

  ⑦ 지진, 풍압, 파도압 등에 안전한 구조의 지지물로 지지할 것

  ⑭ 선박의 항해에 손상을 받지 않도록 해면과의 사이에 공간을 확보할 것

  ⑭ 선박의 충돌에 의하여 배관 및 지지물이 손상을 받을 우려가 있는 경우 방호설비를 설치할 것

  ⑭ 다른 시설물과 유지관리에 필요한 거리를 유지할 것

(아) 누출확산 방지조치

  ⑦ 시가지, 하천, 터널, 도로, 수로 및 사질토 등 특수성 지반에 배관을 설치하는 경우

  ⑭ 이중관 설치 가스 : 포스겐, 황화수소, 시안화수소, 아황산가스, 아크릴알데히드, 염소, 불소, 염화메탄, 산화에틸렌 등

  ⑭ 이중관 규격 : 바깥층 관 안지름은 안층 관 바깥지름의 1.2배 이상

㉝ 운영상태 감시장치

㉮ 배관장치에는 적절한 장소에 압력계, 유량계, 온도계 등의 계기류를 설치

㉯ 압축기 또는 펌프 및 긴급차단 밸브의 작동상황을 나타내는 표시등 설치

㉰ 경보장치 설치 : 경보장치가 울리는 경우

- 압력이 상용압력의 1.05배를 초과한 경우 (상용압력이 4 MPa 이상인 경우 상용압력에 0.2 MPa을 더한 압력)
- 정상운전 시의 압력보다 15 % 이상 강하한 경우
- 정상운전 시의 유량보다 7 % 이상 변동할 경우
- 긴급차단 밸브가 고장 또는 폐쇄된 때

㉱ 안전제어장치 : 이상 상태가 발생한 경우 압축기, 펌프, 긴급차단장치 등을 정지 또는 폐쇄

- 압력계로 측정한 압력이 상용압력의 1.1배를 초과한 경우
- 정상운전 시의 압력보다 30 % 이상 강하한 경우
- 정상운전 시의 유량보다 15 % 이상 증가한 경우
- 가스누출 경보기가 작동했을 때

(2) 사고예방설비 기준

① 안전장치 설치 : 고압가스설비 안의 압력이 상용압력을 초과하는 경우, 즉시 그 압력을 상용압력 이하로 되돌릴 수 있는 장치

㉮ 기체 및 증기의 압력상승을 방지하기 위하여 설치하는 안전 밸브

㉯ 급격한 압력상승, 독성가스의 누출, 유체의 부식성 또는 반응 생성물의 성상 등에 따라 안전 밸브를 설치하는 것이 부적당한 경우에 설치하는 파열판

㉰ 펌프 및 배관에 있어서 액체의 압력상승을 방지하기 위하여 설치하는 릴리프 밸브 (바이패스 밸브) 또는 안전 밸브

㉱ 안전장치와 병행 설치할 수 있는 자동압력 제어장치 (고압가스설비 등의 내압이 상용압력을 초과한 경우 당해) 고압가스설비 등으로서 가스유입량이 감소하는 경우

② 고압가스설비 등 내의 압력을 자동으로 제어하는 장치

- 가스누출 검지 경보장치 설치 : 독성가스 및 공기보다 무거운 가연성가스

㉮ 종류

㉮ 접촉연소 방식 : 가연성가스

㉯ 격막 갈바니 전지 방식 : 산소

㉰ 반도체 방식 : 가연성, 독성가스

(내) 경보농도 (검지농도)

㉮ 가연성가스 : 폭발하한계의 $\frac{1}{4}$ 이하

㉯ 독성가스 : TLV-TWA (허용농도) 기준농도 이하

㉰ 암모니아 (NH_3)를 실내에서 사용하는 경우 : 50 ppm

(대) 경보기의 정밀도

㉮ 가연성가스 : ±25 %

㉯ 독성가스 : ±30 %

(래) 검지에서 발신까지 걸리는 시간

㉮ 경보농도의 1.6배 농도에서 30초 이내

㉯ 암모니아, 일산화탄소 : 1분 이내

(매) 지시계의 눈금 범위

㉮ 가연성가스 : 0 ~ 폭발하한계 값

㉯ 독성가스 : TLV-TWA 기준농도의 3배 값

㉰ 암모니아 (NH_3)를 실내에서 사용하는 경우 : 150 ppm

③ 경보 : 경보를 발신한 후 가스농도가 변하여도 계속 울릴 것. 긴급할 때 가스를 효과적으로 차단할 수 있는 조치

(개) 긴급차단장치 설치

㉮ 부착위치 : 가연성 또는 독성가스의 고압가스설비 중 특수반응설비 (특정제조만 해당)와 그 밖의 고압가스설비마다 설치한다.

㉯ 저장탱크의 긴급차단장치 또는 역류방지 밸브 부착위치

• 저장탱크 주밸브 (main valve) 외측으로서 가능한 한 저장탱크에 가까운 위치 또는 저장탱크의 내부에 설치하되, 저장탱크의 주밸브와 겸용하여서는 안 된다.

• 저장탱크의 침하 또는 부상, 배관의 열팽창, 지진 그 밖의 외력의 영향을 고려하여야 한다.

㉰ 차단조작 기구

• 동력원 : 액압, 기압, 전기, 스프링

• 조작위치 : 당해 저장탱크로부터 5 m 이상 떨어진 곳

• 차단조작은 간단히 할 수 있고 확실하며, 신속히 차단되는 구조일 것

㉱ 차단기능 : 긴급차단장치를 제조, 수리하였을 경우 수압시험 방법으로 밸브 시트의 누출검사를 실시하여야 한다.

④ 저장설비 및 가스설비와 화기의 거리 : 8 m 이상

⑤ 액화천연가스를 자동차 용기에 충전 시 유해한 양의 수분 및 유화물이 포함되지 않도록 할 것

⑥ 액화천연가스 충전이 끝난 후 접속 부분을 완전히 분리시킨 후에 자동차를 움직일 것

(3) 가스설비 배관

① 배치 기준 : 압축기, 유분리기, 응축기 및 수액기와 배관은 인화성 물질, 발화성 물질과 화기를 취급하는 곳과 인접하여 설치하지 않을 것

② 가스설비 기준

(개) 냉매설비에는 진동, 충격 및 부식 등으로 냉매가스가 누출되지 않도록 필요한 조치를 할 것

㉮ 진동 우려가 있는 곳 : 주름관 사용

㉯ 돌출부가 충격을 받을 우려가 있는 곳 : 적절한 방호 조치

㉰ 부식방지 조치 : 냉매가스 종류에 따른 사용금속 제한

- 암모니아 (NH_3) : 동 및 동합금 (단, 동 함유량 62 % 미만일 때는 사용 가능)-압축기의 축수 또는 이들과 유사한 부분으로 항상 유막으로 덮여 액화 암모니아에 직접 접촉하지 않는 부분에는 청동류를 사용할 수 있다.
- 염화메탄 (CH_3Cl) : 알루미늄 합금
- 프레온 : 2 %를 넘는 마그네슘을 함유한 알루미늄 합금

㉱ 항상 물에 접촉되는 부분에는 순도가 99.7 % 미만의 알루미늄 사용 금지 (단, 적절한 내식처리를 한 때는 제외)

(내) 내진성능 확보 : 세로방향 동체부 길이 5 m 이상의 응축기, 내용적 5000 L 이상인 수액기

③ 사고예방설비 기준

(개) 냉매설비에는 안전장치를 설치해야 한다.

(내) 독성가스 및 공기보다 무거운 가연성가스를 취급하는 시설에는 가스누출 검지 경보 장치를 설치해야 한다.

(대) 가연성가스 (암모니아, 브롬화메탄 및 공기 중에서 자기발화하는 가스 제외)의 가스설비 중 전기설비는 방폭성능을 가지는 구조이어야 한다.

(래) 가연성가스, 독성가스를 냉매로 사용하는 곳에는 누설된 냉매가스가 체류하지 않도록 조치해야 한다.

㉮ 통풍구 설치 : 냉동능력 1톤당 $0.05 \, m^2$ 이상의 면적

㉯ 기계통풍장치 설치 : 냉동능력 1톤당 $2 \, m^3$/분 이상의 환기능력을 갖는 장치

㈎ 자동제어장치 설치 : 다음 각 호에서 정한 조건을 갖추고 있는 장치는 자동제어장치를 구비한 것으로 본다.

   ⑦ 압축기의 고압측 압력이 상용압력을 초과할 때에 압축기의 운전을 정지하는 장치

   ⑭ 개방형 압축기의 경우 저압측 압력이 상용압력보다 이상 저하할 때 압축기의 운전을 정지하는 장치

   ⑮ 강제윤활 장치를 갖는 개방형 압축기의 경우 윤활유 압력이 운전에 지장을 주는 상태에 이르는 압력까지 저하할 때 압축기를 정지하는 장치

   ⑯ 압축기를 구동하는 동력장치의 과부하 보호장치

   ⑰ 셸형 액체 냉각기인 경우는 액체의 동결방지장치

   ⑱ 수랭식 응축기인 경우는 냉각수 단수보호장치

   ⑲ 공랭식 응축기 및 증발식 응축기인 경우는 당해 응축기용 송풍기가 운전되지 않도록 하는 연동기구

   ⑳ 난방용 전열기를 내장한 에어컨 또는 이와 유사한 전열기를 내장한 냉동설비에서 과열방지장치

2-8 ⭘ 압축공기설비

(1) 압축공기설비 시험

① 안전 밸브, 방출 밸브에 설치된 스톱 밸브는 항상 완전히 열어 놓을 것
② 내압시험 : 설계압력의 1.5배 이상의 압력
③ 기밀시험 : 설계압력 이상(산소 사용 금지)-기밀시험을 공기로 할 때 140℃ 이하 유지

(2) 압축공기설비 점검

① 압축기 최종단에 설치한 안전장치 : 1년에 1회 이상
② 그 밖의 안전 밸브 : 2년에 1회 이상
③ 안전 밸브 작동압력 : 설계압력 이상, 내압시험압력의 $\dfrac{8}{10}$ 이하

예상문제

1. 가스 공급을 위한 시설로 필요없는 것은?

① 가스홀더   ② 압송기
③ 정적기   ④ 정압기

해설 가스 공급 시설에는 ①, ②, ④ 외에 도관 등을 들 수 있다.

2. 제조 공장에서 정제된 가스를 저장하여 가스의 품질을 균일하게 유지하며 제조량과 수요량을 조절하는 저장탱크를 무엇이라 하는가?

① 스토리지 탱크
② 가스홀더
③ 정압기
④ 정제기

3. 가스홀더의 종류에 들어가지 않는 것은?

① 유수식   ② 무수식
③ 중압식   ④ 고압식

4. 다음은 가스 압송기에 사용되는 송풍기를 나열한 것이다. 아닌 것은?

① 터보 송풍기
② 루츠 송풍기
③ 팬식 송풍기
④ 왕복 피스톤 송풍기

5. 정압기를 사용 압력별로 분류한 것이 아닌 것은?

① 저압 정압기
② 중앙 정압기
③ 고압 정압기
④ 초고압 정압기

해설 ① 저압 정압기 : 가스홀더의 압력을 실제 사용 압력으로 조정하는 작용을 한다.
② 중압 정압기 : 중압력을 일정한 저압력으로 조정한다.
③ 고압 정압기 : 공장이나 정압소에서 압송된 고압가스를 중압력으로 낮추는 작용을 한다.

6. 다음은 가스 정압기의 관리 방법을 열거한 것이다. 잘못된 것은?

① 불순물 제거를 위해 3개월에 1회, 원거리에 있는 것은 1년에 1회 정도 분해 청소를 실시한다.
② 정압기 내의 압력 조정을 할 때에는 정압기를 가동한 채로 행한다.
③ 정압기 내부의 동결을 방지하기 위해 면포, 펠트 등으로 방한 시공을 한다.
④ 자동 기록 압력계의 차트를 대체하기 위해 차례로 순회하며 작업한다.

해설 정압기 내 압력 조정 시에는 정압기의 작동을 정지시킨 다음에 조정해 준다.

7. 가스홀더의 압력을 이용하여 가스를 공급하며 가스제조 공장과 공급지역이 가깝거나 공급 면적이 좁을 때 적당한 가스 공급 방법은 무엇인가?

① 저압공급
② 중앙공급
③ 고압공급
④ 초고압 공급

8. LP 가스 배관 재료의 구비조건을 열거한 다음 사항 중 잘못된 것은?

① 관 내의 가스 유통이 원활할 것

② 내압과 외압 등에 견디는 강도를 가질 것

③ 토양, 지하수 등에 대해 내식성을 가질 것

④ 관의 접합 방법은 다소 복잡해도 가능하나, 가스의 누설을 방지할 수 있을 것

해설 LP 가스 배관 재료의 구비조건은 ①, ②, ③ 외에 관의 접합 방법이 용이할 것, 절단 가공이 용이할 것 등이다.

9. 가스 배관의 부식 원인을 열거한 것 중 아닌 것은?

① 누전전류
② 화학현상
③ 전기화학적 현상
④ 질소, 나트륨 등의 불순물

10. 이중관으로 배관 시공해야 할 가스의 대상을 열거한 것 중 틀린 것은?

① 암모니아　　② 염소
③ 포스겐　　　④ 질소

해설 이중관으로 배관 시공해야 할 가스에는 ①, ②, ③ 외에 산화에틸렌, 시안화수소, 아황산가스, 염화에틸, 황화수소 등의 독성가스이다.

11. 다음 중 가스 배관을 지하에 매설할 때의 기준 사항을 잘못 열거한 것은?

① 폭 8 m 이하의 도로에서는 지면으로부터 60 cm 이상 깊게 매설한다.

② 폭 8 m 이상의 도로에서는 지면으로부터 1 m 이상 깊게 매설한다.

③ 도로가 아닌 곳에 매설할 때에는 지면으로부터 60 cm 이상 깊게 묻는다.

④ 도로에 매설되어 있는 배관의 누설검사는 최고 사용압력이 고압일 때 3년에 1회 이상 실시한다.

해설 도로에 매설되어 있는 배관의 누설검사는 최고 사용압력이 고압일 때 1년에 1회 이상, 기타의 압력일 때 3년에 1회 이상 배관의 누설검사를 실시해야 한다.

12. 건물의 벽을 관통하는 부분의 가스 배관이 갖추어야 할 조건은?

① 보호관 내에 삽입하거나 방식 피복한다.

② 직사광선, 빗물 등을 받지 않도록 격납 상자 내에 설치한다.

③ 건물의 벽 속에 밸브류 등을 설치해 주는 것이 편리하다.

④ 건물의 벽을 관통하는 부분의 가스 배관에는 식별색을 칠하지 않는다.

13. 가스 배관 중 입상관이 노출되어 외부인이 조작할 우려가 있는 경우 몇 m의 높이로 설치해야 하는가?

① 1 m 이내
② 1.0 m ~ 1.5 m 이내
③ 1.6 m ~ 2 m 이내
④ 2 m ~ 2.5 m 이내

14. 다음 정압기에 관한 설명 중 틀린 것은 어느 것인가?

① 정압기는 가스 압력별로 고압, 저압 및 초저압 정압기로 구분된다.

② 구조 기능이 가장 우수한 것은 레이놀즈식 이다.

③ 원거리에 있는 정압기는 1년에 1회 정도 분해 청소를 실시해야 한다.

④ 일반적인 정압기는 3개월에 1회 정기 청소를 해 주도록 법규에 규정되어 있다.

해설 정압기는 고압, 중압, 저압으로 구분된다.

15. 다음은 매설 도관의 부식 방지 대책을 열거한 것이다. 틀린 것은?

① 도관 자체의 선택에 유의한다.
② 이종관과의 접촉을 피한다.
③ 매설도관 표면에 물이 괴지 않도록 시
공한다.
④ 도관 자체에는 피복할 필요가 없다.

해설 도관의 방식 대책 중 가장 효과적인 것은 도
관 자체를 피복해주는 것이다.

16. 가스 배관 경로 선정 요소로 틀린 것은?

① 최단 거리로 할 것
② 구부러지거나 오르내림이 적을 것
③ 가능한 한 옥내에 설치할 것
④ 은폐, 매설을 가급적 피할 것

해설 가스 배관은 가능한 한 옥외에 설치해야
한다.

17. 고압가스 도관을 설치할 때의 다음 조치사항 중 잘못된 것은?

① 도관을 지하에 설치할 때는 아스팔트
쥬우트 방식제를 사용하여 녹이 슬지 않
도록 조치한다.
② 도관을 수중에 매설할 때는 선박, 파도
등의 영향을 받지 않는 깊은 곳에 설치
한다.
③ 도관을 지상에 설치할 때는 외면에 방
식제로 도장한다.
④ 도관을 철도 차량 횡단부 지하에 매설
할 때는 지면으로부터 0.8 m 이상 깊게
묻어야 한다.

해설 도관을 철도 차량 횡단부 지하에 매설할 때
는 지면으로부터 1.2 m 이상 깊게 묻어야 하며,
강제케이싱 보호장치를 해주는 것이 좋다.

Chapter 03

설비 적산

3-1 ○ 냉동 설비 적산

1 적산과 견적

공사비를 산출하는 일을 적산(survey) 또는 견적(estimate ; calculate)이라고 불러 왔는데 명확한 정의가 있는 것이 아니었고, 적산과 견적은 같은 의미로 사용되기도 하였다. 그러나 적산은 금액으로 환산하기 이전의 재료의 산출 수단과 그 경과를 말하고, 견적은 적산으로 결과된 공사요소를 금액적으로 확정 표시한 것을 의미한다.

2 적산의 종류

(1) 발주 업무용 적산

① 예산 편성을 위한 적산
② 발주 공사의 예정 가격을 정하기 위한 적산
③ 설계 변경을 위한 적산
④ 정산을 위한 적산

(2) 수주 업무용 적산

① 공사 입찰을 위한 적산
② 계약용 제출견적을 위한 적산
③ 실행예산 편성을 위한 적산
④ 외주자 정산을 위한 적산

3-2 ○ 공조 냉난방 설비 적산

(1) 재료비

재료비는 직접 재료비와 간접 재료비로 구분된다. 직접 재료비는 공사 목적물의 실체를 형성하는 재료 및 외주 가공품의 상품적 가치를 말한다. 특히 적산이 곤란한 품목은 잡품 및 소모품으로 분류하여 강관금액의 2~5%로 계상하도록 규정하고 있다.

간접 재료비는 공사에 보조적으로 소비되는 재료 또는 공구와 같은 소모성 물품에 대한 가치를 말한다. 일반공구와 시험용 계측기기류에 대한 손료는 표준 품셈의 적용 기준에 따라 직접 공사에 참여하는 노무비의 3%까지 공구손료로 설계 내역상에 계산하고 있다.

(2) 노무비

직접 노무비와 간접 노무비로 분류되며, 직접 노무비는 공사현장에서 계약목적을 완수하기 위하여 직접 작업에 종사하는 종업원 및 노무자에게 지급하는 급료, 노임과 제수당, 상여금과 퇴직급여 충당금을 합한 금액이다. 이는 표준품셈의 기준에 따라 산출하며 직접 설계내역상에 계상한다.

이에 반해 간접 노무비는 직접 작업에 종사하지는 않으나 공사 현장에서 보조 업무를 하고 있는 노무자 종업원과 현장 사무소 직원의 급료, 노임과 제수당, 상여금, 퇴직급여 충당금 등의 합계액으로 시설 공사업에서는 직접 노무비의 15%를 초과할 수 없도록 규정하고 있다.

(3) 경비

전력비, 운반비, 기계경비, 가설비, 지급임차료, 보험료, 보관료, 안전관리비, 기타 경비 등이다. 특히 계상하기 곤란한 기타 경비는 순공사비의 5% 이내에서 계산할 수 있다.

(4) 일반관리비

공사 현장을 지원하고 있는 본사와 같은 중앙 부서에도 제반 비용이 소요되므로 이를 공사비에 포함시켜야 한다. 이와 같이 기업의 유지를 위한 관리활동 부문에서 발생하는 제비용으로 임직원 급료, 감가상각비, 운반비 및 차량비를 포함한다.

일반관리비율

시설공사		전기통신 전문공사	
공사금액	일반관리비율 (%)	공사금액	일반관리비율 (%)
5억 원 미만	7.0	6천만 원 미만	7.0
5억 원 이상 30억 원 미만	6.5	6천만 원 이상 3억 원 미만	6.5
30억 원 이상	6.0	3억 원 이상	6.0

(5) 이윤

공사원가와 일반관리비는 계약 목적물을 완성하고 기업의 유지를 위하여 필요한 최소항목으로 구성되어 있다. 이윤은 공사원가와 일반관리비를 합한 금액에 10%를 초과할 수 없도록 규정하고 있다. 이상에서 설명한 공사원가, 일반관리비 및 이윤을 합한 금액이 공사비가 된다. 이를 항목별로 계산하여 원가계산 서식에 기입하여 공사비를 산출한다.

(6) 적산 방법

① 공사 내용을 파악한다.
② 기기, 재료 등의 물량을 산출한다.
  ㈎ 일위대가표를 작성한다.
  ㈏ 재료의 산출근거를 작성한다.
  ㈐ 공종별로 물량을 집계한다.
  ㈑ 내역서를 작성한다.
  ㈒ 직접 공사비를 계산한다.
  ㈓ 공사비를 계산한다.

재료의 할증률

종류	할증률 (%)	종류	할증률 (%)	종류	할증률 (%)
일반 볼트	5	소형형강	5	스테인리스강판	10
강관	10	봉강 (棒鋼)	5	스테인리스강관	5
강관	5	평강대강	5		
대형형강	7	리벳제품	5		

1. 발주 업무용 적산이 아닌 것은?

① 예산 편성을 위한 적산
② 설계 변경을 위한 적산
③ 정산을 위한 적산
④ 공사 입찰을 위한 적산

2. 다음 중 수주 업무용 적산이 아닌 것은?

① 계약용 제출 견적을 위한 적산
② 실행 예산 편성을 위한 적산
③ 예산을 편성하기 위한 적산
④ 외주자 정산을 위한 적산

3. 공사비에 의한 적산이 아닌 것은?

① 재료비
② 노무비
③ 일반관리비
④ 내역서작성비

> **해설** 내역서작성비는 기기, 재료 등의 물량 산출에 해당된다.

4. 공사 목적물의 실체를 형성하는 재료 및 외주가공품의 상품적 가치를 어떤 재료비라 하는가?

① 직접　　　　② 간접
③ 노무　　　　④ 일반

5. 공사에 보조적으로 소비되는 재료 또는 공구와 같은 소모성 물품의 가치에 대한 재료비는?

① 직접　　　　② 간접
③ 노무　　　　④ 일반

6. 공사현장에서 계약목적을 완수하기 위하여 작업에 종사하는 종업원 및 노무자에게 지급되는 급료를 무엇이라 하는가?

① 직접재료비
② 간접재료비
③ 직접노무비
④ 간접노무비

7. 직접 작업에 종사하지 않으나 공사현장에서 보조업무를 하는 종업원 및 노무자에게 지급되는 급료를 무엇이라 하는가?

① 직접재료비
② 간접재료비
③ 직접노무비
④ 간접노무비

8. 순공사비 5 % 이내에 계산할 수 있는 경비가 아닌 것은?

① 전력비
② 운반비
③ 기계경비
④ 일반관리비

> **해설** 경비는 전력비, 운반비, 기계경비, 가설비, 지급임차료, 보험료, 보관료, 안전관리비 등이다.

유지보수공사 안전관리

4-1 ○ 관련법규 파악

(1) 고압가스 안전관리법

① 냉매가스가 배관에 의하여 공통으로 되어 있는 냉동설비

② 냉매 계통을 달리하는 2개 이상의 설비가 1개의 규격품으로 인정되는 설비 내에 조립되어 있는 것(유닛형의 것)

③ 2원(元) 이상의 냉동방식에 의한 냉동설비

④ 모터 등 압축기의 동력 설비를 공통으로 하고 있는 냉동설비

⑤ brine을 공통으로 하고 있는 둘 이상의 냉동 설비(brine 중 물과 공기는 포함하지 않는다.)

(2) 기계설비법

① 시설기준

㉮ 당해 기계실에는 냉동능력/톤당 0.05 ㎡의 비율로 계산한 면적의 통풍구(창 또는 문)를 설치하도록 하고 그 통풍구는 직접 외기에 접하도록 한다.

㉯ 당해 냉동설비의 냉동능력에 대한 통풍구를 갖지 아니한 경우에는 그 부족한 통풍구 면적분에 대하여 냉동능력 1톤당 2 ㎥/min 이상의 환기능력을 갖는 기계적 통풍장치를 설치할 것

② 다음의 경우 기계적인 강제 통풍장치를 설치한다.

㉮ 지하실 등 통풍구부의 외측이 직접 외기와 통하고 있지 않는 경우

㉯ 해풍 등에 의한 바람이 불었을 때 통풍구로부터 역풍이 예상되는 경우 등과 같이 환기가 충분하지 않거나 부적합한 경우는 기계적 환기장치를 설치할 것

㉲ 개구부의 외측 주변에 타 건물의 통풍구가 있거나 왕래가 빈번한 도로 등이 있어 누설된 가스의 배출이 적합하지 않을 때

㉳ 통풍구의 외측 주변 가까운 곳에 건물 등이 있는 경우

㉴ 넓은 건물 내의 중간에 냉동시설이 설치되어 있는 경우 등으로 작업장으로 누설된 가스가 확산될 우려가 있는 경우

(3) 냉매설비와 화기설비의 이격거리 기준

① 화기설비의 종류

화기설비의 종류	기준 화력
제1종 화기설비	• 전열면적이 $14\,m^2$를 초과하는 온수보일러 • 정격열출력이 500000 kcal/h를 초과하는 화기설비
제2종 화기설비	• 전열면적이 $8\,m^2$를 초과하는 온수 보일러 • 정격열출력이 300000 kcal/h 초과 500000 kcal/h 이하인 화기설비
제3종 화기설비	• 전열면적이 $8\,m^2$를 초과하는 온수보일러 • 정격열출력이 300000 kcal/h 이하인 화기 설비

② 냉매가스, 흡수용액 또는 2차 냉매(이하 "냉매가스등"이라 한다.)가 가연성가스인 경우

화기설비의 종류	조건	이격거리 (m)	
		당해 냉매 설비의 냉동능력이 20톤 이상인 경우	당해 냉매 설비의 냉동능력이 20톤 미만인 경우
제1종 화기설비 제2종 화기설비 제3종 화기설비	내화방열벽을 설치하지 아니한 경우	8	4
	내화방열벽을 설치한 경우	4	2
그 밖의 발열기구	내화방열벽을 설치하지 아니한 경우	8	2
	내화방열벽을 설치한 경우	4	1

비고 : 1. 내화방열벽은 다음의 기준에 따른다.
　　　 • 다음에 열거한 것 중 1에 해당하는 구조일 것
　　　 － 두께 1.5 mm 이상의 강판
　　　 － 가로, 세로 20 mm 이상인 강재골조 양면에 두께 0.6 mm 이상의 강판을 용접할 패널 구조
　　　 － 두께 10 mm 이상인 경질의 불연재료로 강도가 큰 구조
　　　 • 내화방열벽의 냉매설비를 화기로부터 충분히 격리할 수 있는 높이 및 너비일 것
　　　 • 내화방열벽에 출입문을 설치하는 경우에는 방화구조의 것으로 자동폐쇄식 문일 것
　　 2. 그 밖의 발연기구란 스토브 등 표면온도가 400℃ 이상인 발연체를 말한다.

③ 냉매가스 등이 불연성가스인 경우

화기설비의 종류	조건	이격거리 (m)	
		당해 냉매설비의 냉동능력이 20톤 이상인 경우	당해 냉매설비의 냉동능력이 20톤 미만인 경우
제1종 화기설비	내화방열벽을 설치하지 아니한 경우	5	1.5
	내화방열벽을 설치한 경우 또는 온도 과상승 방지조치를 한 경우	2	0.8

	내화방열벽을 설치하지 아니한 경우	4	1
제2종 화기설비	내화방열벽을 설치한 경우 또는 온도 과상승 방지조치를 한 경우	2	0.5
제3종 화기설비	내화방열벽을 설치하지 아니한 경우	1	–

비고 : 온도과상승 방지조치란 내구성이 있는 불연재료로 간극없이 피복함으로써 화기의 영향을 감소시켜 그 표면의 온도가 화기가 없는 경우의 온도보다 10℃ 이상 상승하지 아니하도록 하는 조치임.

4-2 ○ 안전작업

1 인적 사고 원인

(1) 심리적 원인

① 무지 : 기계의 취급방법, 취급품의 성질 등을 모르는데서 재해의 원인이 된다.

② 미숙련 : 기능의 미숙으로 망치로 손을 때리든가, 기계의 조작을 잘못하여 일으킨 재해

③ 과실 : 부주의로 인하여 물건을 떨어뜨리든가, 취급이나 조작을 잘못하여 일어나는 재해

④ 난폭 흥분 : 물건을 취급하는데 난폭하였거나, 매사에 흥분하였거나, 서둘러서 재해를 유발한다.

⑤ 고의성 : 고의로 위험한 일을 하든가, 경솔하게 작업명령이나 안전수칙을 지키지 않아서 발생되는 재해

(2) 생리적 원인

① 체력의 부적응 : 체력이 충분치 못한데 무거운 물건을 운반한다든가, 무리하게 힘겨운 작업을 하여 재해를 일으키는 것

② 신체의 결함 : 손이 부자유스럽다든가 귀가 잘 들리지 않는 것이 원인이 되어서 재해를 일으키는 것

③ 질병 : 병중이거나 병후 충분히 회복하지 않은데서 일어나는 작업 중에 졸든가, 졸려서 주의력이 없어짐으로써 생기는 것

④ 음주 : 술을 과음하여 일어나는 것

⑤ 과로 : 장시간 동안 작업을 하였거나 더운 장소에서의 작업 등으로 피로해서 생기는 것

(3) 기타의 원인

① 복장 : 작업에 적합하지 않은 복장, 보안경 등 보호구의 착용을 태만히 함으로써 일어나는 것

② 공동작업 : 공동작업자의 기능 수준이 평준화되어 있지 않았거나 신호방법 불량, 취급방법 혼동 등에 의한 사고

2 물적 사고 원인

(1) 건물

구조, 환기, 조명의 불안전, 작업장 통로의 불량 등

(2) 시설

안전 장치가 없거나 고장, 불안전한 기계, 시설, 불량한 공구나 도구, 부적당한 시설 등.

(3) 취급품

불안전한 재료, 가공품, 제품

(4) 기타

정리정돈의 불량, 작업계획의 불비 등

3 사고 및 재해

(1) 사고의 경향

① 재해와 계절 : 1년 중 여름에 사고가 제일 많이 발생한다는 통계이다. 기온이 높아져 피로가 많아지면서 수면 부족, 식욕 감퇴 등으로 인한 체력의 허약과 정신적 이완 등이 이유이다.

② 작업시간 : 하루 중에서 하오 3시가 가장 피로가 많이 오는 시간이고 사고도 많다.

③ 사고와 휴일 : 휴일 다음 날이 많이 발생한다.

④ 재해와 숙련도 : 기능 미숙련자보다 일반적으로 경험이 1년 미만의 근로자가 사고가 많다.

⑤ 위험 작업 : 기계 프레스, 절단, 단조, 연삭, 제재, 중량물 운반 위험 독극물 등을 위험 작업이라 하며 안전장치와 기타 특수장비 및 용구를 준비하여 위험요소를 최소한 줄이도록 해야 한다.

(2) 안전교육의 필요성

① 산업에 종사하는 사람들의 생명을 보호한다.

② 사고나 재해를 없애고, 안전하게 일하는 수단과 방법을 연구한다.

(3) 안전사고의 연쇄성

① 사회적 환경과 유전적 요소

② 성격상 결함

③ 불안전한 행위와 불안전한 환경 및 조건

④ 안전사고

⑤ 인명의 피해와 재산의 손실

(4) 규율과 작업태도

① 작업자의 명령에 복종한다.

② 안전 작업법을 준수한다.

③ 작업 중 장난을 하지 않는다.

④ 작업장의 환경조성을 위해서 적극 노력한다.

⑤ 작업에 임해서는 보다 좋은 방법을 연구한다.

⑥ 자신의 안전은 물론 타인의 안전도 고려한다.

(5) 재해 발생률

① 연천인율 $= \dfrac{\text{산업재해 건수}}{\text{근로자 수}} \times 1000$

② 도수율 $= \dfrac{\text{재해발생 건수}}{\text{연근로 시간 수}} \times 1000000$

③ 강도율 $= \dfrac{\text{노동손실 일 수}}{\text{연근로 시간 수}} \times 1000$

④ 연천인율과 도수율과의 관계

- 연천인율 $=$ 도수율 $\times 2.4$
- 도수율 $= \dfrac{\text{연천인율}}{2.4}$

(6) 재해 빈도

① 계절 : 여름

② 시간 : 오전 10시~11시, 오후 2시~3시

③ 요일 : 월요일

4 작업환경

(1) 보건관리인

100인 이상의 근로자를 사용하는 사업장의 사용자는 보건관리인 1인을 두어야 한다.

(2) 조명

① 초정밀 작업 : 750 Lux(룩스) 이상

② 정밀 작업 : 300 Lux 이상

③ 보통 작업 : 150 Lux 이상

④ 기타(일반)작업 : 75 Lux 이상

(3) 옥내의 기적(氣籍)

지면으로부터 4 m 이상의 높이를 제외하고 1인당 10 m³ 이상

(4) 습도

작업하기 가장 적당한 습도는 50~68 %이다.

(5) 작업온도

① 법정온도

   ㉮ 가벼운 작업 : 34℃   ㉯ 보통 작업 : 32℃   ㉰ 중(重) 작업 : 30℃

② 표준온도

   ㉮ 가벼운 작업 : 20~22℃   ㉯ 보통 작업 : 15~20℃   ㉰ 중(重)작업 : 18℃

③ 쾌적온도(감각온도)

   ㉮ 지적작업 : 15.6~18.3 ET   ㉯ 경 작업 : 12.6~18.3 ET   ㉰ 근육 작업 : 10~16.7 ET

(6) 탄산가스 함유량과 인체

① 1~4 % : 호흡이 가빠지며 쉽게 피로한 현상

② 5~10 % : 기절

③ 11~13 % : 신체장애

④ 14~15 % : 절명

(7) 채광 및 환기

① 채광 : 창문의 크기 − 바닥 면적의 1/5 이상

② 환기 : 창문의 크기 − 바닥 면적의 1/25 이상

(8) 작업환경의 측정 단위

① 조명 : lux(룩스) ② 오염도 : p.p.m(피피엠)

③ 소음 : db, phone(데시벨, 폰) ④ 분진 : mg/m^3(밀리그램)

>>> 제4장 예상문제

1. 냉동장치에서 안전상 운전 중에 점검해야 할 중요 사항에 해당되지 않는 것은?

① 흡입압력과 온도
② 유압과 유온
③ 냉각수량과 수온
④ 전동기의 회전방향

해설 전동기의 회전방향은 설치 시에 점검한다.

2. 냉동제조시설에 설치된 밸브 등을 조작하는 장소의 조도는 몇 lux 이상인가?

① 50 ② 10
③ 150 ④ 200

해설 ① 기타 작업 : 75 lux
② 보통 작업 : 150 lux
③ 정밀 작업 : 300 lux
④ 초정밀 작업 : 750 lux

3. 냉동제조의 시설 및 기술기준으로 적당하지 못한 것은?

① 냉동제조설비 중 특정설비는 검사에 합격한 것일 것
② 냉동제조시설 중 냉매설비에는 자동제어 장치를 설치할 것
③ 제조설비는 진동, 충격, 부식 등으로 냉매가스가 누설되지 아니할 것
④ 압축기 최종단에 설치한 안전 장치는 2년에 1회 이상 작동시험을 할 것

해설 압축기를 설치한 안전밸브는 1년에 1회 이상 시험한다.

4. 냉동기 제조의 시설기준 중 갖추어야 할 설비가 아닌 것은?

① 프레스설비 ② 용접설비
③ 제관설비 ④ 누출방지설비

5. 암모니아 가스의 제독제로 올바른 것은?

① 물 ② 가성소다
③ 탄산소다 ④ 소석회

해설 암모니아는 물에 약 800~900배 용해된다.

6. 냉동장치 내압시험의 설명으로 적당한 것은?

① 물을 사용한다.
② 공기를 사용한다.
③ 질소를 사용한다.
④ 산소를 사용한다.

해설 내압시험은 물 또는 오일과 같은 액체압력으로 주 기기 및 부속 또는 보조 기기의 강도를 시험한다.

7. 냉동기 검사에 합격한 냉동기에는 다음 사항을 명확히 각인한 금속박판을 부착하여야 한다. 각인할 내용에 해당되지 않는 것은?

① 냉매가스의 종류

정답 1. ④ 2. ③ 3. ④ 4. ④ 5. ① 6. ① 7. ④

② 냉동능력(RT)
③ 냉동기 제조자의 명칭 또는 약호
④ 냉동기 운전조건(주위 온도)

8. 기업의 모든 영역에는 물론 종업원들의 생활로부터 노동 조합의 태도에까지도 관계를 가지게 되는 기업 전체의 활동은?

① 생산　　　　② 안전
③ 품질　　　　④ 임금

해설 안전 제일의 이념으로 기업을 운영하고, 사회적, 인도적 측면에서도 안전은 선행되어야 한다.

9. 안전관리의 목적은 근로자의 안전 유지와 다음 어느 것을 향상 유지하는 데 있는가?

① 생산 능률　　② 생산량
③ 생산 과정　　④ 생산 경제

해설 안전관리의 주목적은 안전 확보와 생산 능률 향상에 있다.

10. 안전관리의 목적을 바르게 설명한 것은?

① 사회적 안정
② 경영 관리의 혁신 도모
③ 좋은 물건의 대량 생산
④ 안전과 능률 향상

해설 안전이 확보되면, ㉠ 근로자의 사기 진작, ㉡ 생산 능률 향상, ㉢ 여론 개선, ㉣ 비용 절감 등이 이루어져 기업은 활성화될 것이다.

11. 안전관리의 중요성과 거리가 먼 것은?

① 사회적 책임 완수
② 인도주의 실현
③ 생산성 향상
④ 준법 정신 함양

해설 사회적 책임, 인도주의, 생산성 향상 측면에서 안전관리는 매우 중요한 일이다.

12. 안전관리의 목적에 대한 설명으로 거리가 먼 것은?

① 노동력 손실의 방지
② 재해자의 복지향상
③ 근로자의 재해예방
④ 기업이윤의 증대

13. 안전 업무의 중요성이 아닌 것은?

① 기업의 경영에 기여함이 크다.
② 생산 능률을 향상시킬 수 있다.
③ 경비를 절약할 수 있다.
④ 근로자의 작업 안전에는 크게 영향을 주지 않는다.

14. 다음 중 안전사고가 아닌 것은?

① 교통 사고　　② 화재 사고
③ 전기 사고　　④ 낙뢰 사고

해설 낙뢰는 천재지변이며, 안전사고는 인위적으로 예방 가능한 사고를 말한다.

15. 산업 재해의 상해 정도별 분류(I.L.O)에 해당되지 않는 것은?

① 영구 전노동 불능 상해
② 영구 일부 노동 불능 상해
③ 사망
④ 중상

해설 중상은 통계적 분류 방법이다(근로 손실 8일 이상).

16. 다음 안전 사고 시 정의에 모순이 되는 것은?

① 작업 능률을 저하시킨다.
② 불안전한 행동과 조건이 선행된다.
③ 고의가 개재된 사고이다.
④ 재산의 손실을 가져올 수 있다.

해설 고의가 개재되면 사고가 아닌 사건이다.

교류회로

5-1 ─o 교류회로의 기초

(1) 사인파(정현파) 교류(sinusoidal wave AC)

시간의 변화에 따라서 크기와 방향이 주기적으로
변화하는 전류, 전압을 교류라 하며, 변화하는 파형
이 사인파의 형태를 가지므로 사인파 교류라 한다.

사인파

$$i = I_m \sin \omega t \text{ [A]}$$
$$v = V_m \sin \omega t \text{ [V]}$$

여기서, I_m, V_m : 최댓값, ω : 각 주파수($= 2\pi f$)

(2) 주기와 주파수

① 주기 : 1사이클의 변화에 요하는 시간을 주기(period)라 한다. 기호는 T, 단위는 s
(sec)로 나타낸다.

$$T = \frac{1}{f} \text{ [s]}$$

여기서, T : 주기 (s), f : 주파수 (Hz)

② 주파수 : 1초 동안에 반복되는 사이클의 수를 주파수(frequency)라 한다.

$$f = \frac{1}{T} \text{ [Hz]}$$

③ 각속도 : 도체가 1회전하면 1Hz의 변화를 하므로 1sec 동안 각도의 변화율이다.

$$\omega = \frac{2\pi}{T} = 2\pi f \text{ [rad/s]}$$

(3) 위상(phase)

2개 이상의 동일한 교류의 시간적인 차를 위상이라 한다.

$$v_1 = V_{m_1} \sin(\omega t + \theta_1) \text{ [V]}, \ v_2 = V_{m_2} \sin(\omega t + \theta_2) \text{ [V]}일 때 위상차 } \theta 는$$
$$\theta = \theta_1 - \theta_2 \text{ [rad]}$$

(4) 교류의 값

① 순싯값(instantaneous value) : 교류의 임의의 시간에 있어서 전압 또는 전류의 값을 순싯값이라 한다.

$$v = V_m \sin\omega t = \sqrt{2}\, V\sin\omega t\ [\text{V}]$$

$$i = I_m \sin\omega t = \sqrt{2}\, I\sin\omega t\ [\text{A}]$$

여기서, v : 전압의 순싯값 (V), V_m : 전압의 최댓값 (V), ω : 각주파수 (rad/s), t : 시간 (s)
V : 실횻값 (V), i : 전류의 순싯값 (A), I_m : 전류의 최댓값 (A)

② 최댓값(maximum value) : 순싯값 중에서 가장 큰 값을 최댓값이라 한다.

$$V_m = \sqrt{2}\, V\ [\text{V}]$$

$$I_m = \sqrt{2}\, I\ [\text{A}]$$

순싯값과 최댓값

③ 평균값 : 교류의 순싯값이 0이 되는 시점부터 다음의 0으로 되기까지의 양 (+)의 반주기에 대한 순싯값의 평균이라고 하며, 정현파에서 전압에 대한 평균값 V_a와 전압의 최댓값 V_m 사이는 다음과 같이 나타낼 수 있다.

$$V_a = \frac{2}{\pi}\, V_m \fallingdotseq 0.637\, V_m\ (\text{전파정류일 때})$$

> **참고** 반파정류일 때 $V_a = \dfrac{V_m}{\pi}$

④ 실횻값 : 교류의 크기를 직류의 크기로 바꿔놓은 값을 실횻값이라 한다.

$$\text{실횻값} = \sqrt{(\text{순싯값})^2 \text{의 합의 평균}}$$

일반적으로 표시되는 전압 및 전류는 실횻값을 나타내며, 정현파 교류에서 전압에 대한 실횻값 V와 최댓값 V_m 사이는 다음과 같이 나타낼 수 있다.

$$V = \frac{1}{\sqrt{2}} V_m = 0.707 V_m$$

참고 평균값 및 실횻값 (전류일 때)

① 평균값 : $I_{av} = \frac{2}{T} \int_0^{T/2} I_m \sin\omega t\, d(\omega t) = \frac{1}{\pi} \int_0^{\pi} I_m \sin\omega t\, d(\omega t) = \frac{2}{\pi} I_m = 0.637 I_m$

② 실횻값 : $I = \sqrt{\frac{1}{T} \int_0^T (I_m \sin\omega t)^2 d(\omega t)} = \sqrt{\frac{1}{2\pi} \int_0^{2\pi} (I_m \sin\omega t)^2 d(\omega t)} = \frac{I_m}{\sqrt{2}} = 0.707 I_m$

⑤ 파고율 및 파형률

(개) 파고율 : 교류의 최댓값과 실횻값의 비

$$\text{파고율} = \frac{\text{최댓값}}{\text{실횻값}} = \frac{V_m}{V} = V_m \div \frac{V_m}{\sqrt{2}} = \sqrt{2} = 1.414$$

(내) 파형률 : 실횻값과 평균값의 비

$$\text{파형률} = \frac{\text{실횻값}}{\text{평균값}} = \frac{V_m}{\sqrt{2}} \div \frac{2}{\pi} V_m = \frac{\pi}{2\sqrt{2}} = 1.111$$

5-2 ─o 교류회로 저항(R), 유도(L), 용량(C)

(1) 단독회로

$v = V_m \sin\omega t$ [V]인 경우

[기본 적용 방법] L, C는 특성상 직접 옴의 법칙을 적용할 수 없으므로

$$L\,[\text{H}] \rightarrow j\omega L = j X_L\,[\Omega]$$

$$C\,[\text{F}] \rightarrow \frac{1}{j\omega C} = -j X_c\,[\Omega]$$

회로	전압 · 전류 특성	회로 전류	크기의 관계	위상관계
R 만의 회로	$v = Ri$ $i = \dfrac{v}{R}$	$i = \dfrac{V_m}{R} \sin\omega t$	$I = \dfrac{V}{R}$	$\theta = 0$ 전압과 전류는 동위상
L 만의 회로	$v = -v_L = L\dfrac{di}{dt}$ $i = \dfrac{1}{L}\int v\,dt$	$i = \dfrac{V_m}{X_L}\sin\left(\omega t - \dfrac{\pi}{2}\right)$ $= I_m \sin\left(\omega t - \dfrac{\pi}{2}\right)$	$I = \dfrac{V}{X_L} = \dfrac{V}{\omega L}$	$\theta = -\dfrac{\pi}{2}$ 전류는 전압보다 $\dfrac{\pi}{2}$ 만큼 뒤진다.
C 만의 회로	$v = \dfrac{1}{C}\int i\,dt$ $i = C\dfrac{dv}{dt}$	$i = \dfrac{V_m}{X_c}\sin\left(\omega t + \dfrac{\pi}{2}\right)$ $= I_m \sin\left(\omega t + \dfrac{\pi}{2}\right)$	$I = \dfrac{V}{X_c} = \omega C V$	$\theta = \dfrac{\pi}{2}$ 전류는 전압보다 $\dfrac{\pi}{2}$ 만큼 앞선다.

단, $G = \dfrac{1}{R}$ [℧] : 컨덕턴스

$X_L = \omega L = 2\pi f L$ [Ω] : 유도 리액턴스

$B_L = \dfrac{1}{X_L}$ [℧] : 유도 서셉턴스

$X_c = \dfrac{1}{\omega C} = \dfrac{1}{2\pi f C}$ [Ω] : 용량 리액턴스

$B_c = \dfrac{1}{X_c}$ [℧] : 용량 서셉턴스

(2) 회로 소자의 축적에너지 및 변화

회로	축적에너지	에너지 변화
R	$W_R = I^2 R$ [J]	열로 소모되는 전기적 에너지
L	$W_L = \dfrac{1}{2} L I^2$ [J]	축적되는 자계에너지
C	$W_c = \dfrac{1}{2} C V^2$ [J]	축적되는 전계에너지

(3) 직렬회로

$v = V_m \sin\omega t$ [V]인 경우

회로	회로 전류	임피던스 Z [Ω] 크기	위상관계
$R-L$	$i = \dfrac{V_m}{Z}\sin(\omega t - \theta)$ $= I_m\sin(\omega t - \theta)$	$Z = R + j\omega L$ $Z = \sqrt{R^2 + (\omega L)^2}$	$\theta = \tan^{-1}\dfrac{\omega L}{R}$ 전류는 전압보다 θ 만큼 뒤진다.
$R-C$	$i = \dfrac{V_m}{Z}\sin(\omega t + \theta)$ $= I_m\sin(\omega t + \theta)$	$Z = R + j\dfrac{1}{\omega C}$ $Z = \sqrt{R^2 + \left(\dfrac{1}{\omega C}\right)^2}$	$\theta = \tan^{-1}\dfrac{1}{\omega CR}$ 전류는 전압보다 θ 만큼 앞선다.
$R-L-C$	$i = \dfrac{V_m}{Z}\sin(\omega t - \theta)$ $(X_L > X_c$인 경우$)$	$Z = R + j\left(\omega L - \dfrac{1}{\omega C}\right)$ $Z = \sqrt{R^2 + \left(\omega L - \dfrac{1}{\omega C}\right)^2}$	$\theta = \tan^{-1}\dfrac{\omega L - \dfrac{1}{\omega C}}{R}$ $\omega L > \dfrac{1}{\omega C}$일 때 진상 $\omega L < \dfrac{1}{\omega C}$일 때 지상 $\omega L = \dfrac{1}{\omega C}$일 때 동위상 (직렬공진)

참고 **1. $R-L$인 경우 ($R-C$와 같은 방법으로 적용)**

① L[H] $\rightarrow j\omega L = jX_L$ [Ω]

② 합성 임피던스 : $Z = R + j\omega L$, $|Z| = \sqrt{R^2 + (\omega L)^2}$

③ 옴의 법칙 적용 : $I = \dfrac{V}{Z} = \dfrac{V}{\sqrt{R^2 + (\omega L)^2}}$

④ 위상각 : $\tan\theta$ (전압이 전류보다 θ 만큼 앞선다.)

2. 임피던스 Z[Ω]와 위상각 θ [rad]의 관계

① $\cos\theta = \dfrac{R}{Z} \rightarrow$ 실수부 $R = Z\cos\theta$

② $\sin\theta = \dfrac{X}{Z} \rightarrow$ 허수부 $X = Z\sin\theta$

(4) 병렬회로

$v = V_m \sin \omega t$ [V]인 경우

회로	회로 전류	어드미턴스 Y [℧] 크기	위상관계
$R-L$	$i = YV_m \sin(\omega t - \theta)$ $= I_m \sin(\omega t - \theta)$	$Y = \dfrac{1}{Z} = \dfrac{1}{R} + j\dfrac{1}{\omega L}$ $Y = \sqrt{\left(\dfrac{1}{R}\right)^2 + \left(\dfrac{1}{\omega L}\right)^2}$	$\theta = \tan^{-1}\dfrac{R}{\omega L}$ 전류는 전압보다 θ만큼 뒤진다.
$R-C$	$i = YV_m \sin(\omega t + \theta)$ $= I_m \sin(\omega t + \theta)$	$Y = \dfrac{1}{Z} = \dfrac{1}{R} + j\omega C$ $Y = \sqrt{\left(\dfrac{1}{R}\right)^2 + (\omega C)^2}$	$\theta = \tan^{-1}\omega CR$ 전류는 전압보다 θ만큼 앞선다.
$R-L-C$	$i = YV_m \sin(\omega t - \theta)$ $(X_L > X_c$인 경우$)$	$Y = \dfrac{1}{Z} = \dfrac{1}{R} + j\left(\omega C - \dfrac{1}{\omega L}\right)$ $Y = \sqrt{\left(\dfrac{1}{R}\right)^2 + \left(\omega C - \dfrac{1}{\omega L}\right)^2}$	$\theta = \tan^{-1}R\left(\dfrac{1}{\omega L} - \omega C\right)$ $\omega C > \dfrac{1}{\omega L}$일 때 진상 $\omega C < \dfrac{1}{\omega L}$일 때 지상 $\omega C = \dfrac{1}{\omega L}$일 때 동위상 (병렬공진)

참고 $R-L$인 경우 ($R-C$와 같은 방법으로 적용)

① 직렬과 동일 : $L \to j\omega L$

② 임피던스 Z [Ω] 대신 어드미턴스 Y [℧] $= \dfrac{1}{Z} = G + jB = \dfrac{1}{R} + j\dfrac{1}{\omega L}$

$|Y| = \sqrt{\left(\dfrac{1}{R}\right)^2 + \left(\dfrac{1}{\omega L}\right)^2}$

③ 옴의 법칙 적용 : $I = \dfrac{V}{Z} = YV = \sqrt{\left(\dfrac{1}{R}\right)^2 + \left(\dfrac{1}{\omega L}\right)^2}$

④ 위상각 : ELI : θ (직렬과 동일)

(5) 공진

구분 ＼ 공진의 종류	직렬공진	병렬공진
회로의 $Z,\ Y$	$Z = R + j\left(\omega L - \dfrac{1}{\omega C}\right)$	$Y = \dfrac{1}{R} + j\left(\omega C - \dfrac{1}{\omega L}\right)$
공진조건	$\omega_r L = \dfrac{1}{\omega_r C}$	$\omega_r C = \dfrac{1}{\omega_r L}$
공진 각 주파수	$\omega_r = \dfrac{1}{\sqrt{LC}}$	$\omega_r = \dfrac{1}{\sqrt{LC}}$
공진 주파수	$f_r = \dfrac{1}{2\pi\sqrt{LC}}$	$f_r = \dfrac{1}{2\pi\sqrt{LC}}$
공진 시 $Z_r,\ Y_r$	$Z_r = R$ (최소)	$Y_r = \dfrac{1}{R}$ (최소)
공진전류	$I_r = \dfrac{V}{Z_r} = \dfrac{V}{R}$ (최대)	$I_r = Y_r V = \dfrac{V}{R}$ (최소)
선택도	$Q = \dfrac{\omega_r}{\omega_2 - \omega_1} = \dfrac{\omega_r L}{R} = \dfrac{1}{\omega_r CR}$ $= \dfrac{1}{R}\sqrt{\dfrac{L}{C}}$	$Q = \dfrac{\omega_r}{\omega_2 - \omega_1} = \dfrac{R}{\omega_r L} = \omega_r CR$ $= R\sqrt{\dfrac{C}{L}}$

5-3 ○ 교류전력

(1) 단상 교류전력

$v = \sqrt{2}\,V\sin\omega t$ [V], $i = \sqrt{2}\,I\sin(\omega t - \theta)$ [A]라 하면,

① 순시전력 : $P = vi = VI\cos\theta - VI(2\omega t - \theta)$

② 유효전력 : $P = VI\cos\theta = I^2 R$ [W] (=소비전력=평균전력)

③ 무효전력 : $P_r = VI\sin\theta = I^2 X$ [Var]

④ 피상전력 : $P_a = VI = \sqrt{P^2 + P_r^{\,2}} = I^2 Z$ [VA]

⑤ 역률 : $\cos\theta = \dfrac{P}{P_a} = \dfrac{P}{VI} = \dfrac{R}{Z}$

⑥ 무효율 : $\sin\theta = \dfrac{P_r}{P_a} = \dfrac{P_r}{VI} = \dfrac{X}{Z}$

$\cos\theta = \dfrac{P}{P_a} = \dfrac{R}{Z}$, $\sin\theta = \dfrac{P_r}{P_a} = \dfrac{X}{Z}$

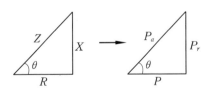

(2) 복소전력

$$V = V_1 + j\,V_2\,[\text{V}],\ \ I = I_1 + j\,I_2\,[\text{A}]\text{라 하면,}$$

$$P_a = \overline{V}\,I = (V_1 - j\,V_2)(I_1 + j\,I_2) = (V_1 I_1 + V_2 I_2) - j\,(V_2 I_1 + V_1 I_2)$$

$$= P - jP_r\,[\text{VA}]$$

① 유효전력 : $P = (V_1 I_1 + V_2 I_2)\,[\text{W}]$ (실수부)

② 무효전력 : $P_r = (V_2 I_1 + V_1 I_2)\,[\text{Var}]$ (허수부)

③ 피상전력 : $P_a = \sqrt{P^2 + P_r{}^2}\,[\text{VA}]$

5-4 ○ 3상 교류회로

(1) 3상 전력

① 유효전력 : $P = 3\,V_p I_p \cos\theta = \sqrt{3}\,V_l I_l \cos\theta = 3 I_p{}^2 R\,[\text{W}]$

② 무효전력 : $P_r = 3\,V_p I_p \sin\theta = \sqrt{3}\,V_l I_l \sin\theta = 3 I_p{}^2 X\,[\text{Var}]$

③ 피상전력 : $P_a = 3\,V_p I_p = \sqrt{3}\,V_l I_l = \sqrt{P^2 + P_r{}^2} = 3 I_p{}^2 Z\,[\text{VA}]$

(2) △ 결선과 Y 결선의 환산

① △ 결선 → Y 결선 환산

$$Z_a = \frac{Z_{ab}\,Z_{ca}}{Z_{ab} + Z_{bc} + Z_{ca}}\quad Z_b = \frac{Z_{bc}\,Z_{ab}}{Z_{ab} + Z_{bc} + Z_{ca}}\quad Z_c = \frac{Z_{ca}\,Z_{bc}}{Z_{ab} + Z_{bc} + Z_{ca}}$$

평형부하인 경우 Y로 환산하려면 $\dfrac{1}{3}$ 배, 즉

$$Z_Y = \frac{1}{3}Z_\Delta$$

② Y 결선 → △ 결선 환산

$$Z_{ab} = \frac{Z_a Z_b + Z_b Z_c + Z_c Z_a}{Z_c}$$

$$Z_{bc} = \frac{Z_a Z_b + Z_b Z_c + Z_c Z_a}{Z_a}$$

$$Z_{ca} = \frac{Z_a Z_b + Z_b Z_c + Z_c Z_a}{Z_b}$$

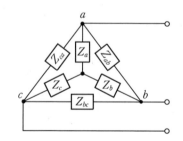

평형부하인 경우 $Y \rightarrow \Delta$로 환산하려면 3배, 즉

$$Z_\Delta = 3Z_Y$$

(3) 브리지 회로

평형조건	브리지 회로
$Z_1 Z_4 = Z_2 Z_3$	

(4) V 결선

① 출력

$$P = V_{ab}I_{ab}\cos\left(\frac{\pi}{6} - \theta\right) + V_{ca}I_{ca}\cos\left(\frac{\pi}{6} + \theta\right) = \sqrt{3}\ VI\cos\theta\ [\text{W}]$$

② 변압기 이용률 및 출력비

$$\text{이용률 } U = \frac{2\text{대의 V 결선 출력}}{2\text{대 단독 출력의 합}} = \frac{\sqrt{3}\ VI\cos\theta}{2VI\cos\theta} = \frac{\sqrt{3}}{2} = 0.866$$

$$\text{출력} = \frac{\text{V 결선 출력}}{\Delta \text{ 결선 출력}} = \frac{\sqrt{3}\ VI\cos\theta}{3VI\cos\theta} = \frac{\sqrt{3}}{3} = 0.577$$

5-5 ····o 2단자 회로망

(1) 역회로 및 정저항 회로

① 역회로 : 구동점 임피던스가 Z_1, Z_2라 할 때,

$$Z_1 Z_2 = K^2 \text{ 또는 } \frac{Z_1}{Y_2} = K^2 \text{ (단, } K\text{는 정의 실수)}$$

의 관계가 있을 때 Z_1, Z_2는 K에 관해서 역회로라 한다.

예를 들어, $Z_1 = j\omega L$, $Z_2 = \dfrac{1}{j\omega C}$이라 하면

$$Z_1 Z_2 = \frac{L}{C} = K^2$$

② 정저항 회로 : 구동점 임피던스가 주파수에 관계없이 실수부는 일정하고 허수부는 0인 회로를 정저항 회로라 한다.

$$Z_1 Z_2 = R^2$$

그림에서 $Z_1 = j\omega L$, $Z_2 = \dfrac{1}{j\omega C}$이라 하면

$$Z_1 Z_2 = R^2 = \frac{L}{C}$$

$$\therefore R = \sqrt{\frac{L}{C}}$$

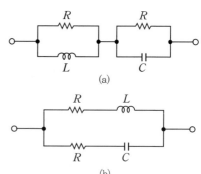

(2) 2단자 회로망의 구성

① $R-L-C$ 직렬회로

$$Z(j\omega) = R + j\omega L + \frac{1}{j\omega C}$$

여기서, $S = j\omega$

$$Z(s) = R + SL + \frac{1}{SC}$$

여기서, R : 상수, L : 곱의 함수, C : 곱의 역함수

따라서, 직렬 회로의 구동점 임피던스에서 알 수 있는 바와 같이 전체 함수가 합의 함수가 된다.

② $L-C$ 병렬회로

$$Z(s) = \frac{SL\dfrac{1}{SC}}{SL + \dfrac{1}{SC}} = \frac{1}{SC + \dfrac{1}{SL}}$$

병렬 회로의 구동점 임피던스 값은 전체 함수가 역수를 취하고 있고, 직렬과 반대이므로 C는 L의 형태를, L은 C의 형태를 취한다.

예상문제

1. $i = 50\sin 314t$ 의 주기는 얼마인가?

① 0.2 s ② 0.02 s
③ 0.4 s ④ 0.04 s

해설 $T = \dfrac{1}{f} = \dfrac{1}{\dfrac{w}{2\pi}} = \dfrac{2\pi}{w} = \dfrac{6.28}{314} = 0.02$ s

※ $w = 2\pi f$ 에서, $f = \dfrac{w}{2\pi}$ [Hz]

2. 60 Hz의 각속도는 얼마인가?

① 314 rad/s ② 377 rad/s
③ 412 rad/s ④ 427 rad/s

해설 $w = 2\pi f = 2 \times \pi \times 60 = 120\pi$
$= 377\,\text{rad/s}$

3. 다음 그림의 사인파 순싯값을 나타낸 것은?

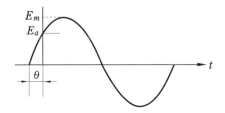

① $e = E_m \sin(\omega t - \theta)$
② $e = E_m \sin(\omega t + \theta)$
③ $e = E_a \sin(\omega t - \theta)$
④ $e = E_a \sin(\omega t + \theta)$

해설 θ만큼 위상이 빠르기 때문에
$e = E_m \sin(\omega t + \theta)$ [V]

4. 정현파 교류의 실횻값은 최댓값과 어떠한 관계가 있는가?

① π 배 ② $\dfrac{2}{\pi}$ 배

③ $\dfrac{\sqrt{2}}{2}$ 배 ④ $\sqrt{2}$ 배

해설 $V_e = \dfrac{1}{\sqrt{2}}\,V_m$ ∴ $\dfrac{1}{\sqrt{2}}$ 배가 된다.

5. 어떤 정현파 전압의 평균값이 191 V 이면 최댓값은 몇 V인가?

① 100 V ② 200 V
③ 300 V ④ 450 V

해설 $\text{Var} = \dfrac{2\,V_m}{\pi}$ 에서, $191 = \dfrac{2\,V_m}{3.14}$
∴ $V_m = 300$ V

6. 파고율을 바르게 나타낸 식은?

① $\dfrac{\text{최댓값}}{\text{실횻값}}$ ② $\dfrac{\text{실횻값}}{\text{최댓값}}$
③ $\dfrac{\text{실횻값}}{\text{평균값}}$ ④ $\dfrac{\text{평균값}}{\text{실횻값}}$

해설 최댓값을 실횻값으로 나눈 값을 파고율이라 한다.

7. 어느 전동기가 회전하고 있을 때 전압 및 전류의 실횻값이 각각 50 V, 3 A이고 역률은 0.8인 경우 무효전력은 몇 Var인가?

① 150 Var ② 120 Var
③ 90 Var ④ 70 Var

해설 무효전력 $P_r = VI\sin\theta$ 에서,
$= 50 \times 3 \times 0.6 = 90$ Var

$\begin{cases} \cos^2\theta + \sin^2\theta = 1 \\ \sin^2\theta = 1 - \cos^2\theta = 1 - 0.8^2 \\ \sin\theta = 0.6 \end{cases}$

8. 100 V 교류전원에 1 kW 배연용 송풍기를 접속하였더니 15 A의 전류가 흘렀다. 이 송풍

기의 역률은 얼마인가?

① 0.87   ② 0.77
③ 0.67   ④ 0.57

해설 $P = VI\cos\theta$ 에서,

역률 $\cos\theta = \dfrac{P}{VI} = \dfrac{1000}{100 \times 15} = 0.67$

9. 60 Hz 두 개의 교류전압에서 위상차가 $\dfrac{\pi}{3}$ rad일 때 위상차를 시간으로 표시하면 몇 s 인가?

① $\dfrac{1}{180}$ ② $\dfrac{1}{360}$
③ $\dfrac{1}{720}$ ④ $\dfrac{1}{20}$

해설 $\theta = \omega t$ [rad]에서,

$$t = \frac{\theta}{\omega} = \frac{\theta}{2\pi f} = \frac{\dfrac{\pi}{3}}{2 \times \pi \times 60} = \frac{1}{360} \text{ s}$$

10. $i = I_m \sin\omega t$ 인 사인파 전류에 있어서 순싯값이 실횻값과 같을 때 ωt 의 값은?

① $\dfrac{\pi}{2}$ ② $\dfrac{\pi}{3}$
③ $\dfrac{\pi}{4}$ ④ $\dfrac{\pi}{6}$

해설 $i = I_m \sin\omega t = \sqrt{2}\, I\sin\omega t$, $\sin\omega t = \dfrac{1}{\sqrt{2}}$

$\therefore\ \omega t = \sin^{-1}\dfrac{1}{\sqrt{2}} = \dfrac{\pi}{4}$

11. 순시전류 $i = I_m \sin\omega t$ 로서 표시된 정현파 교류의 주파수는 몇 Hz인가?

① $2\pi\omega$ ② $\dfrac{\omega}{\pi}$
③ $\dfrac{2\pi}{\omega}$ ④ $\dfrac{\omega}{2\pi}$

해설 $\omega = 2\pi f$ 이므로, 주파수 $f = \dfrac{\omega}{2\pi}$ 이다.

12. 다음 그림과 같은 파형의 평균값은?

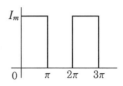

① I_m ② $\dfrac{I_m}{2}$
③ $2I_m$ ④ $\dfrac{I_m}{4}$

해설 ㉠ 펄스파 (막대기파)

• 실횻값 $I = \dfrac{I_m}{\sqrt{2}}$

• 평균값 $I_a = \dfrac{I_m}{2}$

㉡ 맥류 (구형파)

• 실횻값 $I = \sqrt{\dfrac{2\,(I_m^2 \cdot \pi)}{2\pi}} = I_m$

• 평균값 $I_a = \dfrac{I_m \cdot \pi}{\pi} = I_m$

13. $R - C$ 직렬회로의 전압과 전류의 위상각 θ [rad]는?

① $\theta = \tan^{-1}\dfrac{1}{\omega CR}$

② $\theta = \tan^{-1}\dfrac{\omega C}{R}$

③ $\theta = \tan^{-1}\omega CR$

④ $\theta = \tan^{-1}\dfrac{R}{\omega C}$

해설 $\theta = \tan^{-1}\dfrac{X_C}{R} = \tan^{-1}\dfrac{1}{\omega CR}$ [rad]

14. 저항 6 Ω, 유도리액턴스 2 Ω, 용량 리액턴스 10 Ω인 직렬 회로의 임피던스는 얼마인가?

① 6 Ω   ② 8 Ω
③ 10 Ω   ④ 12 Ω

해설 $Z = \sqrt{R^2 + (X_C - X_L)^2}$
$= \sqrt{6^2 + (10-2)^2} = 10\ \Omega$

15. 60 Hz, 6극인 교류 발전기의 회전수는 얼마인가?

① 3600 rpm   ② 1800 rpm
③ 1500 rpm   ④ 1200 rpm

해설 $N = \dfrac{120f}{P}\left(\because f = \dfrac{PN}{120}\right) = \dfrac{120 \times 60}{6}$
$= 1200\ \text{rpm}$

16. 다음 그림과 같은 회로에서 전류 I [A]는 얼마인가?

① 1 A   ② 0.2 A
③ 0.5 A   ④ 0.6 A

해설 $I = I_R + I_L + I_C = \dfrac{1}{2} + \dfrac{1}{j4} + \dfrac{1}{-j4}$
$= 0.5 - j0.25 + j0.25 = 0.5\ \text{A}$

17. $V_m \sin\omega t$ [V]로서 표현되는 교류전압을 가하면 전력 P [W]를 소비하는 저항이 있다. 이 저항의 값 (Ω)은 얼마인가?

① $\dfrac{V_m^2}{2P}$ ② $\dfrac{V_m^2}{P}$
③ $\dfrac{2V_m^2}{P}$ ④ $\dfrac{4V_m^2}{P}$

해설 $P = \dfrac{V^2}{R}$ 에서,

$R = \dfrac{V^2}{P} = \dfrac{(V_e)^2}{P} = \dfrac{\left(\dfrac{V_m}{\sqrt{2}}\right)^2}{P} = \dfrac{V_m^2}{2P}$

18. 다음 그림과 같은 부하에서 부하전류가 30 A일 때 부하의 선간전압은 몇 V인가?

① 380 V   ② 440 V
③ 520 V   ④ 600 V

해설 $V_p = IZ = 30 \times (\sqrt{6^2+8^2}) = 300\ \text{V}$
Y 결선 선간전압 $V_l = \sqrt{3}\,V_p = \sqrt{3} \times 300$
$= 519.6$

19. $R-L-C$ 직렬회로에서 전류가 전압보다 위상이 앞서기 위해서는 다음 중 어떤 조건이 만족되어야 하는가?

① $X_L = X_C$ ② $X_L > X_C$
③ $X_L < X_C$ ④ $X_L = \dfrac{1}{X_C}$

20. 그림 $R-C$ 병렬회로의 위상각은?

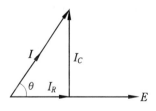

① $\theta = \tan^{-1}\dfrac{R}{\omega C}$
② $\theta = \tan^{-1}\dfrac{\omega C}{R}$

③ $\theta = \tan^{-1} \omega CR$

④ $\theta = \tan^{-1} \dfrac{1}{\omega CR}$

21. △로 결선되어 있는 3상 교류 발전기의 정격전류가 15.6 A일 때 그 한 상의 전류는 얼마인가?

① 6 A   ② 9 A

③ 12.5 A   ④ 15.6 A

해설 $I = \dfrac{I_l}{\sqrt{3}} = \dfrac{15.6}{\sqrt{3}} \fallingdotseq 9$ A

22. $R - L - C$ 직렬회로에서 전원 주파수 값이 공진 주파수 값보다 커지면 어떤 회로가 구성되는가?

① 유도성 회로

② 용량성 회로

③ 무유도성 회로

④ 무관계

해설 ㉠ 주파수가 높아지면,

     $X_L > X_C$ 가 되어 유도성이 된다.

㉡ 주파수가 낮아지면,

     $X_L < X_C$ 가 되어 용량성이 된다.

23. 어떤 회로에 전압 V 를 인가할 경우 전류 I 가 회로에 흐른다면 $P = VI = Pa$ 이다. 이 회로는 어떤 부하인가? (단, $P > 0$ 이다.)

① 순저항   ② 유도성

③ 용량성   ④ 무용량성

24. 다음 그림과 같은 브리지 회로가 평형이 되기 위한 조건은?

① $2 + j\,4$ ② $-2 + j\,4$

③ $4 + j\,2$ ④ $4 - j\,2$

해설 $Z = \dfrac{(2+j\,4) \times (2-j\,3)}{3+j\,2}$

$= \dfrac{(16+j\,2) \cdot (3-j\,2)}{(3+j\,2) \cdot (3-j\,2)} = \dfrac{52-j\,26}{13}$

$= 4 - j\,2$

25. 어드미턴스 $Y = a + j\,b$ 에서 a 는 무엇을 나타내는가?

① 저항   ② 리액턴스

③ 컨덕턴스   ④ 서셉턴스

해설 a 는 컨덕턴스, b 는 서셉턴스를 나타낸다.

26. 9 μF인 콘덴서가 50 Hz인 전원에 연결되어 있다. 용량 리액턴스 값은 얼마인가?

① 350 Ω   ② 2500 Ω

③ 2600 Ω   ④ 2753 Ω

해설 $X_C = \dfrac{1}{2\pi f C} = \dfrac{1}{2 \times 3.14 \times 50 \times 9 \times 10^{-6}}$

$= 3.5 \times 10^{-4} \times 10^6$

$= 3.5 \times 10^2 = 350$ Ω

06 전기기기

6-1 ○ 직류기

(1) 직류 전동기 및 발전기의 구조 및 원리

① 직류기의 3요소

㈎ 전기자 (armature) : 원동기로 회전시켜 자속을 끊어서 기전력을 유도하는 부분

㈏ 계자 (field magnet) : 전기자가 쇄교하는 자속을 만들어 주는 부분

㈐ 정류자 (commutator) : 브러시와 접촉하여 유도 기전력을 정류시켜 직류로 바꾸어 주는 부분

② 전기자 : 전기자 철심은 철손을 적게 하기 위하여 두께 0.35 ~ 0.5 mm의 규소 강판(저규소 강판 ; 규소 함유율 1 ~ 1.4 % 정도)을 성층하여 사용한다.

③ 계자 : 계자 권선, 계자 철심, 계철 등으로 구성되며 계철, 계자 철심, 자극편 공극, 전기자 철심을 직류기의 회로라고 한다. 자극편은 두께 0.8 또는 1.6 mm의 연강판을 성층하여 사용한다. 공극은 자극편과 전기자 사이의 간격으로서 소형기에서는 3 mm, 대기형에서는 6 ~ 8 mm 정도이다.

④ 정류자 : 쐐기 모양의 경동으로 된 정류자편의 상호간을 편간 마이카로 절연해서 원통형으로 조립한 것이다.

⑤ 브러시 : 정류자면에 접촉해서 전기자 권선과 외부 회로를 연결해 주는 것으로 탄소질 브러시, 흑연질 브러시, 전기 흑연질 브러시, 금속 흑연질 브러시 등이 있다.

(2) 전기자 권선법과 유기 기전력

① 직류기의 전기자 권선법에는 많은 종류가 있으나 대표적인 것에는 중권과 파권이 있다.

② 어느 권선법을 채용하는가는 기계의 용량과 전압의 대소에 따라서 다르나 일반적으로 중권은 저전압 대전류용에 적합하기 때문에 대용량이 많고, 파권은 고전압 소전류용에 적합하기 때문에 중용량 이하에 많이 사용된다.

③ 중권에 있어서 자기 회로의 재료 불균일이나 갭 길이가 일정하지 않기 때문에 각 자극은 자속이 동일하지 않은 경우에도 유도 기전력이 동일하게 되지 않는다. 그러므로 권선 중에 순환 전류가 생겨서 정류를 방해하므로 순환 전류가 브러시를 통하지 않도록 균압환을 설치한다.

④ 코일을 슬롯에 넣는 방법에 단층권과 2층권이 있으며 후자가 일반적으로 채용된다.

⑤ 전기자 도체 1개당 유기 기전력 e는 다음과 같이 나타낼 수 있다.

$$e = Blv = \frac{p}{60}\phi N \,[\text{V}]$$

여기서, B : 자속 밀도 (Wb/m^2) N : 회전수 (rpm)
       l : 코일의 유효 길이 (m) v : 도체의 주변 속도 (m/s)
       p : 자극수 ϕ : 1극당의 자속 (Wb)

⑥ 직류기의 단자간에 얻어지는 유기 기전력 E는 다음과 같이 나타낼 수 있다.

$$E = \frac{Z}{a}e = \frac{pZ}{60}\phi N \,[\text{V}]$$

여기서, Z : 전기자 도체수
       a : 권선의 병렬 회로수 (중권에서는 $a=p$, 파권에서는 $a=2$)

⑦ 직류 발전기의 단자 전압 V와 유기 기전력 E의 관계

$$V = E - IR - e_b - e_a \,[\text{V}]$$

여기서, IR : 부하 전류에 의한 전기자 권선, 직권 권선, 보상 권선 등의 전전압 강호 (V)
       e_b : 브러시 전압 강하 (V)
       e_a : 전기자 반작용에 의한 전압 강하 (V)

(3) 전기자 반작용과 정류 및 전압 변동

① 전기자에 전류가 흐르면 암페어의 오른 나사 법칙에 따르는 방향으로 자속이 생긴다. 이 자속은 계자속의 일부와 서로 합해지는 방향으로 또한 계자속의 다른 일부를 감소하는 방향으로 생기기 때문에 전체적으로는 주자극의 자속 분포를 변화시키게 되어 직류기의 특성에 악영향을 준다. 이와 같이 직류기의 전기자 전류에 의해 주자극의 자속을 변화시키는 작용을 전기자 반작용이라 한다.

② 전기자 반작용의 결과, 주자극의 자속이 평균적으로 감소하고 자속 밀도의 불균일에 의한 정류 악화를 초래한다.

③ 정류에 의해 교류에서 직류를 인출하게 되지만 전기자 코일의 수가 작을 경우는 기전력의 맥동이 크기 때문에 다수의 코일을 적당한 간격으로 배치하여 평활한 직류 기전력을 얻도록 하고 있다. 이 역할을 하는 것이 정류자이다.

④ 정류 시간 내의 전류는 여러 가지의 변화를 가진다.

　(개) 정현파 정류 : 정류의 시작과 끝의 전류 변화가 완만하고 정현파 모양으로 되는 것, 불꽃이 없는 정류이다.

　(내) 부족 정류 : 정류 초기에 전류 변화가 느리고 후기에 급변하는 것, 브러시의 후단에서 불꽃을 발생하기가 쉽다.

　(대) 과정류 : 정류 초기에 전류의 변화가 급하고 브러시의 전단에서 불꽃을 발생하기가 쉽다.

⑤ 불꽃이 없는 정류를 얻기 위해서는 저항 정류법과 전압 정류법의 2종류가 있다.

(4) 직류 발전기의 병렬 운전 및 효율

① 타여자 발전기 : 다른 직류 전원(축전지 또는 다른 직류 발전기)으로부터 계자 전류를 받아서 계자 자속을 만드는 것

② 자여자 발전기 : 자체에서 발생한 유기 기전력에 의해서 계자 전류를 통하여 여자하는 것

　(개) 직권 발전기 : 계자 권선과 전기자 권선이 직렬로 접속되어 있는 것으로 부하 전류에 의해서 여자된다.

　(내) 분권 발전기 : 계자 권선과 전기자 권선이 병렬로 접속된 것이다.

　(대) 복권 발전기 : 분권 계자 권선과 직권 계자 권선인 두 개의 계자 권선을 가지고 있는 것이며, 이 두 계자 권선의 기자력이 서로 합해지도록 접속되어 있는 것을 가동 복권이라 하고, 두 계자 권선의 기자력이 서로 상쇄되도록 접속되어 있는 것을 차동 복권이라 한다.

③ 전압 변동률

$$\varepsilon = \frac{V_n - V_0}{V_n} \times 100\,\%$$

　　　여기서, V_n : 정격 전압(V), V_0 : 무부하 전압(V)

④ 병렬 운전의 조건

　(개) 부하 전류가 용량에 정비례하여 분류할 것

　(내) 외부 특성이 동일할 것

　(대) 병렬 운전이 안정할 것

⑤ 병렬 운전에서 부하 분담을 결정하는 것은 각각의 외부 특성이다. 동일 용량인 2대의 발전기를 병렬 운전할 경우, 양기의 외부 특성이 동일하면 모든 부하 상태에서 균등한 부하 분담이 되지만 다른 경우는 그렇지 못하다.

⑥ 복권 발전기의 경우는 외부 특성이 예를 들어 동일하다고 하여도 균압 모선이 필요하다.

(5) 직류 전동기의 특성 및 속도제어

① 속도 N 및 토크 T는 다음의 중요한 식으로 관계된다.

$$N = K' \frac{V - I_a R_a}{\phi}$$

$$T = K'' \phi I_a$$

여기서, V : 단자 전압 (V)　　　　I_a : 전기자 전류 (A)
R_a : 전기자 회로 저항 (Ω)　　K', K'' : 비례 정수

이러한 것은 직류 전동기의 종류에 관계없이 적용되는 중요한 일반식으로 다음의 설명에서 이해할 수 있다.

② 타여자 전동기 : 부하 (전류)의 크기에 관계없이 ϕ는 일정하므로 속도 N은 $V - I_a R_a$에 비례한다. 단자 전압 V는 일정하므로 부하 전류 (전기자 전류 I_a)의 증가와 함께 속도는 약간 감소하게 된다. 토크 T는 계자속 ϕ가 일정하기 때문에 전기자 전류 I_a에 비례한다.

③ 분권 전동기 : 단자 전압을 일정하게 하면 계자 전류는 일정하게 되므로 자속은 일정하게 된다. 따라서, 타여자 전동기와 동일한 특성을 나타낸다.

④ 직권 전동기 : 계자속 ϕ는 전기자 전류 I_a로 만들어지기 때문에 $\phi \propto I_a$, 따라서 속도 N은 부하의 증가와 함께 감소하고 토크 T는 I_a^2에 비례하여 크게 된다. 그러나, I_a가 크게 됨에 따라서 ϕ는 자기 포화하므로 T는 I_a에 비례하게 된다.

⑤ 회전수(N)

$$N = K' \frac{E}{\phi} = K' \frac{V - I_a R_a}{\phi} \text{ [rpm]}$$

여기서, E : 전기자 역기전력 (V)　　ϕ : 매극당 자속 (Wb)
V : 단자 전압 (V)　　　　　I_a : 전기자 전류 (A)
R_a : 전기자 회로 저항 (Ω)　K' : 정수

⑥ 토크(τ)

$$\tau = \frac{pZ}{2\pi a} \cdot \phi I_a = K'' \phi I_a \text{ [N·m]}$$

여기서, p : 극수　　　　　　　a : 병렬 회로수
Z : 전기자 도체수　　　K'' : 정수

⑦ 출력(P)

$$P = EI_a = 2\phi \cdot \left(\frac{N}{60}\right)\tau \, [\text{W}]$$

여기서, τ : 토크 (N·m)

ω : 각속도 (rad/s)

⑧ 속도제어

제어방법	장·단점	적용 전동기		
		타여자	분권	직권
전압 제어 V	• 넓은 범위의 속도 제어가 가능하고 효율이 좋다. • 전부하 토크에서 기동하거나 회전 방향의 변경이 자유롭고 원활하다.	○	−	○
저항 제어 R_s	• 구성이 간단한 속도 제어법이다. • R_s에 의한 저항손 때문에 효율은 낮다. • 속도 변동률이 크다.	○	○	○
계자 제어 ϕ	• 비교적 넓은 범위의 속도 제어에서 효율이 양호하다. • 전기자 반작용에 의한 정류 불량, 속도의 불안정 때문에 고속 운전에는 일정한 한도가 있다.	(계자 ○ (계자 −	전류 ○ 전류 −	제어) − 제어) ○

⑨ 효율

㈎ 실측 효율 $\eta = \dfrac{출력}{입력} \times 100\,\%$

㈏ 규약 효율 $\eta = \dfrac{출력}{출력+손실} \times 100\,\% \,(발전기)$

$= \dfrac{입력-손실}{입력} \times 100\,\% \,(전동기)$

6-2 ─○ 유도기

(1) 구조 및 원리

① 동기속도

$$N_s = \frac{120f}{P} \, [\text{rpm}]$$

② 슬립

$$s = \frac{N_s - N}{N_s}$$

여기서, f : 주파수, P : 극수, N : 회전속도

③ 회전자의 회전자에 대한 상대속도

$$N = (1-s)N_s \ [\text{rpm}]$$

④ 2차 입력과 2차 동손의 관계 : 2차 동손 P_{c_2} [W]는 슬립 s로 운전 중에 2차 입력이 P_2 [W]일 것

$$P_{c_2} = sP_2 \ [\text{W}]$$

⑤ 2차 입력과 기계적 출력의 관계 : 기계적 출력 P_0 [W]는 슬립 s로 운전 중에 2차 입력이 P_2 [W]일 것

$$P_0 = (1-s)P_2 \ [\text{W}]$$

⑥ 2차 입력과 2차 동손과 기계적 출력의 관계

$$P_2 : P_{c_2} : P_0 = 1 : s : (1-s)$$

(2) 전력과 역률, 토크 및 원선도

① 손실

　㉮ 고정손 : 철손, 베어링 마찰손, 브러시 전기손, 풍손

　㉯ 직접 부하손 : 1차 권선의 저항손, 2차 회로의 저항손, 브러시의 전기손

　㉰ 표유 부하손 : 도체 및 철 속에 발생하는 손실

② 효율 및 2차 효율

　㉮ 효율 $\eta = \dfrac{출력}{입력} \times 100 = \dfrac{입력 - 손실}{입력} \times 100 = \dfrac{P}{\sqrt{3}\ V_1 I_1 \cos\theta_1} \times 100\ \%$

　㉯ 2차 효율 $\eta_2 = \dfrac{2차\ 출력}{2차\ 입력} \times 100 = \dfrac{P_0}{P_2} \times 100 = \dfrac{P_2(1-s)}{P_2} \times 100 = (1-s) \times 100$

$$= \dfrac{n}{n_s} \times 100\ \%$$

③ 유도 전동기의 원선도는 간이 등가회로에 의해 그려지는 L형 원선도가 일반적으로 사용된다.

④ 원선도는 유도 전동기의 특성을 알기 위하여 필요하며, 원선도의 지름은 $\dfrac{V}{x_1 + x_2{'}}$ 이다.

⑤ 원선도를 그리려면 다음 3가지의 시험을 행하여 그 결과에서 산출한 기본량을 사용하여야 한다.

　㈎ 저항 측정

　㈏ 무부하 시험

　㈐ 구속 시험

(3) 기동법과 속도제어 및 제동

① 유도 전동기의 기동법

　㈎ 전전압 기동 : 전동기에 정격전압을 직접 인가하여 기동하는 방법이다. 이 방법은 전동기의 기동 (kVA)에 대하여 전원 용량이 크고 전전압 기동을 행하여도 전압 변동에 의한 악영향을 주지 않는 경우에 채용된다 (기동전류는 정격전류의 5 ~ 7배이고 3.7 kW (5 HP)까지 기동장치 없이 직접 기동한다).

　㈏ Y − Δ 기동 : 전동기의 각 상 권선의 양단을 단자에서 인출하여 기동시에는 Y 결선으로 기동하고, 정격속도 부근에 가속하였을 때 Δ 결선으로 전환하는 방법이다. 이 방법에 의하면 기동전류와 기동토크는 모두 1/3이 된다 (10 ~ 15 kW 이하의 전동기에 사용한다).

　㈐ 보상기 기동 : 3상 단권 변압기를 성형 결선 또는 V 결선으로 하고 2차 전압을 1차 전압의 80 %, 65 % 또는 50 %의 전압으로 기동할 수 있게 한 것으로, 이 경우의 기동전류와 기동토크는 모두 전압 탭의 제곱에 비례한다 (15 kW 이상의 전동기에 사용한다).

　㈑ 리액터 기동 : 1차측의 각 상에 직렬로 가변 탭 (표준은 80, 65, 50 %) 부착의 리액터를 접속하여 기동하고, 가속 후는 이것을 단락하는 방법이다.

　㈒ 3상 권선형 유도 전동기 기동법 : 기동 저항 기법으로 슬립링을 통하여 외부에서 조절할 수 있는 저항기를 접속해 기동 시 저항을 조정하여 기동전류를 억제하고 속도가 커짐에 따라 저항을 원위치시킨다.

② 유도 전동기의 속도 제어

　㈎ 2차 저항 제어 : 권선형 유도 전동기에 채용되며, 토크의 비례 추이를 응용하여 2차 저항을 조정하여 속도 제어를 행하는 방법이다.

　㈏ 극수 변환 : 농형 유도 전동기에 채용되며, 예를 들면 4극→8극 또는 6극→12극 등 1 : 2의 비로 극수를 변환하거나 또는 고정자 권선을 2조 동일 홈 안에 넣어, 예를 들어 4극→6극→8극 또는 4극→8극→12극 등 3단계의 속도를 얻는 방법이다.

(다) 1차 주파수 제어 : 1차 주파수를 가변으로 하고 동기 속도를 변환하여 속도 제어를 행하는 방법으로 가변 주파수의 전원으로서 정지형이 일반화되어 있고, 이것에는 인버터 제어 (간접 변환식)와 사이클로 컨버터 제어 (직접 변환식)가 있다. 1차 주파수를 제어할 경우, 철심 중의 자속밀도를 일정하게 하므로 V/f 일정 제어가 행해진다.

(라) 1차 전압 제어 : 전동기의 발생토크가 1차 전압의 제곱에 비례하는 것을 이용하여, 1차 전압을 변화시켜서 슬립을 변화시키려는 방법이다.

(마) 2차 여자 : 권선형 유도 전동기의 2차측에 전동기의 2차 전압과 평형하는 전압을 발생시키는 장치를 설치하고, 이 전압의 크기를 제어하는 것에 의해 전동기의 속도를 제어하는 방법을 2차 여자법이라고 하며 크레머식과 세르비우스식이 있다.

> **참고** **회전방향 전환**
>
> 전원에 접속된 3개의 단자 중 어느 2개를 서로 바꾸어 접속하면 1차 권선에 흐르는 3상 교류의 상 회전이 반대가 되므로 자장의 회전방향도 바뀌어 역전한다.

③ 토크 (torque)

(가) 토크 : 회전체를 돌리고자 하는 힘

$$T = F \cdot R$$

여기서, T : 토크 (kg·m), F : 접선방향의 힘 (kg), R : 반지름 (m)

(나) 토크와 일

$$W = F \cdot R \cdot \omega = T \cdot \omega$$

$$\therefore \ T = \frac{W}{\omega} = \frac{PS \times 75}{\omega} = \frac{PS \times 75 \times 60}{2\pi N} = \frac{4500PS}{2\pi N}$$

여기서, ω : 각속도 $= \dfrac{2\pi N}{60}$

④ 유도 전동기 제동

(가) 회생 제동 : 유도 전동기를 전원에 연결한 상태에서 유도 발전기로 동작시켜 발생전력을 전원으로 반환하면서 제동하는 방법으로, 기계적 제동과 같은 큰 발열이 없고 마모도 적으며 또한 전력 회수에도 유리하다. 특히 권선형에 많이 사용된다.

(나) 발전 제동 : 3상 유도 전동기의 1차 권선을 전원에서 분리하여 두 개를 합쳐서 이것과 다른 한 선과의 사이에 직류 여자 전류를 통하여 발전기로 동작시켜 제동하는 방법으로, 발생 전력을 외부의 저항기를 통해서 열로 방산되게 한다.

㈐ 역상 제동 : 3상 유도 전동기를 운전 중 급히 정지시킬 경우에 1차측 3선 중 2선을 바꾸어 접속하여 제동을 가하는 방식으로, 정지를 검출해서 회로를 분리하지 않으면 그대로 역전해 버리므로 타임 릴레이 (time relay)나 영회전 검출 릴레이 (plugging relay)를 사용한다.

⑤ 단상 유도 전동기

㈎ 단상 전원에 의해 운전되는 단상 유도 전동기는 원리적으로 기동토크가 0이므로 기동장치가 필요하다.

㈏ 단상 유도 전동기의 종류

종류	약도	특성
셰이딩 코일형	셰이딩 코일 ϕ_s ϕ_m	출력 20 W 정도 이하 저토크형
분상 기동형	M S A	출력 35 ~ 250 W 기동토크 약 150 % 기동전류 약 600 %
콘덴서 기동형	M S C_s A	출력 100 ~ 450 W 기동토크 200 ~ 350 % 기동전류 400 ~ 500 %
콘덴서형	M C_r A	출력 50 ~ 200 W 기동토크 50 ~ 100 % 기동전류 350 ~ 450 %
콘덴서 기동 콘덴서형	M C_r S A C_s	출력 400 ~ 750 W 기동토크 200 ~ 300 % 기동전류 550 ~ 600 %
반발 기동형	M	출력 400 ~ 750 W 기동토크 300 ~ 500 % 기동전류 250 ~ 350 %

6-3 o 동기기

(1) 구조 및 원리

① 동기 속도

$$n_s = \frac{2f}{P} \text{ [rps]}$$

$$N_s = \frac{120f}{P} \text{ [rpm]}$$

여기서, N_s : 동기 속도 (rpm), f : 주파수 (Hz), P : 자극수

② 유기 기전력 (실횻값)

1상의 유기 기전력 E 는 다음과 같이 나타낼 수 있다.

$$E = 4.44 f w \phi \cdot \frac{K_d \cdot K_p}{K_\phi} \text{ [V]}$$

여기서, f : 주파수 (Hz), w : 1상의 직렬권 회수, ϕ : 매극의 자속 (Wb), K_d : 분포권 계수, K_p : 단절권 계수, K_ϕ : 자속 분포 계수

(2) 특성 및 용도

① 동기 발전기의 전기자 반작용

㉮ 교차 자화 작용 : 역률이 1일 때의 전기자 기자력은 자극편측의 자속을 증가하고 다른 편의 자속을 감속시킨다.

㉯ 감자 작용 : 전기자 전류가 유도 기전력보다 90° 뒤짐의 경우는 전기자 기자력이 계자속과 반대 방향으로 작용하여 주자속을 감소시킨다. 이것에 의해 유도 기전력을 저하시킨다.

㉰ 증자 작용 (자화 작용) : 전기자 전류가 유도 기전력보다 90° 앞섬의 경우는 감자 작용과 반대로 전기자 기자력이 계자속과 동일 방향으로 더해지므로 유도 기전력을 상승시킨다.

㉱ 임의의 역률에서는 그 진상 (또는 지상) 성분이 증자 (또는 감자) 작용을 한다.

② 동기 전동기의 전기자 반작용 : 전기자에 전류가 흐르면 이것에 의해 전기자 자속이 발생하고 주계자속의 분포에 영향을 준다. 이 현상을 전기자 반작용이라 한다. 또한, 전기자 반작용은 전기자 전류, 권선의 분포, 자기 회로의 자기 저항 등에 따라 다를 뿐만 아니라 역률에 따라서도 현저하게 다르게 나타난다.

③ 여자기의 운전 방식

  ㉮ 여자기가 동기기의 축단에 직결되어 있는 것

  ㉯ 여자기가 동기기와 동일 모선에 접속된 전동기에 의하여 운전되는 것

  ㉰ 동기기의 계통과는 별도의 원동기에 의하여 운전되는 것

④ 여자 방식 : 종래는 직류 여자 방식이 사용되고 있었으나 최근에는 반도체 정류기의 발달에 의해 사이리스터 여자 방식, 교류 여자기를 사용한 브러시리스 여자 방식이 널리 채용되고 있다.

⑤ 속응 여자 방식 : 전력 계통의 사고 시에 전력 안정도의 향상을 위해 사고 전류는 크게 되어도 전압 상승률 및 정상 전압이 큰 여자기를 선택하여 사고 시의 전압 변동을 작게 하고 계통의 안정도를 좋게 하려는 것이다.

(3) 손실 및 효율

① 손실

  ㉮ 고정손 : 철손, 베어링 마찰손, 브러시 마찰손, 풍손

  ㉯ 직접 부하손 : 전기자 권선의 저항손, 회전 전기자형의 브러시 전기손

  ㉰ 여자손 : 계자 권선의 저항손, 브러시의 전기손

  ㉱ 표유 부하손 : 도체 내부와 와류손, 자극편 및 전기 장치에 생기는 화류손

② 효율

  ㉮ 발전기의 효율 $\eta_G = \dfrac{\text{출력}}{\text{출력} + \text{손실}} \times 100 = \dfrac{\sqrt{3}\,VI\cos\varphi}{\sqrt{3}\,VI\cos\varphi + P_l} \times 100\,\%$

  ㉯ 전동기의 효율 $\eta_M = \dfrac{\text{입력} - \text{손실}}{\text{입력}} \times 100 = \dfrac{\sqrt{3}\,VI\cos\varphi - P_l}{\sqrt{3}\,VI\cos\varphi} \times 100\,\%$

  여기서, V : 정격 전압, I : 정격 부하 전류, $\cos\varphi$: 역률, P_l : 전손실

6-4 ──o 정류기

(1) 회전 변류기

① 전압비

$$\frac{E_i}{E_d} = \frac{1}{\sqrt{2}} \sin\frac{\pi}{m}$$

  여기서, E_i : 슬립 링 사이의 전압 (V), E_d : 직류 전압 (V)

② 전류비

$$\frac{I_l}{I_d} = 2\sqrt{2m\cos\theta}$$

여기서, I_l : 교류측 선전류(A), I_d : 직류측 전류(A)

③ 회전 변류기의 기동

㈎ 교류측 기동법

㈏ 직류측 기동법

㈐ 기동 전동기에 의한 기동법

④ 회전 변류기의 전압 조정법

㈎ 직렬 리액턴스에 의한 방법

㈏ 유도 전압 조정기를 사용하는 방법

㈐ 부하 시 전압 조정 변압기를 사용하는 방법

㈑ 동기 승압기에 의한 방법

(2) 반도체 정류

① 역저지 3단자 사이리스터(SCR) : 일반적으로 사이리스터라고 하면 이것을 말한다. 이것의 기본 특성은 다음 그림과 같다.

사이리스터의 전압-전류 특성

② 게이트 턴오프 사이리스터(GTO) : 이것도 역저지 3단자 사이리스터에 속하지만 게이트에 정(+)의 펄스 게이트 전류를 통하게 함으로써 온 상태로 트리거할 수 있게 함과 동

시에 게이트에 부(−)의 펄스 게이트 전류를 통하게 함으로써 턴오프하는 능력을 가질 수 있게 한 것이다.

③ 광트리거 사이리스터(LASCR) : 사이리스터의 게이트 트리거 전류를 입사광으로 치환한 것으로 빛을 조사하여 점호시키는 것이다.

④ 트라이액(TRIAC) : 이것은 순, 역 어느 방향으로도 게이트 전류에 의해 도통할 수 있는 소위 AC 스위치이다.

(3) 수은 정류기

① 아크 전압 강하

   ⑦ 음극 강하 : 약 10 V 정도

   ⑭ 양극 강하 : 약 4 ~ 7 V 정도

   ⑭ 양광주 강하 : 약 0.05 ~ 0.3 V/cm × 아크 길이

   이상의 3가지 강하를 합한 아크 전압은 16 ~ 30 V 정도이다.

② 이상 현상

   ⑦ 역호

   ⑭ 이상 전압

   ⑭ 통호

   ㉩ 실호

③ 역호 발생의 원인

   ⑦ 내부 잔존 가스 압력의 상승

   ⑭ 화성 불충분

   ⑭ 양극의 수은 방울 부착

   ㉩ 양극 표면의 불순물 부착

   ⑩ 양극 재료의 불량

   ⑪ 전류, 전압의 과대

   ㉪ 증기 밀도의 과대

④ 역호의 방지 방법

   ⑦ 정류기를 과부하가 되지 않도록 할 것

   ⑭ 냉각 장치에 주의하여 과열, 과랭을 피할 것

   ⑭ 진공도를 충분히 높게 할 것

   ㉩ 양극 재료의 선택에 주의할 것

   ⑩ 양극에 직접 수은 증기가 접촉되지 않도록 양극부의 유리를 구부린다.

   ⑪ 철제 수은 정류기에서는 그리드를 설치하고, 이것을 부전위로 하여 역호를 저지시킨다.

(4) 교류 정류자기

① 순변환 회로의 종류 : 순변환 장치에는 단상식과 다상식이 있으나 대전력의 교직 변환에는 3상 전원이 적당하므로 다상식을 사용한다. 다음 그림은 단상 브리지와 3상 브리지의 정류 회로이다.

(a) 단상 브리지   (b) 3상 브리지

② 순변환 회로의 직류측 출력 전압

 ㈎ 단상 브리지 회로의 직류측 출력 전압

  교류측의 전압이 $e = \sqrt{2}\,E_a \sin wt$ [V]라 하고 제어각을 α라 하면 직류측 출력 전압은 순저항 부하와 유도성 부하에 의해 다음 식으로 표시된다.

  ㉮ 순저항 부하의 경우

$$E_d = \frac{\sqrt{2}\,E_a}{\pi}(1 + \cos\alpha)\,[\text{V}]$$

  ㉯ 유도성 부하에서 전류 연속의 경우

$$E_d = \frac{2\sqrt{2}\,E_a}{\pi}\cos\alpha\,[\text{V}]$$

 ㈏ 3상 브리지 회로의 직류측 출력 전압

$$E_d = \frac{3\sqrt{2}\,E_a}{\pi}\cos\alpha\,[\text{V}]$$

③ 인버터 : 인버터는 직류를 교류로 변환하는 장치로 다음과 같이 분류된다.

 ㈎ 전류 (轉流) 방법에 의한 분류

  ㉮ 자여자식

  ㉯ 타여자식

 ㈏ 자여자식의 전류 (轉流) 콘덴서의 접속 방법에 의한 분류

  ㉮ 직렬형

  ㉯ 병렬형

㈐ 자여자식의 주파수 제어 방법에 의한 분류

　㉮ 자계식

　㉯ 타제식

④ 사이클로 컨버터 : 사이클로 컨버터는 사이리스터를 조합하여 어떤 주파수의 교류에서 직접 주파수가 다른 기타의 낮은 주파수의 교류로 변환하는 직접식 주파수 변환 장치이다. 사이클로 컨버터는 인버터에 비하여 다음과 같은 특징을 가지고 있다.

㈎ 주파수의 변환에 직류를 개재하지 않으므로 회로는 간단하게 되어 장치의 효율이 좋다.

㈏ 부하측에서 전원측으로 전력이 직접 반환되므로 안정된 운전을 할 수 있다.

㈐ 전원 전압에 의해 전류(轉流)를 행하므로 자여자식 인버터에서 전류(轉流) 실패가 되는 영구 단락이 없다.

㈑ 출력 주파수 f_2는 전원 주파수 f_1보다 낮고 대략 $f_2 = \dfrac{f_1}{3}$ 정도까지이다.

㈒ 전원 주파수를 조합하여 출력을 얻고 있으므로 일반적으로 출력 파형은 좋지 않다.

㈓ 일반적으로 다상 결선이 되어 각 상의 이용률이 나쁘다.

⑤ 초퍼 : 초퍼는 일정 전압의 직류를 온·오프하여 부하에 가하는 전압을 조정하는 장치이다. 전원 전압을 E_d, 사이리스터의 온 시간을 T_{on}, 오프 시간을 T_{off}라 하면 직류 출력 전압 E_L은 다음 식으로 표시된다.

$$E_L = E_d \frac{T_{on}}{T_{on} + T_{off}}$$

1. 50 Hz, 4극, 20 kW인 3상 유도 전동기가 있다. 전부하 시의 회전수가 1450 rpm이라면 발생토크는 약 얼마인가?

① 8.75 kg·m ② 10.02 kg·m
③ 11.25 kg·m ④ 13.45 kg·m

해설 $T = \dfrac{P}{9.8\omega} = \dfrac{P}{9.8 \times 2\pi \dfrac{N}{60}} = 0.975 \times \dfrac{P}{N}$

$$= 0.975 \times \dfrac{20 \times 10^3}{1450} = 13.45 \text{ kg·m}$$

2. 유도 전동기 슬립(slip) s 의 범위는 어느 것인가?

① $0 > s > 1$ ② $0 > s > -1$
③ $1 > s > 0$ ④ $-1 < s > 1$

해설 ㉠ 유도 전동기 슬립의 범위 : $0 < s < 1$
  ㉡ 유도 발전기 슬립의 범위 : $0 < s$
  ㉢ 제동기 슬립의 범위 : $s > 1$

3. 30 kW인 농형 유도 전동기의 기동에 가장 적당한 방법은?

① 저항 기동
② 직접 기동
③ $\Delta - Y$ 기동
④ 기동 보상기에 의한 기동

해설 15 kW 이상의 농형 유도 전동기에는 기동 보상기에 의한 기동이 적당하다.

4. 유도 전동기의 기동 방식 중 권선형에만 사용할 수 있는 방식은?

① 2차 회로의 저항 삽입
② $Y - \Delta$ 기동
③ 기동 보상기
④ 리액터 기동

해설 ㉠ 농형 유도 전동기 : 10 kW 정도에서 $Y-\Delta$ 기동, 15 kW 이상에서 기동 보상기 기동
  ㉡ 권선형 유도 전동기 : 2차 회로의 저항 삽입이며 그 목적은 다음과 같다.
   • 속도 제어를 하기 위하여
   • 기동토크를 크게 하기 위하여
   • 기동전류를 줄이기 위하여

5. 무부하 전압 250 V, 정격전압 210 V인 발전기의 전압 변동률은 얼마인가?

① 22 % ② 19 %
③ 17 % ④ 16 %

해설 전압 변동률 $\varepsilon = \dfrac{V_i - V}{V} \times 100$

$$\therefore \ \varepsilon = \dfrac{250 - 210}{210} \times 100 = 19.05 \ \%$$

6. 다음 그림은 단상 콘덴서 전동기의 주회로이다. 회로 이름은?

① 속도 제어
② 전압 제어
③ 정역운전
④ 2상 변환 회로

정답   **1.** ④   **2.** ③   **3.** ④   **4.** ①   **5.** ②   **6.** ③

7. 로크아웃 릴레이(lockout relay)에 관한 설명 중 적합하지 않은 것은?

① 컴프레서 모터의 보호장치로 사용된다.
② 릴레이 코일은 기동기나 접촉기 코일과 병렬로 연결한다.
③ 과도한 전류에 의한 손상으로부터 주부하를 보호한다.
④ 정상 폐쇄 접점으로 연결한다.

8. 다음 중 단상 유도 전동기의 기동 방법이 아닌 것은?

① 분상 기동형
② 모노 사이클형
③ 리액터 기동형
④ 콘덴서형

9. 보통 소형 유도 전동기의 직입 기동전류는 정격전류의 대략 몇 배인가?

① 1∼2배　　② 3∼4배
③ 4.5∼6배　④ 9∼10배

10. 두 대의 단상 변압기를 병렬운전하려고 한다. 다음 중 병렬운전 조건이 안 되는 것은 어느 것인가?

① 극성이 같을 것
② 용량이 같을 것
③ 권수비가 같을 것
④ 저항과 리액턴스의 비가 같을 것

11. 직류 전동기의 속도 제어법에서 정출력 제어에 속하는 것은?

① 워드 레너드 제어법
② 전기자 저항 제어법
③ 전압 제어법
④ 계자 전압법

해설 ϕ가 변화할 경우 토크는 ϕ에 비례하나 회전수는 ϕ에 반비례하므로 계자 제어는 정출력 제어이고, 계자 자속이 거의 일정하고 전기자 공급 전압만을 변화시키는 전압 제어법은 정토크 제어법이다.

12. 3상 유도 전동기의 1차 권선의 결선을 $\triangle$ 결선에서 Y 결선으로 바꾸면 시동토크는 약 몇 %가 되는가?

① 25 %　　② 30 %
③ 33 %　　④ 35 %

13. 3상 유도 전동기의 출력이 5 HP, 전압 200 V, 효율 90 %, 역률 85 %일 때 이 전동기에 유입되는 전류는 얼마인가?

① 6 A　　② 8 A
③ 10 A　④ 14 A

해설 $FLA = \dfrac{5 \times \dfrac{75}{102} \times 10^3}{\sqrt{3} \times 200 \times 0.9 \times 0.85} ≒ 14 \text{ A}$

14. 출력이 3 kW인 전동기의 효율이 80 %이다. 이 전동기의 손실은 몇 W인가?

① 375 W　　② 750 W
③ 1200 W　④ 2400 W

해설 효율 $= \dfrac{출력}{출력 + 손실}$의 식으로 계산한다.

15. 직류 전동기의 규약효율은 다음 어떤 식에 의하여 구해진 값인가?

① $\eta = \dfrac{출력}{입력} \times 100 \%$

② $\eta = \dfrac{출력}{출력 + 손실} \times 100 \%$

③ $\eta = \dfrac{입력 - 손실}{입력} \times 100 \%$

④ $\eta = \dfrac{입력}{출력 + 손실} \times 100 \%$

해설 규약에 의하면

㉠ 전동기 $\eta = \dfrac{입력 - 손실}{입력} \times 100\,\%$

㉡ 발전기 $\eta = \dfrac{출력}{출력 + 손실} \times 100\,\%$

16. 변압기는 다음 중 어떤 원리를 이용한 전기 기계인가?

① 전자 유도작용
② 정전 유도작용
③ 전기자 반작용
④ 전류의 열작용

17. 단상 전동기의 기동에 사용되는 기동 릴레이의 종류가 아닌 것은?

① 전자 릴레이
② 원심력 릴레이
③ 전압 릴레이
④ 전류 릴레이

18. 어느 전동기가 5분간에 2.25×10^6 J의 일을 하였다. 이 전동기의 출력은 몇 kW인가?

① 0.75
② 5.7
③ 7.5
④ 9.5

해설 $P = \dfrac{2.25 \times 10^6}{5 \times 60 \times 1000} = 7.5 \text{ kW}$

19. 변압기에 대한 다음 설명 중 틀린 것은?

① 변압기의 2차측 권선수가 1차측 권선수보다 적은 경우 1차측의 전압보다 2차측의 전압이 낮다.
② 변압기의 1차측 전압이 2차측 전압보다 높을 경우 2차측에 부하가 연결될 때 흐르는 전류는 1차측에서 공급되는 전류값보다 크다.
③ 변압기는 교류에만 사용되는 기기이다.
④ 변압기의 1차측과 2차측의 권선수가 다를 경우 1차측에 인가한 전압의 주파수와 2차측에 나타나는 전압의 주파수는 다르다.

(1) 직류전압 측정

직류전압을 측정할 때 최초로 주의해야 할 일은 측정전압의 크기나 측정 정도를 잘 파악해서 목적에 맞는 계기를 고르는 일이다. 또, 직류는 극성이 있으므로 극성에도 주의할 필요가 있다.

① 배율기 : 가동 코일형의 전압계로 최대 눈금보다 큰 전압을 측정하고자 할 때는 다음 그림에 나타낸 바와 같이 계기에 직렬로 저항을 접속해서 측정범위를 확대하는 방법이 있다. 이때 직렬로 접속된 저항을 배율기(培率器)라 한다.

배율기의 접속

그림에서 측정전압을 $V[\text{V}]$, 계기의 동작전류를 $I[\text{A}]$, 계기의 내부저항을 $r_V[\Omega]$, 배율기의 저항을 $R[\Omega]$, 계기의 단자전압을 $V_V[\text{V}]$으로 하면 다음 식이 성립한다.

$$\frac{V}{V_V} = \frac{r_V + R}{r_V} = 1 + \frac{R}{r_V} = M_V$$

여기서, M_V를 배율기의 배율이라 한다.

② 분압기(分壓器) : 분압기는 배율기와 같은 목적으로 사용되는 것으로 저항 분압기이다. 이것은 주로 직류용이다. 다음 그림과 같이 저항 분압기 R'에 내부저항 r_V의 전압계를 접속할 때 (단, $R' \ll r_V$) 측정전압 $V[\text{V}]$는 다음 식으로 구해진다.

$$V = \frac{R + R'}{R'} V_V$$

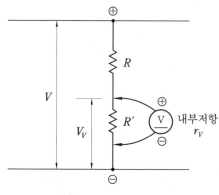

저항 분압기의 접속

(2) 교류전압 측정

교류전압의 측정은 가동 철편형의 교류 전압계가 주로 사용된다. 이외에 정류형, 전류력계형 및 유도형 등이 쓰인다.

이 경우 접속도 직류 전압계의 접속과 같이 피측정물에 병렬로 접속한다. 교류전압을 측정할 때에도 직류전압을 측정할 때와 같이 주의가 필요하다. 대단히 높은 교류전압을 측정할 때는 계기용 변압기나 분압기 등으로 전압계의 측정범위를 확대해서 측정한다.

계기용 변압기는 1차측에 높은 교류전압(피측정 전압)을 가하고 2차측에 교류 전압계 등의 계기를 접속하여 변압비를 곱해서 구한다.

$$피측정\ 전압 = \left(\frac{N_1}{N_2}\right) \times 2차측의\ 교류전압$$

여기서, N_1 : 계기용 변압기의 1차측 권수

N_2 : 2차측의 권수

7-2 ○ 전류 측정

(1) 직류전류의 측정

직류전압을 측정할 때와 같이 목적에 맞는 계기를 써서 측정하는 것이 중요하다. 직류전류의 측정에도 일반적으로 가동 코일형 계기가 많이 쓰이고, 그 접속은 다음 그림과 같이 부하에 직렬로 접속된다.

피측정 전류의 크기가 10 μA ~ 30 mA 정도까지는 가동 코일형 계기에 직접 전류를 흘려서 측정하나, 이 이상으로 되면 30 A 정도까지는 계기 내부에 분류기가 취부되고, 이것을 넘는 전류일 때는 분류기에서 발열이나 자계의 영향을 적게 하기 위해서 외부에 설치해서 사용한다.

전류계의 접속

(2) 직류 전류계의 측정범위 확대

전류계의 측정범위를 넘는 측정의 경우에는 저항에 의한 분류기(分流器)가 사용된다.

① 분류기는 전류 측정범위를 확대하기 위해 전류계에 병렬로 접속하는 저항이다. 분류기의 재질은 일반으로 온도계수가 적은 망가닌선을 쓰고 저항기의 양단에는 열의 확산을 좋게 하기 위해 동의 블록이 취부되어 있다.

② 다음 그림과 같이 계기의 동작전류를 i [A], 계기의 내부저항을 r_a [Ω], 분압기의 저항을 R_s [Ω], 회로의 측정전류를 I[A]라 하면,

$$\frac{I}{i} = \frac{R_s + r_a}{R_s} = 1 + \frac{r_a}{R_s} = M_a$$

로 된다. 이 M_a를 분류기의 배율이라 한다.

분류기의 접속

(3) 교류전류의 측정

교류전류의 측정에는 가동 철편형의 계기가 주로 사용된다. 이외에도 전류력계형, 유도형, 열전형 등의 계기가 교류 전류계로서 사용된다.

대단히 큰 교류전류를 측정할 때에는 주로 변류기를 써서 1차측에 전류회로를 거치고 2차측에 전류계를 접속해서 그 변류비로 피측정 전류를 아는 방법이 있다.

변류기는 대전류일수록 특성이 좋게 되나, 2차측을 개로(開路)하면 2차 단자 사이에 고압이 발생한다. 이것은 1차 전류가 클수록 2차측을 개로할 때 전압이 높게 되므로 위험하다. 2차측을 개로하지 않도록 하는 일이 중요하다.

7-3 ○ 전력 측정

(1) 직류전력의 측정

① 직접 측정법 : 직류전력을 측정하는데는 전류력계 계기의 전력계로 직접 측정할 수 있다. 즉, 전력계의 접속에 있어서 전류코일과 전압코일의 접속에 주의하여 전류코일은 부하에 직렬로 접속하고 전압코일은 부하에 병렬로 접속한다. 이 접속은 전력계에 표시되어 있으므로 그 지시에 따른다.

전력계의 지시값 = (전압코일에 가해진 전압) × (전류코일에 흐르는 전류) = VI[W]

② 간접 측정법 : 직류전력을 측정하는 또 하나의 방법은 전압계와 전류계에 의한 간접적인 측정법이다. 직류전력을 P[W], 부하의 단자전압을 V[V], 부하에 흐르는 전류를 I[A]라 하면 다음 식이 성립한다.

$$P = VI [W]$$

(2) 단상교류 전력 측정

① 직접 측정법 : 단상교류 전력 P는 역률 $\cos\varphi$를 고려해서 다음과 같이 나타낼 수 있다.

$$P = VI\cos\varphi [W]$$

② 간접 측정법 : 단상교류 전력은 전압계나 전류계만으로 측정하는 간접적인 방법도 있다. 교류전력을 측정하는 하나의 방법으로서 전압계 3대와 기지(旣知)의 무유도 저항을 다음 그림과 같이 접속한 회로의 전압계의 지시값을 읽어 구할 수 있다.

단, 여기서 사용하는 전압계의 내부저항은 대단히 높고 흐르는 전류는 부하에 흐르는 전류에 비해 무시할 수 있을 정도로 적어야 한다.

3전압계법에 의한 측정

부하전력은 3대의 전압계 지시값에 의해서 다음 식으로 구해진다.

$$P = \frac{1}{2R}\left(V_2^2 - V_2^2 - V_3^2\right) \text{[W]}$$

(3) 3상 교류전력의 측정

3상 교류전력의 측정은 일반적으로 간접 측정으로 한다. 단상 전력계를 2대 또는 3대 써서 측정하는 일이 많다.

① 3전력계법 : 3상 부하의 전력을 측정할 때, 각 상의 전력 W_1, W_2, W_3를 측정할 수 있으면 3상 전력은 각 상의 전력의 합이 되므로 다음 식이 성립한다.

$$P = W_1 + W_2 + W_3$$

다음 그림의 접속처럼 부하가 Y 결선이고 중성점에 전력계의 전압코일의 한쪽 단자를 접속할 수 있을 때, 단상 전력계 3대로 3상 전력을 측정할 수 있는 방법이다.

3전력계법에 의한 측정

② 2전력계법 : 3상 부하인 경우 중성점을 얻을 수 없는 경우가 많다. 2대의 단상 전력계를 접속해서 3상 전력을 측정한다. 2대의 단상 전력계의 지시가 P_1, P_2일 때, 3상 전력 P는 다음 식과 같다.

$$P = P_1 + P_2$$

1. 최대눈금 100 mV, 저항 20 Ω의 직류 전압계에 10 kΩ의 배율기를 접속하면 몇 V까지 측정이 가능한가?

① 50　　　　　　② 60

③ 500　　　　　④ 600

해설 $V_0 = V\left(\dfrac{R}{R_m} + 1\right)$

$= 100 \times 10^{-3}\left(\dfrac{10 \times 10^3}{20} + 1\right) = 50\,\text{V}$

2. 3상 전력계법에서 교류전력을 측정하니 $W_1 = 100\,\text{W}$, $W_2 = 105\,\text{W}$, $W_3 = 95\,\text{W}$였다면 3상 전력은 몇 W인가?

① 195　　　　　② 200

③ 205　　　　　④ 300

해설 $P = W_1 + W_2 + W_3 = 100 + 105 + 95$
$= 300\,\text{W}$

3. 3상 부하의 경우 중성점을 얻을 수 없는 경우에 2대의 단상 전력계로 측정한 값이 $P_1 = 155\,\text{W}$, $P_2 = 145\,\text{W}$라면 3상 전력은 몇 W인가?

① 145　　　　　② 150

③ 155　　　　　④ 300

해설 $P = P_1 + P_2 = 155 + 145 = 300\,\text{W}$

4. 접지에 관한 설명 중 틀린 것은?

① 전로 또는 선로 이외의 금속 부분을 보완할 목적으로 대지에 접속하는 것이다.

② 감전, 누전에 의한 사고방지를 위한 것이 목적이다.

③ 접지할 경우는 전동기의 절연불량이 되어도 접지선에만 전류가 흐르고 인체에는 완전절연된다.

④ 접지선의 색상은 녹색으로 사용한다.

5. 100 V, 100 W의 전구와 100 V, 200 W의 전구가 그림과 같이 직렬 연결되어 있다면 100 W 전구와 200 W의 전구가 실제 소비하는 전력의 비는 얼마인가?

① 4 : 1　　　　　② 1 : 2

③ 2 : 1　　　　　④ 1 : 1

해설 $P_1 = 100\,\text{W}$, $P_2 = 200\,\text{W}$라면

$P_1 = \dfrac{V_1^2}{R_1},\ R_1 = \dfrac{V_1^2}{P_1} = \dfrac{100^2}{100} = 100\,\Omega$

$P_2 = \dfrac{V_2^2}{R_2},\ R_2 = \dfrac{V_2^2}{P_2} = \dfrac{100^2}{200} = 50\,\Omega$

직렬접속이므로 전류가 일정하기 때문에
$P = I^2 R \propto R$

Chapter 08 시퀀스 제어

8-1 ○ 제어 요소 동작과 표현

1 시퀀스 제어계의 기본 구성

(1) 조합 회로

회로 요소 또는 회로 중에서 시간 지연이 없는 것 또는 무시할 수 있을 때 그 출력 신호가 현재 입력 신호의 값만으로 결정되는 논리 회로를 조합 회로라 한다. 특징은 기억을 포함하지 않는 것이다.

(2) 순서 회로

시간 지연을 갖고 그 지연이 적극적인 역할을 하는 논리 회로를 순서 회로라 하며, 조합 회로보다 복잡하다. 특징은 기억을 가지고 있는 것이며, 시퀀스 제어 회로에서 대단히 유용한 역할을 한다.

(3) 명령 처리부 구성

시퀀스 제어 회로는 다음 그림에 나타나는 바와 같이 명령 처리부를 가지며, 이는 순서 제어 회로와 조작 회로의 2개 부분으로 나뉜다. 순서 제어 회로는 조합 회로와 순서 회로로 되어 있고, 그 중의 조합 회로는 내부 상태의 제어에 사용되고 순서 회로는 보통 전력 수준이 높은 회로 요소로 되어 있다.

(4) 시퀀스 제어계의 구성

시퀀스 제어계는 일반적으로 다음 그림과 같이 각 블록 제어의 각 단계를 순차로 진행시킬 수 있게 되어 있으며, 그 체계를 만들기 위하여 필요한 신호가 블록 간을 연결하고 있다.

그림의 명령 처리부는 푸시버튼 등 기타의 입력장치로부터 오는 p개의 신호 및 제어 대상에 붙여진 검출단으로부터 오는 r개의 신호로 구성되는 $p+r$개의 입력 변수를 가지고 있다. 그 출력 변수로서는 조작단에 보내는 q개의 조작 신호가 있다.

제어 대상은 조작 신호를 입력 변수로 하고, 제어 대상의 실제 상태를 출력 변수로 한다. 이 출력 변수는 각 검출단을 거쳐서 명령 처리부에 피드백이 된다.

(5) 시퀀스 제어의 특징

① 입력 신호에서 출력 신호까지 정해진 순서에 따라 일방적으로 제어 명령이 정해진다.
② 어떠한 조건을 만족하여도 제어 신호가 전달된다.
③ 제어 결과에 따라 조작이 자동적으로 이행된다.

2 시퀀스 제어의 제어 요소 및 특징

명칭	그림 기호		적요
	a 접점	b 접점	
접점 (일반) 또는 수동 조작	(a) (b)	(a) (b)	• a 접점 : 평시에 열려 있는 접점 (NO) • b 접점 : 평시에 닫혀 있는 접점 (NC) • c 접점 : 전환 접점
수동 조작 자동 복귀 접점	(a) (b)	(a) (b)	손을 떼면 복귀하는 접점이다. 누름형, 당김형, 비틈형으로 공통이며, 버튼 스위치, 조작 스위치 등의 접점에 사용된다.

기계적 접점	(a) (b)	(a) (b)	리밋 스위치와 같이 접점의 개폐가 전기적 이외의 원인에 의하여 이루어지는 것에 사용된다.
조작 스위치 잔류 접점	(a) (b)	(a) (b)	
전기 접점 또는 보조 스위치 접점	(a) (b)	(a) (b)	

8-2 ○ 부울 대수

(1) 부울 대수의 기본

논리 대수에서 취급하는 변수로는 2진법의 "0"과 "1"만으로 된다. 논리 회로의 해석, 설계 및 응용 등에 이용되고 있다.

(2) 드 모르간의 법칙

① 쌍대(duality)의 원리

논리 대수의 식에서 0과 1, +와 ·를 동시에 교환한 식은 반드시 성립한다는 것이다. 즉, $0+A=A$에 위의 쌍대의 원리를 적용시키면 $1 \cdot A = A$ 식으로 된다.

또한 $A+A=A$에 쌍대의 원리를 적용시키면 $A \cdot A = A$ 식이 된다.

② 일반화된 드 모르간의 정리

$$\overline{(X_1 + X_2 + X_3 \cdots\cdots X_n)} = \overline{X_1} \cdot \overline{X_2} \cdot \overline{X_3} \cdots\cdots \overline{X_n}$$

$$\overline{(X_1 \cdot X_2 \cdot X_3 \cdots\cdots X_n)} = \overline{X_1} + \overline{X_2} + \overline{X_3} + \cdots\cdots + \overline{X_n}$$

이것은 논리합(OR)과 논리적(AND)이 완전히 독립되어 성립하는 것이 아니라 부정 (NOT)을 조합시켜 상호 교환이 가능하도록 하는 중요한 정리로서 논리적 결합의 구성상 필수적인 성질인 것이다.

③ 논리 함수의 부정

$$\overline{f(X_1,\ X_2\cdots\cdots,\ X_n,\ +,\ \cdot\,)}f(\overline{X_1},\ \overline{X_2},\ \overline{X_n},\ \cdot,\ +\,)$$

정리	스위치 회로
T1 : 교환의 법칙 (a) $A+B=B+A$ (b) $A\cdot B=B\cdot A$	
T2 : 결합의 법칙 (a) $(A+B)+C=A+(B+C)$ (b) $(A\cdot B)\cdot C=A\cdot(B\cdot C)$	
T3 : 분배의 법칙 (a) $A\cdot(B+C)=A\cdot B+A\cdot C$ (b) $A+(B\cdot C)=(A+B)\cdot(A+C)$	
T4 : 동일의 법칙 (a) $A+A=A$ (b) $A\cdot A=A$	
T5 : 부정의 법칙 (a) $(A)=\overline{A}$ (b) $(\overline{A})=A$	
T6 : 흡수의 법칙 (a) $(A+A)\cdot B=A$ (b) $A\cdot(A+B)=A$	
T7 : 공리 (a) $0+A=A$ (b) $1\cdot A=A$ (c) $1+A=1$ (d) $0\cdot A=0$	

8-3 ──o 논리 회로

(1) 논리적 회로(AND gate)

2개의 입력 A와 B가 모두 '1'일 때만 출력이 '1'이 되는 회로로서 AND 회로의 논리식은 $X = A \cdot B$로 표시한다.

(2) 논리합 회로(OR gate)

입력 A 또는 B의 어느 한쪽이든가, 양자가 '1'일 때 출력이 '1'이 되는 회로로서 OR 회로의 논리식은 $X = A + B$로 표시한다.

(3) 논리 부정 회로(NOT gate)

입력이 '0'일 때 출력은 '1', 입력이 '1'일 때 출력은 '0'이 되는 회로로서 입력 신호에 대해서 부정(NOT)의 출력이 나오는 것이다. NOT 회로의 논리식은 $X = \overline{A}$로 표시한다.

(4) NAND 회로(NAND gate)

AND 회로에 NOT 회로를 접속한 AND-NOT 회로로서 논리식은 $X = \overline{A \cdot B}$가 된다.

(5) NOR 회로(NOR gate)

OR 회로에 NOT 회로를 접속한 OR-NOT 회로로서 논리식은 $X = \overline{A + B}$가 된다.

(6) 배타적 논리합 회로(exclusive - OR gate)

입력 A, B가 서로 같지 않을 때만 출력이 '1'이 되는 회로이며, A, B가 모두 '1'이어서는 안 된다는 의미가 있다. 논리식은 $X = \overline{A} \cdot B + A \cdot \overline{B} = A \oplus B$로 표시된다.

(7) 한시 회로

① 한시 동작 회로 : 입력 신호가 0에서 1로 변할 때에만 출력 신호의 변화가 뒤지는 회로
② 한시 복귀 회로 : 입력 신호가 1에서 0으로 변할 때 출력 신호의 변화가 뒤지는 회로
③ 뒤진 회로 : 어느 때나 출력 신호의 변화가 뒤지는 회로

유접전 회로는 동작 시간 및 복귀 시간이 늦고 장시간 사용하면 접점이 마모되어 수명이 단축되는 등의 결점이 있다. 따라서 사용 전류 용량이 작은 범위 내에서 다이오드, 트랜지스터 등과 같이 접점을 갖지 않는 소자를 이용하여 무접점 계전기로 사용할 수 있다.

유무 접점 계전기 논리 기호

회로	유접점	무접점	논리기호	진리값 표
AND 회로	$R-a$	V, D_1, D_2, R	$X = A \cdot B$	A B X' / 0 0 0 / 0 1 0 / 1 0 0 / 1 1 1
OR 회로	$R-a$	V, R	$X = A + B$	A B X' / 0 0 0 / 0 1 1 / 1 0 1 / 1 1 1
NOT 회로	$R-b$	$+V_{cc}$, R_i, R_b, T_c, X	$X = \overline{A}$	A X' / 0 1 / 1 0
NAND 회로	$R-b$	$+V_{cc}$, D_1, D_2, T_r, X	$X = \overline{A \cdot B} = \overline{A} + \overline{B}$	A B X' / 0 0 1 / 0 1 1 / 1 0 1 / 1 1 0
NOR 회로	$R-b$	V, D_1, D_2, T_r, X	$X = \overline{A+B} = \overline{A} \cdot \overline{B}$	A B X' / 0 0 1 / 0 1 0 / 1 0 0 / 1 1 0
exclusive -OR 회로			$X = \overline{A} \cdot B + A \cdot \overline{B} = A \oplus B$	A B X' / 0 0 0 / 0 1 1 / 1 0 1 / 1 1 0

8-4 ──o 유접점 회로

(1) 접점

명칭	그림 기호		적요
	a 접점	b 접점	
한시 동작 접점	(a) (b)	(a) (b)	특히, 한시 접점이라는 것을 표시할 필요가 있는 경우에 사용한다.
한시 복귀 접점	(a) (b)	(a) (b)	
수동 복귀 접점	(a) (b)	(a) (b)	인위적으로 복귀시키는 것인데, 전자식으로 복귀시키는 것도 포함된다. 예를 들면, 수동 복귀의 열전 계전기 접점, 전자 복귀식 벨 계전기 접점 등이다.
전자접촉기 접점	(a)　(c) (b)　(d)	(a)　(c) (b)　(d)	잘못이 생길 염려가 없을 때에는 계전 접점 또는 보조 스위치 접점과 똑같은 그림 기호를 사용해도 된다.
제어기 접점 (드럼형 또는 캡형)			그림은 하나의 접점을 가리킨다.

(2) 수동 스위치

① 복귀형 수동 스위치 : 푸시버튼 스위치와 같이 사람이 조작할 때에만 스위치의 작용을 하는 것이며, 다음 그림은 복귀형 수동 스위치의 심벌이다. 그림 (a)는 a 접점, 그림 (b)는 b 접점을 나타낸 것이다.

　예 푸시버튼 스위치

　a 접점 : 조작할 때에만 닫히는 접점으로 메이크 접점이라고도 한다.

　b 접점 : 조작할 때에만 열리는 접점으로 브레이크 접점이라고도 한다.

② 유지형 수동 스위치 : 나이프 스위치와 같이 한번 수동 조작을 하면 반대의 조작을 할 때까지 접점의 개폐 상태가 그대로 지속된다. 다음 그림은 유지형 수동 스위치의 심벌이다. 그림 (a)는 조작점이 한 개인 것이고, 그림 (b)는 조작점이 두 개인 것이다.

　예 그림 (a) : 토글 스위치, 키 스위치

　　그림 (b) : 양쪽 누름 단추 스위치, 텀블러 스위치

복귀형 수동 스위치의 심벌　　　유지형 수동 스위치의 심벌

(3) 검출 스위치

제어 대상의 상태 또는 변화를 검출하기 위한 스위치로 위치, 액면, 압력, 온도, 전압 등의 제어량을 검출한다.

(4) 전자 계전기

유접점 시퀀스 제어에 사용되는 기기의 중심 역할을 하는 것으로 전자력에 의해 접점을 개폐하는 장치이다.

예상문제

1. 다음 중 변위→전압 변환장치는 어느 것인가?

① 벨로스　② 노즐 플래퍼
③ 서미스터　④ 차동 변압기

해설 ① 벨로스 : 압력→변위
② 노즐 플래퍼 : 변위→압력
③ 서미스터 : 온도→전압
④ 차동 변압기 : 변위→전압

2. 다음 중 백열전등의 점등 스위치는 어떤 스위치인가?

① 복귀형 a 접점 스위치
② 복귀형 b 접점 스위치
③ 유지형 스위치
④ 검출 스위치

해설 한번 조작을 하면 반대의 조작을 할 때까지 접점의 개폐 상태가 그대로 지속되므로 유지형 스위치이다.

3. 회전 운동계의 각속도를 전기적 요소로 전환시키면 상대적 관계는?

① 전압　② 전류
③ 정전용량　④ 인덕턴스

해설 ㉠ 전압 : 토크
㉡ 전류 : 각속도
㉢ 저항 : 회전마찰
㉣ 정전용량 : 비틀림 강도
㉤ 인덕턴스 : 관성모멘트
㉥ 전하 : 각도

4. 다음의 제어 스위치 중 조작 스위치에 해당되지 않는 것은?

① push button 스위치
② rotary 스위치

③ toggle 스위치
④ limit 스위치

5. 다음 중 검출용 스위치의 작용에 이용되지 않는 것은?

① 리밋 스위치　② 광전 스위치
③ 온도 스위치　④ 푸시버튼 스위치

6. 다음 중 온도조절 모터 제어기의 사용에 가장 기본적인 것이 아닌 것은?

① 바이메탈　② 센싱 밸브
③ 인덕턴스　④ 서미스터

7. 스텝 컨트롤러(step controller)에 의하여 제어되는 기기는 어느 것인가?

① 직팽식 냉각코일
② 증기용 가열코일
③ 전기식 가열코일
④ 냉수용 냉각코일

8. 팬 릴레이(fan relay)에 관한 설명 중 틀린 것은?

① 겨울에 팬 제어를 한다.
② 팬 모터를 작동시킨다.
③ 접점은 팬 모터에 흐르는 전류에 견딜 수 있는 용량을 가져야 한다.
④ 릴레이는 정상폐쇄 접점만을 가진다.

9. 다음 과도응답에 관한 설명 중 옳지 않은 것은?

① 오버슈트는 응답 중에 생기는 입력과 출력 사이의 오차량을 말한다.

정답 **1.** ④　**2.** ③　**3.** ②　**4.** ④　**5.** ④　**6.** ②　**7.** ③　**8.** ④　**9.** ②

② 지연시간 (delay time)이란 응답이 최초로 희망값의 10 %가 진행되는데 요하는 시간을 말한다.

③ 입상시간 (rise time)이란 응답이 희망값의 10 %에서 90 %까지 도달하는데 요하는 시간을 말한다.

④ 감쇠비 $= \dfrac{\text{제2의 오버슈트}}{\text{최대 오버슈트}}$ 이다.

[해설] 지연시간 (delay time)은 응답이 최초로 희망값의 50 %가 되는데 요하는 시간이다.

10. 다음 그림은 펄스파를 확대한 것이다. a 를 무엇이라 하는가?

① 오버슈트　　② 언더슈트
③ 스파이크　　④ 새그

[해설] • a : 오버슈트 (overshoot)
• b : 새그 (sag)
• c : 언더슈트 (undershoot)

11. 제어계의 전향 경로 이득이 증가할수록 일반적으로 어떻게 되는가?

① 최대 초과량은 증가한다.
② 정상 시간이 짧아진다.
③ 상승 시간이 늦어진다.
④ 오차가 증가한다.

[해설] 제어계의 전향 경로 이득이 증가할수록 상승 시간은 빨라지며 정상 상태에서의 오차를 감소시킬 수 있다. 그러나 이득이 클수록 오버슈트는 증가되고, 이득이 지나치게 크면 정상 상태에 도달하기까지의 진동 시간이 길어지게 되며 제어계는 불안정해지기 쉽다.

12. 파워 파일 시스템에 관한 설명 중 틀린 것은 어느 것인가?

① 250 ~ 750 mV까지 발생 가능하다.
② 단순한 열전대들로 이루어졌다.
③ 밀리볼트 제어 회로에는 전동작 전류를 발생시키는데 사용한다.
④ 30 mV 정도의 제어장치에도 사용 가능하다.

13. 오차의 크기와 오차가 발생하고 있는 시간에 둘러싸인 면적의 크기에 비례하여 조작부를 제어하는 것으로 offset 을 소멸시켜 주는 동작은 무엇인가?

① 적분 동작　　② 미분 동작
③ 비례 동작　　④ ON-OFF 동작

14. 다음 제어 방법에 대한 설명 중에서 틀린 것은?

① 2위치 동작 : ON-OFF 동작이라고도 하며, 편차의 +, -에 따라 조작부를 전폐 또는 전개하는 것이다.
② 비례 동작 : 편차의 크기에 비례한 조작신호를 낸다.
③ 적분 동작 : 편차의 적분치 (積分値)에 비례한 조작신호를 낸다.
④ 미분 동작 : 편차의 미분치 (微分値)에 비례한 조작신호를 낸다.

15. 가정용 전기냉장고의 제어동작에 해당되는 것은 어느 것인가?

① 시퀀스 제어
② 서보 기구 제어
③ 불연속 제어
④ 프로세스 제어

16. 직류 서보모터와 교류 2상 서보모터의 비교에서 잘못된 것은?

① 교류식은 회전 부분의 마찰이 크다.
② 기동토크는 직류식이 월등히 크다.
③ 회로의 독립은 교류식이 용이하다.
④ 대용량의 제작은 직류식이 용이하다.

해설 교류식은 베어링 마찰뿐으로 마찰이 적다.

17. 자동 제어장치에 쓰이는 서보모터의 특성을 나타낸 것 중 옳지 않은 것은?

① 빈번한 기동, 정지, 역전 등에 고장이 적고 큰 돌입전류에 견딜 수 있는 구조일 것
② 기동토크는 크나, 회전부의 관성모멘트가 적고 전기적 시정수가 짧을 것
③ 발생토크는 입력 신호에 비례하고 그 비가 클 것
④ 직류 서보모터에 비하여 교류 서보모터의 기동토크가 매우 클 것

해설 기동토크는 직류식이 교류식보다 월등히 크다.

18. 다음 서보모터의 특성 중 옳지 않은 것은?

① 기동토크가 클 것
② 회전자의 관성모멘트가 작을 것
③ 제어 권선 전압 v_c가 0일 때 기동할 것
④ 제어 권선 전압 v_c가 0일 때 속히 정지할 것

해설 $v_c = 0$일 때 기동해서는 안 되고, $v_c = 0$이 되었을 때 곧 정지해야 한다.

19. 제어계에 가장 많이 사용되는 전자 요소는 무엇인가?

① 증폭기 ② 변조기
③ 주파수 변환기 ④ 가산기

20. 서보 전동기는 서보 기구에서 주로 어느 부위 기능을 맡는가?

① 검출부 ② 제어부
③ 비교부 ④ 조작부

21. 회전형 증폭기기는 어느 것인가?

① 자기 증폭기 ② 앰플리다인
③ 사이리스터 ④ 사이러트론

22. 제어용 증폭기기로서 요망되는 조건이 아닌 것은?

① 수명이 길 것
② 늦은 응답일 것
③ 큰 출력일 것
④ 안정성이 높을 것

해설 제어용 증폭기기는 안정, 빠른 응답, 큰 출력, 간단한 보수, 튼튼하고 수명이 긴 것이 요망된다.

23. 자기증폭기의 장점이 아닌 것은?

① 정지기기로 수명이 길다.
② 한 단당의 전력 증폭도가 큰 직류 증폭기이다.
③ 소전력에서 대전력까지 임의로 사용할 수 있다.
④ 응답속도가 빠르다.

해설 자기증폭기는 다른 증폭기에 비하여 ①, ②, ③과 같은 장점이 있으나 응답속도가 늦은 (0.01 ~ 0.1 s) 결점이 있다.

24. AC 서보 전동기(AC servomotor)의 설명 중 옳지 않은 것은?

① AC 서보 전동기는 그다지 큰 회전력이 요구되지 않는 계에 사용되는 전동기이다.

② 이 전동기에는 기준권선과 제어권선의 두 고정자 권선이 있으며, 90° 위상차가 있는 2상 전압을 인가하여 회전 자계를 만든다.

③ 고정자의 기준권선에는 정전압을 인가하며 제어권선에는 제어용 전압을 인가한다.

④ 이 전동기의 속도 회전력 특성을 선형화하고, 제어 전압의 입력으로 회전자의 회전각을 출력해 보았을 때 이 전동기의 전달함수는 미분 요소와 2차 요소의 직렬 결합으로 볼 수 있다.

해설 AC 서보 전동기의 전달함수는 적분 요소와 2차 요소의 직렬 결합으로 취급된다.

25. 배리스터의 주된 용도는 무엇인가?

① 서지 전압에 대한 회로 보호용
② 온도 보상
③ 출력 전류 조절
④ 전압 증폭

해설 배리스터는 SiC 분말과 점토를 혼합해서 소결시켜 만든 것으로, 비직선적인 전압, 전류 특성을 갖는 2단자 반도체 소자로 서지 전압에 대한 회로 보호용으로 쓰인다.

26. SCR에 관한 설명으로 틀린 것은?

① PNPN 소자이다.
② 직류, 교류, 전력 제어용으로 사용된다.
③ 스위칭 소자이다.
④ 쌍방향성 사이리스터이다.

해설 SCR은 제어 정류 소자이므로 단일 방향성이다.

27. 다음 중 SCR의 심벌은?

해설 ① DIAC, ② TRIAC, ③ 배리스터, ④ SCR

28. SCR을 사용할 경우 올바른 전압 공급 방법은 무엇인가?

① 애노드 ⊖ 전압, 캐소드 ⊕ 전압, 게이트 ⊕ 전압
② 애노드 ⊖ 전압, 캐소드 ⊕ 전압, 게이트 ⊖ 전압
③ 애노드 ⊖ 전압, 캐소드 ⊖ 전압, 게이트 ⊕ 전압
④ 애노드 ⊕ 전압, 캐소드 ⊖ 전압, 게이트 ⊖ 전압

해설 SCR 전압 공급

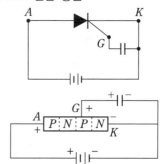

29. 실리콘 제어 정류 소자(silicon controlled rectifier)의 성질이 아닌 것은?

① PNPN의 구조를 하고 있다.
② 게이트 전류에 의하여 방전 개시 전압을 제어할 수 있다.
③ 특성 곡선에 부저항(negative resistance) 부분이 있다.
④ 온도가 상승하면 피크전류(peak current)도 증가한다.

해설 온도가 상승하여 고온이 되면 누설전류가 증가한다.

Chapter 09

제어기기 및 회로

○ 제어의 개념

(1) 제어계의 기초

출력 신호를 입력 신호로 되돌려서 제어량의 목표값과 비교하여 정확한 제어가 가능하도록 한 제어계를 피드백 제어계 (feedback system) 또는 폐루프 제어계 (closed loop system)라 한다.

- 자동 제어 (automatic control) : 제어장치에 의해 자동적으로 행해지는 제어
- 제어 (control) : 기계나 설비 등을 사용 목적에 알맞도록 조절하는 것

(2) 피드백 제어계의 특징

① 정확성의 증가
② 계의 특성변화에 대한 입력 대 출력비의 감도 감소
③ 비선형성과 외형에 대한 효과의 감소
④ 감대폭의 증가
⑤ 발진을 일으키고 불안정한 상태로 되어 가는 경향성
⑥ 구조가 복잡하고 시설비의 증가

(3) 제어계의 구성 및 용어 해설

① 제어 대상 (controlled system) : 제어의 대상으로 제어하려고 하는 기계의 전체 또는 그 일부분이다.
② 제어 장치 (control device) : 제어를 하기 위해 제어 대상에 부착되는 장치이고, 조절부, 설정부, 검출부 등이 이에 해당된다.
③ 제어 요소 (control element) : 동작 신호를 조작량으로 변화하는 요소이고, 조절부와 조작부로 이루어진다.
④ 제어량 (controlled value) : 제어 대상에 속하는 양으로, 제어 대상을 제어하는 것을 목적으로 하는 물리적인 양을 말한다.

⑤ 목표값(desired value) : 제어량이 어떤 값을 목표로 정하도록 외부에서 주어지는 값이다.

⑥ 기준 입력(reference input) : 제어계를 동작시키는 기준으로 직접 제어계에 가해지는 신호를 말한다.

⑦ 기준 입력 요소(reference input element) : 목표값을 제어할 수 있는 신호로 변환하는 요소이며 설정부라고 한다.

⑧ 외란(disturbance) : 제어량의 변화를 일으키는 신호로 변환하는 장치이다.

⑨ 검출부(detecting element) : 제어 대상으로부터 제어에 필요한 신호를 인출하는 부분이다.

⑩ 조절기(blind type controller) : 설정부, 조절부 및 비교부를 합친 것이다.

⑪ 조절부(controlling units) : 제어계가 작용을 하는 데 필요한 신호를 만들어 조작부에 보내는 부분이다.

⑫ 비교부(comparator) : 목표값과 제어량의 신호를 비교하여 제어 동작에 필요한 신호를 만들어 내는 부분이다.

⑬ 조작량(manipulated value) : 제어 요소가 제어 대상에 주는 양이다.

⑭ 편차 검출기(error detector) : 궤환 요소가 변환기로 구성되고 입력에도 변환기가 필요할 때 제어계의 일부를 편차 검출기라 한다.

자동 제어계의 기본적 구성

(4) 자동 제어계의 기본적인 용어

① 개루프 제어계 : 가장 간편한 장치로서 제어 동작이 출력과 관계없이 신호의 통로가 열려 있는 제어 계통을 개루프 제어계라 한다.

② 폐루프 제어계 : 출력의 일부를 입력방향으로 피드백시켜 목표값과 비교되도록 폐루프를 형성하는 제어계로서 피드백 제어계라 한다.

(5) 자동 제어계의 특징

① 장점

㉮ 정확도, 정밀도가 높아진다.

㉯ 대량 생산으로 생산성이 향상된다.

㉰ 신뢰성이 향상된다.

② 단점

㉮ 공장 자동화로 인한 실업률이 증가된다.

㉯ 시설 투자비가 많이 든다.

㉰ 설비의 일부가 고장 시 전 라인(line)에 영향을 미친다.

(6) 제어량의 성질에 의한 분류

① 프로세스 제어 : 온도, 유량, 압력, 액위, 농도, 밀도 등의 플랜트나 생산 공정 중의 상태량을 제어량으로 하는 제어로서 외란의 억제를 주목적으로 한다 (온도, 압력 제어장치 등).

② 서보 기구 : 물체의 위치, 방위, 자세 등의 기계적 변위를 제어량으로 해서 목표값이 임의의 변화에 추종하도록 구성된 제어계 (비행기 및 선박의 방향 제어계, 미사일 발사대의 자동 위치 제어계, 추적용 레이더, 자동 평형 기록계 등)이다.

③ 자동 조정 : 전압, 전류, 주파수, 회전속도, 힘 등 전기적·기계적 양을 주로 제어하는 것으로서 응답속도가 대단히 빨라야 하는 것이 특징이다 (전전압장치, 발전기의 조속기 제어 등).

(7) 제어 목적에 의한 분류

① 정치 제어 : 제어량을 어떤 일정한 목표값으로 유지하는 것을 목적으로 하는 제어법

② 프로그램 제어 : 미리 정해진 프로그램에 따라 제어량을 변화시키는 것을 목적으로 하는 제어법

③ 추종 제어 : 미지의 임의 시간적 변화를 가지는 목표값에 제어량을 추종시키는 것을 목적으로 하는 제어법

④ 비율 제어 : 목표값이 다른 것과 일정 비율 관계를 가지고 변화하는 경우의 추종 제어

(8) 제어 동작에 의한 분류

① ON-OFF 동작 : 설정값에 의하여 조작부를 개폐하여 운전한다. 제어 결과가 사이클링(cycling) 또는 오프셋(offset)을 일으키며 응답속도가 빨라야 되는 제어계는 사용 불가능하다.

② 비례 제어 (P 동작) : 검출값 편차의 크기에 비례하여 조작부를 제어하는 것으로 정상오차를 수반한다. 사이클링은 없으나 오프셋을 일으킨다.

③ 적분 제어 (I 동작) : 적분값의 크기에 비례하여 조작부를 제어하는 것으로 오프셋을 소멸 시키지만 진동이 발생한다.

④ 비례 적분 동작 (PI 동작, 비례 reset 동작) : 오프셋을 소멸시키기 위하여 적분 동작을 부가시킨 제어 동작으로서 제어 결과가 진동적으로 되기 쉽다.

⑤ 미분 동작 (D 동작, rate 동작) : 제어 오차가 검출될 때 오차가 변화하는 속도에 비례하여 조작량을 가감하는 동작이다.

⑥ 비례 미분 동작 (PD 동작) : 제어 결과에 속응성이 있게 미분 동작을 부가한 것이다.

⑦ 비례 적분 미분 동작 (PID 동작) : 제어 결과의 단점을 보완시킨 제어로서 온도, 농도 제어 등에 사용된다.

9-2 ○ 조절기용 기기

(1) 증폭기기의 종류

전기식, 공기식, 유압식 등이 있다.

구분	전기계	기계계
정지기	진공관, 트랜지스터, 사이리스터 (SCR, 사이러트론, 자기 증폭기)	공기식 (노즐 플래퍼, 벨로스), 유압식 (안내 밸브), 지렛대
회전기	앰플리다인, 로토트롤	

(2) 조절기기

검출부에서 측정된 제어량을 기준입력과 비교하여 2차의 동작 신호를 증폭하여 조작량으로 변환한 뒤 조작부에 보내는 곳이다.

① 연속 동작 : 동작 신호를 x_i, 조작량을 x_0이라 하면 다음과 같이 나타낼 수 있다.

㉮ 비례 동작 (P 동작) : $x_0 = K_p x_i$ [단, K_p : 비례이득 (비례감도)]

㉯ 적분 동작 (I 동작) : $x_0 = \dfrac{1}{T_1} \int x_i \, dt$ (단, T_1 : 적분시간)

㈐ 미분 동작 (D 동작) : $x_0 = T_D \dfrac{dx_i}{dt}$ (단, T_D : 미분시간)

㈑ 비례＋적분 동작 (PI 동작) : $x_0 = K_p\left(x_i + \dfrac{1}{T_I}\displaystyle\int x_i\,dt\right)$

㈒ 비례＋미분 동작 (PD 동작) : $x_0 = K_p\left(x_i + T_D\dfrac{dx_i}{dt}\right)$

㈓ 비례＋적분＋미분 동작 (PID 동작) : $x_0 = K_p\left(x_i + \dfrac{1}{T_I}\displaystyle\int x_i\,dt + T_D\dfrac{dx_i}{dt}\right)$

② 불연속 동작 (non‑continuous‑data control) : 제어량과 목표값을 비교하여 편차가 어느 값 이상일 때 조작 동작을 하는 경우로서 릴레이형 (일명 개폐형 : ON‑OFF type) 제어계가 이에 속하며, 열, 온도, 수위면 조정 등에 사용된다.

   예 냉동기, 전기다리미, 난방용 보일러 등

③ 샘플값 제어 (sampled‑data control) : 제어 신호가 계속적으로 측정한 샘플값 제어라 한다. 제어계의 일부에서 반드시 펄스 (pulse) 열로 전송된다.

   예 주사 레이더(radar tracking)

(3) 조작기기

① 종류

   ㈎ 전기계 : 전자밸브, 2상 서보 전동기, 직류 서보 전동기, 펄스 전동기

   ㈏ 기계계 : 클러치, 다이어프램 밸브, 밸브 포지셔너, 유압식 조작기(조작 실린더, 조작 피스톤 등)

② 특성

구분	전기식	공기식	유압식
적응성	대단히 넓고, 특성의 변경이 쉽다.	PID 동작을 만들기 쉽다.	관성이 적고, 큰 출력을 얻기가 쉽다.
속응성	늦다.	장거리에서는 어렵다.	빠르다.
전성	장거리의 전송이 가능하고, 지연이 적다.	장거리가 되면 지연이 크다.	지연은 적으나, 배관에서 장거리 전송은 어렵다.
부피, 무게에 대한 출력	감속장치가 필요하고, 출력은 작다.	출력은 크지 않다.	저속이고, 큰 출력을 얻을 수 있다.
안전성	방폭형이 필요하다.	안전하다.	인화성이 있다.

(4) DC 서보 전동기

제어용의 전기적 동력으로는 주로 DC 서보 전동기가 사용된다. 이 전동기에는 분권식, 직권식 및 복권식 등이 있다. 분권식은 분권 권선에 흐르는 전류를 가감하여 그 속도를 제어할 수 있고 직권식은 전기자에 흐르는 전류에 의하여 속도 제어를 한다.

구분	전기자 제어	계자 제어
운전조건	일정 계자	정전류 전원 또는 고저항 등으로 일정 전류 공급
제어압력	전기자에 가한다.	계자에 가한다.
증폭기 용량	큰 것이 필요하다	작다.
댐핑	내부 댐핑	외부 댐핑
출력	크다.	작다.

(5) AC 서보 전동기

AC 서보 전동기는 그다지 큰 토크가 요구되지 않는 계에 사용되는 전동기이다. 이 전동기에는 기준 권선과 제어 권선의 두 가지 권선이 있으며 90° 위상차가 있는 2상 전압을 인가하여 회전 자계를 만들어 회전시키는 유도 전동기이다.

다음은 일반용 단상 유도 전동기와의 차이점이다.

① 기동, 정지 및 역전의 동작을 자주 반복한다.

② 속응성이 충분히 높다 (시정수가 작다).

③ $v_c = 0$일 때는 기동해서는 안 되고 $v_c = 0$이 되었을 때 곧 정지해야 한다.

④ 적당한 내부 제동 특성을 가져야 한다.

⑤ 전류를 흘리고 있으면서 정지하고 있는 시간이 길기 때문에 발열이 크다. 따라서, 강제 냉각을 채용하여야 한다.

⑥ 회전방향에 따라 특성의 차가 작아야 한다.

⑦ 과부하에 견디도록 충분한 기계적 강도가 필요하다.

⑧ 높은 신뢰도가 필요하다.

(6) DC 서보 전동기와 AC 서보 전동기의 비교

DC 서보 전동기	AC 서보 전동기
브러시의 마찰에 의한 부동작 시간 (지연시간)이 있다.	마찰이 적다 (베어링 마찰뿐이다).
정류자와 브러시의 손질이 필요하다.	튼튼하고 보수가 쉽다.
직류 전원이 필요하고, 또한 회로의 독립이 곤란하다.	회로는 절연 변압기에 의해 쉽게 독립시킬 수 있다.
직류 서보 증폭기는 드리프트에 문제가 있다.	비교적 제어가 용이하다.
기동토크는 AC 식보다 월등히 크다.	토크는 DC 식에 비하여 뒤떨어진다.
회전속도를 임의로 선정할 수 있다.	극수와 주파수로 회전수가 결정된다.
회전 증폭기, 제어 발전기의 조합으로 대용량의 것을 만들 수 있다.	대용량의 것은 2차 동손 때문에 온도 상승에 대한 특별한 고려를 해야 한다.
전기자 및 계자에 의해서 제어할 수 있다.	전압 및 위상 제어를 할 수 있다.
계자에 여러 종류의 제어 권선을 병용할 수 있다.	제어 전압의 임피던스가 특성에 영향을 미친다.

9-3 ─○ 조작용 기기

(1) 자동 조정용

① 전압 검출기 : 전자관 및 트랜지스터 증폭기, 자기 증폭기
② 속도 검출기 : 회전계 발전기, 주파수 검출법, 스피더

(2) 서보 기구용

① 전위차계 : 권선형 저항을 이용하여 변위, 변각을 측정
② 차동 변압기 : 변위를 자기 저항의 불균형으로 변환
③ 싱크로 : 변각을 검출
④ 마이크로 신 : 변각을 검출

(3) 공정 제어용

압력계	① 기계식 압력계 (벨로스, 다이어프램, 부르동관) ② 전기식 압력계 (전기저항 압력계, 피라니 진공계, 전리 진공계)
유량계	① 조리개 유량계 ② 넓이식 유량계 ③ 전자 유량계
액면계	① 차압식 액면계 (노즐, 오리피스, 벤투리관) ② 플로트식 액면계
온도계	① 저항 온도계 (백금, 니켈, 구리, 서미스터) ② 열전 온도계 (백금-백금 로듐, 크로멜-알루멜, 철-콘스탄탄, 동-콘스탄탄) ③ 압력형 온도계 (부르동관) ④ 바이메탈 온도계 ⑤ 방사 온도계 ⑥ 광온도계
가스 성분계	① 열전도식 가스 성분계 ② 연소식 가스 성분계 ③ 자기 산소계 ④ 적외선 가스 성분계
습도계	① 전기식 건·습구 습도계 ② 광전관식 노점 습도계
액체 성분계	① pH계 ② 액체 농도계

(4) 변환 요소의 종류

변환량	변환 요소
압력→변위	벨로스, 다이어프램, 스프링
변위→압력	노즐 플래퍼, 유압 분사관, 스프링
변위→임피던스	가변 저항기, 용량형 변환기, 가변 저항 스프링
변위→전압	퍼텐쇼미터, 차동 변압기, 전위차계
전압→변위	전자석, 전자코일
광 ┬→임피던스 　└→전압	광전관, 광전도 셀, 광전 트랜지스터 광전지, 광전 다이오드
방사선→임피던스	GM관, 전리함
온도→임피던스	측온 저항 (열선, 서미스터, 백금, 니켈)
온도→전압	열전대 (백금-백금 로듐, 철-콘스탄탄, 구리-콘스탄탄, 크로멜-알루멜)

9-4 ○ 검출용 기기

1 센서용 검출 변환기

(1) 라플라스 변환의 특징

① 연산을 간단히 할 수 있다.

② 함수를 간단히 대수적인 형태로 변형할 수 있다.

③ 임펄스 (impulse)나 계단 (step) 응답을 효과적으로 사용할 수 있다.

④ 미분방정식에서 따로 적분상수를 결정할 필요가 없다.

(2) 수의 라플라스 변환

함수명	$f(t)$	$F(s)$
단위 임펄스 함수	$\delta(t)$	1
단위 계단 함수	$u(t) = 1$	$\dfrac{1}{s}$
단위 램 함수	t	$\dfrac{1}{s^2}$
포물선 함수	t^2	$\dfrac{2}{s^3}$
n차 램프 함수	t^n	$\dfrac{n!}{s^{n+1}}$
지수 감쇠 함수	e^{-at}	$\dfrac{1}{s+a}$
지수 감쇠 램프 함수	te^{-at}	$\dfrac{1}{(s+a)^2}$
지수 감쇠 포물선 함수	$t^2 e^{-at}$	$\dfrac{2}{(s+a)^3}$
지수 감쇠 n차 램프 함수	$t^n e^{-at}$	$\dfrac{n!}{(s+a)^{n+1}}$
정현파 함수	$\sin\omega t$	$\dfrac{\omega}{s^2+\omega^2}$
여현파 함수	$\cos\omega t$	$\dfrac{s}{s^2+\omega^2}$
지수 감쇠 정현파 함수	$e^{-at}\sin\omega t$	$\dfrac{\omega}{(s+a)^2+\omega^2}$

지수 감쇠 여현파 함수	$e^{-at}\cos\omega t$	$\dfrac{s+a}{(s+a)^2+\omega^2}$
쌍곡 정현파 함수	$\sinh at$	$\dfrac{a}{s^2-a^2}$
쌍곡 여현파 함수	$\cosh at$	$\dfrac{s}{s^2-a^2}$

2 전달함수

(1) 전달함수

전달함수는 모든 초기값을 0으로 하였을 때 출력 신호의 라플라스 변환과 입력 신호의 라플라스 변환의 비이다.

$$G(s) = \frac{C(s)}{R(s)}$$

입력 $r(t)$ → $\dfrac{}{R(s)}$ → 시스템 $G(s)$ → 출력 $c(t)$ $\dfrac{}{C(s)}$

(2) 제어 요소의 전달함수

종류	입력과 출력의 관계	전달함수	비고
비례 요소	$y(t)=Kx(t)$	$G(s)=\dfrac{Y(s)}{X(s)}=K$	K : 비례감도 또는 이득 정수
적분 요소	$y(t)=\dfrac{1}{K}\int x(t)\,dt$	$G(s)=\dfrac{Y(s)}{X(s)}=\dfrac{K}{s}$	
미분 요소	$y(t)=K\dfrac{d}{dt}x(t)$	$G(s)=\dfrac{Y(s)}{X(s)}=Ks$	
1차 지연 요소	$b_1\dfrac{d}{dt}y(t)+b_0y(t)=a_0x(t)$	$G(s)=\dfrac{Y(s)}{X(s)}=\dfrac{a_0}{b_1s+b_0}$ $=\dfrac{\dfrac{a_0}{b_0}}{\dfrac{b_1}{b_0}s+1}=\dfrac{K}{Ts+1}$	$K=\dfrac{q_0}{b_0}$ $T=\dfrac{b_1}{b_0}$ (T : 시정수)
2차 지연 요소	$b_2\dfrac{d^2}{dt^2}y(t)+b_1\dfrac{d}{dt}y(t)+b_0y(t)=a_0x(t)$	$G(s)=\dfrac{Y(s)}{X(s)}$ $=\dfrac{K\omega_n^2}{s^2+2\zeta\omega_n s+\omega_n^2}$ $=\dfrac{K}{1+2\zeta Ts+T^2s^2}$	$K=\dfrac{a_0}{b_0},\ T^2=\dfrac{b_2}{b_0}$ $2\zeta T=\dfrac{b_1}{b_0},\ \omega_n=\dfrac{1}{T}$ $\left(\begin{array}{l}\zeta : \text{감쇠계수}\\ \omega_n : \text{고유 각주파수}\end{array}\right)$
부동작 시간 요소	$y(t)=Kx(t-L)$	$G(s)=\dfrac{Y(s)}{X(s)}=Ke^{-LS}$	L : 부동작시간

3 조절계의 기본 동작

전기계	기계계		유체계		열계
	직선 운동계	회전 운동계	액면계	유압계	
전압 E [V]	힘 F [N]	토크 T [N·m]	액위 h [m]	압력 P [kg/m²]	온도 θ [℃]
전류 i [A]	속도 v [m/s]	각속도 ω [rad/s]	유량 q [m³/s]	유량 q [m³/s]	열유량 q [kJ/s]
전기량 q [C]	위치변위 x [m]	각변위 θ [rad]	액체량 V [m³]	액체량 V [m³]	열량 Q [kJ]
전기저항 R [Ω] $E_R = R\dfrac{d(q_1-q_2)}{dt}$	제동마찰계수 μ [N/m/s] $F = \mu\dfrac{d(y_1-y_2)}{dt}$	제동마찰계수 μ [N/m/s] $T = \mu\dfrac{d(\theta_1-\theta_2)}{dt}$	출구저항 R [m/m³/s]	유체저항 R [kg/m²/m³/s]	열저항 R [℃/kJ/s] $i = \dfrac{E_1-E_2}{R}$ $q_t = \displaystyle\int q\,dt$
인덕턴스 L [H] $E_L = L\dfrac{d^2 q}{dt}$	질량 M [kg] $F = M\dfrac{d^2 y}{dt^2}$	관성모멘트 J [kg·m²] $T = J\dfrac{d^2\theta}{dt^2}$			
용량 C [F] $E_c = \dfrac{1}{C}(q_1-q_2)$	스프링 상수(강도) K [N/m] $F = K(y_1-y_2)$	비틀림 강도 K [N·m/rad] K 탄성 $T = K(\theta_1-\theta_2)$	액면 면적 A [m²]		열용량 C [kJ/℃] $q = C(\theta_1-\theta_2)$

1. 피드백 제어에서 반드시 필요한 장치는 어느 것인가?

① 구동장치
② 응답속도를 빠르게 하는 장치
③ 안정도를 좋게 하는 장치
④ 입력과 출력을 비교하는 장치

해설 제어계의 구성 : 비교부, 증폭부, 조작부, 검출부, 피드백 회로

2. 다음 중 피드백 제어계에서 제어 요소에 대한 설명으로 옳은 것은?

① 목표값에 비례하는 신호를 발생하는 요소이다.
② 조작부와 검출부로 구성되어 있다.
③ 조절부와 검출부로 구성되어 있다.
④ 동작 신호를 조작량으로 변환시키는 요소이다.

해설 제어 요소(control element) : 제어 동작 신호를 조작량으로 변환하는 요소로서 조절부와 조작부가 있다.

3. 목표값이 미리 정해진 시간적 변화를 하는 경우 제어량을 그것에 추종시키기 위한 제어는 무엇인가?

① 프로그램 제어   ② 정치 제어
③ 추종 제어   ④ 비율 제어

해설 목표값이 미리 정해진 시간적 변화를 하는 추치 제어를 프로그램 제어라 하며, 열차의 무인 운전, 열처리로의 온도 제어 등이 이에 속한다.

4. 인공위성을 추적하는 레이더(radar)의 제어 방식은?

① 정치 제어   ② 비율 제어

③ 추종 제어   ④ 프로그램 제어

해설 추종 제어 : 목적물의 변화에 추종하여 목표값이 변화할 경우의 제어 방식으로 예를 들면 대공포 포신 제어, 레이더의 제어 등이다.

5. 자동 제어 분류에서 제어량의 종류에 의한 분류가 아닌 것은?

① 서보 기구   ② 프로세스 제어
③ 자동 조정   ④ 정치 제어

해설 ㉠ 제어량의 종류에 의한 분류 : 서보 기구, 프로세스 제어, 자동 조정
㉡ 목표값에 의한 분류 : 정치 제어, 추치 제어

6. 다음 중 추치(追値) 제어에 속하지 않는 것은 어느 것인가?

① 프로그램 제어
② 추종 제어
③ 비율 제어
④ 위치 제어

해설 추치 제어 : 목표값이 시간에 따라 변화할 경우로 자동추미(自動追尾)라고도 하며, 다음 3가지가 있다.
㉠ 추종 제어, ㉡ 프로그램 제어, ㉢ 비율 제어

7. 제어계가 부정확하고 신뢰성은 없으나 설치비가 저렴한 제어계는?

① 폐회로 제어계
② 개회로 제어계
③ 자동 제어계
④ 궤환 제어계

해설 개회로 제어계 : 신호의 흐름이 열려 있는 경우로 출력이 입력에 전혀 영향을 주지 못하며, 부정확하고 신뢰성은 없으나 설치비가 저렴한 제어계이다.

정답   1. ④   2. ④   3. ①   4. ③   5. ④   6. ④   7. ②

8. 시퀀스 제어에 관한 설명 중 옳지 않은 것은 어느 것인가?

① 조합 논리 회로도 사용한다.
② 기계적 계전기도 사용된다.
③ 전체 계통에 연결된 스위치가 일시에 동작할 수도 있다.
④ 시간지연 요소도 사용된다.

[해설] 시퀀스 제어 : 미리 정해 놓은 순서 또는 일정한 논리에 의하여 정해진 순서에 따라 제어의 각 단계를 순서적으로 진행하는 제어

9. 사이클링(cycling)을 일으키는 제어는 어느 것인가?

① 비례 제어   ② 미분 제어
③ ON-OFF 제어   ④ 연속 제어

[해설] ON-OFF 동작 : 제어량이 설정값에서 어긋나면 조작부를 전폐하여 운전을 정지하거나, 반대로 전개하여 운동을 시동하는 것으로서 제어 결과가 사이클링을 일으키며 오프셋(offset)을 일으키는 결점이 있다.

10. 제어량이 온도, 유량 및 액면 등과 같은 일반 공업량일 때의 제어는 어느 것인가?

① 프로세스 제어   ② 자동 조정
③ 프로그램 제어   ④ 추종 제어

[해설] 프로세스 제어 : 압력, 온도, 유량, 액위, 농도, 점도 등의 공업 프로세스의 상태량을 제어량으로 하는 제어계

11. 전압, 속도, 주파수, 장력 등을 제어량으로 하여 이것을 일정하게 유지하는 것을 목적으로 하는 제어는 어느 것인가?

① 정치 제어   ② 추치 제어
③ 자동 조정   ④ 추종 제어

[해설] 자동 조정 (automatic regulation) : 전압, 속도, 주파수, 장력 등을 제어량으로 하여 이것을 일정하게 유지하는 것을 목적으로 하는 제어

12. 시한 제어(時限制御)란 어떤 제어를 말하는가?

① 동작 명령의 순서가 미리 프로그램으로 짜여져 있는 제어
② 앞 단계의 동작이 끝나고 일정 시간이 경과한 후 다음 단계로 이동하는 제어
③ 각 시점에서의 조건을 논리적으로 판단하여 행하는 제어
④ 목적물의 변화에 따라 제어 동작이 행하여지는 제어

[해설] 시한 제어 : 네온사인의 점멸과 같이 일정 시간이 경과한 후에 어떤 동작이 일어나는 제어

13. PI 제어 동작은 프로세스 제어계의 정상 특성 개선에 흔히 쓰인다. 이것에 대응하는 보상 요소는 무엇인가?

① 지상 보상 요소
② 진상 보상 요소
③ 지진상 보상 요소
④ 동상 보상 요소

[해설] PI 제어 동작은 정상 특성, 즉 제어의 정도를 개선하는 지상 요소이다. 따라서, 지상 보상의 특징은 다음과 같다.
ⓐ 주어진 안정도에 대하여 속도 편차 상수 K_V가 증가한다.
ⓑ 시간 응답이 일반적으로 늦다.
ⓒ 이득 여유가 증가하고 공진값 M_p가 감소한다.
ⓓ 이득 교점 주파수가 낮아지며 대역폭은 감소한다.
※ PI 동작은 지상 요소, PD 동작은 진상 요소에 대응된다.

14. offset을 제거하기 위한 제어법은 무엇인가?

① 비례 제어   ② 적분 제어
③ ON-OFF 제어   ④ 미분 제어

해설 비례 적분 제어(PI 동작)는 잔류 편차(offset : 정상 상태에서의 오차)를 제거할 목적으로 사용된다.

15. 다음 제어계에서 적분 요소는?

① 물탱크에 일정 유량의 물을 공급하여 수위를 올린다.
② 트랜지스터에 저항을 접속하여 전압증폭을 한다.
③ 마찰계수, 질량이 있는 스프링에 힘을 가하여 그 변위를 구한다.
④ 물탱크에 열을 공급하여 물의 온도를 올린다.

해설 ② 비례 요소, ③ 2차 뒤진 요소, ④ 1차 뒤진 요소

16. 다음 그림과 같은 논리 회로는?

① OR 회로　　② AND 회로
③ NOT 회로　　④ NAND 회로

17. 다음 그림과 같은 논리 회로는 무엇인가?

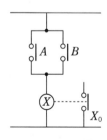

① OR 회로　　② AND 회로
③ NOT 회로　　④ NOR 회로

해설 A, B 중 어느 한 개가 ON이 되면 X_0이 ON이 되므로 OR 회로이다.

18. 다음 그림과 같은 계전기 접점 회로의 논리식은?

① $x \cdot (x - y)$　　② $x + x \cdot y$
③ $x + (x + y)$　　④ $x \cdot (x + y)$

19. 다음 그림과 같은 신호 흐름 선도에서 C/R은?

① $\dfrac{abcd}{1 + ce - bcf}$　　② $\dfrac{abcd}{1 - ce + bcf}$

③ $\dfrac{abcd}{1 + ce + bcf}$　　④ $\dfrac{abcd}{1 - ce - bcf}$

해설 $G_1 = abcd$, $\Delta_1 = 1$
$L_{11} = -ce$, $L_{21} = bcf$
$\Delta = 1 - (L_{11} + L_{21}) = 1 + ce - bcf$
$\therefore G = \dfrac{C}{R} = \dfrac{G_1 \Delta_1}{\Delta} = \dfrac{abcd}{1 + ce - bcf}$

20. 다음 그림과 같이 2개의 인버터(inverter)를 연결했을 때의 출력은?

① $F = X$　　② $F = \overline{X}$
③ $F = O$　　④ $F = X^2$

21. 다음 그림과 같은 논리 회로의 출력 Y는?

① $A+B$ ② AB

③ $A \oplus B$ ④ $\overline{AB}$

해설 $y = (A+B) \cdot (\overline{A} + \overline{B})$

$\qquad = A\overline{A} + A\overline{B} + \overline{A}B + B\overline{B}$

$\qquad = A\overline{B} + \overline{A}B = A \oplus B$

22. 다음 논리식 중 옳지 않은 것은?

① $A + A = A$ ② $A \cdot A = A$

③ $A + \overline{A} = 1$ ④ $A \cdot \overline{A} = 1$

해설 보원의 법칙에 의하여,

$\qquad A + \overline{A} = 1$, $A \cdot \overline{A} = 0$이다.

23. 다음 그림과 같은 논리 회로의 출력은?

① AB ② $A+B$ ③ A ④ B

해설 $Y = (A+B)(\overline{A}+B)$

$\qquad = A \cdot \overline{A} + \overline{A} \cdot B + A \cdot B + B \cdot B$

$\qquad = B(\overline{A}+A) + B = B + B = B$

24. 다음 논리식 중 다른 값을 나타내는 논리식은 무엇인가?

① $XY + X\overline{Y}$ ② $(X+Y)(X+\overline{Y})$

③ $X(X+Y)$ ④ $X(\overline{X}+Y)$

해설 ① $XY + X\overline{Y} = X(Y+\overline{Y})$

$\qquad\qquad\qquad = X \cdot 1 = X$

② $(X+Y)(X+\overline{Y})$

$\qquad = XX + X(Y+\overline{Y}) + Y\overline{Y}$

$\qquad = X + X \cdot 1 + 0 = X + X = X$

③ $X(X+Y) = XX + XY = X + XY$

$\qquad\qquad\quad = X(1+Y) = X \cdot 1 = X$

④ $X(\overline{X}+Y) = X\overline{X} + XY$

$\qquad\qquad\quad = 0 + XY = XY$

25. 다음 중 전자접촉기의 보조 a 접점에 해당되는 것은?

해설 접점에 대해서 a 접점은 ⊙⊙, ⊙로 표시하며, b 접점은 ∽, ⌀로 표시한다.

26. 다음 중 계전기 전자코일의 그림 기호가 아닌 것은?

27. 다음 그림의 회로는 어느 게이트(gate)에 해당되는가?

① OR   ② AND   ③ NOT   ④ NOR

해설 입력 신호 A, B 중 어느 하나라도 1이면 출력 신호 X가 1이 되는 OR gate이다.

28. 다음 그림과 같은 회로의 전달함수는?

① $C_1 + C_2$ ② $\dfrac{C_2}{C_1}$

③ $\dfrac{C_1}{C_1 + C_2}$ ④ $\dfrac{C_2}{C_1 + C_2}$

해설 $G(s) = \dfrac{V_0(s)}{V_t(s)} = \dfrac{\dfrac{1}{C_2 s}}{\dfrac{1}{C_1 s} + \dfrac{1}{C_2 s}}$

$$= \dfrac{\dfrac{1}{C_2 s}}{\dfrac{1}{s}\left(\dfrac{C_1 + C_2}{C_1 C_2}\right)} = \dfrac{C_1}{C_1 + C_2}$$

29. 다음 사항 중 옳게 표현된 것은?

① 비례 요소의 전달함수는 $\dfrac{1}{Ts}$ 이다.

② 미분 요소의 전달함수는 K 이다.

③ 적분 요소의 전달함수는 Ts 이다.

④ 1차 지연 요소의 전달함수는 $\dfrac{K}{Ts + 1}$ 이다.

해설 ① 비례 요소의 전달함수 : K
② 미분 요소의 전달함수 : Ks
③ 적분 요소의 전달함수 : $\dfrac{K}{s}$

30. 다음 자동 조절기의 전달함수에 대한 설명 중 옳지 않은 것은?

$$G(s) = K_p\left(1 + \dfrac{1}{T_I s} + T_d s\right)$$

① 이 조절기는 비례-적분-미분 동작 조절기이다.

② K_p 를 비례 감도라고도 한다.

③ T_d 는 미분 시간 또는 레이트 시간(rate time)이라 한다.

④ T_I 은 리셋(reset rate)이다.

해설 T_I 은 적분 시간이다.

31. 다음 그림과 같은 계통의 전달함수는?

① $G_1 G_2 G_3 + 1$

② $G_1 G_2 + G_2 + 1$

③ $G_1 G_2 + G_2 G_3$

④ $G_1 G_2 + G_1 + 1$

해설 $(aG_1 + a)G_2 + a = b$
$a(G_1 G_2 + G_2 + 1) = b$
$\therefore G(s) = \dfrac{b}{a} = G_1 G_2 + G_2 + 1$

32. 다음 그림과 같은 궤환회로의 블록선도에서 전달함수는?

① $[1 - G(s)H(s)]^{-1}\cdot R(s)$

② $[1 + G(s)H(s)]^{-1}\cdot R(s)$

③ $[1 + G(s)H(s)]^{-1}\cdot H(s)$

④ $[1 + G(s)H(s)]^{-1}\cdot G(s)$

해설 $(R - CHs)Gs = C$
$RGs = C + CGsHs = C(1 + GsHs)$
$\therefore \dfrac{C}{R} = \dfrac{Gs}{1 + GsHs} = (1 + GsHs)^{-1}Gs$

33. $\sin\omega t$ 를 라플라스 변환한 값은?

① $\dfrac{\omega}{s^2 + \omega^2}$ ② $\dfrac{s}{s^2 + \omega^2}$

③ $\dfrac{s + \omega}{s^2 + \omega^2}$ ④ $\dfrac{1}{s^2 + \omega^2}$

공조냉동기계산업기사

부록

출제 예상문제

출제 예상문제 (1)

공기조화 설비

1. 난방설비에 관한 설명으로 옳은 것은?

① 온수난방은 증기난방에 비해 예열시간이 길어서 충분한 난방감을 느끼는 데 시간이 걸린다.

② 증기난방은 실내 상하 온도차가 작아 유리하다.

③ 복사난방은 급격한 외기 온도의 변화에 대해 방열량 조절이 우수하다.

④ 온수난방의 주 이용열은 온수의 증발잠열이다.

해설 ① : 예열시간의 크기는 온수 > 증기 > 공기 순이다.

② : 증기난방은 실내 상하 온도차가 크다.

③ : 복사난방은 방열량 조절이 어렵다.

④ : 온수난방의 주 이용열은 현열이다.

2. 일반적인 취출구의 종류로 가장 거리가 먼 것은?

① 라이트-트로퍼(light-troffer)형

② 아네모스탯(annemostat)형

③ 머시룸(mushroom)형

④ 웨이(way)형

해설 머시룸형은 바닥에 설치하는 버섯 모양의 흡입구이다.

3. 취급이 간단하고 각층을 독립적으로 운전할 수 있어 에너지 절감 효과가 크며 공사 기간 및 공사비용이 적게 드는 방식은 어느 것인가?

① 패키지 유닛 방식

② 복사 냉난방 방식

③ 인덕션 유닛 방식

④ 2중 덕트 방식

해설 패키지 유닛 방식은 냉매 방식으로 독립적으로 설치되며 개별 운전이 가능하다.

4. 공조 방식 중 각층 유닛 방식에 관한 설명으로 틀린 것은?

① 송풍 덕트의 길이가 짧게 되고 설치가 용이하다.

② 사무실과 병원 등의 각층에 대하여 시간차 운전에 유리하다.

③ 각층 슬래브의 관통 덕트가 없게 되므로 방재상 유리하다.

④ 각층에 수배관을 설치하지 않으므로 누수의 염려가 없다.

해설 각층 유닛 방식은 전공기 방식의 일종으로 수배관으로 냉·온수를 공급받아 공기의 온도를 조절하여 냉난방하는 방식이다.

5. 전열량에 대한 현열량의 변화의 비율로 나타내는 것은?

① 현열비   ② 열수분비

③ 상대습도   ④ 비교습도

해설 ① 현열비 $= \dfrac{\text{현열량}}{\text{전열량}}$

② 열수분비 $= \dfrac{\text{전열량}}{\text{가습량}}$

③ 상대습도 $= \dfrac{\text{수증기분압}}{\text{포화수증기분압}}$

④ 비교습도 $= \dfrac{\text{절대습도}}{\text{포화절대습도}}$

6. 현열 및 잠열에 관한 설명으로 옳은 것은?

① 여름철 인체로부터 발생하는 열은 현열

뿐이다.

② 공기조화 덕트의 열손실은 현열과 잠열로 구성되어 있다.

③ 여름철 유리창을 통해 실내로 들어오는 열은 현열뿐이다.

④ 조명이나 실내기구에서 발생하는 열은 현열뿐이다.

해설 ① : 인체로부터 발생하는 열은 현열과 잠열이다.

② : 덕트의 열손실은 현열이다.

③ : 벽체와 유리창을 통해 실내로 들어오는 열은 현열이다.

④ : 조명은 현열, 실내조리기구는 현열과 잠열이다.

7. 수분량 변화가 없는 경우의 열수분비는 얼마인가?

① 0 ② 1 ③ -1 ④ ∞

해설 열수분비= $\dfrac{전열량}{가습량}$ 으로 수분량의 변화가 없으면 ∞가 된다.

8. 다음 가습 방법 중 가습 효율이 가장 높은 것은?

① 증발 가습
② 온수 분무 가습
③ 증기 분무 가습
④ 고압수 분무 가습

해설 증기 분무 가습은 가습 효율이 100%에 가깝다.

9. 원심식 송풍기의 종류로 가장 거리가 먼 것은?

① 리버스형 송풍기
② 프로펠러형 송풍기
③ 관류형 송풍기
④ 다익형 송풍기

해설 프로펠러형 송풍기는 축류형 송풍기이다.

10. 송풍기에 관한 설명 중 틀린 것은?

① 송풍기 특성 곡선에서 팬 전압은 토출과 흡입구에서의 전압 차를 말한다.

② 송풍기 특성 곡선에서 송풍량을 증가시키면 전압과 정압은 산형(山形)을 이루면서 강하한다.

③ 다익형 송풍기는 풍량을 증가시키면 축동력은 감소한다.

④ 팬 동압은 팬 출구를 통하여 나가는 평균 속도에 해당되는 속도압이다.

해설 $\dfrac{L_2}{L_1}=\left(\dfrac{N_2}{N_1}\right)^3=\left(\dfrac{Q_2}{Q_1}\right)^3$

여기서, L : 축동력, N : 회전수, Q : 송풍량

11. 공기의 감습 방식으로 가장 거리가 먼 것은 어느 것인가?

① 냉각 방식 ② 흡수 방식
③ 흡착 방식 ④ 순환수 분무 방식

해설 순환수 분무(단열)는 가습 방식이다.

12. 다음 공조 방식 중에 전공기 방식에 속하는 것은?

① 패키지 유닛 방식
② 복사 냉난방 방식
③ 팬코일 유닛 방식
④ 2중 덕트 방식

해설 ㉠ 냉매 방식 : 룸 쿨러 방식, 패키지 유닛 방식

㉡ 수(물) 방식 : 팬코일 유닛 방식, 복사 냉난방 방식

㉢ 전공기 방식 : 단일 덕트 방식, 2중 덕트 방식, 각층 유닛 방식

13. 열원 방식의 분류 중 특수 열원 방식으로 분류되지 않는 것은?

① 열회수 방식(전열 교환 방식)
② 흡수식 냉온수기 방식

③ 지역 냉난방 방식

④ 태양열 이용 방식

해설 ②항의 흡수식 냉동장치(냉온수기)는 기계적 냉동장치이고, ①, ③, ④항은 그린 공조 장치로 에너지 절감을 갖는 특수 열원 방식이다.

14. 다음 그림과 같은 덕트에서 점 ㉮의 정압 $P_1 = 15$ mmAq, 속도 $V_1 = 10$ m/s일 때, 점 ㉯에서의 전압은? (단, ㉮–㉯ 구간의 전압손실은 2 mmAq, 공기의 밀도는 1 kg/m³로 한다.)

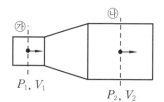

① 15.1 mmAq ② 17.1 mmAq

③ 18.1 mmAq ④ 19.1 mmAq

해설 $P_{t2} = 15 + \dfrac{10^2}{2 \times 9.8} \times 1 - 2 = 18.1$ mmAq

15. 31℃의 외기와 25℃의 환기를 1:2의 비율로 혼합하고 바이패스 팩터가 0.16인 코일로 냉각 제습할 때의 코일 출구 온도는? (단, 코일의 표면 온도는 14℃이다.)

① 약 14℃ ② 약 16℃

③ 약 27℃ ④ 약 29℃

해설 ㉠ 입구 혼합 온도

$= \dfrac{31 \times 1 + 25 \times 2}{1 + 2} = 27$ ℃

㉡ 코일 출구 온도

$= 27 \times 0.16 + 14 \times (1 - 0.16) = 16.08$ ℃

16. 난방기기에 사용되는 방열기 중 강제 대류형 방열기에 해당하는 것은?

① 유닛 히터

② 길드 방열기

③ 주철제 방열기

④ 베이스보드 방열기

해설 ㉠ 강제대류형 : 유닛 히터

㉡ 자연대류형 : 주철제(주형, 벽걸이형), 길드형, 베이스보드(대류형) 방열기 등

17. 다음의 송풍기에 관한 설명 중 ( ) 안에 알맞은 내용은?

> 동일 송풍기에서 정압은 회전수 비의 (㉮)하고, 소요동력은 회전수 비의 (㉯)한다.

① ㉮ 2승에 비례, ㉯ 3승에 비례

② ㉮ 2승에 반비례, ㉯ 3승에 반비례

③ ㉮ 3승에 비례, ㉯ 2승에 비례

④ ㉮ 3승에 반비례, ㉯ 2승에 반비례

해설 ㉠ $\dfrac{P_2}{P_1} = \left(\dfrac{N_2}{N_1}\right)^2$

㉡ $\dfrac{L_2}{L_1} = \left(\dfrac{N_2}{N_1}\right)^3$

여기서, P : 압력, L : 동력 N : 회전수

18. 건물의 11층에 위치한 북측 외벽을 통한 손실열량은? (단, 벽체 면적 40 m², 열관류율 0.43 W/m²· K, 실내온도 26℃, 외기온도 −5℃, 북측 방위계수 1.2, 복사에 의한 외기온도 보정 3℃이다.)

① 약 495.36 W ② 약 525.38 W

③ 약 577.92 W ④ 약 639.84 W

해설 $q = KF\Delta t_e k$

$= 0.43 \times 40 \times \{26 - (-5 + 3)\} \times 1.2$

$= 577.92$ W

19. 증기 난방 설비에서 일반적으로 사용 증기압이 어느 정도부터 고압식이라 하는가?

① 0.01 MPa 이상

② 0.35 MPa 이상

③ 0.1 MPa 이상

④ 10 MPa 이상

해설 0.1 MPa 이상은 고압, 0.1 MPa 이하는 저압 증기 난방이다.

20. 바이패스 팩터에 관한 설명으로 옳은 것은?

① 흡입 공기 중 온난 공기의 비율이다.

② 송풍 공기 중 습공기의 비율이다.

③ 신선한 공기와 순환 공기의 밀도 비율이다.

④ 전 공기에 대해 냉·온수 코일을 그대로 통과하는 공기의 비율이다.

해설 공기가 코일과 접촉되는 비율을 콘택트 팩터라 하고, 접촉 안 된 비율을 바이패스 팩터라 한다.

제2과목	냉동냉장 설비

21. 냉동장치의 압축기 피스톤 압출량이 120 m³/h, 압축기 소요동력이 1.1 kW, 압축기 흡입가스의 비체적이 0.65 m³/kg, 체적 효율이 0.81일 때, 냉매 순환량은?

① 100 kg/h　　② 150 kg/h

③ 200 kg/h　　④ 250 kg/h

해설 냉매 순환량

$$= \frac{V}{v} \cdot \eta_v = \frac{120}{0.65} \times 0.81 = 149.5 \, \text{kg/h}$$

22. 응축기에서 고온 냉매가스의 열이 제거되는 과정으로 가장 적합한 것은?

① 복사와 전도　　② 승화와 증발

③ 복사와 기화　　④ 대류와 전도

해설 응축기에서 냉매(과열증기)는 외부 유체의 대류와 전도에 의해 액화된다.

23. 냉동사이클 중 $P-h$ 선도(압력–엔탈피 선도)로 계산할 수 없는 것은?

① 냉동능력　　② 성적계수

③ 냉매 순환량　　④ 마찰계수

해설 $P-h$ 선도로 계산되는 양은 압축일, 응축열, 냉동능력, 냉매 순환량, 성적계수, 플래시가스 발생량 등이다.

24. 다음 중 증발식 응축기의 구성 요소로서 가장 거리가 먼 것은?

① 송풍기

② 응축용 핀–코일

③ 물분무 펌프 및 분배장치

④ 일리미네이터, 수공급장치

해설 증발식 응축기는 물의 증발잠열을 이용한것이고, 응축용 핀–코일은 주로 공랭식 응축기의 구성 요소이다.

25. 증발온도(압력) 하강의 경우 장치에 발생되는 현상으로 가장 거리가 먼 것은?

① 성적계수(COP) 감소

② 토출가스 온도 상승

③ 냉매 순환량 증가

④ 냉동 효과 감소

해설 증발기의 압력 강하는 유체 저항이 증가되는 것으로 냉매 순환량의 감소를 초래한다.

26. 냉동장치의 증발압력이 너무 낮은 원인으로 가장 거리가 먼 것은?

① 수액기 및 응축기 내에 냉매가 충만해 있다.

② 팽창 밸브가 너무 조여 있다.

③ 증발기의 풍량이 부족하다.

④ 여과기가 막혀 있다.

해설 냉매가 충만하면 고압(응축기)과 저압(증발기)이 상승한다.

27. 냉동사이클이 다음과 같이 $T-S$ 선도로 표시되었다. $T-S$ 선도 4-5-1의 선에 관한 설명으로 옳은 것은?

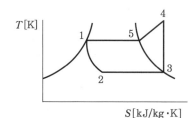

① 4-5-1은 등압선이고 응축 과정이다.
② 4-5는 압축기 토출구에서 압력이 떨어지고, 5-1은 교축 과정이다.
③ 4-5는 불응축 가스가 존재할 때 나타나며, 5-1만이 응축 과정이다.
④ 4에서 5로 온도가 떨어진 것은 압축기에서 흡입가스의 영향을 받아서 열을 방출했기 때문이다.

해설 ① 1-2 : 팽창 과정(등엔탈피선)
② 2-3 : 증발 과정(등온, 등압선)
③ 3-4 : 압축 과정(등엔트로피선)
④ 4-5-1 : 응축 과정(등압선)

28. 표준 냉동사이클에 대한 설명으로 옳은 것은?

① 응축기에서 버리는 열량은 증발기에서 취하는 열량과 같다.
② 증기를 압축기에서 단열 압축하면 압력과 온도가 높아진다.
③ 팽창 밸브에서 팽창하는 냉매는 압력이 감소함과 동시에 열을 방출한다.
④ 증발기 내에서의 냉매 증발 온도는 그 압력에 대한 포화 온도보다 낮다.

해설 ① 응축기 방열량=증발기 흡수열량+압축기 가열량
② 단열 압축하면 온도, 압력, 엔탈피는 상승하고 비체적은 감소한다.
③ 팽창 밸브는 감압 작용, 유량 제어를 하며 엔

탈피는 일정하다.
④ 증발기에서는 온도와 압력이 일정하다.

29. 압축기의 체적 효율에 대한 설명으로 옳은 것은?

① 이론적 피스톤 압출량을 압축기 흡입 직전의 상태로 환산한 흡입가스량으로 나눈 값이다.
② 체적 효율은 압축비가 증가하면 감소한다.
③ 동일 냉매 이용 시 체적 효율은 항상 동일하다.
④ 피스톤 간격이 클수록 체적 효율은 증가한다.

해설 ① 토출가스량을 흡입가스량으로 나눈 값
③ 동일 냉매라도 압축 방식에 따라 체적 효율이 다르다.
④ 피스톤 간격이 클수록 체적 효율은 감소한다.

30. 냉동장치에서 윤활의 목적으로 가장 거리가 먼 것은?

① 마모 방지
② 기밀 작용
③ 열의 축적
④ 마찰동력 손실 방지

해설 윤활의 목적
㉠ 마모·마찰 방지
㉡ 기밀 보장
㉢ 마찰열 발생 방지
㉣ 마찰동력 손실 방지
㉤ 축봉장치 보호

31. 10냉동톤의 능력을 갖는 역카르노 사이클이 적용된 냉동기관의 고온부 온도가 25℃, 저온부 온도가 -20℃일 때, 이 냉동기를 운전하는 데 필요한 동력은?

① 1.8 kW ② 3.1 kW
③ 6.9 kW ④ 9.4 kW

해설 성적계수 $COP = \dfrac{T_2}{T_1 - T_2} = \dfrac{Q_e}{N}$ 식에서

축동력 $N = \dfrac{T_1 - T_2}{T_2} \times Q_e$

$= \dfrac{(273 + 25) - (273 - 20)}{273 - 20} \times \dfrac{10 \times 3320}{860}$

$= 6.87 \, \text{kW}$

32. 표준 냉동장치에서 단열 팽창 과정의 온도와 엔탈피 변화로 옳은 것은?

① 온도 상승, 엔탈피 변화 없음
② 온도 상승, 엔탈피 높아짐
③ 온도 하강, 엔탈피 변화 없음
④ 온도 하강, 엔탈피 낮아짐

해설 단열 팽창하면 엔탈피는 일정하고, 온도와 압력은 감소하며, 엔트로피, 비체적, 건조도는 상승한다.

33. 물 10 kg을 0℃에서 70℃까지 가열하면 물의 엔트로피 증가는? (단, 물의 비열은 4.18 kJ/kg·K이다.)

① 4.14 kJ/K   ② 9.54 kJ/K
③ 12.74 kJ/K   ④ 52.52 kJ/K

해설 $\Delta S = GC \ln \dfrac{T_2}{T_1}$

$= 10 \times 4.18 \times \ln \dfrac{273 + 70}{273} = 9.54 \, \text{kJ/K}$

34. 터보 압축기의 특징으로 틀린 것은?

① 부하가 감소하면 서징 현상이 일어난다.
② 압축되는 냉매 증기 속에 기름방울이 함유되지 않는다.
③ 회전 운동을 하므로 동적 균형을 잡기 좋다.
④ 모든 냉매에서 냉매 회수 장치가 필요 없다.

해설 터보 냉동기는 추기 회수 장치가 필요하다.

35. 냉매에 대한 설명으로 틀린 것은?

① 응고점이 낮을 것
② 증발열과 열전도율이 클 것
③ R-500은 R-12와 R-152를 합한 공비 혼합 냉매라 한다.
④ R-21은 화학식으로 CHCl₂F이고, CClF₂ -CClF₂는 R-1130이다.

해설 ㉠ R-21 : $CHCl_2F$
　　　 ㉡ R-113 : $C_2Cl_3F_3$

36. 왕복동 압축기의 유압이 운전 중 저하되었을 경우에 대한 원인을 분류한 것으로 옳은 것을 모두 고른 것은?

> ㉠ 오일 스트레이너가 막혔다.
> ㉡ 유온이 너무 낮다.
> ㉢ 냉동유가 과충전되었다.
> ㉣ 크랭크실 내의 냉동유에 냉매가 너무 많이 섞여 있다.

① ㉠, ㉡   ② ㉢, ㉣
③ ㉠, ㉣   ④ ㉡, ㉢

해설 ㉡, ㉢은 유압이 상승되는 원인이다.

37. 2단 압축 냉동장치에서 게이지 압력계의 지시계가 고압 15 kgf/cm²·g, 저압 100 mmHgVac을 가리킬 때, 저단 압축기와 고단 압축기의 압축비는? (단, 저·고단의 압축비는 동일하다.)

① 3.6   ② 3.8
③ 4.0   ④ 4.2

해설 압축비 $= \left(\dfrac{15 + 1.033}{\dfrac{760 - 100}{760} \times 1.033} \right)^{\frac{1}{2}} = 4.22$

38. 냉동장치에서 흡입 배관이 너무 작아서 발생되는 현상으로 가장 거리가 먼 것은?

① 냉동능력 감소
② 흡입가스의 비체적 증가
③ 소비동력 증가
④ 토출가스 온도 강하

해설 흡입 배관이 가늘면 일어나는 현상
ㄱ 흡입압력 감소로 흡입가스 과열
ㄴ 냉매순환량 감소로 냉동능력 감소
ㄷ 흡입가스의 비체적 증가
ㄹ 실린더 과열
ㅁ 소비동력 증가
ㅂ 토출가스 온도 상승
ㅅ 체적 효율 감소
ㅇ 윤활유 열화 및 탄화

39. 1단 압축 1단 팽창 냉동장치에서 흡입증기가 어느 상태일 때 성적계수가 제일 큰가?

① 습증기   ② 과열증기
③ 과냉각액   ④ 건포화증기

해설 흡입가스가 과열증기가 되면 냉동효과가 커지므로 성적계수$\left(\dfrac{q_e}{A\,W}\right)$가 향상된다.

40. 흡수식 냉동기에 사용되는 냉매와 흡수제의 연결이 잘못된 것은?

① 물(냉매) – 황산(흡수제)
② 암모니아(냉매) – 물(흡수제)
③ 물(냉매) – 가성소다(흡수제)
④ 염화에틸(냉매) – 취화리튬(흡수제)

해설 냉매 염화에틸(C_2H_5Cl)의 흡수제는 4클로로에탄($C_2H_2Cl_4$)이다.

제3과목 **공조냉동 설치 · 운영**

41. 펌프의 흡입 배관 설치에 관한 설명으로 틀린 것은?

① 흡입관은 가급적 길이를 짧게 한다.
② 흡입관의 하중이 펌프에 직접 걸리지 않도록 한다.
③ 흡입관에는 펌프의 진동이나 관의 열팽창이 전달되지 않도록 신축 이음을 한다.
④ 흡입 수평관의 관경을 확대시키는 경우 동심 리듀서를 사용한다.

해설 흡입 수평관은 동일 지름으로 하며, 관경을 확대시키는 경우에는 편심 리듀서를 사용한다.

42. 배관 작업 시 동관용 공구와 스테인리스 강관용 공구로 병용해서 사용할 수 있는 공구는?

① 익스팬더   ② 튜브 커터
③ 사이징 툴   ④ 플레어링 툴 세트

해설 ①, ③, ④항은 동관 전용 공구이다.

43. 도시가스 내 부취제의 액체 주입식 부취설비 방식이 아닌 것은?

① 펌프 주입 방식
② 적하 주입 방식
③ 위크식 주입 방식
④ 미터 연결 바이패스 방식

해설 ㄱ 액체 증발식 : 위크 증발식, 바이패스 증발식
ㄴ 액체 주입식 : 펌프 주입식, 적하 주입식, 미터 연결 바이패스 방식

44. 관 이음 중 고체나 유체를 수송하는 배관, 밸브류, 펌프, 열교환기 등 각종 기기의 접속 및 관을 자주 해체 또는 교환할 필요가 있는 곳에 사용되는 것은?

① 용접 접합   ② 플랜지 접합
③ 나사 접합   ④ 플레어 접합

해설 배관을 해체 또는 교환할 필요가 있는 곳에는 플랜지 또는 유니언 접합을 한다.

---

45. 덕트 제작에 이용되는 심의 종류가 아닌 것은?

① 버튼펀치스냅 심
② 포켓펀치 심
③ 피츠버그 심
④ 그루브 심

해설 덕트 이음 및 보강(심) 형식 : 모서리 세로 이음, 피츠버그록 심, 버튼펀치스냅 심, 평판 세로 이음, 포켓록 심, 플랜지 이음, 스탠딩 심, 공판 보강, 형강 보강, D 슬래브, S 슬래브, 바 슬래브, 보강바 슬래브 등

46. 펌프에서 물을 압송하고 있을 때 발생하는 수격작용을 방지하기 위한 방법으로 틀린 것은?

① 급격한 밸브 폐쇄는 피한다.
② 관내 유속을 빠르게 한다.
③ 기구류 부근에 공기실을 설치한다.
④ 펌프에 플라이 휠(fly wheel)을 설치한다.

해설 배관 유속을 느리게(적정 유속) 한다.

47. 다음 중 열역학적 트랩의 종류가 아닌 것은?

① 디스크형 트랩
② 오리피스형 트랩
③ 열동식 트랩
④ 바이패스형 트랩

해설 열동식 트랩 : 응축수와 공기를 증기로부터 분리하여 증기는 통과시키지 않고 응축수만 환수관으로 통과시킨다.

48. 가스식 순간 탕비기의 자동연소장치 원리에 관한 설명으로 옳은 것은?

① 온도차에 의해서 타이머가 작동하여 가스를 내보낸다.
② 온도차에 의해서 다이어프램이 작동하여 가스를 내보낸다.

③ 수압차에 의해서 다이어프램이 작동하여 가스를 내보낸다.
④ 수압차에 의해서 타이머가 작동하여 가스를 내보낸다.

해설 가스 순간 온수기(탕비기)는 수류형과 압력형의 수압차에 의해서 다이어프램이 작동하여 가스를 내보내 점화시켜서 가열하는 장치이다.

49. 동일 송풍기에서 임펠러의 지름을 2배로 했을 경우 특성 변화의 법칙에 대해 옳은 것은?

① 풍량은 송풍기 크기비의 2제곱에 비례한다.
② 압력은 송풍기 크기비의 3제곱에 비례한다.
③ 동력은 송풍기 크기비의 5제곱에 비례한다.
④ 회전수 변화에만 특성 변화가 있다.

해설 ㉠ 송풍량 : $\dfrac{Q_2}{Q_1} = \left(\dfrac{d_2}{d_1}\right)^3$

㉡ 전압력 : $\dfrac{P_2}{P_1} = \left(\dfrac{d_2}{d_1}\right)^2$

㉢ 축동력 : $\dfrac{L_2}{L_1} = \left(\dfrac{d_2}{d_1}\right)^5$

50. 증기 난방 배관에서 고정 지지물의 고정 방법에 관한 설명으로 틀린 것은?

① 신축 이음이 있을 때에는 배관의 양끝을 고정한다.
② 신축 이음이 없을 때에는 배관의 중앙부를 고정한다.
③ 주관의 분기관이 접속되었을 때에는 그 분기점을 고정한다.
④ 고정 지지물의 설치 위치는 시공상 큰 문제가 되지 않는다.

해설 고정 지지물은 배관의 지름에 따라 고정 간격이 다르다.

51. 배수 펌프의 용량은 일정한 배수량이 유입하는 경우 시간 평균 유입량의 몇 배로 하는 것이 적당한가?

① 1.2~1.5배   ② 3.2~3.5배
③ 4.2~4.5배   ④ 5.2~5.5배

해설 최대예상급수량 = $(1.5{\sim}2){\times}$평균급수량으로 상기 문제에서는 1.2~1.5배가 적당하다.

52. 기준권선과 제어권선의 두 고정자권선이 있으며, 90도 위상차가 있는 2상 전압을 인가하여 회전자계를 만들어서 회전자를 회전시키는 전동기는?

① 동기 전동기
② 직류 전동기
③ 스텝 전동기
④ AC 서보 전동기

해설 ① 동기 전동기 : 교류 전력을 기계 동력으로 변환하는 동기기 계자로 직류로 여자된다.
② 직류 전동기 : 직류 전류에 의해서 동작하는 전동기
③ 스텝 전동기 : 펄스 입력에 의해서 동작하는 일종의 디지털 전동기
④ AC 서보 전동기 : 그다지 큰 토크가 요구되지 않는 계가 사용되며, 90° 위상차가 있는 2상의 전압을 인가하여 기동시킨다.

53. 그림과 같이 콘덴서 3 F와 2 F가 직렬로 접속된 회로에 전압 20V를 가하였을 때 3 F 콘덴서 단자의 전압 V_1은 몇 V인가?

① 5   ② 6
③ 7   ④ 8

해설 $V_1 = 20 \times \dfrac{2}{3+2} = 8\,\mathrm{V}$

54. 그림과 같은 브리지 정류기는 어느 점에 교류 입력을 연결해야 하는가?

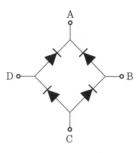

① B-D점   ② B-C점
③ A-C점   ④ A-B점

해설 B-D점에는 교류 입력을 연결하고 A-C점에는 콘덴서를 설치하며 A에는 직류 (+) 전기, C에는 직류 (-)의 출력이 발생된다.

55. $R,\ L,\ C$ 직렬 회로에서 인가 전압을 입력으로, 흐르는 전류를 출력으로 할 때 전달함수를 구하면?

① $R + LS + CS$ ② $\dfrac{1}{R + LS + CS}$

③ $R + LS + \dfrac{1}{CS}$ ④ $\dfrac{1}{R + LS + \dfrac{1}{CS}}$

해설 전달함수 $= \dfrac{1}{R + j\omega L + \dfrac{1}{j\omega C}}$

여기서 $S = j\omega$라면 전달함수 $= \dfrac{1}{R + LS + \dfrac{1}{CS}}$

56. 전기로의 온도를 1000℃로 일정하게 유지시키기 위하여 열전온도계의 지시값을 보면서 전압조정기로 전기로에 대한 인가 전압을 조절하는 장치가 있다. 이 경우 열전온도계는 다음 중 어느 것에 해당되는가?

① 조작부   ② 검출부
③ 제어량   ④ 조작량

해설 ① 조작부 : 전압조정기
② 검출부 : 열전온도계
③ 제어량 : 1000℃
④ 조작량 : 인가 전압

57. 교류 전류의 흐름을 방해하는 소자는 저항 이외에도 유도코일, 콘덴서 등이 있다. 유도코일과 콘덴서 등에 대한 교류 전류의 흐름을 방해하는 저항력을 갖는 것을 무엇이라고 하는가?

① 리액턴스
② 임피던스
③ 컨덕턴스
④ 어드미턴스

해설 유도코일과 콘덴서 등을 저항값으로 환산한 것을 리액턴스라 한다.

58. 220 V, 1 kW의 전열기에서 전열선의 길이를 2배로 늘리면 소비전력은 늘리기 전의 전력에 비해 몇 배로 변화하는가?

① 0.25   ② 0.5
③ 1.25   ④ 1.5

해설 $P = \dfrac{V^2}{R}$ 에서 $V^2 = P_1 R_1 = P_2 R_2$

$P_2 = \dfrac{R_1}{R_2} P_1 = \dfrac{R}{2R} P_1 = \dfrac{1}{2} P_1 = 0.5 P_1$

59. PLC 제어의 특징으로 틀린 것은?

① 소형화가 가능하다.
② 유지 보수가 용이하다.
③ 제어 시스템의 확장이 용이하다.
④ 부품 간의 배선에 의해 로직이 결정된다.

해설 PLC 제어반
㉠ 제어 내용 : 프로그램 변경으로 가능
㉡ 공사 기간 : 사양 결정과 하드의 취합을 병행, 검사 시운전 기간의 단축
㉢ 시스템 특성 : 시스템 확장 용이, 컴퓨터와 연결 가능
㉣ 보전성 : 높은 신뢰성, 긴 수명으로 보수 및 수리 용이
㉤ 크기 : 소형화 가능

60. 3300/200 V, 10 kVA인 단상 변압기의 2차를 단락하여 1차측에 300 V를 가하니 2차에 120 A가 흘렀다. 1차 정격전류(A) 및 이 변압기의 임피던스 전압(V)은 약 얼마인가?

① 1.5 A, 200 V   ② 2.0 A, 150 V
③ 2.5 A, 330 V   ④ 3.0 A, 125 V

해설 ㉠ 1차 정격전류 $= \dfrac{10000}{3300} = 3.03 \text{A}$

㉡ 1차 단락전류 $= \dfrac{I_{2s}}{a} = \dfrac{200}{3300} \times 120 = 7.27 \text{A}$

㉢ 2차를 1차로 환산한 등가누설 임피던스
$Z = \dfrac{300}{7.27} = 41.26 \, \Omega$

㉣ 임피던스 전압 $= 3.03 \times 41.26 = 125 \text{V}$

출제 예상문제 (2)

공기조화 설비

1. 물 또는 온수를 직접 공기 중에 분사하는 방식의 수분무식 가습장치의 종류에 해당되지 않는 것은?

① 원심식　　② 초음파식
③ 분무식　　④ 가습팬식

해설 가습팬식은 물탱크 내에 온수를 넣고, 온수의 증기압과 그 표면상을 통과하는 공기의 증기압과의 차에 의하여 수면에서 증발시키는 방법이다.

2. 다음 중 공기 세정기에 관한 설명으로 틀린 것은?

① 공기 세정기의 통과 풍속은 일반적으로 약 2~3 m/s이다.
② 공기 세정기의 가습기는 노즐에서 물을 분무하여 공기에 충분히 접촉시켜 세정과 가습을 하는 것이다.
③ 공기 세정기의 구조는 루버, 분무 노즐, 플러딩 노즐, 일리미네이터 등이 케이싱 속에 내장되어 있다.
④ 공기 세정기의 분무 수압은 노즐 성능상 약 20~50 kPa이다.

해설 공기 세정기의 분무 수압은 약 100~200 kPa 정도이다.

3. 난방부하를 줄일 수 있는 요인이 아닌 것은?

① 극간풍에 의한 잠열
② 태양열에 의한 복사열
③ 인체의 발생열
④ 기계의 발생열

해설 공기를 가열하면 절대습도의 변화가 없으므로 난방부하에서는 잠열부하가 없다.

4. 공기조화의 단일 덕트 정풍량 방식의 특징에 관한 설명으로 틀린 것은?

① 각 실이나 존의 부하 변동에 즉시 대응할 수 있다.
② 보수 관리가 용이하다.
③ 외기 냉방이 가능하고 전열교환기 설치도 가능하다.
④ 고성능 필터 사용이 가능하다.

해설 ①항은 가변 풍량 방식에 대한 설명이다.

5. 공기조화의 분류에서 산업용 공기조화의 적용 범위에 해당하지 않는 것은?

① 실험실의 실험 조건을 위한 공조
② 양조장에서 술의 숙성온도를 위한 공조
③ 반도체 공장에서 제품의 품질 향상을 위한 공조
④ 호텔에서 근무하는 근로자의 근무환경 개선을 위한 공조

해설 ④항은 쾌감 공기조화(위생 공조)이다.

6. 노즐형 취출구로서 취출구의 방향을 좌우상하로 바꿀 수 있는 취출구는?

① 유니버설형
② 펑커루버형
③ 팬(pan)형
④ T라인(T-line)형

해설 ① 유니버설형 : 베인을 움직일 수 있게 한 것으로 벽면에 설치하지만 천장에 설치한 것을 로 보이형, 팬 코일 유닛과 같이 창 밑에 설

치하는 경우도 있다.

② 펑커루버형 : 선박 환기용으로 제작된 것으로 목을 움직여서 토출 기류의 방향을 바꿀 수 있으며, 토출구에 달려 있는 댐퍼로 풍량 조절도 쉽게 할 수 있다.

③ 팬형 : 천장의 덕트 개구단의 아래쪽에 원형 또는 원추형의 판을 달아서 토출풍량을 부딪히게 하여 천장면에 따라서 수평으로 공기를 보내는 것이다

④ T-라인형 : 천장이나 구조체에 T-bar를 고정시키고 그 홈 사이에 토출구를 설치한 것으로 내실부 또는 외주부의 어디서나 사용할 수 있고, 흡입구로 사용할 때는 토출구 속의 베인을 제거해야 한다.

7. 건구온도 10℃, 습구온도 3℃의 공기를 덕트 중 재열기로 건구온도 25℃까지 가열하고자 한다. 재열기를 통하는 공기량이 1500 m³/min인 경우, 재열기에 필요한 열량은? (단, 공기의 비체적은 0.849 m³/kg, 비열은 1.04kJ/kg·K이다.)

① 198484 kJ/min ② 117000 kJ/min
③ 34440 kJ/min ④ 27562 kJ/min

해설 $q = \dfrac{1500}{0.849} \times 1.04 \times (25-10)$
$= 27561.8 \ \text{kJ/min}$

8. 공기조화설비에 사용되는 냉각탑에 관한 설명으로 옳은 것은?

① 냉각탑의 어프로치는 냉각탑의 입구 수온과 그때의 외기 건구온도와의 차이다.

② 강제통풍식 냉각탑의 어프로치는 일반적으로 약 5℃이다.

③ 냉각탑을 통과하는 공기량(kg/h)을 냉각탑의 냉각수량(kg/h)으로 나눈 값을 수공기비라 한다.

④ 냉각탑의 레인지는 냉각탑의 출구 공기온도와 입구 공기온도의 차이다.

해설 ① 쿨링 레인지 = 냉각수 입구 온도 - 냉각수 출구 온도 = 5℃

② 쿨링 어프로치 = 냉각수 출구 수온 - 대기 습구온도 = 5℃

9. 600 rpm으로 운전되는 송풍기의 풍량이 400 m³/min, 전압 40 mmAq, 소요동력 4 kW의 성능을 나타낸다. 이때 회전수를 700 rpm으로 변화시키면 몇 kW의 소요동력이 필요한가?

① 5.44 kW ② 6.35 kW
③ 7.27 kW ④ 8.47 kW

해설 $L_2 = \left(\dfrac{700}{600} \right)^3 \times 4 = 6.35 \ \text{kW}$

10. 고속 덕트의 특징에 관한 설명으로 틀린 것은?

① 소음이 작다.
② 운전비가 증대한다.
③ 마찰에 의한 압력손실이 크다.
④ 장방형 대신에 스파이럴 관이나 원형 덕트를 사용하는 경우가 많다.

해설 고속 덕트 방식은 유속이 빠르므로 소음이 크다.

11. 유효온도(ET : effective temperature)의 요소에 해당하지 않는 것은?

① 온도 ② 기류
③ 청정도 ④ 습도

해설 ㉠ 유효온도 : 온도, 습도, 기류
㉡ 수정유효온도 : 온도, 습도, 기류, 복사열

12. 다음 그림은 공기조화기 내부에서의 공기의 변화를 나타낸 것이다. 이 중에서 냉각코일에서 나타나는 상태 변화는 공기선도상 어느 점을 나타내는가?

① ㉮-㉯   ② ㉯-㉰
③ ㉰-㉮   ④ ㉰-㉱

해설 ㉠ 재열코일 : ㉮-㉯
㉡ 실내 취득열량 : ㉯-㉰
㉢ 냉각코일 부하 : ㉰-㉮
㉣ 외기 부하 : ㉰-㉯

13. 상당 외기 온도차를 구하기 위한 요소로 가장 거리가 먼 것은?

① 흡수율
② 표면 열전달률$(kJ/m^2 \cdot h \cdot K)$
③ 직달 일사량$(kJ/m^2 \cdot h)$
④ 외기 온도$(℃)$

해설 직달 일사량은 복사열을 구하기 위한 요소이다.

14. 냉방 시 유리를 통한 일사 취득열량을 줄이기 위한 방법으로 틀린 것은?

① 유리창의 입사각을 작게 한다.
② 투과율을 작게 한다.
③ 반사율을 크게 한다.
④ 차폐계수를 작게 한다.

해설 유리창 입사각의 크기는 일사 취득열량과 관계없고, 면적과 관계있다.

15. 냉방부하 계산 시 상당 외기 온도차를 이용하는 경우는?

① 유리창의 취득열량
② 내벽의 취득열량
③ 침입외기 취득열량
④ 외벽의 취득열량

해설 외벽부하 $q = K \cdot F \cdot \Delta t_e$ [kJ/h]
여기서, K : 열통과율$(kJ/m^2 \cdot h \cdot K)$
F : 면적(m^2)
Δt_e : 상당 외기 온도차$(℃)$

16. 대사량을 나타내는 단위로 쾌적 상태에서의 안정 시 대사량을 기준으로 하는 단위는?

① RMR   ② clo
③ met   ④ ET

해설 ① RMR : 에너지 대사율
② clo : 의복, 침구 등의 열저항값으로 단열성을 나타내는 단위
④ ET : 유효온도

17. 다음 중 중앙식 공조 방식이 아닌 것은?

① 정풍량 단일 덕트 방식
② 2관식 유인 유닛 방식
③ 각층 유닛 방식
④ 패키지 유닛 방식

해설 패키지 유닛 방식은 개별 냉매 방식이다.

18. 외기온도 13℃(포화 수증기압 12.83 mmHg)이며, 절대습도 0.008 kg/kg일 때의 상대습도 RH는?(단, 대기압은 760 mmHg이다.)

① 37 %   ② 46 %
③ 75 %   ④ 82 %

해설 $\phi = \dfrac{x \cdot P}{P_s(0.622 + x)}$
$= \dfrac{0.008 \times 760}{12.83 \times (0.622 + 0.008)} = 0.7522 ≒ 75.2 \%$

19. 다음 중 건축물의 출입문으로부터 극간풍 영향을 방지하는 방법으로 가장 거리가 먼 것은?

① 회전문을 설치한다.
② 이중문을 충분한 간격으로 설치한다.

③ 출입문에 블라인드를 설치한다.

④ 에어 커튼을 설치한다.

해설 극간풍을 방지하는 방법

 ㉠ 에어 커튼 설치

 ㉡ 회전문 설치

 ㉢ 충분히 간격을 두고 이중문 설치

 ㉣ 이중문의 중간에 강제대류 convector 또는 FCU 설치

 ㉤ 실내를 가압하여 외부 압력보다 높게 유지하는 방법

 ㉥ 건축의 건물 기밀성 유지와 현관의 방풍실 설치, 층간의 구획 등

20. 다음 그림에 대한 설명으로 틀린 것은?

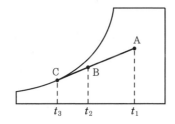

① A → B는 냉각감습 과정이다.

② 바이패스팩터(BF)는 $\dfrac{t_2 - t_3}{t_1 - t_3}$ 이다.

③ 코일의 열수가 증가하면 BF는 증가한다.

④ BF가 작으면 공기의 통과저항이 커져 송풍기 동력이 증대될 수 있다.

해설 코일의 열수가 증가하면 BF는 감소한다.

제2과목	냉동냉장 설비

21. 냉동용 스크루 압축기에 대한 설명으로 틀린 것은?

① 왕복동식에 비해 체적 효율과 단열 효율이 높다.

② 스크루 압축기의 로터와 축은 일체식으로 되어 있고, 구동은 숫로터에 의해 이루어진다.

③ 스크루 압축기의 로터 구성은 다양하나 일반적으로 사용되고 있는 것은 숫로터 4개, 암로터 4개인 것이다.

④ 흡입, 압축, 토출 과정인 3행정으로 이루어진다.

해설 스크루 압축기는 일반적으로 숫로터 1개, 암로터 1개이다.

22. 다음 열 및 열펌프에 관한 설명으로 옳은 것은?

① 일의 열당량은 $\dfrac{4.2\text{kJ}}{427\,\text{kg}\cdot\text{m}}$ 이다. 이것은 427 kg·m의 일이 열로 변할 때, 4.2 kJ의 열량이 되는 것이다.

② 응축온도가 일정하고 증발온도가 내려가면 일반적으로 토출 가스 온도가 높아지기 때문에 열펌프의 능력이 상승된다.

③ 비열 2.1 kJ/kg·K, 비중량 1.2 kg/L의 액체 2 L를 온도 1℃ 상승시키기 위해서는 8.4 kJ의 열량을 필요로 한다.

④ 냉매에 대해서 열의 출입이 없는 과정을 등온 압축이라 한다.

해설 ② : 열펌프의 능력이 감소된다.

 ③ : $q = 2 \times 1.2 \times 2.1 \times 1 = 5.04\,\text{kJ}$

 ④ : 열의 출입 없는 과정은 단열 압축이라 한다.

23. 증발기의 분류 중 액체 냉각용 증발기로 가장 거리가 먼 것은?

① 탱크형 증발기

② 보데로형 증발기

③ 나관코일식 증발기

④ 만액식 셸 앤드 튜브식 증발기

해설 나관코일식 증발기는 기체 냉각용에 주로 사용된다.

24. 기계적인 냉동 방법 중 물을 냉매로 쓸 수 있는 냉동 방식이 아닌 것은?

① 증기분사식　　② 공기압축식
③ 흡수식　　　　④ 진공식

해설 공기압축식 냉동장치는 공기를 냉매로 사용한다.

25. 냉동장치에서 사용되는 각종 제어 동작에 대한 설명으로 틀린 것은?

① 2위치 동작은 스위치의 온, 오프 신호에 의한 동작이다.
② 3위치 동작은 상, 중, 하 신호에 따른 동작이다.
③ 비례 동작은 입력 신호의 양에 대응하여 제어량을 구하는 것이다.
④ 다위치 동작은 여러 대의 피제어기기를 단계적으로 운전 또는 정지시키기 위한 것이다.

해설 3위치 동작은 스위치의 온, 중립, 오프 신호 동작이다.

26. 핼라이드 토치를 이용한 누설 검사로 적절하지 않은 냉매는?

① R-717　　　② R-123
③ R-22　　　 ④ R-114

해설 핼라이드 토치를 이용한 누설 검사에 쓰이는 냉매는 freon 냉매이며, R-717은 NH_3 냉매이다.

27. 냉동능력 20 RT, 축동력 12.6 kW인 냉동장치에 사용되는 수랭식 응축기의 열통과율 0.79 kW/m²·K, 전열량의 외표면적 15 m², 냉각수량 270 L/min, 냉각수 입구온도 30℃일 때, 응축온도는?(단, 냉매와 물의 온도차는 산술 평균 온도차를 사용하고 비열은 4.19 kJ/kg·K, 1 RT는 3.9 kW로 한다.)

① 35℃　　　　② 40℃
③ 45℃　　　　④ 50℃

해설 ㉠ 냉각수 출구온도(t_{w2})
$$= 30 + \frac{(20 \times 3.9 + 12.6) \times 60}{270 \times 4.19} = 34.8 ℃$$
㉡ 응축온도(t_c)
$$= \frac{20 \times 3.9 + 12.6}{0.79 \times 15} + \frac{30 + 34.8}{2}$$
$$= 40.05 ℃$$

28. 1 HP는 약 몇 Btu/h인가?

① 172 Btu/h　　② 252 Btu/h
③ 1053 Btu/h　 ④ 2547.6 Btu/h

해설 1 HP = 641 × 3.968 = 2543.5 Btu/h

29. 냉동기유에 대한 냉매의 용해성이 가장 큰 것은?(단, 동일한 조건으로 가정한다.)

① R-113　　　② R-22
③ R-115　　　④ R-717

해설 ㉠ 윤활유에 잘 용해되는 냉매 : R-11, R-12, R-21, R-113
　　㉡ 윤활유와 저온에서 쉽게 분리되는 냉매 : R-13, R-22, R-114

30. -20℃의 암모니아 포화액의 엔탈피가 315 kJ/kg이며, 동일 온도에서 건조포화증기의 엔탈피가 1692.6 kJ/kg이다. 이 냉매액이 팽창밸브를 통과하여 증발기에 유입될 때의 냉매의 엔탈피가 672 kJ/kg이었다면 중량비로 약 몇 %가 액체 상태인가?

① 16 %　　　　② 26 %
③ 74 %　　　　④ 84 %

해설 $y = \frac{1692.6 - 672}{1692.6 - 315} ≒ 0.74 = 74\%$

31. 표준 냉동사이클에서 팽창밸브를 냉매가 통과하는 동안 변화되지 않는 것은?

① 냉매의 온도 　 ② 냉매의 압력

③ 냉매의 엔탈피 　 ④ 냉매의 엔트로피

해설 냉매가 팽창밸브를 통과하는 과정은 교축 작용에 의한 등엔탈피 변화이다.

32. LNG(액화천연가스) 냉열 이용 방법 중 직접 이용 방식에 속하지 않는 것은?

① 공기액화분리

② 염소액화장치

③ 냉열발전

④ 액체탄산가스 제조

해설 염소는 독성가스로서 LNG 계열이 아니다.

33. 냉동장치에서 고압측에 설치하는 장치가 아닌 것은?

① 수액기 　 ② 팽창밸브

③ 드라이어 　 ④ 액분리기

해설 액분리기는 저압측 흡입관에 설치한다.

34. 다음과 같이 운전되어지고 있는 냉동사이클의 성적계수는?

① 2.1 　 ② 3.3

③ 4.9 　 ④ 5.9

해설 $COP = \dfrac{570.78 - 459.48}{593.46 - 570.78} = 4.907$

35. 암모니아를 냉매로 사용하는 냉동장치에서 응축압력의 상승 원인으로 가장 거리가 먼 것은 어느 것인가?

① 냉매가 과냉각되었을 때

② 불응축 가스가 혼입되었을 때

③ 냉매가 과충전되었을 때

④ 응축기 냉각관에 물때 및 유막이 형성되었을 때

해설 냉매가 과냉각되면 응축온도와 압력이 감소한다.

36. 팽창밸브를 통하여 증발기에 유입되는 냉매액의 엔탈피를 F, 증발기 출구 엔탈피를 A, 포화액의 엔탈피를 G라 할 때, 팽창밸브를 통과한 곳에서 증기로 된 냉매의 양의 계산식으로 옳은 것은? (단, P : 압력, h : 엔탈피를 나타낸다.)

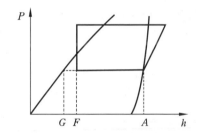

① $\dfrac{A-F}{A-G}$ 　 ② $\dfrac{A-F}{F-G}$

③ $\dfrac{F-G}{A-G}$ 　 ④ $\dfrac{F-G}{A-F}$

해설 ㉠ 건조도 $= \dfrac{F-G}{A-G}$

㉡ 습도 $= \dfrac{A-F}{A-G}$

37. 저온 유체 중에서 1기압에서 가장 낮은 비등점을 갖는 유체는 어느 것인가?

① 아르곤 　 ② 질소

③ 헬륨 　 ④ 네온

38. -10℃의 얼음 10 kg을 100℃의 증기로 변화하는 데 필요한 전열량은? (단, 얼음의 비열은 2.1 kJ/kg·K이고 융해잠열은 334 kJ/kg,

물의 증발잠열은 2256 kJ/kg이다.)

① 7770 kJ   ② 15372 kJ

③ 30310 kJ   ④ 38304 kJ

해설 $q = 10 \times (2.1 \times 10 + 334 + 4.2 \times 100 + 2256)$
$= 30310 \text{ kJ}$

39. 다음 중 냉동 효과에 대한 설명으로 옳은 것은?

① 증발기에서 단위 중량의 냉매가 흡수하는 열량
② 응축기에서 단위 중량의 냉매가 방출하는 열량
③ 압축 일을 열량의 단위로 환산한 것
④ 압축기 출·입구 냉매의 엔탈피 차

해설 ① : 냉동 효과, ② : 응축기 방출 열량, ③ : 압축기 가산 열량, ④ : 압축 열량

40. 핼라이드 토치는 프레온계 냉매의 누설검지기이다. 누설 시 식별 방법은?

① 불꽃의 크기   ② 연료의 소비량
③ 불꽃의 온도   ④ 불꽃의 색깔

해설 ㉠ 청색 : 누설 없음
㉡ 녹색 : 누설 다소 있음
㉢ 불 꺼짐 : 누설 많음(다량 누설)

제3과목 **공조냉동 설치·운영**

41. 냉각탑 주위 배관 시 유의사항으로 틀린 것은?

① 2대 이상의 개방형 냉각탑을 병렬로 연결할 때 냉각탑 수위를 동일하게 한다.
② 배수 및 오버플로관은 직접 배수로 한다.
③ 냉각탑을 동절기에 운전할 때는 동결 방지를 고려한다.
④ 냉각수 출입구 측 배관은 방진 이음을 설치하여 냉각탑의 진동이 배관에 전달되지 않도록 한다.

해설 냉각탑의 배수와 오버플로관은 간접 배수로 한다.

42. 급탕배관이 벽이나 바닥을 관통할 때 슬리브(sleeve)를 설치하는 이유로 가장 적절한 것은?

① 배관의 진동을 건물 구조물에 전달되지 않도록 하기 위하여
② 배관의 중량을 건물 구조물에 지지하기 위하여
③ 관의 신축이 자유롭고 배관의 교체나 수리를 편리하게 하기 위하여
④ 배관의 마찰저항을 감소시켜 온수의 순환을 균일하게 하기 위하여

해설 슬리브는 배관 정비, 보수, 교체를 편리하게 하고, 신축을 흡수하기 위하여 설치한다.

43. 냉동 설비에서 고온·고압의 냉매 기체가 흐르는 배관은?

① 증발기와 압축기 사이 배관
② 응축기와 수액기 사이 배관
③ 압축기와 응축기 사이 배관
④ 팽창밸브와 증발기 사이 배관

해설 ① : 흡입관(저압 가스 배관)
② : 액관(고압 액냉매 배관)
③ : 과열증기관(고압 가스 배관)
④ : 습증기관

44. 급탕 주관의 배관 길이가 300 m, 환탕 주관의 배관 길이가 50 m일 때 강제순환식 온수순환 펌프의 전 양정은?

① 5 m   ② 3 m
③ 2 m   ④ 1 m

해설 $H = 0.01\left(\dfrac{L}{2} + l\right) = 0.01\left(\dfrac{300}{2} + 50\right) = 2 \text{ mAq}$

정답 39. ①   40. ④   41. ②   42. ③   43. ③   44. ③

45. 급수 방식 중 펌프 직송 방식의 펌프운전을 위한 검지 방식이 아닌 것은?

① 압력검지식 　　② 유량검지식
③ 수위검지식 　　④ 저항검지식

해설 저항검지식은 전기 배송 방식의 검지법이다.

46. 액화 천연가스의 지상 저장 탱크에 대한 설명으로 틀린 것은?

① 지상 저장 탱크는 금속 2중벽 탱크가 대표적이다.
② 내부 탱크는 약 −162℃ 정도의 초저온에 견딜 수 있어야 한다.
③ 외부 탱크는 일반적으로 연강으로 만들어진다.
④ 증발 가스량이 지하 저장 탱크보다 많고 저렴하며 안전하다.

해설 외부 침입 열량에 의한 증발 가스량은 지상 저장 탱크가 지하 저장 탱크보다 많으므로 불안전하다. 따라서 단열재로 열침입을 차단하므로 시공비가 비싸다.

47. 펌프의 베이퍼 로크 현상에 대한 발생 요인이 아닌 것은?

① 흡입관 지름이 큰 경우
② 액 자체 또는 흡입배관 외부의 온도가 상승할 경우
③ 펌프 냉각기가 작동하지 않거나 설치되지 않은 경우
④ 흡입 관로의 막힘, 스케일 부착 등에 의해 저항이 증가한 경우

해설 베이퍼 로크 현상은 흡입관 지름이 작은 경우에 발생한다.

48. 관의 종류에 따른 접합 방법으로 틀린 것은?

① 강관 − 나사 접합
② 주철관 − 소켓 접합
③ 연관 − 플라스턴 접합
④ 콘크리트관 − 용접 접합

해설 콘크리트관 − 콘크리트 칼라 이음

49. 다음 중 고온수 난방의 가압 방법이 아닌 것은?

① 블리드 인 가압 방식
② 정수두 가압 방식
③ 증기 가압 방식
④ 펌프 가압 방식

50. 디스크 증기 트랩이라고도 하며 고압, 중압, 저압 등의 어느 곳에나 사용 가능한 증기 트랩은?

① 실폰 트랩
② 그리스 트랩
③ 충격식 트랩
④ 버킷 트랩

해설 충격식(충동) 증기 트랩 : 온도가 높아진 응축수는 압력이 낮아지면 다시 증발하게 된다. 이때 증발로 인하여 생기는 부피의 증가를 밸브의 개폐에 이용한 것으로 공기 배제도 가능하며, 고압, 중압, 저압 어느 곳에나 사용할 수 있다.

51. 간접배수관의 관경이 25 A일 때 배수구 공간으로 최소 몇 mm가 적당한가?

① 50 　　　　② 100
③ 150 　　　④ 200

해설 간접(특수)배수관에서 배수구의 공간은 최소 배수관 지름 이상이므로 50 mm가 적당하다.

52. 패널 난방(panel heating)은 열의 전달 방법 중 주로 어느 것을 이용한 것인가?

① 전도 　　　② 대류
③ 복사 　　　④ 전파

해설 복사 난방의 종류에는 바닥 패널, 천장 패널, 벽 패널 난방 등이 있다.

53. 배수 수평관의 관경이 65 mm일 때 최소구배는?

① 1/10   ② 1/20
③ 1/50   ④ 1/100

해설 배수 수평관의 구배

관경(mm)	최소구배
65 이하	1/50
75, 100	1/100
125	1/150
150 이상	1/200

54. 평형 3상 Y결선의 상전압 V_p와 선간전압 V_L의 관계는?

① $V_L = 3\,V_p$ ② $V_L = \sqrt{3}\,V_p$
③ $V_L = \dfrac{1}{3}\,V_p$ ④ $V_L = \dfrac{1}{\sqrt{3}}\,V_p$

해설 • Y결선
    ㉠ 전류 : $I_L = I_p$
    ㉡ 전압 : $V_L = \sqrt{3}\,V_p$
• △결선
    ㉠ 전류 : $I_L = \sqrt{3}\,I_p$
    ㉡ 전압 : $V_L = V_p$

55. 다음 중 서보 기구와 관계가 가장 깊은 것은?

① 정전압 장치
② A/D 변환기
③ 추적용 레이더
④ 가정용 보일러

해설 서보 기구 : 물체의 위치, 방향, 자세 등의 기계적 변위를 제어량으로 해서 목표값이 임의의 변화에 추종하도록 구성된 제어계 (비행기 및 선박의 방향 제어계, 미사일 발사대의 자동 위치 제어계, 추적용 레이더, 자동 평형 기록계 등)이다.

56. 그림의 신호 흐름 선도에서 $\dfrac{C}{R}$의 값은?

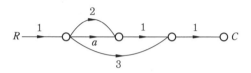

① $a + 2$ ② $a + 3$
③ $a + 5$ ④ $a + 6$

해설 $\dfrac{C}{R} = (1 \times 2 \times 1 \times 1) + (1 \times a \times 1 \times 1)$
        $+ (1 \times 3 \times 1) = 2 + a + 3 = a + 5$

57. 그림과 같은 시퀀스 제어 회로가 나타내는 것은? (단, A와 B는 푸시 버튼 스위치, R은 전자접촉기, L은 램프이다.)

① 인터로크
② 자기유지
③ 지연논리
④ NAND 논리

해설 푸시 버튼 스위치 A가 동작하면 ⓡ이 여자되어 A 접점이 off가 되어도 R의 보조 접점으로 전원이 공급되는 자기유지 회로이다.

58. 60 Hz, 6극인 교류 발전기의 회전수는 몇 rpm인가?

① 1200   ② 1500
③ 1800   ④ 3600

해설 $N = \dfrac{120}{P}f = \dfrac{120}{6} \times 60 = 1200\,\text{rpm}$

정답   53. ③   54. ②   55. ③   56. ③   57. ②   58. ①

59. 최대 눈금 1000 V, 내부 저항 10 kΩ 인 전압계를 가지고 그림과 같이 전압을 측정하였다. 전압계의 지시가 200 V일 때 전압 E는 몇 V인가?

① 800 ② 1000
③ 1800 ④ 2000

해설 ㉠ 전전류 $I = \dfrac{200}{10000} = 0.02\,\text{A}$

ㄴ 전압 $V = 0.02 \times 90000 = 1800\,\text{V}$

ㄷ 전전압 $E = 1800 + 200 = 2000\,\text{V}$

60. 제어 요소가 제어 대상에 주는 양은 어느 것인가?

① 조작량 ② 제어량
③ 기준 입력 ④ 동작 신호

해설 ① 조작량 : 제어 요소가 제어 대상에 주는 양
② 제어량 : 제어 대상에 속하는 양으로, 제어 대상을 제어하는 것을 목적으로 하는 물리적인 양을 말한다.
③ 기준 입력 : 제어계를 동작시키는 기준으로 직접 제어계에 가해지는 신호를 말한다.

출제 예상문제 (3)

제1과목   공기조화 설비

1. 습공기 선도에서 상태점 A의 노점온도를 읽는 방법으로 옳은 것은?

① ② ③ ④

해설 ① : 노점온도, ② : 습구온도, ③ : 건구온도, ④ : 절대습도

2. 온수배관의 시공 시 주의사항으로 옳은 것은?

① 각 방열기에는 필요시에만 공기배출기를 부착한다.
② 배관 최저부에는 배수밸브를 설치하며, 하향구배로 설치한다.
③ 팽창관에는 안전을 위해 반드시 밸브를 설치한다.
④ 배관 도중에 관지름을 바꿀 때에는 편심 이음쇠를 사용하지 않는다.

해설 ① : 방열기 최상부에 공기배출밸브를 설치한다.

③ : 팽창관에는 절대로 밸브를 설치해서는 안 된다.
④ : 배관 도중에 관지름을 바꿀 때는 편심이음 쇠를 사용한다.

3. 실내에 존재하는 습공기의 전열량에 대한 현열량의 비율을 나타낸 것은?

① 바이패스 팩터   ② 열수분비
③ 현열비   ④ 잠열비

해설 ㉠ 열수분비$(u) = \dfrac{\text{열량}}{\text{수분의 양}}$

㉡ 현열비$(SHF) = \dfrac{\text{현열량}}{\text{전열량}}$

4. 다음 조건과 같은 병행류형 냉각코일의 대수 평균온도차는?

공기온도	입구	32℃
	출구	18℃
냉수코일온도	입구	10℃
	출구	15℃

① 8.74℃   ② 9.54℃
③ 12.33℃   ④ 13.10℃

해설 ㉠ $\Delta_1 = 32 - 10 = 22℃$

㉡ $\Delta_2 = 18 - 15 = 3℃$

$$MTD = \dfrac{22 - 3}{\ln\dfrac{22}{3}} = 9.536℃$$

5. 냉방 부하 중 현열만 발생하는 것은?

① 외기부하   ② 조명부하
③ 인체발생부하   ④ 틈새바람부하

해설 ㉠ ①, ③, ④는 수분이 있으므로 현열과 감 열이 있다.

ⓛ 조명부하는 수분이 없으므로 헌열밖에 없다.

6. 기계환기 중 송풍기와 배풍기를 이용하며 대규모 보일러실, 변전실 등에 적용하는 환기법은?

① 1종 환기   ② 2종 환기
③ 3종 환기   ④ 4종 환기

해설 ① 1종환기법(병용식) : 송풍기, 배풍기
② 2종 환기(압입식) : 송풍기, 자연배기
③ 3종 환기(흡출식) : 자연급기, 배풍기
④ 4종 환기 : 자연식

7. 난방부하 계산 시 측정 온도에 대한 설명으로 틀린 것은?

① 외기온도 : 기상대의 통계에 의한 그 지방의 매일 최저온도의 평균값보다 다소 높은 온도
② 실내온도 : 바닥 위 1 m의 높이에서 외벽으로부터 1 m 이내 지점의 온도
③ 지중온도 : 지하실의 난방부하의 계산에서 지표면 10 m 아래까지의 온도
④ 천장 높이에 따른 온도 : 천장의 높이가 3 m 이상이 되면 직접난방법에 의해서 난방할 때 방의 윗부분과 밑면과의 평균온도

해설 실내온도 : 바닥 위 1.5 m 높이, 외벽으로부터 1 m 이내 지점의 온도

8. 매 시간마다 50 t의 석탄을 연소시켜 압력 8 MPa, 온도 500℃의 증기 320 t을 발생시키는 보일러의 효율은? (단, 급수 엔탈피는 505.05 kJ/kg, 발생증기 엔탈피 3412.92 kJ/kg, 석탄의 저위발열량은 23100 kJ/kg이다.)

① 78 %   ② 81 %
③ 88 %   ④ 92 %

해설 $\eta = \dfrac{G_a(h_2-h_1)}{GiHl}$

$= \dfrac{320000 \times (3412.92-505.05)}{50000 \times 23100} = 0.8056$

≒ 81%

9. 온수 순환량이 560 kg/h인 난방설비에서 방열기의 입구온도가 80℃, 출구온도가 72℃라고 하면 이때 실내에 발산하는 현열량은? (단, 온수의 비열은 4.178 kJ/kg·K이다.)

① 18925 kJ/h   ② 17756 kJ/h
③ 18717 kJ/h   ④ 20265 kJ/h

해설 $q = 560 \times 4.178 \times (80-72)$
$= 18717.44 \text{ kJ/h}$

10. 유인 유닛(IDU) 방식에 대한 설명으로 틀린 것은?

① 각 유닛마다 제어가 가능하므로 개별실 제어가 가능하다.
② 송풍량이 많아서 외기 냉방효과가 크다.
③ 냉각, 가열을 동시에 하는 경우 혼합손실이 발생한다.
④ 유인 유닛에는 동력배선이 필요 없다.

해설 송풍량이 적어서 외기 냉방효과가 적다.

11. 멀티 존 유닛 공조방식에 대한 설명으로 옳은 것은?

① 이중덕트 방식의 덕트 공간을 천장 속에 확보할 수 없는 경우 적합하다.
② 멀티 존 방식은 비교적 존 수가 대규모인 건물에 적합하다.
③ 각 실의 부하변동이 심해도 각 실에 대한 송풍량의 균형을 쉽게 맞춘다.
④ 냉풍과 온풍의 혼합 시 댐퍼의 조정은 실내압력에 의해 제어한다.

해설 멀티 존 유닛 공조방식
ⓛ 소규모 건물의 이중덕트 방식과 비교하여 초

기 설비비가 저렴하다.

㉡ 이중덕트 방식의 덕트공간을 천장 속에 확보할 수 없는 경우 적합하다.

㉢ 존 제어가 가능하므로 건물의 내부 존에 이용된다.

12. 콜드 드래프트(cold draft) 원인으로 틀린 것은?

① 인체 주위의 공기온도가 너무 낮을 때
② 인체 주위의 기류속도가 작을 때
③ 주위 벽면의 온도가 낮을 때
④ 주위 공기의 습도가 낮을 때

해설 인체 주위의 기류속도가 클 때

13. 다음은 공기조화에서 사용되는 언어에 대한 단위, 정의를 나타낸 것으로 틀린 것은?

	단위	kg/kg(DA)
절대습도	정의	건조한 공기 1 kg 속에 포함되어 있는 습한 공기 중의 수증기량
수증기 분압	단위	Pa
	정의	습공기 중의 수증기 분압
상대습도	단위	%
	정의	절대습도(x)와 동일온도에서의 포화공기의 절대습도(x_s)와의 비
노점온도	단위	℃
	정의	습한 공기를 냉각시켜 포화상태로 될 때의 온도

① 절대습도   ② 수증기분압
③ 상대습도   ④ 노점온도

해설 상대습도 = $\dfrac{현존공기\ 수증기분압}{포화공기의\ 수증기분압}$

$= \dfrac{P_w}{P_s}$

14. 다음 중 실내로 침입하는 극간풍량을 구하는

방법이 아닌 것은?

① 환기횟수에 의한 방법
② 창문의 틈새길이법
③ 창 면적으로 구하는 법
④ 실내외 온도차에 의한 방법

해설 극간풍(틈새바람)을 구하는 법으로는 ①, ②, ③ 항 외에 출입문 극간풍, 건물 내 개방문 등이 있다.

15. 온풍 난방의 특징으로 틀린 것은?

① 실내온도 분포가 좋지 않아 쾌적성이 떨어진다.
② 보수, 취급이 간단하고, 취급에 자격자를 필요로 하지 않는다.
③ 설치면적이 적어서 설치장소에 제한이 없다.
④ 열용량이 크므로 착화 즉시 난방이 어렵다.

해설 열용량이 크고 비열이 작아서 착화 즉시 난방이 가능하다.

16. 재열기를 통과한 공기의 상태량 중 변화되지 않는 것은?

① 절대습도   ② 건구온도
③ 상대습도   ④ 엔탈피

해설 공기를 가열하면 절대습도는 변화가 없다.

17. 난방설비에 관한 설명으로 옳은 것은?

① 온수난방은 온수의 현열과 잠열을 이용한 것이다.
② 온풍난방은 온풍의 현열과 잠열을 이용한 것이다.
③ 증기난방은 증기의 현열을 이용한 대류난방이다.
④ 복사난방은 열원에서 나오는 복사에너지를 이용한 것이다.

해설 ① 온수난방 : 현열 이용
② 온풍난방 : 현열 이용
③ 증기난방 : 증기의 잠열 이용

18. 밀봉된 용기와 위크(wick) 구조체 및 증기공간에 의하여 구성되며, 길이 방향으로는 증발부, 응축부, 단열부로 구분되는데 한쪽을 가열하면 작동유체는 증발하면서 잠열을 흡수하고 증발된 증기는 저온으로 이동하여 응축되면서 열교환하는 기기의 명칭은?

① 전열 교환기
② 플레이트형 열교환기
③ 히트 파이프
④ 히트 펌프

19. 팬코일 유닛 방식의 배관 방법에 따른 특징에 관한 설명으로 틀린 것은?

① 3관식에서는 손실열량이 타 방식에 비하여 거의 없다.
② 2관식에서는 냉·난방의 동시운전이 불가능하다.
③ 4관식은 혼합손실은 없으나 배관의 양이 증가하여 공사비 등이 증가한다.
④ 4관식은 동시에 냉·난방운전이 가능하다.

해설 3관식은 환수관이 1개이므로 냉·온수의 혼합 열손실이 발생한다.

20. 주철제 방열기의 표준 방열량에 대한 증기 응축수량은? (단, 증기의 증발잠열은 2249 kJ/kg이다.)

① 0.8 kg/m² · h
② 1.0 kg/m² · h
③ 1.2 kg/m² · h
④ 1.4 kg/m² · h

해설 응축수량 $= \dfrac{2790}{2249} = 1.24$ kg/m² · h

제2과목 **냉동냉장 설비**

21. 다음 중 스크롤 압축기에 관한 설명으로 틀린 것은?

① 인벌류트 치형의 두 개의 맞물린 스크롤의 부품이 선회운동을 하면서 압축하는 용적형 압축기이다.
② 토크 변동이 적고 압축요소의 미끄럼 속도가 늦다.
③ 용량 제어 방식으로 슬라이드 밸브 방식, 리프트 밸브 방식 등이 있다.
④ 고정 스크롤, 선회 스크롤, 자전 방지 커플링, 크랭크 축 등으로 구성되어 있다.

해설 용량 제어 방식
①:슬라이드 밸브 제어(10~100%):무단계 용량 제어
②:회전수 제어:회전수 변화에 대한 진동 등이 없음
③:ON·OFF 제어
④:bypass 제어법

22. 왕복동 압축기에서 −30~−70℃ 정도의 저온을 얻기 위해서는 2단 압축 방식을 채용한다. 그 이유로 틀린 것은?

① 토출가스의 온도를 높이기 위하여
② 윤활유의 온도 상승을 피하기 위하여
③ 압축기의 효율 저하를 막기 위하여
④ 성적계수를 높이기 위하여

해설 토출가스 온도 상승을 피하기 위하여(상승을 억제시킨다.)

23. 냉동장치의 부속기기에 관한 설명으로 옳은 것은?

① 드라이어 필터는 프레온 냉동장치의 흡입배관에 설치해 흡입증기 중의 수분과 찌꺼기를 제거한다.

② 수액기의 크기는 장치 내의 냉매순환량 만으로 결정한다.

③ 운전 중 수액기의 액면계에 기포가 발생 하는 경우는 다량의 불응축가스가 들어있 기 때문이다.

④ 프레온 냉매의 수분 용해도는 작으므로 액 배관 중에 건조기를 부착하면 수분 제 거에 효과가 있다.

[해설] ① 드라이어 필터 : 액관 중 팽창 밸브 직전 설치

② 수액기의 크기 : 냉동능력, 냉매순환량, 사 용용도 등에 따라서 결정된다.

③ : 수액기 액면계의 기포는 장치 내에서 플래 시 가스가 발생되고 있기 때문이다.

24. 냉매가 암모니아일 경우는 주로 소형, 프레 온일 경우에는 대용량까지 광범위하게 사용되 는 응축기로 전열에 양호하고, 설치면적이 적 어도 되나 냉각관이 부식되기 쉬운 응축기 는?

① 이중관식 응축기

② 입형 셸 앤드 튜브식 응축기

③ 횡형 셸 앤드 튜브식 응축기

④ 7통로식 횡형 셸 앤드식 응축기

[해설] ① 이중관식 : 소형 냉동장치

② 입형 셸 앤드 튜브 : 대형 냉동장치

④ 7통로식 : 암모니아 냉동장치에 사용되고 1조 로는 대용량에 사용할 수 없고 여러 조로 병렬 연결하여 사용한다.

25. 일반적으로 냉동 운송설비 중 냉동자동차를 냉각장치 및 냉각방법에 따라 분류할 때 그 종 류로 가장 거리가 먼 것은?

① 기계식 냉동차

② 액체질소식 냉동차

③ 헬륨냉동식 냉동차

④ 축랭식 냉동차

26. 역카르노 사이클에서 고열원을 T_H, 저열원 을 T_L이라 할 때 성능계수를 나타내는 식으 로 옳은 것은?

① $\dfrac{T_H}{T_H - T_L}$ ② $\dfrac{T_L}{T_H - T_L}$

③ $\dfrac{T_H - T_L}{T_H}$ ④ $\dfrac{T_H - T_L}{T_L}$

[해설] ① : 카르노 사이클 성능계수

② : 역카르노 사이클 성능계수

③ : 카르노 사이클 열효율

④ : 역카르노 사이클 열효율

27. 하루에 10 t의 얼음을 만드는 제빙장치의 냉 동부하는?(단, 물의 온도는 20℃, 생산되는 얼음의 온도는 −5℃이며, 이때 제빙장치의 효율은 0.8, 얼음의 비열 2.1kJ/kg·K, 물의 비열 4.2kJ/kg·K, 응고잠열 334kJ/kg이다.)

① 152376 kJ/h ② 19404 kJ/h

③ 223177 kJ/h ④ 307440 kJ/h

[해설] $q = G(C_1 \Delta t_1 + R + C_2 \Delta t_2) \times \dfrac{1}{24} \times \dfrac{1}{0.8}$

$= 10000 \times \{(4.2 \times 20) + 334 + (2.1 \times 5)\}$

$\times \dfrac{1}{24} \times \dfrac{1}{0.8} = 223177.08 \text{ kJ/h}$

28. 압축기에서 축마력이 400 kW이고, 도시마 력은 350 kW일 때 기계효율은?

① 75.5 % ② 79.5 %

③ 83.5 % ④ 87.5 %

[해설] $\eta_m = \dfrac{350}{400} = 0.875 = 87.5 \%$

29. 다음 냉동기의 안전장치와 가장 거리가 먼 것은?

① 가용전

② 안전밸브

③ 핫 가스장치

④ 고·저압 차단스위치

해설 핫 가스장치는 고압가스 제상장치이다.

30. 다음 냉동기의 $T-S$선도 중 습압축 사이클에 해당되는 것은?

①

②

③

④
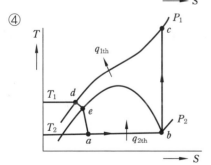

해설 ① : 습압축 사이클
② : 표준압축 사이클

③ : 과열 증기압축 사이클
④ : 냉동 사이클로 형성될 수 없는 사이클

31. '자연계에 어떠한 변화도 남지 않고 일정온도의 열을 계속해서 일로 변환시킬 수 있는 기관은 존재하지 않는다'를 의미하는 열역학 법칙은?

① 열역학 제0법칙 ② 열역학 제1법칙
③ 열역학 제2법칙 ④ 열역학 제3법칙

해설 자연계에 어떤 변화를 남기지 않는 법칙은 제2종 영구기관이고 이것을 부정하는 법칙이 열역학 제2법칙이다.

32. 냉동장치의 냉매 액관 일부에서 발생한 플래시 가스가 냉동장치에 미치는 영향으로 옳은 것은?

① 냉매의 일부가 증발하면서 냉동유를 압축기로 재순환시켜 윤활이 잘 된다.
② 압축기에 흡입되는 가스에 액체가 혼입되어서 흡입 체적효율을 상승시킨다.
③ 팽창밸브를 통과하는 냉매의 일부가 기체이므로 냉매의 순환량이 적어져 냉동능력을 감소시킨다.
④ 냉매의 증발이 왕성해짐으로써 냉동능력을 증가시킨다.

해설 플래시가스가 냉동장치에 미치는 영향
㉠ 냉매 순환량 부족으로 냉동능력 감소
㉡ 흡입가스 과열로 토출가스온도 상승
㉢ 실린더 과열
㉣ 단위능력당 소비동력 증대
㉤ 윤활유 열화 및 탄화로 윤활작용 불량

33. 응축기에 대한 설명으로 틀린 것은?

① 응축기는 압축기에서 토출한 고온가스를 냉각시킨다.
② 냉매는 응축기에서 냉각수에 의하여 냉각되어 압력이 상승한다.

③ 응축기에는 불응축가스가 잔류하는 경우가 있다.

④ 응축기 냉각관의 수측에 스케일이 부착되는 경우가 있다.

해설 응축기는 압력이 일정한 등압변화이다.

34. 상태 A에서 B로 가역 단열변화를 할 때 상태변화로 옳은 것은? (단, S : 엔트로피, h : 엔탈피, T : 온도, P : 압력이다.)

① $\Delta S = 0$ ② $\Delta h = 0$

③ $\Delta T = 0$ ④ $\Delta P = 0$

해설 엔트로피는 가역이면 0과 같고 비가역이면 0보다 크다.

35. 절대압력 20 bar의 가스 10 L가 일정한 온도 10℃에서 절대압력 1 bar까지 팽창할 때의 출입한 열량은? (단, 가스는 이상기체로 간주한다.)

① 55 kJ   ② 60 kJ

③ 65 kJ   ④ 70 kJ

해설 $q = AP_1V_1 \ln \dfrac{P_1}{P_2}$

$= 1 \times 2000 \times \dfrac{10}{1000} \ln \dfrac{2000}{100}$

$= 59.9 \text{ kJ}$

36. 냉동장치의 운전 중에 저압이 낮아질 때 일어나는 현상이 아닌 것은?

① 흡입가스 과열 및 압축비 증대

② 증발온도 저하 및 냉동능력 증대

③ 흡입가스의 비체적 증가

④ 성적계수 저하 및 냉매순환량 감소

해설 저압이 낮아지면 증발온도 저하로 플래시 가스 발생량이 많아지므로 냉동능력은 감소한다.

37. 고온가스에 의한 제상 시 고온가스의 흐름을 제어하기 위해 사용되는 것으로 가장 적절한

것은?

① 모세관

② 전자밸브

③ 체크밸브

④ 자동팽창밸브

38. 비열에 관한 설명으로 옳은 것은?

① 비열이 큰 물질일수록 빨리 식거나 빨리 더워진다.

② 비열의 단위는 kJ/kg이다.

③ 비열이란 어떤 물질 1 kg을 1℃ 높이는데 필요한 열량을 말한다.

④ 비열비는 $\dfrac{\text{정압 비열}}{\text{정적 비열}}$로 표시되며 그 값은 R-22가 암모니아 가스보다 크다.

해설 ① 비열이 큰 물질은 열(온도) 변화 폭이 좁다.
② 비열의 단위는 kJ/kg·K이다.
④ 비열비는 NH₃(1.31)가 R-22(1.184)보다 크다.

39. 압축기의 클리어런스가 클 때 나타나는 현상으로 가장 거리가 먼 것은?

① 냉동능력이 감소한다.

② 체적효율이 저하한다.

③ 토출가스온도가 낮아진다.

④ 윤활유가 열화 및 탄화된다.

해설 톱 클리어런스가 크면 실린더가 과열되고 토출가스온도가 상승한다.

40. 냉매액이 팽창밸브를 지날 때 냉매의 온도, 압력, 엔탈피의 상태변화를 순서대로 올바르게 나타낸 것은?

① 일정, 감소, 일정

② 일정, 감소, 감소

③ 감소, 일정, 일정

④ 감소, 감소, 일정

해설 팽창밸브 통과 시 엔탈피 일정, 엔트로피와 비체적 증가, 압력과 온도는 감소한다.

제3과목   **공조냉동 설치·운영**

41. 고가탱크 급수방식의 특징에 관한 설명으로 틀린 것은?

① 항상 일정한 수압으로 급수할 수 있다.
② 수압의 과대 등에 따른 밸브류 등 배관 부속품의 파손이 적다.
③ 취급이 비교적 간단하고 고장이 적다.
④ 탱크는 기밀 제작이므로 값이 싸진다.

해설 ④는 압력탱크 급수법의 설명이다.

42. 다음 중 네오프렌 패킹을 사용하기에 가장 부적절한 배관은?

① 15℃의 배수배관
② 60℃의 급수배관
③ 100℃의 급탕배관
④ 180℃의 증기배관

해설 네오프렌은 내열범위가 −46~120℃인 합성고무이다.

43. 다음 중 강관 접합법으로 틀린 것은?

① 나사접합   ② 플랜지접합
③ 압축접합   ④ 용접접합

해설 강관접합법 : 나사(일반)접합, 유니언, 플랜지 용접 접합 등이 있다.

44. 냉동장치의 안전장치 중 압축기로의 흡입압력이 소정의 압력 이상이 되었을 경우 과부하에 의한 압축기용 전동기의 위험을 방지하기 위하여 설치되는 밸브는?

① 흡입압력 조정밸브
② 증발압력 조정밸브
③ 정압식 자동팽창밸브
④ 저압측 플로트밸브

해설 ① : 흡입압력이 일정압력 이하가 되게 하여

압축기용 전동기 과부하 방지
② : 증발압력이 일정압력 이상이 되게 하여 냉각기 동파 방지

45. 유체를 일정방향으로만 흐르게 하고 역류하는 것을 방지하기 위해 설치하는 밸브는?

① 3방 밸브   ② 안전 밸브
③ 게이트 밸브   ④ 체크밸브

46. 암모니아 냉동설비의 배관으로 사용하기에 가장 부적절한 배관은?

① 이음매 없는 동관
② 저온 배관용 강관
③ 배관용 탄소강 강관
④ 배관용 스테인리스 강관

해설 NH_3는 동 또는 동합금, 알루미늄, 아연 등을 부식시킨다.

47. 2가지 종류의 물질을 혼합하면 단독으로 사용할 때보다 더 낮은 융해온도를 얻을 수 있는 혼합제를 무엇이라고 하는가?

① 부취제   ② 기한제
③ 브라인   ④ 에멀션

해설 얼음과 소금($NaCl$) 또는 얼음과 염화칼슘($CaCl_2$) 등 두 물질을 혼합하여 융해온도를 낮추는 것을 기한제라 한다.

48. 도시가스 입상 관에 설치하는 밸브는 바닥으로부터 몇 m 범위에 설치해야 하는가?(단, 보호 상자에 설치하는 경우는 제외한다.)

① 0.5 m 이상 1 m 이내
② 1 m 이상 1.5 m 이내
③ 1.6 m 이상 2 m 이내
④ 2 m 이상 2.5 m 이내

해설 가스 배관의 밸브와 프로텍터 등은 어린이의 손이 닿지 않는 높이인 1.5~2 m 높이에 시공한다.

정답   41. ④   42. ④   43. ③   44. ①   45. ①   46. ①   47. ②   48. ③

49. 어떤 건물의 시간당 최대 예상 급탕량이 2000 kg/h일 때, 도시가스를 사용하는 급탕용 보일러에서 필요한 가스 소모량은? (단, 급탕온도 60℃, 급수온도 20℃, 도시가스 발열량 63000 kJ/kg, 보일러 효율이 95 %이며, 열손실 및 예열부하는 무시한다.)

① 5.6 kg/h　　　② 6.6 kg/h
③ 7.6 kg/h　　　④ 8.6 kg/h

해설 가스량 $= \dfrac{2000 \times 4.2 \times (60 - 20)}{63000 \times 0.95}$

　　　　　　$= 5.614 \text{ kg/h}$

50. 배수설비에 대한 설명으로 옳은 것은?

① 소규모 건물에서의 빗물 수직관은 통기관으로 사용 가능하다.
② 회로 통기방식에서 통기되는 기구의 수는 9개 이상으로 한다.
③ 배수관에 트랩의 봉수를 보호하기 위해 통기관을 설치한다.
④ 배수트랩의 봉수 깊이는 5~10 mm 정도가 이상적이다.

해설 트랩의 봉수는 유해유취가스 역류를 방지하기 위하여 50~100mm 정도로 하고 통기관은 공기의 체류를 방지하기 위하여 설치한다.

51. 압축공기 배관 시공 시 일반적인 주의사항으로 틀린 것은?

① 공기 공급배관에는 필요한 개소에 드레인용 밸브를 장착한다.
② 주관에서 분기관을 취출할 때에는 관의 하단에 연결하여 이물질 등을 제거한다.
③ 용접개소는 가급적 적게 하고 라인의 중간 중간에 여과기를 장착하여 공기 중에 섞인 먼지 등을 제거한다.
④ 주관 및 분기관의 관 끝에는 과잉의 압력을 제거하기 위한 불어내기(blow)용 게이트밸브를 설치한다.

해설 주관에서 분기관을 취출할 때에는 관의 상단에 연결하여 이물질 등을 제거한다.

52. 증기난방의 단관 중력 환수식 배관에서 증기와 응축수가 동일한 방향으로 흐르는 순류관의 구배로 적당한 것은?

① $\dfrac{1}{50} \sim \dfrac{1}{100}$　　② $\dfrac{1}{100} \sim \dfrac{1}{200}$
③ $\dfrac{1}{150} \sim \dfrac{1}{250}$　　④ $\dfrac{1}{200} \sim \dfrac{1}{300}$

해설 단관 중력 환수식에서 하향공급식(순류관)일 때는 $\dfrac{1}{100} \sim \dfrac{1}{200}$ 끝내림구배이고, 상향공급식 (역류관)일 때는 $\dfrac{1}{50} \sim \dfrac{1}{100}$ 끝내림구배이다.

53. 다음 도면 표시기호는 어떤 방식인가?

① 5쪽짜리 횡형 벽걸이 방열기
② 5족짜리 종형 벽걸이 방열기
③ 20쪽짜리 길드 방열기
④ 20쪽짜리 대류 방열기

해설 ㉠ 섹션(쪽)수 : 5쪽 짜리
　　㉡ W : 벽걸이형
　　㉢ H : 횡형(가로), V : 종형(세로)
　　㉣ 공급관 20 A[mm], 환수관 20 A[mm]

54. 논리함수 $X = A + AB$를 간단히 하면?

① $X = A$　　　　② $X = B$
③ $X = A \cdot B$　　④ $X = A + B$

해설 $X = A + AB = A(1 + B) = A$

55. 연료의 유량과 공기의 유량과의 관계 비율을 연소에 적합하게 유지하고자 하는 제어는?

① 비율제어　　　② 시퀀스제어

③ 프로세서제어   ④ 프로그램제어

(해설) 비율제어 : 목표값이 다른 것과 일정 비율관계를 가지고 변화하는 경우의 추종제어

56. 무효전력을 나타내는 단위는?

① VA   ② W
③ Var   ④ Wh

(해설) ① : 피상전력, ② : 유효전력, ③ : 무효전력, ④ : 전력사용량

57. 출력의 변동을 조정하는 동시에 목표값에 정확히 추종하도록 설계한 제어계는?

① 추치제어   ② 안정제어
③ 타력제어   ④ 프로세서 제어

(해설) 추종(추치)제어 : 미지의 임의 시간적 변화를 하는 목표값에 제어량을 추종시키는 것을 목적으로 하는 제어법

58. 회전중인 3상 유도전동기의 슬립이 1이 되면 전동기 속도는 어떻게 되는가?

① 불변이다.
② 정지한다.
③ 무구속 속도가 된다.
④ 동기속도와 같게 된다.

(해설) 슬립이 1이라는 것은 제동이 100 %라는 뜻이므로 전동기는 정지한다.

59. 정현파 전파 정류전압의 평균값이 119 V이면 최댓값은 약 몇 V인가?

① 119   ② 187
③ 238   ④ 357

(해설) $V_m = \dfrac{\pi}{2} \times 119 = 186.8$ V

60. 시퀀스 제어에 관한 설명 중 틀린 것은?

① 조합 논리회로도 사용된다.
② 시간 지연요소도 사용된다.
③ 유접점 계전기만 사용된다.
④ 제어결과에 따라 조작이 자동적으로 이행된다.

(해설) 유접점(기계식), 무접점(전자식) 계전기 전부 다 사용할 수 있다.

출제 예상문제 (4)

제1과목   공기조화 설비

1. 전공기 방식에 의한 공기조화의 특징에 관한 설명으로 틀린 것은?

① 실내공기의 오염이 적다.
② 계절에 따라 외기냉방이 가능하다.
③ 수배관이 없기 때문에 물에 의한 장치부식 및 누수의 염려가 없다.
④ 덕트가 소형이라 설치공간이 줄어든다.

해설 전공기 방식은 덕트가 대형화되고 설치공간이 많이 든다.

2. 실내 취득 현열량 및 잠열량이 각각 3000W, 1000W, 장치 내 취득열량이 550W이다. 실내온도를 25℃로 냉방하고자 할 때, 필요한 송풍량은 약 얼마인가? (단, 취출구 온도차는 10℃, 공기비열 1 kJ/kg·K이다.)

① 105.6 L/s   ② 150.8 L/s
③ 250 L/s   ④ 346.6 L/s

해설 송풍량 $= \dfrac{3000}{1.2 \times 1 \times 10}$
$= 250 \text{ L/s}$

3. 배관 계통에서 유량은 다르더라도 단위 길이당 마찰 손실이 일정하도록 관경을 정하는 방법은?

① 균등법   ② 정압재취득법
③ 등마찰손실법   ④ 등속법

해설 덕트 1m당 마찰손실과 동일값을 사용하여 덕트 치수를 결정한 것으로 선도 또는 덕트 설계용으로 개발한 계산을 등마찰손실법(등압법)이라 한다.

4. 냉방시의 공기조화 과정을 나타낸 것이다. 그림과 같은 조건일 경우 냉각코일의 바이패스 팩터는? (단, ① 실내공기의 상태점, ② 외기의 상태점, ③ 혼합공기의 상태점, ④ 취출공기의 상태점, ⑤ 코일의 장치노점온도이다.)

① 0.15   ② 0.20
③ 0.25   ④ 0.30

해설 $BF = \dfrac{t_4 - t_5}{t_3 - t_5} = \dfrac{16 - 13}{28 - 13} = 0.2$

5. 단일 덕트 방식에 대한 설명으로 틀린 것은?

① 단일 덕트 정풍량 방식은 개별제어에 적합하다.
② 중앙기계실에 설치한 공기조화기에서 조화한 공기를 주 덕트를 통해 각 실내로 분배한다.
③ 단일 덕트 정풍량 방식에서는 재열을 필요로 할 때도 있다.
④ 단일 덕트 방식에서는 큰 덕트 스페이스를 필요로 한다.

해설 정풍량 방식은 다실공조인 경우에는 각 실의 부하 변동에 대한 대응력이 약하다. 즉, 개별 제어가 어렵다.

6. 바이패스 팩터에 관한 설명으로 틀린 것은?

① 공기가 공기조화기를 통과할 경우, 공기의 일부가 변화를 받지 않고 원상태로 지나쳐갈 때 이 공기량과 전체 통과 공기량에 대한 비율을 나타낸 것이다.

② 공기조화기를 통과하는 풍속이 감소하면 바이패스 팩터는 감소한다.

③ 공기조화기의 코일열수 및 코일 표면적이 작을 때 바이패스 팩터는 증가한다.

④ 공기조화기의 이용 가능한 전열 표면적이 감소하면 바이패스 팩터는 감소한다.

해설 전열 표면적이 감소하면 바이패스 팩터는 증가한다.

7. 온수난방의 특징에 대한 설명으로 틀린 것은?

① 증기난방보다 상하온도 차가 적고 쾌감도가 크다.

② 온도조절이 용이하고 취급이 증기보일러보다 간단하다.

③ 예열시간이 짧다.

④ 보일러 정지 후에도 실내난방은 여열에 의해 어느 정도 지속된다.

해설 온수는 비열이 $4.187 \, \text{kJ/kg·K}$이므로 예열시간이 길다. 예열 순서는 온수→증기→공기난방 순이다.

8. 실내 온도 분포가 균일하여 쾌감도가 좋으며 화상의 염려가 없고 방을 개방하여도 난방효과가 있는 난방방식은?

① 증기난방
② 온풍난방
③ 복사난방
④ 대류난방

해설 복사난방 중 바닥복사난방은 온기류가 바닥

쪽에서 천천히 상부로 이동하므로 쾌적감이 있고 저온 난방이므로 화상의 우려가 없다.

9. 유인 유닛 방식의 특징으로 틀린 것은 어느 것인가?

① 개별실 제어가 가능하다.

② 중앙공조기는 1차 공기만 처리하므로 규모를 줄일 수 있다.

③ 유닛에는 동력배선이 필요하지 않다.

④ 송풍량이 적어서 외기 냉방의 효과가 크다.

해설 유인 유닛 방식은 비교적 낮은 운전비로 개별 제어는 가능하지만 송풍량이 적어서 외기 냉방 효과가 적다.

10. 흡수식 냉동기에서 흡수기의 설치 위치는?

① 발생기와 팽창밸브 사이
② 응축기와 증발기 사이
③ 팽창밸브와 증발기 사이
④ 증발기와 발생기 사이

해설 흡수식 냉동장치 냉매 순환 경로 : 흡수기 → 펌프 → 열교환기 → 발생기 → 응축기 → 증발기 → 흡수기

11. 여름철을 제외한 계절에 냉각탑을 가동하면 냉각탑 출구에서 흰색 연기가 나오는 현상이 발생할 때가 있다. 이 현상을 무엇이라고 하는가?

① 스모그(smog) 현상
② 백연(白煙) 현상
③ 굴뚝(stack effect) 현상
④ 분무(噴霧) 현상

해설 냉각탑의 원리는 물의 증발에 의해서 자체 순환 수온을 낮추므로 여름에 많은 양의 물의 증발에 의해서 출구에 흰색 연기가 발생되는 것을 백연이라 한다.

정답 6. ④ 7. ③ 8. ③ 9. ④ 10. ④ 11. ②

12. 풍량 450 m³/min, 정압 50 mmAq, 회전수 600 rpm인 다익 송풍기의 소요동력은? (단, 송풍기의 효율은 50 %이다.)

① 3.5 kW   ② 7.4 kW
③ 11 kW   ④ 15 kW

해설 동력 $N = \dfrac{P \cdot Q}{102\eta}$

$= \dfrac{50 \times 450}{102 \times 60 \times 0.5} = 7.35 \text{ kW}$

13. 공기의 상태를 표시하는 용어와 단위의 연결로 틀린 것은?

① 절대습도 : kg/kg
② 상대습도 : %
③ 엔탈피 : kcal/m³·℃
④ 수증기분압 : mmHg

해설 엔탈피 : kcal/kg 또는 kJ/kg

14. 팬코일 유닛에 대한 설명으로 옳은 것은?

① 고속덕트로 들어온 1차 공기를 노즐에 분출시킴으로써 주위의 공기를 유인하여 팬코일로 송풍하는 공기조화기이다.
② 송풍기, 냉온수 코일, 에어필터 등을 케이싱 내에 수납한 소형의 실내용 공기조화기이다.
③ 송풍기, 냉동기, 냉온수 코일 등을 기내에 조립한 공기조화기이다.
④ 송풍기, 냉동기, 냉온수 코일, 에어필터 등을 케이싱 내에 수납한 소형의 실내용 공기조화기이다.

해설 팬코일 유닛은 송풍기, 냉온수 코일, 에어필터 등을 케이싱 내에 수납한 소형의 실내용 공조기이며, 상치형과 천장 현수형이 있다.

15. 온도 30℃, 절대습도 0.0271 kg/kg인 습공기의 엔탈피는? (단, 공기의 정압비열 1.04 kJ/kg·K, 수증기 정압비열 1.85 kJ/kg, 0℃ 수분의 증발잠열 2500 kJ/kg이다.)

① 376.24 kJ/kg   ② 201.09 kJ/kg
③ 100.45 kJ/kg   ④ 50.32 kJ/kg

해설 습공기 엔탈피 $= 1.04t + x(2500 + 1.85t)$
$= 1.04 \times 30 + 0.0271\{2500 + (1.85 \times 30)\}$
$= 100.454 \text{ kJ/kg}$

16. 공기조화장치의 열운반장치가 아닌 것은?

① 펌프   ② 송풍기
③ 덕트   ④ 보일러

해설 보일러는 열원 장치이다.

17. 수관식 보일러에 관한 설명으로 틀린 것은?

① 보일러의 전열면적이 넓어 증발량이 많다.
② 고압에 적당하다.
③ 비교적 자유롭게 전열면적을 넓힐 수 있다.
④ 구조가 간단하여 내부 청소가 용이하다.

해설 구조가 복잡하여 청소, 보수 등이 곤란하다.

18. 다수의 전열판을 겹쳐 놓고 볼트로 연결시킨 것으로 판과 판 사이를 유체가 지그재그로 흐르면서 열교환이 이루어지고 열교환 능력이 매우 높아 필요 설치면적이 좁고 전열판의 증감으로 기기 용량의 변동이 용이한 열교환기는?

① 플레이트형 열교환기
② 스파이럴형 열교환기
③ 원통다관형 열교환기
④ 회전형 전열교환기

19. 축열 시스템의 특징에 관한 설명으로 옳은 것은?

① 피크 컷(peak cut)에 의해 열원장치의 용량이 증가한다.

② 부분부하 운전에 쉽게 대응하기가 곤란하다.

③ 도시의 전력 수급 상태 개선에 공헌한다.

④ 야간 운전에 따른 관리 인건비가 절약된다.

[해설] 심야의 남는 전력을 축열 시스템에 이용함으로써 전력 수급 상태 개선에 도움을 준다.

20. 염화리튬, 트리에틸렌 글리콜 등의 액체를 사용하여 감습하는 장치는?

① 냉각 감습장치

② 압축 감습장치

③ 흡수식 감습장치

④ 세정식 감습장치

[해설] 감습(제습) 방법에는 냉각 감습, 화학 감습, 압축 감습 등이 있다.

• 화학 감습

㉠ 흡착식 : 고체 화공 약품에 수분을 흡착시키는 방법

㉡ 흡수식 : 액체 화공 약품에 수분을 흡수시키는 방법

제2과목 | **냉동냉장 설비**

21. 정압식 팽창밸브는 무엇에 의하여 작동하는가?

① 응축 압력

② 증발기의 냉매 과랭도

③ 응축 온도

④ 증발 압력

[해설] 정압식 팽창밸브는 증발압력을 일정하게 유지시키므로 일정한 온도 제어에 적합하지만 증발기 부하 변동에는 민감하지 못하다.

22. 브라인의 구비조건으로 틀린 것은?

① 비열이 크고 동결 온도가 낮을 것

② 점성이 클 것

③ 열전도율이 클 것

④ 불연성이며 불활성일 것

[해설] 2차 냉매인 브라인은 점성이 적고 유동성이 양호할 것

23. 냉동부하가 30 RT이고, 냉각장치의 열통과율이 25 kJ/ m²·h·K, 브라인의 입·출구 평균 온도 10℃, 냉매의 증발온도가 4℃일 때 전열면적은? (단, 1RT는 3.9 kW이다.)

① 1825 m²

② 2808 m²

③ 2932 m²

④ 3123 m²

[해설] $F = \dfrac{30 \times 3.9 \times 3600}{25 \times (10-4)} = 2808$ m²

24. 두께 20 cm인 콘크리트 벽 내면에, 두께 15 cm인 스티로폼으로 방열을 하고, 그 내면에 두께 1 cm의 내장 목재판으로 벽을 완성시킨 냉장실의 벽면에 대한 열관류율은? (단, 열전도율 및 열전달률은 아래와 같다.)

재료	열전도율	
콘크리트	1.05 W/m·K	
스티로폼	0.05 W/m·K	
내장목재	0.17 W/m·K	
공기막계수	외부	23.3 W/m²·K
	내부	6.98 W/m²·K

① 1.35 W/m²·K

② 0.29 W/m²·K

③ 0.13 W/m²·K

④ 0.02 W/m²·K

[해설] ㉠ 열저항 $R = \dfrac{1}{K}$

$= \dfrac{1}{23.3} + \dfrac{0.2}{1.05} + \dfrac{0.15}{0.05} + \dfrac{0.01}{0.17} + \dfrac{1}{6.98}$ m²·K/W

㉡ 열관류율 $K = \dfrac{1}{R} = 0.291$ W/m²·K

25. 암모니아 냉동장치에서 팽창밸브 직전의 엔탈피가 537.6 kJ/kg, 압축기 입구의 냉매가스 엔탈피가 1667.4 kJ/kg이다. 이 냉동장치의 냉동능력이 12냉동톤일 때 냉매순환량은? (단, 1냉동톤은 3.9 kW이다.)

① 3320 kg/h　　② 3228 kg/h
③ 269 kg/h　　④ 149 kg/h

해설 냉매순환량
$$G = \frac{12 \times 3.9 \times 3600}{1667.4 - 537.6} = 149.1 \, \text{kg/h}$$

26. 할로겐 원소에 해당되지 않는 것은?

① 불소 (F)　　② 수소 (H)
③ 염소 (Cl)　　④ 브롬 (Br)

해설 할로겐 원소 : F, Br, Cl, I, At 등

27. 일의 열당량(A)을 옳게 표시한 것은 다음 중 어느 것인가?

① $A = 427 \, \text{kg} \cdot \text{m/kcal}$
② $A = \dfrac{1}{427} \, \text{kcal/kg} \cdot \text{m}$
③ $A = 102 \, \text{kcal/kg} \cdot \text{m}$
④ $A = 860 \, \text{kg} \cdot \text{m/kcal}$

해설 ㉠ 일의 열당량
$$A = \frac{1}{427} \, \text{kcal/kg} \cdot \text{m}, \ A = 1 \text{J/N} \cdot \text{m}$$
㉡ 열의 일당량
$$J = 427 \, \text{kg} \cdot \text{m/kcal}, \ J = 1 \text{N} \cdot \text{m/J}$$

28. 냉동사이클에서 증발온도는 일정하고 응축온도가 올라가면 일어나는 현상이 아닌 것은?

① 압축기 토출가스 온도 상승
② 압축기 체적효율 저하
③ COP(성적계수) 증가
④ 냉동능력(효과) 감소

해설 ㉠ 압축비 증가
㉡ 체적효율 감소

㉢ 냉동능력 감소
㉣ 단위능력당 소요동력 증가
㉤ 토출가스 온도 상승
㉥ 실린더 과열
㉦ 성적계수 감소
㉧ 플래시 가스 발생량 증가

29. 온도식 팽창밸브에서 흐르는 냉매의 유량에 영향을 미치는 요인으로 가장 거리가 먼 것은?

① 오리피스 구경의 크기
② 고·저압축 간의 압력차
③ 고압축 액상 냉매의 냉매온도
④ 감온통의 크기

해설 ㉠ 온도식 팽창밸브 작동 압력
감온통 압력＝스프링 압력＋증발 압력
㉡ 온도식 팽창밸브 유량 영향 : 오리피스 지름, 고·저압 압력차, 팽창밸브 직전 냉매온도

30. 영화관을 냉방하는 데 1512000 kJ/h의 열을 제거해야 한다. 소요동력을 냉동톤당 1 PS로 가정하면 이 압축기를 구동하는데 약 몇 kW의 전동기가 필요한가?

① 80 kW　　② 69.8 kW
③ 59.8 kW　　④ 49.8 kW

해설 동력＝$\dfrac{1512000}{3600 \times 3.86} \times \dfrac{75}{102} = 80 \, \text{kW}$

31. 플래시 가스(flash gas)의 발생 원인으로 가장 거리가 먼 것은?

① 관경이 큰 경우
② 수액기에 직사광선이 비쳤을 경우
③ 스트레이너가 막혔을 경우
④ 액관이 현저하게 입상했을 경우

해설 플래시 가스 발생 원인
㉠ 액관이 현저하게 입상한 경우
㉡ 액관이 현저하게 지름이 가늘고 긴 경우
㉢ 각종 밸브의 사이즈가 현저하게 작은 경우
㉣ 여과기가 막힌 경우

㉢ 너무 저온으로 응축되었을 때
㉣ 수액기에 광선이 비쳤을 때
㉤ 액관이 보온되지 않은 경우

32. 액봉 발생의 우려가 있는 부분에 설치하는 안전장치가 아닌 것은?

① 가용전   ② 파열판
③ 안전밸브   ④ 압력도피장치

해설 가용전은 장치의 온도가 높을 때 작동하여 가스를 배출하는 안전장치이다.

33. 카르노 사이클과 관련 없는 상태 변화는?

① 등온팽창   ② 등온압축
③ 단열압축   ④ 등적팽창

해설 카르노 사이클 : 등온팽창 → 단열팽창 → 등온압축 → 단열압축

34. 증기 압축식 이론 냉동사이클에서 엔트로피가 감소하고 있는 과정은?

① 팽창 과정   ② 응축 과정
③ 압축 과정   ④ 증발 과정

해설 ① 팽창 과정 : 엔탈피 일정, 엔트로피 증가 (온도와 압력 감소)
② 응축 과정 : 엔탈피 감소, 엔트로피 감소 (압력 일정)
③ 압축 과정 : 단열변화로 엔트로피 일정, 엔탈피·온도·압력 증가
④ 증발 과정 : 온도와 압력 일정, 엔탈피·엔트로피 증가

35. 진공계의 지시가 45 cmHg일 때 절대압력은?

① 0.0421 kgf/cm²abs
② 0.42 kgf/cm²abs
③ 4.21 kgf/cm²abs
④ 42.1 kgf/cm²abs

해설 $P = \dfrac{76-45}{76} \times 1.033 = 0.421\,\text{kgf/cm}^2\text{abs}$

36. 매시 30℃의 물 2000 kg을 −10℃의 얼음으로 만드는 냉동장치가 있다. 이 냉동장치의 냉각수 입구온도가 32℃, 냉각수 출구온도가 37℃이며, 냉각수량이 60 m³/h일 때, 압축기의 소요동력은? (단, 냉각수 비열은 4.2 kJ/kg·K, 얼음 비열은 2.1 kJ/kg·K, 0℃ 물의 응고 잠열은 334 kJ/kg이다.)

① 82.8 kW   ② 88.7 kW
③ 90.5 kW   ④ 117.4 kW

해설 ㉠ 응축능력 Q_c
  $= (60 \times 1000) \times 4.2 \times (37-32) = 1260000\,\text{kJ/h}$
㉡ 냉동능력 Q_e
  $= 2000 \times \{(4.2 \times 30) + 334 \times (2.1 \times 10)\}$
  $= 962000\,\text{kJ/h}$
㉢ 동력 $N = \dfrac{1260000 - 962000}{3600} = 82.78\,\text{kW}$

37. 균압관의 설치 위치는?

① 응축기 상부 – 수액기 상부
② 응축기 하부 – 팽창변 입구
③ 증발기 상부 – 압축기 출구
④ 액분리기 하부 – 수액기 상부

해설 균압관은 응축기와 수액기 상부를 연락하는 관으로 압력을 균일하게 한다.

38. 압축기의 흡입 밸브 및 송출 밸브에서 가스 누출이 있을 경우 일어나는 현상은?

① 압축일의 감소
② 체적 효율이 감소
③ 가스의 압력이 상승
④ 성적계수 증가

해설 밸브에서 가스가 누설하면 압축을 할 수 없으므로 실린더 과열로 체적 효율 감소, 단위능력당 소비동력 증대, 냉동능력 감소, 성적계수 감소 등이 발생한다.

39. 어떤 냉동장치의 냉동부하는 58800 kJ/h, 냉매증기 압축에 필요한 동력은 3 kW, 응축기 입구에서 냉각수 온도 30℃, 냉각수량 69 L/min일 때, 응축기 출구에서 냉각수 온도는? (단, 냉각수 비열은 4.2 kJ/kg·K이다.)

① 34℃   ② 38℃
③ 42℃   ④ 46℃

해설 출구 냉각수온

$$t_2 = 30 + \frac{58800 + (3 \times 3600)}{69 \times 60 \times 4.2} = 34℃$$

40. 교축작용과 관계 없는 것은?

① 등엔탈피 변화
② 팽창밸브에서의 변화
③ 엔트로피의 증가
④ 등적 변화

해설 팽창밸브는 비가역 단열 비정상류 변화이고 교축 작용으로 엔탈피 일정, 엔트로피 증가 압력과 온도가 감소한다.

제3과목 | **공조냉동 설치·운영**

---

41. 증기난방에 비해 온수난방의 특징을 설명한 것으로 틀린 것은?

① 예열하는 데 많은 시간이 걸린다.
② 부하 변동에 대응한 온도 조절이 어렵다.
③ 방열면의 온도가 비교적 높지 않아 쾌감도가 좋다.
④ 설비비가 다소 고가이나 취급이 쉽고 비교적 안전하다.

해설 난방 부하의 변동에 따른 온도 조절이 용이하다.

42. 배수 배관에 관한 설명으로 틀린 것은?

① 배수 수평 주관과 배수 수평 분기관의 분기점에는 청소구를 설치해야 한다.
② 배수관 지름의 결정 방법은 기구 배수 부하 단위나 정상 유량을 사용하는 2가지 방법이 있다.
③ 배수관 지름이 100A 이하일 때는 청소구의 크기를 배수관 지름과 같게 한다.
④ 배수 수직관의 관 지름은 수평 분기관의 최소 관 지름 이하가 된다.

해설 배수 수평관을 합류시킬 때는 45° 이내의 예각으로 하고 수직관 지름은 수평 분기관의 최소 지름 이상이 되게 한다.

43. 다음과 같은 증기 냉방배관에 관한 설명으로 옳은 것은?

① 진공환수방식으로 습식 환수방식이다.
② 중력환수방식으로 건식 환수방식이다.
③ 중력환수방식으로 습식 환수방식이다.
④ 진공환수방식으로 건식 환수방식이다.

해설 환수주관이 보일러 수면보다 위에 있으면 건식이고, 아래에 있으면 습식이다.

44. LP가스의 주성분으로 옳은 것은?

① 프로판(C_3H_8)과 부틸렌(C_4H_8)
② 프로판(C_3H_8)과 부탄(C_4H_{10})
③ 프로필렌(C_3H_6)과 부틸렌(C_4H_8)
④ 프로필렌(C_3H_6)과 부탄(C_4H_{10})

해설 LPG의 성분은 프로판, 부탄, 프로필렌, 부틸렌, 부타디엔 등이고 주성분은 프로판과 부탄이다.

---

45. 가스배관 중 도시가스 공급배관의 명칭에 대한 설명으로 틀린 것은?

① 배관 : 본관, 공급관 및 내관 등을 나타낸다.
② 본관 : 옥외 내관과 가스계량기에서 중간 밸브 사이에 이르는 배관을 나타낸다.
③ 공급관 : 정압기에서 가스 사용자가 소유하거나 점유하고 있는 토지의 경계까지 이르는 배관을 나타낸다.
④ 내관 : 가스 사용자가 소유하거나 점유하고 있는 토지의 경계에서 연소기까지 이르는 배관을 나타낸다.

해설 본관 : 도로를 따라 매설한 배관으로 공급하는 곳에서 정압기까지 배관

46. 자연순환식으로서 열탕의 탕비기 출구온도를 85℃(밀도 0.96876 kg/L), 환수관의 환탕 온도를 65℃(밀도 0.98001 kg/L)로 하면 이 순환계통의 순환수두는 얼마인가? (단, 가장 높이 있는 급탕전의 높이는 10 m이다.)

① 11.25 mmAq   ② 112.5 mmAq
③ 15.34 mmAq   ④ 153.4 mmAq

해설 $P = 1000 \times (0.98001 - 0.96876) \times 10$
$= 112.5 \text{mmAq}$

47. 공기조화 배관 설비 중 냉수코일을 통과하는 일반적인 설계 풍속으로 가장 적당한 것은?

① 2~3 m/s   ② 5~6 m/s
③ 8~9 m/s   ④ 10~11 m/s

해설 풍속은 2~3 m/s, 수속은 0.5~1.5 m/s 정도이다.

48. 증기난방 배관에서 증기트랩을 사용하는 주된 목적은?

① 관 내의 온도를 조절하기 위해서
② 관 내의 압력을 조절하기 위해서
③ 배관의 신축을 흡수하기 위해서
④ 관 내의 증기와 응축수를 분리하기 위해서

해설 트랩은 방열기 출구에 설치하여 응축수와 증기를 분리하여 응축수는 통과시키고 증기는 통과시키지 않는다.

49. 관 내에 분리된 증기나 공기를 배출하고 물의 팽창에 따른 위험을 방지하기 위해 설치하는 것은?

① 순환탱크   ② 팽창탱크
③ 옥상탱크   ④ 압력탱크

해설 온수 난방 장치에서 수분의 체적 팽창을 흡수하고 증기나 공기를 배출하는 것을 팽창탱크라 한다.

50. 급수관의 직선관로에서 마찰손실에 관한 설명으로 옳은 것은?

① 마찰손실은 관 지름에 정비례한다.
② 마찰손실은 속도수두에 정비례한다.
③ 마찰손실은 배관 길이에 반비례한다.
④ 마찰손실은 관 내 유속에 반비례한다.

해설 마찰손실수두 $H_z = \lambda \cdot \dfrac{l}{d} \cdot \dfrac{V^2}{2g}$ [mAq] 식에서 $\dfrac{V^2}{2g}$ 은 속도수두이므로 마찰손실은 속도수두에 정비례한다.

λ : 마찰계수, l : 관 길이(m), d : 배관지름(m), V : 유속(m/s), g : 중력가속도(=9.8)(m/s²)

51. 배관의 행어(hanger)용 지지철물을 달아매기 위해 천장에 매입하는 철물은?

① 턴버클 (turnbuckle)
② 가이드 (guide)
③ 스토퍼 (stopper)
④ 인서트 (insert)

해설 ① 턴버클 : 양 끝에 오른나사와 왼나사가 있어 막대나 로프를 당겨서 조이는데 사용한다. 행어로 고정한 지점에서 배관의 구배를 수정

할 때 사용한다.

② 가이드 : 축과 직각 방향으로 이동을 구속한다.

③ 스토퍼 : 배관의 일정 방향의 이동과 회전만 구속하고 다른 방향은 자유롭게 이동하게 한다.

④ 인서트 : 행어의 일종으로서 콘크리트 천장 또는 빔 등에 행어를 고정하고자 할 때 콘크리트 속에 인서트를 매설하여 이것에 관을 고정할 행어용 볼트를 끼워 준다.

52. 수액기를 나온 냉매액은 팽창밸브를 통해 교축되어 저온 저압의 증발기로 공급된다. 팽창밸브의 종류가 아닌 것은?

① 온도식   ② 플로트식

③ 인젝터식   ④ 압력자동식

해설 팽창밸브의 종류 : 수동식, 온도식, 정압식(압력자동식), 부자식(플로트식) 등이 있다.

53. 임피던스 강하가 4 %인 어느 변압기가 운전 중 단락되었다면 그 단락전류는 정격전류의 몇 배가 되는가?

① 10   ② 20

③ 25   ④ 30

해설 $\dfrac{100}{4} = 25$

54. 그림과 같은 블록선도에서 전달함수 $\dfrac{C}{R}$ 는?

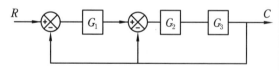

① $\dfrac{G_1 G_2 G_3}{1 + G_2 G_3 + G_1 G_3}$

② $\dfrac{G_1 G_2 G_3}{1 + G_1 G_2 + G_1 G_2 G_3}$

③ $\dfrac{G_1 G_2 G_3}{1 + G_2 G_3 + G_1 G_2 G_3}$

④ $\dfrac{G_1 G_2 G_3}{1 + G_1 G_3 + G_1 G_2 G_3}$

해설 $\{(R - C)G_1 - C\}\, G_2 G_3 = C$

$RG_1 G_2 G_3 - C G_1 G_2 G_3 - C G_2 G_3 = C$

$RG_1 G_2 G_3 = C(1 + G_2 G_3 + G_1 G_2 G_3)$

$\therefore \dfrac{C}{R} = \dfrac{G_1 G_2 G_3}{1 + G_2 G_3 + G_1 G_2 G_3}$

55. 배리스터(varistor)란?

① 비직선적인 전압–전류 특성을 갖는 2단자 반도체 소자이다.

② 비직선적인 전압–전류 특성을 갖는 3단자 반도체 소자이다.

③ 비직선적인 전압–전류 특성을 갖는 4단자 반도체 소자이다.

④ 비직선적인 전압–전류 특성을 갖는 리액턴스 소자이다.

해설 배리스터 : 주로 서지 전압에 대한 회로 보호용으로 2단자 반도체 소자이다.

56. 직류발전기 전기자 반작용의 영향이 아닌 것은?

① 절연내력의 저하

② 자속의 크기 감소

③ 유기기전력의 감소

④ 자기 중성축의 이동

해설 직류기의 전기자 전류에 의해 주자극의 자속을 변화시키는 작용을 전기자 반작용이라 하고 절연 내력과는 관계가 없다.

57. 잔류 편차(off-set)를 발생하는 제어는?

① 미분 제어

② 적분 제어

③ 비례 제어

④ 비례 적분 미분 제어

해설 비례 제어 : 편차의 크기에 비례한 조작 신호 발생

58. 피측정 단자에 그림과 같이 결선하여 전압계로 $e(V)$라는 전압을 얻었을 때 피측정 단자의 절연저항은 몇 MΩ인가? (단, R_m : 전압계 내부저항(Ω), V : 시험전압(V)이다.)

① $R_m(eV-1) \times 10^{-6}$

② $R_m\left(\dfrac{e}{V}-1\right) \times 10^{-6}$

③ $R_m\left(\dfrac{V}{e}-1\right) \times 10^{-6}$

④ $R_m(V-e) \times 10^{-6}$

해설 ㉠ 등가회로

㉡ 전압계 전압 $e = V \cdot \dfrac{R_m}{R_m + R}$

$VR_m = eR_m + eR$

$eR = VR_m - eR_m = R_m(V-e)$

$\therefore\ R = R_m\left(\dfrac{V}{e}-1\right) \times 10^{-6}\ [\text{M}\Omega]$

59. 교류에서 실횻값과 최댓값의 관계는 어느 것인가?

① 실횻값$=\dfrac{최댓값}{\sqrt{2}}$

② 실횻값$=\dfrac{최댓값}{\sqrt{3}}$

③ 실횻값$=\dfrac{최댓값}{2}$

④ 실횻값$=\dfrac{최댓값}{3}$

해설 최댓값 $= \sqrt{2}$ 실횻값 $= \dfrac{\pi}{2}$ 평균값

60. 온도에 따라 저항값이 변화하는 것은?

① 서미스터
② 노즐플래퍼
③ 앰플리다인
④ 트랜지스터

해설 서미스터는 반도체이므로 온도가 높으면 저항이 감소하고 온도가 낮으면 저항값이 커진다.

출제 예상문제 (5)

제1과목 공기조화 설비

1. 1925 kg/h의 석탄을 연소하여 10550 kg/h의 증기를 발생시키는 보일러의 효율은? (단, 석탄의 저위발열량은 25271 kJ/kg, 발생증기의 엔탈피는 3717 kJ/kg, 급수엔탈피는 221 kJ/kg으로 한다.)

① 45.8 % ② 64.6 %
③ 70.5 % ④ 75.8 %

해설 $\eta = \dfrac{10550 \times (3717 - 221)}{1925 \times 25271}$
$= 0.758 = 75.8\%$

2. 물·공기 방식의 공조방식으로서 중앙기계실의 열원설비로부터 냉수 또는 온수를 각 실에 있는 유닛에 공급하여 냉·난방하는 공조방식은?

① 바닥취출 공조방식
② 재열방식
③ 팬코일 유닛방식
④ 패키지 유닛방식

해설 팬코일 유닛방식은 중앙공급방식으로 열원장치에서 냉·온수를 공급받아 실내에서 냉·난방을 하는 방식이다.

3. 공기조화 방식에서 변풍량 유닛 방식(VAV unit)을 풍량제어 방식에 따라 구분할 때, 공조기에서 오는 1차 공기의 분출에 의해 실내공기인 2차 공기를 취출하는 방식은 어느 것인가?

① 바이패스형 ② 유인형
③ 슬롯형 ④ 교축형

해설 유인형 유닛은 교축형을 응용한 유닛으로 공조기에서 저온의 1차 공기를 공급하고 유닛에서 2차 공기를 유인하여 서로 혼합시켜 실내에 토출하는 장치이다.

4. 겨울철 침입외기(틈새바람)에 의한 잠열부하 (kJ/h)는 얼마인가? (단, Q는 극간풍량 (m^3/h)이며, t_o, t_r은 각각 실외, 실내온도 (℃), x_o, x_r은 각각 실외, 실내 절대습도 (kg/kg´)이다.)

① $q_L = 0.24 \cdot Q \cdot (t_o - t_r)$
② $q_L = 3000 \cdot Q \cdot (t_o - t_r)$
③ $q_L = 0.24 \cdot Q \cdot (x_o - x_r)$
④ $q_L = 3000 \cdot Q \cdot (x_o - x_r)$

해설 $q_L = GR(x_o - x_r)$
$= Q \times 1.2 \times 2500 \times (x_o - x_r)$
$= 3000Q(x_o - x_r) [kJ/h]$

5. 보일러의 종류에 따른 특징을 설명한 것으로 틀린 것은?

① 주철제 보일러는 분해, 조립이 용이하다.
② 노통연관 보일러는 수질 관리가 용이하다.
③ 수관 보일러는 예열시간이 짧고 효율이 좋다.
④ 관류 보일러는 보유수량이 많고 설치면적이 크다.

해설 관류 보일러는 드럼이 없고 긴 수관으로 구성되어 있으며, 급수 펌프에 의해 가열, 증발, 과열시켜 과열 증기를 발생시키는 초고압대용량 보일러로 효율이 대단히 좋고 보유수량이 적기 때문에 파열 시 피해가 적다.

6. 실내의 거의 모든 부분에서 오염가스가 발생되는 경우 실 전체의 기류 분포를 계획하여 실내에서 발생하는 오염물질을 완전히 희석하고 확산시킨 다음에 배기를행하는 환기방식은?

① 자연 환기 ② 제3종 환기
③ 국부 환기 ④ 전반 환기

해설 전반 환기 : 재순환 공기 없이 외기를 도입하여 실내의 전체 공기를 환기시키는 방법

7. 두께 20 cm의 콘크리트벽 내면에 두께 5 cm의 스티로폼 단열 시공하고, 그 내면에 두께 2 cm의 나무판자로 내장한 건물벽면의 열관류율은? (단, 재료별 열전도율(W/m·K)은 콘크리트 0.8, 스티로폼 0.035, 나무판자 0.17이고, 벽면의 표면 열전달률(W/m²·K)은 외벽 23.26, 내벽 9.30이다.)

① 0.31 W/m²·K ② 0.39 W/m²·K
③ 0.41 W/m²·K ④ 0.51 W/m²·K

해설 ㉠ 열저항 R

$$= \frac{1}{K} = \frac{1}{23.26} + \frac{0.2}{0.8} + \frac{0.05}{0.035} + \frac{0.02}{0.17} + \frac{1}{9.3}$$

㉡ 열통과율 $K = \frac{1}{R} = 0.514 \, \text{W/m}^2 \cdot \text{K}$

8. 공조용으로 사용되는 냉동기의 종류로 가장 거리가 먼 것은?

① 원심식 냉동기
② 자흡식 냉동기
③ 왕복동식 냉동기
④ 흡수식 냉동기

해설 공조용 냉동기에는 원심식, 왕복동식, 스크루식, 회전식, 흡수식, 증기분사식, 공기압축식 등이 있다.

9. 패널복사 난방에 관한 설명으로 옳은 것은?

① 천장고가 낮고 외기 침입이 없을 때만 난방효과를 얻을 수 있다.

② 실내온도 분포가 균등하고 쾌감도가 높다.
③ 증발잠열(기화열)을 이용하므로 열의 운반능력이 크다.
④ 대류난방에 비해 방열면적이 적다.

해설 건축물 구조체의 방열면(패널)의 복사열로 실내 난방하는 방식으로 실내온도 분포가 균등하고 쾌감도가 양호하다.

10. 냉수코일의 설계법으로 틀린 것은?

① 공기 흐름과 냉수 흐름의 방향을 평행류로 하고 대수평균온도차를 작게 한다.
② 코일의 열수는 일반 공기 냉각용에는 4-8열(列)이 많이 사용된다.
③ 냉수 속도는 일반적으로 1 m/s 전후로 한다.
④ 코일의 설치는 관이 수평으로 놓이게 한다.

해설 공기와 냉수 흐름의 방향은 대향류로 하고 평균온도차를 크게 한다.

11. 일반적으로 난방부하의 발생 요인으로 가장 거리가 먼 것은?

① 일사부하 ② 외기부하
③ 기기 손실부하 ④ 실내 손실부하

해설 일사부하는 냉방부하의 발생 요인이다.

12. 다익형 송풍기의 송풍기 크기(No)에 대한 설명으로 옳은 것은?

① 임펠러의 지름(mm)을 60 mm으로 나눈 값이다.
② 임펠러의 지름(mm)을 100 mm으로 나눈 값이다.
③ 임펠러의 지름(mm)을 120 mm으로 나눈 값이다.
④ 임펠러의 지름(mm)을 150 mm으로 나눈 값이다.

정답 **6.** ④ **7.** ④ **8.** ② **9.** ② **10.** ① **11.** ① **12.** ④

해설 다익 송풍기의 No는 150의 배수로서, 즉 No.1은 날개지름이 150 mm이다.

13. 공기설비의 열회수장치인 전열교환기는 주로 무엇을 경감시키기 위한 장치인가?

① 실내부하   ② 외기부하
③ 조명부하   ④ 송풍기부하

해설 전열교환기는 폐기와 외기를 열교환시키는 공대공 열교환기로 외기부하를 감소시킨다.

14. 다음 중 결로 현상에 관한 설명으로 틀린 것은?

① 건축 구조물 사이에 두고 양쪽에 수증기의 압력차가 생기면 수증기는 구조물을 통하여 흐르며, 포화온도, 포화압력 이하가 되면 응결하여 발생된다.
② 결로는 습공기의 온도가 노점온도까지 강하하면 공기 중의 수증기가 응결하여 발생된다.
③ 응결이 발생되면 수증기의 압력이 상승한다.
④ 결로 방지를 위하여 방습막을 사용한다.

해설 응결이 발생되면 수증기 분압이 감소하여 절대습도가 감소한다.

15. 가습장치의 가습 방식 중 수분무식이 아닌 것은?

① 원심식   ② 초음파식
③ 분무식   ④ 전열식

해설 전열식은 열전환 방식이다.

16. 다음 중 냉방부하에서 현열만이 취득되는 것은?

① 재열부하   ② 인체부하
③ 외기부하   ④ 극간풍부하

해설 공기를 가열(재열)시키면 절대습도의 변화가 없으므로 잠열부하는 없고 현열부하만 있다.

17. 바닥 면적이 좁고 층고가 높은 경우에 적합한 공조기(AHU)의 형식은?

① 수직형   ② 수평형
③ 복합형   ④ 멀티존형

18. 저속덕트에 비해 고속덕트의 장점이 아닌 것은?

① 동력비가 적다.
② 덕트 설치 공간이 적어도 된다.
③ 덕트 재료를 절약할 수 있다.
④ 원격지 송풍에 적당하다.

해설 고속덕트는 반송 동력비가 증가한다.

19. 보일러 동체 내부의 중앙 하부에 파형노통이 길이 방향으로 장착되며 이 노통의 하부 좌우에 연관들을 갖춘 보일러는?

① 노통 보일러   ② 노통연관 보일러
③ 연관 보일러   ④ 수관 보일러

해설 노통연관(혼식) 보일러는 노통이 1개인 코니시 보일러와 횡연관 보일러의 장점을 취합한 보일러로, 효율이 80~85 % 정도이며 현재 중·소형 보일러 중 가장 많이 사용하고 있다.

20. 시로코 팬의 회전속도가 N_1에서 N_2로 변화하였을 때, 송풍기의 송풍량, 전압, 소요동력의 변화 값은?

구분	451 rpm (N_1)	632 rpm (N_2)
송풍량(m³/min)	199	㉮
전압(Pa)	320	㉯
소요동력(kW)	1.5	㉰

① ㉮ 278.9   ㉯ 628.4   ㉰ 4.1
② ㉮ 278.9   ㉯ 357.8   ㉰ 3.8
③ ㉮ 628.4   ㉯ 402.8   ㉰ 3.8

④ ㉮ 357.8 ㉯ 628.4 ㉰ 4.1

해설 ㉠ 송풍량 Q_2

$$= \frac{632}{451} \times 199 = 278.86\,\mathrm{m^3/min}$$

㉡ 전압 $P_2 = \left(\frac{632}{451}\right)^2 \times 320 = 628.39\,\mathrm{Pa}$

㉢ 동력 $L_2 = \left(\frac{632}{451}\right)^3 \times 1.5 = 4.13\,\mathrm{kW}$

제2과목 **냉동냉장 설비**

21. 열펌프 장치의 응축온도 35℃, 증발온도가 −5℃일 때, 성적계수는?

① 3.5   ② 4.8

③ 5.5   ④ 7.7

해설 $COP = \dfrac{T_1}{T_1 - T_2}$

$$= \frac{273 + 35}{(273 + 35) - (273 - 5)} = 7.7$$

22. 다음 중 열역학 제2법칙을 바르게 설명한 것은?

① 열은 에너지의 하나로서 일을 열로 변환하거나 또는 열을 일로 변환시킬 수 있다.

② 온도계의 원리를 제공한다.

③ 절대 0도에서의 엔트로피 값을 제공한다.

④ 열은 스스로 고온 물체로부터 저온 물체로 이동되나 그 과정은 비가역이다.

해설 ① : 열역학 제1법칙

② : 열역학 제0법칙

③ : 열역학 제3법칙

23. 카르노 사이클을 행하는 열기관에서 1사이클당 784 J의 일량을 얻으려고 한다. 고열원의

온도(T_1)를 300℃, 1사이클당 공급되는 열량을 2.1 kJ라고 할 때, 저열원의 온도(T_2)와 효율(η)은?

① $T_2 = 85\,℃$, $\eta = 0.315$

② $T_2 = 97\,℃$, $\eta = 0.315$

③ $T_2 = 86\,℃$, $\eta = 0.373$

④ $T_2 = 97\,℃$, $\eta = 0.375$

해설 ㉠ 효율 $\eta = \dfrac{Q_a}{Q_1} = \dfrac{784}{2100} = 0.373$

㉡ 저열원 $T_2 = T_1(1 - \eta)$

$$= (273 + 300) \times (1 - 0.373) = 359.27\,\mathrm{K}$$

$$= 86.27\,℃$$

24. 냉동장치의 저압차단 스위치(LPS)에 관한 설명으로 옳은 것은?

① 유압이 저하되었을 때 압축기를 정지시킨다.

② 토출압력이 저하되었을 때 압축기를 정지시킨다.

③ 장치 내 압력이 일정 압력 이상이 되면 압력을 저하시켜 장치를 보호한다.

④ 흡입압력이 저하되었을 때 압축기를 정지시킨다.

해설 ① : 유압차단 스위치(OPS)

③ : 안전밸브

④ : 저압차단

25. 내부 균압형 자동팽창밸브에 작용하는 힘이 아닌 것은?

① 스프링 압력

② 감온통 내부압력

③ 냉매의 응축압력

④ 증발기에 유입되는 냉매의 증발압력

해설 온도식 자동팽창밸브의 작동 원리

감온통 내부(벨로스 또는 다이어프램)압력
=스프링 압력+증발압력

26. 흡수식 냉동기에 관한 설명으로 옳은 것은?

① 초저온용으로 사용된다.
② 비교적 소용량보다는 대용량에 적합하다.
③ 열교환기를 설치하여도 효율은 변함없다.
④ 물-LiBr식에서는 물이 흡수제가 된다.

해설 흡수식 냉동기는 대용량 상온 공기조화용으로 냉매는 물, 흡수제는 LiBr 또는 LiCl을 사용하고 열교환기를 설치하여 효율을 향상시킨다.

27. 냉매와 화학분자식이 바르게 짝지어진 것은?

① R-500 → $CCl_2F_4 + CH_2CHF_2$
② R-502 → $CHClF_2 + CClF_2CF_3$
③ R-22 → CCl_2F_2
④ R-717 → NH_4

해설 ① R-500 : CCl_2F_2(R-12)+$C_2H_4F_2$(R-152)
② R-502 : $CHClF_2$(R-22)+C_2ClF_5(R-115)
③ R-22 : $CHClF_2$
④ R-717 : NH_3

28. 증발식 응축기의 특징에 관한 설명으로 틀린 것은?

① 물의 소비량이 비교적 적다.
② 냉각수의 사용량이 매우 크다.
③ 송풍기의 동력이 필요하다.
④ 순환펌프의 동력이 필요하다.

해설 증발식 응축기는 냉각수의 소비량이 매우 작다.

29. 할라이드 토치로 누설을 탐지할 때 누설이 있는 곳에서는 토치의 불꽃 색깔이 어떻게 변화되는가?

① 흑색   ② 파란색
③ 노란색   ④ 녹색

해설 할라이드 토치 색깔은 누설이 없으면 청색(파란색), 누설이 다소 있으면 녹색이며, 누설이 많으면 불꽃이 꺼진다.

30. 입형 셀 앤드 튜브식 응축기에 관한 설명으로 옳은 것은?

① 설치 면적이 큰 데 비해 응축 용량이 적다.
② 냉각수 소비량이 비교적 적고 설치장소가 부족한 경우에 설치한다.
③ 냉각수의 배분이 불균등하고 유량을 많이 함유하므로 과부하를 처리할 수 없다.
④ 전열이 양호하며, 냉각관 청소가 용이하다.

해설 입형 셀 앤드 튜브식 응축기의 전열계수는 $3140 \, kJ/m^2 \cdot h \cdot K$로 공랭식 응축기($83.74 \, kJ/m^2 \cdot h \cdot K$)보다 매우 양호하며 운전 중 냉각관 청소가 가능하다.

31. 압축기의 압축방식에 의한 분류 중 용적형 압축기가 아닌 것은?

① 왕복동식 압축기
② 스크루식 압축기
③ 회전식 압축기
④ 원심식 압축기

해설 원심식(터보) 압축기는 원심분리형이다.

32. 냉각수 입구온도 33℃, 냉각수량 800 L/min인 응축기의 냉각면적이 100 m², 그 열통과율이 0.87 kW/m²·K이며, 응축온도와 냉각온도의 평균온도 차이가 6℃일 때, 냉각수의 출구온도는? (단, 물의 비열은 4.2 kJ/kg·K이다.)

① 36.5℃   ② 38.9℃
③ 42.3℃   ④ 45.5℃

해설 냉각수 출구온도

$$t_2 = t_1 + \frac{K \cdot F \cdot \Delta t_m}{G \cdot C}$$

$$= 33 + \frac{0.87 \times 60 \times 100 \times 6}{800 \times 4.2}$$

$$= 42.38 \, ℃$$

33. 응축기의 냉매 응축온도가 30℃, 냉각수의 입구수온이 25℃, 출구수온이 28℃일 때, 대수평균온도차(LMTD)는?

① 2.27℃ ② 3.27℃
③ 4.27℃ ④ 5.27℃

해설 ㉠ $\Delta_1 = 30 - 25 = 5$℃
　　㉡ $\Delta_2 = 30 - 28 = 2$℃
　　㉢ $LMTD = \dfrac{5-2}{\ln\dfrac{5}{2}} = 3.274$

34. 스크루 압축기의 특징에 관한 설명으로 틀린 것은?

① 경부하 운전 시 비교적 동력 소모가 적다.
② 크랭크 샤프트, 피스톤링, 커넥팅 로드 등의 마모 부분이 없어 고장이 적다.
③ 소형으로서 비교적 큰 냉동능력을 발휘할 수 있다.
④ 왕복동식에서 필요한 흡입밸브와 토출밸브를 사용하지 않는다.

해설 경부하 운전 시 기동력이 크므로 동력 소모가 크다.

35. 열의 일당량은?

① 860 N·m/J ② $\dfrac{1}{860}$ N·m/J
③ 1 N·m/J ④ $\dfrac{1}{427}$ N·m/J

해설 ㉠ 열의 일당량 $J = \dfrac{1}{1} = 1$ N·m/J
　　㉡ 일의 열당량 $A = \dfrac{1}{1} = 1$ J/N·m

36. 압축냉동 사이클에서 엔트로피가 감소하고 있는 과정은?

① 증발과정 ② 압축과정
③ 응축과정 ④ 팽창과정

해설 응축기에서는 온도가 일정한 과정에서 엔탈피가 작아지므로 엔트로피는 감소한다.

37. 무기질 브라인 중에 동결점이 제일 낮은 것은?

① $CaCl_2$ ② $MgCl_2$
③ NaCl ④ H_2O

해설 ① $CaCl_2$: -55℃, ② $MgCl_2$: -33.6℃
　　③ NaCl : -21.2℃, ④ H_2O : 0℃

38. 다음 그림은 역카르노 사이클을 절대온도(T)와 엔트로피(S) 선도로 나타내었다. 면적(1-2-2′-1′)이 나타내는 것은?

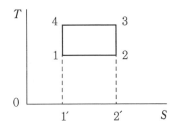

① 저열원으로부터 받는 열량
② 고열원에 방출하는 열량
③ 냉동기에 공급된 열량
④ 고·저열원으로부터 나가는 열량

해설 ㉠ 저열원에서 받는 열량(냉동효과) : 면적 1-2-2′-1′
　　㉡ 압축일의 열당량 : 면적 1-2-3-4
　　㉢ 고열원에서 방출하는 열량(응축열량) : 면적 1′-2′-2-3-4-1

39. 냉동장치에서 펌프다운의 목적으로 가장 거리가 먼 것은?

① 냉동장치의 저압측을 수리하기 위하여
② 기동 시 액 해머 방지 및 경부하 기동을 위하여
③ 프레온 냉동장치에서 오일 포밍(oil foaming)을 방지하기 위하여
④ 저장고 내 급격한 온도 저하를 위하여

[해설] 펌프다운 : 냉동장치의 점검, 수리 등을 위하여 냉매계통을 개방하고자 할 때 계통 내의 냉매를 응축기 또는 수액기에 회수시킨다.

40. 팽창밸브 종류 중 모세관에 대한 설명으로 옳은 것은?

① 증발기 내 압력에 따라 밸브의 개도가 자동적으로 조정된다.
② 냉동부하에 따른 냉매의 유량 조절이 쉽다.
③ 압축기를 가동할 때 기동동력이 적게 소요된다.
④ 냉동부하가 큰 경우 증발기 출구 과열도가 낮게 된다.

[해설] 모세관은 냉매의 유량 조절을 위한 것이 아니라 응축기와 증발기 간의 압력비를 일정하게 유지하는 것으로 냉동기 정지 시 고·저압의 압력이 같으므로 무부하 기동이 되고 냉매량은 최소 부하 기준으로 충전한다.

제3과목　공조냉동 설치·운영

41. 냉매 배관 시공법에 관한 설명으로 틀린 것은?

① 압축기와 응축기가 동일 높이 또는 응축기가 아래에 있는 경우 배출관은 하향 기울기로 한다.
② 증발기가 응축기보다 아래에 있을 때 냉매액이 증발기에 흘러내리는 것을 방지하기 위해 2 m 이상 역 루프를 만들어 배관한다.
③ 증발기와 압축기가 같은 높이일 때는 흡입관을 수직으로 세운 다음 압축기를 향해 선단 상향구배로 배관한다.
④ 액관 배관 시 증발기 입구에 전자밸브가 있을 때는 루프이음을 할 필요가 없다.

[해설] 냉동장치 배관은 냉매가 흘러가는 방향으로 전부 하향구배이다.

42. 다음 중 증기와 응축수의 밀도차에 의해 작동하는 기계식 트랩은?

① 벨로스 트랩　　② 바이메탈 트랩
③ 플로트 트랩　　④ 디스크 트랩

[해설] 플로트(다량) 트랩 : 플로트의 부력(밀도차)을 이용하여 개폐하며, 저압, 중압(4 kg/cm²)정도의 공기가열기, 열교환기 등에서 다량의 응축수를 처리하는 데 사용한다.

43. 다음과 같이 압축기와 응축기가 동일한 높이에 있을 때, 배관 방법으로 가장 적합한 것은?

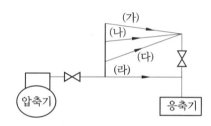

① (가)　　　　　② (나)
③ (다)　　　　　④ (라)

[해설] 냉동장치 배관은 냉매가 흘러가는 방향으로 내림구배이다.

44. 10 kg의 쇠덩어리를 20℃에서 80℃까지 가열하는 데 필요한 열량은 몇 kcal인가?(단, 쇠덩어리의 비열은 0.61 kJ/kg·℃이다.)

① 27 kcal　　　　② 87 kcal
③ 366 kcal　　　　④ 600 kcal

[해설] $q = 10 \times 0.61 \times (80 - 20) = 366 \, \text{kJ}$

$$= \frac{366 \, \text{kJ}}{4.187 \, \text{kJ/kcal}} = 87.41 \, \text{kcal}$$

45. 증기 수평관에서 파이프의 지름을 바꿀 때 방법으로 가장 적절한 것은?(단, 상향구배로 가정한다.)

① 플랜지 접합을 한다.
② 티를 사용한다.
③ 편심 조인트를 사용해 아랫면을 일치시킨다.
④ 편심 조인트를 사용해 윗면을 일치시킨다

해설 ㉠ 하향구배 : 윗면을 일치시킨다.
㉡ 상향구배 : 아랫면을 일치시킨다.

46. 급수펌프의 설치 시 주의사항으로 틀린 것은?

① 펌프는 기초볼트를 사용하여 기초 콘크리트 위에 설치 고정한다.
② 풋 밸브는 동수위면보다 흡입관지름의 2배 이상 물속에 들어가게 한다.
③ 토출측 수평관은 상향구배로 배관한다.
④ 흡입양정은 되도록 길게 한다.

해설 펌프의 흡입배관은 배관지름은 크게 양정은 짧게 한다.

47. 증기난방에서 고압식인 경우 증기 압력은?

① 0.15~0.35 MPa 미만
② 0.35~0.72 MPa 미만
③ 0.72~1 MPa 미만
④ 0.1 MPa 이상

해설 저압식의 증기 압력은 0.01~0.035 MPa, 고압식의 증기 압력은 0.1 MPa 이상이다.

48. 배수배관의 시공상 주의사항으로 틀린 것은?

① 배수를 가능한 빨리 옥외 하수관으로 유출할 수 있을 것
② 옥외 하수관에서 유해가스가 건물 안으로 침입하는 것을 방지할 수 있을 것
③ 배수관 및 통기관은 내구성이 풍부하고 물이 새지 않도록 접합을 완벽히 할 것
④ 한랭지일 경우 동결 방지를 위해 배수관은 반드시 피복을 하며 통기관은 그대로 둘 것

해설 배수관과 통기관은 보온 피복하지 않는다.

49. 배수 및 통기설비에서 배수 배관의 청소구 설치를 필요로 하는 곳으로 가장 거리가 먼 것은?

① 배수 수직관의 제일 밑부분 또는 그 근처에 설치
② 배수 수평 주관과 배수 수평 분기관의 분기점에 설치
③ 100 A 이상의 길이가 긴 배수관의 끝 지점에 설치
④ 배수관이 45° 이상의 각도로 방향을 전환하는 곳에 설치

해설 ㉠ 청소구는 관지름이 100 A 이하일 때는 15 m 마다, 100 A 이상일 때는 30 m마다 설치한다.
㉡ 청소구의 크기는 배수관 지름이 100 A 이하일 경우 배수관 지름과 동일하며, 100 A 이상일 때는 100 A보다 크게 한다.

50. 다음 그림에 나타낸 배관 시스템 계통도는 냉방설비의 어떤 열원방식을 나타낸 것인가?

① 냉수를 냉열매로 하는 열원방식
② 가스를 냉열매로 하는 열원방식
③ 증기를 온열매로 하는 열원방식
④ 고온수를 온열매로 하는 열원방식

해설 냉방설비에서 물(냉수)을 냉각하여 실내에 공급하고 냉각코일을 이용하여 냉방하는 장치, 즉 냉수 열원방식이다.

51. 배관의 이동 및 회전을 방지하기 위하여 지지점의 위치에 완전히 고정하는 장치는?

..

① 앵커 　　② 행어
③ 가이드 　　④ 브레이스

해설 앵커는 리스트레인트에서 배관을 지지점 위치에 완전히 고정하는 지지구이다.

52. 하나의 장치에서 4방 밸브를 조작하여 냉·난방 어느 쪽도 사용할 수 있는 공기조화용 펌프를 무엇이라고 하는가?

① 열펌프 　　② 냉각펌프
③ 원심펌프 　　④ 왕복펌프

해설 4방 밸브를 이용하여 여름에는 냉방하고 겨울에는 냉매를 역순환시켜서 난방을 하는 것을 열펌프(heat pump)라 한다.

53. 증기난방에 비해 온수난방의 특징으로 틀린 것은?

① 예열시간이 길지만 가열 후에 냉각시간도 길다.
② 공기 중의 미진이 늘어 생기는 나쁜 냄새가 적어 실내의 쾌적도가 높다.
③ 보일러의 취급이 비교적 쉽고 비교적 안전하여 주택 등에 적합하다.
④ 난방부하 변동에 따른 온도 조절이 어렵다.

해설 온수난방은 증기난방보다 부하 변동에 따른 온도 조절이 쉽다.

54. 조절부와 조작부로 구성되어 있는 피드백 제어의 구성 요소를 무엇이라 하는가?

① 입력부 　　② 제어장치
③ 제어요소 　　④ 제어대상

해설 제어요소 : 동작신호를 조작량으로 변환하는 요소이고, 조절부와 조작부로 이루어진다.

55. 전력(electric power)에 관한 설명으로 옳은 것은?

① 전력은 전류의 제곱에 저항을 곱한 값이다.
② 전력은 전압의 제곱에 저항을 곱한 값이다.
③ 전력은 전압의 제곱에 비례하고 전류에 반비례한다.
④ 전력은 전류의 제곱에 비례하고 전압의 제곱에 반비례한다.

해설 전력 $P = E \cdot I = \dfrac{E^2}{R} = I^2 R$[W]

56. 다음 중 서보기구용 검출기가 아닌 것은?

① 유량계 　　② 싱크로
③ 전위차계 　　④ 차동변압기

해설 서보기구용 검출기에는 전위차계(변위, 변각), 차동변압기(변위), 싱크로(변각), 마이크로신(변각) 등이 있다.

57. 자동제어계의 구성 중 기준입력과 궤환신호와의 차를 계산해서 제어 시스템에 필요한 신호를 만들어내는 부분은?

① 조절부 　　② 조작부
③ 검출부 　　④ 목표설정부

해설 조절부 : 제어계가 작용을 하는 데 필요한 신호를 만들어 조작부에 보내는 부분

58. $L = \bar{x} \cdot y \cdot \bar{z} + \bar{x} \cdot y \cdot z + x \cdot \bar{y} \cdot z + x \cdot y \cdot z$을 간단히 한 식으로 옳은 것은?

① $\bar{x} \cdot y + x \cdot z$
② $x \cdot y + \bar{x} \cdot z$
③ $x \cdot \bar{y} + \bar{x} \cdot \bar{z}$
④ $\bar{x} \cdot \bar{y} + x \cdot \bar{z}$

해설
$$L = \bar{x} \cdot y \cdot \bar{z} + \bar{x} \cdot y \cdot z + x \cdot \bar{y} \cdot z$$
$$+ x \cdot y \cdot z$$
$$= \bar{x} \cdot y(\bar{z} + z) + x \cdot z(\bar{y} + y)$$
$$= \bar{x} \cdot y + x \cdot z$$

59. 다음 그림과 같이 접지저항을 측정하였을 때 R_1의 접지저항(Ω)을 계산하는 식은? (단, $R_{12} = R_1 + R_2$, $R_{23} = R_2 + R_3$, $R_{31} = R_3 + R_1$ 이다.)

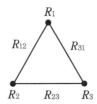

① $R_1 = \dfrac{1}{2}(R_{12} + R_{31} + R_{23})$

② $R_1 = \dfrac{1}{2}(R_{31} + R_{23} - R_{12})$

③ $R_1 = \dfrac{1}{2}(R_{12} - R_{31} + R_{23})$

④ $R_1 = \dfrac{1}{2}(R_{12} + R_{31} - R_{23})$

해설 ㉠ $R_1 = \dfrac{1}{2}(R_{12} + R_{31} - R_{23})$

㉡ $R_2 = \dfrac{1}{2}(R_{12} + R_{23} - R_{31})$

㉢ $R_3 = \dfrac{1}{2}(R_{23} + R_{31} - R_{12})$

60. 다음 중 압력을 감지하는 데 가장 널리 사용되는 것은?

① 전위차계
② 마이크로폰
③ 스트레인 게이지
④ 회전자기 부호기

해설 스트레인 게이지 : 인장이나 압축 등을 받을 때 전기를 흘리면 저항값이 압력에 따라 직선으로 변화하는데, 이것을 이용하여 압력계 외에 교량이나 철도레일, 구조물 등의 하중 측정에도 사용한다.

출제 예상문제 (6)

제1과목 **공기조화 설비**

1. 다음 중 냉난방 과정을 설계할 때 주로 사용되는 습공기 선도는? (단, h는 엔탈피, x는 절대습도, t는 건구온도, s는 엔트로피, p는 압력이다.)

① $h-x$ 선도   ② $t-s$ 선도
③ $t-h$ 선도   ④ $p-h$ 선도

해설 습공기 선도에는 $h-x$(열수분비), $t-x$(현열비), $t-h$(물과 공기 접촉의 변화 : 세정기, 냉각탑) 등이 있다.

2. 냉각수 출입구 온도차를 5℃, 냉각수의 처리열량을 16380 kJ/h로 하면 냉각수량(L/min)은 얼마인가? (단, 냉각수의 비열은 4.2 kJ/kg·K로 한다.)

① 10   ② 13   ③ 18   ④ 20

해설 냉각수량 $= \dfrac{16380}{4.2 \times 5 \times 60}$
$= 13\,\mathrm{kg/min} \fallingdotseq 13\,\mathrm{L/min}$

3. 난방부하 계산에서 손실부하에 해당되지 않는 것은?

① 외벽, 유리창, 지붕에서의 부하
② 조명기구, 재실자의 부하
③ 틈새바람에 의한 부하
④ 내벽, 바닥에서의 부하

해설 조명기구, 재실자의 부하는 냉방부하인 취득열량이다.

4. 다음 중 냉난방부하에 관한 설명으로 옳은 것은?

① 외기온도와 실내설정온도의 차가 클수록 냉난방도일은 작아진다.
② 실내의 잠열부하에 대한 현열부하의 비를 현열비라고 한다.
③ 난방부하 계산 시 실내에서 발생하는 열부하는 일반적으로 고려하지 않는다.
④ 냉방부하 계산 시 틈새바람에 대한 부하는 무시하여도 된다.

해설 실내에서 발생하는 열부하는 취득열량으로 냉방부하이므로 난방부하에서는 고려사항이 아니다.

5. 복사 냉·난방 방식에 관한 설명으로 틀린 것은?

① 실내 수배관이 필요하며, 결로의 우려가 있다.
② 실내에 방열기를 설치하지 않으므로 바닥이나 벽면을 유용하게 이용할 수 있다.
③ 조명이나 일사가 많은 방에 효과적이며, 천장이 낮은 경우에만 적용된다.
④ 건물의 구조체가 파이프를 설치하여 여름에는 냉수, 겨울에는 온수로 냉·난방을 하는 방식이다.

해설 실내 천장이 높아도 냉·난방이 가능하다.

6. 냉각수는 배관 내를 통하게 하고 배관 외부에 물을 살수하여 살수된 물의 증발에 의해 배관 내 냉각수를 냉각시키는 방식으로 대기오염이 심한 곳 등에서 많이 적용되는 냉각탑은?

① 밀폐식 냉각탑
② 대기식 냉각탑
③ 자연통풍식 냉각탑

정답   1. ①   2. ②   3. ②   4. ③   5. ③   6. ①

④ 강제통풍식 냉각탑

7. 공기 냉각코일에 대한 설명으로 틀린 것은?

① 소형 코일에는 일반적으로 바깥지름 9~13 mm 정도의 동관 또는 강관의 외측에 동 또는 알루미늄제의 핀을 붙인다.

② 코일의 관내에는 물 또는 증기, 냉매 등의 열매가 통하고 외측에는 공기를 통과시켜서 열매와 공기를 열교환시킨다.

③ 핀의 형상은 관의 외부에 얇은 리본 모양의 금속판을 일정한 간격으로 감아 붙인 것을 에로핀형이라 한다.

④ 에로핀 중 감아 붙인 핀이 주름진 것을 평판핀, 주름이 없는 평면상의 것을 파형핀이라 한다.

해설 핀이 주름진 것을 파형핀, 주름이 없는 것을 평판핀이라 한다.

8. 다음 중 공기조화에 관한 설명으로 틀린 것은?

① 공기조화란 온도, 습도조정, 청정도, 실내기류 등 항목을 만족시키는 처리과정이다.

② 반도체산업, 전산실 등은 산업용 공조에 해당된다.

③ 보건용 공조는 재실자에게 쾌적 환경을 만드는 것을 목적으로 한다.

④ 공조장치에 여유를 두어 여름에 실내외 온도차를 크게 할수록 좋다.

해설 여름에는 통상적으로 실내외 온도차를 5℃ (설계기준 7.5℃) 정도로 작게 한다.

9. 32 W 형광등 20개를 조명용으로 사용하는 사무실이 있다. 이때 조명기구로부터의 취득열량은 약 얼마인가? (단, 안정기의 부하는 20%로 한다.)

① 550 W
② 640 W
③ 660 W
④ 768 W

해설 $q = 32 \times 20 \times 1.2 = 768\,\mathrm{W}$

10. 다음 중 HEPA 필터에 적합한 효율 측정법은?

① 중량법
② 비색법
③ 보간법
④ 계수법

해설 ① 중량법 : 비교적 큰 입자를 대상으로 측정하는 방법으로 필터에서 제거되는 먼지의 중량으로 효율을 결정한다.

$$여과 효율 = \frac{C_1 - C_2}{C_1} \times 100$$

여기서, C_1 : 필터 입구 공기 중의 먼지량
C_2 : 필터 출구 공기 중의 먼지량

② 비색법 : 포집한 공기를 각각 여과지에 통과시켜 그 오염도를 광전관으로 측정한다.

④ 계수법 : 고성능 필터(HEPA)를 측정하는 방법으로 일정한 크기(0.3 μm)의 시험입자를 사용하여 먼지의 수를 계측한다.

11. 직교류형 및 대향류형 냉각탑에 관한 설명으로 틀린 것은?

① 직교류형은 물과 공기 흐름이 직각으로 교차한다.

② 직교류형은 냉각탑의 충진재 표면적이 크다.

③ 대향류형 냉각탑의 효율이 직교류형보다 나쁘다.

④ 대향류형은 물과 공기 흐름이 서로 반대이다.

해설 전열 순서는 대향류(역류) > 직교류(향류) > 평행류(병류) 순이다.

12. 온수난방 방식의 분류에 해당되지 않는 것은?

① 복관식
② 건식
③ 상향식
④ 중력식

해설 건식과 습식은 환수관의 분류 방식이다.

13. 그림과 같은 단면을 가진 덕트에서 정압, 동압, 전압의 변화를 나타낸 것으로 옳은 것은? (단, 덕트의 길이는 일정한 것으로 한다.)

①

②

③

④

14. 수관식 보일러의 특징에 관한 설명으로 틀린 것은?

① 드럼이 작아 구조상 고압 대용량에 적합하다.
② 구조가 복잡하여 보수·청소가 곤란하다.
③ 예열시간이 짧고 효율이 좋다.
④ 보유수량이 커서 파열 시 피해가 크다.

해설 보유수량이 적기 때문에 무게가 가볍고 파열 시 재해가 적다.

15. 공기를 가열하는 데 사용하는 공기가열코일이 아닌 것은?

① 증기코일   ② 온수코일
③ 전기히터코일   ④ 증발코일

해설 증발코일은 냉동장치에서 온도를 낮추는 냉각코일이다.

16. 공기조화방식 중 중앙식 전공기방식의 특징에 관한 설명으로 틀린 것은?

① 실내공기의 오염이 적다.
② 외기냉방이 가능하다.
③ 개별제어가 용이하다.
④ 대형의 공조기계실을 필요로 한다.

해설 전공기방식은 개별제어가 불가능하다.

17. 통과풍량이 350 m³/min일 때 표준 유닛형 에어필터의 수는? (단, 통과풍속은 1.5 m/s, 통과면적은 0.5 m²이며, 유효면적은 80 %이다.)

① 5개   ② 6개   ③ 8개   ④ 10개

해설 에어필터의 수
$$= \frac{350}{1.5 \times 60 \times 0.5 \times 0.8} = 9.7 ≒ 10개$$

18. 냉각코일로 공기를 냉각하는 경우에 코일표면 온도가 공기의 노점온도보다 높으면 공기 중의 수분량 변화는?

① 변화가 없다.　　② 증가한다.

③ 감소한다.　　　④ 불규칙적이다.

해설 공기의 노점(응축결)온도보다 높으면 수분의 액화가 없으므로 수분량의 변화가 없다.

19. 습공기의 수증기 분압과 동일한 온도에서 포화공기의 수증기 분압과의 비율을 무엇이라 하는가?

① 절대습도　　　　② 상대습도

③ 열수분비　　　　④ 비교습도

해설 상대습도 $\phi = \dfrac{\text{수증기 분압}(P_w)}{\text{포화수증기 분압}(P_s)}$

20. 어느 실내에 설치된 온수 방열기의 방열면적이 10 m² EDR일 때의 방열량(W)은 얼마인가?

① 4500　　　　　② 6500

③ 7558　　　　　④ 5233

해설 방열량 $= \dfrac{10 \times 450 \times 4187}{3600} = 5233.75\,\text{W}$

제2과목 　 **냉동냉장 설비**

21. 어느 재료의 열통과율이 0.35 W/m²·K, 외기와 벽면과의 열전달률이 20 W/m²·K, 내부공기와 벽면과의 열전달률이 5.4 W/m²·K이고, 재료의 두께가 187.5 mm일 때, 이 재료의 열전도도는?

① 0.032 W/m·K　　② 0.056 W/m·K

③ 0.067 W/m·K　　④ 0.072 W/m·K

해설 $\dfrac{0.187}{\lambda} = \dfrac{1}{0.35} - \left(\dfrac{1}{20} + \dfrac{1}{5.4}\right)$

$\therefore \lambda = 0.0713\,\text{W/m·K}$

22. 축열장치에서 축열재가 갖추어야 할 조건으로 가장 거리가 먼 것은?

① 열의 저장은 쉬워야 하나 열의 방출은 어려워야 한다.

② 취급하기 쉽고 가격이 저렴해야 한다.

③ 화학적으로 안정해야 한다.

④ 단위체적당 축열량이 많아야 한다.

해설 축열재는 열의 저장과 방출이 쉬워야 한다.

23. 1 kg의 공기가 온도 20℃의 상태에서 등온변화를 하여, 비체적의 증가는 0.5 m³/kg, 엔트로피의 증가량은 0.21 kJ/kg·K였다. 초기의 비체적은 얼마인가? (단, 공기의 기체상수는 286.85 N·m/kg·K이다.)

① 0.293 m³/kg　　② 0.465 m³/kg

③ 0.508 m³/kg　　④ 0.614 m³/kg

해설 $\Delta S = AGR \ln \dfrac{V_2}{V_1}$

$210 = 1 \times 286.85 \ln \dfrac{V_1 + 0.5}{V_1}$

$\therefore V_1 = 0.4632\,\text{m}^3/\text{kg}$

24. 다음 중 냉각탑의 용량 제어 방법이 아닌 것은?

① 슬라이드 밸브 조작 방법

② 수량 변화 방법

③ 공기 유량 변화 방법

④ 분할 운전 방법

해설 냉각탑의 용량 제어

　㉠ 수량 변화 방법

　㉡ 풍량 변화(공기 유량 변화)

　㉢ 분할 운전(대수 운전)

25. 무기질 브라인이 아닌 것은?

① 염화나트륨　　　② 염화마그네슘

③ 염화칼슘　　　　④ 에틸렌글리콜

해설 유기질 브라인 : 에틸렌글리콜, 프로필렌글리콜, 에틸알코올 등

---

26. 증발식 응축기에 관한 설명으로 옳은 것은?

① 증발식 응축기는 많은 냉각수를 필요로 한다.

② 송풍기, 순환펌프가 설치되지 않아 구조가 간단하다.

③ 대기온도는 동일하지만 습도가 높을 때는 응축압력이 높아진다.

④ 증발식 응축기의 냉각수 보급량은 물의 증발량과는 큰 관계가 없다.

해설 증발식 응축기는 대기 습구온도의 영향을 받으므로 습도가 높아지면 응축온도와 압력이 상승한다.

27. 저온장치 중 얇은 금속판에 브라인이나 냉매를 통하게 하여 금속판의 외면에 식품을 부착시켜 동결하는 장치는?

① 반 송풍 동결장치

② 접촉식 동결장치

③ 송풍 동결장치

④ 터널식 공기 동결장치

28. 다음 $h-x$(엔탈피-농도) 선도에서 흡수식 냉동기 사이클을 나타낸 것으로 옳은 것은?

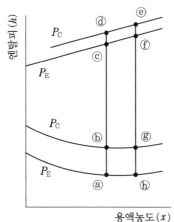

① c − d − e − f − c

② b − c − f − g − b

③ a − b − g − h − a

④ a − d − e − h − a

해설 a − b − g − h − a는 냉매와 흡수제의 혼합용액이 순환하는 과정(냉동사이클)을 나타낸다.

29. 이상 냉동사이클에서 응축기 온도가 40℃, 증발기 온도가 −10℃이면 성적계수는 얼마인가?

① 3.26　　　　② 4.26

③ 5.26　　　　④ 6.26

해설 $COP = \dfrac{273-10}{(273+40)-(273-10)} = 5.26$

30. 진공압력 300 mmHg를 절대압력으로 환산하면 약 얼마인가?(단, 대기압은 101.3 kPa이다.)

① 48.7 kPa　　② 55.4 kPa

③ 61.3 kPa　　④ 70.6 kPa

해설 $P = \dfrac{760-300}{760} \times 101.3 = 61.3\,\text{kPa}$

31. 다음 중 브라인의 구비 조건으로 틀린 것은?

① 열용량이 크고 전열이 좋을 것

② 점성이 클 것

③ 빙점이 낮을 것

④ 부식성이 없을 것

해설 1차 냉매와 2차 냉매(브라인)는 점성이 작을 것

32. 15℃의 물로 0℃의 얼음을 100 kg/h 만드는 냉동기의 냉동능력은 몇 냉동톤(RT)인가? (단, 1 RT는 3.9 kW, 물의 비열은 4.2 kJ/kg·K, 0℃ 물의 응고잠열은 334 kJ/kg 이다.)

① 1.43　　　　② 1.78

③ 2.12　　　　④ 2.83

해설 $RT = \dfrac{100 \times (4.2 \times 15 + 334)}{3.9 \times 3600} = 2.827\,\text{RT}$

33. 이론 냉동사이클을 기반으로 한 냉동장치의 작동에 관한 설명으로 옳은 것은?

① 냉동능력을 크게 하려면 압축비를 높게 운전하여야 한다.

② 팽창밸브 통과 전후의 냉매 엔탈피는 변하지 않는다.

③ 냉동장치의 성적계수 향상을 위해 압축비를 높게 운전하여야 한다.

④ 대형 냉동장치의 암모니아 냉매는 수분이 있어도 아연을 침식시키지 않는다.

해설 팽창밸브는 비가역 단열 비정상류 흐름이고 교축작용에 의해 감압하므로 엔탈피의 변화가 없다.

34. 냉동사이클에서 증발온도가 일정하고 압축기 흡입가스의 상태가 건포화 증기일 때, 응축온도를 상승시키는 경우 나타나는 현상이 아닌 것은?

① 토출압력 상승   ② 압축비 상승

③ 냉동효과 감소   ④ 압축일량 감소

해설 응축온도를 상승시키면 압력이 높아지므로 압축비 상승으로 압축일량이 증가하고, 냉매순환량 감소로 냉동효과 및 능력이 감소한다.

35. 실제기체가 이상기체의 상태식을 근사적으로 만족하는 경우는?

① 압력이 높고 온도가 낮을수록

② 압력이 높고 온도가 높을수록

③ 압력이 낮고 온도가 높을수록

④ 압력이 낮고 온도가 낮을수록

해설 ①항은 응축의 조건, ③항은 이상기체의 조건이다.

36. $P-h$(압력-엔탈피) 선도에서 포화증기선상의 건조도는 얼마인가?

① 2   ② 1   ③ 0.5   ④ 0

해설 건조도는 포화액일 때 0, 포화증기일 때 1이다.

37. 암모니아 냉동장치에서 팽창밸브 직전의 냉매액 온도가 20℃이고 압축기 직전 냉매가스 온도가 −15℃의 건포화 증기이며, 냉매 1 kg당 냉동량은 1134 kJ이다. 필요한 냉동능력이 14 RT일 때, 냉매순환량은? (단, 1 RT는 3.9 kW이다.)

① 123 kg/h   ② 173 kg/h

③ 185 kg/h   ④ 212 kg/h

해설 $G = \dfrac{14 \times 3.9 \times 3600}{1134} = 173.3 \, \text{kg/h}$

38. 냉동장치의 $P-i$(압력-엔탈피) 선도에서 성적계수를 구하는 식으로 옳은 것은 어느 것인가?

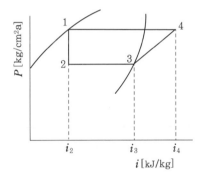

① $COP = \dfrac{i_4 - i_3}{i_3 - i_2}$ ② $COP = \dfrac{i_3 - i_2}{i_4 - i_2}$

③ $COP = \dfrac{i_3 - i_2}{i_4 - i_3}$ ④ $COP = \dfrac{i_4 - i_2}{i_3 - i_2}$

해설 $COP = \dfrac{\text{냉동효과}(q_e)}{\text{압축일의 열당량}(AW)}$

$= \dfrac{i_3 - i_2}{i_4 - i_3}$

39. 다음 중 2원 냉동사이클의 특징이 아닌 것은?

① 일반적으로 저온측과 고온측에 서로 다른 냉매를 사용한다.

② 초저온의 온도를 얻고자 할 때 이용하는 냉동사이클이다.

정답   33. ②   34. ④   35. ③   36. ②   37. ②   38. ③   39. ③

③ 보통 저온측 냉매로는 임계점이 높은 냉매를 사용하며, 고온측에는 임계점이 낮은 냉매를 사용한다.

④ 중간열교환기는 저온측에서는 응축기 역할을 하며, 고온측에서는 증발기 역할을 수행한다.

해설 저온용 냉매는 임계점이 낮은 냉매, 고온용 냉매는 임계점이 높은 냉매를 사용한다.

40. 수랭식 응축기를 사용하는 냉동장치에서 응축압력이 표준압력보다 높게 되는 원인으로 가장 거리가 먼 것은?

① 공기 또는 불응축가스의 혼입
② 응축수 입구온도의 저하
③ 냉각수량의 부족
④ 응축기의 냉각관에 스케일이 부착

해설 응축수온(입구수온)이 높을 때 응축압력이 표준압력보다 높게 된다.

제3과목 **공조냉동 설치 · 운영**

41. 가스미터 부착 시 유의사항으로 틀린 것은?

① 온도, 습도가 급변하는 장소는 피한다.
② 부식성의 약품이나 가스가 미터기에 닿지 않도록 한다.
③ 인접 전기설비와는 충분한 거리를 유지한다.
④ 가능하면 미관상 건물의 주요 구조부를 관통한다.

해설 가스미터는 건물 구조에 영향이 없고 건조하며 안전한 장소에 노출시켜서 설치한다.

42. 급탕배관 시공 시 주요 고려사항으로 가장 거리가 먼 것은?

① 배관 구배
② 배관 재료의 선택
③ 관의 신축과 영향
④ 관내 유체의 물리적 성질

해설 관내 유체의 유량에 충분한 관지름을 선택하고, 유체의 화학적 성질에 맞는 재료를 선택한다.

43. 냉매 배관 중 액관은 어느 부분인가?

① 압축기와 응축기까지의 배관
② 증발기와 압축기까지의 배관
③ 응축기와 수액기까지의 배관
④ 팽창밸브와 압축기까지의 배관

해설 액관은 응축기 – 수액기 – 팽창밸브까지의 배관이며, ①항은 토출배관, ②항은 흡입배관, ④항은 저압측에 해당한다.

44. 다음 중 증기 가열코일이 있는 저탕조의 하부에 부착하는 배관 또는 부속품이 아닌 것은?

① 배수관　　　　② 급수관
③ 증기환수관　　④ 버너

해설 버너는 연소 장치이다.

45. 냉온수 배관에 관한 설명으로 옳은 것은?

① 배관이 보 · 천장 · 바닥을 관통하는 개소에는 플렉시블이음을 한다.
② 수평관의 공기 체류부에는 슬리브를 설치한다.
③ 팽창밸브(도피관)에는 슬루스 밸브를 설치한다.
④ 주관의 굽힘부에는 엘보 대신 벤드(곡관)를 사용한다.

해설 ① 배관이 보 · 천장 · 바닥을 관통하는 개소에는 슬리브를 설치한다.
② 수평관의 공기 체류부에는 에어벤트를 설치한다.
③ 팽창관에는 밸브를 설치하지 않는다.

46. 냉동장치의 토출배관 시공 시 유의사항으로 틀린 것은?

① 관의 합류는 T이음보다 Y이음으로 한다.
② 압축기 정지 중에도 관내에 응축된 냉매가 압축기로 역류하지 않도록 한다.
③ 압축기에서 입상된 토출관의 수평 부분은 응축기 쪽으로 상향 구배를 한다.
④ 여러 대의 압축기를 병렬 운전할 때는 가스의 충돌로 인한 진동이 없게 한다.

해설 토출배관은 응축기 쪽으로 $\dfrac{1}{50}$ 이하의 하향 (내림) 구배를 한다.

47. 다음 중 가스 공급 설비와 관련이 없는 것은?

① 가스 홀더　　② 압송기
③ 정적기　　　④ 정압기

해설 가스 공급 설비에는 본관, 공급관, 내관, 가스 홀더, 압송기, 정압기 등이 있다.

48. 관지름 25 A(안지름 27.6 mm)의 강관에 30 L/min의 가스를 흐르게 할 때 유속(m/s)은?

① 0.14　　　② 0.34
③ 0.64　　　④ 0.84

해설 $V = \dfrac{0.03 \times 4}{3.14 \times 0.0276^2 \times 60} = 0.836\,\text{m/s}$

49. 냉온수 배관을 시공할 때 고려해야 할 사항으로 옳은 것은?

① 열에 의한 온수의 체적팽창을 흡수하기 위해 신축이음을 한다.
② 기기와 관의 부식을 방지하기 위해 물을 자주 교체한다.
③ 열에 의한 배관의 신축을 흡수하기 위해 팽창관을 설치한다.
④ 공기 체류 장소에는 공기빼기 밸브를 설치한다.

해설 ① 열에 의한 온수의 체적팽창을 흡수하기

위해 팽창탱크를 설치한다.
② 기기와 관의 부식을 방지하기 위해 방부제를 사용한다.
③ 열에 의한 배관의 신축을 흡수하기 위해 스위블 신축이음을 한다.

50. 냉매배관 시공 시 유의사항으로 틀린 것은?

① 팽창밸브 부근에서의 배관길이는 가능한 짧게 한다.
② 지나친 압력강하를 방지한다.
③ 암모니아 배관의 관이음에 쓰이는 패킹 재료는 천연고무를 사용한다.
④ 두 개의 입상관 사용 시 트랩 과정은 되도록 크게 한다.

해설 입상관 사용 시 트랩 과정은 되도록 작게 한다.

51. 펌프 주위 배관에 대한 설명으로 틀린 것은?

① 흡입관의 길이는 가능하면 짧게 배관한다.
② 흡입관은 펌프를 향해서 약 1/50 정도의 올림 구배가 되도록 한다.
③ 토출관에는 글로브밸브를 설치하고, 흡입관에는 체크밸브를 설치한다.
④ 흡입측에는 진공계를 설치하고, 토출측에는 압력계를 설치한다.

해설 토출관에는 역류방지용 체크밸브를 설치한다.

52. 어떤 회로의 전압이 V[V]이고 전류가 I[A]이며 저항이 R[Ω]일 때 저항이 10 % 감소되면 그때의 전류는 처음 전류 I[A]의 약 몇 배가 되는가?

① 1.11배　　② 1.41배
③ 1.73배　　④ 2.82배

해설 $V = I_1 R_1 = I_2 R_2 = I_2 (1-0.1) R_1$

$\therefore I_2 = \dfrac{I_1 R_1}{0.9 R_1} = 1.11 I_1$[A]

53. 3상 유도전동기의 출력이 5마력, 전압 220 V, 효율 80 %, 역률 90 %일 때 전동기에 흐르는 전류는 약 몇 A인가?

① 11.6 ② 13.6 ③ 15.6 ④ 17.6

해설 $P = \dfrac{5 \times 76 \times 1000}{102} = \sqrt{3}\,VI\cos\phi \cdot \eta$

$\therefore I = \dfrac{\dfrac{5 \times 76 \times 1000}{102}}{\sqrt{3} \times 220 \times 0.9 \times 0.8} = 13.57\,\text{A}$

54. 다음 중 추종 제어에 속하지 않는 제어량은?

① 유량   ② 방위
③ 위치   ④ 자세

해설 추종 제어에 속하는 서보 기구는 물체의 위치, 방위, 자세 등의 기계적 변위를 제어량으로 해서 목표값이 임의의 변화에 추종하도록 구성된 제어이며, ①항은 프로세스 제어에 속한다.

55. 시퀀스 제어에 관한 설명으로 틀린 것은?

① 시간지연요소가 사용된다.
② 논리회로가 조합 사용된다.
③ 기계적 계전기 접점이 사용된다.
④ 전체 시스템에 연결된 접점들이 동시에 동작한다.

해설 시퀀스 제어는 앞단계 동작이 끝나고 다음 단계 동작을 하며 ④항은 피드백 제어에 대한 설명이다.

56. 잔류편차가 존재하는 제어계는?

① 적분제어계
② 비례제어계
③ 비례적분제어계
④ 비례적분미분제어계

해설 ① : 오프셋(잔류편차)은 소멸되고 진동이 발생한다.
② : 사이클링은 없으나 오프셋을 일으킨다.
③ : 오프셋은 소멸시키지만 진동적으로 되기 쉽다.

④ : 제어 결과의 단점을 보완시킨 제어로서 온도, 농도 제어 등에 사용된다.

57. 피드백 제어계에서 제어요소에 대한 설명인 것은?

① 목표값에 비례하는 기준, 입력신호를 발생하는 요소이다.
② 기준입력과 주궤환신호의 차로 제어동작을 일으키는 요소이다.
③ 제어를 하기 위해 제어대상에 부착시켜 놓은 장치이다.
④ 조작부와 조절부로 구성되어 동작신호를 조작량으로 변환하는 요소이다.

해설 제어요소 : 동작신호를 조작량으로 변환하는 요소이고, 조절부와 조작부로 이루어진다.

58. 서보 전동기는 다음 중 어디에 속하는가?

① 검출기   ② 증폭기
③ 변환기   ④ 조작기기

해설 서보 전동기는 조작부의 조작기기에 해당된다.

59. 권선형 유도전동기의 회전자 입력이 10 kW 일 때 슬립이 4 %였다면 출력은 몇 kW인가?

① 4   ② 8   ③ 9.6   ④ 10.4

해설 $P = 10 - 10 \times \dfrac{4}{100} = 9.6\,\text{kW}$

60. 제동비 ξ는 그 범위가 0∼1 사이의 값을 갖는 것이 보통이다. 그 값이 0에 가까울수록 어떻게 되는가?

① 증가 진동한다.
② 응답속도가 늦어진다.
③ 일정한 진폭으로 계속 진동한다.
④ 최대 오버슈트가 점점 작아진다.

해설 제동비가 0이라면 제동능력이 전혀 없으므로, 즉 중력(공기)에 의한 자연제동이므로 그 값이 0에 가까울수록 정지할 때까지의 응답속도가 늦어진다.

출제 예상문제 (7)

제1과목 **공기조화 설비**

1. 보일러에서 물이 끓어 증발할 때 보일러수가 물방울 또는 거품으로 되어 증기에 섞여 보일러 밖으로 분출되어 나오는 장해의 종류는?

① 스케일 장해　② 부식 장해
③ 캐리오버 장해　④ 슬러지 장해

해설 캐리오버: 냉각탑이나 공기세정기, 보일러 장치 등에서 수분이 주위에 비산되어 감소되는 것

2. 건구온도 10℃, 상대습도 60 %인 습공기를 30℃로 가열하였다. 이때의 습공기 상대습도는?(단, 10℃의 포화수증기압은 9.2 mmHg이고, 30℃의 포화수증기압은 23.75 mmHg이다.)

① 17 %　② 20 %　③ 23 %　④ 27 %

해설 $\phi_2 = \dfrac{\phi_1 P_{s1}}{P_{s2}} = \dfrac{0.6 \times 9.2}{23.75}$
$= 0.2324 ≒ 23 \%$

3. 다음 냉방부하 종류 중 현열부하만 이용하여 계산하는 것은?

① 극간풍에 의한 열량
② 인체의 발생열량
③ 기구의 발생열량
④ 송풍기에 의한 취득열량

해설 ①, ②, ③항은 현열과 잠열이 있고, ④항은 전기기구이므로 현열만 있고 잠열은 없다.

4. 겨울철에 난방을 하는 건물의 배기열을 효과적으로 회수하는 방법이 아닌 것은?

① 전열교환기 방법② 현열교환기 방법
③ 열펌프 방법　④ 축열조 방법

해설 축열조: 심야전력을 이용하여 열을 축적하여 필요한 시간대에 사용하는 방식

5. 증기난방 방식의 종류에 따른 분류 기준으로 가장 거리가 먼 것은?

① 사용 증기압력　② 증기 배관 방식
③ 증기 공급 방향④ 사용 열매 종류

해설 ㉠ 증기압력에 의한 분류(순환 방법)
㉡ 응축수 환수 방법에 의한 분류
㉢ 환수관 배관 방법에 의한 분류
㉣ 증기 공급 배관 방법에 의한 분류

6. 증기난방의 장점이 아닌 것은?

① 방열기가 소형이 되므로 비용이 적게 든다.
② 열의 운반능력이 크다.
③ 예열시간이 온수난방에 비해 짧고 증기 순환이 빠르다.
④ 소음(steam hammering)을 일으키지 않는다.

해설 배관 내 응축수로 인하여 소음을 일으키기 쉽다.

7. 온도가 20℃, 절대압력이 1 MPa인 공기의 밀도(kg/m³)는?(단, 공기는 이상기체이며, 기체상수(R)는 0.287 kJ/kg·K이다.)

① 9.55　② 11.89
③ 13.78　④ 15.89

해설 밀도$(\rho) = \dfrac{P}{RT} = \dfrac{1000}{0.287 \times (273+20)}$
$= 11.89 \text{ kg/m}^3$

8. 에어 핸들링 유닛(air handling unit)의 구성 요소가 아닌 것은?

① 공기 여과기　　② 송풍기
③ 공기 냉각기　　④ 압축기

해설 압축기는 공조기(air handling unit)의 구성 요소가 아니라 냉동장치의 구성 요소이다.

9. 덕트 내 공기가 흐를 때 정압과 동압에 관한 설명으로 틀린 것은?

① 정압은 항상 대기압 이상의 압력으로 된다.
② 정압은 공기가 정지상태일지라도 존재한다.
③ 동압은 공기가 움직이고 있을 때만 생기는 속도압이다.
④ 덕트 내에서 공기가 흐를 때 그 동압을 측정하면 속도를 구할 수 있다.

해설 정압 : 덕트 내의 한 위치에 해당되는 위치에 너지를 압력으로 전환한 것으로 대기상태의 정압은 0 kg/cm² 이다.

10. 가변 풍량 방식에 대한 설명으로 옳은 것은?

① 실내온도 제어는 부하변동에 따른 송풍온도를 변화시켜 제어한다.
② 부분부하 시 송풍기 제어에 의하여 송풍기 동력을 절감할 수 있다.
③ 동시 사용률을 적용할 수 없으므로 설비용량을 줄일 수 없다.
④ 시운전 시 취출구의 풍량 조절이 복잡하다.

해설 ① 실내온도 제어는 송풍량을 가감하여 제어한다.
③ 동시 사용률을 적용하므로 정풍량에 비하여 20 % 정도 용량이 적어진다.
④ 시운전 시 취출구 풍량 조절이 간단하다.

11. 공기조화기(AHU)의 냉·온수 코일 선정에 대한 설명으로 틀린 것은?

① 코일의 통과풍속은 약 2.5 m/s를 기준으로 한다.
② 코일 내 유속은 1.0 m/s 전후로 하는 것이 적당하다.
③ 공기의 흐름방향과 냉온수의 흐름방향은 평행류보다 대향류로 하는 것이 전열효과가 크다.
④ 코일의 통풍저항을 크게 할수록 좋다.

해설 코일의 통풍저항은 작을수록 좋다.

12. 증기트랩(steam trap)에 대한 설명으로 옳은 것은?

① 고압의 증기를 만들기 위해 가열하는 장치
② 증기가 환수관으로 유입되는 것을 방지하기 위해 설치한 밸브
③ 증기가 역류하는 것을 방지하기 위해 만든 자동 밸브
④ 간헐운전을 하기 위해 고압의 증기를 만드는 자동 밸브

해설 증기트랩은 응축수만 환수관으로 유입시키고 증기의 유입을 차단한다.

13. 공기조화 방식의 특징 중 전공기식의 특징에 관한 설명으로 옳은 것은?

① 송풍 동력이 펌프 동력에 비해 크다.
② 외기냉방을 할 수 없다.
③ 겨울철에 가습하기가 어렵다.
④ 실내에 누수의 우려가 있다.

해설 전공기 방식은 실내 누수의 우려가 없으며, 외기냉방을 할 수 있고, 공조기에서 가습하기가 쉬우며 전공기를 수송하므로 송풍 동력이 크다.

14. 고온수 난방 배관에 관한 설명으로 옳은 것은?

① 장치의 열용량이 작아 예열시간이 짧다.
② 대량의 열량 공급은 용이하지만 배관의 지름은 저온수 난방보다 크게 된다.
③ 관내 압력이 높기 때문에 관내면의 부식 문제가 증기난방에 비해 심하다.
④ 공급과 환수의 온도차를 크게 할 수 있으므로 열수송량이 크다.

해설 고온수 난방은 저온수 난방에 비해 예열 시간이 길며, 배관 지름은 작다. 배관 부식은 증기 난방이 고온수 난방보다 더 심하다.

15. 일반적인 덕트 설비를 설계할 때 덕트 설계 순서로 옳은 것은?

① 덕트 계획 → 덕트 치수 및 저항 산출 → 흡입·취출구 위치 결정 → 송풍량 산출 → 덕트 경로 결정 → 송풍기 선정
② 덕트 계획 → 덕트 경로 설정 → 덕트 치수 및 저항 산출 → 송풍량 산출 → 흡입·취출구 위치 결정 → 송풍기 선정
③ 덕트 계획 → 송풍량 산출 → 흡입·취출구 위치 결정 → 덕트 경로 설정 → 덕트치수 및 저항 산출 → 송풍기 선정
④ 덕트 계획 → 흡입·취출구 위치 결정 → 덕트 치수 및 저항 산출 → 덕트 경로 설정 → 송풍량 산출 → 송풍기 선정

해설 덕트 설비 설계 순서 : 덕트 계획 → 송풍량 산출 → 흡입·취출구 위치 결정 → 흡입·취출구 풍량 결정 → 덕트 경로 결정 → 방화댐퍼 등 부속 기구 취부, 위치 결정 → 덕트 설계 → 덕트 전저항 산출 → 송풍기 결정 → 시공

16. 다음 중 저속 덕트와 고속 덕트를 구분하는 주덕트 내의 풍속으로 적당한 것은?

① 8 m/s   ② 15 m/s
③ 25 m/s   ④ 45 m/s

해설 ⊙ 저속과 고속의 구분은 15 m/s이다.
ⓒ 저속 덕트 풍속은 8~15 m/s이다.
ⓒ 고속 덕트 풍속은 20~25 m/s이다.

17. 공기 조화 방식의 열매체에 의한 분류 중 냉매 방식의 특징에 대한 설명으로 틀린 것은?

① 유닛에 냉동기를 내장하므로 국소적인 운전이 자유롭게 된다.
② 온도조절기를 내장하고 있어 개별 제어가 가능하다.
③ 대형의 공조실을 필요로 한다.
④ 취급이 간단하고 대형의 것도 쉽게 운전할 수 있다.

해설 냉매 방식은 공조기가 필요 없다.

18. 다음 중 전열교환기에 대한 설명으로 틀린 것은?

① 회전식과 고정식 등이 있다.
② 현열과 잠열을 동시에 교환한다.
③ 전열교환기는 공기 대 공기 열교환이라고도 한다.
④ 동계에 실내로부터 배기되는 고온·다습 공기와 한랭·건조한 외기와의 열교환을 통해 엔탈피 감소 효과를 가져온다.

해설 전열교환기는 배기되는 공기와 도입 외기와의 열교환으로 도입 외기의 엔탈피는 동계에는 증가하고 하계에는 감소한다.

19. 공조용 저속 덕트를 등마찰법으로 설계할 때 사용하는 단위 마찰저항으로 가장 적당한 것은?

① 0.007~0.015 Pa/m
② 0.7~1.5 Pa/m
③ 7~15 Pa/m
④ 70~150 Pa/m

해설 ⊙ 저속 덕트 : 0.1 ~ 0.12 mmAq/m
(0.98 Pa/m)

ⓒ 고속 덕트 : 1 mmAq 이상(약 1.5 Pa/m 이상)

20. 송풍 공기량을 $Q[m^3/s]$, 외기 및 실내온도를 각각 t_o, $t_r[℃]$이라 할 때 침입외기에 의한 손실 열량 중 현열부하(kW)를 구하는 공식은? (단, 공기의 정압비열은 1.0 kJ/kg·K, 밀도는 1.2 kg/m³이다.)

① $1.0 \times Q \times (t_o - t_r)$
② $1.2 \times Q \times (t_o - t_r)$
③ $597.5 \times Q \times (t_o - t_r)$
④ $717 \times Q \times (t_o - t_r)$

해설 $q_s = Q \cdot \gamma C_p (t_o - t_r)$
$\quad = Q \times 1.2 \times 1 \times (t_o - t_r)$
$\quad = 1.2Q(t_o - t_r)[kW]$

제2과목	냉동냉장 설비

21. 냉동장치 내 불응축가스가 존재하고 있는 것이 판단되었다. 그 혼입의 원인으로 가장 거리가 먼 것은?

① 냉매 충전 전에 장치 내를 진공 건조시키기 위하여 상온에서 진공 750 mmHg까지 몇 시간 동안 진공 펌프를 운전하였기 때문이다.
② 냉매와 윤활유의 충전작업이 불량했기 때문이다.
③ 냉매와 윤활유가 분해하기 때문이다.
④ 팽창밸브에서 수분이 동결하고 흡입가스 압력이 대기압 이하가 되기 때문이다.

해설 불응축가스 발생 원인
(1) 외부에서 침입하는 경우
  ㉮ 오일 및 냉매 충전 시 부주의에 의한 침입
  ㉯ 냉동기를 진공 운전할 때
(2) 내부에서 발생하는 경우

㉮ 진공 시험 시 완전 진공을 하지 않았을 경우 장치 내에 남아 있는 공기
㉯ 오일 탄화할 때 생긴 가스
㉰ 냉매 및 오일의 순도가 불량할 때

22. 다음과 같은 냉동기의 냉동능력(RT)은? (단, 응축기 냉각수 입구온도 18℃, 응축기 냉각수 출구온도 23℃, 응축기 냉각수 수량 1500 L/min, 압축기 주전동기 축마력은 80 PS, 1 RT는 3.9kW이다.)

① 135 ② 120 ③ 150 ④ 125

해설 냉동능력 $= \dfrac{Q_c - N}{3.9 \times 3600}$

$= \dfrac{1500 \times 60 \times 4.2 \times (23 - 18) - \left(80 \times \dfrac{75}{102}\right) \times 3600}{3.9 \times 3600}$

$= 119.53RT$

23. 다음 그림은 어떤 사이클인가? (단, P = 압력, h = 엔탈피, T = 온도, S = 엔트로피이다.)

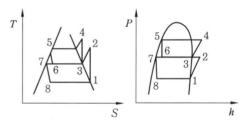

① 2단 압축 1단 팽창 사이클
② 2단 압축 2단 팽창 사이클
③ 1단 압축 1단 팽창 사이클
④ 1단 압축 2단 팽창 사이클

24. 10 kg의 산소가 체적 5 m³로부터 11 m³로 변화하였다. 이 변화가 일정 압력하에 이루어졌다면 엔트로피의 변화(kJ/K)는? (단, 산소는 완전가스로 보고, 정압비열은 0.93kJ/kg·K로 한다.)

① 1.55 ② 7.33
③ 1.95 ④ 2.05

해설 $\Delta S = GC_p \ln \dfrac{V_2}{V_1} = 10 \times 0.93 \times \ln \dfrac{11}{5}$

$= 7.33\,\text{kJ/K}$

25. 공기냉동기의 온도가 압축기 입구에서 −10℃, 출구온도 110℃, 팽창밸브 입구온도 10℃, 출구에서 −60℃일 때, 압축기의 소요일량(kJ/kg)은? (단, 공기비열은 1.04 kJ/kg·K)

① 52 ② 59
③ 67 ④ 76

해설 ㉠ 방출열량 $= 1.04 \times (110 - 10)$
$= 104\,\text{kJ/kg}$
㉡ 흡열량 $= 1.04 \times \{(-10) - (-60)\}$
$= 52\,\text{kJ/kg}$
㉢ 압축소요일량 $= 104 - 52 = 52\,\text{kJ/kg}$

26. 냉동장치의 액관 중 발생하는 플래시 가스의 발생 원인으로 가장 거리가 먼 것은?

① 액관의 입상높이가 매우 작을 때
② 냉매 순환량에 비하여 액관의 관경이 너무 작을 때
③ 배관에 설치된 스트레이너, 필터 등이 막혀 있을 때
④ 액관이 직사광선에 노출될 때

해설 액관의 입상높이가 매우 클 때 플래시 가스가 발생한다.

27. 압축기의 체적효율에 대한 설명으로 틀린 것은?

① 압축기의 압축비가 클수록 커진다.
② 틈새가 작을수록 커진다.
③ 실제로 압축기에 흡입되는 냉매증기의 체적과 피스톤이 배출한 체적과의 비를 나타낸다.
④ 비열비 값이 작을수록 작게 된다.

해설 압축비가 크면 체적효율은 감소한다.

28. 다음 중 냉동 효과에 관한 설명으로 옳은 것은?

① 냉동 효과란 응축기에서 방출하는 열량을 의미한다.
② 냉동 효과는 압축기의 출구 엔탈피와 증발기의 입구 엔탈피 차를 이용하여 구할 수 있다.
③ 냉동 효과는 팽창밸브 직전의 냉매 액온도가 높을수록 크며, 또 증발기에서 나오는 냉매증기의 온도가 낮을수록 크다.
④ 냉동 효과를 크게 하려면 냉매의 과냉각도를 증가시키는 방법을 취하면 된다.

해설 과냉각도를 크게 하면 플래시 가스 발생량이 적어지므로 냉동 효과가 증가한다.

29. 다음 중 몰리에르($P-h$) 선도에 나타나 있지 않은 것은?

① 엔트로피 ② 온도
③ 비체적 ④ 비열

해설 $P-h$ 선도에는 압력, 엔탈피, 온도, 비용적(비체적), 엔트로피, 건조도 등이 나타나 있다.

30. 조건을 참고하여 산출한 이론 냉동사이클의 성적계수는?

조건
㉠ 증발기 입구 냉매엔탈피 : 250 kJ/kg
㉡ 증발기 출구 냉매엔탈피 : 390 kJ/kg
㉢ 압축기 입구 냉매엔탈피 : 390 kJ/kg
㉣ 압축기 출구 냉매엔탈피 : 440 kJ/kg

① 2.5 ② 2.8
③ 3.2 ④ 3.8

해설 $COP = \dfrac{390 - 250}{440 - 390} = 2.8$

31. 조건을 참고하여 산출한 흡수식 냉동기의 성적계수는?

조건
㉠ 응축기 냉각열량 : 20000 kJ/h
㉡ 흡수기 냉각열량 : 25000 kJ/h
㉢ 재생기 가열량 : 21000 kJ/h
㉣ 증발기 냉동열량 : 24000 kJ/h

① 0.88   ② 1.14
③ 1.34   ④ 1.52

해설 $COP = \dfrac{24000}{21000} = 1.143$

32. 냉동장치의 안전장치 중 압축기로의 흡입압력이 소정의 압력 이상이 되었을 경우 과부하에 의한 압축기용 전동기의 위험을 방지하기 위하여 설치되는 기기는?

① 증발압력 조정밸브(EPR)
② 흡입압력 조정밸브(SPR)
③ 고압 스위치
④ 저압 스위치

해설 흡입압력 조정밸브(SPR)는 흡입관 압축기 입구에 설치하여 흡입압력이 일정 압력 이하가 되게 하며, 압력이 높으면 닫히고 낮으면 열려서 압축기 과부하를 방지하여 압축기용 전동기를 보호한다.

33. 다음 중 중간 냉각기에 대한 설명으로 틀린 것은?

① 다단 압축냉동장치에서 저단측 압축기 압축압력(중간 압력)의 포화온도까지 냉각하기 위하여 사용한다.
② 고단측 압축기로 유입되는 냉매증기의 온도를 낮추는 역할도 한다.
③ 중간 냉각기의 종류에는 플래시형, 액냉각형, 직접팽창형이 있다.
④ 2단 압축 1단 팽창 냉동장치에는 플래시형 중간 냉각방식이 이용되고 있다.

해설 2단 압축 1단 팽창 냉동장치에는 액체 냉각식 중간 냉각기를 설치한다.

34. 어떤 냉매의 액이 30℃의 포화온도에서 팽창밸브로 공급되어 증발기로부터 5℃의 포화증기가 되어 나올 때 1냉동톤당 냉매의 양(kg/h)은? (단, 5℃의 엔탈피는 591.59 kJ/kg, 30℃의 엔탈피는 452.13 kJ/kg, 1RT는 3.9kW이다.)

① 100.7 ② 50.6 ③ 10.8 ④ 5.3

해설 $G = \dfrac{3.9 \times 3600}{591.59 - 452.13} = 100.67 \text{ kg/h}$

35. 냉매의 구비 조건으로 틀린 것은?

① 임계온도는 높고, 응고점은 낮아야 한다.
② 증발 잠열과 기체의 비열은 작아야 한다.
③ 장치를 침식하지 않으며 절연 내력이 커야 한다.
④ 점도와 표면장력은 작아야 한다.

해설 냉매는 증발 잠열이 크고 액체의 비열이 작아야 한다.

36. 증기분사식 냉동장치에서 사용되는 냉매는?

① 프레온   ② 물
③ 암모니아 ④ 염화칼슘

해설 증기분사식 냉동장치는 물을 냉매로 하며 이젝터로 다량의 증기를 분사할 때의 부합작용을 이용하는 냉동방식이다.

37. 다음 중 상태변화에 대한 설명으로 옳은 것은?

① 단열변화에서 엔트로피는 증가한다.
② 등적변화에서 가해진 열량은 엔탈피 증가에 사용된다.
③ 등압변화에서 가해진 열량은 엔탈피 증가에 사용된다.
④ 등온변화에서 절대일은 0이다.

해설 ① 단열변화에서 엔트로피는 일정하다.
② 등적변화에서 가해진 열량은 내부에너지 변화로 표시된다.

정답 32. ② 33. ④ 34. ① 35. ② 36. ② 37. ③

④ 등온변화에서 가해진 열량은 전부 일로 변하고 공업일량과 절대일량은 같다.

38. 수랭식 냉동장치에서 단수되거나 순환수량이 적어질 때 경고 또는 장치 보호를 위해 작동하는 스위치는?

① 고압 스위치
② 저압 스위치
③ 유압 스위치
④ 플로(flow) 스위치

해설 수랭식 냉동장치에서 순환수량이 적어지거나 단수될 때 플로 스위치가 작동하여 경고하거나 펌프와 압축기를 정지시킨다.

39. 냉동 사이클에서 응축온도를 일정하게 하고 압축기 흡입가스의 상태를 건포화 증기로 할 때 증발온도를 상승시키면 어떤 결과가 나타나는가?

① 압축비 증가 ② 성적계수 감소
③ 냉동 효과 증가 ④ 압축일량 증가

해설 응축온도가 일정할 때 증발온도를 상승시키면 다음과 같은 현상이 일어난다.
㉠ 압축비 감소
㉡ 냉동 효과 증가
㉢ 압축일량 감소
㉣ 성적계수 증가
㉤ 토출가스 온도 감소
㉥ 체적효율 증가

40. 핫가스(hot gas) 제상을 하는 소형 냉동장치에서 핫가스의 흐름을 제어하는 것은?

① 캐필러리 튜브(모세관)
② 자동팽창 밸브(AEV)
③ 솔레노이드 밸브(전자 밸브)
④ 증발압력 조정밸브

해설 고압가스(hot gas) 제상의 자동화를 위하여 전자 밸브(SV)를 설치한다.

41. 냉매배관 시공 시 주의사항으로 틀린 것은?

① 배관 재료는 각각의 용도, 냉매 종류, 온도를 고려하여 선택한다.
② 배관 곡관부의 곡률 반지름은 가능한 한 크게 한다.
③ 배관이 고온의 장소를 통과할 때는 단열 조치한다.
④ 기기 상호 간 배관길이는 되도록 길게 하고 관경은 크게 한다.

해설 기기 상호 간 배관길이는 되도록 짧게 하고, 냉매가 흘러가는 방향으로 하향 구배한다.

42. 중앙식 급탕법에 대한 설명으로 틀린 것은?

① 급탕 장소가 많은 대규모 건물에 적당하다.
② 직접 가열식은 저탕조와 보일러가 직결되어 있다.
③ 기수 혼합식은 저압증기로 온수를 얻는 방법으로 사용 장소에 제한을 받지 않는다.
④ 간접 가열식은 특수한 내압용 보일러를 사용할 필요가 없다.

해설 기수 혼합식은 고압증기로 온수를 얻는 방법으로 사용 장소에 제한을 받는다.

43. 증기배관에서 증기와 응축수의 흐름방향이 동일할 때 증기관의 구배는?(단, 특수한 경우를 제외한다.)

① $\frac{1}{50}$ 이상의 순구배
② $\frac{1}{50}$ 이상의 역구배
③ $\frac{1}{250}$ 이상의 순구배

④ $\frac{1}{250}$ 이상의 역구배

해설 증기배관에서 증기와 응축수의 흐름 방향이 동일할 때(단관식) 구배는 $\frac{1}{250}$ 이상의 순 구배 (하향 구배)이다. 온수난방도 동일하다.

44. 다음 중 이온화에 의한 금속부식에서 이온화 경향이 가장 작은 금속은?

① Mg   ② Sn
③ Pb   ④ Al

해설 금속의 이온화 경향 순서 : K – Ca – Na – Mg – Al – Zn – Fe – Ni – Sn – Pb – H – Cu – Hg – Ag – Pt – Au

45. 열전도도가 비교적 크고, 내식성과 굴곡성이 풍부한 장점이 있어 열교환기용 관으로 널리 사용되는 관은?

① 강관   ② 플라스틱관
③ 주철관   ④ 동관

해설 동관은 내식성과 굴곡성이 풍부하고 열전도율이 양호하여 공기조화(냉·난방) 장치의 열교환기로 사용한다.

46. 도시가스 배관을 지하에 매설하는 중압 이상인 배관(a)과 지상에 설치하는 배관(b)의 표면 색상으로 옳은 것은?

① (a) 적색 (b) 회색
② (a) 백색 (b) 적색
③ (a) 적색 (b) 황색
④ (a) 백색 (b) 황색

해설 ㉠ 지하매설 저압 배관 표면색은 황색
㉡ 지하매설 중압 이상 배관 표면색은 적색
㉢ 지상에 설치하는 배관색은 황색이지만 방범을 이유로 현재 건축물의 색깔과 동일하게 하여도 무방하다.

47. 급탕배관 계통에서 배관 중 총 손실열량이 63000 kJ/h이고, 급탕온도가 70℃, 환수온도가 60℃일 때, 순환수량(kg/min)은 얼마인가? (단, 온수비열은 4.2 kJ/kg·K이다)

① 1500   ② 100
③ 25   ④ 5

해설 $G = \frac{63000}{4.2 \times (70-60) \times 60} = 25 \text{ kg/min}$

48. 증기난방 배관 방법에서 리프트 피팅을 사용할 때, 1단의 흡상고 높이는 얼마 이내로 해야 하는가?

① 4 m 이내   ② 3 m 이내
③ 2.5 m 이내   ④ 1.5 m 이내

해설 리프트 피팅은 환수주관보다 1~2 정도 작은 치수를 사용하고 1단 흡상높이는 1.5 m 이내로 한다.

49. 송풍기의 토출측과 흡입측에 설치하여 송풍기의 진동이 덕트나 장치에 전달되는 것을 방지하기 위한 접속법은?

① 크로스 커넥션(cross connection)
② 캔버스 커넥션(canvas connection)
③ 서브 스테이션(sub station)
④ 하트포드(hartford) 접속법

해설 캔버스 커넥션 : 덕트와 공기조화기를 접속할 때 팬(송풍기)의 작은 진동을 흡수하여 덕트에 진동을 주지 않도록 하기 위해 사용되며 두꺼운 천으로 만들어진 설비이다.

50. 온수난방 배관 시공 시 배관의 구배에 관한 설명으로 틀린 것은?

① 배관의 구배는 $\frac{1}{250}$ 이상으로 한다.
② 단관 중력 환수식의 온수 주관은 하향 구배를 준다.

③ 상향 복관 환수식에서는 온수 공급관, 복귀관 모두 하향 구배를 준다.

④ 강제 순환식은 배관의 구배를 자유롭게 한다.

해설 상향 복관 환수식에서 온수 공급관은 상향구배, 복귀관은 하향 구배이다.

51. 가스배관에서 가스공급을 중단시키지 않고 분해·점검할 수 있는 것은?

① 바이패스관   ② 가스미터
③ 부스터   ④ 수취기

해설 배관에서 주통로를 정비, 점검할 때 공급을 중단하지 않고 우회로를 통해 공급하는 관을 바이패스관이라 한다.

52. 냉동장치에서 증발기가 응축기보다 아래에 있을 때 압축기 정지 시 증발기로의 냉매 흐름 방지를 위해 설치하는 것은 어느 것인가?

① 역구배 루프 배관
② 드렌처
③ 균압배관
④ 안전밸브

해설 증발기가 응축기보다 아래에 있는 경우 2 m 이상의 역구배 루프 배관을 설치하여 정지 시에 증발기로 냉매 흐름을 방지한다. 역구배 루프 배관 대용으로 전자 밸브(SV)를 설치하는 경우도 있다.

53. 직류기에서 전기자 반작용에 관한 설명으로 틀린 것은?

① 주자속이 감소한다.
② 전기자 기자력이 증대된다.
③ 정기적 중성축이 이동한다.
④ 자속의 분포가 한쪽으로 기울어진다.

해설 전기자 기자력과 전기자 반작용은 같은 뜻이고 보상권선을 설치하여 전기자 기자력을 없앤다.

54. 그림에서 전류계의 측정 범위를 10배로 하기 위한 전류계의 내부저항 $r[\Omega]$과 분류기 저항 $R[\Omega]$과의 관계는?

① $r = 9R$ ② $r = \dfrac{R}{9}$

③ $r = 10R$ ④ $r = \dfrac{R}{10}$

해설 $I = 10I\dfrac{R}{r+R}$
$r + R = 10R$
$r = 10R - R = 9R$

55. 다음 그림에 대한 키르히호프 법칙의 전류 관계식으로 옳은 것은?

① $I_1 = I_2 - I_3 + I_4$ ② $I_1 = I_2 + I_3 + I_4$
③ $I_1 = I_2 - I_3 - I_4$ ④ $I_1 = -I_2 - I_3 - I_4$

해설 $I_2 = I_1 + I_3 + I_4$
∴ $I_1 = I_2 - I_3 - I_4$

56. 미분 요소에 해당하는 것은? (단, K는 비례 상수이다.)

① $G(s) = K$ ② $G(s) = Ks$

③ $G(s) = \dfrac{K}{s}$ ④ $G(s) = \dfrac{K}{Ts+1}$

해설 ① : 비례 요소
③ : 적분 요소
④ : 1차 지연 요소

정답 **51.** ①   **52.** ①   **53.** ②   **54.** ①   **55.** ③   **56.** ②

57. 온도 보상용으로 사용되는 것은?

① SCR   ② 다이액
③ 다이오드   ④ 서미스터

해설 서미스터 : 온도에 따라서 저항값이 현저하게 변화하는 저항체로 이것을 이용하여 여러 가지 측정기와 제어기기가 만들어진다.

58. 컴퓨터 제어의 아날로그 신호를 디지털 신호로 변화하는 과정에서 아날로그 신호의 최댓값을 M, 변환기의 bit 수를 3이라 하면 양자화 오차의 최댓값은 얼마인가?

① M ② $\dfrac{M}{6}$

③ $\dfrac{M}{7}$ ④ $\dfrac{M}{8}$

해설 디지털 신호는 2진수이므로

$$최댓값 = \frac{M}{x^3} = \frac{M}{2^3} = \frac{M}{8}$$

59. 제베크 효과(Seebeck effect)를 이용한 센서에 해당하는 것은?

① 저항 변화용   ② 용량 변화용
③ 전압 변화용   ④ 인덕턴스 변화용

해설 제베크 효과 : 두 종류의 금속선을 두 점에서 접합하여 폐회로를 만들고 이 두 접점을 다른 온도로 유지하면 기전력(전압)이 생겨 열전류가 흐르는 현상

60. 3상 유도전동기의 출력이 15 kW, 선간전압이 220 V, 효율이 80 %, 역률이 85 %일 때, 이 전동기에 유입되는 선전류는 약 몇 A인가?

① 33.4   ② 45.6
③ 57.9   ④ 69.4

해설 전류 $I = \dfrac{15000}{\sqrt{3} \times 220 \times 0.85 \times 0.8}$
$= 57.88\,A$

출제 예상문제 (8)

제1과목　공기조화 설비

1. 난방부하의 변동에 따른 온도 조절이 쉽고, 열용량이 커서 실내의 쾌감도가 좋으며, 공급온도를 변화시킬 수 있고, 방열기 밸브로 방열량을 조절할 수 있는 난방방식은?

① 온수난방방식　② 증기난방방식
③ 온풍난방방식　④ 냉매난방방식

해설 온수난방방식 : 난방부하의 변동에 따른 온도 조절이 용이하고 현열을 이용하므로 쾌감도가 높다. 배관과 방열기를 냉방으로의 사용이 가능하다.

2. 다음 중 개방식 팽창탱크에 반드시 필요한 요소가 아닌 것은?

① 압력계　　② 수면계
③ 안전관　　④ 팽창관

해설 압력계, 안전밸브는 밀폐식 팽창탱크에 반드시 필요하다.

3. 단효용 흡수식 냉동기의 능력이 감소하는 원인이 아닌 것은?

① 냉수 출구온도가 낮아질수록 심하게 감소한다.
② 압축비가 작을수록 감소한다.
③ 사용 증기압이 낮아질수록 감소한다.
④ 냉각수 입구온도가 높아질수록 감소한다.

해설 흡수식 냉동장치는 압축기와 팽창밸브가 없다.

4. 다음 중 습공기 선도 상에 표시되지 않는 것은 어느 것인가?

① 비체적　　② 비열
③ 노점온도　④ 엔탈피

해설 비열은 어떤 물질 1 kg을 1℃ 높이는 데 필요한 열량(kcal/kg·℃)으로 습공기 선도에는 없다.

5. 공기의 가습 방법으로 틀린 것은?

① 에어 와셔에 의한 방법
② 얼음을 분무하는 방법
③ 증기를 분무하는 방법
④ 가습팬에 의한 방법

해설 가습 방법
　㉠ 순환수 분무 가습(에어 와셔 또는 가습팬)
　㉡ 온수 분무 가습
　㉢ 증기 분무 가습

6. 냉동기를 구동시키기 위하여 여름에도 보일러를 가동하는 열원 방식은?

① 터보 냉동기 방식
② 흡수식 냉동기 방식
③ 빙축열 방식
④ 열병합 발전 방식

해설 흡수식 냉동장치 구동 방법의 열원으로 수증기, 직화식, 전기히터, 태양열 등이 있다.

7. 일정한 건구온도에서 습공기의 성질 변화에 대한 설명으로 틀린 것은?

① 비체적은 절대습도가 높아질수록 증가한다.
② 절대습도가 높아질수록 노점온도는 높아진다.
③ 상대습도가 높아지면 절대습도는 높아진다.
④ 상대습도가 높아지면 엔탈피는 감소한다.

정답　1. ①　2. ①　3. ②　4. ②　5. ②　6. ②　7. ④

해설 상대습도가 상승하면 엔탈피, 건구온도, 비체적이 상승한다.

8. 다음 중 복사난방에 관한 설명으로 옳은 것은?

① 고온식 복사난방은 강판제 패널 표면의 온도를 100℃ 이상으로 유지하는 방법이다.
② 파이프 코일의 매설 깊이는 균등한 온도 분포를 위해 코일 외경과 동일하게 한다.
③ 온수의 공급 및 환수 온도차는 가열면의 균일한 온도 분포를 위해 10℃ 이상으로 한다.
④ 방이 개방상태에서도 난방 효과가 있으나 동일 방열량에 대해 손실량이 비교적 크다.

해설 ㉠ 저온 복사난방 : 바닥이나 천장 전체를 30~50℃의 방열면으로 하는 복사난방
㉡ 고온 복사난방 : 건축 구조체와는 별도로 패널 코일을 장치한 복사 패널에 고온이나 증기를 통하여 표면온도를 100℃ 이상으로 하는 복사난방
㉢ 연소식 고온 복사난방 : 가스의 연소열에 의한 난방
㉣ 전열식 고온 복사난방 : 전열기 발생열량에 의한 난방

9. A 상태에서 B 상태로 가는 냉방과정에서 현열비는?

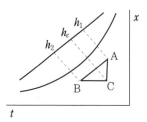

① $\dfrac{h_1 - h_2}{h_1 - h_c}$ ② $\dfrac{h_1 - h_c}{h_1 - h_2}$

③ $\dfrac{h_1 - h_c}{h_c - h_2}$ ④ $\dfrac{h_c - h_2}{h_1 - h_2}$

해설 ㉠ 현열량 $= h_c - h_2$
㉡ 잠열량 $= h_1 - h_c$
㉢ 전열량 $= h_1 - h_2$
㉣ $SHF = \dfrac{q_s}{q_t} = \dfrac{h_c - h_2}{h_1 - h_2}$

10. 다음 중 방열기의 종류로 가장 거리가 먼 것은?

① 주철제 방열기 ② 강판제 방열기
③ 컨벡터   ④ 응축기

해설 응축기는 냉동장치에서 열을 방출하는 장치로 난방기기의 방열기가 아니다.

11. 지하 주차장 환기설비에서 천장부에 설치되어 있는 고속 노즐로부터 취출되는 공기의 유인 효과를 이용하여 오염 공기를 국부적으로 희석시키는 방식은?

① 제트팬 방식
② 고속 덕트 방식
③ 무덕트 환기 방식
④ 고속 노즐 방식

12. 다음은 난방부하에 대한 설명이다. ( )에 적당한 용어로서 옳은 것은?

> 겨울철에는 실내의 일정한 온도 및 습도를 유지하기 위하여 실내에서 손실된 (㉮)이나 부족한 (㉯)을 보충하여야 한다.

① ㉮ 수분량, ㉯ 공기량
② ㉮ 열량, ㉯ 공기량
③ ㉮ 공기량, ㉯ 열량
④ ㉮ 열량, ㉯ 수분량

13. 인접실, 복도, 상층, 하층이 공조되지 않는 일반 사무실의 남측 내벽(A)의 손실 열량(kJ/h)은?(단, 설계조건은 실내온도 20℃,

실외온도 0℃, 내벽 열통과율(k)은 1.86W/m² · h로 한다.)

① 1339   ② 3662
③ 5010   ④ 12335

해설 $q_s = k \cdot F \cdot \Delta t$

$= 1.86 \times 3600 \times (8 \times 3 - 2 \times 2)$

$\times \left(20 - \dfrac{20 + 0}{2} \right) = 1339200 \text{J/h}$

$= 1339.2 \text{kJ/h}$

14. 고성능의 필터를 측정하는 방법으로 일정한 크기(0.3 μm)의 시험입자를 사용하여 먼지의 수를 계측하는 시험법은?

① 중량법   ② TETD/TA법
③ 비색법   ④ 계수(DOP)법

해설 ① 중량법 : 비교적 큰 입자를 대상으로 측정하는 방법 $\left(\eta = \dfrac{C_1 - C_2}{C_1} \times 100 \right)$

③ 비색법(변색도법) : 비교적 작은 입자를 대상으로 하며, 필터의 상류와 하류에서 포집한 공기를 각각 여과지에 통과시켜 그 오염도를 광전관으로 측정한다.

④ 계수법(DOP법) : 고성능의 필터를 측정하는 방법으로 일정한 크기(0.3 μm)의 시험입자를 사용하여 먼지의 수를 계측한다.

15. 다음 중 천장이나 벽면에 설치하고 기류 방향을 자유롭게 조정할 수 있는 취출구는?

① 펑커 루버형 취출구
② 베인형 취출구
③ 팬형 취출구
④ 아네모스탯형 취출구

해설 펑커 루버 : 선박 환기용으로 제작된 것으로 목을 움직여서 토출기류의 방향을 바꿀 수 있으며, 토출구에 달려 있는 댐퍼로 풍량 조절을 쉽게 할 수 있다.

16. 개방식 냉각탑의 설계 시 유의사항으로 옳은 것은?

① 압축식 냉동기 1 RT당 냉각열량은 3.26 kW로 한다.
② 쿨링 어프로치는 일반적으로 10℃로 한다.
③ 압축식 냉동기 1 RT당 수량은 외기습구 온도가 27℃일 때 8 L/min 정도로 한다.
④ 흡수식 냉동기를 사용할 때 열량은 일반적으로 압축식 냉동기의 약 1.7~2.0배 정도로 한다.

해설 ① 압축식 냉동기 1 RT당 냉각열량은 4.54 kW이다.
② 쿨링 어프로치는 일반적으로 5℃로 한다.
③ 압축식 냉동장치 1 RT당 냉각수량은 13 L/min 정도이다.

17. 어떤 실내의 취득열량을 구했더니 감열이 40 kW, 잠열이 10 kW였다. 실내를 건구온도 25℃, 상대습도 50 %로 유지하기 위해 취출온도차 10℃로 송풍하고자 한다. 이때 현열비 (SHF)는?

① 0.6   ② 0.7
③ 0.8   ④ 0.9

해설 $SHF = \dfrac{q_s}{q_s + q_l} = \dfrac{40}{40 + 10} = 0.8$

18. 수관 보일러의 종류가 아닌 것은?

① 노통연관식 보일러

② 관류 보일러
③ 자연순환식 보일러
④ 강제순환식 보일러

해설 수관 보일러는 물의 순환방식에 따라 자연순환식, 강제순환식, 관류식 보일러로 분류한다.

19. 온수난방 배관 시 유의사항으로 틀린 것은?

① 배관의 최저점에는 필요에 따라 배관 중의 물을 완전히 배수할 수 있도록 배수 밸브를 설치한다.
② 배관 내 발생하는 기포를 배출시킬 수 있는 장치를 한다.
③ 팽창관 도중에는 밸브를 설치하지 않는다.
④ 증기 배관과는 달리 신축 이음을 설치하지 않는다.

해설 난방 배관의 신축 이음은 스위블 조인트를 주로 사용한다.

20. 실내취득열량 중 현열이 35 kW일 때, 실내온도를 26℃로 유지하기 위해 12.5℃의 공기를 송풍하고자 한다. 송풍량(m³/min)은? (단, 공기의 비열은 1.0 kJ/kg·℃, 공기의 밀도는 1.2 kg/m³로 한다.)

① 129.6
② 154.3
③ 308.6
④ 617.2

해설 $Q = \dfrac{q_s}{\gamma C \Delta t} = \dfrac{35 \times 60}{1.2 \times 1 \times (26 - 12.5)}$
$= 129.63 \, \text{m}^3/\text{min}$

제2과목 **냉동냉장 설비**

21. 다음 중 공비 혼합 냉매는 무엇인가?

① R401A
② R501
③ R717
④ R600

해설 공비 혼합 냉매는 R-500번대이다.

22. 냉동장치의 냉동능력이 3 RT이고, 이때 압축기의 소요동력이 3.7 kW이였다면 응축기에서 제거하여야 할 열량(kJ/h)은? (단, 1RT는 3.9 kW이다.)

① 41412
② 55440
③ 76650
④ 107100

해설 $Q_c = Q_e + N = 3 \times 3.9 \times 3600 + 3.7 \times 3600$
$= 55440 \, \text{kJ/h}$

23. 다음 중 압축기의 보호를 위한 안전장치로 바르게 나열된 것은?

① 가용전, 고압스위치, 유압보호스위치
② 고압스위치, 안전밸브, 가용전
③ 안전밸브, 안전두, 유압보호스위치
④ 안전밸브, 가용전, 유압보호스위치

해설 압축기 보호를 위한 안전장치로는 액분리기, 안전두, 고압스위치, 안전밸브, 토출가스온도 TC, 유압보호스위치 등이 있다.

24. 다음 그림에서 냉동 효과(kJ/kg)는 얼마인가?

① 1430
② 1084
③ 346
④ 13

해설 냉동 효과 = 1645.98 − 561.96
$= 1084.02 \, \text{kJ/kg}$

25. 냉동장치의 액분리기에 대한 설명으로 바르게 짝지어진 것은?

ⓐ 증발기와 압축기 흡입측 배관 사이에 설치한다.
ⓑ 기동 시 증발기 내의 액이 교란되는 것을 방지한다.
ⓒ 냉동부하의 변동이 심한 장치에는 사용하지 않는다.
ⓓ 냉매액이 증발기로 유입되는 것을 방지하기 위해 사용한다.

① ⓐ, ⓑ ② ⓒ, ⓓ
③ ⓐ, ⓒ ④ ⓑ, ⓒ

해설 액분리기는 흡입가스 배관에서 증발기보다 150 mm 이상 높은 곳에 설치하며 압축기 액압축을 방지하고 냉동부하 변동이 심한 장치에서 증발기 내의 액이 교란되는 것을 방지한다.

26. 암모니아 냉동장치에서 압축기의 토출압력이 높아지는 이유로 틀린 것은?

① 장치 내 냉매 충전량이 부족하다.
② 공기가 장치에 혼입되었다.
③ 순환 냉각수 양이 부족하다.
④ 토출 배관 중의 패쇄밸브가 지나치게 조여져 있다.

해설 냉매 충전량이 부족하면 토출압력은 낮아지고 흡입가스가 과열되므로 토출가스 온도는 상승한다.

27. 냉동장치의 운전에 관한 유의사항으로 틀린 것은?

① 운전 휴지 기간에는 냉매를 회수하고, 저압측의 압력은 대기압보다 낮은 상태로 유지한다.
② 운전 정지 중에는 오일 리턴 밸브를 차단시킨다.
③ 장시간 정지 후 시동 시에는 누설 여부를 점검 후 기동시킨다.
④ 압축기를 기동시키기 전에 냉각수 펌프

를 기동시킨다.

해설 운전 휴지 시 저압측(증발기)의 압력은 대기압력($0\,kg/cm^2 \cdot g$) 이상 $0.1\,kg/cm^2 \cdot g$ 가까이 유지시킨다.

28. 브라인 냉각장치에서 브라인의 부식방지 처리법이 아닌 것은?

① 공기와 접촉시키는 순환방식 채택
② 브라인의 pH를 7.5~8.2 정도로 유지
③ $CaCl_2$ 방청제 첨가
④ NaCl 방청제 첨가

해설 브라인(brine)은 O_2(공기)와의 접촉을 피하여 부식 방지를 한다.

29. 표준 냉동 사이클에 대한 설명으로 옳은 것은?

① 응축기에서 버리는 열량은 증발기에서 취하는 열량과 같다.
② 증기를 압축기에서 단열압축하면 압력과 온도가 높아진다.
③ 팽창밸브에서 팽창하는 냉매는 압력이 감소함과 동시에 열을 방출한다.
④ 증발기 내에서의 냉매 증발온도는 그 압력에 대한 포화온도보다 낮다.

해설 ㉠ 응축열량＝증발열량＋압축일의 열량
㉡ 단열압축하면 엔트로피가 일정하고 압력과 온도가 상승한다.
㉢ 팽창밸브에서 팽창하는 냉매는 압력과 온도가 감소하고 플래시가스가 발생한다.
㉣ 증발기는 압력과 온도가 일정하다.

30. 밀폐계에서 10 kg의 공기가 팽창 중 400 kJ의 열을 받아서 150 kJ의 내부에너지가 증가하였다. 이 과정에서 계가 한 일(kJ)은?

① 550 ② 250
③ 40 ④ 15

해설 $AW = \Delta q - \Delta u = 400 - 150 = 250\,kJ$

31. 증기압축식 냉동장치에서 응축기의 역할로 옳은 것은?

① 대기 중으로 열을 방출하여 고압의 기체를 액화시킨다.

② 저온, 저압의 냉매 기체를 고온, 고압의 기체로 만든다.

③ 대기로부터 열을 흡수하여 열 에너지를 저장한다.

④ 고온, 고압의 냉매 기체를 저온, 저압의 기체로 만든다.

해설 응축기는 외부의 물 또는 공기와 열교환하여 대기 중으로 열을 방출하고 고압의 기체(과열증기)를 액화시키는 장치이다.

32. 액분리기(accumulator)에서 분리된 냉매의 처리 방법이 아닌 것은?

① 가열시켜 액을 증발시킨 후 응축기로 순환시킨다.

② 증발기로 재순환시킨다.

③ 가열시켜 액을 증발시킨 후 압축기로 순환시킨다.

④ 고압측 수액기로 회수한다.

해설 액분리기에서 분리된 냉매액을 처리(회수)하는 방법은 다음과 같다.

㉠ 고압 수액기로 회수한다.

㉡ 소형 장치에서 열교환하여 냉매를 기화시켜서 압축기로 회수한다.

㉢ 만액식 또는 액순환식 증발기의 경우 증발기에 재사용한다.

33. 4마력(PS) 기관이 1분간에 하는 일의 열당량(kJ)은?

① 0.176 　　② 1.76

③ 17.6 　　④ 176.5

해설 $q = 4 \times \dfrac{75}{102} \times 60 = 176.47\,kJ$

34. 2단 압축식 냉동장치에서 증발압력부터 중간 압력까지 압력을 높이는 압축기를 무엇이라고 하는가?

① 부스터 　　② 이코노마이저

③ 터보 　　④ 루트

해설 증발압력에서 중간 압력으로 압력을 높여주는 장치를 저단 압축기 일명 부스터(증폭기)라 한다.

35. 다음 중 엔트로피에 관한 설명으로 틀린 것은?

① 엔트로피는 자연현상의 비가역성을 나타내는 척도가 된다.

② 엔트로피를 구할 때 적분 경로는 반드시 가역변화여야 한다.

③ 열기관이 가역 사이클이면 엔트로피는 일정하다.

④ 열기관이 비가역 사이클이면 엔트로피는 감소한다.

해설 비가역 사이클이면 엔트로피 변화(ΔS)는 양(+)의 수이므로 엔트로피는 항상 증가한다.

36. R-22 냉매의 압력과 온도를 측정하였더니 압력이 15.8 kg/cm^2·abs, 온도가 30℃였다. 이 냉매의 상태는 어떤 상태인가? (단, R-22 냉매의 온도가 30℃일 때 포화압력은 12.25 kg/cm^2·abs이다.)

① 포화상태

② 과열 상태인 증기

③ 과랭 상태인 액체

④ 응고 상태인 고체

해설 같은 온도 상태에서 압력이 포화압력보다 높으면 압축액(과냉각액) 상태이다.

37. 프레온 냉매를 사용하는 수랭식 응축기의 순환수량이 20 L/min이며, 냉각수 입·출구 온

도차가 5.5℃였다면, 이 응축기의 방출열량 (kJ/h)은?

① 462　　　　　② 25200
③ 27720　　　　④ 2940

해설 $Q_c = (20 \times 60) \times 4.2 \times 5.5 = 27720 \, \text{kJ/h}$

38. 스크롤 압축기의 특징에 대한 설명으로 틀린 것은?

① 부품수가 적고 고속 회전이 가능하다.
② 소요토크의 영향으로 토출가스의 압력변동이 심하다.
③ 진동 소음이 적다.
④ 스크롤의 설계에 의해 압축비가 결정되는 특징이 있다.

해설 압축비가 고정되어 있어서 소요토크가 일정하고 압축기가 소형화되므로 냉동 사이클이 간소화된다.

39. 암모니아 냉동장치에서 팽창밸브 직전의 냉매액의 온도가 25℃이고, 압축기 흡입가스가 −15℃인 건조포화 증기이다. 냉동능력 15 RT가 요구될 때 필요 냉매순환량(kg/h)은? (단, 냉매순환량 1 kg당 냉동효과는 1130 kJ, 1RT는 3.9 kW이다.)

① 168　　　　　② 172
③ 186　　　　　④ 212

해설 $G = \dfrac{15 \times 3.9 \times 3600}{1130} = 186.37 \, \text{kg/h}$

40. 냉동장치의 압력 스위치에 대한 설명으로 틀린 것은?

① 고압 스위치는 이상 고압이 될 때 냉동장치를 정지시키는 안전장치이다.
② 저압 스위치는 냉동장치의 저압측 압력이 지나치게 저하하였을 때 전기회로를 차단하는 안전장치이다.

③ 고저압 스위치는 고압 스위치와 저압 스위치를 조합하여 고압측이 일정 압력 이상이 되거나 저압측이 일정 압력보다 낮으면 압축기를 정지시키는 스위치이다.
④ 유압 스위치는 윤활유 압력이 어떤 원인으로 일정 압력 이상으로 된 경우 압축기의 훼손을 방지하기 위하여 설치하는 보조장치이다.

해설 유압 스위치 : 윤활유 압력이 일정 압력 이하일 때 60~90초 이내에 작동하여 냉동기를 정지시켜서 압축기를 보호하는 장치이다.

제3과목 **공조냉동 설치·운영**

41. 온수난방 배관 시공 시 유의사항에 관한 설명으로 틀린 것은?

① 배관은 1/250 이상의 일정 기울기로 하고 최고부에 공기빼기 밸브를 부착한다.
② 고장 수리용으로 배관의 최저부에 배수 밸브를 부착한다.
③ 횡주배관 중에 사용하는 리듀서는 되도록 편심 리듀서를 사용한다.
④ 횡주관의 관말에는 관말 트랩을 부착한다.

해설 증기난방 배관 시공 시 관말 트랩을 부착한다.

42. 관의 보랭 시공의 주된 목적은?

① 물의 동결 방지　② 방열 방지
③ 결로 방지　　　④ 인화 방지

해설 관의 보랭 시공은 저온장치의 열 침입을 차단하고 결로(이슬)가 생기는 것을 방지한다.

43. 다음은 횡형 셸 튜브 타입 응축기의 구조도이다. 열전달 효율을 고려하여 냉매 가스의 입구측 배관은 어느 곳에 연결하여야 하는가?

① (1)   ② (2)
③ (3)   ④ (4)

해설 (1) 냉매 입구
(2) 냉매 출구
(3) 냉각수 입구
(4) 냉매 출구

44. 증기난방과 비교하여 온수난방의 특징에 대한 설명으로 틀린 것은?

① 온수난방은 부하 변동에 대응한 온도 조절이 쉽다.
② 온수난방은 예열하는 데 많은 시간이 걸리지만 잘 식지 않는다.
③ 연료소비량이 적다.
④ 온수난방의 설비비가 저가인 점이 있으나 취급이 어렵다.

해설 온수난방은 설비비가 비싸며 취급이 용이하다.

45. 펌프 주변 배관 설치 시 유의사항으로 틀린 것은?

① 흡입관은 되도록 길게 하고 굴곡 부분은 적게 한다.
② 펌프에 접속하는 배관의 하중이 직접 펌프로 전달되지 않도록 한다.
③ 배관의 하단부에는 드레인 밸브를 설치한다.
④ 흡입측에는 스트레이너를 설치한다.

해설 흡입관의 양정은 가능한 짧게 하고 굴곡부를 적게 하며 배관 지름은 규격에 맞게 시공한다.

46. 급수관의 관 지름 결정 시 유의사항으로 틀린 것은?

① 관 길이가 길면 마찰손실도 커진다.
② 마찰손실은 유량, 유속과 관계가 있다.
③ 가는 관을 여러 개 쓰는 것이 굵은 관을 쓰는 것보다 마찰손실이 적다.
④ 마찰손실은 고저차가 크면 클수록 손실도 커진다.

해설 가는 관을 여러 개 사용하면 굵은 관을 쓰는 것보다 마찰손실이 크다.

47. 증기난방 설비 시공 시 수평주관으로부터 분기 입상시키는 경우 관의 신축을 고려하여 2개 이상의 엘보를 이용하여 설치하는 신축 이음은?

① 스위블 이음   ② 슬리브 이음
③ 벨로스 이음   ④ 플렉시블 이음

해설 난방배관의 신축 이음은 2개 이상의 엘보를 이용하는 스위블 이음으로 한다.

48. 음용수 배관과 음용수 이외의 배관이 접속되어 서로 혼합을 일으켜 음용수가 오염될 가능성이 큰 배관 접속 방법은?

① 하트포드 이음   ② 리버스 리턴 이음
③ 크로스 이음   ④ 역류 방지 이음

해설 크로스(+자형) 이음은 서로 혼합을 일으키므로 음용수의 오염 가능성이 가장 큰 배관 접속 방법이다.

49. 급수관의 지름을 결정할 때 급수 본관인 경우 관내의 유속은 일반적으로 어느 정도로 하는 것이 가장 적절한가?

① 1~2 m/s   ② 3~6 m/s
③ 10~15 m/s   ④ 20~30 m/s

해설 급수관의 유속은 일반적으로 0.5~1.5 m/s이므로 가장 적절한 것은 1~2 m/s이다.

50. 암모니아 냉매 배관에 사용하기 가장 적합한 것은?

① 알루미늄 합금관
② 동관
③ 아연관
④ 강관

해설 NH_3는 Al, Cu, Zn 등을 부식시킨다.

51. 다음 그림 기호가 나타내는 밸브는?

① 증발압력 조정밸브
② 유압 조정밸브
③ 용량 조정밸브
④ 흡입압력 조정밸브

해설 OPR(oil pressure regulator valve)은 유압 조정밸브이다.

52. 다음 중 중압 가스용 지중 매설관 배관 재료로 가장 적합한 것은?

① 경질 염화비닐관
② PE 피복 강관
③ 동합금관
④ 이음매 없는 피복 황동관

해설 PE(폴리에틸렌) 피복 강관은 햇빛에 황(노란)색으로 변색되면서 부식하므로 햇빛이 없는 지중 매설용으로 적합하다.

53. 공장에서 제조 정제된 가스를 저장하여 가스 품질을 균일하게 유지하면서 제조량과 수요량을 조절하는 장치는?

① 정압기
② 가스 홀더
③ 가스 미터
④ 압송기

해설 가스 홀더 : 제조 공장에서 정제된 가스를 저장하여 가스의 질을 균일하게 유지하며 제조량과 수요량을 조절하는 저장탱크로 유수식과 무수식 가스 홀더가 있다.

54. 되먹임 제어의 종류에 속하지 않는 것은?

① 순서 제어
② 정치 제어
③ 추치 제어
④ 프로그램 제어

해설 되먹임 제어는 피드백 제어이고 조합, 논리, 순서 제어는 시퀀스 제어에 속한다.

55. 직류 전동기의 속도 제어 방법 중 속도 제어의 범위가 가장 광범위하며, 운전 효율이 양호한 것으로 워드 레오나드 방식과 정지 레오나드 방식이 있는 제어법은 어느 것인가?

① 저항 제어법
② 전압 제어법
③ 계자 제어법
④ 2차 여자 제어법

해설 전압 제어법
① 넓은 범위의 속도 제어가 가능하고 효율이 좋다.
② 전부하 토크에서 기동하거나 회전방향의 변경이 자유롭다.
③ 워드 레오나드와 정지 레오나드 방식이 있다.

56. 제어량은 회전수, 전압, 주파수 등이 있으며 이 목표치를 장기간 일정하게 유지시키는 것은?

① 서보 기구
② 자동 조정
③ 추치 제어
④ 프로세스 제어

해설 자동 조정 : 전압, 전류, 주파수, 회전속도, 힘 등 전기적·기계적 양을 주로 제어하는 것으로

서 응답속도가 대단히 빨라야 한다(전전압장치, 발전기의 조속기 제어 등).

57. 제어계의 응답 속응성을 개선하기 위한 제어 동작은?

① D 동작　　　② I 동작

③ PD 동작　　④ PI 동작

[해설] 비례 미분(PD) 동작 : 제어 결과에 속응성이 있도록 미분 동작을 부가한 것

58. 열처리 노의 온도 제어는 어떤 제어에 속하는가?

① 자동 조정

② 비율 제어

③ 프로그램 제어

④ 프로세스 제어

[해설] 프로그램 제어 : 목표값이 미리 정해진 시간적 변화를 하는 추치 제어를 말하며, 열차의 무인 운전, 열처리 노의 온도 제어 등이 이에 속한다.

59. 피드백 제어계의 구성 요소 중 동작신호에 해당되는 것은?

① 목표값과 제어량의 차

② 기준 입력과 궤환 신호의 차

③ 제어량에 영향을 주는 외적 신호

④ 제어 요소가 제어 대상에 주는 신호

[해설] 동작 신호 : 기준 입력 신호와 주피드백 신호(궤환 신호)와의 차로서 제어 동작을 시키는 주된 신호

60. 동기속도가 3600 rpm인 동기발전기의 극수는 얼마인가? (단, 주파수는 60 Hz이다.)

① 2극　　　　② 4극

③ 6극　　　　④ 8극

[해설] 극수 $P = \dfrac{120}{N}f = \dfrac{120}{3600} \times 60 = 2$극

출제 예상문제 (9)

제1과목 공기조화 설비

1. 다음 중 공기조화기 부하를 바르게 나타낸 것은?

① 실내부하＋외기부하＋덕트통과열부하＋송풍기부하

② 실내부하＋외기부하＋덕트통과열부하＋배관통과열부하

③ 실내부하＋외기부하＋송풍기부하＋펌프부하

④ 실내부하＋외기부하＋재열부하＋냉동기부하

해설 공조기 부하 ＝ 실내부하＋외기부하＋기기취득열량(덕트부하와 송풍기부하)

2. 압력 760 mmHg, 기온 15℃의 대기가 수증기 분압 9.5 mmHg를 나타낼 때 건조공기 1 kg 중에 포함되어 있는 수증기의 중량은 얼마인가?

① 0.00623 kg/kg

② 0.00787 kg/kg

③ 0.00821 kg/kg

④ 0.00931 kg/kg

해설 $x = 0.622 \times \dfrac{9.5}{760 - 9.5} = 0.007873 \text{ kg/kg}'$

3. 8000 W의 열을 발산하는 기계실의 온도를 외기 냉방하여 26℃로 유지하기 위해 필요한 외기도입량(m³/h)은? (단, 밀도는 1.2 kg/m³, 공기 정압비열은 1.01 kJ/kg·℃, 외기온도는 11℃이다.)

① 600.06 ② 1584.16

③ 1851.85 ④ 2160.22

해설 외기도입량 $= \dfrac{8 \times 3600}{1.2 \times 1.01 \times (26 - 11)}$

$= 1584.158 \text{ m}^3/\text{h}$

4. 증기난방에 대한 설명으로 옳은 것은?

① 부하의 변동에 따라 방열량을 조절하기가 쉽다.

② 소규모 난방에 적당하며 연료비가 적게 든다.

③ 방열면적이 작으며 단시간 내에 실내온도를 올릴 수 있다.

④ 장거리 열수송이 용이하며 배관의 소음 발생이 작다.

해설 표준 방열량은 2790 kJ/m²·h로 온수방열량보다 크므로 방열면적이 작으며 실내온도를 짧은 시간에 올릴 수 있다.

5. 공기조화방식의 분류 중 전공기 방식에 해당되지 않는 것은?

① 팬코일 유닛 방식

② 정풍량 단일 덕트 방식

③ 2중 덕트 방식

④ 변풍량 단일 덕트 방식

해설 팬코일 유닛 방식은 물 방식이다.

6. 다음 중 일반적인 취출구의 종류가 아닌 것은?

① 라이트-트로퍼(light-troffer)형

② 아네모스탯(annemostat)형

③ 머시룸(mushroom)형

④ 웨이(way)형

해설 머시룸형은 의자 밑에 설치된 흡입구이다.

정답 1. ① 2. ② 3. ② 4. ③ 5. ① 6. ③

7. 극간풍을 방지하는 방법으로 적합하지 않는 것은?

① 실내를 가압하여 외부보다 압력을 높게 유지한다.
② 건축의 건물 기밀성을 유지한다.
③ 이중문 또는 회전문을 설치한다.
④ 실내외 온도차를 크게 한다.

[해설] 극간풍을 방지하는 방법
  ㉠ 에어 커튼 설치
  ㉡ 회전문 설치
  ㉢ 충분히 간격을 두고 이중문 설치
  ㉣ 이중문의 중간에 강제대류 convector 또는 FCU 설치
  ㉤ 실내를 가압하여 외부 압력보다 높게 유지하는 방법
  ㉥ 건축의 건물 기밀성 유지와 현관의 방풍실 설치, 층간의 구획 등

8. 실내 환경기준 항목이 아닌 것은?

① 부유분진의 양
② 상대습도
③ 탄산가스 함유량
④ 메탄가스 함유량

[해설] 메탄가스는 가연성가스로 실내 환경기준이 아니다.

9. 덕트를 설계할 때 주의사항으로 틀린 것은?

① 덕트를 축소할 때 각도는 30° 이하로 되게 한다.
② 저속 덕트 내의 풍속은 15 m/s 이하로 한다.
③ 장방형 덕트의 종횡비는 4 : 1 이상 되게 한다.
④ 덕트를 확대할 때 확대 각도는 15° 이하로 되게 한다.

[해설] 장방형 덕트의 종횡비는 4 : 1 이하가 바람직하다.

10. 상당방열면적을 계산하는 식에서 q_o는 무엇을 뜻하는가?

$$EDR = \frac{H_r}{q_o}$$

① 상당 증발량
② 보일러 효율
③ 방열기의 표준 방열량
④ 방열기의 전방열량

[해설] q_o : 표준 방열량
  ㉠ 온수는 1800 kJ/m² · h
  ㉡ 증기는 2790 kJ/m² · h

11. 중앙 공조기의 전열교환기에서는 어떤 공기가 서로 열교환을 하는가?

① 환기와 급기   ② 외기와 배기
③ 배기와 급기   ④ 환기와 배기

12. 실내 발생열에 대한 설명으로 틀린 것은?

① 벽이나 유리창을 통해 들어오는 전도열은 현열뿐이다
② 여름철 실내에서 인체로부터 발생하는 열은 잠열뿐이다.
③ 실내의 기구로부터 발생열은 잠열과 현열이다.
④ 건축물의 틈새로부터 침입하는 공기가 갖고 들어오는 열은 잠열과 현열이다.

[해설] 인체에서 발생하는 열은 현열과 잠열이다.

13. 공기여과기의 성능을 표시하는 용어 중 가장 거리가 먼 것은?

① 제거효율   ② 압력손실
③ 집진용량   ④ 소재의 종류

[해설] 공기여과기의 성능은 제거효율(포집효율), 집진용량, 압력손실(공기저항)로 표시하며, 소재의 종류는 여과기 종류에 해당된다.

14. 환기의 목적이 아닌 것은?

① 실내공기 정화 ② 열의 제거
③ 소음 제거   ④ 수증기 제거

해설 환기는 온도(열), 습도(수증기), 청결도, 기류 분포 등을 조절하기 위한 공기 취급 과정이다.

15. 공조기 내에 흐르는 냉·온수 코일의 유량이 많아서 코일 내에 유속이 너무 빠를 때 사용하기 가장 적절한 코일은?

① 풀 서킷 코일(full circuit coil)
② 더블 서킷 코일(double circuit coil)
③ 하프 서킷 코일(half circuit coil)
④ 슬로 서킷 코일(slow circuit coil)

16. 날개 격자형 취출구에 대한 설명으로 틀린 것은?

① 유니버설형은 날개를 움직일 수 있는 것이다.
② 레지스터란 풍량 조절 셔터가 있는 것이다.
③ 수직 날개형은 실의 폭이 넓은 방에 적합하다.
④ 수평 날개형은 그릴이라고도 한다.

해설 그릴은 토출구 흡입구에 셔터가 없는 것이다.

17. 송풍기의 회전수 변환에 의한 풍량 제어 방법에 대한 설명으로 틀린 것은?

① 극수를 변환한다.
② 유도전동기의 2차측 저항을 조정한다.
③ 전동기에 의한 회전수에 변화를 준다.
④ 송풍기 흡입측에 있는 댐퍼를 조인다.

해설 송풍기의 회전수 제어 방법으로 ①, ②, ③ 외에 주파수 제어 방법이 있다.

18. 현열비를 바르게 표시한 것은?

① $\dfrac{현열량}{전열량}$ ② $\dfrac{잠열량}{전열량}$

③ $\dfrac{잠열량}{현열량}$ ④ $\dfrac{현열량}{잠열량}$

해설 현열비 $= \dfrac{실내취득현열량}{실내취득전열량}$

19. 어떤 실내의 전체 취득열량이 9 kW, 잠열량이 2.5 kW이다. 이때 실내를 26℃, 50 %(RH)로 유지시키기 위해 취출 온도차를 10℃로 일정하게 하여 송풍한다면 실내 현열비는 얼마인가?

① 0.28 ② 0.68
③ 0.72 ④ 0.88

해설 $SHF = \dfrac{9-2.5}{9} = 0.72$

20. 다음 중 온수난방 설비와 관계가 없는 것은?

① 리버스 리턴 배관
② 하트포드 배관 접속
③ 순환펌프
④ 팽창탱크

해설 하트포드 연결법 : 저압 증기 난방장치에서 환수 주관을 보일러 밑에 접속하여 생기는 나쁜 결과를 막기 위해 증기관과 환수관 사이에 표준 수면에서 50 mm 아래에 균형관을 연결한다.

제2과목 **냉동냉장 설비**

21. 2차 냉매인 브라인이 갖추어야 할 성질에 대한 설명으로 틀린 것은?

① 열용량이 작아야 한다.
② 열전도율이 커야 한다.
③ 동결점이 낮아야 한다.
④ 부식성이 없어야 한다.

해설 브라인은 열용량이 커야 한다.

22. 냉동장치의 운전 중에 냉매가 부족할 때 일어나는 현상에 대한 설명으로 틀린 것은?

① 고압이 낮아진다.
② 냉동능력이 저하한다.
③ 흡입관에 서리가 부착되지 않는다.
④ 저압이 높아진다.

해설 냉매가 부족하면 증발압력(저압)이 낮아지고 흡입가스가 과열된다.

23. 히트 파이프의 특징에 관한 설명으로 틀린 것은?

① 등온성이 풍부하고 온도 상승이 빠르다.
② 사용온도 영역에 제한이 없으며 압력손실이 크다.
③ 구조가 간단하고 소형 경량이다.
④ 증발부, 응축부, 단열부로 구성되어 있다.

해설 ㉠ 히트 파이프의 작동유체는 온도 범위에 따라 극저온, 상온, 고온 세 가지이다.
㉡ 전열 특성 : 상압하에서 그 작동유체의 비등점 온도 부근에서 작동할 때 최고의 성능을 나타낸다.
㉢ 증발부로 환류하는 것은 응축부와 증발부의 모세관 압력차(압력손실)에 의해서 결정된다.

24. 다음 조건으로 운전되고 있는 수랭 응축기가 있다. 냉매와 냉각수와의 평균 온도차는?

┤조건├
• 냉각수 입구온도 : 16℃
• 냉각수량 : 200 L/min
• 냉각수 출구온도 : 24℃
• 응축기 냉각면적 : 20 m²
• 응축기 열 통과율 : 3349.6 kJ/m²·h·℃

① 4℃   ② 5℃   ③ 6℃   ④ 7℃

해설 평균 온도차
$$= \frac{(0.2 \times 60 \times 1000) \times 4.187 \times (24-16)}{3349.6 \times 20}$$
$$= 6℃$$

25. 냉동장치 내 불응축 가스에 관한 설명으로 옳은 것은?

① 불응축 가스가 많아지면 응축압력이 높아지고 냉동능력은 감소한다.
② 불응축 가스는 응축기에 잔류하므로 압축기의 토출가스 온도에는 영향이 없다.
③ 장치에 윤활유를 보충할 때에 공기가 흡입되어도 윤활유에 용해되므로 불응축 가스는 생기지 않는다.
④ 불응축 가스가 장치 내에 침입해도 냉매와 혼합되므로 응축압력은 불변한다.

해설 불응축 가스가 체류하면 미치는 영향
㉠ 고압(응축압력) 상승으로 압축비 증가
㉡ 체적효율 감소
㉢ 냉매순환량 감소
㉣ 냉동능력 감소
㉤ 단위능력당 소비동력 증가
㉥ 실린더 과열
㉦ 토출가스 온도 상승
㉧ 윤활유 열화 및 탄화

26. 얼음 제조 설비에서 깨끗한 얼음을 만들기 위해 빙관 내로 공기를 송입, 물을 교반시키는 교반장치의 송풍압력(kPa)은 어느 정도인가?

① 2.5 ~ 8.5   ② 19.6 ~ 34.3
③ 62.8 ~ 86.8   ④ 101.3 ~ 132.7

해설 브라인 유속은 0.75 m/s 이상이고 교반기 압력은 14.7~34.3 kPa(0.15~0.35 kg/cm²g) 정도이다.

27. 냉동 사이클이 -10℃와 60℃ 사이에서 역카르노 사이클로 작동될 때, 성적계수는?

① 2.21   ② 2.84
③ 3.76   ④ 4.75

해설 $COP = \dfrac{273-10}{(273+60)-(273-10)} = 3.757$

28. 증기 압축식 사이클과 흡수식 냉동 사이클에 관한 비교 설명으로 옳은 것은?

① 증기 압축식 사이클은 흡수식에 비해 축동력이 적게 소요된다.
② 흡수식 냉동 사이클은 열구동 사이클이다.
③ 흡수식은 증기 압축식의 압축기를 흡수기와 펌프가 대신한다.
④ 흡수식의 성능은 원리상 증기 압축식에 비해 우수하다.

해설 ㉠ 증기 압축식은 기계에너지를 압력에너지로 전환한다.
㉡ 흡수식 냉동장치는 열에너지를 압력에너지로 전환한다.

29. 밀폐된 용기의 부압작용에 의하여 진공을 만들어 냉동작용을 하는 것은?

① 증기분사 냉동기
② 왕복동 냉동기
③ 스크루 냉동기
④ 공기압축 냉동기

해설 증기분사식 냉동법 : 물을 냉매로 하며 이젝터로 다량의 증기를 분사할 때의 부합작용을 이용하여 냉동하는 방법($3 \sim 10 \text{ kg/cm}^2$의 폐증기 이용)

30. 저온용 냉동기에 사용되는 보조적인 압축기로서 저온을 얻을 목적으로 사용되는 것은?

① 회전 압축기(rotary compressor)
② 부스터(booster)
③ 밀폐식 압축기(hermetic compressor)
④ 터보 압축기(turbo compressor)

해설 이단 냉동장치에서 저압측(저온측) 압축기를 보조 압축기 또는 부스터라 한다.

31. 다음 중 무기질 브라인이 아닌 것은?

① 염화칼슘 ② 염화마그네슘

③ 염화나트륨 ④ 트리클로로에틸렌

해설 트리클로로에틸렌은 유기질이다.

32. $P - V$(압력-체적) 선도에서 1에서 2까지 단열압축하였을 때 압축일량(절대일)은 어느 면적으로 표현되는가?

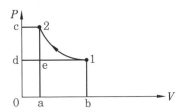

① 면적 12cd1 ② 면적 1d0b1
③ 면적 12ab1 ④ 면적 aed0a

해설 ①항은 공업일을 나타낸다.

33. 다음 중 응축부하 계산법이 아닌 것은 어느 것인가?

① 냉매순환량×응축기 입·출구엔탈피차
② 냉각수량×냉각수 비열×응축기 냉각수 입·출구온도차
③ 냉매순환량×냉동효과
④ 증발부하＋압축일량

해설 ③항은 냉동능력 계산법이다.

34. 할라이드 토치로 누설을 탐지할 때 소량의 누설이 있는 곳에서 토치의 불꽃 색깔은 어떻게 변화되는가?

① 보라색 ② 파란색
③ 노란색 ④ 녹색

해설 ㉠ 누설이 없으면 청색이다.
㉡ 누설이 소량이면 녹색이다.
㉢ 누설이 많으면 꺼진다.

35. 28℃의 원수 9 ton을 4시간에 5℃까지 냉각하는 수냉각장치의 냉동능력은 얼마인가? (단, 1 RT는 13900 kJ/h로 한다.)

① 12.5 RT   ② 15.6 RT

③ 17.1 RT   ④ 20.7 RT

해설 $R = \dfrac{9000 \times 4.187 \times (28-23)}{4 \times 13900} = 15.59 \text{ RT}$

36. 냉동장치에서 교축작용(throttling)을 하는 부속기기는 어느 것인가?

① 다이어프램 밸브

② 솔레노이드 밸브

③ 아이솔레이트 밸브

④ 팽창 밸브

해설 팽창 밸브에서는 비가역 단열 비정류 변화가 일어나고 교축작용에 의해서 압력과 온도가 감소하며 엔탈피가 일정하다.

37. 탱크식 증발기에 관한 설명으로 틀린 것은?

① 제빙용 대형 브라인이나 물의 냉각장치로 사용된다.

② 냉각관의 모양에 따라 헤링본식, 수직관식, 패럴렐식이 있다.

③ 물건을 진열하는 선반 대용으로 쓰기도 한다.

④ 증발기는 피냉각액 탱크 내의 칸막이 속에 설치되며 피냉각액은 이 속을 교반기에 의해 통과한다.

해설 선반 대용으로 사용하는 증발기는 캐스케이드와 멀티피드·멀티석션 증발기이다.

38. 기준 냉동 사이클로 운전할 때 단위질량당 냉동 효과가 큰 냉매 순으로 나열한 것은?

① R11>R12>R22

② R12>R11>R22

③ R22>R12>R11

④ R22>R11>R12

해설 냉동 효과
- R22 : 168.32 kJ/kg
- R11 : 161.62 kJ/kg
- R12 : 123.94 kJ/kg

39. 증발잠열을 이용하므로 물의 소비량이 적고, 실외 설치가 가능하며, 송풍기 및 순환 펌프의 동력을 필요로 하는 응축기는?

① 입형 셸 앤드 튜브식 응축기

② 횡형 셸 앤드 튜브식 응축기

③ 증발식 응축기

④ 공랭식 응축기

해설 증발식 응축기는 다른 응축기의 3~4 % 냉각 수량으로 순환시킨다.

40. 유량 100 L/min의 물을 15℃에서 9℃로 냉각하는 수냉각기가 있다. 이 냉동장치의 냉동 효과가 168 kJ/kg일 경우 냉매순환량(kg/h)은? (단, 물의 비열은 4.2 kJ/kg·K로 한다.)

① 700   ② 800

③ 900   ④ 1000

해설 $G = \dfrac{(100 \times 60) \times 4.2 \times (15-9)}{168}$
$= 900 \text{ kg/h}$

제3과목 **공조냉동 설치·운영**

41. 냉매 배관 중 토출측 배관 시공에 관한 설명으로 틀린 것은?

① 응축기가 압축기보다 2.5 m 이상 높은 곳에 있을 때에는 트랩을 설치한다.

② 수직관이 너무 높으면 2 m마다 트랩을 1개씩 설치한다.

③ 토출관의 합류는 Y 이음으로 한다.

④ 수평관은 모두 끝 내림 구배로 배관한다.

해설 수직관이 너무 높으면 10 m마다 트랩을 설치한다.

42. 일정 흐름 방향에 대한 역류 방지 밸브는?

① 글로브 밸브   ② 게이트 밸브

③ 체크 밸브　　④ 앵글 밸브

해설 ① : 유량 제어용 밸브
②: 제수용 밸브
④ : 증기방열기 유량 제어용 밸브

43. 다음 중 스트레이너의 종류에 속하지 않는 것은?

① Y형　　② X형
③ U형　　④ V형

해설 여과기(스트레이너)의 종류에는 Y형, U형, V형이 있다.

44. 한쪽은 커플링으로 이음쇠 내에 동관이 들어 갈 수 있도록 되어 있고, 다른 한쪽은 수나사 가 있어 강 부속과 연결할 수 있도록 되어 있 는 동관용 이음쇠는?

① 커플링 C×C　　② 어댑터 C×M
③ 어댑터 Ftg×M　　④ 어댑터 C×F

해설 ㉠ 어댑터 C×M : 수나사가 있어 강 부속과 연결할 수 있도록 되어 있다.
㉡ 어댑터 C×F : 암나사가 있어 강 부속과 연결할 수 있도록 되어 있다.

45. 다음 중 프레온 냉매 배관에 관한 설명으로 틀린 것은?

① 주로 동관을 사용하나 강관도 사용된다.
② 증발기와 압축기가 같은 위치인 경우 흡입관을 수직으로 세운 다음 압축기를 향해 선단 하향 구배로 배관한다.
③ 동관의 접속은 플레어 이음 또는 용접 이음 등이 있다.
④ 관의 굽힘 반지름을 작게 한다.

해설 관의 굽힘 반지름은 6D 이상으로 크게 하여 마찰저항을 작게 한다.

46. 다음 중 배관 내의 침식에 영향을 미치는 요소로 가장 거리가 먼 것은?

① 물의 속도　　② 사용 시간
③ 배관계의 소음　　④ 물속의 부유물질

해설 배관 침식 원인에는 ①, ②, ④ 외에 고온, 유체 속에 포함된 O_2, CO_2, 유지분 등이 있다.

47. 배수 배관의 시공상 주의점으로 틀린 것은?

① 배수를 가능한 한 빨리 옥외 하수관으로 유출할 수 있을 것
② 옥외 하수관에서 하수가스나 벌레 등이 건물 안으로 침입하는 것을 방지할 것
③ 배수관 및 통기관은 내구성이 풍부할 것
④ 한랭지에서는 배수, 통기관 모두 피복을 하지 않을 것

해설 한랭지에서는 급수관, 배수관 모두 단열을 할 것

48. 프레온 냉동장치 흡입관이 횡주관일 때 적정 구배는 얼마인가?

① $\frac{1}{100}$　　② $\frac{1}{200}$
③ $\frac{1}{300}$　　④ $\frac{1}{400}$

해설 냉동장치는 냉매가 흘러가는 방향으로 $\frac{1}{200}$ 이상 하향 구배(순구배)를 한다.

49. 급탕배관 내의 압력이 0.7 kgf/cm²이면 수주로 몇 m와 같은가?

① 0.7　　② 1.7
③ 7　　④ 70

해설 $H = \frac{P}{\gamma} = \frac{0.7 \times 10^4}{1000} = 7 \text{ mAq}$

50. 배수설비에 대한 설명으로 틀린 것은?

① 오수란 대소변기, 비데 등에서 나오는 배수이다.
② 잡배수란 세면기, 싱크대, 욕조 등에서

나오는 배수이다.

③ 특수배수는 그대로 방류하거나 오수와 함께 정화하여 방류시키는 배수이다.

④ 우수는 옥상이나 부지 내에 내리는 빗물의 배수이다.

해설 특수배수는 공장, 병원, 연구소 등에서 발생하는 방사성물질, 오일 등을 함유한 배수로 중화, 희석, 포집 등의 처리를 할 필요성이 있으므로 오수와 함께 방류할 수 없다.

51. 가스배관 설비에서 정압기의 종류가 아닌 것은?

① 피셔(fisher)식 정압기
② 오리피스(orifice)식 정압기
③ 레이놀즈(reynolds)식 정압기
④ AFV(axial flow valve)식 정압기

해설 정압기의 종류에는 피셔식, 레이놀즈식, AFV(axial flow valve)식 정압기 등이 있다.

52. 가스배관의 관 지름을 결정하는 요소와 가장 거리가 먼 것은?

① 가스 발열량 ② 가스관의 길이
③ 허용 압력손실 ④ 가스 비중

해설 가스배관의 관 지름은 유량, 유속, 압력손실, 유체의 비중, 배관길이와 중량 등에 의해서 결정된다.

53. 가스배관을 실내에 노출 설치할 때의 기준으로 틀린 것은?

① 배관은 환기가 잘 되는 곳으로 노출하여 시공할 것
② 배관은 환기가 잘 되지 않는 천장·벽·공동구 등에는 설치하지 아니할 것
③ 배관의 이음매(용접이음매 제외)와 전기계량기와는 60 cm 이상 거리를 유지할 것
④ 배관 이음부와 단열조치를 하지 않은 굴

뚝과의 거리는 5 cm 이상의 거리를 유지할 것

해설 가스배관은 전기계량기 및 안전기와 60 cm 이상, 개폐기 및 콘센트와는 30 cm 이상, 화기(굴뚝 포함)로부터 2 m 이상에 설치한다.

54. 유도전동기의 회전력에 관한 설명으로 옳은 것은?

① 단자 전압에 비례한다.
② 단자 전압과는 무관하다.
③ 단자 전압의 2승에 비례한다.
④ 단자 전압의 3승에 비례한다.

해설 유도전동기의 회전력(토크)은 단자 전압의 2승에 비례한다.

$$T = K \frac{E_2^2 \times \dfrac{r_2}{S}}{\left(\dfrac{r_2}{S}\right)^2 + x_2^2} \ [\text{N·m}]$$

여기서, K : 비례상수, S : 슬립
E_2 : 정지 시 2차 유도기전력(전압)
r_2 : 2차 1상의 저항
x_2 : 정지 시 2차 1상의 저항

55. 정현파 전압 $v = 50\sin\left(628t - \dfrac{\pi}{6}\right)$[V]인 파형의 주파수는 얼마인가?

① 30 ② 50
③ 60 ④ 100

해설 주파수 $f = \dfrac{\omega}{2\pi} = \dfrac{628}{2\pi} = 100\,\text{Hz}$

56. 다음 중 피드백 제어계의 특징으로 옳은 것은?

① 정확성이 떨어진다.
② 감대폭이 감소한다.
③ 계의 특성 변화에 대한 입력 대 출력비의 감도가 감소한다.
④ 발진이 전혀 없고 항상 안정한 상태로 되

어 가는 경향이 있다.

해설 피드백 제어계의 특징

㉠ 정확성의 증가

㉡ 계의 특성 변화에 대한 입력 대 출력비의 감도 감소

㉢ 비선형성과 외형에 대한 효과의 감소

㉣ 감대폭의 증가

㉤ 발진을 일으키고 불안정한 상태로 되어 가는 경향성

㉥ 구조가 복잡하고, 시설비가 증가

57. 교류 전기에서 실횻값은?

① $\dfrac{최댓값}{2}$ ② $\dfrac{최댓값}{\sqrt{3}}$

③ $\dfrac{최댓값}{\sqrt{2}}$ ④ $\dfrac{최댓값}{3}$

해설 최댓값 $= \sqrt{2}$ 실횻값

실횻값 $= \dfrac{최댓값}{\sqrt{2}}$

58. 논리식 $A(A+B)$를 간단히 하면?

① A ② B

③ AB ④ $A+B$

해설 $A(A+B) = AA + AB = A(1+B) = A$

59. PI 제어 동작은 프로세스 제어계의 정상특성 개선에 흔히 사용된다. 이것에 대응하는 보상 요소는?

① 동상 보상 요소

② 지상 보상 요소

③ 진상 보상 요소

④ 지상 및 진상 보상 요소

해설 비례 적분(PI) 동작은 정상특성을 고려하는 지상 제어장치이므로 지상 보상 요소를 설치한다.

60. 자동제어의 조절기기 중 불연속 동작인 것은?

① 2위치 동작

② 비례 제어 동작

③ 적분 제어 동작

④ 미분 제어 동작

해설 불연속 동작 : 제어량과 목표값을 비교하여 편차가 어느 값 이상일 때 조작 동작을 하는 경우로서 릴레이형(일명 개폐형 : ON-OFF type) 제어계(2위치 동작)가 여기에 속하며, 열, 온도, 수위면 조정 등에 사용된다.

출제 예상문제 (10)

공기조화 설비

1. 원심송풍기에서 사용되는 풍량 제어 방법 중 풍량과 소요동력과의 관계에서 가장 효과적인 제어 방법은?

① 회전수 제어 ② 베인 제어
③ 댐퍼 제어 ④ 스크롤 댐퍼 제어

해설 초기 공기조화 시 최대 풍량 Q_1이고, 부하가 감소함에 따라서 최소 풍량 Q_2가 되며, 풍량 Q와 회전수 N은 비례하므로 축동력 $\dfrac{L_2}{L_1}=\left(\dfrac{N_2}{N_1}\right)^3$ 이 되어 회전수 제어가 풍량 제어 방법 중 가장 효과적(경제적)인 방법이다.

2. 다음 중 제올라이트(zeolite)를 이용한 제습 방법은 어느 것인가?

① 냉각식 ② 흡착식
③ 흡수식 ④ 압축식

해설 액체 약품으로 수분을 제거하는 것은 흡수식이고, 제올라이트와 같은 고체 약품으로 수분을 제거하는 것은 흡착식이다.

3. 다음 중 습공기 선도 상에 나타나 있지 않은 것은?

① 상대습도 ② 건구온도
③ 절대습도 ④ 포화도

해설 포화도 $=\dfrac{절대습도(x)}{포화절대습도(x_s)}$ 이므로 습공기 선도 상에 표시되지 않고 계산을 할 수 있다.

4. 난방부하는 어떤 기기의 용량을 결정하는 데 기초가 되는가?

① 공조장치의 공기냉각기
② 공조장치의 공기가열기
③ 공조장치의 수액기
④ 열원설비의 냉각탑

해설 공기가열기 코일 용량 = 난방부하(실내손실부하와 외기손실부하) + 기기 손실(덕트 손실 등)

5. 다음 중 난방 방식과 열매체의 연결이 틀린 것은?

① 개별 스토브-공기
② 온풍난방-공기
③ 가열 코일 난방-공기
④ 저온 복사난방-공기

해설 저온 복사난방은 바닥이나 천장 전체를 30~50℃의 방열면(패널코일)으로 하는 직접 난방 방식이다.

6. 기류 및 주위벽면에서의 복사열은 무시하고 온도와 습도만으로 쾌적도를 나타내는 지표를 무엇이라 하는가?

① 쾌적 건강지표 ② 불쾌지수
③ 유효온도지수 ④ 청정지표

해설 불쾌지수 : 0.72(건구온도 + 습구온도) + 40.6으로 단순히 기온 및 습도에 의한 것이므로 쾌적도에 대해서는 불충분하다.

7. 실내 냉방부하 중에서 현열부하 10500 kJ/h, 잠열부하 2100 kJ/h일 때 현열비는 얼마인가?

① 0.2 ② 0.83
③ 1 ④ 1.2

해설 $SHF=\dfrac{10500}{10500+2100}=0.83$

8. 극간풍의 풍량을 계산하는 방법으로 틀린 것은?

① 환기 횟수에 의한 방법
② 극간 길이에 의한 방법
③ 창 면적에 의한 방법
④ 재실 인원수에 의한 방법

해설 재실 인원수에 의한 방법은 외기 도입 방법으로 일반적으로 1인당 $25\,\mathrm{m^3/h}$를 도입한다.

9. 그림에서 공기조화기를 통과하는 유입공기가 냉각코일을 지날 때의 상태를 나타낸 것은?

① OA
② OB
③ OC
④ OD

해설 ① : 등온감습(불가능한 상태)
② : 냉각감습(냉각코일)
③ : 가열가습(증기분무가습)
④ : 냉각가습(단열가습)

10. 복사난방의 특징에 대한 설명으로 틀린 것은?

① 외기온도 변화에 따라 실내의 온도 및 습도 조절이 쉽다.
② 방열기가 불필요하므로 기구 배치가 용이하다.
③ 실내의 온도 분포가 균등하다.
④ 복사열에 의한 난방이므로 쾌감도가 크다.

해설 방열기가 불필요하므로 바닥면의 이용도가 높다.

11. 공기조화 방식에서 수 – 공기 방식의 특징에 대한 설명으로 틀린 것은?

① 전공기 방식에 비해 반송동력이 많다.
② 유닛에 고성능 필터를 사용할 수가 없다.
③ 부하가 큰 방에 대해 덕트의 치수가 적어질 수 있다.
④ 사무실, 병원, 호텔 등 다실 건물에서 외부 존은 수 방식, 내부 존은 공기 방식으로 하는 경우가 많다.

해설 전공기 방식에 비해 반송동력이 적다.

12. 다음 중 히트펌프 방식의 열원에 해당되지 않는 것은?

① 수 열원
② 마찰 열원
③ 공기 열원
④ 태양 열원

해설 열펌프(heat pump) 방식의 열원에는 지하수(수 열원), 지열, 가스엔진 폐열공기(태양열원 포함) 등이 있다.

13. 송풍기의 법칙 중 틀린 것은? (단, 각각의 값은 아래 표와 같다.)

$Q_1[\mathrm{m^3/h}]$	초기풍량
$Q_2[\mathrm{m^3/h}]$	변화풍량
$P_1[\mathrm{mmAq}]$	초기정압
$P_2[\mathrm{mmAq}]$	변화정압
$N_1[\mathrm{rpm}]$	초기회전수
$N_2[\mathrm{rpm}]$	변화회전수
$d_1[\mathrm{mm}]$	초기날개직경
$d_2[\mathrm{mm}]$	변화날개직경

① $Q_2 = \left(\dfrac{N_2}{N_1}\right) \times Q_1$

② $Q_2 = \left(\dfrac{d_2}{d_1}\right)^3 \times Q_1$

③ $P_2 = \left(\dfrac{N_2}{N_1}\right)^3 \times P_1$

④ $P_2 = \left(\dfrac{d_2}{d_1}\right)^2 \times P_1$

해설 $P_2 = \left(\dfrac{N_2}{N_1}\right)^2 \times P_1$

14. 냉수 코일 설계 시 유의사항으로 옳은 것은?

① 대수 평균 온도차(MTD)를 크게 하면 코일의 열수가 많아진다.
② 냉수의 속도는 2 m/s 이상으로 하는 것이 바람직하다.
③ 코일을 통과하는 풍속은 2~3 m/s가 경제적이다.
④ 물의 온도 상승은 일반적으로 15℃ 전후로 한다.

해설 수속은 0.5~1.5 m/s, 풍속은 2~3 m/s가 바람직하다.

15. 그림의 난방 설계도에서 컨벡터(convector)의 표시 중 F가 가진 의미는?

EDR (C-800 / F×180×600 / 20×15)

① 케이싱 길이   ② 높이
③ 형식   ④ 방열면적

해설 ㉠ C-800 : 케이싱 길이 800 mm
㉡ F×180×600 : 형식 F형, 폭 180 mm, 높이 600 mm
㉢ 20×15 : 공급관 20 mm, 환수관 15 mm의 배관 지름

16. 공기조화 냉방부하 계산 시 잠열을 고려하지 않아도 되는 경우는?

① 인체에서의 발생열
② 문틈에서의 틈새바람
③ 외기의 도입으로 인한 열량
④ 유리를 통과하는 복사열

해설 유리를 통과하는 열량은 현열(감열)량뿐이다. 수분이 이동하지 못하므로 잠열량은 없다.

17. 공기 중에 분진의 미립자 제거뿐만 아니라 세균, 곰팡이, 바이러스 등까지 극소로 제한시킨 시설로서 병원의 수술실, 식품 가공, 제약 공장 등의 특정한 공정이나 유전자 관련 산업 등에 응용되는 설비는?

① 세정실
② 산업용 클린룸(ICR)
③ 바이오 클린룸(BCR)
④ 칼로리미터

해설 ① 세정실(air washer room) : 적당한 물을 분무하여 공기를 정화 또는 가습·감습하는 장치
② 산업용 클린룸(ICR) : 정밀 측정실, 전자 산업, 필름공장 등의 공기 중의 부유분진, 유해가스 등을 제어하는 곳에 이용된다.
③ 바이오 클린룸(BCR) : 공기 중의 분진의 미립자, 세균, 미생물의 양까지 제한시킨 병원 수술실, 제약공장, 유전공학 등에 응용된다.
④ 칼로리미터 : 열량(kcal) 측정기

18. 실내온도 25℃이고, 실내 절대습도가 0.0165 kg/kg의 조건에서 틈새바람에 의한 침입 외기량이 200 L/s일 때 현열부하와 잠열부하는? (단, 실외온도 35℃, 실외 절대습도 0.0321 kg/kg, 공기의 비열 1.01 kJ/kg·K, 물의 증발잠열 2501 kJ/kg이다.)

① 현열부하 2.424 kW, 잠열부하 7.803 kW
② 현열부하 2.424 kW, 잠열부하 9.364 kW
③ 현열부하 2.828 kW, 잠열부하 7.803 kW
④ 현열부하 2.828 kW, 잠열부하 9.364 kW

해설 ㉠ 현열부하 $= \left(\dfrac{200}{1000} \times 1.2\right) \times 1.01$
$\times (35 - 25)$
$= 2.424 \text{ kJ/s} = 2.424 \text{ kW}$

㉡ 잠열부하 $= \left(\dfrac{200}{1000} \times 1.2\right) \times 2501$
$\times (0.0321 - 0.0165)$
$= 9.3637 ≒ 9.364 \text{ kJ/s} = 9.364 \text{ kW}$

19. 건구온도 30℃, 상대습도 60 %인 습공기에서 건공기의 분압(mmHg)은? (단, 대기압은 760 mmHg, 포화 수증기압은 27.65 mmHg이다.)

① 27.65   ② 376.21
③ 743.41   ④ 700.97

해설 ㉠ 수증기 분압 P_w
$= 0.6 \times 27.65 = 16.59 \text{mmHg}$
㉡ 건조공기 분압 P_a
$= 760 - 16.59 = 743.41 \text{mmHg}$

20. 다음 중 보일러의 열효율을 향상시키기 위한 장치가 아닌 것은?

① 저수위 차단기   ② 재열기
③ 절탄기   ④ 과열기

해설 저수위 차단기 : 보일러의 수면이 정상보다 낮을 때 동작을 정지시키는 장치로 열효율 향상과는 관계가 없다.

제2과목 **냉동냉장 설비**

21. 단위에 대한 설명으로 틀린 것은?

① 열의 일당량은 427kg·m/kcal이다.
② 1 kcal는 약 4.2 kJ이다.
③ 1 kWh는 760 kcal이다.
④ $℃ = \dfrac{5}{9}(℉ - 32)$이다.

해설 1 kWh는 전력사용량의 단위로 열량으로 환산하면 3600 kJ(≒860 kcal)이다.

22. 냉동기 윤활유의 구비 조건으로 틀린 것은?

① 저온에서 응고하지 않고 왁스를 석출하지 않을 것
② 인화점이 낮고 고온에서 열화하지 않을 것

③ 냉매에 의하여 윤활유가 용해되지 않을 것
④ 전기 절연도가 클 것

해설 인화점이 높고 고온에서 열화 또는 변질되지 않을 것

23. 냉동사이클에서 응축기의 냉매 액 압력이 감소하면 증발온도는 어떻게 되는가?

① 감소한다.
② 증가한다.
③ 변화하지 않는다.
④ 증가하다 감소한다.

해설 응축기의 냉매 압력이 감소하면 증발기에 공급되는 냉매 순환량 감소로 증발압력과 온도가 감소하며 흡입가스가 과열된다.

24. 아래 선도와 같은 암모니아 냉동기의 이론 성적계수(ⓐ)와 실제 성적계수(ⓑ)는 얼마인가? (단, 팽창밸브 직전의 액온도는 32℃이고, 흡입가스는 건포화증기이며, 압축효율은 0.85, 기계효율은 0.91로 한다)

① ⓐ 3.9, ⓑ 3.0
② ⓐ 3.9, ⓑ 2.1
③ ⓐ 4.9, ⓑ 3.8
④ ⓐ 4.9, ⓑ 2.6

해설 ㉠ 이론 성적계수 $= \dfrac{395.5 - 135.5}{462 - 395.5} = 3.9$
㉡ 실제 성적계수
$= \dfrac{395.5 - 135.5}{462 - 395.5} \times 0.85 \times 0.91 = 3$

---

25. 축열 시스템의 종류가 아닌 것은?

① 가스축열 방식
② 수축열 방식
③ 빙축열 방식
④ 잠열축열 방식

해설 축열장치 : 수축열(온축열, 냉축열), 빙축열 (잠열축열)

26. 항공기 재료의 내한(耐寒) 성능을 시험하기 위한 냉동장치를 설치하려고 한다. 가장 적합한 냉동기는?

① 왕복동식 냉동기 ② 원심식 냉동기
③ 전자식 냉동기 ④ 흡수식 냉동기

해설 내한 성능 시험은 초저온 이하의 낮은 온도에 견딜 수 있는 성능을 검사하는 시험으로 원심식과 흡수식 장치는 냉방(고온)용이고, 전자식은 중·고온용이므로 사용할 수 없다.

27. 몰리에르 선도 상에서 압력이 증대함에 따라 포화액선과 건조포화 증기선이 만나는 일치점을 무엇이라 하는가?

① 한계점   ② 임계점
③ 상사점   ④ 비등점

28. 다음 중 냉동 방법의 종류로 틀린 것은 어느 것인가?

① 얼음의 융해잠열 이용 방법
② 드라이아이스 승화열 이용 방법
③ 액체질소의 증발열 이용 방법
④ 기계식 냉동기의 압축열 이용 방법

해설 기계식 냉동기는 증기 압축식으로 냉매의 증발잠열을 이용하는 냉동법이다.

29. 저온의 냉장실에서 운전 중 냉각기에 적상(성애)이 생길 경우 이것을 살수로 제상하고자 할 때 주의사항으로 틀린 것은?

① 냉각기용 송풍기는 정지 후 살수 제상을 행한다.
② 제상수의 온도는 50~60℃ 정도의 물을 사용한다.
③ 살수하기 전에 냉각(증발)기로 유입되는 냉매액을 차단한다.
④ 분사 노즐은 항상 깨끗이 청소한다.

해설 제상수의 온도는 10~30℃로서 20℃ 정도가 가장 적당하다.

30. 압축기의 구조에 관한 설명으로 틀린 것은?

① 반밀폐형은 고정식이므로 분해가 곤란하다.
② 개방형에는 벨트 구동식과 직결 구동식이 있다.
③ 밀폐형은 전동기와 압축기가 한 하우징 속에 있다.
④ 기통 배열에 따라 입형, 횡형, 다기통형으로 구분된다.

해설 밀폐형은 압축기와 전동기가 단일 구조체로서 축봉장치가 없는 것이며, 반밀폐형은 서비스 밸브가 흡입 토출측에 있는 것으로 분해가 가능한 형식도 있다.

31. 증기 압축 이론 냉동 사이클에 대한 설명으로 틀린 것은?

① 압축기에서의 압축 과정은 단열 과정이다.
② 응축기에서의 응축 과정은 등압, 등엔탈피 과정이다.
③ 증발기에서의 증발 과정은 등압, 등온 과정이다.
④ 팽창밸브에서의 팽창 과정은 교축 과정이다.

해설 응축 과정은 등압 과정이며 엔탈피와 온도는 감소한다.

정답 25. ① 26. ① 27. ② 28. ④ 29. ② 30. ① 31. ②

32. 냉매가 구비해야 할 조건으로 틀린 것은?

① 임계온도가 높고 응고온도가 낮을 것
② 같은 냉동능력에 대하여 소요동력이 적을 것
③ 전기절연성이 낮을 것
④ 저온에서도 대기압 이상의 압력으로 증발하고 상온에서 비교적 저압으로 액화할 것

해설 전기의 절연내력이 크고, 절연물질을 침식시키지 않을 것

33. 열에 대한 설명으로 틀린 것은?

① 열전도는 물질 내에서 열이 전달되는 것이기 때문에 공기 중에서는 열전도가 일어나지 않는다.
② 열이 온도차에 의하여 이동되는 현상을 열전달이라 한다.
③ 고온 물체와 저온 물체 사이에서는 복사에 의해서도 열이 전달된다.
④ 온도가 다른 유체가 고체벽을 사이에 두고 있을 때 온도가 높은 유체에서 온도가 낮은 유체로 열이 이동되는 현상을 열통과라고 한다.

해설 열전도는 물체의 온도가 높은 부분으로 낮은 부분으로 열이 물질 속에서 이동하는 것으로 공기 중 또는 무중력 상태에서 일어나는 현상이다.

34. 수산물의 단기 저장을 위한 냉각 방법으로 적합하지 않은 것은?

① 빙온 냉각
② 염수 냉각
③ 송풍 냉각
④ 침지 냉각

해설 침지 냉각은 피냉각물을 브라인(brine) 수용액에 넣어 냉각 또는 동결하는 방법은 아니다.

35. 2원 냉동 사이클에서 중간 열교환기인 캐스케이드 열교환기의 구성은 무엇으로 이루어져 있는가?

① 저온측 냉동기의 응축기와 고온측 냉동기의 증발기
② 저온측 냉동기의 증발기와 고온측 냉동기의 응축기
③ 저온측 냉동기의 응축기와 고온측 냉동기의 응축기
④ 저온측 냉동기의 증발기와 고온측 냉동기의 증발기

해설 캐스케이드 응축기(열교환기)는 2원 냉동사이클에서 저온측 응축기의 방열량을 고온측 증발기가 흡수하게 만든 장치이다.

36. 흡수식 냉동기의 구성품 중 왕복동 냉동기의 압축기와 같은 역할을 하는 것은?

① 발생기   ② 증발기
③ 응축기   ④ 순환펌프

해설 흡수식 냉동장치는 압축기 대용으로 흡수기와 발생기(재생기)가 있다.

37. 다음 조건을 갖는 수랭식 응축기의 전열면적(m²)은 얼마인가? (단, 응축기 입구의 냉매가스의 엔탈피는 1806 kJ/kg, 응축기 출구의 냉매액의 엔탈피는 609 kJ/kg, 냉매 순환량은 150 kg/h, 응축온도는 38℃, 냉각수 평균온도는 32℃, 응축기의 열관류율은 3570 kJ/m²·h·K이다.)

① 7.96   ② 8.38
③ 8.90   ④ 10.05

해설 ㉠ 응축열량 = $150 \times (1806 - 609)$
= $3570 \times F \times (38 - 32)$
㉡ 전열면적(F)
= $\dfrac{150 \times (1806 - 609)}{3570 \times (38 - 32)}$ = 8.38 m²

38. 어떤 냉동장치의 계기압력이 저압은 진공 60 mmHg, 고압은 673 kPa이었다면 이때의 압축비는 얼마인가?

① 5.8 ② 6.0
③ 7.4 ④ 8.3

해설 압축비 $= \dfrac{673+101.325}{\dfrac{760-60}{760}\times 101.325} = 8.297$

39. 압축기 실린더 지름 110 mm, 행정 80 mm, 회전수 900 rpm, 기통수가 8기통인 암모니아 냉동장치의 냉동능력(RT)은 얼마인가? (단, 냉동능력은 $R=\dfrac{V}{C}$ 로 산출하며, 여기서 R은 냉동능력(RT), V는 피스톤 토출량(m³/h), C는 정수로서 8.4이다.)

① 39.1 ② 47.7
③ 85.3 ④ 234.0

해설 $R = \dfrac{\dfrac{\pi}{4}\times 0.11^2 \times 0.08 \times 8 \times 900 \times 60}{8.4}$
$= 39.08\,\text{RT}$

40. 30냉동톤의 브라인 쿨러에서 입구온도가 −15℃일 때 브라인 유량이 매 분 0.6 m³이면 출구온도(℃)는 얼마인가? (단, 브라인의 비중은 1.27, 비열은 2.8 kJ/kg·K이고, 1냉동톤은 3.9 kW이다.)

① −11.7℃ ② −15.4℃
③ −20.4℃ ④ −18.3℃

해설 냉동능력 $Q_e = 30 \times 3.9 \times 3600$
$= (0.6 \times 60 \times 1270) \times 2.8 \times \{(-15) - t_{b2}\}$
브라인 출구온도
$t_{b2} = (-15) - \dfrac{30 \times 3.9 \times 3600}{(0.6 \times 60 \times 1270) \times 2.8}$
$= -18.29℃$

제3과목　**공조냉동 설치·운영**

41. 주철관의 소켓 이음 시 코킹 작업을 하는 주된 목적으로 가장 적합한 것은?

① 누수 방지 ② 경도 증가
③ 인장강도 증가 ④ 내진성 증가

해설 소켓 접합 : 관의 소켓부에 납과 얀(yarn)을 넣는 접합 방법으로 주목적은 누수 방지이다. 얀은 누수 방지, 납은 얀의 이탈 방지 역할을 한다.

42. 배관의 지지 목적이 아닌 것은?

① 배관의 중량 지지 및 고정
② 신축의 제한 지지
③ 진동 및 충격 방지
④ 부식 방지

해설 배관 내부는 부동액의 영향으로 금속이 부식되는 것을 억제하고 배관 외부는 페인트 등으로 도색하여 부식을 억제하므로 부식 방지는 배관 지지와 관계없다.

43. 옥상탱크식 급수 방식의 배관 계통의 순서로 옳은 것은?

① 저수탱크 → 양수펌프 → 옥상탱크 → 양수관 → 급수관 → 수도꼭지
② 저수탱크 → 양수관 → 양수펌프 → 급수관 → 옥상탱크 → 수도꼭지
③ 저수탱크 → 양수관 → 급수관 → 양수펌프 → 옥상탱크 → 수도꼭지
④ 저수탱크 → 양수펌프 → 양수관 → 옥상탱크 → 급수관 → 수도꼭지

44. 가스 용접에서 아세틸렌과 산소의 비가 1 : 0.85~0.95인 불꽃은 무슨 불꽃인가?

① 탄화 불꽃 ② 기화 불꽃
③ 산화 불꽃 ④ 표준 불꽃

해설 ㉠ 탄화 불꽃 : 산소보다 아세틸렌 양이 많을

때 발생

ⓛ 중성(표준) 불꽃 : 산소와 아세틸렌 가스의 용적비가 1 : 1로 혼합될 때 얻어지는 불꽃

ⓒ 산화 불꽃 : 중성 불꽃에서 산소의 양이 많을 때 생기는 불꽃

45. 냉매배관 중 토출관을 의미하는 것은?

① 압축기에서 응축기까지의 배관
② 응축기에서 팽창밸브까지의 배관
③ 증발기에서 압축기까지의 배관
④ 응축기에서 증발기까지의 배관

해설 ① : 토출관(고압가스배관)
② : 액관
③ : 흡입가스배관
※ 습증기관 : 팽창밸브에서 증발기까지 배관

46. 급수설비에서 수격 작용 방지를 위하여 설치하는 것은?

① 에어 체임버(air chamber)
② 앵글 밸브(angle valve)
③ 서포트(support)
④ 볼 탭(ball tap)

해설 수격 작용을 방지하기 위하여 펌프 출구에 에어 체임버(공기실) 또는 역류 방지 밸브를 설치한다.

47. 다음 중 급탕배관에 대한 설명으로 틀린 것은?

① 배관이 길 경우에는 필요한 곳에 공기빼기 밸브를 설치한다.
② 벽 관통 부분 배관에는 슬리브(sleev)를 끼운다.
③ 상향식 배관에서는 공급관을 앞내림 구배로 한다.
④ 배관 중간에 신축 이음을 설치한다.

해설 상향식 배관은 공급관을 앞올림 구배로 한다.

48. 호칭지름 20 A의 관을 그림과 같이 나사 이음할 때 중심 간의 길이가 200 mm라 하면 강관의 실제 소요되는 절단 길이(mm)는? (단, 이음쇠에 중심에서 단면까지의 길이는 32 mm, 나사가 물리는 최소의 길이는 13 mm이다.)

① 136　② 148　③ 162　④ 200

해설 절단 길이 $= 200 - 2 \times (32 - 13)$
$= 162 \, mm$

49. 펌프 주위의 배관도이다. 각 부품의 명칭으로 틀린 것은?

① 나 : 스트레이너
② 가 : 플렉시블 조인트
③ 라 : 글로브 밸브
④ 사 : 온도계

해설 가 : 플렉시블 조인트
나 : 스트레이너
다 : 슬루스 밸브
라 : 체크 밸브
마 : 압력계(흡입)
바 : 압력계(토출)
사 : 온도계
아 : 펌프

50. 급배수 배관 시험 방법 중 물 대신 압축공기를 관 속에 압입하여 이음매에서 공기가 새는 것을 조사하는 시험 방법은 어느 것인가?

① 수압 시험
② 기압 시험
③ 진공 시험
④ 통기 시험

51. 다음 중 동관 접합 방법의 종류가 아닌 것은?

① 빅토릭 접합
② 플레어 접합
③ 플랜지 접합
④ 납땜 접합

해설 빅토릭 접합 : 가스 배관용으로 빅토릭형 주철관을 고무링과 칼라(누름판)를 사용하여 접합한다.

52. 다음 중 온도에 따른 팽창 및 수축이 가장 큰 배관 재료는?

① 강관
② 동관
③ 염화비닐관
④ 콘크리트관

해설 염화비닐관은 열팽창률이 강관의 7~8배로 온도 변화에 따른 신축이 심하다.

53. 위치 감지용으로 적합한 장치는?

① 전위차계
② 회전자기부호기
③ 스트레인게이지
④ 마이크로폰

해설 서보 제어에서 위치, 방향, 자세를 감지하는 기구로는 전위차계, 차동변압기, 싱크로, 마이크로신 등이 있다.

54. 제어계에서 동작 신호를 조작량으로 변화시키는 것은?

① 제어량
② 제어 요소
③ 궤환 요소
④ 기준 입력 요소

해설 제어 요소 : 동작 신호를 조작량으로 변화시키는 요소이고, 조절부와 조작부로 이루어진다.

55. 자동제어의 기본 요소로서 전기식 조작기기에 속하는 것은?

① 다이어프램
② 벨로스
③ 펄스 전동기
④ 파일럿 밸브

해설 다이어프램, 벨로스는 압력식 조작기기에 해당하며, 펄스 전동기는 전기의 자기 작용에 의한 동작기기, 파일럿 밸브는 감압 밸브이다.

56. 직류 전동기의 속도 제어 방법이 아닌 것은?

① 전압 제어
② 계자 제어
③ 저항 제어
④ 슬립 제어

해설 ㉠ 직류 전동기의 속도 제어 방법에는 전압, 저항, 계자 제어 방법이 있다.
㉡ 슬립 제어는 교류 3상 유도 전동기의 속도 제어 방법으로 1차 전압을 변화시켜서 슬립을 변화시킨다.

57. 부궤환(negative feedback) 증폭기의 장점은?

① 안정도의 증가
② 증폭도의 증가
③ 전력의 절약
④ 능률의 증대

해설 부궤환 증폭기는 증폭기의 주파수 특성을 좋게 하고 잡음을 감소시키는 궤환 증폭기로

H.Black이 발명한 것이며 증폭기의 이득을 감소시킨다.

58. 피드백 제어계의 안정도와 직접적인 관련이 없는 것은?

① 이득 여유
② 위상 여유
③ 주파수 특성
④ 제동비

해설 주파수 안정도(특성) : 일정한 주파수로 발진하는 경우(예 : 송신기의 반송파 등의 경우)에 그 주파수의 안정도의 비율을 말하며, 피드백 제어계와는 직접 관련이 없다.

59. 저항 R_1과 R_2가 병렬로 접속되어 있을 때, R_1에 흐르는 전류가 3 A이면 R_2에 흐르는 전류는 몇 A인가? (단, 공급 전류는 4.5 A이다.)

① 1.0　　② 1.5
③ 2.0　　④ 2.5

해설 $I_2 = 4.5 - 3 = 1.5\,A$

60. 제어량이 온도, 압력, 유량, 액위, 농도 등과 같은 일반 공업량일 때의 제어는?

① 추종 제어
② 시퀀스 제어
③ 프로그래밍 제어
④ 프로세스 제어

해설 프로세스 제어 : 온도, 유량, 압력, 액위, 농도, 밀도 등의 플랜트나 생산 공정 중의 상태량을 제어량으로 하는 제어로서 외관의 억제를 주목적으로 한다.

출제 예상문제 (11)

1. 다음 중 직접 난방 방식이 아닌 것은?

① 증기난방   ② 온수난방
③ 복사난방   ④ 온풍난방

해설 온풍난방은 간접 난방법으로 직접 난방보다 설비비가 싸고 예열부하가 적으므로 장치는 소형이 되며 경상비가 절감된다.

2. 건축물의 출입문으로부터 극간풍의 영향을 방지하는 방법으로 틀린 것은?

① 회전문을 설치한다.
② 이중문을 충분한 간격으로 설치한다.
③ 출입문에 블라인드를 설치한다.
④ 에어 커튼을 설치한다.

해설 극간풍을 방지하는 방법
ㄱ 에어 커튼 설치
ㄴ 회전문 설치
ㄷ 충분히 간격을 두고 이중문 설치
ㄹ 이중문의 중간에 강제대류 convector 또는 FCU 설치
ㅁ 실내를 가압하여 외부 압력보다 높게 유지하는 방법
ㅂ 건축의 건물 기밀성 유지와 현관의 방풍실 설치, 층간의 구획 등
ㅅ 블라인드는 창문에 차양을 목적으로 사용된다.

3. 유리를 투과한 일사에 의한 취득열량과 가장 거리가 먼 것은?

① 유리창 면적   ② 일사량
③ 환기횟수   ④ 차폐계수

해설 환기횟수에 의한 취득열량은 극간풍부하에 해당된다.

4. 공조 방식 중 송풍온도를 일정하게 유지하고 부하 변동에 따라서 송풍량을 변화시킴으로써 실온을 제어하는 방식은?

① 멀티 존 유닛 방식
② 이중 덕트 방식
③ 가변 풍량 방식
④ 패키지 유닛 방식

해설 가변 풍량 방식은 동시부하를 기준으로 공조기를 설정하므로 정풍량에 비해 용량이 20 % 정도 적어지고 부하 변동에 따른 공기 조절이 용이하여 유연성이 있다.

5. 다음 중 냉방부하 계산 시 상당외기온도차를 이용하는 경우는?

① 유리창의 취득열량
② 내벽의 취득열량
③ 침입외기 취득열량
④ 외벽의 취득열량

해설 외벽 취득열량 = 열통과율×전열면적×상당외기온도차(kcal/h)

6. 송풍기 회전수를 높일 때 일어나는 현상으로 틀린 것은?

① 정압 감소   ② 동압 증가
③ 소음 증가   ④ 송풍기 동력 증가

해설 압력은 회전수 변화량의 제곱에 비례하여 증가한다.

7. 냉방부하의 종류 중 현열만 존재하는 것은?

① 외기의 도입으로 인한 취득열
② 유리를 통과하는 전도열
③ 문틈에서의 틈새바람

④ 인체에서의 발생열

해설 ①, ③, ④항은 수분의 변화량이 있으므로 현열과 잠열이 존재한다.

8. 주로 소형 공조기에 사용되며, 증기 또는 전기 가열기로 가열한 온수 수면에서 발생하는 증기로 가습하는 방식은?

① 초음파형   ② 원심형
③ 노즐형   ④ 가습팬형

9. 31℃의 외기와 25℃의 환기를 1 : 2의 비율로 혼합하고 바이패스 팩터가 0.16인 코일로 냉각 제습할 때 코일 출구온도(℃)는? (단, 코일의 표면온도는 14℃이다.)

① 14   ② 16
③ 27   ④ 29

해설 ㉠ 혼합온도
$$= \frac{(1 \times 31) + (2 \times 25)}{1 + 2} = 27℃$$
㉡ 코일 출구온도
$$= (0.16 \times 27) + (1 - 0.16) \times 14 = 16.08℃$$

10. 습공기 5000 m³/h를 바이패스 팩터 0.2인 냉각코일에 의해 냉각시킬 때 냉각코일의 냉각열량(kW)은? (단, 코일 입구공기의 엔탈피는 64.5 kJ/kg, 밀도는 1.2 kg/m³, 냉각코일 표면온도는 10℃이며, 10℃의 포화습공기 엔탈피는 30 kJ/kg이다.)

① 38   ② 46
③ 138   ④ 165

해설 ㉠ 냉각코일 출구 엔탈피
$$= (0.2 \times 64.5) + (1 - 0.2) \times 30 = 36.9 \text{ kJ/kg}$$
㉡ 냉각열량
$$= 5000 \times 1.2 \times (64.5 - 36.9) \times \frac{1}{3600}$$
$$= 46 \text{ kJ/s} = 46 \text{ kW}$$

11. 냉방부하에 관한 설명으로 옳은 것은?

① 조명에서 발생하는 열량은 잠열로서 외기부하에 해당된다.
② 상당외기온도차는 방위, 시각 및 벽체 재료 등에 따라 값이 정해진다.
③ 유리창을 통해 들어오는 부하는 태양복사열만 계산한다.
④ 극간풍에 의한 부하는 실내외 온도차에 의한 현열만을 계산한다.

해설 ① 조명열은 현열부하이고 실내취득열량이다.
③ 유리창으로 침입하는 열량은 일사량 및 전도, 대류 열량으로 실내취득현열량에 속한다.
④ 극간풍부하로는 현열과 잠열이 있고 외기부하에 속한다.

12. 저속 덕트와 고속 덕트의 분류 기준이 되는 풍속은?

① 10 m/s   ② 15 m/s
③ 20 m/s   ④ 30 m/s

해설 풍속 15 m/s 이상을 고속 덕트(일반적으로 20~25 m/s)라 하며, 저속 덕트는 8~15 m/s이다.

13. 20℃ 습공기의 대기압이 100 kPa이고, 수증기의 분압이 1.5 kPa이라면 주어진 습공기의 절대습도(kg/kg′)는?

① 0.0095   ② 0.0112
③ 0.0129   ④ 0.0133

해설 절대습도$= 0.622 \times \dfrac{1.5}{100 - 1.5} = 0.00947$
$$\fallingdotseq 0.0095 \text{ kg/kg}′$$

14. 다음 송풍기 풍량 제어법 중 축동력이 가장 많이 소요되는 것은? (단, 모든 조건은 동일하다.)

① 회전수 제어   ② 흡입베인 제어
③ 흡입댐퍼 제어   ④ 토출댐퍼 제어

정답   **8.** ④   **9.** ②   **10.** ②   **11.** ②   **12.** ②   **13.** ①   **14.** ④

해설 축동력이 가장 적게 소요되는 것은 회전수 제어이고 가장 많이 소요되는 것은 토출댐퍼 제어이다.

15. 에어 와셔(공기 세정기) 속의 플러딩 노즐(flooding nozzle)의 역할은?

① 균일한 공기 흐름 유지
② 분무수의 분무
③ 일리미네이터 청소
④ 물방울의 기류에 혼입 방지

해설 플러딩 노즐 : 에어 와셔의 일리미네이터의 더러워짐을 방지하기 위해 상부에 설치하여 물을 분무하여 청소를 하는 장치

16. 덕트 계통의 열손실(취득)과 직접적인 관계로 가장 거리가 먼 것은?

① 덕트 주위 온도 ② 덕트 가공 정도
③ 덕트 주위 소음 ④ 덕트 속 공기압력

17. 지역난방의 특징에 관한 설명으로 틀린 것은?

① 연료비는 절감되나 열효율이 낮고 인건비가 증가한다.
② 개별 건물의 보일러실 및 굴뚝이 불필요하므로 건물 이용의 효용이 높다.
③ 설비의 합리화로 대기오염이 적다.
④ 대규모 열원기기를 이용하므로 에너지를 효율적으로 이용할 수 있다.

해설 지역난방은 열효율이 좋고 연료비와 인건비가 절감된다.

18. 대향류의 냉수코일 설계 시 일반적인 조건으로 틀린 것은?

① 냉수 입출구 온도차는 일반적으로 5~10℃로 한다.
② 관내 물의 속도는 5~15 m/s로 한다.
③ 냉수 온도는 5~15℃로 한다.
④ 코일 통과 풍속은 2~3 m/s로 한다.

해설 관내 물의 속도는 0.5~1.5 m/s로 하고 최대 2.3 m/s 이하로 한다.

19. 공기조화 시스템에서 난방을 할 때 보일러에 있는 온수를 목적지인 사용처로 보냈다가 다시 사용하기 위해 되돌아오는 관을 무엇이라고 하는가?

① 온수공급관　　② 온수환수관
③ 냉수공급관　　④ 냉수환수관

해설 온수환수관은 직접환수식과 마찰저항을 균일하게 하는 간접환수식이 있다.

20. 흡착식 감습장치의 흡착제로 적당하지 않은 것은?

① 실리카겔　　　② 염화리튬
③ 활성 알루미나 ④ 합성 제올라이트

해설 염화리튬(LiCl)은 흡수식 감습 재료이다.

제2과목　　　**냉동냉장 설비**

21. 흡입관 내를 흐르는 냉매 증기의 압력 강하가 커지는 경우는?

① 관이 굵고 흡입관 길이가 짧은 경우
② 냉매 증기의 비체적이 큰 경우
③ 냉매의 유량이 적은 경우
④ 냉매의 유속이 빠른 경우

해설 마찰저항(압력) 손실

$$\Delta P = \lambda \cdot \frac{l}{d} \cdot \frac{V^2}{2g} \cdot \gamma \ [\text{mmAq}]$$

여기서, λ : 마찰계수
l : 배관 길이(m)
d : 배관 안지름(m)
V : 유속(m/s)
g : 중력가속도($= 9.8 \text{m/s}^2$)
γ : 비중량(kg/m^3)

22. 다음 중 냉동장치의 압축기와 관계가 없는 효율은?

① 소음 효율   ② 압축 효율
③ 기계 효율   ④ 체적 효율

해설 냉동기(압축기)에는 체적, 압축, 기계 효율이 있다.

23. 냉동 사이클 중 $P-h$ 선도(압력–엔탈피 선도)로 구할 수 없는 것은?

① 냉동능력   ② 성적계수
③ 냉매순환량   ④ 마찰계수

24. 이상기체의 압력이 0.5 MPa, 온도가 150℃, 비체적이 0.4 m³/kg일 때, 가스 상수(J/kg·K)는 얼마인가?

① 11.3   ② 47.28
③ 113   ④ 472.8

해설 $R = \dfrac{P \cdot v}{T} = \dfrac{0.5 \times 10^6 \times 0.4}{273 + 150}$
$= 472.81 \text{ J/kg·K}$

25. 가용전에 대한 설명으로 옳은 것은?

① 저압 차단 스위치를 의미한다.
② 압축기 토출측에 설치한다.
③ 수랭응축기 냉각수 출구측에 설치한다.
④ 응축기 또는 고압수액기의 액배관에 설치한다.

해설 가용전은 토출가스 온도의 영향을 받지 않는 응축기 또는 수액기의 액배관에 설치한다.

26. 냉매가 구비해야 할 조건으로 틀린 것은?

① 증발 잠열이 클 것
② 응고점이 낮을 것
③ 전기 저항이 클 것
④ 증기의 비열비가 클 것

해설 증기의 비열비가 작을 것

27. 몰리에르 선도에서 건도(x)에 관한 설명으로 옳은 것은?

① 몰리에르 선도의 포화액선상 건도는 1이다.
② 액체 70 %, 증기 30 %인 냉매의 건도는 0.7이다.
③ 건도는 습포화증기 구역 내에서만 존재한다.
④ 건도는 과열증기 중 증기에 대한 포화액체의 양을 말한다.

해설 ① 포화액선상의 건조도는 0이다.
② 액체 70 %, 증기 30 %인 냉매의 건도는 0.3이고, 습도는 0.7이다.
④ 건도는 습증기 중 증기에 대한 백분율이다.

28. 몰리에르 선도에 대한 설명으로 틀린 것은?

① 과열 구역에서 등엔탈피선은 등온선과 거의 직교한다.
② 습증기 구역에서 등온선과 등압선은 평행하다.
③ 포화 액체와 포화 증기의 상태가 동일한 점을 임계점이라고 한다.
④ 등비체적선은 과열증기 구역에서도 존재한다.

해설 과열증기 구역에서 등엔탈피선은 수직선이고 등온선은 포물선에 가깝다.

29. 팽창밸브 직후 냉매의 건도가 0.20이다. 이 냉매의 증발열이 1884 kJ/kg이라 할 때, 냉동효과(kJ/kg)는 얼마인가?

① 376.8   ② 1324.6
③ 1507.2   ④ 1804.3

해설 냉동효과 $= (1 - 0.2) \times 1884 = 1507.2 \text{ kJ/kg}$

30. 평판을 통해서 표면으로 확산에 의해서 전달되는 열유속(heat flux)이 0.4 kW/m²이다. 이

표면과 20℃ 공기 흐름과의 대류전열계수가 0.01 kW/m²·℃인 경우 평판의 표면온도(℃)는?

① 45   ② 50
③ 55   ④ 60

해설 ㉠ 전열량 $0.4 = 0.01 \times (t - 20)$

㉡ 표면온도 $t = 20 + \dfrac{0.4}{0.01} = 60\,℃$

31. 이상적인 냉동사이클과 비교한 실제 냉동사이클에 대한 설명으로 틀린 것은?

① 냉매가 관내를 흐를 때 마찰에 의한 압력 손실이 발생한다.
② 외부와 다소의 열 출입이 있다.
③ 냉매가 압축기의 밸브를 지날 때 약간의 교축 작용이 이루어진다.
④ 압축기 입구에서의 냉매 상태 값은 증발기 출구와 동일하다.

해설 실제 냉동장치에서는 흡입배관에서 열 침입이 있으므로 증발기 출구 냉매 엔탈피보다 압축기 입구 냉매 엔탈피가 높다.

32. 흡수식 냉동기의 특징에 대한 설명으로 틀린 것은?

① 용량 제어의 범위가 넓어 폭넓은 용량 제어가 가능하다.
② 터보 냉동기에 비하여 소음과 진동이 크다.
③ 부분 부하에 대한 대응성이 좋다.
④ 회전부가 적어 기계적인 마모가 적고 보수 관리가 용이하다.

해설 흡수식 냉동장치는 압축기가 없으므로 터보 냉동기보다 소음, 진동이 작다.

33. 액분리기에 대한 설명으로 옳은 것은?

① 장치를 순환하고 남는 여분의 냉매를 저장하기 위해 설치하는 용기를 말한다.
② 액분리기는 흡입관 중의 가스와 액의 혼합물로부터 액을 분리하는 역할을 한다.
③ 액분리기는 암모니아 냉동장치에는 사용하지 않는다.
④ 팽창밸브와 증발기 사이에 설치하여 냉각 효율을 상승시킨다.

해설 액분리기는 흡입배관에서 증발기 최상부보다 150 mm 이상 높게 설치하며, 흡입가스 중의 액립을 분리하여 압축기를 보호한다.

34. 암모니아의 증발 잠열은 −15℃에서 1310.4 kJ/kg이지만, 실제로 냉동 효과는 1126.2 kJ/kg으로 작아진다. 차이가 생기는 이유로 가장 적절한 것은?

① 체적 효율 때문이다.
② 전열면의 효율 때문이다.
③ 실제 값과 이론값의 차이 때문이다.
④ 교축 팽창 시 발생하는 플래시 가스 때문이다.

해설 증발 잠열보다 냉동 효과가 작아지는 이유는 팽창밸브 통과 시 교축 작용에 의해서 플래시 가스가 발생하기 때문이다.

35. 냉동장치의 운전 중 저압이 낮아질 때 일어나는 현상이 아닌 것은?

① 흡입가스 과열 및 압축비 증대
② 증발온도 저하 및 냉동능력 증대
③ 흡입가스의 비체적 증가
④ 성적계수 저하 및 냉매순환량 감소

해설 저압이 낮아지면 증발온도가 낮아지며 증발 잠열은 증가하지만 냉동효과 및 냉동능력은 감소한다.

36. 냉동장치 내에 불응축 가스가 혼입되었을 때 냉동장치의 운전에 미치는 영향으로 가장 거리가 먼 것은?

① 열교환 작용을 방해하므로 응축압력이

낮게 된다.
② 냉동능력이 감소한다.
③ 소비전력이 증가한다.
④ 실린더가 과열되고 윤활유가 열화 및 탄화된다.

해설 불응축 가스가 혼입되면 응축기 전열면적이 감소되어 응축온도와 압력이 상승한다.

37. 냉동장치에서 플래시 가스가 발생하지 않도록 하기 위한 방지 대책으로 틀린 것은?

① 액관의 지름이 충분한 크기를 갖고 있도록 한다.
② 증발기의 위치를 응축기와 비교해서 너무 높게 설치하지 않는다.
③ 여과기나 필터의 점검 청소를 실시한다.
④ 액관 냉매액의 과냉도를 줄인다.

해설 플래시 가스 발생을 방지하기 위하여 열교환기 등을 설치하여 팽창밸브 직전의 액냉매를 과냉각시킨다.

38. 다음 중 고압가스 안전관리법에 적용되지 않는 것은?

① 스크루 냉동기
② 고속다기통 냉동기
③ 회전용적형 냉동기
④ 열전모듈 냉각기

해설 증기 압축식 냉동장치(스크루, 고속다기통, 회전용적형 냉동기)는 고압가스 안전관리법에 적용되며, 그 외 냉각기는 적용되지 않는다.

39. −20℃의 암모니아 포화액의 엔탈피가 314 kJ/kg이며, 동일 온도에서 건조포화증기의 엔탈피가 1687 kJ/kg이다. 이 냉매액이 팽창밸브를 통과하여 증발기에 유입될 때의 냉매의 엔탈피가 670 kJ/kg이었다면 중량비로 약 몇 %가 액체 상태인가?

① 16   ② 26   ③ 74   ④ 84

해설 습도 = $\frac{1687-670}{1687-314}\times100 = 74.07\,\%$

40. 증발식 응축기에 관한 설명으로 옳은 것은?

① 증발식 응축기의 냉각수는 보충할 필요가 없다.
② 증발식 응축기는 물의 현열을 이용하여 냉각하는 것이다.
③ 내부에 냉매가 통하는 나관이 있고, 그 위에 노즐을 이용하여 물을 산포하는 형식이다.
④ 압력 강하가 작으므로 고압측 배관에 적당하다.

해설 ① 증발식 응축기는 비산, 증발, 배수시키는 양만큼의 보충수가 필요하다.
② 증발식 응축기는 물의 증발 잠열을 이용한다.
④ 배관 길이가 길어서 압력 강하가 크다.

제3과목 **공조냉동 설치·운영**

41. 물은 가열하면 팽창하여 급탕탱크 등 밀폐가열장치 내의 압력이 상승한다. 이 압력을 도피시킬 목적으로 설치하는 관은?

① 배기관   ② 팽창관
③ 오버플로관   ④ 압축 공기관

해설 온수난방장치에서 급탕탱크 등의 압력 상승을 도피시키기 위하여 안전밸브 대용으로 팽창관을 사용한다.

42. 도시가스를 공급하는 배관의 종류가 아닌 것은?

① 공급관   ② 본관
③ 내관   ④ 주관

해설 도시가스 배관은 본관, 공급관, 옥내관(내관)으로 구분한다.

43. 가스 배관에서 가스가 누설될 경우 중독 및 폭발사고를 미연에 방지하기 위하여 조금만 누설되어도 냄새로 충분히 감지할 수 있도록 설치하는 장치는?

① 부스터 설비
② 정압기
③ 부취 설비
④ 가스 홀더

해설 도시가스와 LPG는 무독, 무취이므로 누설시에 냄새가 나도록 부취제를 희석시킨다.

44. 배관용 패킹 재료를 선택할 때 고려해야 할 사항으로 가장 거리가 먼 것은?

① 재료의 탄력성
② 진동의 유무
③ 유체의 압력
④ 재료의 부식성

해설 패킹 재료 선정 시 온도, 압력, 밀도, 점도, 안정도, 부식성, 용해능력, 휘발성, 장치의 진동 유무를 고려해야 한다.

45. 급수 방식 중 고가 탱크 방식의 특징에 대한 설명으로 틀린 것은?

① 다른 방식에 비해 오염 가능성이 적다.
② 저수량을 확보하여 일정 시간 동안 급수가 가능하다.
③ 사용자의 수도꼭지에서 항상 일정한 수압을 유지한다.
④ 대규모 급수 설비에 적합하다.

해설 고가 탱크 방식은 수질 오염의 우려가 있다.

46. 건물 1층의 바닥면을 기준으로 배관의 높이를 표시할 때 사용하는 기호는?

① EL ② GL
③ FL ④ UL

해설 ㉠ EL : 관의 중심을 기준으로 배관 높이 표시

㉡ GL : 포장된 지표면을 기준으로 하여 배관장치의 높이 표시
㉢ FL : 1층 바닥면을 기준으로 하여 높이 표시
㉣ BOP : 지름이 다른 관의 높이를 나타낼 때 관 바깥지름의 아랫면까지를 기준으로 하여 표시
㉤ TOP : BOP와 같은 목적으로 사용되나 관 윗면 기준으로 하여 표시

47. 냉매 액관 시공 시 유의사항으로 틀린 것은?

① 긴 입상 액관의 경우 압력의 감소가 크므로 충분한 과냉각이 필요하다.
② 배관 도중에 다른 열원으로부터 열을 받지 않도록 한다.
③ 액관 배관은 가능한 한 길게 한다.
④ 액 냉매가 관 내에서 증발하는 것을 방지하도록 한다.

해설 냉매 배관의 마찰손실을 작게 하기 위하여 배관 지름은 굵게, 길이는 최단거리로 한다.

48. 가스 배관의 설치 방법에 관한 설명으로 틀린 것은?

① 최단거리로 할 것
② 구부러지거나 오르내림을 적게 할 것
③ 가능한 한 은폐하거나 매설할 것
④ 가능한 한 옥외에 할 것

해설 옥내 가스 배관은 원칙적으로 노출 배관할 것

49. 2가지 종류의 물질을 혼합하면 단독으로 사용할 때보다 더 낮은 융해온도를 얻을 수 있는 혼합제를 무엇이라고 하는가?

① 부취제 ② 기한제
③ 브라인 ④ 에멀션

해설 기한제 이용법
① 얼음 : 소금 = 2 : 1(융해온도 $-21.2℃$)
② 얼음 : $CaCl_2$ = 4 : 5(융해온도 $-40℃$)

50. 온수난방에서 역귀환 방식을 채택하는 주된 이유는?

① 순환펌프를 설치하기 위해

② 배관의 길이를 축소하기 위해

③ 열손실과 발생 소음을 줄이기 위해

④ 건물 내 각 실의 온도를 균일하게 하기 위해

해설 역귀환 방식 : 공급관과 환수관에 이상적으로 수량을 배분하고 입상관에서 정수두의 영향을 없게 하여 각 방열기의 열량을 균등하게 한다.

51. 냉·온수 헤더에 설치하는 부속품이 아닌 것은?

① 압력계   ② 드레인관

③ 트랩장치   ④ 급수관

해설 트랩은 증기 난방장치에서 증기와 응축수를 분리시키는 장치이다.

52. 급수 배관에서 수격 작용 발생 개소로 가장 거리가 먼 것은?

① 관내 유속이 빠른 곳

② 구배가 완만한 곳

③ 급격히 개폐되는 밸브

④ 굴곡 개소가 있는 곳

해설 수격 작용은 ①, ③, ④항 외에 펌프의 급정지 등에서 발생한다.

53. 다음 중 급수설비에 설치되어 물이 오염되기 쉬운 형태의 배관은?

① 상향식 배관

② 하향식 배관

③ 조닝 배관

④ 크로스 커넥션 배관

해설 크로스 커넥션 : 급수설비에서 오염된 물이 상수배관으로 유입되는 현상

54. 제어된 제어 대상의 양, 즉 제어계의 출력을 무엇이라고 하는가?

① 목표값   ② 조작량

③ 동작신호   ④ 제어량

해설 제어량 : 제어 대상에 속하는 양으로, 제어대상을 제어하는 것을 목적으로 하는 물리적인 양을 말한다.

55. 피드백 제어계 중 물체의 위치, 방위, 자세 등의 기계적 변위를 제어량으로 하는 것은?

① 서보 기구

② 프로세스 제어

③ 자동 조정

④ 프로그램 제어

해설 서보 기구 : 물체의 위치, 방향, 자세 등의 기계적 변위를 제어량으로 해서 목표값이 임의의 변화에 추종하도록 구성된 제어계

56. 발전기의 유기기전력의 방향과 관계가 있는 법칙은?

① 플레밍의 왼손 법칙

② 플레밍의 오른손 법칙

③ 패러데이의 법칙

④ 암페어의 법칙

해설 플레밍의 법칙 : 발전기나 전동기에서 자계 (F), 운동(M), 전류(I)의 각 벡터의 방향 관계를 기억하기 쉽게 하기 위한 것으로 오른손은 발전기, 왼손은 전동기의 경우를 나타낸다.

57. 다음 시퀀스 제어에 관한 설명 중 틀린 것은?

① 조합 논리회로로 사용된다.

② 미리 정해진 순서에 의해 제어된다.

③ 입력과 출력을 비교하는 장치가 필수적이다.

④ 일정한 논리에 의해 제어된다.

해설 ③항은 피드백 제어계에 대한 설명이다.

정답   **50.** ④   **51.** ③   **52.** ②   **53.** ④   **54.** ④   **55.** ①   **56.** ②   **57.** ③

58. 전원 전압을 일정 전압 이내로 유지하기 위해서 사용되는 소자는?

① 정전류 다이오드
② 브리지 다이오드
③ 제너 다이오드
④ 터널 다이오드

해설 제너 다이오드는 주로 정전압 전원 회로에 사용한다.

59. 3상 유도전동기의 회전 방향을 바꾸기 위한 방법으로 옳은 것은?

① $\Delta - Y$ 결선으로 변경한다.
② 회전자를 수동으로 역회전시켜 기동한다.
③ 3선을 차례대로 바꾸어 연결한다.
④ 3상 전원 중 2선의 접속을 바꾼다.

해설 3상은 120°의 위상각을 가지므로 두 개의 전선을 바꾸면 회전 방향이 역회전이 된다.

60. 유도전동기의 역률을 개선하기 위하여 일반적으로 많이 사용되는 방법은 어느 것인가?

① 조상기 병렬접속
② 콘덴서 병렬접속
③ 조상기 직렬접속
④ 콘덴서 직렬접속

해설 역률을 개선하기 위하여 전동기의 운전 코일에 진상용 콘덴서(운전 콘덴서)를 병렬접속 한다.

출제 예상문제 (12)

제1과목 **공기조화 설비**

1. 지하철에 적용할 기계 환기 방식의 기능으로 틀린 것은?

① 피스톤 효과로 유발된 열차풍으로 환기 효과를 높인다.
② 화재 시 배연 기능을 달성한다.
③ 터널 내의 고온의 공기를 외부로 배출한다.
④ 터널 내의 잔류 열을 배출하고 신선외기를 도입하여 토양의 발열 효과를 상승시킨다.

해설 기계 환기 방식은 터널 내의 잔류 열을 배출하고 신선외기를 도입하여 토양의 발열 효과를 감소시킨다.

2. 다음 중 증기 트랩에 대한 설명으로 틀린 것은?

① 바이메탈 트랩은 내부에 열팽창계수가 다른 두 개의 금속이 접합된 바이메탈로 구성되며, 워터해머에 안전하고, 과열증기에도 사용 가능하다.
② 벨로스 트랩은 금속제의 벨로스 속에 휘발성 액체가 봉입되어 있어 주위에 증기가 있으면 팽창되고, 증기가 응축되면 온도에 의해 수축하는 원리를 이용한 트랩이다.
③ 플로트 트랩은 응축수의 온도차를 이용하여 플로트가 상하로 움직이며 밸브를 개폐한다.
④ 버킷 트랩은 응축수의 부력을 이용하여 밸브를 개폐하며 상향식과 하향식이 있다.

해설 플로트 트랩은 응축수가 차면 플로트가 떠오르고 부력으로 밸브가 열려 하부 배출구로 응축수가 배출된다.

3. 두께 150 mm, 면적 10 m²인 콘크리트 내벽의 외부 온도가 30℃, 내부 온도가 20℃일 때 8시간 동안 전달되는 열량(kJ)은 얼마인가? (단, 콘크리트 내벽의 열전도율은 1.5 W/m·K 이다.)

① 1350   ② 8350
③ 13200   ④ 28800

해설 $q = \dfrac{1.5}{1000 \times 0.15} \times 10 \times (30-20)$
$\times 8 \times 3600 = 28800\ kJ$

4. 지역난방의 특징에 대한 설명으로 틀린 것은?

① 광범위한 지역의 대규모 난방에 적합하며, 열매는 고온수 또는 고압증기를 사용한다.
② 소비처에서 24시간 연속난방과 연속급탕이 가능하다.
③ 대규모화에 따라 고효율 운전 및 폐열을 이용하는 등 에너지 취득이 경제적이다.
④ 순환펌프 용량이 크며 열 수송배관에서의 열손실이 작다.

해설 온수 지역난방은 순환펌프가 필요하며 배관의 열손실이 크고 배관 설비비가 비싸다.

5. 주로 대형 덕트에서 덕트의 찌그러짐을 방지하기 위하여 덕트의 옆면 철판에 주름을 잡아주는 것을 무엇이라고 하는가?

① 다이아몬드 브레이크
② 가이드 베인
③ 보강 앵글

④ 심

해설 다이아몬드 브레이크는 장방형의 덕트 보강법으로 경사짐 또는 찌그러짐을 방지하며, 비교적 단단한 보온재를 사용할 때는 시공상 불편하기 때문에 생략하는 일이 많다.

6. 습공기의 상태 변화에 관한 설명으로 옳은 것은?

① 습공기를 가습하면 상대습도가 내려간다.
② 습공기를 냉각감습하면 엔탈피는 증가한다.
③ 습공기를 가열하면 절대습도는 변하지 않는다.
④ 습공기를 노점온도 이하로 냉각하면 절대습도는 내려가고, 상대습도는 일정하다.

해설 습공기를 가열하면 절대습도, 수증기 분압, 노점온도는 변화가 없다.

7. 냉방부하 계산 시 유리창을 통한 취득열 부하를 줄이는 방법으로 가장 적절한 것은 어느 것인가?

① 얇은 유리를 사용한다.
② 투명 유리를 사용한다.
③ 흡수율이 큰 재질의 유리를 사용한다.
④ 반사율이 큰 재질의 유리를 사용한다.

해설 유리창은 차폐계수가 양호한 재질을 사용한다. 즉, 반사율이 큰 재질이 취득열 부하를 감소시킬 수 있다.

8. 다음 중 수-공기 공기조화 방식에 해당하는 것은?

① 2중 덕트 방식
② 패키지 유닛 방식
③ 복사 냉난방 방식
④ 정풍량 단일 덕트 방식

해설 ①, ④항은 전공기 방식이고 ②항은 냉매 방식이다.

9. 다음 중 복사난방에 대한 설명으로 틀린 것은?

① 다른 방식에 비해 쾌감도가 높다.
② 시설비가 적게 든다.
③ 실내에 유닛이 노출되지 않는다.
④ 열용량이 크기 때문에 방열량 조절에 시간이 다소 걸린다.

해설 복사난방은 가열 코일을 매설하므로 시공, 수리 및 설비비가 비싸다.

10. 다음 중 흡습성 물질이 도포된 엘리먼트를 적층시켜 원판 형태로 만든 로터와 로터를 구동하는 장치 및 케이싱으로 구성되어 있는 전열교환기의 형태는?

① 고정형   ② 정지형
③ 회전형   ④ 원판형

해설 회전형 전열교환기는 주로 대용량 환기 유닛에 적용되며 뛰어난 열교환 성능으로 에너지 회수 측면에서는 유리하지만, 로터 회전부와 로터의 공극을 통한 누설률이 큰 단점이 있다.

11. 다음 난방방식 중 자연환기가 많이 일어나도 비교적 난방 효율이 좋은 것은?

① 온수난방   ② 증기난방
③ 온풍난방   ④ 복사난방

해설 복사난방은 실내가 개방된 상태에서 난방효율이 좋지만 일시적인 난방에는 비경제적이다.

12. 공기조화의 조닝계획 시 부하패턴이 일정하고, 사용시간대가 동일하며, 중간기 외기냉방, 소음 방지, CO_2 등의 실내환경을 고려해야 하는 곳은?

① 로비
② 체육관
③ 사무실
④ 식당 및 주방

13. 셸 앤드 튜브 열교환기에서 유체의 흐름에 의해 생기는 진동의 원인으로 가장 거리가 먼 것은?

① 층류 흐름 　② 음향 진동
③ 소용돌이 흐름 ④ 병류의 와류 형성

해설 층류 : 물의 흐름 속에 있는 임의의 물 분자들의 각 분자 상호간의 위치가 물의 흐름에 따라 변하지 않는 상태를 말한다. 열교환기에서는 유체의 흐름에 따른 분자의 운동에너지에 의한 전열 현상이다.

14. 콘크리트로 된 외벽의 실내측에 내장재를 부착했을 때 내장재의 실내측 표면에 결로가 일어나지 않도록 하기 위한 내장두께 L_2[mm]는 최소 얼마이어야 하는가? (단, 외기온도 −5℃, 실내온도 20℃, 실내공기의 노점온도 12℃, 콘크리트의 벽두께 100 mm, 콘크리트의 열전도율은 0.0016 kW/m·K, 내장재의 열전도율은 0.00017 kW/m·K, 실외측 열전달률은 0.023 kW/m²·K, 실내측 열전달률은 0.009 kW/m²·K이다.)

콘크리트 내장재

① 19.7 　　　② 22.1
③ 25.3 　　　④ 37.2

해설 ① 전열량 $= 0.009 \times (20 - 12)$
$$= K\{20 - (-5)\}$$
∴ 열통과율 $K = \dfrac{0.009 \times 8}{25}$
$$= 0.00288 \text{ kW/m}^2 \cdot \text{K}$$
② 열저항 $R = \dfrac{1}{K} = \dfrac{1}{\alpha_o} + \dfrac{L_1}{\lambda_1} + \dfrac{L_2}{\lambda_2} + \dfrac{1}{\alpha_i}$

∴ 내장두께 L_2
$$= \left\{ \dfrac{1}{0.00288} - \left(\dfrac{1}{0.023} + \dfrac{0.1}{0.0016} + \dfrac{1}{0.009} \right) \right\}$$
$$\times 0.00017 = 0.022123 \text{ m} \fallingdotseq 22.12 \text{ mm}$$

15. 냉·난방 설계 시 열부하에 관한 설명으로 옳은 것은?

① 인체에 대한 냉방부하는 현열만이다.
② 인체에 대한 난방부하는 현열과 잠열이다.
③ 조명에 대한 냉방부하는 현열만이다.
④ 조명에 대한 난방부하는 현열과 잠열이다.

해설 ① 인체에 대한 냉방부하는 현열과 잠열이다.
② 인체에 대한 난방부하는 없다.
④ 조명에 대한 난방부하는 없다.

16. 보일러의 급수장치에 대한 설명으로 옳은 것은?

① 보일러 급수의 경도가 낮으면 관내 스케일이 부착되기 쉬우므로 가급적 경도가 높은 물을 급수로 사용한다.
② 보일러 내 물의 광물질이 농축되는 것을 방지하기 위하여 때때로 관수를 배출하여 소량씩 물을 바꾸어 넣는다.
③ 수질에 의한 영향을 받기 쉬운 보일러에서는 경수장치를 사용한다.
④ 증기보일러에서는 보일러 내 수위를 일정하게 유지할 필요는 없다.

해설 보일러 내부의 이물질을 제거하기 위하여 관수를 배출하고 보충수를 주입한다.

17. 공기조화 계획을 진행하기 위한 순서로 옳은 것은?

① 기본계획 → 기본구상 → 실시계획 → 실시설계
② 기본구상 → 기본계획 → 실시설계 → 실시계획

③ 기본구상 → 기본계획 → 실시계획 → 실시설계

④ 기본계획 → 실시계획 → 기본구상 → 실시설계

18. 덕트에 설치하는 가이드 베인에 대한 설명으로 틀린 것은?

① 보통 곡률 반지름이 덕트 장변의 1.5배 이내일 때 설치한다.

② 덕트를 작은 곡률로 구부릴 때 통풍저항을 줄이기 위해 설치한다.

③ 곡관부의 내측보다 외측에 설치하는 것이 좋다.

④ 곡관부의 기류를 세분하여 생기는 와류의 크기를 작게 한다.

해설 덕트 곡관부 내측에 설치하여 박리 등으로 인한 소용돌이가 생기지 않도록 한다.

19. 열원 방식의 분류는 일반 열원 방식과 특수 열원 방식으로 구분할 수 있다. 다음 중 일반 열원 방식으로 가장 거리가 먼 것은 어느 것인가?

① 빙축열 방식

② 흡수식 냉동기+보일러

③ 전동 냉동기+보일러

④ 흡수식 냉온수 발생기

해설 빙축열 방식은 심야 전력을 이용한 특수 열원 방식이다.

20. 90℃ 고온수 25 kg을 100℃의 건조포화액으로 가열하는 데 필요한 열량(kJ)은? (단, 물의 비열은 4.2 kJ/kg·K이다.)

① 42

② 250

③ 525

④ 1050

해설 $q = 25 \times 4.2 \times (100 - 90)$
$= 1050 \text{ kJ}$

제2과목	냉동냉장 설비

21. 다음과 같은 조건에서 작동하는 냉동장치의 냉매순환량(kg/h)은? (단, 1 RT는 3.9 kW이다.)

┤조건├
ㄱ 냉동능력 : 5 RT
ㄴ 증발기 입구 냉매 엔탈피 : 240 kJ/kg
ㄷ 증발기 출구 냉매 엔탈피 : 400 kJ/kg

① 325.2

② 438.8

③ 512.8

④ 617.3

해설 냉매순환량 $= \dfrac{5 \times 3.9 \times 3600}{400 - 240}$
$= 438.75 \text{ kg/h}$

22. 냉동장치에서 액봉이 쉽게 발생되는 부분으로 가장 거리가 먼 것은?

① 액펌프 방식의 펌프 출구와 증발기 사이의 배관

② 2단 압축 냉동장치의 중간 냉각기에서 과냉각된 액관

③ 압축기에서 응축기로의 배관

④ 수액기에서 증발기로의 배관

해설 압축기와 응축기 사이 배관은 고압가스(과열 증기)가 흐르는 배관이므로 액봉 현상과 관계없다.

23. 냉동장치를 장기간 운전하지 않을 경우 조치 방법으로 틀린 것은?

① 냉매의 누설이 없도록 밸브의 패킹을 잘 잠근다.

② 저압측의 냉매는 가능한 한 수액기로 회수한다.

③ 저압측의 냉매를 다른 용기로 회수하고 그 대신 공기를 넣어둔다.

④ 압축기의 워터재킷을 위한 물은 완전히 뺀다.

해설 저압측의 냉매는 수액기로 회수하고, 0.1 kg/cm² · g 정도의 압력으로 유지시킨다.

24. 다음 중 냉동장치의 운전 상태 점검 시 확인해야 할 사항으로 가장 거리가 먼 것은 어느 것인가?

① 윤활유의 상태
② 운전 소음 상태
③ 냉동장치 각부의 온도 상태
④ 냉동장치 전원의 주파수 변동 상태

해설 전원의 전압, 주파수, 연결 상태는 냉동기 운전 전 점검 사항이다.

25. 암모니아 냉동기에서 유분리기의 설치 위치로 가장 적당한 곳은?

① 압축기와 응축기 사이
② 응축기와 팽창밸브 사이
③ 증발기와 압축기 사이
④ 팽창밸브와 증발기 사이

해설 유분리기는 압축기와 응축기 사이의 고압가스(과열증기) 배관 중에 설치한다.

26. 증발온도 −15℃, 응축온도 30℃인 이상적인 냉동기의 성적계수(COP)는?

① 5.73 　　② 6.41
③ 6.73 　　④ 7.34

해설 $COP = \dfrac{273-15}{(273+30)-(273-15)} = 5.73$

27. 프레온 냉동기의 흡입배관에 이중 입상관을 설치하는 주된 목적은?

① 흡입가스의 과열을 방지하기 위하여
② 냉매액의 흡입을 방지하기 위하여
③ 오일의 회수를 용이하게 하기 위하여
④ 흡입관에서의 압력강하를 보상하기 위하여

해설 부하변동이 심한 프레온 냉동장치 흡입관에 윤활유(오일) 회수를 용이하게 하기 위하여 이중 입상관을 설치한다.

28. 냉동효과가 1088 kJ/kg인 냉동사이클에서 1냉동톤당 압축기 흡입증기의 체적(m³/h)은 얼마인가? (단, 압축기 입구의 비체적은 0.5087 m³/kg이고, 1냉동톤은 3.9 kW이다.)

① 15.5 　　② 6.5
③ 0.258 　　④ 0.002

해설 $Q = \dfrac{3.9 \times 3600}{1088} \times 0.5087 = 6.56\,\mathrm{m^3/h}$

29. 열전달에 대한 설명으로 틀린 것은?

① 열전도는 물체 내에서 온도가 높은 쪽에서 낮은 쪽으로 열이 이동하는 현상이다.
② 대류는 유체의 열이 유체와 함께 이동하는 현상이다.
③ 복사는 떨어져 있는 두 물체 사이의 전열 현상이다.
④ 전열에서는 전도, 대류, 복사가 각각 단독으로 일어나는 경우가 많다.

해설 전열에서는 전도, 대류, 복사가 동시에 일어난다.

30. 어떤 냉동기로 1시간당 얼음 1 ton을 제조하는 데 37 kW의 동력을 필요로 한다. 이때 사용하는 물의 온도는 10℃이며 얼음은 −10℃이었다. 이 냉동기의 성적계수는? (단, 융해열은 335 kJ/kg이고, 물의 비열은 4.19 kJ/kg · K, 얼음의 비열은 2.09 kJ/kg · K이다.)

① 2.0 　　② 3.0
③ 4.0 　　④ 5.0

해설 $COP = \dfrac{1000 \times \{(4.19 \times 10) + 335 + (2.09 \times 10)\}}{37 \times 3600}$
$= 2.98 ≒ 3.0$

31. 압축기의 클리어런스가 클 경우 상태 변화에 대한 설명으로 틀린 것은?

① 냉동능력이 감소한다.
② 체적 효율이 저하한다.
③ 압축기가 과열한다.
④ 토출가스의 온도가 감소한다.

해설 클리어런스(상부 간격)가 크면 토출가스 온도가 상승한다.

32. 압축기의 설치 목적에 대한 설명으로 옳은 것은?

① 엔탈피 감소로 비체적을 증가시키기 위해
② 상온에서 응축 액화를 용이하게 하기 위한 목적으로 압력을 상승시키기 위해
③ 수랭식 및 공랭식 응축기의 사용을 위해
④ 압축 시 임계온도 상승으로 상온에서 응축 액화를 용이하게 하기 위해

해설 압축기는 온도와 압력을 상승시켜서 응축기에서 냉매의 액화를 용이하게 하고 냉동장치에 냉매를 순환시키는 역할을 한다.

33. 다음 중 브라인의 구비 조건으로 틀린 것은?

① 비열이 크고 동결온도가 낮을 것
② 불연성이며 불활성일 것
③ 열전도율이 클 것
④ 점성이 클 것

해설 1차 냉매 또는 2차 냉매(브라인) 등은 점성이 작아야 한다.

34. 흡수식 냉동기의 특징에 대한 설명으로 틀린 것은?

① 부분 부하에 대한 대응성이 좋다.
② 용량 제어의 범위가 넓어 폭넓은 용량 제어가 가능하다.

③ 초기 운전 시 정격 성능을 발휘할 때까지의 도달 속도가 느리다.
④ 압축식 냉동기에 비해 소음과 진동이 크다.

해설 흡수식 냉동장치는 압축기가 없으므로 소음, 진동이 작다.

35. 다음 냉매 중 오존파괴지수(ODP)가 가장 낮은 것은?

① R11
② R12
③ R22
④ R134a

해설 오존파괴지수(ODP)를 비교하면 CFC 냉매(R-11, R-12)가 제일 높고 HCFC(R-22) 냉매는 중간 정도이며 HFC(R-134) 냉매가 가장 낮다.

36. 냉매에 대한 설명으로 틀린 것은?

① R-21은 화학식으로 $CHCl_2F$이고, $CClF_2-ClF_2$는 R-1130이다.
② 냉매의 구비 조건으로 응고점이 낮아야 한다.
③ 냉매의 구비 조건으로 증발열과 열전도율이 커야 한다.
④ R-500은 R-12와 R-152를 합한 공비 혼합냉매라 한다.

해설 R-113의 화학식은 $C_2Cl_3F_3(CClF-CCl_2F_2)$이다.

37. 증발온도(압력)가 감소할 때, 장치에 발생되는 현상으로 가장 거리가 먼 것은? (단, 응축 온도는 일정하다.)

① 성적계수(COP) 감소
② 토출가스 온도 상승
③ 냉매 순환량 증가
④ 냉동 효과 감소

해설 증발온도가 정상보다 낮으면 압축비 상승으로 체적 효율이 감소하여 냉매 순환량이 감소한다.

38. 다음 중 줄–톰슨 효과와 관련이 가장 깊은 냉동 방법은?

① 압축기체의 팽창에 의한 냉동법
② 감열에 의한 냉동법
③ 흡수식 냉동법
④ 2원 냉동법

해설 줄–톰슨(Joule–Thomson) 효과는 기체 공기를 냉매로 하여 팽창기에서 단열 팽창시키면 냉각기에서 열을 흡수하는 현상으로 체적효율이 나쁘다.

39. 열 및 열펌프에 관한 설명으로 옳은 것은?

① 일의 열당량은 $\dfrac{1\text{kcal}}{427\text{kgf}\cdot\text{m}}$ 이다. 이것은 427 kgf·m의 일이 열로 변할 때, 1 kcal의 열량이 되는 것이다.
② 응축온도가 일정하고 증발온도가 내려가면 일반적으로 토출가스 온도가 높아지기 때문에 열펌프의 능력이 상승된다.
③ 비열 2.1 kJ/kg·℃, 비중량 1.2 kg/L의 액체 2 L를 온도 1℃ 상승시키기 위해서는 2.27 kJ의 열량을 필요로 한다.
④ 냉매에 대해서 열의 출입이 없는 과정을 등온 압축이라 한다.

해설 ① A : 일의 열당량 = $\dfrac{1}{427}$ kcal/kgf·m

② J : 열의 일당량 = 427 kgf·m/kcal

40. 표준 냉동 사이클에서 냉매 액이 팽창밸브를 지날 때 냉매의 온도, 압력, 엔탈피의 상태 변화를 올바르게 나타낸 것은?

① 온도 : 일정, 압력 : 감소, 엔탈피 : 일정
② 온도 : 일정, 압력 : 감소, 엔탈피 : 감소
③ 온도 : 감소, 압력 : 일정, 엔탈피 : 일정
④ 온도 : 감소, 압력 : 감소, 엔탈피 : 일정

해설 팽창밸브는 냉동부하에 알맞은 냉매 순환량을 제어(조절)한다. 이때 엔탈피는 일정하고(변화가 없고) 압력, 온도는 감소하며 엔트로피와 비체적은 증가한다.

제3과목 **공조냉동 설치·운영**

41. 강관을 재질상으로 분류한 것이 아닌 것은?

① 탄소 강관
② 합금 강관
③ 전기 용접 강관
④ 스테인리스 강관

해설 ③항은 배관 제조 방법에 따른 분류에 해당한다.

42. 건물의 시간당 최대 예상 급탕량이 2000 kg/h일 때, 도시가스를 사용하는 급탕용 보일러에서 필요한 가스 소모량(kg/h)은? (단, 급탕온도 60℃, 급수온도 20℃, 도시가스 발열량 63000 kJ/kg, 보일러 효율이 95 %이며, 열손실 및 예열부하는 무시한다.)

① 5.6   ② 6.6
③ 7.6   ④ 8.6

해설 가스 소모량 = $\dfrac{2000 \times 4.2 \times (60-20)}{63000 \times 0.95}$
= 5.61 kg/h

43. 기수 혼합 급탕기에서 증기를 물에 직접 분사시켜 가열하면 압력차로 인해 소음이 발생한다. 이러한 소음을 줄이기 위해 사용하는 설비는?

① 스팀 사일런서   ② 응축수 트랩
③ 안전밸브   ④ 가열코일

해설 증기(기체)와 물(액체)을 혼합할 때 발생하는 소음을 줄이기 위하여 스팀 사일런서를 설치한다.

44. 냉매 배관 설계 시 유의사항으로 틀린 것은?

① 2중 입상관 사용 시 트랩을 크게 한다.
② 과도한 압력강하를 방지한다.
③ 압축기로 액체 냉매의 유입을 방지한다.
④ 압축기를 떠난 윤활유가 일정 비율로 다시 압축기로 되돌아오게 한다.

해설 트랩을 크게 설치하면 유체의 마찰저항이 증가하여 기능이 저하되므로 가급적 트랩은 깊이를 작게 하여 설치한다.

45. 증기난방 배관 시공법에 관한 설명으로 틀린 것은?

① 증기 주관에서 가지관을 분기할 때는 증기 주관에서 생성된 응축수가 가지관으로 들어가지 않도록 상향 분기한다.
② 증기 주관에서 가지관을 분기하는 경우에는 배관의 신축을 고려하여 3개 이상의 엘보를 사용한 스위블 이음으로 한다.
③ 증기 주관 말단에는 관말 트랩을 설치한다.
④ 증기관이나 환수관이 보 또는 출입문 등 장애물과 교차할 때는 장애물을 관통하여 배관한다.

해설 증기관 또는 환수관이 출입구나 보(beam)와 마주칠 때는 루프형 배관으로 위로는 공기를, 아래로는 응축수를 흐르게 하고 응축수 출구는 입구보다 25 mm 이상 낮은 위치에 배관한다.

46. 다음 특징은 어떤 포집기에 대한 설명인가?

> 영업용(호텔, 레스토랑) 주방 등의 배수 중 함유되어 있는 지방분을 포집하여 제거한다.

① 드럼 포집기   ② 오일 포집기
③ 그리스 포집기   ④ 플라스터 포집기

해설 그리스 트랩(포집기)은 조리대 배수에 함유된 지방분의 관내 부착을 방지한다.

47. 다음 중 건물의 급수량 산정의 기준과 가장 거리가 먼 것은?

① 건물의 높이 및 층수
② 건물의 사용 인원수
③ 설치될 기구의 수량
④ 건물의 유효면적

해설 급수량의 산정 방법
  ㉠ 건물 사용 인원에 의한 산정 방법
  ㉡ 건물 면적에 의한 산정법
  ㉢ 사용 기구에 의한 산정법 등이 있다.

48. 제조소 및 공급소 밖의 도시가스 배관 설비 기준으로 옳은 것은?

① 철도부지에 매설하는 경우에는 배관의 외면으로부터 궤도 중심까지 3 m 이상 거리를 유지해야 한다.
② 철도부지에 매설하는 경우 지표면으로부터 배관의 외면까지의 깊이를 1.2 m 이상 유지해야 한다.
③ 하천구역을 횡단하는 배관의 매설은 배관의 외면과 계획하상높이와의 거리 2 m 이상 거리를 유지해야 한다.
④ 수로 밑을 횡단하는 배관의 매설은 1.5 m 이상, 기타 좁은 수로인 경우 0.8 m 이상 깊게 매설해야 한다.

해설 도시가스 배관 설비
  ㉠ 철도부지에 매설하는 경우 궤도 중심에서 4 m 이상 거리를 유지해야 한다.
  ㉡ 하천에서는 4 m, 수로는 2.5 m, 좁은 수로는 1.2 m 이상의 깊이에 매설한다.

49. 암모니아 냉동설비의 배관으로 사용하기에 가장 부적절한 배관은?

① 이음매 없는 동관
② 저온 배관용 강관
③ 배관용 탄소강 강관
④ 배관용 스테인리스 강관

정답   44. ①   45. ④   46. ③   47. ①   48. ②   49. ①

해설 암모니아(NH_3)는 동 또는 동합금, 아연, 알루미늄 등을 부식시키므로 사용할 수 없다.

50. 도시가스 배관에서 중압은 얼마의 압력을 의미하는가?

① 0.1 MPa 이상 1 MPa 미만
② 1 MPa 이상 3 MPa 미만
③ 3 MPa 이상 10 MPa 미만
④ 10 MPa 이상 100 MPa 미만

해설 ⊙ 저압 : 0.1 MPa 미만
  ⓒ 중압 : 0.1 MPa 이상 1 MPa 미만
  ⓒ 고압 : 1 MPa 이상

51. 공기조화 설비의 구성과 가장 거리가 먼 것은?

① 냉동기 설비
② 보일러 실내기기 설비
③ 위생기구 설비
④ 송풍기, 공조기 설비

해설 공기조화 설비에는 냉동장치, 보일러장치, 공조기 및 그 장치의 부속설비가 포함된다.

52. 냉동 배관 중 액관 시공 시 유의사항으로 틀린 것은?

① 매우 긴 입상 배관의 경우 압력이 증가하게 되므로 충분한 과냉각이 필요하다.
② 배관은 가능한 짧게 하여 냉매가 증발하는 것을 방지한다.
③ 가능한 직선적인 배관으로 하고, 곡관의 곡률 반지름은 가능한 크게 한다.
④ 증발기가 응축기 또는 수액기보다 높은 위치에 설치되는 경우는 액을 충분히 과냉각시켜 액 냉매가 관내에서 증발하는 것을 방지하도록 한다.

해설 매우 긴 액관은 마찰손실에 의한 압력이 감소하므로 그에 따르는 플래시 가스 발생을 방지하기 위하여 냉매를 5℃ 정도 과냉각시킨다.

53. 피드백 제어계에서 제어 요소에 대한 설명 중 옳은 것은?

① 목표값에 비례하는 신호를 발생하는 요소이다.
② 조절부와 검출부로 구성되어 있다.
③ 동작 신호를 조작량으로 변화시키는 요소이다.
④ 조절부와 비교부로 구성되어 있다.

해설 제어 요소 : 동작 신호를 조작량으로 변화시키는 요소이고, 조절부와 조작부로 이루어진다.

54. 다음 블록 선도의 특성 방정식으로 옳은 것은?

① $3s + 2 = 0$ ② $\dfrac{s}{s+2} = 0$

③ $\dfrac{2s}{3s+2} = 0$ ④ $2s = 0$

해설 ⊙ 전달 함수 : $(R - C) \times s \times \dfrac{2}{s+2} = C$

$$\dfrac{2s}{s+2} \cdot R = C\left(1 + \dfrac{2s}{s+2}\right)$$

$$\therefore \dfrac{C}{R} = \dfrac{2s}{3s+2}$$

ⓒ 특성 방정식 : $3s + 2$ 분포를 자동제어계에서 그 값을 0으로 하여 제어계의 특성 방정식은 $3s + 2 = 0$이라 한다.

55. 운동계의 각속도 ω는 전기계의 무엇과 대응되는가?

① 저항   ② 전류
③ 인덕턴스   ④ 커패시턴스

해설 ① : 제동마찰계수
  ② : 각속도
  ③ : 관성모멘트
  ④ : 비틀림강도

56. 직류 전동기의 속도 제어 방법이 아닌 것은?

① 계자 제어법
② 직렬 저항법
③ 병렬 저항법
④ 전압 제어법

해설 직류 전동기의 속도 제어 방법에는 전압, 저항, 계자 제어 방법이 있다.

57. 제어 시스템의 구성에서 서보 전동기는 어디에 속하는가?

① 조절부
② 제어 대상
③ 조작부
④ 검출부

해설 서보 전동기는 제어하려고 하는 기계의 전체 또는 그 일부분을 의미하는 제어 대상에 속한다.

58. 자동 연소 제어에서 연료의 유량과 공기의 유량 관계가 일정한 비율로 유지되도록 제어하는 방식은?

① 비율 제어
② 시퀀스 제어
③ 프로세스 제어
④ 프로그램 제어

해설 비율 제어 : 목표값이 다른 것과 일정 비율 관계를 가지고 변화하는 경우의 추종 제어

59. 다음 중 서보 기구의 제어량에 속하는 것은?

① 유량
② 압력
③ 밀도
④ 위치

해설 서보 기구 : 물체의 위치, 방위, 자세 등의 기계적 변위를 제어량으로 해서 목표값이 임의의 변화에 추종하도록 구성된 제어계

60. 다음 중 변압기 내부 고장 검출용 보호 계전기는?

① 차동 계전기
② 과전류 계전기
③ 역상 계전기
④ 부족전압 계전기

해설 차동 계전기
㉠ 다중 권선을 가진 계전기로 이러한 권선의 전압, 전력 등의 차이가 소정값에 이르렀을 때 동작하도록 되어 있는 것
㉡ 보호 계전기에서 유입, 유출하는 전류의 벡터 차이에 의해서 구간 내의 사고를 검지하여 동작하는 계전기

출제 예상문제 (13)

제1과목 **공기조화 설비**

1. 여과기를 여과작용에 의해 분류할 때 해당되는 것이 아닌 것은?

① 충돌 점착식   ② 자동 재생식
③ 건성 여과식   ④ 활성탄 흡착식

해설 여과기의 종류
  ㉠ 유닛형 필터 : 건식 필터, 점착식 필터
  ㉡ 연속형 필터 : 건식의 권취형 필터(롤 필터), 습식의 멀티패널 필터
  ㉢ 전기 집진기
  ㉣ 고성능 필터
  ㉤ 활성탄 필터

2. 풍량 600 m³/min, 정압 60 mmAq, 회전수 500 rpm의 특성을 갖는 송풍기의 회전수를 600 rpm으로 증가하였을 때 동력은? (단, 정압 효율은 50 %이다.)

① 약 12.1 kW   ② 약 18.2 kW
③ 약 20.3 kW   ④ 약 24.5 kW

해설 $N_1 = \dfrac{60 \times 600}{102 \times 60 \times 0.5} = 11.76\,\text{kW}$

$N_2 = 11.76 \times \left(\dfrac{600}{500}\right)^3 = 20.32\,\text{kW}$

3. 통과 풍량이 350 m³/min일 때 표준 유닛형 에어필터의 수는 약 몇 개인가? (단, 통과 풍속은 1.5 m/s, 통과 면적은 0.5 m²이며, 유효면적은 85 %이다.)

① 4개   ② 6개
③ 8개   ④ 10개

해설 ㉠ 필터 면적 $= \dfrac{350}{60 \times 1.5} = 3.89\,\text{m}^2$

㉡ 필터 개수 $= \dfrac{3.89}{0.5 \times 0.85} = 9.15 ≒ 10$ 개

4. 가스난방에 있어서 실의 총 손실열량이 1260000 kJ/h, 가스의 발열량이 25200 kJ/m³, 가스 소요량이 70 m³/h일 때 가스스토브의 효율은?

① 약 71 %   ② 약 80 %
③ 약 85 %   ④ 약 90 %

해설 $\eta = \dfrac{1260000}{70 \times 25200} = 0.714 ≒ 71\%$

5. 다음 중 제습장치에 대한 설명으로 틀린 것은?

① 냉각식 제습장치는 처리 공기를 노점온도 이하로 냉각시켜 수증기를 응축시킨다.
② 일반 공조에서는 공조기에 냉각코일을 채용하므로 별도의 제습장치가 없다.
③ 제습 방법은 냉각식, 압축식, 흡수식, 흡착식이 있으나 대부분 냉각식을 사용한다.
④ 에어 와셔 방식은 냉각식으로 소형이고 수처리가 편리하여 많이 채용된다.

해설 에어 와셔는 공기 세정기 및 순환수 분무 가습장치이다.

6. 온수보일러의 상당방열면적이 110 m²일 때, 환산증발량은?

① 약 91.8 kg/h   ② 약 112.2 kg/h
③ 약 132.6 kg/h   ④ 약 153.0 kg/h

해설 환산(상당)증발량
$= \dfrac{110 \times 450}{539} = 91.84\,\text{kg/h}$

정답   1. ②   2. ③   3. ④   4. ①   5. ④   6. ①

7. 지하상가의 공조 방식을 결정 시 고려해야 할 내용으로 틀린 것은?

① 취기를 발하는 점포는 확산되지 않도록 한다.
② 각 점포마다 어느 정도의 온도 조절을 할 수 있게 한다.
③ 음식점에서는 배기가 필요하므로 풍량 밸런스를 고려하여 채용한다.
④ 공공지하보도 부분과 점포 부분을 동일 계통으로 한다.

해설 지하보도는 외기와 실내(점포)의 중간 정도 기준이다.

8. 각 실마다 전기스토브나 기름난로 등을 설치하여 난방을 하는 방식은?

① 온돌난방　② 중앙난방
③ 지역난방　④ 개별난방

해설 개별난방은 각 실에서 열기를 두고 난방하는 방법이다.

9. 공기조화 부하의 종류 중 실내부하와 장치부하에 해당되지 않는 것은?

① 사무기기나 인체를 통해 실내에서 발생하는 열
② 외부의 고온 기류가 실내로 들어오는 열
③ 덕트에서의 손실 열
④ 펌프동력에서의 취득 열

해설 냉각기용 펌프는 냉동기 용량에 해당되고 응축기용 펌프는 응축부하에 해당된다.

10. 엔탈피 55 kJ/kg인 300 m³/h의 공기를 엔탈피 37.8 kJ/kg의 공기로 냉각시킬 때 제거 열량은 얼마인가? (단, 공기의 밀도는 1.2 kg/m³이다.)

① 6192 kJ/h　② 6460 kJ/h
③ 7892 kJ/h　④ 8333 kJ/h

해설 $q_{cc} = 300 \times 1.2 \times (55 - 37.8) = 6192 \text{ kJ/h}$

11. 공조기 내에 흐르는 냉·온수 코일의 유량이 많아서 코일 내에 유속이 너무 클 때 적절한 코일은?

① 풀 서킷 코일(full circuit coil)
② 더블 서킷 코일(double circuit coil)
③ 하프 서킷 코일(half circuit coil)
④ 슬로 서킷 코일(slow circuit coil)

해설 더블 서킷 코일 : 공기 냉각 코일 입구와 출구에 똑같이 병렬로 코일을 배열하는 방식으로 물의 통로 개수가 많아지므로 수량이 많은 경우에 사용된다.

12. 에어 와셔에서 분무하는 냉수의 온도가 공기의 노점온도보다 높을 경우 공기의 온도와 절대습도의 변화는?

① 온도는 올라가고, 절대습도는 증가한다.
② 온도는 올라가고, 절대습도는 감소한다.
③ 온도는 내려가고, 절대습도는 증가한다.
④ 온도는 내려가고, 절대습도는 감소한다.

해설 온도는 감소하고, 절대습도, 상대습도, 습구온도는 상승한다.

13. 가습 방식에 따른 분류 중 수분무식에 해당하는 것은?

① 회전식　② 원심식
③ 모세관식　④ 적하식

해설 원심식 가습기 : 회전하는 원판으로 물을 분무하는 구조를 가진 가습기로 공조기에 사용된다.

14. 공기장치의 공기 여과기에서 에어필터 효율의 측정법이 아닌 것은?

① 중량법　② 변색도법(비색법)
③ 집진법　④ DOP법

정답 7. ④　8. ④　9. ④　10. ①　11. ②　12. ③　13. ②　14. ③

해설 여과 효율 측정법에는 중량법, 비색법(변색도법), 계수법(DOP법)이 있다.

15. 보일러의 종류 중 원통 보일러의 분류에 해당되지 않는 것은?

① 폐열 보일러　② 입형 보일러
③ 노통 보일러　④ 연관 보일러

해설 원통형(둥근형) 보일러에는 입형 (수직형, 직립형, 버티컬) 보일러, 노통 보일러, 연관 보일러, 노통 연관 (혼식) 보일러 등이 있다.

16. 다음 중 수증기의 분압 표시로 옳은 것은? (단, P_w : 습공기 중의 수증기의 분압, P_s : 동일 온도의 포화수증기의 분압, ϕ : 상대습도)

① $P_w = \phi - P_s$　② $P_w = \phi P_s$
③ $P_w = \dfrac{\phi}{P_s}$　④ $P_w = \phi + P_s$

해설 상대습도 $\phi = \dfrac{P_w}{P_s}$

수증기 분압 $P_w = \phi P_s$ [mmHg]

17. 축류 취출구로서 노즐을 분기 덕트에 접속하여 급기를 취출하는 방식으로 구조가 간단하며 도달거리가 긴 것은?

① 펑커 루버　② 아네모스탯형
③ 노즐형　④ 팬형

해설 • 축류형 취출구
㉠ 노즐형 : 분기 덕트에 접속하여 급기하는 것으로 도달거리가 길고 구조가 간단하며, 토출 풍속 5 m/s 이상이다.
㉡ 펑커 루버 : 목을 움직여서 토출 기류의 방향을 바꿀 수 있다.
• 복류형 취출구
㉠ 팬형 : 천장 덕트의 개구단 아래 원형 또는 원추형의 판을 달아서 토출 풍량을 부딪히게 하여 천장면을 따라서 수평으로 공기를 보내는 것

㉡ 아네모스탯형 : 팬형의 결점을 보강한 것으로 천장 디퓨저라 하며, 확산 반지름이 크고 도달거리가 짧다.

18. 중앙에 냉동기를 설치하는 방식과 비교하여 덕트 병용 패키지 공조 방식에 대한 설명으로 틀린 것은?

① 기계실 공간이 적게 필요하다.
② 운전에 필요한 전문 기술자가 필요 없다.
③ 설치비가 중앙식에 비해 적게 든다.
④ 실내 설치 시 급기를 위한 덕트 샤프트가 필요하다.

해설 패키지형은 급기를 위한 덕트 샤프트가 필요 없다.

19. 전공기 방식의 특징에 관한 설명으로 틀린 것은?

① 송풍량이 충분하므로 실내 공기의 오염이 적다.
② 리턴 팬을 설치하면 외기 냉방이 가능하다.
③ 중앙집중식이므로 운전, 보수 관리를 집중화할 수 있다.
④ 큰 부하의 실에 대해서도 덕트가 작게 되어 설치 공간이 작다.

해설 전공기 방식은 덕트 스페이스가 대형화되어 설치 공간이 크다.

20. 난방부하 계산 시 침입 외기에 의한 열손실로 가장 거리가 먼 것은?

① 현열에 의한 열손실
② 잠열에 의한 열손실
③ 크롤 공간 (crawl space)의 열손실
④ 굴뚝 효과에 의한 열손실

해설 크롤 공간(배선, 배관을 위한 공간)의 열은 실내 취득 또는 손실 열량이다.

냉동냉장 설비

21. 흡수식 냉동기의 특징에 대한 설명으로 틀린 것은?

① 부분 부하에 대한 대응성이 좋다.
② 용량 제어의 범위가 넓어 폭넓은 용량 제어가 가능하다.
③ 초기 운전 시 정격 성능을 발휘할 때까지의 도달 속도가 느리다.
④ 압축식 냉동기에 비해 소음과 진동이 크다.

해설 흡수식은 압축기가 없으므로 소음 및 진동이 작다.

22. 감온식 팽창밸브의 작동에 영향을 미치는 것으로만 짝지어진 것은?

① 증발기의 압력, 스프링 압력, 흡입관의 압력
② 증발기의 압력, 응축기의 압력, 감온통의 압력
③ 스프링 압력, 흡입관의 압력, 압축기 토출 압력
④ 증발기의 압력, 스프링 압력, 감온통의 압력

해설 감온통의 압력=증발 압력+스프링 압력

23. 프레온 냉동기의 제어장치 중 가용전(fusible pluge)은 주로 어디에 설치하는가?

① 열교환기　　② 증발기
③ 수액기　　④ 팽창밸브

해설 가용전은 토출가스의 영향을 받지 않는 응축기와 수액기에 설치한다.

24. 어느 냉동기가 2 HP의 동력을 소모하여 시간당 5.9 kW의 열을 저열원에서 제거한다면 이 냉동기의 성적계수는 약 얼마인가?

① 4　　② 5　　③ 6　　④ 7

해설 $COP = \dfrac{5.9}{2 \times \dfrac{75}{102}} = 4.01$

25. 물 10 kg을 0℃로부터 100℃까지 가열하면 엔트로피의 증가는 얼마인가? (단, 물의 비열은 4.2kJ/kg·℃이다.)

① 9.16 kJ/kg·K　　② 13.108 kJ/kg·K
③ 18.1 kJ/kg·K　　④ 21.8 kJ/kg·K

해설 $\Delta S = 10 \times 4.2 \times \ln \dfrac{373}{273} = 13.108 \text{ kJ/kg·K}$

26. 표준 냉동 사이클이 적용된 냉동기에 관한 설명으로 옳은 것은?

① 압축기 입구의 냉매 엔탈피와 출구의 냉매 엔탈피는 같다.
② 압축비가 커지면 압축기 출구의 냉매가스 토출 온도는 상승한다.
③ 압축비가 커지면 체적 효율은 증가한다.
④ 팽창 밸브 입구에서 냉매의 과냉각도가 증가하면 냉동능력은 감소한다.

해설 압축비가 클 때 나타나는 현상
㉠ 체적 효율 감소
㉡ 냉매 순환량 감소
㉢ 냉동능력 감소
㉣ 실린더 과열
㉤ 토출가스 온도 상승
㉥ 단위 능력당 소비동력 증가

27. 냉동기의 성적계수가 6.84일 때 증발온도가 -13℃이다. 응축온도는?

① 약 15℃　　② 약 20℃
③ 약 25℃　　④ 약 30℃

해설 $\varepsilon = \dfrac{T_2}{T_1 - T_2}$ 식에서 $T_1 = T_2 \times \left(1 + \dfrac{1}{\varepsilon}\right)$
$= (273 - 13) \times \left(1 + \dfrac{1}{6.84}\right) = 298 \text{ K} = 25 ℃$

28. 원심식 압축기의 특징이 아닌 것은?

① 체적식 압축기이다.
② 저압의 냉매를 사용하고 취급이 쉽다.
③ 대용량에 적합하다.
④ 서징 현상이 발생할 수 있다.

해설 원심식 : 터보 또는 센트리퓨걸 컴프레서라고도 하며 임펠러의 고속 회전에 의하여 원심력으로 압축하는 방식

29. 전자식 팽창밸브에 관한 설명으로 틀린 것은?

① 응축압력의 변화에 따른 영향을 직접적으로 받지 않는다.
② 온도식 팽창밸브에 비해 초기 투자 비용이 비싸고 내구성이 떨어진다.
③ 일반적으로 슈퍼마켓 쇼케이스 등과 같이 운전시간이 길고 부하 변동이 비교적 큰 경우 사용하기 적합하다.
④ 전자식 팽창밸브는 응축기의 냉매 유량을 전자제어장치에 의해 조절하는 밸브이다.

해설 전자식 팽창밸브는 증발기의 냉매 유량을 조절하는 밸브이다.

30. 냉동 사이클에서 등엔탈피 과정이 이루어지는 곳은?

① 압축기　　　② 증발기
③ 수액기　　　④ 팽창밸브

해설 팽창밸브는 교축 작용에 의해서 비가역 단열 변화하므로 엔탈피가 일정하다.

31. 팽창밸브를 너무 닫았을 때 일어나는 현상이 아닌 것은?

① 증발압력이 높아지고 증발기 온도가 상승한다.
② 압축기의 흡입가스가 과열된다.

③ 능력당 소요동력이 증가한다.
④ 압축기의 토출가스 온도가 높아진다.

해설 팽창밸브를 너무 닫으면 냉매순환량이 감소하여 증발압력이 낮아지고 흡입가스가 과열되며 증발온도는 낮아지고 냉동능력이 감소하여 증발실 온도는 상승한다.

32. 열펌프(heat pump)의 성적계수를 높이기 위한 방법으로 적당하지 못한 것은?

① 응축온도를 높인다.
② 증발온도를 높인다.
③ 응축온도와 증발온도와의 차를 줄인다.
④ 압축기 소요동력을 감소시킨다.

해설 성적계수를 높이려면 응축온도를 낮춘다.
$$\varepsilon = \frac{T_1}{T_1 - T_2} = \frac{Q_c}{N}$$
여기서, T_1 : 응축온도(K), T_2 : 증발온도(K)
Q_c : 응축열량(kJ/h), N : 동력(kJ/h)

33. 브라인에 대한 설명으로 옳은 것은?

① 브라인 중에 용해하고 있는 산소량이 증가하면 부식이 심해진다.
② 구비 조건으로 응고점은 높아야 한다.
③ 유기질 브라인은 무기질에 비해 부식성이 크다.
④ 염화칼슘 용액, 식염수, 프로필렌글리콜은 무기질 브라인이다.

해설 브라인은 공기(산소)와 접촉하면 부식성이 커진다.

34. 응축온도는 일정한데 증발온도가 저하되었을 때 감소되지 않는 것은?

① 압축비　　　② 냉동능력
③ 성적계수　　　④ 냉동효과

해설 압축비 $a = \frac{P_2}{P_1}$ 로 저압이 낮아질 때 압축비는 상승한다.

여기서, P_1 : 저압(증발)[kg/cm^2·a]

P_2 : 고압(응축)[kg/cm^2·a]

35. 밀폐형 압축기에 대한 설명으로 옳은 것은?

① 회전수 변경이 불가능하다.

② 외부와 관통으로 누설이 발생한다.

③ 전동기 이외의 구동원으로 작동이 가능하다.

④ 구동 방법에 따라 직결 구동과 벨트 구동 방법으로 구분한다.

해설 밀폐형은 압축기와 전동기가 단일 구조체이므로 회전수 변경이 불가능하다.

36. 축열장치에서 축열재가 갖추어야 할 조건으로 가장 거리가 먼 것은?

① 열의 저장은 쉬워야 하나 열의 방출은 어려워야 한다.

② 취급하기 쉽고 가격이 저렴해야 한다.

③ 화학적으로 안정해야 한다.

④ 단위 체적당 축열량이 많아야 한다.

해설 축열재는 열용량이 크고 축열과 방출이 쉬워야 한다.

37. 방열벽의 열전도도가 0.023 W/m·K이고, 두께가 10 cm인 방열벽의 열통과율은? (단, 외벽, 내벽에서의 열전달률은 각각 23.3 W/m^2·h, 9.3 W/m^2·h이다.)

① 약 2.1 W/m^2·h

② 약 1.65 W/m^2·h

③ 약 1.23 W/m^2·h

④ 약 0.222 W/m^2·h

해설 ㉠ 열저항 R [m^2·h/W]

$$= \frac{1}{K} = \frac{1}{23.3} + \frac{0.1}{0.023} + \frac{1}{9.3}$$

㉡ 열통과율 $K = \frac{1}{R} = 0.222$ W/m^2·h

38. 압축기의 체적 효율에 대한 설명으로 틀린 것은?

① 압축기의 압축비가 클수록 커진다.

② 틈새가 작을수록 커진다.

③ 실제로 압축기에 흡입되는 냉매 증기의 체적과 피스톤이 배출한 체적과의 비를 나타낸다.

④ 비열비 값이 작을수록 작게 된다.

해설 압축비가 커지면 체적 효율은 감소한다.

39. 냉동장치 내 불응축 가스에 관한 설명으로 옳은 것은?

① 불응축 가스가 많아지면 응축압력이 높아지고 냉동능력은 감소한다.

② 불응축 가스는 응축기에 잔류하므로 압축기의 토출가스 온도에는 영향이 없다.

③ 장치에 윤활유를 보충할 때에 공기가 흡입되어도 윤활유에 용해되므로 불응축 가스는 생기지 않는다.

④ 불응축 가스가 장치 내에 침입해도 냉매와 혼합되므로 응축압력은 불변한다.

해설 응축압력이 평상시보다 높으면 불응축 가스가 체류함을 알 수 있고, 압력이 높아져서 압축비가 상승하면 체적 효율 감소로 냉동능력이 감소한다.

40. 다음 증발기의 종류 중 전열 효과가 가장 좋은 것은? (단, 동일 용량의 증발기로 가정한다.)

① 플레이트형 증발기

② 팬 코일식 증발기

③ 나관 코일식 증발기

④ 셸 튜브식 증발기

해설 ①, ②, ③은 공랭식 증발기이고, ④는 브라인식 증발기로 전열 효과가 크다.

정답 35. ① 36. ① 37. ④ 38. ① 39. ① 40. ④

제3과목   공조냉동 설치·운영

41. 이음쇠 중 방진, 방음의 역할을 하는 것은?

① 플렉시블형 이음쇠
② 슬리브형 이음쇠
③ 스위블형 이음쇠
④ 루프형 이음쇠

해설 기계 진동의 이동을 방지하는 것은 브레이스이고, 배관의 진동, 소음, 신축을 흡수하는 것은 플렉시블형 이음쇠이다.

42. 다음 중 각 장치의 설치 및 특징에 대한 설명으로 틀린 것은?

① 슬루스 밸브는 유량 조절용보다는 개폐용(ON – OFF용)에 주로 사용된다.
② 슬루스 밸브는 일명 게이트 밸브라고도 한다.
③ 스트레이너는 배관 속 먼지, 흙, 모래 등을 제거하기 위한 부속품이다.
④ 스트레이너는 밸브 뒤에 설치한다.

해설 스트레이너(여과기)는 기기(밸브 등) 앞에 설치한다.

43. 다음 중 주철관의 이음 방법이 아닌 것은?

① 소켓 이음(socket joint)
② 플레어 이음(flare joint)
③ 플랜지 이음(flange joint)
④ 노허브 이음(no – hub joint)

해설 플레어 이음은 동관의 접합 방법이다.

44. 비중이 약 2.7로서 열 및 전기 전도율이 좋으며 가볍고 전연성이 풍부하여 가공성이 좋고 순도가 높은 것은 내식성이 우수하여 건축재료 등에 주로 사용되는 것은?

① 주석관   ② 강관
③ 비닐관   ④ 알루미늄관

해설 알루미늄은 비중이 2.7로 Na, Mg, Ba 다음으로 가볍고 구리, 규소, 철, 망간 등의 원소를 넣은 알루미늄관은 기계적 성질이 우수하여 항공기 등 특수 용도로 사용된다.

45. 중앙식 급탕 방법의 장점으로 옳은 것은?

① 배관 길이가 짧아 열손실이 적다.
② 탕비장치가 대규모이므로 열효율이 좋다.
③ 건물 완성 후에도 급탕개소의 증설이 비교적 쉽다.
④ 설비 규모가 작기 때문에 초기 설비비가 적게 든다.

해설 중앙급탕식은 초기 설비비가 고가이고 배관 길이가 길며 증설 작업 시 어렵다. 배관 중의 열손실은 크지만 탕비장치는 고도 합리화로 열효율이 좋다.

46. 진공 환수식 난방법에서 탱크 내 진공도가 필요 이상으로 높아지면 밸브를 열어 탱크 내에 공기를 넣는 안전밸브의 역할을 담당하는 기기는?

① 배큐엄 브레이커(vaccum breaker)
② 스팀 사일런서(steam silencer)
③ 리프트 피팅(lift fitting)
④ 냉각 레그(cooling leg)

해설 배큐엄 브레이커 : 물받이 용기 안에 배출된 물이나 사용한 물이 역사이펀 작용에 의해 상수 계통으로 역류하는 것을 방지하기 위해, 급수관 안에 생긴 마이너스압에 대해 자동적으로 공기를 보충하는 장치로서 대기압식과 압력식으로 나뉜다.

47. 슬리브형 신축 이음쇠의 특징이 아닌 것은?

① 신축 흡수량이 크며, 신축으로 인한 응력이 생기지 않는다.
② 설치 공간이 루프형에 비해 크다.
③ 곡선 배관 부분이 있는 경우 비틀림이 생

겨 파손의 원인이 된다.

④ 장시간 사용 시 패킹의 마모로 인해 누설
될 우려가 있다.

해설 슬리브형(미끄럼형)은 관 속에 관이 들어가
고 나오고 하는 방법으로 신축을 흡수하므로 설
치 공간이 신축 이음 중에서 제일 작다.

48. 수도 직결식 급수설비에서 수도 본관에서
최상층 수전까지 높이가 10 m일 때 수도 본관
의 최저 필요 수압은? (단, 수전의 최저 필요
압력은 3000 mmAq, 관내 마찰손실수두는
2000 mmAq으로 한다.)

① 10000 mmAq ② 15000 mmAq
③ 20000 mmAq ④ 25000 mmAq

해설 $P = 3000 + 2000 + (1000 \times 10)$
$= 15000 \text{ mmAq}$

49. 배관 회로의 환수 방식에 있어 역환수 방식
이 직접 환수 방식보다 우수한 점은?

① 순환펌프의 동력을 줄일 수 있다.
② 배관의 설치 공간을 줄일 수 있다.
③ 유량을 균등하게 배분시킬 수 있다.
④ 재료를 절약할 수 있다.

해설 역환수 방식은 공급관과 환수관의 마찰저항
을 균등하게 하여 각 방열기에 공급되는 유량을
같게 한다.

50. 가스 설비 배관 시 관의 지름은 폴(pole) 식
을 사용하여 구한다. 이때 고려할 사항이 아닌
것은?

① 가스의 유량   ② 관의 길이
③ 가스의 비중   ④ 가스의 온도

해설 $Q = K\sqrt{\dfrac{d^5 h}{Sl}}$

여기서, Q : 가스의 유량, d : 관의 안지름(m)
S : 가스의 비중, h : 압력수주(mAq)
l : 관의 길이(m), K : 상수

51. 냉동 배관 재료로서 갖추어야 할 조건으로
틀린 것은?

① 저온에서 강도가 커야 한다.
② 내식성이 커야 한다.
③ 관내 마찰저항이 커야 한다.
④ 가공 및 시공성이 좋아야 한다.

해설 냉동 배관 재료는 관내 마찰저항이 작아야
한다.

52. 특수 통기 방식 중 배수 수직관에 선회력을
주어 공기 코어를 형성하여 통기관 역할을 하
는 것은?

① 소벤트 방식(sovent system)
② 섹스티아 방식(sextia system)
③ 스택 벤트 방식(stack vent system)
④ 에어 체임버 방식(air chamber system)

해설 섹스티아 방식 : 섹스티아 이음쇠로서 수평
분기관의 배수의 수류에 선회력을 만들어 관내
통기홀을 만들도록 되어 있고, 섹스티아 곡관은
수직관 내에서 내려온 배수의 수류에 선회력을
만들어 공기홀이 지속되도록 만든 것

53. 100 V의 기전력으로 100 J의 일을 할 때 전
기량은 몇 C인가?

① 0.1   ② 1   ③ 10   ④ 100

해설 전위 $E = \dfrac{W}{Q}$ 식에서

$Q = \dfrac{W}{E} = \dfrac{100}{100} = 1\text{C}$

54. 파형률이 가장 큰 것은?

① 구형파   ② 삼각파
③ 정현파   ④ 포물선파

해설 ㉠ 구형파=1
㉡ 정현파=1.11
㉢ 삼각파=1.155
㉣ 반파정류=1.571

55. $R-L-C$ 직렬 회로에서 전류가 최대로 되는 조건은?

① $\omega L = \omega C$ ② $\dfrac{\omega^2 L}{R} = \dfrac{1}{\omega CR}$

③ $\omega LC = 1$ ④ $\omega L = \dfrac{1}{\omega C}$

해설 $R-L-C$ 직렬 회로에서 전류가 최대로 되는 조건은 공진 회로($\omega L = \dfrac{1}{\omega C}$)이다.

56. 동작 신호를 조작량으로 변환하는 요소로서 조절부와 조작부로 이루어진 요소는 어느 것인가?

① 기준 입력 요소
② 동작 신호 요소
③ 제어 요소
④ 피드백 요소

해설 ① 기준 입력 요소 : 목표값을 제어할 수 있는 신호로 변환하는 요소(설정부)
② 동작 신호 요소 : 기준 입력 신호와 주피드백 신호와의 차로서 동작을 시키는 주된 신호
③ 제어 요소 : 동작 신호를 조작량으로 변환 하는 요소(조절부와 조작부)
④ 피드백 요소 : 제어량의 값을 목표값과 비교하기 위해 피드백(검출)되는 신호

57. 목표값이 시간에 대하여 변화하지 않는 제어로 정전압 장치나 일정 속도 제어 등에 해당하는 제어는?

① 프로그램 제어
② 추종 제어
③ 정치 제어
④ 비율 제어

해설 정치 제어 : 제어량을 어떤 일정한 목표값으로 유지하는 것을 목적으로 하는 제어법

58. 다음의 신호 흐름 선도의 입력이 5일 때 출력이 3이 되기 위한 A의 값은?

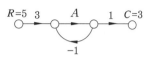

① 2 ② 3
③ 4 ④ 5

해설 ① $G_1 = 3 \times A \times 1 = 3A$, $\Delta_1 = 1$
② $L_{11} = -1 \times A = -A$
③ $\Delta = 1 - L_{11} = 1 - (-A) = 1 + A$
④ $G = \dfrac{C}{R} = \dfrac{G_1 \Delta_1}{\Delta} = \dfrac{3A}{1+A} = \dfrac{3}{5}$
∴ $A = \dfrac{1}{4}$에서 A값은 4

59. 변압기의 정격용량은 2차 출력단자에서 얻어지는 어떤 전력으로 표시하는가?

① 피상전력 ② 유효전력
③ 무효전력 ④ 최대전력

해설 피상전력 : 변압기 출구에서 소비자에게 공급하는 전력

60. 물건을 오르내리는 소형 호이스트의 로직 회로의 일부이다. L_{sh}는 어떤 기능인가?

① 인터로크
② 상승 정지(상부에서)
③ 기동입력
④ 하강 정지(하부에서)

출제 예상문제 (14)

해설 유인 유닛 방식은 물(수) 공기 방식이다.

제1과목   공기조화 설비

1. 극간풍의 풍량을 계산하는 방법으로 틀린 것은?

① 환기 횟수에 의한 방법
② 극간 길이에 의한 방법
③ 창 면적에 의한 방법
④ 재실 인원수에 의한 방법

해설 재실 인원수에 의한 방법은 외기 도입 방법으로 일반적으로 1인당 25 m³/h를 도입한다.

2. 다음 중 환기와 배연에 관한 설명으로 틀린 것은?

① 환기란 실내의 공기를 차거나 따뜻하게 만들기 위한 것이다.
② 환기는 급기 또는 배기를 통하여 이루어진다.
③ 환기는 자연적인 방법, 기계적인 방법이 있다.
④ 배연 설비란 화재 초기에 발생하는 연기를 제거하기 위한 설비이다.

해설 환기는 실내 공기 일부를 배기하고 배기량만큼 외기를 도입하여 실내 공기와 희석시킴으로써 공기를 청정하게 하여 오염 공기를 제거한다.

3. 공기조화방식 분류 중 전공기 방식이 아닌 것은?

① 멀티존 유닛 방식
② 변풍량 재열식
③ 유인 유닛 방식
④ 정풍량식

4. 다음 분류 중 천장 취출 방식이 아닌 것은?

① 아네모스탯형
② 브리즈 라인형
③ 팬형
④ 유니버설형

해설 유니버설형은 벽 취출 방식이다.

5. 다음 중 엔탈피의 단위는?

① kJ/kg·K   ② kJ/kg
③ kJ/m²·h·K   ④ kJ/m·h·K

해설 ① 비열, ③ 전열계수, ④ 전도율

6. 다음의 표시된 벽체의 열관류율은? (단, 내표면의 열전달률 $a_i = 9.3$ W/m²·h, 외표면의 열전달률 $a_o = 23.3$ W/m²·h, 벽돌의 열전도율 $\lambda_a = 0.58$ W/m·h, 단열재의 열전도율 $\lambda_b = 0.035$ W/m·h, 모르타르의 열전도율 $\lambda_c = 0.72$ W/m·h이다.)

① 0.797 W/m²·h
② 0.905 W/m²·h
③ 0.945 W/m²·h
④ 1.698 W/m²·h

해설 ① 열저항 $R = \dfrac{1}{K}$

$$= \dfrac{1}{9.3} + \dfrac{0.105}{0.58} + \dfrac{0.025}{0.035} + \dfrac{0.105}{0.58} + \dfrac{0.02}{0.72} + \dfrac{1}{23.3}$$

② 열관류율 $K = \dfrac{1}{R} = 0.797 \ \mathrm{W/m^2 \cdot h}$

7. 다음 중 현열부하에만 영향을 주는 것은 어느 것인가?

① 건구온도   ② 절대습도
③ 비체적   ④ 상대습도

해설 현열부하에 영향을 주는 것은 건구온도이고 절대습도는 잠열부하에 영향을 준다.

8. 전열량의 변화와 절대습도 변화의 비율을 무엇이라고 하는가?

① 현열비   ② 포화비
③ 열수분비   ④ 절대비

해설 열수분비 $u = \dfrac{di}{dx} = \dfrac{\text{전열량}}{\text{수분량}}$

9. 유인 유닛 공조 방식에 대한 설명으로 옳은 것은?

① 실내 환경 변화에 대응이 어렵다.
② 덕트 공간이 비교적 크다.
③ 각 실의 제어가 어렵다.
④ 회전 부분이 없어 동력(전기) 배선이 필요 없다.

해설 팬코일 유닛 방식은 송풍기가 있으므로 전기 배선이 필요하고 유인 유닛 방식은 1차 공기에 의해서 2차 공기가 유도되어 송풍기가 없으므로 전기 배선이 필요 없다.

10. 습공기 선도상에서 확인할 수 있는 사항이 아닌 것은?

① 노점온도   ② 습공기의 엔탈피
③ 효과온도   ④ 수증기 분압

해설 습공기 선도를 통해 건구온도, 습구온도, 노점온도, 상대습도, 절대습도, 엔탈피, 비체적, 수증기 분압 등을 알 수 있다.

11. 공기조화기의 냉수코일을 설계하고자 할 때의 설명으로 틀린 것은?

① 코일을 통과하는 물의 속도는 1 m/s 정도가 되도록 한다.
② 코일 출입구의 수온 차는 대개 5~10℃ 정도가 되도록 한다.
③ 공기와 물의 흐름은 병류(평행류)로 하는 것이 대수 평균 온도차가 크게 된다.
④ 코일의 모양은 효율을 고려하여 가능한 한 정방형으로 한다.

해설 공기와 물의 흐름은 대향류(역류) > 직교류 (향류) > 평행류(병류) 순으로 평균 온도차가 크다.

12. 전공기식 공기조화에 관한 설명으로 틀린 것은?

① 덕트가 소형으로 되므로 스페이스가 작게 된다.
② 송풍량이 충분하므로 실내 공기의 오염이 적다.
③ 중앙집중식이므로 운전, 보수 관리를 집중화할 수 있다.
④ 병원의 수술실과 같이 높은 공기의 청정도를 요구하는 곳에 적합하다.

해설 전공기식은 덕트가 대형으로 되므로 스페이스를 많이 차지한다.

13. 펌프를 작동 원리에 따라 분류할 때 왕복 펌프에 해당하지 않는 것은?

① 피스톤 펌프
② 베인 펌프
③ 다이어프램 펌프
④ 플런저 펌프

해설 베인 펌프는 와권 펌프의 종류로 터빈 펌프로 분류된다.

14. 다음과 같은 사무실에서 방열기 설치위치로 가장 적당한 것은?

① [ⓐ, ⓑ]　　② [ⓑ, ⓔ]
③ [ⓒ, ⓓ]　　④ [ⓓ, ⓕ]

해설 방열기는 자연 환기 시 실외 공기를 가열하며 실내 온도의 변화를 작게 하기 위하여 창문 아래에 설치한다.

15. 다음의 습공기 선도상에서 E－F는 무엇을 나타내는 것인가?

① 가습
② 재열
③ CF(contact factor)
④ BF(by-pass factor)

해설 ㉠ BC : 외기 냉각(예랭)
　　㉡ DF : 냉각코일 또는 CF
　　㉢ FG : 재열부하
　　㉣ AG : 실내취득열량
　　㉤ AC 또는 AD : 외기부하

16. 덕트의 설계법을 순서대로 나열한 것 중 가장 바르게 연결한 것은?

① 송풍량 결정 – 덕트 경로 결정 – 덕트 치수 결정 – 취출구 및 흡입구 위치 결정 – 송풍기 선정 – 설계도 작성
② 송풍량 결정 – 취출구 및 흡입구 위치 결정 – 덕트 경로 설정 – 덕트 치수 결정 – 송풍기 선정 – 설계도 작성
③ 덕트 치수 결정 – 송풍량 결정 – 덕트 경로 결정 – 취출구 및 흡입구 위치 결정 – 송풍기 선정 – 설계도 작성
④ 덕트 치수 결정 – 덕트 경로 결정 – 취출구 및 흡입구 위치 결정 – 송풍량 결정 – 송풍기 선정 – 설계도 작성

17. 공조용 가습장치 중 수분무식에 해당하지 않는 것은?

① 원심식
② 초음파식
③ 분무식
④ 적하식

해설 적하식은 수조에 물건을 투입하는 것으로 공기조화 장치와는 무관하다.

18. 덕트의 직관부를 통해 공기가 흐를 때 발생하는 마찰저항에 대한 설명 중 틀린 것은?

① 관의 마찰저항계수에 비례한다.
② 덕트의 지름에 반비례한다.
③ 공기의 평균 속도의 제곱에 비례한다.
④ 중력 가속도의 2배에 비례한다.

해설 마찰저항은 중력 가속도에 반비례한다.

$$P_f = \lambda \cdot \frac{l}{d} \cdot \frac{v^2}{2g} \cdot \gamma \,[\text{mmAq}]$$

여기서, λ : 마찰계수, l : 덕트 길이(m)
　　　　 d : 덕트 지름(m), v : 풍속(m/s)
　　　　 γ : 공기 비중량(kg/m³)

19. 다음 장치도 및 $t-x$ 선도와 같이 공기를 혼합하여 냉각, 재열한 후 실내로 보낸다. 여기서, 외기부하를 나타내는 식은? (단, 혼합 공기량은 $G[\text{kg/h}]$이다.)

① $q = G(h_3 - h_4)$ ② $q = G(h_1 - h_3)$
③ $q = G(h_5 - h_4)$ ④ $q = G(h_3 - h_2)$

[해설] ㉠ 냉각코일부하 : $q = G(h_3 - h_4)$
㉡ 실내취득열량 : $q = G(h_2 - h_5)$
㉢ 재열부하 : $q = G(h_5 - h_4)$

20. 습공기를 냉각하게 되면 공기의 상태가 변화한다. 이때 증가하는 상태값은?

① 건구온도   ② 습구온도
③ 상대습도   ④ 엔탈피

[해설] 상대습도는 건구온도가 낮으면 증가하고 높으면 감소한다.

제2과목   **냉동냉장 설비**

21. 이상 기체를 체적이 일정한 상태에서 가열하면 온도와 압력은 어떻게 변하는가?

① 온도가 상승하고 압력도 높아진다.
② 온도는 상승하고 압력은 낮아진다.
③ 온도는 저하하고 압력이 높아진다.
④ 온도가 저하하고 압력도 낮아진다.

[해설] 이상 기체를 밀폐 공간에서 가열하면 체적팽창량만큼 압력이 상승되고 온도도 상승하지만 밀폐되어 있으므로 부피는 일정하다.

22. 그림과 같은 이론 냉동 사이클이 적용된 냉동장치의 성적계수는? (단, 압축기의 압축 효율 80 %, 기계 효율 85 %로 한다.)

① 2.4   ② 3.1
③ 4.4   ④ 5.1

[해설] $COP = \dfrac{630 - 474.6}{663.6 - 630} \times 0.8 \times 0.85 = 3.145$

23. 단열재의 선택 요건에 해당되지 않는 것은?

① 열전도도가 크고 방습성이 클 것
② 수축 변형이 적을 것
③ 흡수성이 없을 것
④ 내압강도가 클 것

[해설] 단열재는 열전도도가 작고 방습성이 없어야 한다.

24. 팽창밸브로 모세관을 사용하는 냉동장치에 관한 설명 중 틀린 것은?

① 교축 정도가 일정하므로 증발부하 변동에 따라 유량 조절이 불가능하다.
② 밀폐형으로 제작되는 소형 냉동장치에 적합하다.
③ 안지름이 크거나 길이가 짧을수록 유체 저항의 감소로 냉동능력은 증가한다.
④ 감압 정도가 크면 냉매 순환량이 적어 냉동능력을 감소시킨다.

해설 안지름이 크거나 길이가 짧으면 유체 저항이 감소하고 냉매 순환량은 증가하지만 요구하는 저온의 냉동능력은 얻을 수 없다.

25. 4마력(PS) 기관이 1분간에 하는 일의 열당량은?

① 약 0.176 kJ ② 약 1.76 kJ
③ 약 17.6 kJ ④ 약 176.5 kJ

해설 $4 \times \dfrac{75}{102} \times 60 = 176.5 \, \text{kJ/min}$

26. 수랭식 응축기에 대한 설명 중 옳은 것은?

① 냉각수량이 일정한 경우 냉각수 입구온도가 높을수록 응축기 내의 냉매는 액화하기 쉽다.
② 종류에는 입형 셸 튜브식, 7통로식, 지수식 응축기 등이 있다.
③ 이중관식 응축기는 냉매증기와 냉각수를 평행류로 함으로써 냉각수량이 많이 필요하다.
④ 냉각수의 증발잠열을 이용해 냉매가스를 냉각한다.

해설 수랭식 응축기의 종류에는 입형, 횡형, 이중관식, 지수식, 7통로식, 대기식 등이 있다.

27. 프레온 냉동장치에서 유분리기를 설치하는 경우가 아닌 것은?

① 만액식 증발기를 사용하는 장치의 경우
② 증발온도가 높은 냉동장치의 경우
③ 토출가스 배관이 긴 경우
④ 토출가스에 다량의 오일이 섞여 나가는 경우

해설 ①, ③, ④ 외에 증발온도가 낮은 냉동장치, NH_3 냉동장치 등이 있다.

28. 2원 냉동 사이클에서 중간 열교환기인 캐스케이드 열교환기의 구성은 무엇으로 이루어져

있는가?

① 저온측 냉동기의 응축기와 고온측 냉동기의 증발기
② 저온측 냉동기의 증발기와 고온측 냉동기의 응축기
③ 저온측 냉동기의 응축기와 고온측 냉동기의 응축기
④ 저온측 냉동기의 증발기와 고온측 냉동기의 증발기

해설 2원 냉동장치에서 저온측 응축기의 열량을 고온측 증발기가 흡수하는 장치를 캐스케이드 콘덴서라 한다.

29. 프레온계 냉동장치의 배관 재료로 가장 적당한 것은?

① 철 ② 강
③ 동 ④ 마그네슘

해설 프레온 냉매는 전열 작용이 불량하므로 열전도가 큰 동(Cu), 알루미늄(Al) 등을 사용한다.

30. 카르노 사이클의 기관에서 20℃와 300℃ 사이에서 작동하는 열기관의 열효율은 얼마인가?

① 약 42 % ② 약 48 %
③ 약 52 % ④ 약 58 %

해설 $\eta = \dfrac{(273+300)-(273-20)}{273+300} = 0.488$

31. 열에 대한 설명으로 옳은 것은?

① 온도는 변화하지 않고 물질의 상태를 변화시키는 열은 잠열이다.
② 냉동에서 주로 이용되는 것은 현열이다.
③ 잠열은 온도계로 측정할 수 있다.
④ 고체를 기체로 직접 변화시키는 데 필요한 승화열은 감열이다.

해설 ㉠ 현열 : 상태 변화 없이 온도만 변화시키는 열

ⓛ 잠열 : 온도 변화 없이 상태만 변화시키는 열
(용해잠열, 증발잠열, 승화잠열)

32. 몰리에르 선도에 대한 설명 중 틀린 것은?

① 과열 구역에서 등엔탈피선은 등온선과 거의 직교한다.

② 습증기 구역에서 등온선과 등압선은 평행하다.

③ 습증기 구역에서만 등건조도선이 존재한다.

④ 등비체적선은 과열 증기 구역에서도 존재한다.

해설 과열 구역에서 등온선은 포물선에 가깝다.

33. 만액식 증발기의 특징으로 가장 거리가 먼 것은?

① 전열작용이 건식보다 나쁘다.

② 증발기 내에 액을 가득 채우기 위해 액면 제어 장치가 필요하다.

③ 액과 증기를 분리시키기 위해 액분리기를 설치한다.

④ 증발기 내에 오일이 고일 염려가 있으므로 프레온의 경우 유회수장치가 필요하다.

해설 만액식은 건식보다 전열작용이 양호하다.

34. 건식 증발기의 종류에 해당되지 않는 것은?

① 셸 코일식 냉각기

② 핀 코일식 냉각기

③ 보델로 냉각기

④ 플레이트 냉각기

해설 보델로 냉각기는 음료수 냉각장치로 만액식에 해당된다.

35. 제빙능력이 50 ton/day, 제빙원수 온도가 5℃, 제빙된 얼음의 평균온도가 −6℃일 때, 제빙조에 설치된 증발기의 냉동부하는? (단, 물의 비열은 4.18 kJ/kg · K, 얼음의 비열은

2.09 kJ/kg · K, 물의 응고잠열은 334.4 kJ/kg 이다.)

① 약 678832 kJ/h

② 약 766333kJ/h

③ 약 774220 kJ/h

④ 약 808893 kJ/h

해설 냉동부하 q

$$q = 50000 \times \{(4.18 \times 5) + 334.4 + (2.09 \times 6)\} \times \frac{1}{24}$$
$$= 766333 \, kJ/h$$

36. 12 kW 펌프의 회전수가 800 rpm, 토출량 1.5 m³/min인 경우 펌프의 토출량을 1.8 m³/min으로 하기 위하여 회전수를 얼마로 변화하면 되는가?

① 850 rpm   ② 960 rpm

③ 1025 rpm   ④ 1365 rpm

해설 $N_2 = \dfrac{1.8}{1.5} \times 800 = 960 \, rpm$

37. 액체나 기체가 갖는 모든 에너지를 열량의 단위로 나타낸 것을 무엇이라고 하는가?

① 엔탈피   ② 외부에너지

③ 엔트로피   ④ 내부에너지

해설 어떤 물질 1 kg의 전열량을 엔탈피라 한다.

38. 밀폐계에서 실린더 내에 0.2 kg의 가스가 들어 있다. 이것을 압축하기 위하여 11.76 kJ의 일을 소비할 때, 4.19 kJ의 열을 주위에 방출한다면 가스 1 kg당 내부에너지의 증가는? (단, 위치 및 운동 에너지는 무시한다.)

① 약 22.7 kJ/kg

② 약 32.1 kJ/kg

③ 약 37.85kJ/kg

④ 약 47.9 kJ/kg

해설 $\Delta u = \Delta q - A \Delta W$

$$= \{4.19 - (-11.76)\} \times \frac{1}{0.2}$$

$$= 37.85 \, \text{kJ/kg}$$

39. 간접 냉각 냉동장치에 사용하는 2차 냉매인 브라인이 갖추어야 할 성질로 틀린 것은?

① 열전달 특성이 좋아야 한다.

② 부식성이 없어야 한다.

③ 비등점이 높고 응고점이 낮아야 한다.

④ 점성이 커야 한다.

해설 브라인은 점성이 작아야 한다.

40. 암모니아 냉매의 특성이 아닌 것은?

① 수분을 함유한 암모니아는 구리와 그 합금을 부식시킨다.

② 대규모 냉동장치에 널리 사용되고 있다.

③ 물과 윤활유에 잘 용해된다.

④ 독성이 강하고, 강한 자극성을 가지고 있다.

해설 암모니아는 물에 800~900배 용해되고 오일(윤활유)과는 분리된다.

제3과목 **공조냉동 설치·운영**

41. 다음의 경질염화비닐관에 대한 설명 중 틀린 것은?

① 전기 절연성이 좋으므로 전기 부식 작용이 없다.

② 금속관에 비해 차음 효과가 크다.

③ 열전도율이 동관보다 크다.

④ 극저온 및 고온 배관에 부적당하다.

해설 경질염화비닐관은 열전도율이 불량한 재료이다.

42. 건축설비의 급수 배관에서 기울기에 대한 설명으로 틀린 것은?

① 급수관의 모든 기울기는 1/250을 표준으로 한다.

② 배관 기울기는 관의 수리 및 기타 필요시 관내의 물을 완전히 퇴수시킬 수 있도록 시공하여야 한다.

③ 배관 기울기는 관 내 흐르는 유체의 유속과 관련이 없다.

④ 옥상 탱크식의 수평 주관은 내림 기울기를 한다.

해설 배관 기울기는 유체의 이동을 결정하는 요인으로 유속과 관계가 있다.

43. 급탕 배관에서 안전을 위해 설치하는 팽창관의 위치는 어느 곳인가?

① 급탕관과 반탕관 사이

② 순환펌프와 가열장치 사이

③ 반탕관과 순환펌프 사이

④ 가열장치와 고가탱크 사이

해설 순환펌프와 가열장치 사이에는 안전관(보충수관)이 설치되고 팽창관은 가열장치와 고가탱크 사이 상부에 설치한다.

44. 일반적으로 루프형 신축 이음의 굽힘 반지름은 사용 관지름의 몇 배 이상으로 하는가?

① 1배   ② 3배

③ 4배   ④ 6배

해설 루프형 신축 이음의 굽힘 반지름은 사용 관지름의 4~6배이지만 유체 저항을 감소시키기 위하여 6배 이상으로 하는 것이 좋다.

45. 고압증기 난방에서 환수관이 트랩 장치보다 높은 곳에 배관되었을 때 버킷 트랩이 응축수를 리프팅하는 높이는 증기 파이프와 환수관의 압력차 10000 mmAq에 대하여 얼마로 하는가?

---

① 2 m 이하　② 5 m 이하
③ 8 m 이하　④ 11 m 이하

해설 물높이 $H = \dfrac{P}{\gamma} = \dfrac{10000}{1000} = 10$ m를 입상할 수 있지만 마찰저항과 안전을 고려하여 5 m 이하로 한다.

46. 기수 혼합식 급탕기를 사용하여 물을 가열할 때 열효율은?

① 100 %　② 90 %
③ 80 %　④ 70 %

해설 기수 혼합식은 증기와 물이 혼합되는 장치로 열손실이 거의 없으므로 효율은 100 %에 가깝다.

47. 온수난방과 비교하여 증기난방 방식의 특징이 아닌 것은?

① 예열시간이 짧다.
② 배관 부식 우려가 적다.
③ 용량 제어가 어렵다.
④ 동파 우려가 크다.

해설 증기난방은 온도가 높고 액(증기) 해머링으로 배관 부식이 심하다.

48. 고온수 난방의 배관에 관한 설명으로 옳은 것은?

① 온수 순환력이 작아 순환펌프가 필요하다.
② 고온수 난방에서는 개방식 팽창탱크를 사용한다.
③ 관내압력이 높기 때문에 관내면의 부식 문제가 증기난방에 비해 심하다.
④ 특수 고압기기가 필요하고 취급 관리가 복잡, 곤란하다.

해설 100℃ 이상의 온수를 사용하는 고온수 난방은 물이 증발하지 못하도록 압력을 유지시켜야 하므로 구조가 복잡하고 전문 기술자가 관리해야 한다.

49. 배관이 바닥 또는 벽을 관통할 때 슬리브

(sleeve)를 사용하는데 그 이유로 가장 적당한 것은?

① 방진을 위하여
② 신축 흡수 및 수리를 용이하게 하기 위하여
③ 방식을 위하여
④ 수격작용을 방지하기 위하여

해설 슬리브는 정비, 보수, 관 교체, 신축 흡수를 위하여 사용한다.

50. 다음 중 냉매 배관 시 주의사항으로 틀린 것은?

① 배관은 가능한 한 간단하게 한다.
② 굽힘 반지름은 작게 한다.
③ 관통 개소 외에는 바닥에 매설하지 않아야 한다.
④ 배관에 응력이 생길 우려가 있을 경우에는 신축 이음으로 배관한다.

해설 배관의 굽힘 반지름은 유체 저항을 감소시키기 위하여 배관 지름의 6배 이상으로 한다.

51. 다음 중 급수 배관에 관한 설명으로 틀린 것은?

① 배관 시공은 마찰로 인한 손실을 줄이기 위해 최단거리로 배관한다.
② 주배관에는 적당한 위치에 플랜지 이음을 하여 보수 점검을 용이하게 한다.
③ 불가피하게 산형 배관이 되어 공기가 체류할 우려가 있는 곳에는 공기실(air chamber)을 설치한다.
④ 수질의 오염을 방지하기 위하여 수도꼭지를 설치할 때는 토수구 공간을 충분히 확보한다.

해설 공기가 체류할 우려가 있는 경우에는 조거(ㄷ) 형태의 배관을 하고 에어벤트를 설치하며 공기실은 워터 해머링을 방지하기 위하여 설치한다.

정답 **46.** ① **47.** ② **48.** ④ **49.** ② **50.** ② **51.** ③

52. 도시가스 배관을 매설할 경우 기준으로 틀린 것은?

① 배관의 외면으로부터 도로의 경계까지 1 m 이상 수평거리를 유지할 것

② 배관을 철도부지에 매설하는 경우에는 배관의 외면으로부터 궤도 중심까지 4 m 이상 거리를 유지할 것

③ 시가지 외의 도로 노면 밑에 매설하는 경우에는 노면으로부터 배관의 외면까지 깊이를 2 m 이상으로 할 것

④ 인도 등 노면 외의 도로 밑에 매설하는 경우에는 지표면으로부터 배관의 외면까지 깊이를 1.2 m 이상으로 할 것

해설 ③ 시가지 외의 도로 노면 밑에 매설하는 경우에는 노면으로부터 배관의 외면까지 깊이를 1.5 m 이상으로 할 것

53. 전력량 1 kWh는 몇 kcal의 열량을 낼 수 있는가?

① 4.3   ② 8.6

③ 430   ④ 860

해설 ㉠ $1 \text{ kWh} = 102 \times \dfrac{1}{427} \times 3600$

$= 859.9 \text{ kcal}$

㉡ $1 \text{ kWh} = 1 \times 3600 \times \dfrac{1}{4.185}$

$= 860.2 \text{ kcal}$

54. 다음 중 절연저항을 측정하는 데 사용되는 것은?

① 후크온 미터   ② 회로시험기

③ 메거   ④ 휘트스톤 브리지

55. 출력이 입력에 전혀 영향을 주지 못하는 제어는?

① 프로그램 제어   ② 피드백 제어

③ 시퀀스 제어   ④ 폐회로 제어

해설 시퀀스 제어에서 입력 동작 신호는 어떠한 경우라도 출력으로 송출된다.

56. 그림과 같은 회로에서 해당되는 램프의 식으로 옳은 것은?

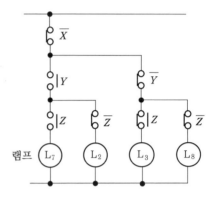

① $L_7 = \overline{X} \cdot Y \cdot Z$

② $L_2 = \overline{X} \cdot Y \cdot Z$

③ $L_3 = \overline{X} \cdot Y \cdot Z$

④ $L_8 = \overline{X} \cdot Y \cdot Z$

해설 $\overline{X}\,Y(Z + \overline{Z}) + \overline{X}\,\overline{Y}(Z + \overline{Z})$

$= \overline{X}\,YZ + \overline{X}\,Y\overline{Z} + \overline{X}\,\overline{Y}\,\overline{Z}$

$= \overline{X}\,YZ$

57. PI 제어 동작은 프로세스 제어계의 정상 특성 개선에 흔히 사용된다. 이것에 대응하는 보상 요소는?

① 동상 보상 요소

② 지상 보상 요소

③ 진상 보상 요소

④ 지상 및 진상 보상 요소

해설 비례 적분(PI) 동작은 지상 동작이므로 지상 보상 요소가 필요하다.

58. 출력의 변동을 조정하는 동시에 목표값에 정확히 추종하도록 설계한 제어계는?

① 추치 제어

② 프로세스 제어
③ 자동 조정
④ 정치 제어

해설 추치 제어 : 임의의 시간적 변화를 하는 목표 값에 제어량을 추종시키는 것

59. 100 V, 60 Hz의 교류 전압을 어느 콘덴서에 가하니 2 A의 전류가 흘렀다. 이 콘덴서의 정전용량은 약 몇 μF인가?

① 26.5   ② 36
③ 53   ④ 63.6

해설 ㉠ $X_C = \dfrac{100}{2} = 50\,\Omega$

㉡ $C = \dfrac{1}{2\pi \times 60 \times 50} = 53 \times 10^{-6} = 53\,\mu\text{F}$

60. 3상 유도전동기의 제어 방법에 대한 설명 중에서 틀린 것은?

① $Y-\Delta$ 기동 방식으로 기동 토크를 줄일 수 있다.
② 역상 제동 기법으로 전동기를 급속 정지 또는 감속시킬 수 있다.
③ 속도 제어 시에는 전압, 주파수 일정 제어 기법이 유리하다.
④ 단자전압이 정격전압보다 낮을 경우에는 슬립이 감소한다.

해설 슬립 $s = 1 - \dfrac{P_0}{P_2} = 1 - \dfrac{E_0}{E} = \dfrac{P_{c2}}{P_2}$ 식에서 정격전압이 커지면 2차 동손이 증가하므로 슬립이 증가한다.

출제 예상문제 (15)

제1과목 **공기조화 설비**

1. 기화식(증발식) 가습장치의 종류로 옳은 것은?

① 원심식, 초음파식, 분무식
② 전열식, 전극식, 적외선식
③ 과열증기식, 분무식, 원심식
④ 회전식, 모세관식, 적하식

해설 ① : 물 또는 온수 분무식
③ : 증기 분무식
④ : 증발식

2. 덕트 병용 팬 코일 유닛(fan coil unit) 방식의 특징이 아닌 것은?

① 열부하가 큰 실에 대해서도 열부하의 대부분을 수배관으로 처리할 수 있으므로 덕트 치수가 적게 된다.
② 각 실 부하 변동을 용이하게 처리할 수 있다.
③ 각 유닛의 수동 제어가 가능하다.
④ 청정 구역에 많이 사용된다.

해설 팬 코일 유닛 방식은 실내 공기의 청정도를 요구하기 힘들다.

3. 중앙식(전공기) 공기조화 방식의 특징에 관한 설명으로 틀린 것은?

① 중앙집중식이므로 운전, 보수 관리를 집중화할 수 있다.
② 대형 건물에 적합하며 외기 냉방이 가능하다.
③ 덕트가 대형이고 개별식에 비해 설치 공간이 크다.

④ 송풍 동력이 작고 겨울철 가습하기가 어렵다.

해설 중앙식은 송풍(반송) 동력이 크고 공조기에서 쉽게 가습·감습할 수 있다.

4. 온수난방에 대한 설명으로 옳지 않은 것은?

① 온수난방의 주 이용 열은 잠열이다.
② 열용량이 커서 예열시간이 길다.
③ 증기난방에 비해 비교적 높은 쾌감도를 얻을 수 있다.
④ 온수의 온도에 따라 저온수식과 고온수식으로 분류한다.

해설 온수난방의 주 이용 열은 현열(감열)이다.

5. 급수온도 35℃에서 증기압력 1.5 MPa 온도 400℃의 증기를 40 kg/h 발생시키는 보일러의 마력(HP)은? (단, 1.5 MPa, 400℃에서 과열증기 엔탈피는 3293.64 kJ/kg이다.)

① 2.43
② 2.62
③ 3.55
④ 3.72

해설 보일러 마력(BHP) $= \dfrac{G_a(h_2 - h_1)}{8436}$

$= \dfrac{40 \times \{3293.64 - (35 \times 4.2)\}}{8436 \times 4.2} = 3.552\,\text{HP}$

6. 가열코일을 흐르는 증기의 온도를 t_s, 가열코일 입구 공기온도를 t_1, 출구 공기온도를 t_2라고 할 때 산술평균 온도식으로 옳은 것은?

① $t_s - \dfrac{t_1 + t_2}{2}$
② $t_2 - t_1$
③ $t_1 + t_2$
④ $\dfrac{(t_s - t_1) + (t_s - t_2)}{\ln \dfrac{t_s - t_1}{t_s - t_2}}$

정답 **1.** ④ **2.** ④ **3.** ④ **4.** ① **5.** ③ **6.** ①

해설 산술평균 온도차 $\Delta t_m = t_s - \dfrac{t_1 + t_2}{2}$ [℃]

7. 송풍기 특성 곡선에서 송풍기의 운전점에 대한 설명으로 옳은 것은?

① 압력 곡선과 저항 곡선의 교차점
② 효율 곡선과 압력 곡선의 교차점
③ 축동력 곡선과 효율 곡선의 교차점
④ 저항 곡선과 축동력 곡선의 교차점

8. 콜드 드래프트(cold draft) 현상이 가중되는 원인으로 가장 거리가 먼 것은?

① 인체 주위의 공기 온도가 너무 낮을 때
② 인체 주위의 기류속도가 작을 때
③ 주위 공기의 습도가 낮을 때
④ 주위 벽면의 온도가 낮을 때

해설 인체 주위의 기류속도가 클 때 콜드 드래프트 현상이 가중된다.

9. 냉방 부하 종류 중 현열로만 이루어진 부하는?

① 조명에서의 발생 열
② 인체에서의 발생 열
③ 문틈에서의 틈새바람
④ 실내기구에서의 발생 열

해설 ① 조명 발생 열 : 현열
② 인체 발생 열 : 현열과 잠열
③ 틈새바람(극간풍) : 현열과 잠열
④ 실내기구에서 가열코일은 현열, 조리기구는 현열과 잠열로 이루어진다.

10. 다음 중 필터의 모양은 패널형, 지그재그형, 바이패스형 등이 있으며, 유해가스나 냄새를 제거할 수 있는 것은?

① 건식 여과기   ② 점성식 여과기
③ 전자식 여과기 ④ 활성탄 여과기

해설 활성탄 여과기 : 코코넛을 짜내고 남은 찌꺼기를 원료로 하며 유해가스를 흡착하여 여과시킨다.

11. 덕트의 분기점에서 풍량을 조절하기 위하여 설치하는 댐퍼는 어느 것인가?

① 방화 댐퍼   ② 스플릿 댐퍼
③ 볼륨 댐퍼   ④ 터닝 베인

해설 ① 방화 댐퍼 : 방재용
② 스플릿 댐퍼 : 분기부 풍향과 풍량 조절
③ 볼륨 댐퍼 : 풍량 조절
④ 터닝 베인 : 기계식 취출구

12. 다음 중 천장형으로서 취출기류의 확산성이 가장 큰 취출구는?

① 펑커루버
② 아네모스탯
③ 에어커튼
④ 고정날개 그릴

해설 아네모스탯 : 팬형의 결점을 보강한 것으로 천장 디퓨저라 한다.(확산 반지름이 크고 도달거리가 짧다.)

13. 실내 냉난방 부하 계산에 관한 내용으로 설명이 부적당한 것은?

① 열부하 구성 요소 중 실내 부하는 유리면 부하, 구조체 부하, 틈새바람 부하, 내부 칸막이 부하 및 실내 발열 부하로 구성된다.
② 열부하 계산의 목적은 실내 부하의 상태, 덕트나 배관의 크기 등을 구하기 위한 기초가 된다.
③ 최대 난방 부하란 실내에서 발생되는 부하가 1일 중 가장 크게 되는 시각의 부하로서 저녁에 발생한다.
④ 냉방 부하란 쾌적한 실내 환경을 유지하기 위하여 여름철 실내 공기를 냉각, 감습시켜 제거하여야 할 열량을 의미한다.

해설 최대 난방 부하 : 난방 운전 기간 중 최댓값을 나타내는 난방 부하로, 간헐 난방일 때 상승 부하가 최대 난방 부하로 되는 경우가 많다.

14. 지하철 터널 환기의 열부하에 대한 종류로 가장 거리가 먼 것은?

① 열차 주행에 의한 발열
② 열차 제동 발생 열량
③ 보조기기에 의한 발열
④ 열차 냉방기에 의한 발열

해설 지하철 터널 환기의 열부하에는 열차 주행 열, 열차 공조기(냉방기) 발생 열, 열차 내의 인원에 의해 발생하는 열 등이 있다.

15. 실내 온도가 25℃이고, 실내 절대습도가 0.0165 kg/kg의 조건에서 틈새바람에 의한 침입 외기량이 200 L/s일 때 현열 부하와 잠열 부하는? (단, 실외 온도 35℃, 실외 절대습도 0.0321 kg/kg, 공기의 비열 1.01 kJ/kg · K, 물의 증발잠열 2501 kJ/kg이다.)

① 현열 부하 2.424 kW, 잠열 부하 7.803 kW
② 현열 부하 2.424 kW, 잠열 부하 9.364 kW
③ 현열 부하 2.828 kW, 잠열 부하 10.144 kW
④ 현열 부하 2.828 kW, 잠열 부하 10.924 kW

해설 ㉠ 현열 부하
$$= 0.2 \times 1.2 \times 1.01 \times (35 - 25)$$
$$= 2.424 \text{ kW}$$
㉡ 잠열 부하
$$= 0.2 \times 1.2 \times 2501 \times (0.0321 - 0.0165)$$
$$= 9.3637 \text{ kW}$$

16. 다음 그림의 방열기 도시 기호 중 'W‒H'가 나타내는 의미는 무엇인가?

① 방열기 쪽수
② 방열기 높이
③ 방열기 종류(형식)
④ 연결배관의 종류

해설 ㉠ 10 : 방열기 쪽(절)수
㉡ W‒H : 방열기 종류(형식)
 • W : 벽걸이형
 • H : 횡형(가로)
 • V : 종형(세로)
㉢ 15×15 : 공급관과 환수관 지름(mm)

17. 가변 풍량(VAV) 방식에 관한 설명으로 틀린 것은?

① 각 방의 온도를 개별적으로 제어할 수 있다.
② 연간 송풍 동력이 정풍량 방식보다 작다.
③ 부하의 증가에 대해서 유연성이 있다.
④ 동시 부하율을 고려하여 용량을 결정하기 때문에 설비 용량이 크다.

해설 가변 풍량 방식은 동시 부하율을 고려하므로 정풍량 방식(최대 부하 기준)보다 용량이 20 % 정도 작아진다.

18. 덕트의 치수 결정법에 대한 설명으로 옳은 것은?

① 등속법은 각 구간마다 압력손실이 같다.
② 등마찰 손실법에서 풍량이 10000 m³/h 이상이 되면 정압 재취득법으로 하기도 한다.
③ 정압 재취득법은 취출구 직전의 정압이 대략 일정한 값으로 된다.
④ 등마찰 손실법에서 각 구간마다 압력손

실을 같게 해서는 안 된다.

해설 ① 등속법 : 덕트 주관이나 분기관의 풍속을 권장풍속 내의 임의의 값으로 선정하여 덕트 치수 결정(특수 용도에 사용)
② 등마찰 손실법(등압법) : 덕트 1 m당 마찰손실과 동일 값을 사용하여 덕트 치수 결정(일반적으로 많이 사용)
③ 정압 재취득법 : 분기 덕트를 따낸 다음의 주 덕트에서의 정압 상승분을 거기에 이어지는 덕트의 압력손실로 이용하는 방법으로 취출구의 정압은 일정한 값으로 된다.

19. 다음 중 라인형 취출구의 종류가 아닌 것은?

① 캄 라인형　　② 다공판형
③ 펑커루버형　　④ 슬롯형

해설 ㉠ 라인형 취출구 : 브리즈 라인형, 캄 라인형, T 라인형, 슬롯형, 다공판형 등이 있다.
㉡ 펑커루버형은 축류형 취출구의 일종이다.

20. 실내의 현열 부하가 31500 kJ/h, 실내와 말단 장치(diffuser)의 온도가 27℃, 17℃일 때 송풍량은? (단, 공기비열은 1.008 kJ/kg·K 이다.)

① 3125 kg/h　　② 2586 kg/h
③ 2325 kg/h　　④ 2186 kg/h

해설 $G = \dfrac{31500}{1.008 \times (27 - 17)} = 3125\,\text{kg/h}$

제2과목　냉동냉장 설비

21. 냉동장치 내의 불응축 가스가 혼입되었을 때 냉동장치의 운전에 미치는 영향으로 가장 거리가 먼 것은?

① 열교환 작용을 방해하므로 응축압력이 낮게 된다.
② 냉동능력이 감소한다.

③ 소비전력이 증가한다.
④ 실린더가 과열되고 윤활유가 열화 및 탄화된다.

해설 불응축 가스가 혼입되면 응축기 전열 면적이 감소되어 응축압력과 온도가 상승한다.

22. 플래시 가스(flash gas)는 무엇을 말하는가?

① 냉매 조절 오리피스를 통과할 때 즉시 증발하여 기화하는 냉매이다.
② 압축기로부터 응축기에 새로 들어오는 냉매이다.
③ 증발기에서 증발하여 기화하는 새로운 냉매이다.
④ 압축기에서 응축기에 들어오자마자 응축하는 냉매이다.

해설 플래시 가스는 응축기에서 액화된 냉매가 증발기가 아닌 곳에서 기화된 것으로 팽창밸브(냉매 조절 오리피스)를 통과할 때 제일 많이 발생한다.

23. 몰리에르 선도상에서 건조도(X)에 관한 설명으로 옳은 것은?

① 몰리에르 선도의 포화액선상 건조도는 1 이다.
② 액체 70 %, 증기 30 %인 냉매의 건조도는 0.7이다.
③ 건조도는 습포화증기 구역 내에서만 존재한다.
④ 건조도라 함은 과열증기 중 증기에 대한 포화액체의 양을 말한다.

해설 ① 포화액선상의 건조도는 0이다.
② 증기 30 %인 냉매의 건조도는 0.3이다.
④ 건조도는 습포화증기 중에서 증기가 차지하는 비율이다.

24. 액분리기(accumulator)에서 분리된 냉매의 처리 방법이 아닌 것은?

① 가열시켜 액을 증발 후 응축기로 순환시키는 방법
② 증발기로 재순환시키는 방법
③ 가열시켜 액을 증발 후 압축기로 순환시키는 방법
④ 고압측 수액기로 회수하는 방법

해설 액회수 방법은 ②, ③, ④ 외에 열교환기기 등으로 기화시켜서 압축기로 회수시킨다.

25. 팽창밸브 개도가 냉동 부하에 비하여 너무 작을 때 일어나는 현상으로 가장 거리가 먼 것은?

① 토출가스 온도 상승
② 압축기 소비동력 감소
③ 냉매순환량 감소
④ 압축기 실린더 과열

해설 팽창밸브 개도가 너무 작을 때 일어나는 현상으로는 ①, ③, ④ 외에 흡입가스 과열, 체적 효율 감소, 단위 능력당 소비동력 증가 등이 있다.

26. 압축기 기동 시 윤활유가 심한 기포현상을 보일 때 주된 원인은?

① 냉동능력이 부족하다.
② 수분이 다량 침투했다.
③ 응축기의 냉각수가 부족하다.
④ 냉매가 윤활유에 다량 녹아 있다.

해설 오일 포밍 현상 : 크랭크케이스 저유통의 윤활유에 냉매가 용해되어 있다가 압축기 기동 시에 냉매와 오일이 분리되면서 유면이 약동하고 거품이 일어나는 현상

27. 응축기의 냉각 방법에 따른 분류로서 가장 거리가 먼 것은?

① 공랭식   ② 노랭식
③ 증발식   ④ 수랭식

해설 응축기 냉각 방식에는 공랭식, 수랭식(증발식 포함) 등이 있다.

28. 어떤 냉동장치에서 응축기용의 냉각수 유량이 7000 kg/h이고 응축기 입구 및 출구 온도가 각각 15℃와 28℃이었다. 압축기로 공급한 동력이 5.4×10^4 kJ/h이라면 이 냉동기의 냉동능력은? (단, 냉각수의 비열은 4.1855 kJ/kg · K이다.)

① 2.27×10^5 kJ/h
② 3.27×10^5 kJ/h
③ 4.67×10^4 kJ/h
④ 5.67×10^4 kJ/h

해설 냉동능력 Q_e
$$= 7000 \times 4.1855 \times (28 - 15) - 5.4 \times 10^4$$
$$= 3.268 \times 10^5 \, \text{kJ/h}$$

29. 다음과 같은 성질을 갖는 냉매는 어느 것인가?

- 증기의 밀도가 크기 때문에 증발기관의 길이는 짧아야 한다.
- 물을 함유하면 Al 및 Mg 합금을 침식하고, 전기저항이 크다.
- 천연고무는 침식되지만 합성고무는 침식되지 않는다.
- 응고점(약 −158℃)이 극히 낮다.

① NH_3 ② R-12
③ R-21   ④ H_2O

30. 어떤 냉동기로 1시간당 얼음 1 ton을 제조하는 데 50 PS의 동력을 필요로 한다. 이때 사용하는 물의 온도는 10℃이며 얼음은 −10℃이었다. 이 냉동기의 성적계수는 얼마인가? (단, 융해열은 335 kJ/kg이고, 물의 비열은 4.2 kJ/kg · K, 얼음의 비열은 2.09 kJ/kg · K이다.)

① 2.0   ② 3.0
③ 4.0   ④ 5.0

해설 $Q_e = 1000 \times (4.2 \times 10 + 335 + 2.09 \times 10)$
$\qquad = 397900 \,\mathrm{kJ/h}$

$$COP = \frac{397900}{50 \times 632.3 \times 4.2} = 2.99$$

31. 왕복동식과 비교하여 스크롤 압축기의 특징으로 틀린 것은?

① 흡입밸브나 토출밸브가 있어 압축 효율이 낮다.
② 토크 변동이 적다.
③ 압축실 사이의 작동가스의 누설이 적다.
④ 부품수가 적고 고효율, 저소음, 저진동, 고신뢰성을 기대할 수 있다.

해설 왕복동식과 비교하여 스크롤 압축기는 흡입밸브는 없고 토출밸브가 있으며 압축, 체적, 기계 효율이 양호하다.

32. 다음의 몰리에르 선도는 어떤 냉동장치를 나타낸 것인가?

① 1단 압축 1단 팽창 냉동시스템
② 1단 압축 2단 팽창 냉동시스템
③ 2단 압축 1단 팽창 냉동시스템
④ 2단 압축 2단 팽창 냉동시스템

해설 $P \sim i$ 선도는 2단 압축 2단 팽창 사이클이다.

33. 이상 기체를 정압하에서 가열하면 체적과 온도의 변화는 어떻게 되는가?

① 체적 증가, 온도 상승
② 체적 일정, 온도 일정
③ 체적 증가, 온도 일정
④ 체적 일정, 온도 상승

해설 이상 기체를 정압하에서 가열하면 샤를의 법칙에 의해서 온도와 체적이 증가한다.

34. 냉동 사이클에서 응축온도를 일정하게 하고 증발온도를 상승시키면 어떤 결과가 나타나는가?

① 냉동효과 증가
② 압축비 증가
③ 압축일량 증가
④ 토출가스 온도 증가

해설 응축온도가 일정할 때 증발온도를 상승시키면 다음과 같은 현상이 일어난다.
 ㉠ 압축비 감소
 ㉡ 토출가스 온도 감소
 ㉢ 압축일량 감소
 ㉣ 냉동효과 증대
 ㉤ 성적계수 증가
 ㉥ 플래시 가스 발생량 감소

35. 30℃의 공기가 체적 1 m³의 용기에 게이지 압력 50000 mmAq의 상태로 들어 있다. 용기 내에 있는 공기의 무게는?

① 약 2.6 kg　　　② 약 6.8 kg
③ 약 69 kg　　　④ 약 293 kg

해설 $G = \dfrac{50000 + 10332 \times 1}{29.27 \times (273 + 30)} = 6.8 \,\mathrm{kg}$

36. 몰리에르 선도상에서 압력이 증대함에 따라 포화액선과 건조포화 증기선이 만나는 일치점을 무엇이라고 하는가?

① 한계점　　　② 임계점
③ 상사점　　　④ 비등점

해설 임계점 : 포화액선과 포화증기선이 만나는 점으로 이것을 넘어서면 액과 증기가 공존할 수 없다.

37. 증발식 응축기에 관한 설명으로 틀린 것은?

① 수랭식 응축기와 공랭식 응축의 작용을 혼합한 형이다.
② 외형과 설치면적이 작으며 값이 비싸다.
③ 겨울철에는 공랭식으로 사용할 수 있으며 연간 운전에 특히 우수하다.
④ 냉매가 흐르는 관에 노즐로부터 물을 분무시키고 송풍기로 공기를 보낸다.

[해설] 증발식 응축기는 전열면적(냉각면)이 커서시설이 복잡하고 시공비가 고가이며 소비동력이 증가한다.

38. 다음 중 브라인의 구비 조건으로 틀린 것은?

① 상 변화가 잘 일어나서는 안 된다.
② 응고점이 낮아야 한다.
③ 비열이 작아야 한다.
④ 열전도율이 커야 한다.

[해설] 브라인은 현열 변화이므로 비열이 커야 한다.

39. 다음의 압력 – 엔탈피 선도를 이용한 압축 냉동 사이클의 성적계수는?

① 2.36
② 4.71
③ 9.42
④ 18.84

[해설] $COP = \dfrac{397.12 - 133.84}{453 - 397.12} = 4.71$

40. 증발기에서 나오는 냉매가스의 과열도를 일정하게 유지하기 위해 설치하는 밸브는 어느 것인가?

① 모세관
② 플로트형 밸브
③ 정압식 팽창 밸브
④ 온도식 자동 팽창 밸브

[해설] ① 모세관 : 좁은 공간을 이용하여 압력을 감소시키는 배관이다.
② 플로트형 밸브 : 고압식과 저압식이 있고 액면 높이에 의해서 작동된다.
③ 정압식 팽창 밸브 : 증발기 내부 압력을 일정하게 유지시킨다.
④ 온도식 자동 팽창 밸브 : 증발기 출구의 과열도를 일정하게 유지시킨다.

제3과목 　공조냉동 설치 · 운영

41. 열팽창에 의한 배관의 신축이 방열기에 미치지 않도록 하기 위하여 방열기 주위의 배관은 다음 중 어느 방법으로 하는 것이 좋은가?

① 슬리브형 신축 이음
② 신축 곡관 이음
③ 스위블 이음
④ 벨로스형 신축 이음

[해설] 난방장치의 신축 이음은 대부분 스위블 이음이다.

42. 급수 배관을 시공할 때 일반적인 사항을 설명한 것 중 틀린 것은?

① 급수관에서 상향 급수는 선단 상향구배로 한다.
② 급수관에서 하향 급수는 선단 하향구배로 하며, 부득이한 경우에는 수평으로 유지한다.
③ 급수관 최하부에 배수 밸브를 장치하면 공기빼기를 장치할 필요가 없다.
④ 수격작용 방지를 위해 수전 부근에 공기실을 설치한다.

[해설] 급수관에서 공기빼기 밸브는 최상부(공기가 체류할 우려가 있는 곳)에 설치한다(조거형 상부).

43. 유속 2.4 m/s, 유량 15000 L/h일 때 관 지름을 구하면 몇 mm인가?

① 42　　② 47　　③ 51　　④ 53

해설 $D = \sqrt{\dfrac{4 \times 15}{2.4\pi \times 3600}} = 0.047\,\text{m} = 47\,\text{mm}$

44. 진공환수식 증기난방법에 관한 설명으로 옳은 것은?

① 다른 방식에 비해 관 지름이 커진다.
② 주로 중·소규모 난방에 많이 사용된다.
③ 환수관 내 유속의 감소로 응축수 배출이 느리다.
④ 환수관의 진공도는 100~250 mmHg 정도로 한다.

해설 ㉠ 온수난방에 비해 배관 지름이 작다.
㉡ 주로 중·대규모 난방에 사용된다.
㉢ 환수관에서 응축수로 인하여 유속이 느리다.

45. 송풍기의 토출측과 흡입측에 설치하여 송풍기의 진동이 덕트나 장치에 전달되는 것을 방지하기 위한 접속법은?

① 크로스 커넥션(cross connection)
② 캔버스 커넥션(canvas connection)
③ 서브 스테이션(sub station)
④ 하트포드(hartford) 접속법

해설 ① : 음용수에 잡용수가 침입하는 것
② : 덕트의 진동 전달 방지용
③ : 넓은 곳에 고압 증기를 공급하는 경우 각 구역에서 쉽게 사용할 수 있도록 중압이나 저압으로 감압 또는 고온수 및 냉수의 경우 가압시키기 위하여 사용하는 장치
④ : 증기관과 환수관 사이에 표준 수면에서 50 mm 아래에 균형관 연결

46. 다음 중 개방식 팽창탱크 주위의 관으로 해당되지 않는 것은?

① 압축공기 공급관

② 배기관
③ 오버플로관
④ 안전관

해설 압축공기 공급관은 밀폐식 팽창탱크 장치용이다.

47. 배관 재료 선정 시 고려해야 할 사항으로 가장 거리가 먼 것은?

① 관 속을 흐르는 유체의 화학적 성질
② 관 속을 흐르는 유체의 온도
③ 관의 이음 방법
④ 관의 압축성

해설 배관 재료 선정 시 고려할 사항으로는 온도, 압력, 화학적·물리적 성질, 전기 부식, 관 연결(이음) 방법 등이 있다.

48. 다음 보기에서 설명하는 난방 방식은?

┤보기├
• 공기의 대류를 이용한 방식이다.
• 설비비가 비교적 작다.
• 예열시간이 짧고 연료비가 작다.
• 실내 상하의 온도차가 크다.
• 소음이 생기기 쉽다.

① 지역 난방　　② 온수 난방
③ 온풍 난방　　④ 복사 난방

49. 다음 중 배관의 부식 방지 방법이 아닌 것은?

① 전기 절연을 시킨다.
② 도금을 한다.
③ 습기와의 접촉을 피한다.
④ 열처리를 한다.

해설 열처리를 하면 탄산칼슘 피막이 생겨서 부식이 촉진된다.

50. 가스 배관에 있어서 가스가 누설될 경우 중독 및 폭발사고를 미연에 방지하기 위하여 조

금만 누설되어도 냄새로 충분히 감지할 수 있도록 설치하는 장치는?

① 부스터 설비　　② 정압기
③ 부취 설비　　　④ 가스홀더

해설 LPG 또는 LNG는 무색무취이므로 누설 시 부취제를 투입하여 냄새로 쉽게 발견한다.

51. 도시가스 배관의 손상을 방지하기 위하여 도시가스 배관 주위에서 다른 매설물을 설치할 때 적절한 이격거리는?

① 20 cm 이상　　② 30 cm 이상
③ 40 cm 이상　　④ 50 cm 이상

해설 ㉠ 배관과 전기계량기 및 안전기와의 거리는 60 cm 이상, 전기콘센트와는 30 cm 이상 안전거리를 유지한다.
　　㉡ 도시가스 배관 주위에서 다른 매설물을 설치할 때에는 30 cm 이상 이격한다.

52. 서보기구에서의 제어량은?

① 유량　　　　　② 위치
③ 주파수　　　　④ 전압

해설 서보기구는 위치, 방향, 자세를 제어한다.

53. 유도전동기에서 인가전압은 일정하고 주파수가 수 % 감소할 때 발생되는 현상으로 틀린 것은?

① 동기속도가 감소한다.
② 철손이 약간 증가한다.
③ 누설리액턴스가 증가한다.
④ 역률이 나빠진다.

해설 ㉠ 리액턴스 $x = 2\pi f L$이므로 주파수 f에 비례하여 감소한다.
　　㉡ 리액턴스 $x = \dfrac{f_2}{f_1}$이므로 감소하게 되고 그 비율만큼 최대 토크가 증가한다.

54. 부하 1상의 임피던스가 $60 + j80\,[\Omega]$인 Δ

결선의 3상 회로에 100 V의 전압을 가할 때 선전류는 몇 A인가?

① 1　　② $\sqrt{3}$　③ 3　　④ $\dfrac{1}{\sqrt{3}}$

해설 선전류 $I_l = \sqrt{3} \cdot \dfrac{V}{Z}$
$$= \sqrt{3} \times \dfrac{100}{\sqrt{60^2 + 80^2}} = \sqrt{3}\ \text{A}$$

55. 다음 중 압력을 변위로 변환시키는 장치로 알맞은 것은?

① 노즐플래퍼　　② 다이어프램
③ 전자석　　　　④ 차동변압기

해설 ㉠ 압력 → 변위 : 벨로스, 다이어프램, 스프링
　　㉡ 변위 → 압력 : 노즐플래퍼, 유압분관, 스프링
　　㉢ 전압 → 변위 : 전자석, 전자코일
　　㉣ 변위 → 전압 : 퍼텐쇼미터, 차동변압기, 전위차계

56. 그림과 같은 회로의 출력단 X의 진리값으로 옳은 것은? (단, L은 low, H는 high이다.)

① L, L, L, H　　② L, H, H, H
③ L, L, H, H　　④ H, L, L, H

해설 AND 회로로서 진리값은 다음과 같으므로 X 값은 L, L, L, H 이다.

A	B	X
L	L	L
L	H	L
H	L	L
H	H	H

57. 궤환 제어계에서 제어 요소란?

① 조작부와 검출부
② 조절부와 검출부
③ 목표값에 비례하는 신호 발생
④ 동작 신호를 조작량으로 변환

해설 제어 요소는 동작 신호를 조작량으로 변환하는 요소이며, 조절부와 조작부로 이루어진다.

58. 다음 중 피드백 제어계의 특징으로 옳은 것은?

① 정확성이 떨어진다.
② 감대폭이 감소한다.
③ 계의 특성 변화에 대한 입력 대 출력비의 감도가 감소한다.
④ 발진이 전혀 없고 항상 안정한 상태로 되어가는 경향이 있다.

해설 ㉠ 정확성 증가
㉡ 감대폭 증가
㉢ 비선형성과 외형에 대한 효과의 감소
㉣ 계의 특성 변화에 대한 입력 대 출력비의 감도 감소
㉤ 발진을 일으키고 불안정한 상태로 되어가는 경향성
㉥ 구조가 복잡하고 시설비 증가

59. 어떤 대상물의 현재 상태를 사람이 원하는 상태로 조절하는 것을 무엇이라 하는가?

① 제어량   ② 제어 대상
③ 제어   ④ 물질량

해설 ① 제어량 : 제어 대상에 속하는 양으로 제어 대상을 제어하는 것을 목적으로 하는 물리적인 양(물질량)을 말한다.
② 제어 대상 : 제어의 대상으로 제어하려고 하는 기계의 전체 또는 그 일부분이다.
③ 제어(control) : 기계나 설비 등을 사용 목적에 알맞도록 조절하는 것

60. 직류기에서 불꽃 없이 정류를 얻는 데 가장 유효한 방법은?

① 탄소 브러시와 보상권선
② 자기포화와 브러시 이동
③ 보극과 탄소 브러시
④ 보극과 보상권선

해설 ㉠ 브러시 : 정류자면에 접촉해서 전기자 권선과 외부 회로를 연결해 주는 것
㉡ 보극 : 정류시간 중에 단락 코일에 유기되는 역기전력(리액턴스 전압)을 없애기 위해서 설치한 것
㉢ 보극은 전압 정류, 탄소 브러시는 저항 정류에 유리하다.

공조냉동기계산업기사 필기 총정리

2022년 1월 10일 인쇄
2022년 1월 15일 발행

저 자 : 김증식 · 김동범
펴낸이 : 이정일

펴낸곳 : 도서출판 일진사
www.iljinsa.com
(우) 04317 서울시 용산구 효창원로 64길 6
전화 : 704-1616 / 팩스 : 715-3536
등록 : 제1979-000009호 (1979.4.2)

값 24,000 원

ISBN : 978-89-429-1679-5